城镇排水与污水处理行业职业技能培训鉴定丛书

# 排水管道工培训教材

北京城市排水集团有限责任公司　组织编写

中国林业出版社

·北京·

图书在版编目(CIP)数据

排水管道工培训教材/北京城市排水集团有限责任公司组织编写.—北京：中国林业出版社，2021.3(2025.5重印)
(城镇排水与污水处理行业职业技能培训鉴定丛书)
ISBN 978-7-5219-1057-5

I.①排… II.①北… III.①市政工程-排水管道-管道工程-职业技能-鉴定-教材 IV.①TU992.23

中国版本图书馆 CIP 数据核字(2021)第 034446 号

中国林业出版社

责任编辑：陈 惠
电　　话：(010)83143614

| | |
|---|---|
| 出版发行 | 中国林业出版社(100009　北京市西城区刘海胡同7号) |
| | https://www.cfph.net |
| 印　刷 | 北京中科印刷有限公司 |
| 版　次 | 2021年3月第1版 |
| 印　次 | 2025年5月第4次印刷 |
| 开　本 | 889mm×1194mm　1/16 |
| 印　张 | 19.75 |
| 字　数 | 700千字 |
| 定　价 | 120.00元 |

未经许可，不得以任何方式复制或抄袭本书之部分或全部内容。

版权所有　侵权必究

城镇排水与污水处理行业职业技能培训鉴定丛书
编写委员会

主　　　编　郑　江
副　主　编　张建新　蒋　勇　王　兰　张荣兵
执行副主编　王增义

《排水管道工培训教材》
编写人员

李小恒　姜明洁　于丽昕　周开锋　李　浩　徐克举
严瞿飞　张　琪　王紫珺　王恩雕　马海金　周爱欣

# 前　言

2018年10月，我国人力资源和社会保障部印发了《技能人才队伍建设实施方案（2018—2020年）》，提出加强技能人才队伍建设、全面提升劳动者就业创业能力是新时期全面贯彻落实就业优先战略、人才强国战略、创新驱动发展战略、科教兴国战略和打好精准脱贫攻坚战的重要举措。

我国正处在城镇化发展的重要时期，城镇排水行业是市政公用事业和城镇化建设的重要组成部分，是国家生态文明建设的主力军。为全面加强城镇排水行业职业技能队伍建设，培养和提升从业人员的技术业务能力和实践操作能力，积极推进城镇排水行业可持续发展，北京城市排水集团有限责任公司组织编写了本套城镇排水与污水处理行业职业技能培训鉴定丛书。

本套丛书是基于北京城市排水集团有限责任公司近30年的城镇排水与污水处理设施运营经验，依据国家和行业的相关技术规范以及职业技能标准，并参考高等院校教材及相关技术资料编写而成，包括排水管道工、排水巡查员、排水泵站运行工、城镇污水处理工、污泥处理工共5个工种的培训教材和培训题库，内容涵盖安全生产知识、基本理论常识、实操技能要求和日常管理要素，并附有相应的生产运行记录和统计表单。

本套丛书主要用于城镇排水与污水处理行业从业人员的职业技能培训和考核，也可供从事城镇排水与污水处理行业的专业技术人员参考。

由于编者水平有限，丛书中可能存在不足之处，希望读者在使用过程中提出宝贵意见，以便不断改进完善。

2020年6月

# 目 录

前 言

绪 论 ………………………………………… (1)

## 第一章 安全基础知识 ………………………… (2)

### 第一节 安全常识 ………………………… (2)
一、常见危险源的识别 ………………… (2)
二、常见危险源的防范 ………………… (3)

### 第二节 安全生产基本法规 ……………… (8)
一、《中华人民共和国安全生产法》相关条款
 ………………………………………… (8)
二、《建设工程安全生产管理条例》相关条款
 ………………………………………… (10)

## 第二章 工作现场安全操作知识 ……………… (11)

### 第一节 安全生产 ………………………… (11)
一、劳动防护用品的功能及使用方法 …… (11)
二、安全防护设备的功能及使用方法 …… (22)
三、有限空间作业的安全知识 …………… (26)
四、带水作业的安全知识 ………………… (30)
五、带电作业的安全知识 ………………… (30)
六、占道作业的安全知识 ………………… (31)

### 第二节 操作规程 ………………………… (33)
一、安全管理制度 ………………………… (33)
二、安全操作规程 ………………………… (34)
三、应急救援预案 ………………………… (39)

### 第三节 安全培训与安全交底 …………… (40)
一、安全培训 ……………………………… (40)
二、安全交底 ……………………………… (41)

### 第四节 特种作业的审核和审批 ………… (42)
一、危险作业的职责分工 ………………… (42)
二、危险作业的基本要求 ………………… (42)
三、有限空间作业安全管理 ……………… (43)
四、动火作业安全管理 …………………… (43)
五、临时用电安全管理 …………………… (44)
六、高处作业安全管理 …………………… (44)
七、吊装作业安全管理 …………………… (45)

### 第五节 突发安全事故的应急处置 ……… (46)
一、通 则 ………………………………… (46)
二、常见事故应急处置 …………………… (46)
三、防护用品及应急救援器材 …………… (51)
四、事故现场紧急救护 …………………… (51)

## 第三章 基础知识 ……………………………… (56)

### 第一节 流体力学 ………………………… (56)
一、水的主要力学性质 …………………… (56)
二、水流运动的基本概念 ………………… (57)
三、水静力学 ……………………………… (58)
四、水动力学 ……………………………… (60)
五、基础水力 ……………………………… (61)

### 第二节 水化学 …………………………… (63)
一、概 述 ………………………………… (63)
二、水化学反应 …………………………… (63)

### 第三节 水微生物学 ……………………… (66)
一、概 述 ………………………………… (66)
二、水处理微生物 ………………………… (69)

### 第四节 工程识图 ………………………… (71)
一、识图基本概念 ………………………… (71)
二、识图基本知识 ………………………… (76)
三、排水工程识图 ………………………… (81)
四、排水工程制图 ………………………… (85)
五、排水工程竣工图绘制 ………………… (87)

## 第四章 城镇排水系统概论 …………………… (89)

### 第一节 排水系统的作用与发展概况 …… (89)
一、排水系统的作用 ……………………… (89)
二、城镇排水系统发展概况 ……………… (89)

### 第二节 排水系统体制 …………………… (95)

一、排水系统体制 …………………… (95)
二、排水系统组成 …………………… (96)
第三节 常见排水设施 …………………… (97)
一、排水管渠 ………………………… (97)
二、检查井 …………………………… (97)
三、雨水口 …………………………… (98)
四、特殊构筑物 ……………………… (99)
五、泵 站 …………………………… (103)
六、调蓄池 …………………………… (103)

## 第五章 排水管道基础知识 …………… (104)

第一节 排水管道的分类与分级 ……… (104)
一、排水管道的分类 ………………… (104)
二、排水管道的分级 ………………… (105)
第二节 排水管道的组成与构造 ……… (105)
一、排水管道材料 …………………… (105)
二、排水管道接口 …………………… (108)
三、排水管道基础 …………………… (110)
第三节 排水管道设计基础知识 ……… (111)
一、排水管道的布置 ………………… (111)
二、排水管道的设计原则 …………… (113)
三、排水管道的设计计算 …………… (114)
第四节 我国有关城镇排水的标准规范 … (115)
一、国家标准 ………………………… (115)
二、行业标准 ………………………… (119)

## 第六章 排水管道运行维护知识 ……… (123)

第一节 运行养护知识 …………………… (123)
一、排水管道病害成因 ……………… (123)
二、排水管道运行维护的主要内容 … (123)
三、排水管道运行维护的常用方法 … (124)
四、排水设施周期性运维模式 ……… (127)
五、排水管网运行监测 ……………… (128)
六、清疏污泥运输与处置 …………… (129)
七、城镇防汛与排涝 ………………… (133)
第二节 修复更新知识 …………………… (136)
一、排水管道检测与评估 …………… (136)
二、排水管道非开挖修复 …………… (143)
三、排水管道附属构筑物维修 ……… (146)
四、城镇排水管网应急抢险 ………… (148)
第三节 扩建改造知识 …………………… (150)
一、排水管道开槽施工法 …………… (150)
二、排水管道不开槽施工法 ………… (151)

## 第七章 相关知识 ………………………… (153)

第一节 电工基础知识 …………………… (153)
一、电学基础 ………………………… (153)
二、电工基础 ………………………… (162)
三、电力系统 ………………………… (166)
四、城镇排水泵站供配电基本知识 … (179)
五、旋转电机的基本知识 …………… (184)
六、变频器的基本知识 ……………… (191)
七、软启动器的基础知识 …………… (196)
第二节 机械基础知识 …………………… (198)
一、机械的概念 ……………………… (198)
二、机器的组成 ……………………… (199)
三、机械的常用零部件 ……………… (199)
四、润滑油（脂）的型号、性能与应用 ……
  ……………………………………… (200)
五、机械维修的工具及方法 ………… (201)
六、机械的传动基础知识 …………… (201)
七、电动机的拖动基础知识 ………… (203)
第三节 排水系统信息化与智慧排水基础知识 …
  ……………………………………… (205)
一、排水系统信息化建设 …………… (205)
二、城镇排水管网地理信息系统 …… (206)
三、城镇排水管网运行管理系统 …… (207)
四、排水系统数学模型 ……………… (212)
第四节 我国有关城镇排水的法律法规 … (214)
一、《中华人民共和国水污染防治法》相关条款
  ……………………………………… (214)
二、《城镇排水与污水处理条例》相关条款 …
  ……………………………………… (214)
三、《城镇污水排入排水管网许可管理办法》
  相关条款 ………………………… (216)

## 第八章 排水管道运行养护操作 ……… (217)

第一节 附属构筑物小规模整修 ……… (217)
一、检查井整修操作 ………………… (217)
二、井盖修复与更换操作 …………… (218)
三、雨水口整修操作 ………………… (218)
四、雨水算子修复或更换操作 ……… (219)
第二节 排水管道清淤疏通 …………… (219)
一、冲洗井冲洗操作 ………………… (219)
二、拦蓄自冲洗操作 ………………… (220)
三、高压射流车疏通操作 …………… (220)

四、吸污车抽排操作 …………………… (221)
　　五、机械绞车疏通操作 …………………… (222)
　　六、人力绞车疏通操作 …………………… (222)
　　七、人工掏挖操作 ………………………… (223)
　第三节　防汛应急排涝 …………………… (224)
　　一、防汛抽排设备操作 …………………… (224)
　　二、防汛挡水设备操作 …………………… (227)

# 第九章　排水管道修复更新操作 ………… (231)
　第一节　检测与评估操作 ………………… (231)
　　一、资料收集 ……………………………… (231)
　　二、现场踏勘 ……………………………… (231)
　　三、编制实施计划 ………………………… (231)
　　四、现场检测 ……………………………… (231)
　　五、缺陷判读与表达 ……………………… (233)
　第二节　封堵与导水操作 ………………… (236)
　　一、一般规定 ……………………………… (236)
　　二、管塞封堵法 …………………………… (236)
　　三、砖砌封堵法 …………………………… (236)
　　四、拆堵作业 ……………………………… (236)
　第三节　涂层法整修操作 ………………… (236)
　　一、一般规定 ……………………………… (236)
　　二、管道清理及预处理 …………………… (237)
　　三、喷涂工作坑设计 ……………………… (237)
　　四、喷涂工艺 ……………………………… (237)
　　五、无机防腐砂浆喷涂施工 ……………… (237)
　　六、聚合物水泥砂浆喷涂施工 …………… (238)
　　七、高强度聚氨酯喷涂施工 ……………… (238)
　　八、端口连接 ……………………………… (238)
　第四节　注浆法加固操作 ………………… (238)
　　一、工艺流程与操作 ……………………… (238)
　　二、材料与设备 …………………………… (239)
　　三、施工质量控制 ………………………… (239)
　第五节　局部缺陷修复操作 ……………… (240)
　　一、裂缝嵌补修复 ………………………… (240)
　　二、不锈钢双胀环修复 …………………… (242)
　　三、不锈钢发泡筒修复 …………………… (243)
　　四、局部现场固化修复 …………………… (245)
　第六节　整体修复更新操作 ……………… (247)
　　一、现场固化内衬修复 …………………… (247)
　　二、机械制螺旋管内衬修复 ……………… (249)
　　三、短管焊接内衬修复 …………………… (252)
　　四、折叠管牵引内衬修复 ………………… (258)
　　五、水泥基聚合物涂层修复 ……………… (261)
　第七节　抢修与抢险操作 ………………… (263)
　　一、基本规定 ……………………………… (263)
　　二、一般规定 ……………………………… (264)
　　三、技术要求 ……………………………… (264)

# 第十章　排水管道扩建改造 ……………… (266)
　第一节　开挖施工 ………………………… (266)
　　一、测量放线 ……………………………… (266)
　　二、挖槽施工 ……………………………… (266)
　　三、管道基础施工 ………………………… (269)
　　四、下管施工 ……………………………… (270)
　　五、管道铺设 ……………………………… (270)
　　六、管道接口施工 ………………………… (272)
　　七、拆除支撑 ……………………………… (275)
　　八、沟槽回填 ……………………………… (275)
　　九、管道功能性试验 ……………………… (275)
　第二节　非开挖施工 ……………………… (276)
　　一、顶管施工 ……………………………… (276)
　　二、浅埋暗挖 ……………………………… (283)
　第三节　排水管道施工组织 ……………… (284)
　　一、排水管道施工组织设计 ……………… (284)
　　二、排水管道安全文明施工 ……………… (285)
　　三、安全施工技术措施 …………………… (287)
　第四节　质量控制与验收 ………………… (288)
　　一、管　材 ………………………………… (288)
　　二、沟槽开挖与地基处理 ………………… (289)
　　三、管道安装 ……………………………… (289)
　　四、顶管施工 ……………………………… (290)
　　五、管渠 …………………………………… (291)
　　六、附属构筑物 …………………………… (291)
　　七、回　填 ………………………………… (292)
　　八、非开挖工程施工 ……………………… (294)

# 第十一章　技术管理 ……………………… (295)
　第一节　工程量核算 ……………………… (295)
　　一、核算内容 ……………………………… (295)
　　二、计算依据 ……………………………… (295)
　　三、计算方法 ……………………………… (295)
　　四、计算要求 ……………………………… (296)
　第二节　施工记录与作业表单 …………… (296)
　　一、施工记录主要内容 …………………… (296)
　　二、施工记录及作业表单的填写 ………… (296)

三、填写要求 …………………… (297)
第三节 统计报表与总结报告 ………… (298)
 一、统计报表内容 ……………… (298)
 二、总结报告内容 ……………… (298)
 三、编写要求 …………………… (298)
第四节 生产计划管理 ………………… (298)
 一、生产计划编制 ……………… (298)

 二、生产调度管理 ……………… (298)
 三、生产计划执行 ……………… (299)
 四、生产完成反馈 ……………… (299)
 五、生产数据分析 ……………… (299)

**附 录** …………………………………… (300)

# 绪 论

排水管道工是指从事城镇排水管道运行、养护、维修、更新、改造及扩建的人员。目前该工种的职业技能等级由低到高可分为：职业技能五级/初级工、职业技能四级/中级工、职业技能三级/高级工、职业技能二级/技师、职业技能一级/高级技师。

排水管道工的工作内容主要包括：根据运行巡查情况和养护计划，完成排水管道的日常养护和小规模整修，填写排水管网运行维护记录，整理归档；按照调度指令进行污水流域调配、雨水截流调蓄、合流污水溢流等排水管网运行控制；对排水管道养护、维修等机械、设备进行保养和维护，保证其正常使用；按照应急预案进行管道沉降、路面塌陷、降雨积水、污水冒溢等突发情况的应急处置；根据维修计划和缺陷检测情况，完成排水管道的修复和更新；根据发展规划和状况普查结果，完成排水管网的改造和扩建；针对排水管道的修复、更新、改造、扩建，完成其图档更新。排水管道工工作范围涉及有限空间作业、带水作业、带电作业、机械作业、占道作业等。排水管道工必须熟知本工种所涉及的危险源及危险作业，确保安全生产。

排水管道工作融合了多学科知识，排水管道工需要掌握和熟悉排水管线专业技术知识及相关的流体力学、水化学、微生物学、机械、工程识图、电气识图等知识。

# 第一章
# 安全基础知识

## 第一节 安全常识

### 一、常见危险源的识别

城镇公共排水系统四通八达，贯穿于城市地下，为了便于日常维护管理，一般随城市道路同步建设实施。在满足排水设施运行条件的同时，排水管网建设施工及运行养护管理过程中伴随着可能导致生产安全事故的多种危险源。

#### (一) 管网建设

排水管道施工特点是施工环境多变、流动性大、施工作业条件差、手工露天作业多、沟坑、吊装、高处、立体交叉作业多、临时占道、用电设施多、劳动组合不稳定，因此管道施工现场存在的危险有害因素比较复杂。典型的危险有害因素有：

(1) 地下管线（设施）调查不清，会导致开槽作业等土方施工时破坏现有地下设施，同时具有造成次生伤亡事故的可能性。

(2) 新建污水管线建成后与现况污水管线勾头、打堵，存在有毒有害气体中毒造成人员伤亡的可能性。

(3) 管道穿越公路、铁路、河道等重要设施进行顶管作业时，受车辆荷载、地下水、地质变化、施工方案不合理或方案执行不利等因素影响，有可能造成施工人员、社会车辆损失等事故。

#### (二) 管网养护

排水管网相对处于密闭环境，长期运行会产生并聚集硫化氢、一氧化碳、可燃性气体及其他有毒有害气体，而且作业环境狭小、潮湿、黑暗，工作人员如果不做任何安全防护措施就下井作业，极易发生生产安全事故。典型的危险有害因素有：

(1) 管道检查井、室的中毒窒息事故。投入运行的管道或井、室中常常会存在有毒有害气体浓度超标和氧气含量不足等问题，如在进入前未进行检查或检查设备失灵等问题操作不当，可能造成中毒、窒息、爆炸等事故，导致人员伤亡。

(2) 巡查、养护、应急抢险机械操作事故。作业过程中出现打开井盖不慎砸脚；下井不慎引发坠落、撞伤等事故；操作设备时不慎引起的机械伤害、触电等事故。

(3) 道路作业过程中的交通事故。社会车辆因驾驶不慎可能对作业人员造成伤亡事故；作业车辆因驾驶不慎可能对社会人员造成伤亡事故等。

#### (三) 设施管理

城镇公共排水设施体量大，在管理这些设施时，工作量也很大。如养护管理单位存在设施失养、失管、失修等情况时，可能引发公共安全事故。典型危险有害因素有：

(1) 排水管网因结构性隐患或功能性隐患导致塌陷，造成人身伤害、车辆损坏的公共安全事故。

(2) 井盖丢失导致人身伤害、车辆损坏的公共安全事故；管线因无下游等原因产生雨污水外溢冒水事故。

(3) 下雨导致上游淹泡，立交桥下、路面严重积滞水影响交通的事故。

(4) 通过排水管网传播重大传染病疫情事故。

#### (四) 防汛保障、应急抢险

防汛抽排及应急抢险过程中，发电机及其相关设备因作业环境潮湿可能引发人员触电事故；基坑边缘坍塌引发坠落事故；吊车吊物引发物体坠落事故；排水管道断裂事故及其他事故。

### (五)泵站运行及养护

(1)泵站运行：泵站运行日常工作中，由于操作不当易造成机械伤害事故，如机械格栅操作及养护过程中，因操作不规范造成的人员伤害及设备损坏；因水泵运行及维护操作不规范造成人员伤害及设备损坏；此外还有像天车、电动葫芦、手动电动闸阀、发电机、通风类设备的不当操作引发的人员伤害及设备损坏等。

(2)泵站养护：泵站设备设施周期性养护工作实施过程中的危险有害因素有进退水管线的检查及清掏工作中因防护不当造成的有毒有害气体中毒或爆炸事故；电气设备的预防性实验与清扫工作易造成人员触电事故等。

### (六)其他危险源

食物中毒；夏天高温中暑、冬天低温冻伤；库房、办公场所火灾事故；设施、设备被盗事故；网络数据信息泄漏事故；与水体相关的传染性疾病暴发导致的事故；因战争、破坏、恐怖活动等突发事件导致的事故；其他可能导致发生生产安全事故的危险源。

## 二、常见危险源的防范

在作业过程中，主要的危险源包括有毒有害气体中毒与窒息、机械伤害、触电、高空跌落、溺水等。应利用工程技术控制、个人行为控制和管理手段消除、控制危险源，防止事故发生，造成人员伤害和财产损失。

### (一)技术控制

技术控制是指采用技术措施对危险源进行控制，主要技术包括消除、防护、减弱、隔离、连锁和警告等措施。

(1)消除措施：消除系统中的危险源，可以从根本上防止事故的发生。但是，按照现代安全工程的观点，彻底消除所有危险源是不可能的。因此，人们往往首先选择危险性较大，并且在现有技术条件下可以消除的危险源作为优先考虑的对象。可以通过选择合适的工艺、技术、设备、设施，合理的结构形式，无害、无毒和不能致人伤亡的物料，来彻底消除某种危险源。

(2)防护措施：当消除危险源有困难时，可采取适当的防护措施，如使用安全阀、安全屏护、漏电保护装置、安全电压、熔断器、排风装置等。

(3)减弱措施：在无法消除危险源和难以预防危险发生的情况下，可采取减轻危险因素的措施，如选择降温措施、避雷装置、消除静电装置、减震装置等。

(4)隔离措施：在无法消除、预防和隔离危险源的情况下，应将作业人员与危险源隔离，并将不能共存的物质分开，如采取遥控作业、设置安全罩、防护屏、隔离操作室、安全距离等。

(5)连锁措施：当操作者操作失误或设备运行达到危险状态时，应通过连锁装置终止危险、危害发生。

(6)警告措施：在易发生故障和危险性较大的地方，设置醒目的安全色、安全标志；必要时，设置声、光或声光组合报警装置。

### (二)个人行为控制

个人行为控制是指控制人为失误，减少人的不正确行为对危险源的触发作用。人为失误的主要表现形式有：操作失误、指挥错误、不正确的判断或缺乏判断，粗心大意、厌烦、懒散、疲劳、紧张、疾病或生理缺陷，错误使用防护用品和防护装置等。

### (三)管理控制

可采取以下措施对危险源实行管理控制：

**1. 建立健全危险源管理的规章制度**

危险源确定后，在对其进行系统分析的基础上建立健全各项规章制度，包括岗位安全生产责任制、危险源重点控制实施细则、安全操作规程、操作人员培训考核制度、日常管理制度、交接班制度、检查制度、信息反馈制度、危险作业审批制度、异常情况应急措施和考核奖惩制度等。

**2. 加强安全教育培训**

落实《中华人民共和国安全生产法》中安全教育培训的要求，通过新员工培训、调岗员工培训、复工员工培训、日常培训等提高职工的安全意识，增强职工的安全操作技能，避免职业危害。

**3. 加强宣传告知**

对日常操作中存在的危险源应提前告知，使职工熟悉伤害类型与控制措施。如在有危险源的区域设置危险源警示标牌，方便职工了解危险源(图1-1)。

**4. 明确责任，定期检查**

根据各类危险源的等级，确定好责任人，明确其责任和工作，并明确各级危险源的定期检查责任。对危险源要对照检查表逐条逐项检查，按规定的方法和标准进行检查，并进行详细的记录。如果发现隐患，则应按信息反馈制度及时反馈，及时消除，确保安全生产。

## 重大危险源公示牌

| 序号 | 危险源名称 | 伤害事故 | 控制措施 |
| --- | --- | --- | --- |
| 1 | 起重吊装作业 | 物体打击、高处坠落、倾覆、倒塌 | 塔司、信号工持证上岗；安全交底、班前讲话；检查、保养、调试等 |
| 2 | 高支模板、大模板安装、拆除、吊运、存放 | 坍塌、物体打击、高处坠落 | 编制方案、班前教育、安全交底；设独立存放区、搭设存放架；施工过程监督、巡视、验收、检查吊环、索口、临时固定、支撑措施等 |
| 3 | 防护脚手架、作业平台搭拆和使用 | 坍塌、物体打击、高处坠落 | 编制方案、班前教育、安全交底、持证上岗；系挂安全带、检查预埋件、连墙件、卸荷钢丝绳拉设、作业层铺板严密、隔层防护搭设到位、现场巡视、现场验收等 |
| 4 | 临时用电 | 触电、火灾 | 选用符合国标电气产品；三级配电、逐级保护、佩戴个人防护用品、持证上岗；操作规范、临时防护措施、安全检查等 |
| 5 | 电气焊 | 火灾、触电、爆炸 | 持证上岗、安全交底、班前教育；电气焊作业安全操作规程、防雨防晒防砸措施；开具动火证、配备灭火器、专人监护、清理现场、切断电源等 |
| 6 | 高处作业 | 高空坠落 | 编制方案、安全交底、系挂安全带；临边防护、孔洞防护、安装密目网、护栏；首层、隔层防护等 |

**图 1-1 重大危险源公示牌示例**

### 5. 加强危险源的日常管理

作业人员应严格贯彻执行有关危险源日常管理的规章制度，做好安全值班和交接班，按安全操作规程进行操作；按安全检查表进行日常安全检查；危险作业需经过审批方可操作等，对所有活动均应按要求认真做好记录；按安全档案管理的有关要求建立危险源的档案，并指定专人保管，定期整理。

### 6. 抓好信息反馈，及时整改隐患

职工应履行义务，在发现事故隐患和不安全因素后，及时向现场安全生产管理人员或单位负责人报告。单位应对发现的事故隐患，根据其性质和严重程度，按照规定分级，实行信息反馈和整改制度，并做好记录。

### 7. 做好危险源控制管理的考核评价和奖惩

应对危险源控制管理的各方面工作制定考核标准，并力求量化，以便于划分等级。考核评价标准应逐年提高，促使危险源控制管理的水平不断提升。

### (四) 危险源具体防范措施

**1. 有限空间作业中毒与窒息事故的防范**

排水管道、渠道、格栅间、污泥处理池等工作场所，由于自然通风不良，易造成有毒有害气体积聚或含氧量不足，形成有限空间。对于有限空间内可能存在的危险气体环境，应采取各种措施消除危险源，《工贸企业有限空间作业安全管理与监督暂行规定》中对有限空间作业安全管理提出的要求如下：

1）辨识标识

对有限空间进行辨识，确定有限空间的数量、位置和危险有害因素等基本情况，建立有限空间管理台账，并及时更新。在排查出的每个有限空间作业场所或设备附近设置清晰、醒目、规范的安全警示标志，标明主要危险有害因素，警示有限空间风险，严禁人员擅自进入和盲目施救。

2）建章立制

企业应当按照有限空间作业方案，明确作业现场负责人、监护人员、作业人员及其安全职责。在实施有限空间作业前，应当将有限空间作业方案和作业现场可能存在的危险有害因素、防控措施告知作业人员。现场负责人应当监督作业人员按照方案进行作业准备。

3）专项培训

生产经营单位应建立有限空间作业审批制度、作业人员健康检查制度、有限空间安全设施监管制度；同时对从事有限空间作业的人员进行培训教育。

生产经营单位在作业前应针对施工方案，对从事有限空间危险作业的人员进行作业内容、职业危害等教育；对紧急情况下的个人避险常识、中毒窒息和其他伤害的应急救援措施教育。

4) 装备配备

企业应当根据有限空间存在危险有害因素的种类和危害程度，为作业人员提供符合国家标准或者行业标准规定的劳动防护用品，并教育监督作业人员正确佩戴与使用。

对不能采用通风换气措施或受作业环境限制不易充分通风换气的场所，作业人员必须配备并使用空气呼吸器或软管面具等隔离式呼吸保护器具，严禁使用过滤式面具。佩戴呼吸器进入有限空间作业时，作业人员须随时掌握呼吸器气压值，判断作业时间和行进距离，保证预留足够的气压以返回地面。作业人员听到空气呼吸器的报警音后，必须立即返回地面。严禁使用过滤式面具，应使用自给式呼吸器。

5) 作业审批

生产经营单位应建立有限空间作业审批制度、有限空间安全设施监管制度。

6) 现场管理

有限空间作业现场操作应当符合下列要求：

(1) 设置明显的安全警示标志和警示说明：在有限空间外敞面醒目处，设置警戒区、警戒线、警戒标志，未经许可，不得入内。

(2) 通风或置换空气：对任何可能造成职业危害、人员伤亡的有限空间场所作业，应坚持"先通风、再检测、后作业"的原则，对有限空间通风，可以在带来清洁空气的同时，将污染的空气从有限空间内排出，从而控制其危害。进入自然通风换气效果不良的有限空间，应采用机械通风，通风换气次数每小时不能少于3次。发现通风设备停止运转、有限空间内氧含量浓度低于或者有毒有害气体浓度高于国家标准或者行业标准规定的限值时，必须立即停止有限空间作业，清点作业人员，撤离作业现场。

(3) 气体的监测：对于有限空间要做到"三不进入"，即未进行通风不进入，未实施监测不进入，监护人员未到位不进入。进入前，应先检测确认有限空间内有害物质浓度，作业前30min，应再次对有限空间有害物质浓度采样，分析结果合格后，作业人员方可进入有限空间。作业中断超过30min，作业人员再次进入有限空间作业前，应当重新通风，检测合格后，方可再次进入。由于泵阀、管线等设施可能泄漏以及存在积水、积泥等情况，在作业过程中应对气体进行连续监测，避免突发的风险，一旦检测仪报警，有限空间内的作业人员需马上撤离。检测人员进行检测时，应当记录检测的时间、地点、气体种类、浓度等信息。检测记录经检测人员签字后存档。检测人员应当采取相应的安全防护措施，防止中毒窒息等事故发生。

(4) 作业现场人员分工和职责：有限空间作业现场应明确监护人员和作业人员，作业前清点作业人员和器具，作业人员与外部要有可靠的通信联络。监护人员不得进入有限空间，不得离开作业现场，并与作业人员保持联系。存在交叉作业时，采取避免互相伤害的措施。作业结束后，作业现场负责人、监护人员应当对作业现场进行清理，撤离作业人员。

(5) 发包管理：将有限空间作业发包给其他单位实施的，承包方应当具备国家规定的资质或者安全生产条件，企业应与承包方签订专门的安全生产管理协议或者在承包合同中明确各自的安全生产职责。存在多个承包方时，企业应当对承包方的安全生产工作进行统一协调、管理。工贸企业对其发包的有限空间作业安全承担主体责任，承包方对其承包的有限空间作业安全承担直接责任。

(6) 应急救援：根据有限空间作业的特点，制订应急预案，并配备相关的呼吸器、防毒面罩、通信设备、安全绳索等应急装备和器材。有限空间作业的现场负责人、监护人员、作业人员和应急救援人员应当掌握相关应急预案内容，定期进行演练，提高应急处置能力。有限空间作业中发生事故后，现场有关人员应当立即报警，禁止盲目施救。应急救援人员实施救援时，应当做好自身防护，佩戴必要的呼吸器具、救援器材。

2. 触电事故的防范

设施设备，如有质量不合格、安装不恰当、使用不合理、维修不及时、工作人员操作不规范等，都会造成设施设备的损坏，甚至造成人身触电伤害事故。

1) 采用防止触电的技术措施

防止触电的安全技术措施是防止人体触及或过分接近带电体造成触电事故，以及防止短路、故障接地等电气事故的主要安全措施。具体分为直接触电防护措施与间接触电防护措施。

(1) 直接触电防护措施

①绝缘：即用绝缘的方法来防止人体触及带电体，不让人体和带电体接触，从而避免触电事故发生。注意：单独用涂漆、漆包等类似的绝缘措施来防止触电是不够的。

②屏护：即用屏障或围栏防止人体触及带电体。屏障或围栏还能使人意识到超越屏障或围栏会遇到危险而不会有意触及带电体。

③障碍：即设置障碍以防止人体无意触及带电体或接近带电体，但不能防止人有意绕过障碍去触及带电体。

④间隔：即保持间隔以防止人体无意触及带电体。凡易于接近的带电体，应保持在人的手臂所及范

围之外,正常时使用长大工具者,间隔应当加大。

⑤安全标志:安全标志是保证安全生产、预防触电事故的重要措施。

⑥漏电保护装置:漏电保护又称残余电流保护或接地故障电流保护。漏电保护只用作附加保护,不应单独使用,动作电流不宜超过 30mA。

⑦安全电压:根据场所特点,采用相应等级的安全电压。

(2)间接触电防护措施

①自动断开电源:即根据低压配电网的运行方式和安全需要,采用适当的自动化元件和连接方法,使低压配电网发生故障时,能在规定时间内自动断开电源,防止人体接触电压的危险。对于不同的配电网,可根据其特点分别采取过电流保护(包括零接地)、漏电保护、故障电压保护(包括接地保护)、绝缘监视等保护措施。

②加强绝缘:即采用双重绝缘(或加强绝缘)的电气设备,或者采用另有共同绝缘的组合电气设备,防止其工作绝缘损坏后,在人体易接近的部分出现危险的对地电压。

③不导电环境:这种措施是防止绝缘损坏时,人体同时触及不同电位的两点。当所在环境的墙和地板均系绝缘体,以及可能出现不同电位之间的距离超过 2m 时,可满足这种保护措施。

④等电位环境:即将所有容易同时接近的裸露导体(包括设备以外的裸露导体)互相连接起来,以防止危险的接触电压。等电位范围不应小于可能触及带电体的范围。

⑤电气隔离:即采用隔离变压器或有同等隔离能力的发电机供电,以实现电气隔离,防止裸露导体发生故障带电时造成电击。被隔离回路的电压不应超过 500V;其带电部分不能同其他电气回路或大地相连,以保持隔离要求。

⑥安全电压:根据场所特点,采用相应等级的安全电压。

2)强化电气安全教育

电气安全教育是为了使作业人员了解关于电的一些基本知识,认识安全用电的重要性,掌握安全用电的基本方法,从而能安全、有效地进行操作。如企业可以使用一些安全宣教图来强化电气安全教育。

3)正确使用电气设备

触电事故的发生是因为人体接触到带电部件或意外接触带电部件,导致电流通过人体。因此,作业人员要加强安全用电学习,并学会正确使用电气设备。

做好电气设备的管理工作:①所有电气设备都应有专人负责保养;②在进行卫生作业时,不要用湿布擦拭或用水冲洗电气设备,以免触电或使设备受潮、腐蚀而形成短路;③不要在电气控制箱内放置杂物,也不要把物品堆置在电气设备旁边。

在使用移动电具前,必须认真检查插头和电线等容易损坏的部位。搬动或移动电具前,一定要先切断电源。

4)严格遵守电气安全制度

作业中,如需拉接临时电线装置,必须向有关管理部门办理申报手续,经批准后,方可请电工装接。严禁不经请示私自乱拉乱接电线。对已批准安装的临时线路,应指定专人负责,到期即请电工拆除。

当发现电气设备出现故障、缺陷时,必须及时通知电工进行修理,其他人员一律不准私自装拆和修理电气设备。不准随便移动电气标志牌。

5)定期检查电气设备

定期检查,保证电气设备完好。一旦发现问题,要及时通知电工进行修理。

6)加强安全资料的管理

安全资料是做好安全工作的重要依据。技术资料对于安全工作是十分必要的,应注意收集和保存。

为了工作和检查方便,应绘制高压系统图、低压布线图、全厂架空线路和电缆线路布置图等图形资料。

对重要设备应单独建立资料档案。每次的检修和试验记录应作为资料保存,以便核对。

设备事故和人身安全事故的记录也应作为资料保存。

应注意收集国内外电气安全信息,并作分类保存。

**3. 溺水和高空坠落事故的安全防范**

高处坠落事故发生的主要原因来自人的不安全行为、物的不安全状态、管理缺陷与环境影响四个方面,高处坠落事故的主要防范措施如下:

1)控制人的因素,减少人的不安全行为

经常对从事高处作业的人员进行观察检查,一旦发现不安全情况,应及时进行心理疏导,消除其心理压力,或将其调离岗位。

禁止患高血压、心脏病、癫痫病等疾病或有生理缺陷的人员从事高处作业,应当定期给从事高处作业的人员进行体格检查,发现有高处作业疾病或有生理缺陷的人员,应将其调离岗位。

对高处作业的人员除进行安全知识教育外,还应加强安全态度教育和安全法制教育,提高其安全意识和自身防护能力,减少作业风险。

要求员工掌握安全救护技能和应急预案。

2)控制操作方法,防止违章行为

从事高处作业的人员应严格依照操作规程操作，杜绝违章行为。

从事高处作业的人员禁止穿易滑的高跟鞋、硬底鞋、拖鞋等上岗或酒后作业。

从事高处作业的人员应注意身体重心，注意用力方法，防止因身体重心超出支承面而发生事故。

3）强化组织管理，避免违章指挥

严格高处作业检查、教育制度，坚持"四勤"（即勤教育、勤检查、勤深入作业现场进行指导、勤发动群众提合理化建议），查身边事故隐患，实现"三不伤害"（即不伤害自己、不伤害他人、不被他人伤害）的目的。

应该根据季节变化，及时调整作息时间，防止高处作业人员产生过度生理疲劳。

落实强化安全责任制，将安全生产工作实绩与年终分配考核结果联系在一起。

根据《中华人民共和国安全生产法》和《中华人民共和国建筑法》的有关规定，应当为高处作业人员购买社会工伤保险和意外伤害保险，尽量减少作业风险。

4）控制环境因素，改良作业环境

禁止在大雨、大雪和六级以上强风等恶劣天气下从事露天高空作业。

作业环境的走道不能有障碍物、突出的螺栓根、横在道路上的东西，防止巡视时工作人员不小心绊倒。

4. 火灾爆炸事故的防范

燃烧必须同时具备三个基本条件，即可燃物、助燃物、点火源，火灾的防控在于消除其中的任意一个条件，图1-2为"火三角"标注。

图1-2 火三角

火灾爆炸事故的主要防范措施如下：

1）加强防火防爆管理

加强教育培训，确保员工掌握有关安全法规、防火防爆安全技术知识。

定期或不定期开展安全检查，及时发现并消除安全隐患。

配备专用有效的消防器材、安全保险装置和设施，如可燃气体报警器、烟感报警器及仪表装置、室内外消火栓、消火水带、消防斧、消防标志牌等。派专人负责管理消防器材，建立台账，确保消防器材的设置符合有关法律法规和标准的规定，确保器材完好有效。

2）加强重点危险源管控

防火防爆应首先划出重点防火防爆区，重点防火防爆区的电机、设备设施都要用防爆类型的，并安装检测、报警器。进入该区禁止带火种、打手机、穿铁钉鞋或有静电工作服等，重点部位应设置防火器材。

3）消除点火源

燃烧爆炸危险区域及附近严禁吸烟。

维修动火实行危险作业审批制度，动火作业时，应做到"八不""四要""一清理"。

①动火前"八不"：防火、灭火措施不落实，不动火；周围的易燃杂物未清除，不动火；附近难以移动的易燃物未采取安全防范措施，不动火；盛装过油类等易燃液体的容器和管道，未经洗刷干净、排除残存的油质，不动火；盛装过气体会受热膨胀并有爆炸危险的容器和管道，不动火；储存有易燃、易爆物品的车间、仓库和场所，未经排除易燃、易爆危险，不动火；在高处进行焊接和切割作业时，其下面的可燃物品未清理或未采取安全防护措施，不动火；未配备相应的灭火器材，不动火。

②动火中"四要"：动火前要指定现场安全负责人；现场安全负责人和动火人员必须经常注意动火情况，发现不安全苗头时要立即停止动火；发生火灾及爆炸事故时，要及时扑救；动火人员要严格执行安全操作规程。

③动火后"一清理"：动火人员和现场安全责任人在动火后，应彻底落实清理现场火种，才能离开现场，以确保作业安全。

易产生电气火花、静电火花、雷击火花、摩擦和撞击火花处，应采取相应的防护措施。

4）控制易燃、助燃、易爆物

少用或不用易燃、助燃、易爆物，用时要严格依照操作规程，防止泄漏。

加强通风，降低可燃、助燃、爆炸物浓度，防止其到达爆炸极限或燃烧条件。

5. 机械伤害事故的防范

在作业中会用到各种机械设备，如设备存在的隐患未及时排除，使用不当或违章操作，就可能引发机械伤害事故。

从安全系统工程学的角度来看，造成机械伤害的原因可以从人、机、环境三个方面进行分析。人、机、环境三个方面中的任何一个出现缺陷，都有可能引发机械伤害事故。因此，防范机械伤害须采取如下措施：

1）加强操作人员的安全管理

建立健全安全操作规程和规章制度。抓好三级安全教育和业务技术培训、考核。提高安全意识和安全防护技能。做到"四懂"（懂原理、懂构造、懂性能、懂工艺流程）、"三会"（会操作、会保养、会排除故障）。正确穿戴个人防护用品。按规定进行安全检查或巡回检查。严格遵守劳动纪律，杜绝违章操作或习惯性违章。

2）注重机械设备的基本安全要求

设备结构设计需合理。要求如下：

(1) 在设计过程中，对操作者容易触及的可转动零部件应尽可能将其封闭，对不能封闭的零部件必须配置必要的安全防护装置。

(2) 对运行中的生产设备或超过极限位置的零部件，应配置可靠的限位、限速装置和防坠落、防逆转装置；电气线路配置防触电、防火警装置。

(3) 对工艺过程中会产生粉尘和有害气体或有害蒸汽的设备，应采用自动加料、自动卸料装置，并配置吸入、净化和排放装置。

(4) 对有害物质的密闭系统，应避免跑、冒、滴、漏，必要时应配置检测报警装置。

(5) 对生产剧毒物质的设备，应有渗漏应急救援措施等。

机械设备布局要合理。按有关规定，设备布局应达到以下要求：

(1) 机械设备间距：小型设备不小于0.7m，中型设备不小于1m，大型设备不小于2m。

(2) 设备与墙、柱间距：小型设备不小于0.7m，中型设备不小于0.8m，大型设备不小于0.9m。

(3) 操作空间：小型设备不小于0.6m，中型设备不小于0.7m，大型设备不小于1.1m。

(4) 高于2m的运输线需要有牢固的防护罩。

提高机械设备零部件的安全可靠性。要求如下：

(1) 合理选择结构、材料、工艺和安全系数。

(2) 操纵器必须采用连锁装置或保护措施。

(3) 必须设置防滑、防坠落和预防人身伤害的防护装置，如限位装置、限速装置、防逆转装置、防护网等。

(4) 必须有安全控制系统，如配置自动监控系统、声光报警装置等。

(5) 设置足够数量、形状有别于一般的紧急开关。

加强危险部位的安全防护。从根本上讲，对于机械伤害的防护，首先应在设计和安装时充分予以考虑，包括安全要求、材料要求、安装要求，其次才是在使用时加以注意。如：

(1) 带传动通常是靠紧张的带与带轮间的摩擦力来传递运动的，它既具有一般传动装置的共性，又具有容易断带的个性，因此对此类装置的防护应采用防护罩或防护栅栏将其隔离，除2m以内高度的带传动必须采用外，带轮中心距3m以上或带宽在15cm以上或带速在9m/s以上的，即使是2m以上高度的带传动也应该加以防护。

(2) 对链传动，可根据其传动特点采用完全封闭的链条防护罩，既可防尘，减少磨损，保持良好润滑，又可很好地防止伤害事故发生。

重视作业环境的改善：要重视作业环境的改善。布局要合理、照明要适宜、温湿度要适中、噪声和振动要小，具有良好的通风设施。

## 第二节　安全生产基本法规

### 一、《中华人民共和国安全生产法》相关条款

《中华人民共和国安全生产法》于2014年8月3日通过，自2014年12月1日起施行。其相关重点条款摘要如下：

第三条　安全生产工作应当以人为本，坚持安全发展，坚持安全第一、预防为主、综合治理的方针，强化和落实生产经营单位的主体责任，建立生产经营单位负责、职工参与、政府监管、行业自律和社会监督的机制。

第四条　生产经营单位必须遵守本法和其他有关安全生产的法律、法规，加强安全生产管理，建立、健全安全生产责任制和安全生产规章制度，改善安全生产条件，推进安全生产标准化建设，提高安全生产水平，确保安全生产。

第五条　生产经营单位的主要负责人对本单位的安全生产工作全面负责。

第六条　生产经营单位的从业人员有依法获得安全生产保障的权利，并应当依法履行安全生产方面的义务。

第七条　工会依法对安全生产工作进行监督。

生产经营单位的工会依法组织职工参加本单位安全生产工作的民主管理和民主监督，维护职工在安全生产方面的合法权益。生产经营单位制定或者修改有关安全生产的规章制度，应当听取工会的意见。

第十三条　依法设立的为安全生产提供技术、管

理服务的机构，依照法律、行政法规和执业准则，接受生产经营单位的委托为其安全生产工作提供技术、管理服务。生产经营单位委托前款规定的机构提供安全生产技术、管理服务的，保证安全生产的责任仍由本单位负责。

第十七条　生产经营单位应当具备本法和有关法律、行政法规和国家标准或者行业标准规定的安全生产条件；不具备安全生产条件的，不得从事生产经营活动。

第十八条　生产经营单位的主要负责人对本单位安全生产工作负有下列职责：

（一）建立、健全本单位安全生产责任制；

（二）组织制定本单位安全生产规章制度和操作规程；

（三）组织制定并实施本单位安全生产教育和培训计划；

（四）保证本单位安全生产投入的有效实施；

（五）督促、检查本单位的安全生产工作，及时消除生产安全事故隐患；

（六）组织制定并实施本单位的生产安全事故应急救援预案；

（七）及时、如实报告生产安全事故。

第十九条　生产经营单位的安全生产责任制应当明确各岗位的责任人员、责任范围和考核标准等内容。生产经营单位应当建立相应的机制，加强对安全生产责任制落实情况的监督考核，保证安全生产责任制的落实。

第二十二条　生产经营单位的安全生产管理机构以及安全生产管理人员履行下列职责：

（一）组织或者参与拟订本单位安全生产规章制度、操作规程和生产安全事故应急救援预案；

（二）组织或者参与本单位安全生产教育和培训，如实记录安全生产教育和培训情况；

（三）督促落实本单位重大危险源的安全管理措施；

（四）组织或者参与本单位应急救援演练；

（五）检查本单位的安全生产状况，及时排查生产安全事故隐患，提出改进安全生产管理的建议；

（六）制止和纠正违章指挥、强令冒险作业、违反操作规程的行为；

（七）督促落实本单位安全生产整改措施。

第二十五条　生产经营单位应当对从业人员进行安全生产教育和培训，保证从业人员具备必要的安全生产知识，熟悉有关的安全生产规章制度和安全操作规程，掌握本岗位的安全操作技能，了解事故应急处理措施，知悉自身在安全生产方面的权利和义务。未经安全生产教育和培训合格的从业人员，不得上岗作业。

生产经营单位使用被派遣劳动者的，应当将被派遣劳动者纳入本单位从业人员统一管理，对被派遣劳动者进行岗位安全操作规程和安全操作技能的教育和培训。劳务派遣单位应当对被派遣劳动者进行必要的安全生产教育和培训。

生产经营单位接收中等职业学校、高等学校学生实习的，应当对实习学生进行相应的安全生产教育和培训，提供必要的劳动防护用品。学校应当协助生产经营单位对实习学生进行安全生产教育和培训。

生产经营单位应当建立安全生产教育和培训档案，如实记录安全生产教育和培训的时间、内容、参加人员以及考核结果等情况。

第二十六条　生产经营单位采用新工艺、新技术、新材料或者使用新设备，必须了解、掌握其安全技术特性，采取有效的安全防护措施，并对从业人员进行专门的安全生产教育和培训。

第二十七条　生产经营单位的特种作业人员必须按照国家有关规定经专门的安全作业培训，取得相应资格，方可上岗作业。特种作业人员的范围由国务院安全生产监督管理部门会同国务院有关部门确定。

第二十八条　生产经营单位新建、改建、扩建工程项目（以下统称建设项目）的安全设施，必须与主体工程同时设计、同时施工、同时投入生产和使用。安全设施投资应当纳入建设项目概算。

第三十二条　生产经营单位应当在有较大危险因素的生产经营场所和有关设施、设备上，设置明显的安全警示标志。

第四十一条　生产经营单位应当教育和督促从业人员严格执行本单位的安全生产规章制度和安全操作规程；并向从业人员如实告知作业场所和工作岗位存在的危险因素、防范措施以及事故应急措施。

第四十二条　生产经营单位必须为从业人员提供符合国家标准或者行业标准的劳动防护用品，并监督、教育从业人员按照使用规则佩戴、使用。

第四十四条　生产经营单位应当安排用于配备劳动防护用品、进行安全生产培训的经费。

第五十四条　从业人员在作业过程中，应当严格遵守本单位的安全生产规章制度和操作规程，服从管理，正确佩戴和使用劳动防护用品。

第五十五条　从业人员应当接受安全生产教育和培训，掌握本职工作所需的安全生产知识，提高安全生产技能，增强事故预防和应急处理能力。

第五十六条　从业人员发现事故隐患或者其他不安全因素，应当立即向现场安全生产管理人员或者本单位负责人报告；接到报告的人员应当及时予以处理。

第八十条 生产经营单位发生生产安全事故后，事故现场有关人员应当立即报告本单位负责人。

单位负责人接到事故报告后，应当迅速采取有效措施，组织抢救，防止事故扩大，减少人员伤亡和财产损失，并按照国家有关规定立即如实报告当地负有安全生产监督管理职责的部门，不得隐瞒不报、谎报或者迟报，不得故意破坏事故现场、毁灭有关证据。

第一百一十二条 本法下列用语的含义：

危险物品，是指易燃易爆物品、危险化学品、放射性物品等能够危及人身安全和财产安全的物品。

重大危险源，是指长期地或者临时地生产、搬运、使用或者储存危险物品，且危险物品的数量等于或者超过临界量的单元（包括场所和设施）。

第一百一十三条 本法规定的生产安全一般事故、较大事故、重大事故、特别重大事故的划分标准由国务院规定。

国务院安全生产监督管理部门和其他负有安全生产监督管理职责的部门应当根据各自的职责分工，制定相关行业、领域重大事故隐患的判定标准。

第一百一十四条 本法自2014年12月1日起施行。

## 二、《建设工程安全生产管理条例》相关条款

《建设工程安全生产管理条例》于2003年11月24日公布，自2004年2月1日起施行。其相关重点条款摘要如下：

第三十条 施工单位对因建设工程施工可能造成损害的毗邻建筑物、构筑物和地下管线等，应当采取专项防护措施。

施工单位应当遵守有关环境保护法律、法规的规定，在施工现场采取措施，防止或者减少粉尘、废气、废水、固体废物、噪声、振动和施工照明对人和环境的危害和污染。在城市市区内的建设工程，施工单位应当对施工现场实行封闭围挡。

第三十二条 施工单位应当向作业人员提供安全防护用具和安全防护服装，并书面告知危险岗位的操作规程和违章操作的危害。

作业人员有权对施工现场的作业条件、作业程序和作业方式中存在的安全问题提出批评、检举和控告，有权拒绝违章指挥和强令冒险作业。

在施工中发生危及人身安全的紧急情况时，作业人员有权立即停止作业或者在采取必要的应急措施后撤离危险区域。

第三十三条 作业人员应当遵守安全施工的强制性标准、规章制度和操作规程，正确使用安全防护用具、机械设备等。

第三十六条 施工单位的主要负责人、项目负责人、专职安全生产管理人员应当经建设行政主管部门或者其他有关部门考核合格后方可任职。施工单位应当对管理人员和作业人员每年至少进行一次安全生产教育培训，其教育培训情况记入个人工作档案。安全生产教育培训考核不合格的人员，不得上岗。

第三十七条 作业人员进入新的岗位或者新的施工现场前，应当接受安全生产教育培训。未经教育培训或者教育培训考核不合格的人员，不得上岗作业。

施工单位在采用新技术、新工艺、新设备、新材料时，应当对作业人员进行相应的安全生产教育培训。

第六十九条 抢险救灾和农民自建低层住宅的安全生产管理，不适用本条例。

第七十条 军事建设工程的安全生产管理，按照中央军事委员会的有关规定执行。

第七十一条 本条例自2004年2月1日起施行。

# 第二章
# 工作现场安全操作知识

## 第一节 安全生产

### 一、劳动防护用品的功能及使用方法

劳动防护用品是保护劳动者在生产过程中的人身安全与健康所必需的一种防护性装备，对于减少职业危害、防止事故发生起着重要作用。

劳动防护用品分为特种劳动防护用品和一般劳动防护用品。特种劳动防护用品目录由应急管理部确定并公布。特种劳动防护用品需有三证，即生产许可证、产品合格证、特种劳防用品安全标志证。未列入目录的劳动防护用品为一般劳动防护用品。

劳动防护用品按防护部位分为头部防护、呼吸器官防护、眼面部防护、听觉器官防护、手部防护、足部防护、躯干防护、防坠落等用品。

#### （一）头部防护用品

头部防护用品是为防护头部不受外来物体打击和其他因素危害而采取的个人防护用品。根据防护功能要求，目前主要有普通工作帽、防尘帽、防水帽、防寒帽、安全帽、防静电帽、防高温帽、防电磁辐射帽、防昆虫帽等九类产品。排水作业过程中使用的头部防护用品主要是安全帽。

**1. 安全帽的定义**

安全帽是用于保护头部，防撞击、挤压伤害、物料喷溅、粉尘等的护具。用于防撞击时，主要用来避免或减轻在作业场所发生的高处坠落物、作业设备及设施等意外撞击对作业人员头部造成的伤害。

**2. 安全帽的分类**

安全帽以下分为以下六类：通用型、乘车型、特殊型安全帽、军用钢盔、军用保护帽和运动员用保护帽。其中，通用型和特殊型安全帽属于劳动防护用品。常见的安全帽由帽壳、帽衬和下颏带、附件等部分组成，结构如图2-1所示。

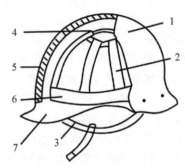

1-帽体；2-帽衬分散条；3-系带；4-帽衬顶带；
5-吸收冲击内衬；6-帽衬环形带；7-帽檐。

**图 2-1 安全帽结构示意图**

**3. 安全帽的选用和使用方法**

安全帽应选用质检部门检验合格的产品。根据安全帽的性能、尺寸、使用环境等条件，选择适宜的品类。如大檐帽和大舌帽适用于露天环境作业，小沿帽多用于室内、隧道、涵洞、井巷等工作环境。在易燃易爆环境中作业，应选具有抗静电性能的安全帽；在有限空间作业，由于光线相对较暗，应选颜色明亮的安全帽，以便于他人发现。

据有关统计，坠落物撞击致伤的人员中有15%是因安全帽使用不当造成的。所以不能以为戴上安全帽就能保护头部免受冲击伤害，在实际工作中还应了解和做到以下几点：

（1）进入生产现场或在厂区内外从事生产和劳动时，必须戴安全帽（国家或行业有特殊规定的除外；特殊作业或劳动，采取措施后可保证人员头部不受伤害并经过相关部门批准的除外）。

（2）安全帽必须有说明书，并指明使用场所，以供作业人员合理使用。

（3）安全帽在佩戴前，应检查各配件有无破损、装配是否牢固、帽衬调节部分是否卡紧、插口是否牢靠、绳带是否系紧等。若帽衬与帽壳之间的距离不在25~50mm，应用顶绳调节到规定的范围，确认各部

件完好后，方可使用。

（4）佩戴安全帽时，必须系紧安全帽带，根据使用者头部的大小，将帽箍长度调节至适宜位置（松紧适度）。高处作业者佩戴的安全帽，要有下颏带和后颈箍，并应拴牢，以防帽子滑落与脱掉。安全帽的帽檐，必须与佩戴人员的目视方向一致，不得歪戴或斜戴。

（5）不私自拆卸帽上的部件和调整帽衬尺寸，以保持垂直间距（25~50mm）和水平间距（5~20mm）符合有关规定值，用来预防安全帽遭到冲击后佩戴人员触顶造成的人身伤害。

（6）严禁在帽衬上放任何物品；严禁随意改变安全帽的任何结构；严禁用安全帽充当器皿使用；严禁用安全帽当坐垫使用。

（7）安全帽使用后应擦拭干净，妥善保存。不应存储在有酸碱、高温（50℃以上）、阳光直射、潮湿和有化学溶剂的场所，避免重物挤压或尖物碰刺。帽壳与帽衬可用冷水、温水（低于50℃）洗涤，不可放在暖气片上烘烤，以防帽壳变形。

（8）若安全帽在使用中受到较大冲击，无论是否发现帽壳有明显断裂纹或变形，都会降低安全帽的耐冲击和耐穿透性能，应停止使用，更换新帽。不能继续使用的安全帽应进行报废切割，不得继续使用或随意弃置处理。

（9）不防电安全帽不能作为电业用安全帽使用，以免造成人员触电。

（10）安全帽从购入时算起，植物帽的有效期为一年半，塑料帽有效期不超过两年，层压帽和玻璃钢帽有效期为两年半，橡胶帽和防寒帽有效期为三年，乘车安全帽有效期为三年半。上述各类安全帽超过其一般使用期限后，易出现老化，丧失自身的防护性能。安全帽使用期限具体根据当批次安全帽的标识确定，超过使用期限的安全帽严禁使用。

**（二）呼吸器官防护用品**

呼吸器官防护用品是为防御有害气体、蒸气、粉尘、烟、雾从呼吸道吸入，直接向使用者供氧或清洁空气，保证尘、毒污染或缺氧环境中作业人员正常呼吸的防护用品。

呼吸器官防护用品主要有防尘口罩和防毒口罩（面罩）。防尘口罩是从事和接触粉尘的作业人员的重要防护用品，主要用于含有低浓度有害气体和蒸汽的作业环境以及会产生粉尘的作业环境。防尘口罩内部有阻尘材料，保护使用者将粉尘等有害物质吸入体内。防毒口罩（面罩）是一种保护人员呼吸系统的特种劳保用品，一般由滤毒盒或滤毒罐和面罩主体组成。面罩主体隔绝空气，起到密封作用，滤毒盒（滤毒罐）起到过滤毒气和粉尘的作用。

呼吸器官防护用品按用途分为防尘、防毒、供氧三类，按作用原理分为过滤式、隔离式两类。根据排水行业有限空间作业的特点，作业人员应使用隔离式防毒面具，严禁使用过滤式防毒面具、半隔离式防毒面具及氧气呼吸设备。一般常用的隔离式防毒面具由面罩、气管、供气源以及其他安全附件部分组成。根据结构形式，隔离式空气呼吸器具分为送风式和供氧式（自给式），送风式的一般为长管呼吸器，自给式的主要是正压式呼吸器和紧急逃生呼吸器。

1. 长管呼吸器

长管呼吸器是通过面罩使佩戴者的呼吸器官与周围空气隔绝，并通过长管输送清洁空气供佩戴者呼吸的防护用品，属于隔绝式呼吸器中的一种。根据供气方式不同，长管呼吸器可以分为自吸式长管呼吸器、连续送风式长管呼吸器和高压送风式长管呼吸器三种。表2-1为长管呼吸器的分类及组成。

1）自吸式长管呼吸器

自吸式长管呼吸器结构如图2-2所示，由面罩、吸气软管、背带和腰带、导气管、空气输入口（低阻过滤器）和警示板等部分组成。使用时，将长管的一端固定在空气清新无污染的场所，另一端与面罩连接，依靠佩戴者自身的肺动力将清洁的空气经低压长管、导气管吸进面罩内。

表2-1 长管呼吸器的分类及组成（标准）

| 长管呼吸器种类 | 系统组成主要部件及次序 | | | | | 供气气源 |
|---|---|---|---|---|---|---|
| 自吸式长管呼吸器 | 密合性面罩[a] | 导气管[a] | 低压长管[a] | 低阻过滤器[a] | | 大气[a] |
| 连续送风式长管呼吸器 | | 导气管[a]+流量阀[a] | 低压长管[a] | 过滤器[a] | 风机[a] | 大气[a] |
| | | | | | 空压机[a] | |
| 高压送风式长管呼吸器 | 面罩[a] | 导气管[a]+供气阀[b] | 中压长管[b] | 高压减压器[c] | 过滤器[c] | 高压气源[c] |
| 所处环境 | 工作现场环境 | | | 工作保障环境 | | |

注：a是指承受低压部件；b是指承受中压部件；c是指承受高压部件。

由于这种呼吸器是靠自身肺动力呼吸，因此在呼吸的过程中不能总是维持面罩内为微正压，当面罩内压力下降为微负压时，就有可能造成外部受污染的空气进入面罩内。

有限空间长期处于封闭或半封闭状态，容易造成氧含量不足或有毒有害气体积聚。在有限空间内使用该类呼吸器，可能由于面罩内压力下降呈现微负压状态，从而使缺氧气体或有毒气体渗入面罩，并随着佩戴者的呼吸进入人体，对其身体健康和生命安全造成威胁。此外，由于该类呼吸器依靠佩戴者自身肺动力吸入有限空间外的洁净空气，在有限空间内从事重体力劳动或长时间作业时，可能会给佩戴该呼吸器的作业人员的正常呼吸带来负担，使作业人员感觉呼吸不畅。因此，在有限空间作业时，不应使用自吸式长管呼吸器。

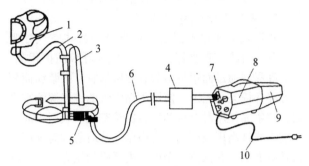

1—全面罩；2—吸气软管；3—背带和腰带；4—空气调节袋；5—流量调节器；6—导气管；7—风量转换开关；8—电动送风机；9—过滤器；10—电源线。

**图2-3 电动送风呼吸器结构示意图**

3）高压送风式长管呼吸器

高压送风式长管呼吸器是由高压气源（如高压空气瓶）经压力调节装置把高压降为中压后，将气体通过导气管供给面罩供佩戴者呼吸的一种防护用品。

图2-4是高压送风式长管呼吸器的结构示意图，该呼吸器由两个高压空气容器瓶作为气源，当主气源发生意外中断供气时，可切换备份的小型高压空气容器供气。

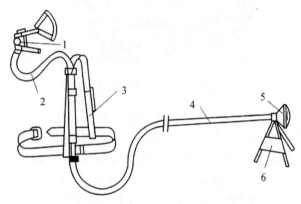

1—面罩；2—吸气软管；3—背带和腰带；4—导气管；
5—空气输入口（低阻过滤器）；6—警示板。

**图2-2 自吸式长管呼吸器结构示意图**

2）连续送风式长管呼吸器

根据送风设备动力源不同，连续送风式长管呼吸器分为手动送风呼吸器和电动送风呼吸器。

手动送风呼吸器无须电源，由人力操作，体力强度大，需要2人一组轮换作业，送风量有限，在有限空间内作业不建议长时间使用该类呼吸器。

电动风机送风呼吸器结构如图2-3所示，由全面罩、吸气软管、背带和腰带、空气调节袋、流量调节器、导气管、风量转换开关、电动送风机、过滤器和电源线等部分组成。

电动送风呼吸器的使用时间不受限制，供气量较大，可以同时供1~4人使用，送风量依人数和导气管长度而定，因此是排水管道人工清掏、井下检查等工作时常用的呼吸防护设备。在使用时，应将送风机放在有限空间外的清洁空气中，保证送入的空气是无污染的清洁空气。

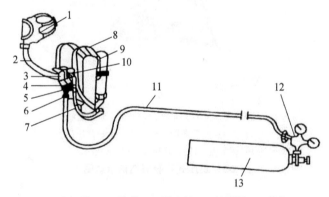

1—全面罩；2—吸气管；3—肺力阀；4—减压阀；5—单向阀；6—软管接合器；7—高压导管；8—着装带；9—小型高压空气容器；10—压力指示计；11—空气导管；12—减压阀；13—高压空气容器。

**图2-4 高压送风式长管呼吸器示意图**

高压送风式长管呼吸器设备沉重、体积大、不易携带、成本高，且需要在有资质的机构进行气瓶充装，因此行业内很少选用其作为呼吸防护设备。

长管呼吸器的送风长管必须经常检查，确保无泄漏、气密性良好。使用长管呼吸器必须有专人在现场监护，防止长管被压、踩、折弯、破坏。长管呼吸器的进风口必须放置在有限空间作业环境外，空气洁净、氧含量合格的地方，一般可选择在有限空间出入口的上风向。使用空压机作气源时，为保护员工的安全与健康，空压机的出口应设置空气过滤器，内装活性炭、硅胶、泡沫塑料等，以清除油水和杂质。

#### 2. 正压式空气呼吸器

正压式空气呼吸器是一种自给开放式空气呼吸器，既是自给式呼吸器，又是携气式呼吸防护用品。该类呼吸器通过面罩将佩戴者呼吸器官、眼睛和面部与外界环境完全隔绝，使用压缩空气的带气源的呼吸器，它依靠使用者背负的气瓶供给空气。气瓶中高压压缩空气被高压减压阀降为中压，然后通过需求阀进入呼吸面罩，并保持一个可自由呼吸的压力。无论呼吸速度如何，通过需求阀的空气在面罩内始终保持轻微的正压，以阻止外部空气进入。

正压式空气呼吸器主要适用于受限空间作业，使操作人员能够在充满有毒有害气体、蒸汽或缺氧的恶劣环境下安全地进行操作工作。空气呼吸器由面罩总成、供气阀总成、气瓶总成、减压器总成、背托总成五部分组成，结构如图2-5所示，实物如图2-6所示。

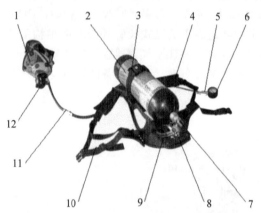

1-面罩；2-气瓶；3-带箍；4-肩带；5-报警哨；
6-压力表；7-气瓶阀；8-减压器；9-背托；
10-腰带组；11-快速接头；12-供气阀。

图2-5 正压式呼吸器结构示意图

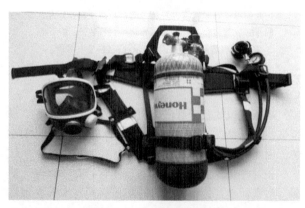

图2-6 正压式呼吸器

1）产品性能及配件

正压式呼吸器的结构基本相同，主要由12个部件组成，现将各部件介绍如下：

（1）面罩总成：面罩总成有大、中、小三种规格，由头罩、头带、颈带、吸气阀、口鼻罩、面窗、传声器、面窗密封圈、凹形接口等部分组成，外观如图2-7所示。头罩戴在头顶上。头带、颈带用以固定面罩。口鼻罩用以罩住佩戴者的口鼻，提高空气利用率，减少温差引起的面窗雾气。面窗是由高强度的聚碳酸酯材料注塑而成的，耐磨、耐冲击、透光性好、视野大、不失真。传声器可为佩戴者提高有效的声音传递。面窗密封圈起到密封作用。凹形接口用于连接供气阀总成。

图2-7 正压式空气呼吸器面罩

（2）气瓶总成：气瓶总成由气瓶和瓶阀组成。气瓶从材质上分为钢瓶和复合瓶两种。钢瓶用高强度钢制成。复合瓶是在铝合金内胆外加碳纤维和玻璃纤维等高强度纤维缠绕制成的，其外形如图2-8所示。工作压力为25~30MPa，与钢瓶比具有重量轻、耐腐蚀、安全性好和使用寿命长等优点。气瓶从容积上分为3L、6L和9L三种规格。钢制瓶的空气呼吸器重达14.5kg，而复合瓶空气呼吸器一般重8~9kg。瓶阀有两种，即普通瓶阀和带压力显示及欧标手轮瓶阀。无论哪种瓶阀都有安全螺塞，内装安全膜片，瓶内气体超压时安全膜片会自动爆破泄压，从而保护气瓶，避免气瓶爆炸造成人身危害。欧标手轮瓶阀则带有压力显示和防止意外碰撞而关闭阀门的功能。

图2-8 正压式空气呼吸器气瓶

（3）供气阀总成：供气阀总成由节气开关、应急充泄阀、凸形接口、插板四部分组成，其外观如图2-9所示。供气阀的凸形接口与面罩的凹形接口可直接连接，构成通气系统。节气开关外有橡皮罩保护，当佩戴者从脸上取下面罩时，为节约用气，用大拇指按住橡皮罩下的节气开关，会有"嗒"的一声，即可关闭供气阀，停止供气；重新戴上面具，开始呼气时，供气阀将自动开启，供给空气。应急充泄阀是一个红色旋钮，当供气阀意外发生故障时，通过手动旋钮旋动 1/2 圈，即可提供正常的空气流量；应急充泄阀还可利用流出的空气直接冲刷面罩、供气阀内部的灰尘等污物，避免佩戴者将污物吸入体内。插板用于供气阀与面罩连接完好的锁定装置。

图 2-9　正压式空气呼吸器气瓶阀

（4）瓶带组：瓶带组为一快速凸轮锁紧机构，能保证瓶带始终处于一闭环状态，气瓶不会出现翻转现象。其外观如图 2-10 所示（圆圈中部分）。

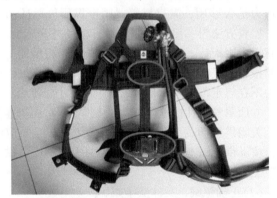

图 2-10　正压式空气呼吸器瓶带组

（5）肩带：肩带由阻燃聚酯织物制成，背带采用双侧可调结构，使重量落于使用者腰胯部位，减轻肩带对胸部的压迫，让使用者呼吸顺畅。肩带上设有宽大弹性衬垫，可以减轻对肩的压迫。其外观如图 2-11 所示。

（6）报警哨：报警哨置于胸前，报警声易于分辨。报警哨具有体积小、重量轻等特点，其外观如图 2-12 所示。

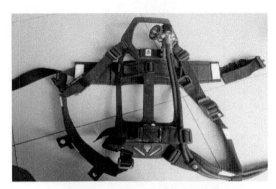

图 2-11　正压式空气呼吸器肩带

图 2-12　正压式空气呼吸器报警哨

（7）压力表：压力表的大表盘、具有夜视功能，配有橡胶保护罩，其外观如图 2-13 所示。

图 2-13　正压式空气呼吸器压力表

（8）减压器总成：减压器总成由压力表、报警器、中压导气管、安全阀、手轮五部分组成，其外观如图 2-14 所示。压力表能显示气瓶的压力，并具有夜光显示功能，便于在光线不足的条件下观察；报警器安装在减压器上或压力表处，安装在减压器上的为后置报警器，安装在压力表旁的为前置报警器。当气瓶压力降到 (5.5±0.5) MPa 区间时，报警器开始发出报警声响，持续报警到气瓶压力小于 1MPa 时为止。报警器响起，佩戴者应立即撤离有毒有害危险作业场所，否则会有生命危险。中压导气管是减压器与供气阀组成的连接气管，从减压器出来的 0.7MPa 的空气经供气阀直接进入面罩，供佩戴者使用。安全阀是当减压器出现故障时的安全排气装置。手轮用于与气瓶连接。

图 2-14　正压式空气呼吸器减压器

图 2-17　正压式空气呼吸器供给阀

（9）背托总成：背托总成由背架、上肩带、下肩带、腰肩带和瓶箍带五部分组成，其外观如图 2-15 所示（圆圈中部分）。背架起到空气呼吸器的支架作用。上、下肩带和腰带用于整套空气呼吸器与佩戴者紧密固定。背架上瓶箍带的卡扣用于快速锁紧气瓶。背托一般由碳纤维复合材料注塑成型，具有阻燃和防静电等功能。

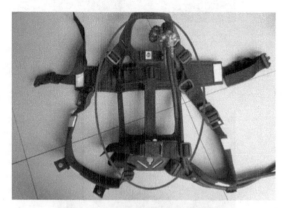

图 2-15　正压式空气呼吸器背托

（10）腰带组：腰带组卡扣锁紧、易于调节，其外观如图 2-16 所示（圆圈中部分）。

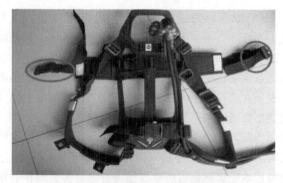

图 2-16　正压式空气呼吸器腰带组

（11）快速接头：快速接头小巧、可单手操作、有锁紧防脱功能。

（12）供给阀：供给阀结构简单、功能性强、输出流量大、具有旁路输出、体积小，其外观如图 2-17 所示。

2）使用步骤

（1）开箱检查（图 2-18），具体操作如下：

①检查全面罩面窗有无划痕、裂纹，是否有模糊不清现象，面框橡胶密封垫有无灰尘、断裂等影响密封性能的因素存在。检查头带、颈带是否断裂、连接处是否断裂、连接处是否松动。

②检查腰带组、卡扣，必须完好无损。边检查边调整肩带、腰带长短（根据本人身体调整长短）。

③检查报警装置，检查压力表是否回零。

④检查气瓶压力，打开气瓶阀，观察压力表，指针应位于压力表的绿色范围内。继续打开气瓶阀，观察压力表，压力表指针在 1min 之内下降应小于 0.5MPa，如超过该泄漏指标，应马上停止使用该呼吸器。

⑤检查报警器。因佩戴好呼吸器后，无法检测气瓶压力是否够用，需靠报警器哨声提醒气瓶压力大小。检查方法为关闭气瓶阀，然后缓慢打开充泄阀，注意压力表指针下降至 (5±0.5)MPa 时，报警器是否开始报警，报警声音是否响亮。如果报警器不发声或压力不在规定范围内，必须维修正常后才能使用。

⑥面罩气密性检查合格后，将供气阀与面罩连接好，关闭供气阀的充泄阀，深呼吸几下，呼吸应顺畅，按下供气阀上的橡胶罩保护杠杆开关 2 次，供气阀应能正常打开。

（2）正确佩戴，具体操作如下：

①使气瓶的平侧靠近自己，气瓶有压力表的一端向外，让背带的左右肩带套在两手之间。

②将呼吸器举过头顶，两手向后下弯曲，将呼吸器落下，使左右肩带落在肩膀上。

③双手扣住身体两侧肩带 D 形环，身体前倾，向后下方拉紧，直到肩带及背架与身体充分贴合。

④拉下肩带使呼吸器处于合适的高度，不需要调得过高，感觉舒服即可。

⑤插好腰带，向前收紧调整松紧至合适。

⑥将面罩长系带戴好，一只手托住面罩将面罩的口鼻罩与脸部完全贴合，另一只手将头带后拉罩住头部，收紧头带，收紧程度以既要保证气密又感觉舒

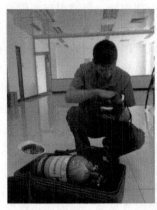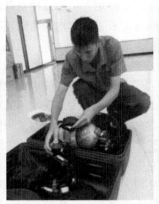

图 2-18 正压式空气呼吸器开箱检查

适、无明显的压痛为宜。

⑦必须检查面罩的气密性，用手掌封住供气阀快速接气处吸气，如果感到无法呼吸且面罩充分贴合则说明密封良好。

⑧将气瓶阀开到底回半圈，报警哨应有一次短暂的发声。同时看压力表，检查充气压力。将供气阀的出气口对准面罩的进气口插入面罩中，听到轻轻一声卡响表示供气阀和面罩已连接好。

⑨戴好安全帽，呼吸几次，无不适感觉，就可以进入工作场所。工作时注意压力表的变化，如压力下降至报警哨发出声响，必须立即撤回到安全场所。

（3）正压式呼吸器佩戴规范：一看压力，二听哨，三背气瓶，四戴罩。瓶阀朝下，底朝上；面罩松紧要正好；开总阀、插气管，呼吸顺畅抢分秒。

3）使用注意事项

不同厂家生产的正压式空气呼吸器在供气阀的设计上所遵循的原理是一致的，但外形设计却存在差异，使用过程中要认真阅读说明书。

使用者应经过专业培训，熟悉掌握空气呼吸器的使用方法及安全注意事项。正压式空气呼吸器一般供气时间在 40min 左右，主要用于应急救援，不适宜作为长时间作业过程中的呼吸防护用品，且不能在水下使用。在使用中，因碰撞或其他原因引起面罩错动时，应屏住呼吸，及时将面罩复位，但操作时要保持面罩紧贴脸上，千万不能从脸上拉下面罩。

空气呼吸器的气瓶充气应严格按照《气瓶安全监察规程》执行，无充气资质的单位和个人禁止私自充气。空气瓶每 3 年应送至有资质的单位检验 1 次。每次使用前，要确保气瓶压力至少在 25MPa 以上。当报警器鸣响时或气瓶压力低于 5.5MPa 时，作业人员应立即撤离有毒有害危险作业场所。充泄阀的开关只能手动，不可使用工具，其阀门转动范围为 1/2 圈。

空气呼吸器应由专人负责保管、保养、检查，未经授权的单位和个人无权拆、修空气呼吸器。

4）日常检查维护

（1）系统放气：首先关闭气瓶阀，然后轻轻打开充泄阀，放掉管路系统中的余气后再次关闭充泄阀。

（2）部件检查：检查供气阀、面罩、背托。检查气瓶表面有无碰伤、变形、腐蚀和烧焦。检查瓶口钢印上最近一次的静水测试日期，以确保它是在规定的使用期内。

（3）清洗消毒：背托、气瓶、减压器的清洁，只用软布蘸水擦洗，并晾干即可。面罩的清洗用温和的肥皂水或清洁液清洗。在干净温水里彻底冲洗，在空气中晾干，并用柔软干净的布擦拭。消毒可以使用 70%酒精、甲醇或乙丙醇。

（4）气瓶的定检：气瓶的定期检验应由经国家特种设备安全监督管理部门核准的单位进行，定检周期一般为 3 年，但在使用过程中若发现气瓶有严重腐蚀等情况时，应提前进行检验。只有检验合格的气瓶才可使用。

（5）气瓶充气：气瓶充气可委托相应的充气站充气，也可自行充气。自行充气前需仔细检查充气泵油位线、三角皮带、高压软管等是否存在异常，检查电路线路，确保其正常使用，检查充气泵润滑油是否充足。均检查正常后方可为气瓶充气。充气时，首先打开分离器上冷凝排污阀，空载启动充气泵，待充气泵运转稳定后关闭排污阀，再将高压软管连接器连接到气瓶连接器。之后打开气瓶阀，充气泵给气瓶充气。当气瓶充气压力达到规定值时，关闭气瓶上的旋阀，并要迅速打开充气泵的各级排污阀，使充气泵卸载运转，排出管路内所有的高压气体及水分。最后关闭压缩机，卸下气瓶连接。

（6）在给气瓶充气前要检测气瓶的使用年限，超过气瓶使用寿命的不允许充气，防止发生气瓶爆裂。且气瓶上标注有气瓶充气压力，不可过量充气。

5）空气呼吸器的存储

空气呼吸器的存储要求室温 0~30℃，相对湿度

40%~80%，避免接近腐蚀性气体和阳光直射，使用较少时，应在橡胶件涂上滑石粉。空气呼吸器需要进行交通运输时，应采取可靠的机械方式固定，避免发生碰撞。

3. 紧急逃生呼吸器

紧急逃生呼吸器是为保障作业安全，由作业人员或救援人员携带进入有限空间，帮助作业者在作业环境发生有毒有害气体中毒或突然性缺氧等意外情况时，迅速逃离危险环境的自救式呼吸器。它可以独立使用，也可以配合其他呼吸防护用品共同使用。

（1）使用方法：作业中一旦有毒有害气体浓度超标，检测报警仪发出警示，应迅速打开紧急逃生呼吸器，将面罩或头套完整地遮掩住口、鼻、面部甚至头部，迅速撤离危险环境。

（2）注意事项：紧急逃生呼吸器必须随身携带，不可随意放置。不同的紧急逃生呼吸器，其供气时间不同，一般在15min左右，作业人员应根据作业场所距有限空间出口的距离来选择。若供气时间不足以安全撤离危险环境，在携带时应增加紧急逃生呼吸器数量。

### （三）眼面部防护用品

1. 眼面部防护用品的定义

眼面部防护用品是指预防烟雾、尘粒、金属火花和飞屑、热、电磁辐射、激光、化学飞溅等伤害，保护眼睛或面部的个人防护用品。

2. 眼面部防护用品的分类

眼面部防护用品种类很多，根据防护功能，大致可分为防尘、防水、防冲击、防高温、防电磁辐射、防射线、防化学飞溅、防风沙、防强光九类。眼面部防护用品主要有防护眼镜、防护眼罩和防护面罩三种类型。

排水作业常用的眼面部防护用品主要是防护眼镜。防护眼镜的防护机理一方面是高强度的镜片材料可防止金属飞屑等对眼部造成物理伤害，另一方面是镜片能够对光线中某种波段的电磁波进行选择性吸收，进而可以减少某些波长通过镜片，减轻或防止对眼睛造成伤害。防护眼镜分为安全护目镜和遮光护目镜。安全护目镜主要防有害物质对眼睛的伤害，如防冲击眼镜、防化学眼镜；遮光护目镜主要防有害辐射线对眼睛的伤害，如焊接护目镜。

3. 眼面部防护用品的使用方法

在有限空间内进行冲刷和修补、切割等作业时，沙粒或金属碎屑等异物可能进入眼内或冲击面部；焊接作业时的焊接弧光，可能引起眼部的伤害；清洗反应釜等作业时，其中的酸碱液体、腐蚀性烟雾进入眼中或冲击到面部皮肤，可能引起角膜或面部皮肤的烧伤。为防止有毒刺激性气体、化学性液体伤害眼睛和面部，须佩戴封闭性防护眼镜或安全防护面罩。

据统计，电光性眼炎在工矿企业从事焊接作业的人员中比较常见，其主要原因是挑选的防护眼镜不合适或使用的方法不正确。因此，有关的作业人员应掌握下列使用防护眼镜和面罩的基本办法：

（1）使用的眼镜和面罩必须经过有关部门的检验。

（2）挑选、佩戴合适的眼镜和面罩，以防作业时眼镜和面罩脱落或晃动，影响使用效果。

（3）眼镜框架与脸部要吻合，避免侧面漏光。必要时，应使用带有护眼罩或防侧光型眼镜。

（4）防止眼镜、面罩受潮、受压，以免变形损坏或漏光。焊接用面罩应该具有绝缘性，以防人员触电。

（5）使用面罩式护目镜作业时，累计8h至少更换1次保护片。防护眼镜的滤光片被飞溅物损伤时，要及时更换。

（6）保护片和滤光片组合使用时，镜片的屈光度必须相同。

（7）对于送风式、带有防尘、防毒面罩的焊接面罩，应严格按照有关规定保养和使用。

（8）当面罩的镜片被作业环境的潮湿烟气及作业者呼出的潮气罩住，使其出现水雾并且影响操作时，可采取下列解决措施：

①水膜扩散法：在镜片上涂上脂肪酸或硅胶系的防雾剂，使水雾均等扩散。

②吸水排除法：在镜片上浸涂界面活性剂（PC树脂系），将附着的水雾吸收。

③真空法：对某些具有双重玻璃窗结构的面罩，可采取在两层玻璃间抽真空的方法。

### （四）听觉器官防护用品

1. 听觉器官防护用品的定义

听觉器官防护用品是指能够防止过量的声能侵入外耳道，使人耳避免噪声的过度刺激，减少听力损失，预防噪声对人身造成不良影响的个体防护用品。

2. 听觉器官防护用品的分类

听觉器官防护用品主要有耳塞、耳罩和防噪声头盔三大类。耳塞和耳罩是保护人的听觉避免在高分贝作业环境中受到伤害的个人防护用品。其防护机理是应用惰性材料衰减噪声能量以对佩戴人的听觉器官进行保护；可插入外耳道内或插在外耳道的入口，适用于115dB以下的噪声环境。耳罩外形类似耳机，装在弓架上把耳部罩住使噪声衰减，耳罩的噪声衰减量可达 10~40dB，适用于噪声较高的环境。耳塞和耳罩可单独使用，也可结合使用，结合使用可使噪声衰减量比单独使用提高 5~15dB。防噪声头盔可把头部大部分保护起来，如再加上耳罩，防噪效果就更出色。这种头盔具有防噪声、防碰撞、防寒、防暴风、防冲击波等功能，适用于强噪声环境，如靶场、坦克舱内部等高噪声、高冲击波的环境。

3. 听觉器官防护用品的使用方法

佩戴耳塞时，先将耳郭向上提起，使外耳道口呈平直状态，然后手持塞柄将塞帽轻轻推入外耳道内与耳道贴合。不要用力太猛或塞得太深，以感觉适度为止，如隔声不良，可将耳塞慢慢转动到最佳位置；若隔声效果仍不好，应另换其他规格的耳塞。

佩戴耳罩要与使用人的外耳紧密接触，以免外部噪声从防噪耳罩和外耳之间的缝隙进入中耳和内耳。戴好后，调节头箍松紧度至使用者的合适位置。

使用耳塞和防噪声头盔时，应先检查罩壳有无裂纹和漏气现象。佩戴时，应注意罩壳标记顺着耳郭的形状佩戴，务必使耳罩软垫圈与周围皮肤贴合。

在使用护耳器前，应用声级计定量测出工作场所的噪声，然后算出需衰减的声级，以挑选规格合适的护耳器。

防噪声护耳器的使用效果不仅取决于这些用品质量好坏，还使用者养成耐心使用的习惯和掌握正确的佩戴方法。如只戴一种护耳器隔声效果不好，也可以同时戴上两种护耳器，如耳罩内加耳塞等。

4. 听觉器官防护用品的注意事项

（1）耳塞、耳罩和防噪声头盔均应在进入噪声环境前佩戴好，工作中不得随意摘下。

（2）耳塞佩戴前要洗净双手，耳塞应经常用水和温和的肥皂清洗，耳塞清洗后应放置在通风处自然晾干，不可暴晒。不能水洗的耳塞在脏污或破损时，应进行更换。

（3）清洁耳罩时，垫圈可用擦洗布蘸肥皂水擦拭，不能将整个耳罩浸泡在水中。

（4）清洁干燥后的耳塞和耳罩应放置于专用盒内，以防挤压变形。在洁净干燥的环境中存储，避免阳光直晒。

**（五）手部防护用品**

1. 手部防护用品的定义

具有保护手和手臂的功能，供作业者劳动时戴用的手套称为手部防护用品，通常也称为劳动防护手套。

2. 手部防护用品的分类

手部防护用品按照防护功能分为十二类，即一般防护手套、防水手套、防寒手套、防毒手套、防静电手套、防高温手套、防 X 射线手套、防酸碱手套、防油手套、防振手套、防切割手套、绝缘手套。每类手套按照材料又能分为许多种。有限空间作业经常使用的是耐酸碱手套、绝缘手套和防静电手套。

3. 手部防护用品的使用方法

在作业过程中接触到机械设备、腐蚀性和毒害性的化学物质，都可能会对手部造成伤害。为防止作业人员的手部伤害，作业过程中应佩戴合格有效的手部防护用品。

首先应了解不同种类手套的防护作用和使用要求，以便在作业时正确选择，切不可把一般场合用手套当作某些专用手套使用。如把棉布手套、化纤手套等作为防振手套来用，效果很差。

在使用绝缘手套前，应先检查外观，如发现表面有孔洞、裂纹等应停止使用。

绝缘手套使用完毕，应按有关规定将其保存好，以防老化造成其绝缘性能降低。使用一段时间后应复检，合格后方可使用。使用时要注意产品分类色标，如 1kV 手套为红色、7.5kV 为白色、17kV 为黄色。

在使用振动工具作业时，不能认为戴上防振手套就安全了。应注意在工作中安排一定的时间休息，随着工具自身振频提高，可相应将休息时间延长。对于使用的各种振动工具，最好测出振动加速度，以便挑选合适的防振手套，取得较好的防护效果。

在某些场合中，所有手套大小应合适，避免手套过长，被机械绞住或卷住，使手部受伤。

操作高速回转机械作业时，可使用防振手套。进行某些维护设备和注油作业时，应使用防油手套，以避免油类对手的侵害。

不同种类手套有其特定用途的性能，在实际工作时一定要结合作业情况来正确使用和区分，以保护手部安全。

4. 手部防护用品的注意事项

（1）根据实际工作和工况环境选择合适的防护手套，并定期更换。

（2）使用前检查手套有无破损和磨蚀，绝缘手套还应检查其电绝缘性，不符合规定的手套不能使用。

（3）使用后的手套在摘取时要细心，防止手套上沾染的有害物质接触到皮肤或衣服而造成二次污染。

（4）橡胶、塑料材质的防护手套使用后应冲洗干净并晾干，保存时避免高温，必要时在手套上撒滑石粉以防粘连。

（5）带电绝缘手套用低浓度中性洗涤剂清洗。

（6）橡胶绝缘手套须保存于无阳光直晒、潮湿、臭氧、高温、灰尘、油、药品等环境，选择较暗的阴凉场所存储。

## (六) 足部防护用品

**1. 足部防护用品的定义**

足部防护用品是指防止作业人员足部受到物体的砸伤、刺割、灼烫、冻伤、化学性酸碱灼伤和触电等伤害的护具,又称为劳动防护鞋即劳保鞋(靴)。常用的防护鞋内衬为钢包头,柔性不锈钢鞋底,具有耐静压及抗冲击性能,防刺,防砸,内有橡胶及弹性体支撑,穿着舒适,保护足部的同时不影响日常劳动操作。

**2. 足部防护用品的分类**

按功能分为防尘鞋、防水鞋、防寒鞋、防足趾鞋、防静电鞋、防酸碱鞋、防油鞋、防烫脚鞋、防滑鞋、防刺穿鞋、电绝缘鞋、防振鞋等十三类。

**3. 足部防护用品的使用方法**

作业人员应根据实际工作和工况环境选择合适的防护鞋。如在存在酸、碱腐蚀性物质的环境中作业,需穿着耐酸碱的胶靴;在有易燃易爆气体的环境中作业,须穿着防静电鞋等。

使用前,要检查防护鞋是否完好,鞋底、鞋帮处有无开裂,出现破损后不得再使用。如使用绝缘鞋,应检查其电绝缘性,不符合规定的不能使用。

防护鞋应在进入工作环境前穿好。

对非化学防护鞋,在使用过程中应避免接触到腐蚀性化学物质,一旦接触应及时清除。

**4. 足部防护用品的使用注意事项**

(1)防护鞋应定期进行更换。

(2)勿随意修改安全鞋的构造,以免影响其防护性能。

(3)经常清理鞋底,避免积聚污垢物,特别是绝缘安全鞋,鞋底的导电性或防静电效能会受到鞋底污垢物的影响较大。

(4)防护鞋应定期进行更换。使用后清洁干净,放置于通风干燥处,避免阳光直射、雨淋和受潮,不得与酸、碱、油和腐蚀性物品存放在一起。

## (七) 躯干防护用品

**1. 躯干防护用品的定义**

躯干防护用品就是指防护服。防护服是替代或穿在个人衣服外,用于防止一种或多种危害的服装,是安全作业的重要防护部分,是用于隔离人体与外部环境的一个屏障。根据外部有害物质性质的不同,防护服的防护性能、材料、结构等也会有所不同。

**2. 躯干防护用品的分类**

我国防护服按用途分为:①一般作业工作服,用棉布或化纤织物制作而成,适用于没有特殊要求的一般作业场所。②特殊作业工作服,包括隔热服、防辐射服、防寒服、防酸服、抗油拒水服、防化学污染服、防X射线服、防微波服、中子辐射防护服、紫外线防护服、屏蔽服、防静电服、阻燃服、焊接服、防砸服、防尘服、防水服、医用防护服、高可视性警示服、消防服等。

**3. 躯干防护用品的选择**

防护服必须选用符合国家标准,并具有产品合格证的产品。防护服的类型应根据有限空间危险有害因素进行选择。例如,在硫化氢、氨气等强刺激性物质的环境中作业,应穿着防毒服;在易燃易爆场所作业,应穿着防静电防护服等。表2-2列举了几种有限空间作业常见的作业环境及适用的防护服种类。

**表2-2 有限空间作业常见的作业环境及适用的防护服种类**

| 作业环境类型 | 可以使用的防护服 |
| --- | --- |
| 存在易燃易爆气体(蒸汽)或可燃性粉尘 | 化学品防护服、阻燃防护服、防静电服、棉布工作服 |
| 存在有毒气体(蒸汽) | 化学防护服 |
| 存在一般污物 | 一般防护服、化学品防护服 |
| 存在腐蚀性物质 | 防酸(碱)服 |
| 涉水 | 防水服 |

**4. 躯干防护用品的使用方法**

作业人员应根据实际工作和工况环境选择合适的防护服。如在低温环境工作,应穿着防寒服,道路作业须穿着反光服等。防护服在使用前须检查其功能与待工作环境是否相符,检查是否有破损,确认完好后方可使用。进入工作环境前应先穿着好防护服,在工作过程中不得随意脱下。

1) 化学品防护服的使用方法

由于许多抗油拒水防护服和化学品防护服的面料采用的是后整理技术,即在表面加入了整理剂,一般须经高温才能发挥作用。因此,在穿着这类服装时,要根据制造商提供的说明书,经高温处理后再穿用。

脱卸化学品防护服时,宜使内面翻外,减少污染物的扩散,且宜最后脱卸呼吸防护用品。

化学品防护服被化学物质持续污染时,应在规定的防护性能(标准透过时间)内更换。有限次数使用的化学品防护服已被污染时,应弃用。

受污染的化学品防护服应及时洗消,以免影响化学品防护服的防护性能。

严格按照产品使用与维护说明书的要求维护防护服,修理后的化学品防护服应满足相关标准的技术性能要求。

2) 静电工作服的使用方法

凡是在正常情况下,爆炸性气体混合物连续地、短时间频繁地出现或长时间存在的场所，及爆炸性气体混合物有可能出现的场所，可燃物的最小点燃能量在 0.25mJ 以下时，应穿防静电服。

由于摩擦会产生静电，因此在火灾爆炸危险场所禁止穿、脱防静电服。

为了防止尖端放电，在火灾爆炸危险场所禁止在防静电服上附加或佩戴任何金属物件。

对于导电型的防护服，为了保持良好的电气连接性，外层服装应完全遮盖住内层服装。分体式上衣应足以盖住裤腰，弯腰时不应露出裤腰，同时应保证服装与接地体的良好连接。

在火灾爆炸危险场所穿防静电服时，必须与《个体防护装备职业鞋》(GB 21146—2007)中规定的防静电鞋配套穿用。

防静电服应保持清洁，保持防静电性能，使用后用软毛刷、软布蘸中性洗涤剂刷洗，不可损伤服装材料纤维。

穿用一段时间后，应对防静电服进行检验，若防静电性能不能符合标准要求，则不能再使用。

3) 防水服的使用方法

防水服的用料主要是橡胶，使用时应严禁接触各种油类(包括机油、汽油等)、有机溶剂、酸、碱等物质。

5. 躯干防护用品的注意事项

穿戴劳保服时应避免接触锐器，防止受到机械损伤。

沾染有害物质的防护服在脱下时应仔细小心，防止有害物质碰触到皮肤造成二次污染。

防护服使用后应使用中性洗涤剂洗涤，洗后晾干，不可暴晒和火烤。

防护服存储时尽量避免折叠和挤压，应储存在避光、远离热源、温度适宜、通风干燥的环境中。化学品防护服应与化学物质隔离储存，已使用过的化学品防护服应与未使用的化学品防护服分开存储。

## (八) 防坠落用品

1. 防坠落用品的定义和分类

防坠落服器是指用于防止坠落事故发生的防护用品，主要有安全带、安全绳和安全网。安全带主要用于高处作业的防护用品，由带子、绳子和金属配件组成。安全绳是在安全带中连接系带与挂点的辅助用绳。一般与缓冲器配合使用，起扩大或限制佩戴者活动范围、吸收冲击能量的作用。使用时，必须满足作业要求的长度和达到国家规定的拉力强度。安全网在高空进行建筑施工或设备安装时，在其下或其侧设置的起保护作用的网。

2. 防坠落用品的特点和使用方法

进行排水管道有限空间作业，应使用全身式安全带。全身式安全带由织带、带扣和其他金属部件组合而成，与挂点等固定装置配合使用。其主要作用是防止高处作业人员发生坠落或发生坠落后将作业人员安全悬挂，是一种可在坠落时保持坠落者正常体位，防止坠落者从安全带内滑脱，还能将冲击力平均分散到整个躯干部分，减少对坠落者下背部伤害的安全带，如图 2-19 所示。

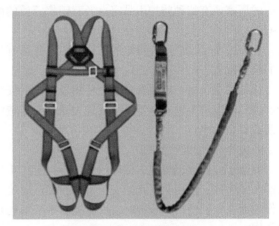

**图 2-19 单挂点全身式安全带**

1) 安全带的选择

首先对安全带进行外观检查，看是否有碰伤、断裂和存在影响安全带技术性能的缺陷。检查织带、零部件等是否有异常情况。对防坠落用具重要尺寸和质量进行检查，包括规格、安全绳长度、腰带宽度等。

检查安全带上必须具有的标记，如制造厂名商标、生产日期、许可证编号、劳动安全标识和说明书中应有的功能标记等。检查防坠落用具是否有质量保证书或检验报告，并检查其有效性，即出具报告的单位是否为法定单位，盖章是否有效(复印无效)，检测有效期、检测结果和结论等是否符合规定。

安全带属特种劳动防护用品，因此应从有生产许可证的厂家或有特种防护用品定点经营证的商店购买。选择的安全带应适应特定的工作环境，并具有相应的检测报告。选择安全带时，应选择适合使用者身材的安全带，这样可以避免因安全带过小或过大而给工作造成不便和安全隐患。

2) 安全带的检查

使用安全带前，应检查各部位是否完好无损，安全绳和系带有无撕裂、开线、霉变，金属配件是否有裂纹、腐蚀现象，弹簧弹跳性是否良好，以及其他影响安全带性能的缺陷。如发现存在影响安全带强度和使用功能的缺陷，则应立即更换。

对防坠落用具重要尺寸及质量进行检查。包括规格、安全绳长度、腰带宽度等。

检查安全带上必须具有的标记，如制造单位厂名商标、生产日期、许可证编号、安全防护标识和说明书中应有的其他功能标记等。

检查防坠落用具是否有质量保证书或检验报告，并检查其有效性，即出具报告的单位是否是法定单位，盖章是否有效（复印无效），检测有效期、检测结果及结论等。

安全带属特种劳动防护用品，因此应从有生产许可证的厂家或有特种防护用品定点经营销售资质的商店购买。

选择的安全带应适应特定的工作环境，并具有相应的检测报告。

选择安全带时一定要选择适合使用者身材的安全带，这样可以避免因安全带过小或过大而给工作造成不便或安全隐患。

3）安全带使用注意事项

安全带应拴挂于牢固的构件或物体上，应防止挂点摆动或碰撞；使用坠落悬挂安全带时，挂点应位于工作平面上方；使用安全带时，安全绳与系带不能打结使用。

高处作业时，如安全带无固定挂点，应将安全带挂在刚性轨道或具有足够强度的柔性轨道上，禁止将安全带挂在移动或带尖锐棱角的或不牢固的物件上。

使用中，安全绳的护套应保持完好，若发现护套损坏或脱落，必须加上新套后再使用。

安全绳（含未打开的缓冲器）不应超过 2m，不应擅自将安全绳接长使用，如果需要使用 2m 以上的安全绳应采用自锁器或速差式自控器。

使用中，不应随意拆除安全带各部件，不得私自更换零部件；使用连接器时，受力点不应在连接器的活门位置。

安全带应在制造商规定的期限内使用，一般不应超过 5 年，如发生坠落事故，或有影响性能的损伤，则应立即更换。超过使用期限的安全带，如有必要继续使用，则应每半年抽样检验一次，合格后方可使用。如安全带的使用环境特别恶劣，或使用频率格外频繁，则应相应缩短其使用期限。

安全带应由专人保管，存放时，不应接触高温、明火、强酸、强碱或尖锐物体，不应存放在潮湿的地方，且应定期进行外观检查，发现异常必须立即更换，检查频次应根据安全带的使用频率确定。

## 二、安全防护设备的功能及使用方法

排水管网作业常用的安全防护设备主要包括：气体检测仪、三脚架、安全梯、通风设备、发电设备、照明设备、通信设备等。

### （一）气体检测仪

气体检测仪是用于检测和报警工作场所空气中氧气、可燃气和有毒有害气体浓度或含量的仪器，由探测器和报警控制器组成，当气体含量达到仪器设置的警戒浓度时可发出声光报警信号。排水行业常用的气体检测仪有泵吸式和扩散式两种，由于其具有体积小、易携带、可一次性检测一种或多种有毒有害气体、显示数值速度快、数据精度高、可实现连续检测等优点，成为有限空间作业时气体检测的主要设备。

1. 气体检测仪的种类

1）泵吸式气体检测仪

泵吸式气体检测仪是在仪器内安装采样泵或外置采样泵，通过采气管将远距离的有限空间内的气体"吸入"检测仪器中进行检测，因此其最大的特点就是能够使检测人员在有限空间外进行检测，最大程度保证人员生命安全。进入有限空间前的气体检测，以及作业过程中进入新作业面之前的气体检测，都应该使用泵吸式气体检测仪。

泵吸式气体检测仪的一个重要部件是采样泵，目前主要有三种类型的采样泵，表 2-3 简要列举了这三种采样泵的特点。使用泵吸式气体检测仪要注意三点：一是为将有限空间内气体抽至检测仪内，采样泵的抽力必须满足仪器对流量的需求；二是为保证检测结果准确有效，要为气体采集留有充足的时间；三是在实际使用中要考虑到随着采气导管长度的增加而带来的吸附损失和吸收损失，即部分被测气体被采样管材料吸附或吸收而造成浓度降低。

**表 2-3　不同形式采样泵的特点比较**

| 采样泵形式 | | 优点 | 缺点 |
| --- | --- | --- | --- |
| 内置采样泵 | | 与采样仪一体，携带方便，开机泵体即可工作 | 耗电量大 |
| 外置采样泵 | 手动采样泵 | 无须电力供给，可实现检测仪在扩散式和泵吸式之间转换 | 采样速度慢；流量不稳定，影响检测结果的准确性 |
| | 机械采样泵 | 可实现检测仪在扩散式和泵吸式之间转换，还可更换不同流量采样泵 | 需要电力供给 |

2）扩散式气体检测仪

扩散式气体检测仪主要依靠空气自然扩散将气体样品带入检测仪中与传感器接触反应。此类气体检测仪仅能检测仪器周围的气体，可以检测的范围局限于一个很小的区域，也就是靠近检测仪器的地方。其优点是将气体样本直接引入传感器，能够真实反映环境中气体的自然存在状态；其缺点是无法进行远距离采样检测。因此，此类检测仪适合作业人员随身携带进入有限空间，在作业过程中实时检测作业周边的气体环境。

此外，扩散式检测仪加装外置采样泵后可转变为泵吸式气体检测仪，可根据作业需要灵活转变。在实际应用中，这两类气体检测仪往往相互配合、同时使用，从最大程度保证作业人员生命安全。

**2. 气体检测仪的使用方法**

每种气体检测仪的说明书中都详细地介绍了操作、校正等步骤，使用者应认真阅读，严格按照操作说明书进行操作。同时，气体检测仪应按照相关要求进行定期维护和强制检测。不同品牌型号的气体检测仪的使用方法大同小异，现以某一型号气体检测仪为例，介绍其作业中的操作规程。具体如下：

（1）检查气体检测仪外观是否完好，检查气管有无破损漏气，均检查完好后方可使用。

（2）在洁净空气环境中开机，完成设备的预热和自检。

（3）气体检测仪自检结束后若浓度值显示非初始值时应进行"调零"复位操作或更换仪器。

（4）气体检测仪自检正常后，开始进行实际环境监测。

（5）显示的检测数值稳定后，读数并记录。

（6）检测工作完成后，应在洁净的空气环境内待仪器内气体浓度值复位后关机。

（7）清洁仪器后妥善存放。

**3. 气体检测仪的日常维护和储存**

定期校准、测试和检验气体检测器。

保留所有维护、校准和告警事件的操作记录。

用柔软的湿布清洁仪器外表，勿使用溶剂、肥皂或抛光剂。

勿把检测器浸泡在液体中。

清洁传感器滤网时应摘下滤网，使用柔软洁净的刷子和洁净的温水进行清洁。滤网重新安装之前应处于干燥状态。

清洁传感器时应摘下传感器，使用柔软洁净的刷子进行清洁，勿用水清洁。

勿把传感器暴露于无机溶剂产生的气味（如油漆气味）或有机溶剂产生的气味环境下。

长时间不使用时，应将电池从气体检测仪中取出（充电电池应在电量充满后再取出）。

气体检测仪要放置在常温、干燥、密封环境中，避免暴晒。

气体检测仪的定期检验应由有资质单位进行，定检周期一般为一年，但在使用过程中若对数据有怀疑或更换了主要部件及维修后，应及时送检。只有检测合格后才可以使用。

**4. 气体检测仪常见故障与排查处理**

气体检测仪的常见故障和排查处理方法见表2-4。

表2-4　气体检测仪的常见故障和排查处理

| 故障现象 | 可能原因分析 | 处理方法 |
| --- | --- | --- |
| 无输出 | 导线错接 | 重新接好 |
|  | 电路故障 | 返厂维修 |
| 读数偏低 | 灵敏度下降 | 重新标定 |
|  | 传感器失效 | 更换传感器 |
| 读数偏高 | 灵敏度上升 | 重新标定 |
|  | 传感器失效 | 更换传感器 |
| 读数不稳 | 稳定时间不够 | 开机等待 |
|  | 传感器失效 | 更换传感器 |
|  | 电路故障 | 返厂维修 |
|  | 干扰 | 检查探头接地是否良好 |
| 响应时间变慢 | 探头堵塞 | 清理探头 |

### （二）三脚架

三脚架是有限空间作业中的重要设备，主要应用于竖向有限空间（如检查井）需要防坠或提升的装置，在没有可靠挂点的场所可作为临时设置的挂点。作业或救援时，三脚架应与绞盘、速差自控器、安全绳、安全带等配合使用。三脚架主要由三脚架主体、滑轮组、防坠器、安全绳、防滑链等部分组成，如图2-20所示。

图2-20　三脚架

**1. 三脚架的安装与使用**

取出三脚架，解开捆扎带，并将其直立放置。

在使用前要对设备各组成部分（速差器、绞盘、安全绳）的外观进行目测检查，检查各零部件是否完好、有无松动，检查连接挂钩和锁紧螺丝的状况、速差器的制动功能。检查必须由使用该设备的人员进行。一旦发现有缺陷，不得继续使用该设备。

移动三脚架至需作业的井口上（底脚平面着地）。将三支柱适当分开角度，底脚防滑平面着地，用定位链穿过三个底脚的穿孔。调整长度适当后，拉紧并相互勾挂在一起，防止三支柱向外滑移。必要时，可用钢钎穿过底脚插孔，砸入地下定位底脚。

拔下内外柱固定插销，分别将内柱从外柱内拉出。根据需要选择拔出长度后，将内外柱插销孔对正，插入插销，并用卡簧插入插销卡簧孔止退。

将防坠制动器从支柱内侧卡在三脚架任一个内柱上（面对制动器的支柱，制动器摇把在支柱右侧），并使定位孔与内柱上定位孔对正，将安装架上配备的插销插入孔内固定。

逆时针摇动绞盘手柄，同时拉出绞盘绞绳，并将绞绳上的定滑轮挂于架头上的吊耳上（正对着固定绞盘支柱的一个）。

装好滑轮组、防坠器，工作人员穿戴好安全带后与滑轮组连接妥当。将工作人员缓慢送入作业空间中。

作业完成后，通过滑轮组将工作人员缓慢拉出作业空间。拆下滑轮组、防坠器，拔出定位销，对整套设备清洁后入库存放。

**2. 三脚架的使用注意事项**

安装前必须检查三脚架安装是否稳定牢固，保证定位链限位有效，绞盘安装正确。

在负载情况下停止升降时，操作者必须握住摇把手柄，不得松手。无负载放长绞绳时，必须一人逆时针摇动手柄，一人抽拉绞绳；不放长绞绳时，不得随意逆时针转动手柄。

使用中绞绳松弛时，绝不允许绞绳折成死结，否则将造成绞绳损毁，再次使用时将发生事故。卷回绞绳时，尤其在绞绳放出较长时，应适当加载，并尽量使绞绳在卷筒上排列有序，以免再次使用受力时绞绳相互挤压受损。

必须经常检查设备，确保各零件齐全有效，无松脱、老化、异响；绞绳无断股、死结情况；发现异常，必须及时检修排除。

**3. 三脚架的日常维护**

三脚架的日常维护保养重点见表2-5。

表2-5 三脚架维护保养重点

| 内容 | 周期 | 标准 |
| --- | --- | --- |
| 检查各部位螺栓、销钉等 | 1次/周 | 无丢失、无损坏、无生锈 |
| 清洁检查安全绳 | 1次/周 | 无断股、无缠绕，清洁无杂物 |
| 检查安全带 | 1次/周 | 干净整洁、无损坏、连接良好 |
| 绞盘等旋转部位加注润滑油 | 1次/月 | 转动灵活，润滑得当 |

### （三）安全梯

安全梯是用于作业者上下地下井、坑、管道、容器等的通行工具，也是事故状态下逃生的通行工具。根据作业场所的具体情况，应配备相应的安全梯。有限空间作业，一般利用直梯、折梯或软梯。安全梯从制作材质上分为竹制、木制、金属制和绳木混合制；从梯子的形式上分为移动直梯、移动折梯和移动软梯。

使用安全梯时应注意以下几点：

（1）使用前，必须对梯子进行安全检查。首先，检查竹、木、绳、金属类梯子的材质是否出现发霉、虫蛀、腐烂、腐蚀等情况。其次，检查梯子是否有损坏、缺挡、磨损等情况，对不符合安全要求的梯子应停止使用；有缺陷的应修复后使用。对于折梯，还应检查其连接件、铰链和撑杆（固定梯子工作角度的装置）是否完好，如不完好应修复后使用。

（2）使用时，梯子应加以固定，避免接触油、蜡等易打滑的材料，防止梯子滑倒；也可设专人扶挡。在梯子上作业时，应设专人安全监护。梯子上有人作业时，不准移动梯子。除非专门设计为多人使用，否则梯子上只允许1人在上面作业。

（3）折梯的上部第二踏板为最高安全站立高度，应涂红色标志。梯子上第一踏板不得站立或超越。

### （四）通风设备

有限空间作业情况比较复杂，一般要求在有毒有害气体浓度检测合格的情况下才能进行作业。但由于吸附在清理物中的有毒有害物质，在搅拌、翻动中被解析释放出来，如污水井中污泥被翻动时大量硫化氢被释放；或进行作业过程中产生有毒有害物质，如涂刷油漆、电焊等作业过程自身会散发出有毒有害物质。因此，在有限空间作业中，应配备通风设备对作业场所进行通风换气，使作业场所的空气始终处于良好状态。对存在易燃易爆的场所，所使用的通风机应采用防爆型，以保证安全。通风设备主要为风机，一般由风机机体、风管等部分组成，常与移动式发电机配合使用，如图2-21所示。

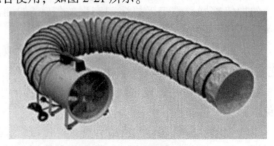

**图2-21 防爆风机**

1. 风机的选择和使用

(1) 风机的选择：选择风机时必须确保能够提供作业场所所需的气流量。这个气流必须能够克服整个系统的阻力，包括通过抽风罩、支管、弯管机连接处的压损。风管过长、风管内部表面粗糙、弯管等都会增加气体流动的阻力，对风机风量的要求就会更高。

(2) 使用前检查：在使用前还需要检查风管是否有破损，风机叶片是否完好，电线是否有裸露，插头是否有松动，风机是否能正常运转。

2. 风机的注意事项

风机使用时应该放置在洁净的气体环境中，以防止捕集到的腐蚀性气体或蒸汽，或者任何会造成磨损的粉尘对风机造成损害。风机还应尽量远离有限空间的出入口。目前没有一个统一的关于换气次数的标准，可以参考一般工业上普遍接受的每3min换气一次（即20次/h）的换气率，作为能够提供有效通风的标准。

3. 风机的日常维护与储存

保持叶轮的清洁状态，定期除尘防锈。经常检查轴承的润滑状态，及时足量加注润滑油。检查紧固件状态，出现松动时及时拧紧。风机应保存在洁净、干燥、避免阳光直射和暴晒的环境中，且不能与油漆等有挥发性的物品存储在同一密闭空间。

### (五) 小型移动发电设备

在有限空间作业过程中，经常需要临时性的通风、排水、供电照明等，这些设备往往是由小型移动发电设备来保障供电。

1. 使用前的检查

检查油箱中的机油是否充足，若机油不足，发电机不能正常启动；若机油过量，发电机也不能正常工作。检查油路开关和输油管路是否有漏油、渗油现象。检查各部分接线是否裸露，插头有无松动，接地线是否良好。

2. 使用中的注意事项

使用前，必须将底架停放在平稳的基础上，运转时不准移动，且不得使用帆布等物品遮盖。发电机外壳应有可靠接地，并应加装漏电保护器，防止工作人员发生触电。启动前，需断开输出开关，将发电机空载启动，运转平稳后再接电源带负载。应密切注意运行中的发电机的发动机声音，观察各种仪表指示是否在正常范围内，检查运转部分是否正常，发电机温升是否过高。应在通风良好的场所使用，禁止在有限空间内使用。

### (六) 照明设备

有限空间作业环境常是容器、管道、井坑等光线黑暗的场所，因此应携带照明设备才能进入有限空间作业。这些场所潮湿且可能存在易燃易爆物质，所以照明设备的安全性显得十分重要。按照有关规定，在这些场所使用的照明设备应用24V以下的安全电压；在潮湿容器、狭小容器内作业应用12V以下的安全电压；在有可能存在易燃易爆物质的作业场所，还必须配备达到防爆等级的照明器具，如防爆头灯、防爆照明灯等，如图2-22所示。

**图2-22 防爆头灯**

1. 防爆手电的功能和结构

防爆手电一般应用于光线较暗的工作场所，主要由LED光源、外壳、充电电池、开关、线路板等组成。

2. 防爆手电的使用方法

使用前检查防爆手电电量是否充足，外观是否有损坏，检查正常后进行使用。

防爆手电一般有普通光、强光、频闪模式，使用时根据需求选择合适的模式。

使用后及时清洁，使用眼镜布沾酒精等擦拭灯头。

充电时使用配套的充电器，长期不用时应每隔两个月充电一次。

严禁随意拆卸灯具的结构件，尤其是密封结构件。

防爆手电及其电池应存储于温度变化范围不大的地点，最低温不低于-20℃、最高温不高于40℃。存储地点应干燥，避免阳光直射暴晒。

### (七) 通信设备

在有限空间作业中，监护者与作业者往往因距离较远或存在转角而无法直接面对面沟通，监护者无法了解和掌握作业者的情况。因此必须配备必要的通信器材，使监护者与作业者保持定时联系。考虑到有毒有害危险场所可能具有易燃易爆的特性,所配置的通信器材也应该选用防爆型,如防爆电话、防爆对讲机等,如图2-23所示。

图 2-23 防爆对讲机

通信设备的使用包括以下注意事项:

(1)工作中,通信设备必须随身携带且保持开机状态,不可随意关机或更改频段。

(2)严格按设备充电程序进行充电,以保障电池性能和寿命。

(3)更换设备电池时必须先将主机开关关闭,保护和延长其使用寿命。

(4)对讲机等通信设备应妥善保管,做好防尘、防潮工作。

(5)不要在雾气、雨水等高湿度环境下存放或使用。一旦设备进水,严禁按通话键,应立即关机并拆除电板。

(6)设备长时间不使用时,应每隔一段时间开机一次,以保护电池功能,延长使用寿命。

## 三、有限空间作业的安全知识

### (一)有限空间相关概念与术语

#### 1. 有限空间及其作业的概念

有限空间是指封闭或部分封闭,进出口较为狭窄有限,未被设计为固定工作场所,自然通风不良,易造成有毒有害、易燃易爆物质积聚或含氧量不足的空间。

有限空间作业是指作业人员进入有限空间实施的作业活动。

#### 2. 其他相关概念

GBZ/T 205—2007《密闭空间作业职业危害防护规范》中对有限空间作业相关概念和术语进行了定义。

(1)立即威胁生命或健康的浓度(Immediately dangerous to life or health concentrations,IDLH):是指在此条件下对生命立即或延迟产生威胁,或能导致永久性健康损害,或影响准入者在无助情况下从密闭空间逃生的浓度。某些物质对人产生一过性的短时影响,甚至很严重,受害者未经医疗救治而感觉正常,但在接触这些物质后12~72h可能突然产生致命后果,如氟烃类化合物。

(2)有害环境:是指在职业活动中可能引起死亡、失去知觉、丧失逃生及自救能力、伤害或引起急性中毒的环境,包括以下一种或几种情形:可燃性气体、蒸汽和气溶胶的浓度超过爆炸下限的10%;空气中爆炸性粉尘浓度达到或超过爆炸下限;空气中含氧量低于18%或超过22%;空气中有害物质的浓度超过职业接触限值;其他任何含有害物浓度超过立即威胁生命或健康浓度的环境条件。

(3)进入:人体通过一个入口进入密闭空间,包括在该空间中工作或身体任何一部分通过入口。

(4)吊救装备:为抢救受害人员所采用的绳索、胸部或全身的套具、腕套、升降设施等。

(5)准入者:批准进入密闭空间作业的劳动者。

(6)监护者:在密闭空间外进行监护或监督的劳动者。

(7)缺氧环境:空气中,氧的体积百分比低于18%。

(8)富氧环境:空气中,氧的体积百分比高于22%。

### (二)有限空间的分类

(1)地下有限空间:地下室、地下仓库、地窖、地下工程、地下管道、暗沟、隧道、涵洞、地坑、废井、污水池、井、沼气池、化粪池、下水道等。

(2)地上有限空间:储藏室、温室、冷库、酒糟池、发酵池、垃圾站、粮仓、污泥料仓等。

(3)密闭设备:船舱、贮罐、车载槽罐、反应塔(釜)、磨机、水泥筒库、压力容器、管道、冷藏箱(车)、烟道、锅炉等。

### (三)有限空间危害因素及防控措施

排水管网作业中,常见的有限空间危害因素主要有缺氧、有毒气体、可燃气体。

#### 1. 缺 氧

缺氧是指因组织的氧气供应不足或用氧障碍,而导致组织的代谢、功能和形态结构发生异常变化的病理过程。外界正常大气环境中,按照体积分数,平均的氧气浓度约为20.95%。氧是人体进行新陈代谢的关键物质,如果缺氧,人体的健康和安全就可能受到伤害,不同氧气浓度对人体的影响见表2-6。

在有限空间内，由于内部各种原因及其结构特点，导致通风不畅，致使有限空间内的氧气浓度偏低或不足，人员进入有限空间内作业时，会极易疲劳而影响作业或面临缺氧危险。

表2-6 不同氧气浓度对人体的影响

| 氧气体积浓度 | 影响 |
| --- | --- |
| 23.5% | 最高"安全水平" |
| 20.95% | 空气中的氧气浓度 |
| 19.5% | 最低"安全水平" |
| 17%~19.5% | 人员静止无影响，工作时会出现喘息、呼吸困难现象 |
| 15%~17% | 人员呼吸和脉搏急促，感觉及判断能力减弱以致失去劳动能力 |
| 9%~15% | 呼吸急促，判断力丧失 |
| 6%~9% | 人员失去知觉，呼吸停止，数分钟内心脏尚能跳动，不进行急救会导致死亡 |
| 6%以下 | 呼吸困难，数分钟内死亡 |

**2. 中 毒**

由于有限空间本身的结构特点，空气不易流通，造成内部与外部的空气环境不同，致命的有毒气体蓄积。

1) 有毒有害气体物质的来源

(1) 存储的有毒化学品残留、泄漏或挥发。

(2) 某些生产过程中有物质发生化学反应，产生有毒物质，如有机物分解产生硫化氢。

(3) 某些相连或接近的设备或管道的有毒物质渗漏或扩散。

(4) 作业过程中引入或产生有毒物质，如焊接、喷漆或使用某些有机溶剂进行清洁。

作业环境中存在大量的有毒物质，人一旦接触后易引起化学性中毒可能导致死亡。常见的有毒物质包括：硫化氢、一氧化碳、苯系物、氯气、氮氧化物、二氧化硫、氨气、易挥发的有机溶剂、极高浓度刺激性气体等。

2) 常见有毒有害气体

(1) 硫化氢

硫化氢（$H_2S$）是无色、有臭鸡蛋味的毒性气体。相对分子质量34.08，相对密度1.19，沸点-60.2℃、熔点-83.8℃，自燃点260℃；溶于水，0℃时100mL水中可溶437mL硫化氢，40℃时可溶180mL硫化氢；也溶于乙醇、汽油、煤油、原油中，溶于水后生成氢硫酸。

硫化氢的化学性质不稳定，在空气中容易爆炸。爆炸极限为4.3%~45.5%（体积百分比）。它能使银、铜及其他金属制品表面腐蚀发黑，与许多金属离子作用，生成不溶于水或酸的硫化物沉淀。

硫化氢不仅是一种窒息性毒物，对黏膜还有明显的刺激作用，这两种毒作用与硫化氢的浓度有关。当硫化氢浓度越低时，对呼吸道及眼的局部刺激越明显。硫化氢的局部刺激作用，是由于接触湿润黏膜与钠离子形成的硫化钠引起。当浓度超高时，人体内游离的硫化氢在血液中来不及氧化，则引起全身中毒反应。目前认为硫化氢的全身毒性作用是被吸入人体的硫化氢通过与呼吸链中的氧化型细胞色素氧化酶的三价铁离子结合，抑制细胞呼吸酶的活性，从而影响细胞氧化过程，造成细胞组织缺氧。急性硫化氢中毒的症状表现如下：

① 轻度中毒时以刺激症状为主，如眼刺痛、畏光、流泪、流涕、鼻及咽喉部烧灼感，还可能有干咳和胸部不适、结膜充血、呼出气有臭鸡蛋味等症状，一般数日内可逐渐恢复。

② 中度中毒时中枢神经系统症状明显，头痛、头晕、乏力、呕吐、共济失调等刺激症状也会加重。

③ 重度中毒时可在数分钟内发生头晕、心悸，继而出现躁动不安、抽搐、昏迷，有的出现肺水肿并发肺炎，最严重者发生"电击型"死亡。

《工作场所有害因素职业接触限值 第1部分：化学有害因素》(GBZ 2.1—2019) 中工作场所空气中化学物质容许浓度中明确指出，硫化氢最高容许浓度为10mg/m³，不同浓度的具体影响见表2-7。

表2-7 不同硫化氢浓度对人体的影响

| 浓度/（mg/m³） | 接触时间 | 影响 |
| --- | --- | --- |
| 0.035 | — | 嗅觉阈，开始闻到臭味 |
| 30~40 | — | 臭味强烈，仍能忍受；是引起症状的阈浓度 |
| 70~150 | 1~2h | 呼吸道及眼刺激症状；吸入2~15min后嗅觉疲劳，不再闻到臭味 |
| 300 | 1h | 6~8min出现眼急性刺激性，长期接触引起肺水肿 |
| 760 | 15~60min | 发生肺水肿，支气管炎及肺炎；接触时间长时引起头痛、头昏、步态不稳、恶心、呕吐、排尿困难 |
| 1000 | 数秒钟 | 很快出现急性中毒，呼吸加快，麻痹而死亡 |
| 1400 | 立即 | 昏迷，呼吸麻痹而死亡 |

(2) 沼 气

沼气是多种气体的混合物，由50%~80%的甲烷（$CH_4$）、20%~40%的二氧化碳（$CO_2$）、0%~5%的氮气($N_2$)、小于1%的氢气($H_2$)、小于0.4%的氧气($O_2$)与0.1%~3%的硫化氢($H_2S$)等气体组成。空气中如含有8.6%~20.8%(按体积百分比计算)的沼气时,就会形成爆炸性的混合气体。

沼气的主要成分是甲烷,污水中的甲烷气体主要是其沉淀污泥中的含碳、含氮有机物质在供氧不足的情况下,分解出的产物。

甲烷是无色、无味、易燃易爆的气体,比空气轻,相对空气密度约0.55,与空气混合能形成爆炸性气体。甲烷对人基本无毒,但浓度过量时使空气中氧含量明显降低,使人窒息,具体影响见表2-8。

表2-8 甲烷的浓度危害

| 甲烷体积浓度 | 影响 |
| --- | --- |
| 5%~15% | 爆炸极限 |
| 25%~30% | 人出现窒息样感觉,若不及时逃离接触,可致窒息死亡 |

(3)一氧化碳

一氧化碳(CO)是一种无色、无味、易燃易爆、剧烈毒性气体,属于与空气混合能形成爆炸性混合物,遇明火、高热能引起燃烧与爆炸。

空气中一氧化碳含量达到一定浓度范围时,极易使人中毒,严重危害人的生命安全,具体影响见表2-9。中毒机理是一氧化碳与血红蛋白的亲和力比氧与血红蛋白的亲和力高200~300倍,极易与血红蛋白结合,形成碳氧血红蛋白,使血红蛋白丧失携氧的能力和作用,造成组织窒息,对全身的组织细胞均有毒性作用,尤其对大脑皮质的影响为严重。

表2-9 一氧化碳的浓度危害

| 一氧化碳浓度/(mg/L) | 接触时间 | 影响 |
| --- | --- | --- |
| 50 | 8h | 最高容许浓度 |
| 200 | 3h | 轻度头痛、不适 |
| 600 | 1h | 头痛、不适 |
| 1000~2000 | 30min | 轻度心悸 |
| 1000~2000 | 1.5min | 站立不稳、蹒跚 |
| 1000~2000 | 2h | 混乱、恶心、头痛 |
| 2000~5000 | 30min | 昏迷、失去知觉 |

3. 爆炸与火灾

爆炸是物质在瞬间以机械功的形式释放出大量气体和能量的现象,压力的瞬时急剧升高是爆炸的主要特征。有限空间内,可能存在易燃或可燃的气体、粉尘,与内部的空气发生混合,可能处于爆炸极限的范围内,如果遇到电弧、电火花、电热、设备漏电、静电、闪电等点火源,将可能引起燃烧或爆炸。有限空间发生爆炸、火灾,往往瞬间或很快耗尽有限空间的氧气,并产生大量有毒有害气体,造成严重后果。

(四)有限空间等级划分

根据有限空间可能产生的危害程度不同将有限空间分为三个等级。

(1)三级有限空间:正常情况下不存在突然变化的空气危险。在进入或撤离时存在障碍或坠落危险。在该有限空间中,虽然正常情况下不存在明显的空气危险,但需要进入前的气体初始确认和连续的气体监测,预防异常情况。

(2)二级有限空间:存在突然变化的空气危险。进入或撤离时存在障碍或坠落危险,但提供直接的入口,使得工作人员能够方便地佩戴安全带,并与入口的三脚架或悬挂点始终连接。需要连续的气体监测和特别的呼吸防护。

(3)一级有限空间:属于密闭或半密闭空间,存在突然变化的空气危险。进入或撤离时存在障碍/坠落危险,无法保持安全带始终连接在悬挂点上,无法保证及时对空间内工作人员的营救。必须制订翔实的施工作业方案,配置正压呼吸器或长管送风式呼吸器,工作人员佩戴安全带和足够长度的安全绳,必要时穿戴救生衣,安全绳必须在固定点固定,需要连续的气体监测。

警示标识可以有效预防事故的发生,常见与有限空间作业有关的警示标志有禁止标识、警告标识、指令标识、提示标识。

(1)禁止标识:禁止标识的含义是不准或制止某些行动,见表2-11。

表2-11 禁止标识图形、名称及设置范围

| 标识图形 | 标识名称 | 设置范围和地点 |
| --- | --- | --- |
|  | 禁止入内 | 可能引起职业病危害的工作场所入口或泄险区周边 |

(2)警告标识:警告标识是指警告可能发生的危险,见表2-12。

表2-12 警告标识图形、名称及设置范围

| 标识图形 | 标识名称 | 设置范围和地点 |
| --- | --- | --- |
|  | 当心中毒 | 使用有毒物品作业场所 |

(续)

| 标识图形 | 标识名称 | 设置范围和地点 |
|---|---|---|
|  | 当心有毒气体 | 存在有毒气体的作业场所 |
|  | 当心爆炸 | 存在爆炸危险源的作业场所 |
|  | 当心缺氧 | 有缺氧危险的作业场所 |
|  | 当心坠落 | 有坠落危险的作业场所 |
|  | 注意安全 | 设置在其他警告标志不能包括的其他道路危险位置 |

(3)指令标识：指令标识是指必须遵守的行为，见表2-13。

表2-13　指令标识图形、名称及设置范围

| 标识图形 | 标识名称 | 设置范围和地点 |
|---|---|---|
|  | 戴防毒面具 | 可能产生职业中毒的作业场所 |
|  | 注意通风 | 存在有毒物品和粉尘等需要进行通风处理的作业场所 |

(4)提示标识：提示标识是指示意目标方向，见表2-14。

表2-14　提示标识图形、名称及设置范围

| 标识图形 | 标识名称 | 设置范围和地点 |
|---|---|---|
|  | 救援电话 | 救援电话附近 |

### (六)有限空间作业人员与监护人员安全职责

(1)作业负责人的职责：应了解整个作业过程中存在的危险危害因素；确认作业环境、作业程序、防护设施、作业人员符合要求后，授权批准作业；及时掌握作业过程中可能发生的条件变化，当有限空间作业条件不符合安全要求时，终止作业。

(2)监护人员的职责：应接受有限空间作业安全生产培训；全过程掌握作业者作业期间情况，保证在有限空间外持续监护，能够与作业者进行有效的操作作业、报警、撤离等信息沟通；在紧急情况时向作业者发出撤离警告，必要时立即呼叫应急救援服务，并在有限空间外实施紧急救援工作；防止未经授权的人员进入。

(3)作业人员的职责：应接受有限空间作业安全生产培训；遵守有限空间作业安全操作规程，正确使用有限空间作业安全设施和个人防护用品；应与监护者进行有效的操作作业、报警、撤离等信息沟通。

### (七)典型的有限空间安全相关事故案例

以北京某市政工程有限公司"6.1"事故作为案例进行简要介绍。

1. 事故经过

2005年6月1日晚，北京某市政工程有限公司第三项目部项目经理王某安排承德某劳务有限责任公司项目经理姚某，于当晚对小红门污水顶管工程30#污水井进行降水，次日白天进行打堵作业。当天21时左右，王某到现场口头将工作交代给承德某劳务有限责任公司项目部领工员季某后，便离开现场。当晚，领工员季某带领工人(共7名，其中5名为临时工)基本完成管线降水后，违反《北京市市政工程施工安全操作规程》，在没有采取检测及防护措施的情况下，安排民工赵某于当晚23时45分提前进行打堵作业。赵某下井后被毒气熏倒，井上作业人员黄某在未采取任何措施的情况下下井施救，也晕倒在井下，造成2人死亡。

2. 事故分析

疏通污水管道的打堵作业是高风险作业。污水管道长期堵塞，与外界隔绝，由于微生物作用，污水中散发出大量硫化氢、甲烷等有毒有害气体。打堵作业中，当打通堵头的瞬间，高浓度的有毒有害气体涌出，极易发生中毒事故，造成作业人员伤亡。

(1)直接原因：井下有毒有害气体超标，作业人员在未进行气体检测、未采取安全防护措施的情况下擅自违章作业，是导致事故发生的直接原因。

(2)间接原因：①承德某劳务有限责任公司未对作业人员进行安全教育培训，作业人员安全素质不高。6月1日晚，在30#井进行打堵作业的7名工人中，有5名工人为临时工，即未办理劳务用工手续，也未进行安全教育。②北京某市政工程有限责任公司项目部未及时对施工班组进行书面交底。项目经理王某未将作业情况向劳务公司进行书面交底，导致领工

员季某在没有接到交底的情况下，擅自进行打堵作业。

3. 事故定性

这是一起有毒有害气体浓度超标，因作业人员未进行气体检测、未采取任何安全防护措施、擅自违章作业而造成的一般安全生产责任事故。

4. 应采取的安全措施

生产经营单位应建立有限空间作业审批制度并严格执行，严禁擅自进入有限空间作业。

生产经营单位在进行有限空间作业时，必须对作业人员进行培训及作业前的安全交底。

当作业场所可能存在有毒有害气体时，必须在测定氧气含量的同时测定有毒有害气体的含量，并根据测定结果采取相应的措施。作业场所的空气质量达到标准后方可作业。

作业时，作业人员必须配备并使用正压隔绝式空气呼吸器；作业现场设专人监护，发生危险时，及时进行科学施救。

## 四、带水作业的安全知识

### （一）带水作业的危害

带水作业主要存在人员溺水和人员触电风险。溺水是由于人淹没于水中，呼吸道被水、污泥、杂草等杂质堵塞或喉头、气管发生反射性痉挛引起窒息和缺氧，也称为淹溺。淹没于水中以后，本能地出现反应性屏气，避免水进入呼吸道。由于缺氧，不能坚持屏气，被迫进行深吸气而极易使大量水进入呼吸道和肺泡，阻滞了气体交换，引起严重缺氧高碳酸血症（指血中二氧化碳浓度增加）和代谢性酸中毒。呼吸道内的水迅速经肺泡吸收到血液内。由于淹溺时水的成分不同，引起的病变也有所不同。淹溺还可引起反射性喉头、气管、支气管痉挛；水中污染物、杂草等堵塞呼吸道可发生窒息。

### （二）溺水的救援知识

坠落溺水事故发生时，应遵守如下原则进行抢救：

1. 施救坠落溺水者上岸

营救人员向坠落溺水者抛投救生物品。

如坠落溺水者距离作业点、船舶不远，营救人员可向坠落溺水者抛投结实的绳索和递以硬性木条、竹竿将其拉起。

为排水性较好的人员携带救生物品（营救人员必须确认自身处在安全状态下）下水营救，营救时营救人员必须注意从溺水者背后靠近，抱住溺水者将其头部托出水面游至岸边。

2. 溺水者上岸后的应急处理

寻找医疗救护。求助于附近的医生、护士或打"120"电话，通知救护车尽快送医院治疗。

注意溺水者全身受伤情况，有无休克及其他颅脑、内脏等合并伤。急救时应根据伤情抓住主要矛盾，首先抢救生命，着重预防和治疗休克。

等待医护人员时，应对不能自主呼吸、出血或休克的伤者先进行急救，将溺水人员吸入的水空出后要及时进行人工呼吸，同时进行止血包扎等。

当怀疑有骨折时，不要轻易移动伤者。骨折部位可以用夹板或方便器材做临时包扎固定。

搬运伤员是一个非常重要的环节。如果搬运不当，可使伤情加重，方法视伤情而定。如伤员伤势不重，会采用扛、背、抱、扶的方法将伤员运走。如果伤员有大出血或休克等情况，一定要把伤员小心地放在担架上抬送。如果伤员有骨折情况，一定要用木板做的硬担架抬运。让其平卧，腰部垫上衣服垫，再用三四根皮带将其固定在木板做的硬担架上，以免在搬运中滚动或跌落。

3. 现场施救

在医务员的指挥下，工作人员将伤员搬运至安全地带并开展自救工作。及时联络医院，将伤员送往医院检查、救护。

## 五、带电作业的安全知识

低压是指电压在250V及以下的电压。低压带电作业是指在不停电的低压设备或低压线路上的工作。对于一些可以不停电的工作，没有偶然触及带电部分的危险工作，或作业人员使用绝缘辅助安全用具直接接触带电体及在带电设备外壳上的工作，均可进行低压带电作业。虽然低压带电作业的对地电压不超过250V，但不能将此电压理解为安全电压，实际上交流220V电源的触电对人身的危害是严重的，特别是低压带电作业很普遍。为防止低压带电作业对人身产生触电伤害，作业人员应严格遵守低压带电作业的有关规定和注意事项。

### （一）低压设备带电作业安全规定

在带电的低压设备上工作，应使用有绝缘柄的工具，工作时应站在干燥的绝缘垫、绝缘站台或其他绝缘物上，严禁使用锉刀、金属尺和带有金属物的毛刷、毛掸等工具。使用有绝缘柄的工具，可以防止人体直接接触带电体；站在绝缘垫上工作，人体即使触及带电体，也不会受到触电伤害。低压带电作业时使用金属工具，可能引起相同短路或对地短路事故。

在带电的低压设备上工作时，作业人员应穿长袖工作服，并戴手套和安全帽。戴手套可以防止作业时手触及带电体；戴安全帽可以防止作业过程中头部同时触及带电体及接地的金属盘架，造成头部接近短路或头部碰伤；穿长袖工作服可防止手臂同时触及带电和接地体引起短路和烧伤事故。

在带电的低压盘上工作时，应采取防止相间短路和单相接地短路的绝缘隔离措施。在带电的低压盘上工作时，为防止人体或作业工具同时触及两相带电体或一相带电体与接地体，在作业前，将相与相间或相与地（盘构架）间用绝缘板隔离，以免作业过程中发生短路事故。

严禁雷、雨、雪天气及六级以上大风天气时在户外带电作业，也不应在雷电天气时进行室内带电作业。雷电天气时，电力系统容易引起雷电过电压，危及作业人员的安全，不应进行室内外带电作业；雨雪天气时，气候潮湿，不宜带电作业。

在潮湿和潮气过大的室内，禁止带电作业；工作位置过于狭窄时，禁止带电作业。

低压带电作业时，必须有专人监护。带电作业时，作业场地、空间狭小、带电体之间、带电体与地之间绝缘距离小，或作业时的错误动作，均可能引起触电事故。因此，带电作业时，必须有专人监护；监护人应始终在工作现场，并对作业人员进行认真监护，随时纠正其不正确的动作。

**（二）低压线路带电作业安全规定**

在400V三相四线制的线路上带电作业时，应遵守下列规定：

（1）上杆前，应先分清相线、地线，选好工作位置。在登杆前，应在地面上先分清相线、地线，只有这样才能选好杆上的作业位置和角度。在地面辨别相线、地线时，一般根据一些标志和排列方向、照明设备接线等进行辨认。初步确定相线、地线后，可在登杆后用验电器或低压试电笔进行测试，必要时可用电压表进行测量。

（2）断开低压线路导线时，应先断开相线，后开地线。搭接导线时，顺序应相反。三相四线制低压线路在正常情况下接有动力、照明及家电负荷。当带电断开低压线路时，如果先断开中性线，则会因各相负荷不平衡使该电源系统中性点出现较大偏移电压，造成中性线带电，断开时会产生电弧，因此，断开四根线均会带电断开。故应先断相线，后断地线。接通时，先接中性线，后接相线。

（3）人体不得同时接触两根线头。带电作业时，若人体同时接触两根线头，则人体会串入电路会造成触电伤害。

（4）高低压同杆架设，在低压带电线路上作业时，应先检查与高压线的距离，采取防止误碰带电高压线或高压设备的措施。在低压带电导线未采取绝缘措施时（裸导线），作业人员不得穿越。

（5）高低压同杆架设，在低压带电线路上作业时，作业人员与高压带电体的距离不小于表2-15的规定。还应采取以下措施：

①防止误碰、误接近高压导线的措施。

②登杆后在低压线路上作业，防止低压接地短路及混线的作业措施。

③作业时在低压导线（裸导线）上穿越的绝缘隔离措施。

④严禁雷、雨、雪天气及六级以上大风天气在户外低压线路上带电作业。

⑤低压线路带电作业，必须设专人监护，必要时设杆上专人监护。

表2-15 作业人员与高压带电体的距离

| 电压等级/kV | 距离/m | 电压等级/kV | 距离/m |
| --- | --- | --- | --- |
| 10 | 0.35 | 200 | 3 |
| 35 | 0.6 | 330 | 4 |
| 60~110 | 1.5 | 500 | 5 |

**（三）低压带电作业注意事项**

带电作业人员必须经过培训并考试合格，工作时不少于2人。

严禁穿背心、短裤、拖鞋带电作业。

带电作业使用的工具应合格，绝缘工具应试验合格。

低压带电作业时，人体对地必须保持可靠的绝缘。

在低压配电盘上工作，必须装设防止短路事故发生的隔离措施。

只能在作业人员的一侧带电，若其他还有带电部分而又无法采取安全措施，则必须将其他侧电源切断。

带电作业时，若已接触一相相线，要特别注意不要再接触其他相线或地线（或接地部分）。

带电作业时间不宜过长。

## 六、占道作业的安全知识

**（一）占道作业危害的特点**

占道作业是指占用道路开展排水设施检查、养护、维修等作业活动，因此常见事故类型为车辆伤害。占道作业危害的特点主要有：

(1) 作业区域相对开放，流动性强，临时防护简易，社会车辆、人员等外部因素给作业区域施工安全带来一定影响。

(2) 夜间作业环境照明不足、雨雪天气道路湿滑等不良环境因素可能导致生产安全事故。

(3) 作业区域交通安全防护设施码放不规范易导致安全事故。

(4) 社会车辆驾驶员参与交通活动的精神状态（酒后驾驶、疲劳驾驶等）不佳易导致交通安全事故。

### (二) 占道作业交通安全设施

占道作业交通安全设施主要包括：道路交通标志、锥形交通路标、路栏、水马、施工区挡板、消能桶、闪光箭头板、夜间照明灯及施工警示灯等。

**1. 道路交通标志**

道路交通标志分为作业区标志、警告标志、禁令标志、指示标志、可变信息标志。

作业区标志用以通告道路交通阻断、绕行等情况，设在作业区前适当位置；警告标志起到对车辆、行人提出警示警告的作用；禁令标志用以对车辆、行人起限制作用；指示标志用以对车辆、行人的行为提出指示；可变信息标志用以显示作业区及其附近道路的基本信息。主要道路交通标志见表2-16。

表2-16 典型道路交通标志一览表

| 交通标志类型 | 标志图案 |
|---|---|
| 作业区标志 | 右道封闭　道路施工车辆慢行 |
| 警告标志 | 右侧变窄　左侧变窄 |
| 禁令标志 | 40 |
| 指示标志 | |
| 可变信息标志 | 标志 |

**2. 其他交通安全设施**

(1) 锥形交通路标：锥形交通路标也可简称"锥筒"，属于交通隔离防护装置的一种。设置在作业现场周围，自作业区前某距离处沿斜线放置至作业区侧面，侧面距离作业现场1~3m，渐变段锥筒最大间距不超过2m，非渐变段锥筒最大间距随限速由低到高可取2~10m，作业现场后方沿45°角放置。

(2) 路栏：用以阻挡车辆及行人前进或指示改道，设于因作业被阻断路段的两端或周围，侧面距离作业现场0.5~1.5m。

(3) 水马：于分割路面或形成阻挡的塑制壳体障碍物，通常是上小下大的结构，上方有孔以注水增重。

(4) 施工区挡板：设置高度不应低于1.8m，距离交叉路口20m范围内的设置高度应降为0.8~1.0m，其上部应采用通透式围挡搭设至原设置高度。

(5) 消能桶：色彩鲜明，能引起司机注意危险，并起到引导司机视线的良好作用，保证行车安全。对碰撞车辆有很好地吸收能量、衰减缓冲的作用，以减轻交通事故中车辆的损坏和事故损失。

(6) 闪光箭头板：可安装于支撑架或车辆上，一般设置于上游过渡区或缓冲区的前端，起到警示和引导车辆改道的作用。

(7) 夜间照明灯：夜间进行的道路施工设置的照明设施。对于施工操作所需的照明，在满足作业需求的前提下，应避免造成驾驶员眩目。

(8) 施工警示灯：在夜间或能见度低时，所有障碍物或道路施工应采用规定的道路危险警告灯标示，使道路使用者明确工程区的范围。道路作业警示灯设置在作业区周围的锥形交通路标处，应能反映作业区的轮廓。常见交通安全防护设施样式见附表2-17。

表2-17 常见交通安全防护设施样式表

| 名称 | 实物样式 |
|---|---|
| 锥筒 | |
| 路栏 | |
| 水马 | |

织在一起，交通安全及地下有限空间作业情况复杂多样，危险有害因素种类繁多，如不按照安全管理作业流程作业会造成一定的人身伤亡事故。

### (一) 路上作业交通安全

当在交通流量大的地区进行维护作业时，应有专人维护现场交通秩序，协调车辆安全通行。临时占路维护作业时，应在维护作业区域迎车方向前放置防护栏。一般道路，防护栏距维护作业区域应大于 5m，且两侧应设置路锥，路锥之间用连接链或警示带连接，间距不应大于 5m。

在快速路上，宜采用机械维护作业方法；作业时，除应按上述规定设置防护栏外，还应在作业现场迎车方向不小于 100m 处设置安全警示标志，如图 2-24。当维护作业现场井盖开启后，必须有人在现场监护或在井盖周围设置明显的防护栏及警示标志。污泥盛器和运输车辆在道路停放时，应设置安全标志，夜间应设置警示灯，疏通作业完毕清理现场后，应及时撤离现场。除工作车辆与人员外，应采取措施防止其他车辆、行人进入作业区域。

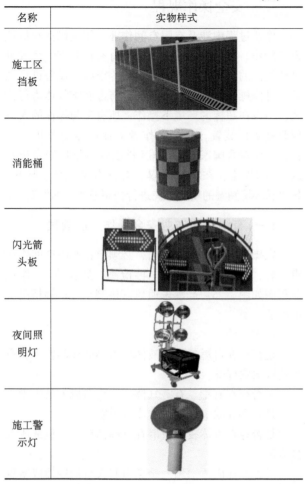

（续）

| 名称 | 实物样式 |
|---|---|
| 施工区挡板 | |
| 消能桶 | |
| 闪光箭头板 | |
| 夜间照明灯 | |
| 施工警示灯 | |

### (三) 占道作业分类

占道作业按施工方式分为全天作业、限时作业、移动作业 3 种类型。

(1) 全天作业：作业区的位置和布置自始至终均不发生变化的占道作业。如排水管道新建、改建、扩建工程；更新改造工程、工程抢险等。

(2) 限时作业：作业区的位置不变但其布置仅在限定时间内呈现的占道作业。例如排水管道检查、清淤、井盖维护等。

(3) 移动作业：作业区的位置和布置随工程操作的进行发生间歇性或连续性移动的占道作业。例如雨水口清掏、设施巡查等。

## 第二节　操作规程

### 一、安全管理制度

巡查检测工作流动性较大，经常地上地下作业交

**图 2-24　安全警示标志的放置**

在进行路面作业时，维护作业人员应穿戴有反光标志的安全警示服并正确佩戴和使用劳动防护用品；未按规定穿戴安全警示服及佩戴和使用劳动防护用品的人员，不得上岗作业。维护作业人员在作业中有权拒绝违章指挥，当发现安全隐患应立即停止作业并向上级报告。维护作业中所使用的设备和用品必须符合国家现行有关标准，并应具有相应的质量合格证书。维护作业区域应采取设置安全警示标志等防护措施；夜间作业时，应在作业区域周边明显处设置警示灯；作业完毕，应及时清除障碍物。作业现场严禁吸烟，未经许可严禁动用明火。

### (二) 井下有限空间作业安全

维护作业必须按规定办理审批手续并按要求填写

安全技术交底，维护作业中使用的设备、安全防护用品必须按有关规定定期进行检验和检测，并应建档管理，呼吸器的用法如图 2-25。

图 2-25　呼吸器的用法步骤

开启与关闭井盖应使用专用工具，严禁直接用手操作。井盖开启后应在迎车方向顺行放置稳固，井盖上严禁站人。

开启压力井盖时，应采取相应的防爆措施。

当维护作业人员进入排水管道内部检查、维护作业时，必须同时符合下列各项要求：管径不得小于 0.8m；管内流速不得大于 0.5m/s；水深不得大于 0.5m；充满度不得大于 50%。

## 二、安全操作规程

作业过程中涉及有限空间作业、用电操作和机械设备操作。在此期间，对可能含有有毒有害气体或可燃性气体的深井、管道、构筑物等设施、设备进行维护、维修操作前，必须在现场对有毒有害气体进行检测，不得在超标的环境下操作，所有参与操作的人员应佩戴防护装置，直接操作者应在可靠的监护下进行，并应符合国家现行标准《排水管道维护安全技术规程》的规定，在易燃易爆、有毒有害气体、异味、粉尘和环境潮湿的场所，应进行强制通风，确保安全。

### (一) 有限空间作业安全操作一般规程

在操作有限空间作业前，必须申报有限空间作业审批表，并做到"先通风、再检测、后作业"，作业流程图如图 2-26。严禁未通风、检测不合格等情况实施作业。

1) 辨　识

是否存在可燃气体、液体或可燃固体的粉尘，避免造成火灾爆炸。

是否存在有毒、有害气体，避免造成人员中毒。

是否存在缺氧，避免造成人员窒息。

是否存在液体较高或潜在升高情况，避免造成人员淹溺。

是否存在固体坍塌，避免引起人员的掩埋或窒息危险。

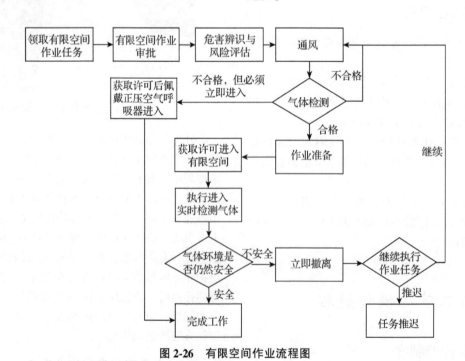

图 2-26　有限空间作业流程图

是否存在触电、机械伤害等危险。

查清管径、井深、水深、上下游是否存在其他危害。

2）封　闭

作业前，应封闭作业区域并在出入口周边显著位置设置安全标志和警示标志（图2-27、图2-28）。

图2-27　设置安全标志与警示标志

图2-28　有限空间作业安全告知牌式样

3）隔　离

隔离采取加装盲板、封堵、导流等隔离措施，阻断有毒有害气体、蒸汽、水、尘埃或泥沙等威胁作业安全的物质涌入有限空间的通路，确保符合有限空间隔离要求，见表2-18。

4）通　风

进入有限空间作业必须首先采取通风措施，保持空气流通（图2-29），严禁用纯氧进行通风换气。

采用机械强制通风或自然通风。机械通风应按管道内平均风速不小于0.8m/s选择通风设备；自然通风时间应不少于30min。

表2-18　有限空间隔离要求

| 部位 | 要求 |
| --- | --- |
| 孔径 | ≥0.8m |
| 流速 | ≤0.5m/s |
| 水深 | ≤0.5m |
| 充满度 | ≤50% |

图2-29　有限空间通风操作

在确定有限空间范围后，首先打开有限空间的门、窗、通风口、出入口、人孔、盖板等进行自然通风。处于低洼处或密闭环境的有限空间，仅靠自然通风很难置换掉有毒有害气体，还必须进行强制通风以迅速排除限定范围有限空间内的有毒有害气体。

在使用风机强制通风时，必须确认有限空间是否处于易燃易爆环境中，若检测结果显示处于易燃易爆环境中，必须使用防爆型排风机，防止发生火灾爆炸事故。

通风时通风量应足够，保证能置换稀释作业过程中释放出来的有害物质，必须能够满足人员安全呼吸的要求。

对于有限空间通风时不易置换的死角，应采取有效措施。例如：

（1）有限空间只有一个出入口，风机放在洞口往里吹，效果不好，可接一段通风软管，直接放在有限空间底部进行通风换气。

（2）对有两个或两个以上出入口的有限空间进行通风换气时，气流很容易在出入口之间循环，形成一些空气不流通的死角。此时应设置挡板或改变吹风方向，使空气得到置换。

（3）对于不同密度的气体应采取不同的通风方式。有毒有害气体密度比空气大的（如硫化氢），通风时应选择中下部；有毒有害气体密度比空气小的

(如甲烷、一氧化碳)，通风时应选择中上部。

5) 检测

进入有限空间作业前(不得超过 30min)，必须根据实际情况先检测氧气、有害气体、可燃性气体、粉尘的浓度符合安全要求后方可进入，未经检测，严禁作业人员进入有限空间。

氧气、有毒有害气体、可燃性气体、粉尘浓度必须符合《工作场所有害因素职业接触限值　第1部分：化学因素》(GBZ 2.1—2019)中相关要求，方可作业，见表 2-19。

表 2-19　准许进入有限空间作业环境气体条件

| 气体名称 | 最高容许浓度/(mg/m³) | 时间加权平均容许/(mg/m³) | 短时间接触容许浓度/(mg/m³) | 临界不良健康效应 |
| --- | --- | --- | --- | --- |
| 氨 | — | 20 | 30 | 眼和上呼吸道刺激 |
| 硫化氢 | 10 | — | — | 神经毒性；强烈黏膜刺激 |
| 一氧化碳(非高原) | — | 20 | 30 | 碳氧血红蛋白血症 |

检测时要做好记录，包括：检测时间、地点、气体种类、气体浓度等。

检测人员应在危险环境以外进行检测，可通过采样泵和导管将危险气体样品引到检测仪器。

初次进入危险环境进行检测时，需配备隔离式呼吸防护设备。

作业过程中应进行持续或定时检测。

2. 作业中

所有人员应遵守有限空间作业的职责和安全操作规程，正确使用有限空间作业安全装备和个人防护用品。

作业过程中应加强通风换气，在氧气、有害气体、可燃性气体、粉尘的浓度可能发生变化时，应保持必要的检测次数和连续检测。

作业时所用的一切电气设备，必须符合有关用电安全技术规程的要求。照明和手持电动工具应使用安全电压。

存在可燃气体的有限空间内，严禁使用明火和非防爆设备。

作业难度大、劳动强度大、时间长的有限空间作业应采取轮换人员作业。当作业人员意识到身体出现异常症状时应立即向监护者报告或自行撤离，不得强行作业。

作业现场必须设置监护人员，配备应急装备。

3. 作业后

有限空间作业结束后，应清点人数，清理现场封闭措施，撤离现场。

4. 事故应急救援

1) 事前征兆

作业人员工作期间，出现精神状态不好、眼睛灼热、流鼻涕、呛咳、胸闷、头晕、头痛、恶心、耳鸣、视力模糊、气短、呼吸急促、四肢软弱乏力、意识模糊、嘴唇变紫等症状，作业人员应及时与监护人员沟通，尽快撤离。

2) 处置措施

密闭空间中毒窒息事件发生后，监护人员应立即向相关人员汇报。

协助者应想办法通过三脚架、提升机、救命索把作业者从密闭空间中救出，协助者不可进入密闭空间，只有配备确保安全的救生设备且接受过培训的救援人员，才能进入密闭空间施救。

将人员救离受害地点至地面以上或通风良好的地点，等待医务人员或在医务人员未到场的情况下，进行紧急救助。

5. 有限空间作业安全防护

有限空间作业必须配备个人防中毒、窒息等防护装备，设置安全警示标志，严禁无防护监护措施作业。现场要备足救生用的安全带、防毒面具、空气呼吸器等防护救生器材，并确保器材处于有效状态。安全防护装备包括：通风设备、照明设备、通信设备、应急救援设备和个人防护用品。

(1) 呼吸防护用具：防毒面具、长管呼吸器、正压式空气呼吸器、紧急逃生呼吸器等，如图 2-30 所示。

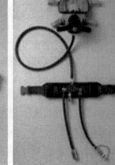

(a) 压缩空气呼吸器　　(b) 长管式呼吸器

图 2-30　呼吸防护用具

(2) 防坠落用具：安全带、安全绳、自锁器、三脚架等，如图 2-31 所示。

(3) 安全器具：通风设备、照明设备、通信设备、安全梯等，如图 2-32 所示。

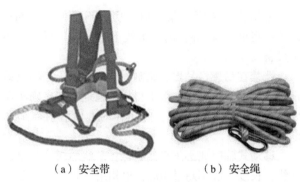

（a）安全带　　　　（b）安全绳

图 2-31　防坠落用具

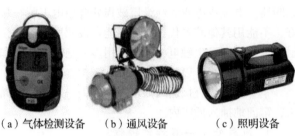

（a）气体检测设备　（b）通风设备　（c）照明设备

图 2-32　安全器具

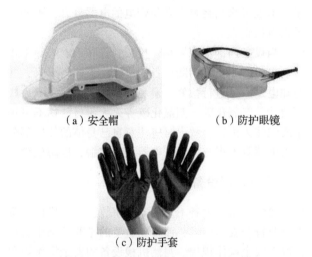

（a）安全帽　　　　（b）防护眼镜

（c）防护手套

图 2-33　安全帽、防护眼镜、防护手套

（4）其他防护用品：安全帽、防护服、防护眼镜、防护手套、防护鞋等，如图 2-33 所示。

（5）应急救援设备：正压式呼吸器、三脚架、绞盘、救生索、安全带等。

### （二）用电安全操作规程

排水管网作业中，电气设备的一般安全操作规程如下：

**1. 作业人员安全操作规程**

操作人员应必须经过专门训练，熟悉了解设备的性能，操作要领及注意事项，考核合格后，方准进行工作。

严禁穿拖鞋、高跟鞋或赤脚上班，严禁酒后工作，进入操作现场人员必须按规定穿戴好防护用品和必要的安全防护用具。

全体人员必须严格遵守岗位责任制和交接班制度，并熟知本职工种的安全技术操作规程，在生产中应坚守岗位。

未经负责人许可，不得任意将自己的工作交给别人，更不能随意操作别人的电气设备。

人体出汗或手脚潮湿时，不要触摸灯头、开关、插头、插座和用电器具。

熟悉工作区域主空气断路器（俗称总闸）的位置，一旦发生火灾触电或其他电气事故时，应第一时间切断电源，避免造成更大的财产损失和人身伤亡。

注意电气安全距离，不进入已标识电气危险标志的场所。发生电气设备故障时，不要自行拆卸，要找持有电工操作证的电工维修。

在池上检修设备时，穿救生衣、佩戴安全带，必须有人现场监护。

公共用电设备或高压线路出现故障时，要请电力部门处理。不乱动、乱摸电气设备，不用手或导电物如铁丝、钉子、别针等金属制品去接触、试探电源插座内部。

（a）配电箱插座损坏　　（b）电线损坏

图 2-34　电气设备损坏

电器使用完毕后应拔掉电源插头，插拔电源插头时不要用力拉拽电线，以防止电线的绝缘层受损造成触电。

使用中经常接触的配电箱、配电盘、闸刀、按钮、插座、导线等要完好无损，不得有破损或将带电部分裸露，有露头、破头的电线、电缆杜绝使用，如图 2-34 所示。

移动所有的电气设备不论固定设备还是移动设备时，必须先切断电源再移动。导线要收拾好，不得在地面上拖来拖去，以免磨损。电缆及 PVC 线被物体压住时，不要硬拉，防止将导线拉断。

各种型号的电气设备在安装完保险丝后，必须经专业电工的检查合格后方可开机使用。

打扫卫生、擦拭设备时，严禁用水冲洗或用湿布去擦拭电气设备，以防发生短路和触电事故。

## 2. 电气设备维修保养安全操作规程

所有电气设备不要随便乱动，自己使用的设备、工具，如果电气部分出了故障，应请电工修理。不得擅自修理，更不得带故障运行。

在对电气设备进行保养和维修时，必须严格执行停电、送电和验电制度，在总闸断开停电后（观察刀闸与主线路是否分离），必须用验电表再测试是否有电。

图 2-35　禁止合闸标志牌

在保养和维修时，必须有双人合作，一人要守在配电柜刀闸处看管以防别人误合闸，或在总闸手柄上悬挂禁止合闸的标识牌，如图 2-35 所示，无论保养或维修设备一律不准带电作业，还应确保有可靠的安全保护措施。

所有的用电设备配相应的电线、电路和开关，要求"一机一闸一保护"，所连用电设备禁止超负荷运行。

设备中的保险丝或线路当中的保险丝损坏后千万不要用铜线、铝线、铁线代替，空气开关损坏后应立即更换，保险丝和空气开关的大小一定要与用电容量相匹配，否则容易造成触电或电气火灾。

各种机电设备上的信号装置、防护装置、保险装置应经常检查其灵敏性，保持齐全有效，不准任意拆除或挪用配套的设备。

在一些安装、检修现场为了工作方便，往往需要用一些随时移动的照明用灯，此类灯具为行灯，其根据工作需要随时移动，工作人员也经常接触，行灯电压不得超过 36V，如锅炉、金属容器内、潮湿的地沟处等潮湿地方，金属容器内部行灯电压不得超过 12V。

## 3. 临时用电安全操作规程

一般禁止使用临时线。必须使用时，应经过相关管理部门批准。针对临时用电，必须注意以下事项：

一定要按临时用电要求安装线路，严禁私接乱拉，先把设备端的线接好后才能接电源，还应按规定时间拆除。

临时线路不得有裸露线，电气和电源相接处应设开关、插座，露天的开关应装在箱匣内保持牢固，防止漏电，临时线路必须保证绝缘性良好，使用负荷正确。

采用悬架或沿墙架设时，房内不得低于 2.5m，房外不得低于 4.5m，确保电线下的行人、行车、用电设备安全。

严禁在易燃、易爆、刺割、腐蚀、碾压等场地铺设临时线路。临时线一般不得任意拖地，如果确实需要必须加装可靠的套管，防止移动造成磨损而损坏电线。

移动式临时线必须采用有保护芯线的橡胶套绝缘软线，长度一般不超过 10m，单相用三芯，三相用四芯。临时线装置必须有一个漏电开关，并且均需安装熔断器。电缆或电线的绝缘层破损处要用电工胶布包好，不能用其他胶布代替，更不能直接使用破损处接触其他东西会发生触电，禁止使用多处绝缘层破损和残旧老化的电线，以防触电。

不要把电线直接插入插座内用电，一定要接好插头，牢固地插入插座内。

## 4. 应急处置一般操作规程

发现有人触电时要设法及时关掉电源；或者用干燥的木棍等物品将触电者与带电的电器分开，不要用手去直接救人。

当设备内部出现冒烟、拉弧、焦味或着火等不正常现象时，应立即切断设备的电源，再实施灭火，并通知电工人员进行检修，避免发生触电事故。灭火应用黄沙、二氧化碳、四氯化碳等灭火器材，切不可用水或泡沫灭火器。救火时应注意自己身体的任何部分及灭火器具不得与电线、电器设备接触，以防危险。

## （三）机械设备安全操作规程

要保证机械设备不发生安全事故，不仅机械设备本身要符合安全要求，而且更重要的是要求操作者严格遵守安全操作规程。当然机械设备的安全操作规程因其种类不同而内容各异，但其基本安全要求如下：

（1）必须正确穿戴好个人防护用品。该穿戴的必须穿戴；不该穿戴的就一定不要穿戴。例如机械加工时要求女工戴发套，如果不戴就可能将头发绞进去，同时要求不得戴手套，如果戴了，机械的旋转部分就可能将手套绞进去，将手绞伤。

（2）操作前要对机械设备进行安全检查，而且要空车运转一下，确认正常后，方可投入运行。

（3）机械设备在运行中也要按规定进行安全检查，特别是对紧固的物件看看是否由于振动而松动，以便重新紧固。

（4）机械设备严禁带故障运行，千万不能凑合使用，以防发生事故。

（5）机械设备的安全装置必须按规定正确使用，不准将其拆掉不使用。

(6)机械设备使用的刀具、工器具以及加工件等一定要装卡牢固，不得松动。

(7)机械设备在运转时，严禁用手调整；也不得用手测量零件，或进行润滑、清扫杂物等。在必须进行时，则应首先关停机械设备。

(8)机械设备运转时，操作者不得离开工作岗位，以防发生问题时，无人处置。

(9)工作结束后，应关闭开关，把刀具和工件从工作位里退出，并清理好工作场地，将零部件、工具等摆放整齐，打扫好机械设备的卫生。

## 三、应急救援预案

### (一)安全生产应急预案的基本知识

**1. 应急管理的相关概念**

(1)突发事件：《中华人民共和国突发事件应对法》将"突发事件"定义为突然发生，造成或者可能造成严重社会危害，需要采取应急处置措施予以应对的自然灾害、事故灾难、公共卫生事件和社会安全事件。

按照社会危害程度、影响范围等因素，自然灾害、事故灾难、公共卫生事件分为特别重大、重大、较大和一般四级。

(2)应急管理：为了迅速、有效地应对可能发生的事故灾难，控制或降低其可能造成的后果和影响，而进行的一系列有计划、有组织的管理，包括预防、准备、响应和恢复四个阶段。

(3)应急准备：针对可能发生的事故灾难，为迅速、有效地开展应急行动而预先进行的组织准备和应急保障。

(4)应急响应：事故灾难预警期或事故灾难发生后，为最大限度地降低事故灾难的影响，有关组织或人员采取的应急行动。

(5)应急预案：针对可能发生的事故灾难，为最大限度地控制或降低其可能造成的后果和影响，预先制定的明确救援责任、行动和程序的方案。

(6)应急救援：在应急响应过程中，为消除、减少事故危害，防止事故扩大或恶化，最大限度地降低其可能造成的影响而采取的救援措施或行动。

(7)应急保障：应急保障是指为保障应急处置的顺利进行而采取的各项保证措施，一般按功能分为人力保障、财力保障、物资保障、交通运输保障、医疗卫生保障、治安维护保障、人员防护保障、通信与信息保障、公共设施保障、社会沟通保障、技术支撑保障，以及其他保障。

**2. 应急管理的意义**

事故灾难是突发事件的重要方面，安全生产应急管理是安全生产工作的重要组成部分。全面做好安全生产应急管理工作，提高事故防范和应急处置能力，尽可能避免和减少事故造成的伤亡和损失，是坚持"以人为本"，贯彻落实科学发展观的必然要求，也是维护广大人民群众的根本利益、构建和谐社会的具体体现。

**3. 应急预案的分类**

(1)综合应急预案：综合应急预案是生产经营单位应急预案体系的总纲，主要从总体上阐述事故的应急工作原则，包括生产经营单位的应急组织机构及职责、应急预案体系、事故风险描述、预警及信息报告、应急响应、保障措施、应急预案管理等内容。

(2)专项应急预案：专项应急预案是生产经营单位为应对某一类型或某几种类型事故，或者针对重要生产设施、重大危险源、重大活动等内容而定制的应急预案。专项应急预案主要包括事故风险分析、应急指挥机构及职责、处置程序和措施等内容。

(3)现场处置方案：现场处置方案是生产经营单位根据不同事故类型，针对具体的场所、装置或设施所制定的应急处置措施，主要包括事故风险分析、应急工作职责、应急处置和注意事项等内容。

### (二)应急预案的基本要素

应急预案是针对各级可能发生的事故和所有危险源制定的应急方案，必须考虑事前、事发、事中、事后的各个过程中相关部门和有关人员的职责，物资与装备的储备或配置等各方面需要。一个完善的应急预案按相应的过程可分为六个一级关键要素，包括：方针与原则、应急策划、应急准备、应急响应、现场恢复、预案管理与评审改进。其中，应急策划、应急准备和应急响应三个一级关键要素可进一步划分成若干二级小的要素，所有这些要素即构成了应急预案的核心要素。

**1. 方针与原则**

反映应急救援工作的优先方向、政策、范围和总体目标(如保护人员安全优先，防止和控制事故蔓延优先，保护环境优先)，体现预防为主、常备不懈、统一指挥、高效协调以及持续改进的思想。

**2. 应急策划**

应急策划就是依法编制应急预案，满足应急预案的针对性、科学性、实用性与可操作性的要求。主要任务如下：

(1)危险分析：目的是为应急准备、应急响应和减灾措施提供决策和指导依据，包括危险识别、脆弱性分析和风险分析。

(2) 资源分析：针对危险分析所确定的主要危险，列出可用的应急力量和资源。

(3) 法律法规要求：列出国家、省、地方涉及应急各部门职责要求以及应急预案、应急准备和应急救援有关的法律法规文件，作为预案编制和应急救援的依据和授权。

3. 应急准备

应急准备是根据应急策划的结果，主要针对可能发生的应急事件，做好各项准备工作，具体包括：组织机构与职责、应急队伍的建设、应急人员的培训、应急物资的储备、应急装备的配置、信息网络的建立、应急预案的演练、公众知识的培训、签订必要的互助协议等。

4. 应急响应

应急响应是在事故险情、事故发生状态下，在对事故情况进行分析评估的基础上，有关组织或人员按照应急救援预案所采取的应急救援行动。主要任务包括：接警与通知、指挥与控制、警报和紧急公告、通信、事态监测与评估、警戒与治安、人群疏散与安置、医疗与卫生、公共关系、应急人员安全、消防和抢险、泄漏物控制等。

5. 现场恢复（短期恢复）

现场恢复包括宣布应急结束的程序；撤点、撤离和交接程序；恢复正常状态的程序；现场清理和受影响区域的连续检测；事故调查与后果评价等。目的是控制此时仍存在的潜在危险，将现场恢复到一个基本稳定的状态，为长期恢复提供指导和建议。

6. 预案管理与评审改进

包括对预案的制定、修改、更新、批准和发布做出管理规定，并保证定期或在应急演习、应急救援后对应急预案进行评审，针对实际情况的变化以及预案中所暴露出的缺陷，不断地更新、完善和改进应急预案文件体系。

### (三) 应急处置的基本原则

国务院发布的《国家突发事件总体应急预案》中提出了应急处置的六个工作原则，具体如下：

1. "以人为本"，安全第一

以落实实践科学发展观为准绳，把保障人民群众生命财产安全，最大限度地预防和减少突发事件所造成的损失作为首要任务。

2. 统一领导，分级负责

在本单位领导统一组织下，发挥各职能部门作用，逐级落实安全生产责任，建立完善的突发事件应急管理机制。

3. 依靠科学，依法规范

科学技术是第一生产力，利用现代科学技术，发挥专业技术人员作用，依照行业安全生产法规，规范应急救援工作。

4. 预防为主，平战结合

认真贯彻安全第一、预防为主、综合治理的基本方针，坚持突发事件应急与预防工作相结合，重点做好预防、预测、预警、预报和常态下风险评估、应急准备、应急队伍建设、应急演练等项工作，确保应急预案的科学性、权威性、规范性和可操作性。

5. 快速反应，协同应对

加强以属地管理为主的应急处置队伍建设，建立联动协调制度，充分动员和发挥乡镇、社区、企事业单位、社会团体和志愿者队伍的作用，依靠公众力量，形成统一指挥、反应灵敏、功能齐全、协调有序、运转高效的应急管理机制。

6. 依靠科技，提高素质

加强公共安全科学研究和技术开发，采用先进的监测、预测、预警、预防和应急处置技术及设施，充分发挥专家队伍和专业人员的作用，提高应对突发公共事件的科技水平和指挥能力，避免发生次生、衍生事件；加强宣传和培训教育工作，提高公众自救、互救和应对各类突发公共事件的综合素质。

## 第三节 安全培训与安全交底

### 一、安全培训

#### (一) 培训形式及要求

安全培训由生产经营单位组织实施，采用理论学习与实际操作相结合的形式开展。生产经营单位应当进行安全培训的从业人员包括主要负责人、安全生产管理人员、特种作业人员和其他从业人员。

派遣劳动者也须进行岗位安全操作规程和安全操作技能的教育和培训。单位接收中等职业学校、高等学校学生实习的，应当对实习学生进行相应的安全生产教育和培训，提供必要的劳动防护用品。

新入职的从业人员上岗前需接受不少于24学时的安全生产教育和培训；单位主要负责人、安全生产管理人员、从业人员每年还应接受不少于8学时的在岗安全生产教育和培训；若存在换岗或离岗6个月以上再次回到原岗位的，上岗前应接受不少于4学时的安全生产教育和培训；若单位采用了新工艺、新技术、新设备，则相关人员在使用这些新工艺、新技术、新设备前,应接受相应的安全知识教育培训,培训不少于4学时。

### (二)培训内容

**1. 单位主要负责人培训内容**

生产经营单位主要负责人安全培训应包括以下内容:

(1)国家安全生产方针、政策和有关安全生产的法律、法规、规章及标准。

(2)安全生产管理基本知识、安全生产技术、安全生产专业知识。

(3)重大危险源管理、重大事故防范、应急管理和救援组织以及事故调查处理的有关规定。

(4)职业危害及其预防措施。

(5)国内外先进的安全生产管理经验。

(6)典型事故和应急救援案例分析。

(7)其他需要培训的内容。

**2. 安全生产管理人员培训内容**

生产经营单位安全生产管理人员安全培训应当包括以下内容:

(1)国家安全生产方针、政策和有关安全生产的法律、法规、规章及标准。

(2)安全生产管理、安全生产技术、职业卫生等知识。

(3)伤亡事故统计、报告及职业危害的调查处理方法。

(4)应急管理、应急预案编制以及应急处置的内容和要求。

(5)国内外先进的安全生产管理经验。

(6)典型事故和应急救援案例分析。

(7)其他需要培训的内容。

**3. 特种作业人员培训内容**

生产经营单位特种作业人员安全培训应当包括熟悉有关安全生产规章制度和安全操作规程,具备必要的安全生产知识,掌握本岗位的安全操作技能,了解事故应急处理措施,知悉自身在安全生产方面的权利和义务。除此之外,特种作业人员还必须按照国家有关法律、法规的规定接受专门的安全培训,经考核合格,取得相关特种作业操作资格证书后,方可上岗作业。

**4. 其他从业人员培训内容**

其他从业人员应接受的安全培训内容包括本岗位安全操作、自救互救以及应急处置所需的相关技能。从业人员需经过厂级、车间级、班组级三级安全培训教育。其中,厂级安全培训应包括以下内容:

(1)本单位安全生产情况及安全生产基本知识。

(2)本单位安全生产规章制度和劳动纪律。

(3)从业人员安全生产权利和义务。

(4)有关事故案例以及事故应急救援、事故应急预案演练及防范措施等内容。

车间级安全培训应包括以下内容:

(1)工作环境及危险因素。

(2)所从事工种可能遭受的职业伤害和伤亡事故。

(3)所从事工种的安全职责、操作技能及强制性标准。

(4)自救互救、急救方法、疏散和现场紧急情况的处理。

(5)安全设备设施、个人防护用品的使用和维护。

(6)本车间安全生产状况及规章制度。

(7)预防事故和职业危害的措施及应注意的安全事项。

(8)有关事故案例。

(9)其他需要培训的内容。

班组级安全培训应包括以下内容:

(1)岗位安全操作规程。

(2)岗位之间工作衔接配合的安全与职业卫生事项。

(3)有关事故案例。

(4)其他需要培训的内容。

### (三)考核评价

生产经营单位应当坚持以考促学、以讲促学,确保从业人员熟练掌握岗位安全生产知识和技能。参加安全培训的人员在完成学习后必须参加相关的考试和考核,成绩合格方可上岗工作。

## 二、安全交底

### (一)内 容

安全交底是指作业负责人在生产作业前对直接生产作业人员进行的该作业的安全操作规程和注意事项的培训,并通过书面文件方式予以确认。安全交底在作业前进行,交底时明确作业具体任务、作业程序、作业分工、作业中可能存在的危险因素及应采取的防护措施等内容。

### (二)要 求

**1. 交底原则**

(1)根据指导性、可行性、针对性及可操作性原则,提出足够细化可执行的操作及控制要求。

(2)确保与工作相关的全部人员都接受交底,并形成相应记录。

(3) 交底内容要始终与技术方案保持一致，同时满足质量验收规范与技术标准。

(4) 使用标准化的专业技术用语、国际制计量单位以及统一的计量单位；确保语言通俗易懂，必要时辅助插图或模型等措施。

(5) 交底记录妥善保存，作为班组内业资料的内容之一。

2. 交底形式

安全交底可包括以下几种形式：

(1) 书面交底：以书面交底形式向作业人员交底，通过双方签字，责任到人，有据可查。这种是最常见的交底方式，效果较好。

(2) 会议交底：通过会议向作业人员传达交底内容，经过多工种的讨论、协商对技术交底内容进行补充完善，从而提前规避技术问题。

(3) 样板或模型交底：根据各项要求，制作相应的样板或模型，以加深一线作业人员对工作的理解。

(4) 挂牌交底：适用于人员固定的分项工程。将相关安全技术要求写在标牌上，然后分类挂在相应的作业场所。

以上几种形式的安全交底均需形成交底材料，由交底人、被交底人和安全员三方签字后留存备案。

(三) 注意事项

安全交底过程需注意以下内容：

(1) 作业人员到场后，必须参加安全教育培训及考核，考核不合格者不得进场。同时必须服从班组的安全监督和管理。

(2) 进场人员必须按要求正确穿着和佩戴个人防护用品，严禁酒后作业。

(3) 所有作业人员必须熟知本工种的安全操作规程和安全生产制度，不得违章作业，并及时制止他人违章作业，对违章指挥，有权拒绝。

(4) 安全员须持证上岗，无证者不得担任安全员一职，坚持每天做好安全记录，保证安全资料的连续、完整，以备检查。

(5) 作业班组在接受生产任务时，安全员必须组织班组全体作业人员进行安全学习，进行安全交底，未进行此项工作的，班组有权拒绝接受作业任务，并提出意见。

(6) 安全员每日上班前，必须针对当天的作业任务，召集作业人员，结合安全技术措施和作业环境、设施、设备安全状况及人员的素质、安全知识，有针对性地进行班前教育，并对作业环境、设施设备认真检查，发现安全隐患，立即解决，有重大隐患的，立即上报，严禁冒险作业。作业过程中应经常巡视检查，随时纠正违章行为，解决新的隐患。

(7) 认真查看作业附近的施工洞口、临边安全防护和脚手架护身栏、挡脚板、立网、脚手板的放置等安全防护措施，是否验收合格，是否防护到位。确认安全后，方可作业，否则，应及时通知有关人员进行处理。

## 第四节 特种作业的审核和审批

特种作业是指对操作者本人、他人及周围建(构)筑物、设备、设施、环境的安全可能造成危害的作业活动。排水管网的危险作业主要包括：有限空间作业、动火作业、临时用电作业、高处作业、吊装作业及国家明确的其他危险作业。

危险作业实行"先审批、后作业；谁审批、谁负责；谁主管、谁负责；谁监护，谁负责"原则，建立"及时申报、措施到位，专业审批、重点控制，属地管理、分级负责"管理机制。

### 一、危险作业的职责分工

各单位安全管理部门是危险作业的安全监督管理部门，负责危险作业审核及措施落实情况的监督、检查。

各单位业务管理部门按照职责分工，对其管理业务范围内的危险作业进行条件审核并签署意见。

危险作业申请单位(部室、车间、班组或相关方)是危险作业的安全责任主体，负责制定作业方案并落实现场防护措施，负责作业现场安全教育、安全交底、安全监护等工作。

### 二、危险作业的基本要求

各单位应当对从事危险作业的作业负责人、监护人员、作业人员、应急救援人员进行专项安全培训，培训合格后方可上岗，特种作业人员及特种设备作业人员应持证上岗。

作业前，作业负责人应针对危险性较大的项目编制作业方案，此类项目包括如下：

(1) 涉及一级动火作业的作业项目。

(2) 涉及二级及以上高处作业的作业项目。

(3) 涉及一级吊装作业的作业项目。

(4) 同时涉及两种及以上危险作业的作业项目。

(5) 其他危险性较大的作业项目。

作业前，作业负责人应办理作业审批手续，并由相关责任人签名确认，包括如下：

(1)危险作业应由作业负责人提出申请，经项目负责人确认，相关管理部门审核通过，单位领导批准后方可实施。

(2)同一作业涉及进入有限空间、动火、高处作业、临时用电、吊装中的两种或两种以上时，应同时办理相应的作业审批手续，执行相应的作业要求。

(3)同一危险作业可根据作业内容、危险有害因素等方面的相似性，实施某一阶段的批量作业审批，原则上时效不超过72h（有特殊情况说明的从其规定）。过程中作业的人员、环境、设备、内容、安全要求等任一条件可能或已经发生变化时，应重新办理审批。

(4)相关方开展危险作业时，属地单位要求执行本单位危险作业审批的，相关方应按属地单位要求执行，项目完成后，危险作业审批表由属地单位收回存档；属地单位未要求执行本单位危险作业审批的，相关方应按照其内部管理程序办理审批手续。

(5)在执行应急抢修、抢险任务等紧急情况时，在确保现场具备安全作业条件下，作业负责人应电话征得单位领导同意后方可实施危险作业。

(6)审批表不得涂改且应保存至少1年以上。

(7)未经审批，任何人不得开展危险作业。

在履行审批手续前，作业负责人应对作业现场和作业过程中可能存在的危险、有害因素进行辨识与评估，制定相应的安全措施。

作业前，应对安全防护设备、个体防护装备、安全警戒设施、应急救援设备、作业设备和工具进行安全检查，发现问题应立即处理。

作业前，作业负责人应根据工作任务特点有针对性地向全体作业人员进行书面交底，内容包括作业任务、作业分工、作业程序、危险因素、防护措施及应急措施等，并由作业负责人和全体作业人员签字确认。

作业人员应遵守有关安全操作规程，并按规定着装及正确佩戴相应的个体防护用品，多工种、多层次交叉作业应统一协调。

## 三、有限空间作业安全管理

排水管网作业环境中的有限空间主要包括：各类地下管线检查井、排水管道、暗沟、初期雨水池、集水池、泵前池、雨水调蓄池、闸门井、电缆沟等。

在有限空间场所出入口显著位置应设置安全警示标志。

作业单位应配置气体检测、通风、照明、通信等安全防护设备，呼吸防护用品、安全帽、安全带等个体防护装备，安全警戒设施及应急救援设备。设备设施应符合相应产品的国家标准或行业标准要求。防护设备以及应急救援设备设施应妥善保管，定期进行检验、维护，以保证设备设施的正常运行。

有限空间作业过程应按照《有限空间作业安全技术规范》(DB 11/T 852—2019)执行，每个作业点监护人员不少于两人。

不具备有限空间作业安全生产条件的单位，不应实施有限空间作业，应将作业项目发包给具备安全生产条件的承包单位，并签订有限空间作业安全生产管理协议，明确双方安全职责。

根据作业事故风险特点，制定有限空间作业安全生产事故专项应急救援预案或现场处置方案，并至少每年进行1次应急演练。

有限空间作业过程中发生事故后，现场有关人员禁止盲目施救。应急救援人员实施救援时，应当做好自身防护，佩戴隔绝式呼吸器具、救援器材。

## 四、动火作业安全管理

应结合本单位实际情况划定动火区及禁火区，动火区不需办理动火作业审批手续，禁火区必须办理动火作业审批手续。

禁火区动火作业分为一级动火、二级动火两个级别，具体如下：

(1)一级动火作业是指在易燃易爆生产装置、输送管道、储罐、容器等部位及其他特殊危险场所进行的动火作业。如污泥消化罐区、沼气脱硫装置及气柜区、燃气锅炉房、甲醇及液氧等化学品罐区、热水解罐区、加油站、有限空间、档案室等重点防火部位。

(2)二级动火作业是指在厂区重要部位进行的除一级动火作业以外的动火作业。如变配电室、中控室、物资库房、化验室、地下管廊、污水泵站格栅间等重要场所。

(3)遇节日、假日或其他特殊情况，动火作业应升级管理。

作业前应进行动火分析，动火分析应符合以下要求：

(1)动火分析的监测点应有代表性，在较大的设备设施内动火，应对上、中、下各部位进行监测分析；在较长的物料管线上动火，应在彻底隔绝区域内分段分析。

(2)在设备外部动火，应在不小于动火点10m范围内进行动火分析。

(3)动火分析与动火作业间隔一般不超过30min，如现场条件不允许，间隔时间可适当放宽，但不应超过60min。

(4)作业中断时间超过60min，应重新分析，每日动火前均应进行动火分析；作业期间应随时进行检测。

(5)使用便携式可燃气体检测仪或其他类似手段进行分析时，检测设备应经标准气体用品标定合格。

动火作业应符合以下规定：

(1)动火作业应有专人监火，作业前应清除动火现场及周围的易燃物品，或采取其他有效安全防火措施，并配备消防器材，满足作业现场应急需求。

(2)动火点周围或其下方的地面如有可燃物、孔洞、窨井、地沟、水封等，应检查分析并采取清理或封盖等措施；对于动火点周围有可能泄漏易燃、可燃物料的设备，应采取隔离措施。

(3)凡在盛有或盛装过危险化学品的容器、管道等生产、储存设施上动火作业，应将其与生产系统彻底隔离，并进行清洗、置换，分析合格后方可作业。

(4)拆除管线进行动火作业时，应先查明其内部介质及其走向，并根据所要拆除管线的情况制订安全防火措施。

(5)在有可燃物构件和使用可燃物做防腐内衬的设备内部进行动火作业时，应采取防火隔绝措施。

(6)在使用、储存氧气的设备上进行动火作业时，设备内含氧量不应超过21%。

(7)动火期间距动火点30m内不应排放可燃气体；距动火点15m内不应排放可燃液体；在动火点10m范围内及用火点下方不应同时进行可燃溶剂清洗或喷漆等作业。

(8)使用气焊、气割动火作业时，乙炔瓶和氧气瓶均应直立放置，两者间距不应小于5m，两者与作业地点间距均不应小于10m，并应设置防晒设施。

(9)作业完毕应清理现场，确认无残留火种后方可离开。

(10)严禁带料、带压动火。

(11)5级以上(含5级)大风天气，禁止露天动火作业。

## 五、临时用电安全管理

临时用电安全管理应符合以下规定：

(1)临时用电实行"三级配电、两级保护"原则，开关箱应符合一机、一箱、一闸、一漏。属地单位用电管理部门应校验电气设备，提供匹配的动力源，一次线必须由属地单位电工搭接，二次线由作业单位电工搭接。

(2)在开关上接引、拆除临时用电线路时，其上级开关应断电上锁并加挂安全警示标志。

(3)临时用电必须按电气安全技术要求进行，应由属地单位用电管理部门检查验收后方可通电使用。

(4)临时用电设施必须做到人走断电，同时将配电箱或操作盘锁好。

(5)临时用电作业单位不应擅自向其他单位转供电或增加用电负荷，以及变更用电地点和用途。

(6)临时线路一次线到期由属地单位电工负责拆除。

(7)临时线路使用期限一般不超过15天，特殊情况下需延长使用时应办理延期手续，但最长不能超过一个月。基建施工项目的临时线路使用期限可按施工期确定。

架设临时用电线路应符合以下规定：

(1)在爆炸和火灾危害的场所架设临时线路时，应对周围环境进行可燃气体检测分析。当被测气体或蒸汽的爆炸下限大于或等于4%时，其被测浓度应不大于0.5%(体积分数)；当被测气体或蒸汽的爆炸下限小于4%时，其被测浓度应不大于0.2%(体积分数)。同时应使用相应防爆等级的电源及电气元件，并采取相应的防爆安全措施。

(2)临时线路应有一总开关，每一分路临时用电设施应安装符合规范要求的漏电保护器，移动工具、手持式电动工具应逐个配置漏电保护器和电源开关。

(3)临时线路必须采用绝缘良好的导线，线型应与负荷匹配。

(4)临时线路必须沿墙或悬空架设，穿越道路铺设时应加设防护套管及安全标志；悬空架设时应加设限高标志，线路最大弧垂与地面距离，在作业现场不低于2.5m，穿越机动车道不低于5m。

(5)临时线路必须设置在地面上的部分，应采取可靠的保护措施，并设置安全警示标志。

(6)现场临时用电配电盘、箱应有电压标识和危险标识，应有防雨措施，盘、箱、门应能牢靠关闭并能上锁。

(7)临时线路与其他设备、门窗、水管保证一定的安全距离。

(8)临时线路不得沿树木捆绑。临时线路与支撑物间、线与线间应有良好绝缘。

(9)临时用电设备应有可靠的接地(零)。

## 六、高处作业安全管理

高处作业分为一级、二级、三级和特级高处作业。具体如下：

(1)作业高度在 $2m \leqslant h < 5m$ 时，称为一级高处作业。

(2)作业高度在 $5m \leqslant h < 15m$ 时，称为二级高处作业。

(3)作业高度在 $15m \leqslant h < 30m$ 时，称为三级高处

作业。

(4)作业高度在 $h \geq 30m$ 时,称为特级高处作业。

高处作业应符合以下规定:

(1)在进行高处作业时,作业人员必须系好安全带、戴好安全帽,作业现场必须设置安全护栏或安全网(强度合格)等防护设施。同时应设监护人对高处作业人员进行监护,监护人应坚守岗位。

(2)高处作业的人员应熟悉现场环境和施工安全要求,患有职业禁忌证和年老体弱、疲劳过度、视力缺陷及酒后者等人员不得进行高处作业。

(3)进行高处作业的人员原则上不应交叉作业,凡因工作需要,必须交叉作业时,要设安全网、防护棚等安全设施,划定防护安全范围,否则不得作业。

(4)铺设易折、易碎、薄型屋面建筑材料(石棉瓦、石膏板、薄木板等)时,应铺设牢固的脚手板并加以固定,脚手板上要有防滑措施。

(5)高处作业所用的工具、零件、材料等必须装入工具袋,上下时手中不得拿物件,且必须从指定的路线上下,禁止从上往下或从下往上抛扔工具、物体或杂物等,不得将易滚易滑的工具、材料堆放在脚手架上,工作完毕时应及时将各种工具、零部件等清理干净,防止坠落伤人,上下输送大型物件时,必须使用可靠的起吊设备。

(6)进行高处作业前,应检查脚手架、跳板等上面是否有水、泥、冰等,如果有,要采取有效的防滑措施,当结冰、积雪严重而无法清除时,应停止高处作业。

(7)在临近有排放有毒有害气体、粉尘的放空管线或烟囱的场所进行高处作业时,作业点的有毒物浓度应在允许浓度范围内,并采取有效的防护措施。发现有毒有害气体泄漏时,应立即停止工作,工作人员马上撤离现场。

(8)高处作业地点应与架空电线保持规定的安全距离,作业人员活动范围及其所携带的工具、材料等与带电导线的最短距离大于安全距离(电压不大于10kV,安全距离为1.7m;电压为35kV,安全距离为2m;电压等级65~110kV,安全距离为2.5m;电压为220kV,安全距离为4m;电压为330kV,安全距离为5m;电压为500kV,安全距离为6m)。

(9)高处作业所用的脚手架,必须符合《建筑安装工程安全技术规程》的规定。

(10)高处作业所用的便携式木梯和便携式金属梯时,梯脚底部应坚实,不得垫高使用。踏板不得有缺挡。梯子的上端应有固定措施。立梯工作角度以 $75°±5°$ 为宜。梯子如需接长使用,应有可靠的连接措施,且接头不得超过1处。连接后梯梁的强度,不应低于单梯梯梁的强度。折梯使用时上部夹角以 $35°\sim45°$ 为宜,铰链应牢固,并应有可靠的拉撑措施。

(11)夜间高处作业应有充足的照明。

(12)遇有5级以上(含5级)大风、暴雨、大雾或雷电天气时,应停止高处作业。

## 七、吊装作业安全管理

吊装作业按吊装重物的质量分为两级。具体如下:

(1)一级吊装作业吊装重物的质量大于5t。

(2)二级吊装作业吊装重物的质量不大于5t。

(3)吊件质量虽不大于5t,但具有形状复杂、刚度小、长径比大、精密贵重、施工条件特殊的情况,吊装作业应按一级吊装作业管理。

(4)吊件质量虽不大于5t,但作业地点位于办公楼宇、职工宿舍、危险化学品等场所周围或临近输电线路时,吊装作业应按一级吊装作业管理。

吊装作业应符合以下规定:

(1)二级吊装作业应严格落实各项安全措施,可不用办理作业审批手续。

(2)各种吊装作业前,应预先在吊装现场设置安全警戒标识并设专人监护,非施工人员禁止入内。

(3)吊装作业前必须对各种起重吊装机械的运行部位、安全装置以及吊具、索具进行详细的安全检查,吊装设备的安全装置灵敏可靠。吊装前必须试吊,确认无误后,方可作业。

(4)吊装作业时,必须分工明确、坚守岗位,并按规定的联络信号,统一指挥。必须按规定负荷进行吊装,吊具、索具经计算选择使用,严禁超负荷运行。所吊重物接近或达到额定起重吊装能力时,应检查抽动器,用低高度、短行程试吊后,再平稳吊起。

(5)严禁利用管道、管架、电杆、机电设备等作吊装锚点。

(6)任何人不得随同吊装物或吊装机械升降。

(7)吊装作业现场的吊绳索、揽风绳、拖拉绳等应避免同带电线路接触,并保持安全距离。

(8)悬吊重物下方严禁站人、通行或工作。

(9)吊装作业中,夜间应有足够的照明。

(10)室外作业遇到大雪、暴雨、大雾及5级以上(含5级)大风时,应停止作业。

(11)在吊装作业中,有下列情况之一者不准吊装:指挥信号不明;超负荷或物体质量不明;斜拉重物;光线不足、看不清重物;重物下站人;重物埋在地下;重物紧固不牢,绳打结、绳不齐;棱刃物体没有衬垫措施;重物越人头;安全装置失灵。

## 第五节　突发安全事故的应急处置

### 一、通　则

一旦发生突发安全事故，发现人应在第一时间向直接领导进行上报，视实际情况进行处理，并视现场情况拨打119、120、110等社会救援电话。

### 二、常见事故应急处置

操作人员必须熟知的应急救援预案包括：火灾应急预案；机械伤害应急预案；有毒有害气体中毒应急预案；淹溺应急预案；高处坠落应急预案；触电应急预案。以下就常见事故应急措施做简要说明。

#### （一）中毒与窒息

有毒有害气体种类主要为硫化氢、一氧化碳、甲烷。窒息主要原因为受限空间内含氧量过低。一般处置程序如下：

1. 预　防

操作人员应掌握有毒有害气体相关知识，正确佩戴合适的防护用品，操作中持续进行气体含量检测，气体检测报警时，应撤离现场，及时上报。操作过程中出现污泥或污水泄漏情况，在不明情况下不得进入现场。

2. 报　警

现场一旦发现有人员中毒窒息，应马上拨打120救护电话，报警内容应包括：单位名称、详细地址、发生中毒事故的时间、危险程度、有毒有害气体的种类，报警人及联系电话，并向相关负责人员报告。

3. 救　护

救援人员必须正确穿戴救援防护用品后，确保安全后方可进入施救，以免盲目施救发生次生事故。迅速将伤者移至空旷通风良好的地点。判断伤者意识、心跳、呼吸、脉搏。清理口腔及鼻腔中的异物。根据伤者情况进行现场施救。搬运伤者过程中要轻柔、平稳，尽量不要拖拉、滚动。

#### （二）淹　溺

1. 救援要点

（1）强调施救者的自我保护意识。所有的施救者必须明确：施救者自己的安全必须放在首位。只有首先保护好自己，才有可能成功救人。否则非但救不了人，还有可能把自己的生命葬送。

（2）及时呼叫专业救援人员。专业救援人员的技能和装备是一般人所不具备的，因此发生淹溺时应该尽快呼叫专业急救人员(医务人员、涉水专业救生员等)，让他们尽快到达现场参与急救以及上岸后的医疗救助。

（3）充分准备和利用救援物品。救援物品包括救援所用的绳索、救生圈、救生衣及其他漂浮物(如木板、泡沫塑料等)、照明设备、医疗装备等，良好的救援装备能使救援工作事半功倍地完成，其效果要比徒手救援好得多。

（4）救援前与淹溺者充分沟通。得不到淹溺者的配合的救援不但很难成功，而且还能增加救援者的危险，因此救援者应首先充分与淹溺者沟通，这一点十分重要。沟通的方式可以通过大声呼唤，也可以通过手势进行，其主要沟通内容包括：告诉淹溺者救援已经在进行，鼓励淹溺者战胜恐惧，要沉着冷静，不要惊慌失措，放弃无效挣扎，还可以告诉淹溺者水中自救的方法，如向下划水的方法、踩水方法、除去身上的负重物等，同时特别还要告诉溺水者听从救援者的指挥，冷静下来配合营救，这样能取得事半功倍的效果。

2. 救援方式

1）伸手救援（不推荐）

该方法是指救援者直接向落水者伸手将淹溺者拽出水面的救援方法。适用于营救者与淹溺者的距离伸手可及同时淹溺者还清醒的情况。使用该法救援时存在很大的风险，救援者稍加不慎就容易被淹溺者拽入水中，因此不推荐营救者使用该方式救援落水者。

2）借物救援（推荐）

该方法是或借助某些物品（如木棍等）把落水者拉出水面的方法，适用于营救者距淹溺者的距离较近（数米之内）同时淹溺者还清醒的情况。其操作方法及注意点包括：救援者应尽量站在远离水面同时又能够到淹溺者的地方，将可延长距离的营救物如树枝、木棍、竹竿等物送至落水者前方，并嘱其牢牢握住。此时要注意避免坚硬物体给淹溺者造成伤害，应从淹溺者身侧横向移动交给溺者，不可直接伸向淹溺者胸前，以防将其刺伤。在确认淹溺者已经牢牢握住延长物时，救助者方能拽拉淹溺者。其姿势与伸手救援法一样，首先采取侧身体位，站稳脚跟，降低身体重心，同时叮嘱落水者配合并将其拉出。在拽拉过程中救援者如突然失去重心时应立即放开手，以免被落水者拽入水中。尽管救援者丧失了延伸物，但避免了落水，保障了自己的安全。此时应再想办法营救。

3）抛物救援（推荐）

该方法是指向落水者抛投绳索及漂浮物（如救生

圈、救生衣、木板等)的营救方法,适用于落水者与营救者距离较远且无法接近落水者、同时淹溺者还处在清醒状态的情况。其操作方法及注意点包括：抛投绳索前要在绳索前端系有重物,如可将绳索前端打结或将衣服浸湿叠成团状捆于绳索前端,这样利于投掷。此外必须事先大声呼唤与落水者沟通,使其知道并能够抓住抛投物。抛投物应抛至落水者前方。所有的抛投物均最好有绳索与营救者相连,这样有利于尽快把落水者救出。此时营救者也应注意降低体位,重心向后,站稳脚跟,以免被落水者拽入水中。

4) 游泳救援(不推荐)

该方法也称为下水救援,这是最危险的、不得已而为之的救援方法,只有在上述4种施救法都不可行时,才能采用此法。因此不推荐营救者使用该方式救援落水者。

3. 上岸后的溺水者救治

迅速检查患者,包括意识、呼吸、心搏、外伤等情况,根据伤者状态进行下一步处置：

(1) 对意识清醒患者实施保暖措施,进一步检查患者,尽快送医治疗。

(2) 对意识丧失但有呼吸心跳患者实施人工呼吸,确保保暖,避免呕吐物堵塞呼吸道。

(3) 对无呼吸患者实施心肺复苏术。

(三) 机械伤害

发生机械伤害事故后,应及时报告相关负责人员,同时根据现场实际情况,大致判明受伤者的部位,拨打120或999急救电话,必要时可对伤者进行临时简单急救。

处置过程中应关注周边是否有有毒有害气体、是否可能引发触电等危险源,采取有针对性安全技术措施,避免发生次生灾害,引发二次伤害。

处理伤口的原则如下：

(1) 立刻止血：当伤口很深,流血过多时,应该立即止血。如果条件不足,一般用手直接按压可以快速止血。通常会在1~2min止血。如果条件允许,可以在伤口处放一块干净且吸水的毛巾,然后用手压紧。

(2) 清洗伤口：如果伤口处很脏,而且仅仅是往外渗血,为了防止细菌的深入,导致感染,则应先清洗伤口。一般可以清水或生理盐水。

(3) 给伤口消毒：为了防止细菌滋生,感染伤口,应对伤口进行消毒,一般可以消毒纸巾或者消毒酒精对伤口进行清洗,可以有效地杀菌,并加速伤口的愈合。

(四) 触 电

1. 断开电源

发现有人触电时,应保持镇静,根据实际情况,迅速采取以下方式,尽快使触电者脱离电源,触电者未脱离电源前不可用人体直接接触触电者。

关闭电源开关、拔去插头或熔断器。

用干燥的木棒、竹竿等非导电物品移开电源或使触电者脱离电源。

用平口钳、斜口钳等绝缘工具剪断电线。

2. 紧急抢救

当触电者脱离电源后,如果触电者尚未失去知觉,则必须使其保持安静,并立即通知就近医疗机构医护人员进行诊治,密切注意其症状变化。

如果触电者已失去知觉,但呼吸尚存,应使其在通风位置仰卧,将上衣与腰带放松,使其容易呼吸,并立即拨打120或999急救电话呼叫救援。

若触电者呼吸困难,有抽筋现象,则应积极进行人工呼吸；如果触电者的呼吸、脉搏及心跳都已停止,此时不能认为其已死亡,应立即对其进行心肺复苏；人工呼吸必须连续不断地进行到触电者恢复自主呼吸或医护人员赶到现场救治为止。

(五) 火灾的应急救援

1. 初期火灾扑救

初期火灾扑救的基本方法如下：

1) 冷却灭火法

冷却灭火法,就是将灭火剂直接喷洒在可燃物上,使可燃物的温度降低到自燃点以下,从而使燃烧停止。用水扑救火灾,其主要作用就是冷却灭火。一般物质起火,都可以用水来冷却灭火。

火场上,除用冷却法直接灭火外,还经常用水冷却尚未燃烧的可燃物质,防止其达到燃点而着火；还可用水冷却建筑构件、生产装置或容器等,以防止其受热变形或爆炸。

2) 隔离灭火法

隔离灭火法,是将燃烧物与附近可燃物隔离或者疏散开,从而使燃烧停止。这种方法适用于扑救各种固体、液体、气体火灾。

采取隔离灭火的具体措施很多。例如,将火源附近的易燃易爆物质转移到安全地点；关闭设备或管道上的阀门,阻止可燃气体、液体流入燃烧区；排除生产装置、容器内的可燃气体、液体,阻拦、疏散可燃液体或扩散的可燃气体；拆除与火源相毗连的易燃建筑结构,形成阻止火势蔓延的空间地带等。

3) 窒息灭火法

窒息灭火法，即采取适当的措施，阻止空气进入燃烧区，或惰性气体稀释空气中的氧含量，使燃烧物质因缺乏或断绝氧而熄灭，适用于扑救封闭式的空间、生产设备装置及容器内的火灾。火场上运用窒息法扑救火灾时，可采用石棉被、湿麻袋、湿棉被、沙土、泡沫等不燃或难燃材料覆盖燃烧或封闭孔洞；用水蒸气、惰性气体（如二氧化碳、氮气等）充入燃烧区域；利用建筑物上原有的门以及生产储运设备上的部件来封闭燃烧区，阻止空气进入。但在采取窒息法灭火时，必须注意以下几点：

（1）燃烧部位较小，容易堵塞封闭，在燃烧区域内没有氧化剂时，适于采取这种方法。

（2）在采取用水淹没或灌注方法灭火时，必须考虑到火场物质被水浸没后所产生的不良后果。

（3）采取窒息方法灭火以后，必须确认火已熄灭，方可打开孔洞进行检查。严防过早地打开封闭的空间或生产装置，而使空气进入，造成复燃或爆炸。

（4）采用惰性气体灭火时，一定要将大量的惰性气体充入燃烧区，迅速降低空气中氧的含量，以达窒息灭火的目的。

4）抑制灭火法

抑制灭火法，是将化学灭火剂喷入燃烧区参与燃烧反应，中止链反应而使燃烧反应停止。采用这种方法可使用的灭火剂有干粉和卤代烷灭火剂。灭火时，将足够数量的灭火剂准确地喷射到燃烧区内，使灭火剂阻断燃烧反应，同时还要采取冷却降温措施，以防复燃。

在火场上，应根据燃烧物质的性质、燃烧特点和火场的具体情况，以及灭火器材装备的性能选择灭火方法。

2. 灭火设施的使用

1）灭火器的使用

灭火器是一种轻便、易用的消防器材。灭火器的种类较多，主要有水型灭火器、空气泡沫灭火器、干粉灭火器、二氧化碳灭火器以及1211灭火器等（图2-36）。

（1）空气泡沫灭火器的使用

空气泡沫灭火器主要适用于扑救汽油、煤油、柴油、植物油、苯、香蕉水、松香水等易燃液体引起的火灾。对于水溶性物质，如甲醇、乙醇、乙醚、丙酮等化学物质引起的火灾，只能使用抗溶性空气泡沫灭火器扑救。

作业人员可以手提或肩扛的形式迅速带灭火器赶到火场，在距离燃烧物6m左右的地方拔出保险销，一只手握住开启压把，另一只手紧握喷枪，用力捏紧开启压把，打开密封或刺穿储气瓶密封片，即可从喷枪口喷出空气泡沫。灭火方法与手提式化学泡沫灭火器相同。但在使用空气泡沫灭火器时，作业人员应使灭火器始终保持直立状态，切勿颠倒或横放使用，否则会中断喷射。同时作业人员应一直紧握开启压把，不能松手，否则也会中断喷射。

（2）手提式干粉灭火器的使用

手提式干粉灭火器适用于易燃、可燃液体、气体及带电设备的初起火灾，还可扑救固体类物质的初起火灾，但不能扑救金属燃烧的火灾。

如图2-37所示，灭火时，作业人员可以手提或肩扛的形式带灭火器快速赶赴火场，在距离燃烧处5m左右的地方放下灭火器开始喷射。如在室外，应选择在上风方向喷射。

（a）手持式干粉灭火器　　（b）手持式泡沫灭火器　　（c）手持式二氧化碳灭火器　　（d）推车式干粉灭火器

图 2-36　常用的灭火器

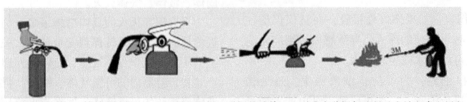

取出灭火器 → 拔掉保险销 → 一手握住压把一手握住喷管 → 对准火苗根部喷射（人站立在上风）

图 2-37　干粉灭火器的使用

如果使用的干粉灭火器是外挂式储气瓶或储压式的储气瓶,操作者应一只手紧握喷枪,另一只手提起储气瓶上的开启提环;如果储气瓶的开启是手轮式的,则应沿逆时针方向旋开,并旋到最高位置,随即提起灭火器。当干粉喷出后,迅速对准火焰的根部扫射。

如果使用的干粉灭火器是内置式或储压式的储气瓶,操作者应先一只手将开启把上的保险销拔下,然后握住喷射软管前端的喷嘴部,另一只手将开启压把压下,打开灭火器进行灭火。在使用有喷射软管的灭火器或储压式灭火器时,操作者的一只手应始终压下压把,不能放开,否则会中断喷射。

灭火时,操作者应对准火焰根部扫射。如果被扑救的液体火灾呈流淌燃烧状态时,应对准火焰根部由近而远并左右扫射,直至把火焰全部扑灭。如果可燃液体在容器内燃烧,操作者应对准火焰根部左右晃动扫射,使喷射出的干粉流覆盖整个容器开口表面。当火焰被赶出容器时,操作者应继续喷射,直至将火焰全部扑灭。

(3)推车式干粉灭火器的使用

推车式干粉灭火器主要适用于扑救易燃液体、可燃气体和电器设备的初起火灾。推车式干粉灭火器移动方便、操作简单,灭火效果好。

作业人员把灭火器拉或推到现场,用右手抓住喷粉枪,左手顺势展开喷粉胶管,直至平直,不能弯折或打圈;接着除掉铅封,拔出保险销,用手掌使劲按下供气阀门;再左手把持喷粉枪管托,右手把持枪把,用手指扳动喷粉开关,对准火焰根部喷射,不断靠前左右摆动喷粉枪,使干粉覆盖燃烧区,直至把火扑灭。

(4)二氧化碳灭火器的使用

二氧化碳灭火器适用于扑灭精密仪器、电子设备、珍贵文件、小范围的油类等引发的火灾,但不宜用于扑灭钾、钠、镁等金属引起的火灾。

作业人员将灭火器提或扛到火场,在距离燃烧物5m左右的地方,放下灭火器,并拔出保险销,一只手握住喇叭筒根部的手柄,另一只手紧握启闭阀的压把。对于没有喷射软管的二氧化碳灭火器,操作者应把喇叭筒往上扳70°~90°。使用时,操作者不能直接用手抓住喇叭筒外壁或金属连线管,防止手被冻伤。

灭火时,当可燃液体呈流淌状燃烧时,操作者将二氧化碳灭火剂的喷流由近而远对准火焰根部喷射。如果可燃液体在容器内燃烧,操作者应将喇叭筒提起,从容器一侧的上部向燃烧的容器中喷射,但不能将二氧化碳射流直接冲击可燃液面,以防止将可燃液体冲出容器而扩大火势。

(5)酸碱灭火器使用

酸碱灭火器适用于扑救木、棉、毛、织物、纸张等一般可燃物质引起的火灾,但不能用于扑救油类、忌水和忌酸物质及带电设备的火灾。

操作者应手提筒体上部的提环,迅速赶到着火地点,绝不能将灭火器扛在背上或过分倾斜灭火器,以防两种药液混合而提前喷射。在距离燃烧物6m左右的地方,将灭火器颠倒过来并晃动几下,使两种药液加快混合;然后一只手握住提环,另一只手抓住筒体下部的底圈将喷出的射流对准燃烧最猛烈处喷射。随着喷射距离的缩减,操作者应向燃烧处推进。

2)消火栓的使用

消火栓是一种固定的消防工具,主要作用是控制可燃物,隔绝助燃物,消除着火源。消火栓分为地上消火栓和地下消火栓。使用前需要先打开消火栓门,按下内部火警按钮。按钮主要用于报警和启动消防泵。使用步骤如图2-38所示,过程中需要人员配合使用,一人接好枪头和水带赶往起火点,另一人则接好水带和阀门口,再沿逆时针方向打开阀门使水喷出。

(a)打开或击碎消防箱门

(b)取出并展开消防水带

(c)一端连接消防栓

(d)另一端连接消防枪头

(e)打开消防栓阀门

(f)对准火焰根部进行灭火

图2-38 消火栓的使用

## 3. 电气灭火

由于电气火灾具有着火后电气设备可能带电，如不注意可能引起触电事故等特点，为此对电气灭火进行以下重要说明：

（1）电气灭火时，最重要的是先切断电源，随后采取必要的救火措施，并及时报警。

（2）进行电火处理时，必须选用合适的灭火器，并按要求进行操作，不得违规操作。应选用二氧化碳灭火器、1211 灭火器或用黄沙灭火，但应注意不要将二氧化碳喷射到人体的皮肤及身体其他部位上，以防冻伤和窒息。在没有确定电源已被切断时，绝不允许用水或普通灭火器灭火，否则很可能发次生事故。

（3）为了避免触电，人体与带电体之间应保持足够的安全距离。

（4）对架空线路等设备进行灭火时，要防止导线断落伤人。

（5）如果带电导线跌落地面，要划出一定的警戒区，防止跨步电压伤人。

（6）电气设备发生接地时，室内扑救人员不得进入距故障点 4m 以内的区域，室外扑救人员不得接近距故障点 8m 以内的区域。

## 4. 火速报警

火灾初起，一方面要积极扑救，另一方面要迅速报警。

1）报警对象

（1）召集周围人员前来扑救，动员一切可以动员的力量。

（2）本单位消防与保卫部门，迅速组织灭火。

（3）公安消防队，报告火警电话 119。

（4）出警报，组织人员疏散。

2）报警方法

（1）本单位报警利用呼喊、警铃等平时约定的方式。

（2）利用广播、固定电话和手机。

（3）距离消防队较近的可直接派人到消防队报警。

（4）消防部门报警。

3）火灾逃生自救

（1）火灾袭来时要迅速逃生，不要贪恋财物。

（2）平时就要了解掌握火灾逃生的基本方法，熟悉多条逃生路线。

（3）受到火势威胁时，要当机立断披上浸湿的衣物或被褥等向安全出口方向冲出去。

（4）穿过浓烟逃生时，要尽量使身体贴近地面，并用湿毛巾捂住口鼻。

（5）身上着火，千万不要奔跑，可就地打滚或用厚重的衣物压灭火苗。

（6）遇火灾不可乘坐电梯，要向安全出口方向逃生。

（7）室外着火，门已发烫，千万不要开门，以防大火蹿入室内，要用浸湿的被褥、衣物等堵塞门窗缝，并泼水降温。

（8）若所逃生线路被大火封锁，要立即退回室内，用打手电筒、挥舞衣物、呼叫等方式向窗外发送求救信号，等待救援。

（9）千万不要盲目跳楼，可利用疏散楼梯、阳台、落水管等逃生自救。也可用绳子把床单、被套撕成条状连成绳索，紧系在窗框、暖气管、铁栏杆等固定物上，用毛巾、布条等保护手心，顺绳滑下，或下到未着火的楼层脱离险境。

## （六）高处坠落

事故发现人员，第一时间报告相关责任人，并根据情况拨打 120 或 999 救护电话。

高处坠落的应急措施如下：

（1）发生高空坠落事故后，现场知情人应当立即采取措施，切断或隔离危险源，防止救援过程中发生次生灾害。

（2）当发生人员轻伤时，现场人员应采取防止受伤人员大量失血、休克、昏迷等紧急救护措施。

（3）遇有创伤性出血的伤员，应迅速包扎止血，使伤员保持在头低脚高的卧位，并注意保暖。

（4）如果伤者处于昏迷状态但呼吸心跳未停止，应立即进行口对口人工呼吸，同时进行胸外心脏按压。昏迷者应平卧，面部转向一侧，维持呼吸道通畅，防止分泌物、呕吐物吸入。

（5）如果伤者心跳已停止，应进行心肺复苏。

（6）发现伤者骨折，不要盲目搬运伤者。

（7）持续救护至急救人员到达现场，并配合急救人员进行救治。

## （七）危险化学品烧伤和中毒

危险化学品具有易燃、易爆、腐蚀、有毒等特点，在使用过程中容易发生烧伤与中毒事故。化学危险品事故急救现场，一方面要防止受伤者烧伤和中毒程度的加深；另一方面又要使受伤者维持呼吸。

## 1. 化学性皮肤烧伤

对化学性皮肤烧伤者，应立即移离现场，迅速脱去受污染的衣裤、鞋袜等，并用大量流动的清水冲洗创面 20~30min（如遇强烈的化学危险品，冲洗的时间要更长），以稀释有毒物质，防止继续损伤和通过伤口吸收。

新鲜创面上不要随意涂抹油膏或红药水、紫药水,不要用脏布包裹。

黄磷烧伤时应用大量清水冲洗、浸泡或用多层干净的湿布覆盖创面。

**2. 化学性眼烧伤**

化学性眼烧伤者,应在现场迅速用流动的清水进行冲洗,冲洗时将眼皮掰开,把裹在眼皮内的化学品彻底冲洗干净。

现场若无冲洗设备,可将头埋入盛满清水的清洁盆中,翻开眼皮,让眼球来回转动进行清洗。

若电石、生石灰颗粒溅入眼内,应当先用蘸有石蜡油(液状石蜡)或植物油的棉签去除颗粒后,再用清水冲洗。

**3. 危险化学品急性中毒**

沾染皮肤中毒时,应迅速脱去受污染的衣物,并用大量流动的清水冲洗至少15min,面部受污染时,要首先冲洗眼睛。

吸入中毒时,应迅速脱离中毒现场,向上风方向移至空气新鲜处,同时解开中毒者的衣领,放松裤带,使其保持呼吸道畅通,并要注意保暖,防止受凉。

口服中毒,中毒物为非腐蚀性物质时,可用催吐方法使其将毒物吐出。误服强碱、强酸等腐蚀性强的物品时,催吐反而会使食道、咽喉再次受到严重损伤,这时可服用牛奶、蛋清、豆浆、淀粉糊等。此时不能洗胃,也不能服碳酸氢钠,以防胃胀气引起胃穿孔。

现场如发现中毒者心跳、呼吸骤停,应立即实施人工呼吸和体外心脏按压术,使其维持呼吸、循环功能。

## 三、防护用品及应急救援器材

操作人员必须熟练使用防护用品及应急救援器材,具体包括:救援三脚架、正压式呼吸器、四合一气体检测仪、汽油抽水泵、排污泵(电泵)、对讲机、灭火器、消防栓及消防水带、五点式安全带、复合式洗眼器、防化服等。

## 四、事故现场紧急救护

### (一)事故现场紧急救护的原则

**1. 紧急呼救**

当紧急灾害事故发生时,应尽快拨打电话120、999、110呼叫。

**2. 先救命后治伤,先重伤后轻伤**

在事故的抢救过程中,不要因忙乱或受到干扰,被轻伤员喊叫所迷惑,使危重伤员被耽误最后救出,本着先救命后治伤的原则。

**3. 先抢后救、抢中有救、尽快脱离事故现场**

在可能再次发生事故或引发其他事故的现场,如失火可能引起爆炸的现场、有害气体中毒现场,应先抢后救,抢中有救,尽快脱离事故现场,确保救护者与伤者的安全。

**4. 先分类再后送**

不管轻伤重伤,甚至对大出血、严重撕裂伤、内脏损伤、颅脑损伤伤者,如果未经检伤和任何医疗急救处置就急送医院,后果十分严重。因此,必须坚持先进行伤情分类,把伤员集中到标志相同的救护区,有的伤员需等待伤势稳定后方能运送。

**5. 医护人员以救为主,其他人员以抢为主**

救护人员应各负其责,相互配合,以免延误抢救时机。通常先到现场的医护人员应该担负现场抢救的组织指挥职责。

### (二)事故现场紧急救护方法

**1. 人工呼吸**

人工呼吸适用于触电休克、溺水、有害气体中毒、窒息或外伤窒息等引起呼吸停止、假死状态者。

在施行人工呼吸前,要先将伤员运送到安全、通风良好的地点,将伤员领口解开,放松腰带,注意保持体温。腰背部要垫上软的衣服等。应先清除口中脏物,把舌头拉出或压住,防止堵住喉咙,妨碍呼吸。各种有效的人工呼吸必须在呼吸道畅通的前提下进行。

1)口对口或(鼻)吹气法

此法操作简便容易掌握,而且气体的交换量大,接近或等于正常人呼吸的气体量,效果较好。如图2-39所示,操作方法如下:

**图2-39 口对口人工呼吸法**

(1)病人取仰卧位,即胸腹朝天,颈后部(不是头后部)垫一软枕,使其头尽量后仰。

(2)救护人站在其头部的一侧,自己深吸一口气,对着伤病人的口(两嘴要对紧不要漏气)将气吹入,造成吸气。为使空气不从鼻孔漏出,此时可用一手将其鼻孔捏住,在病人胸壁扩张后,即停止吹气,让病人胸壁自行回缩,呼出空气。这样反复进行,每分钟进行14~16次。如果病人口腔有严重外伤或牙关紧闭时,可对其鼻孔吹气(必须堵住口),即为口对鼻吹气。注意吹起时切勿过猛、过短,也不宜过长,以占一次呼吸周期的1/3为宜。

2)俯卧压背法

该方法气体交换量小于口对口吹气法,但抢救成功率较高。目前,在抢救触电、溺水时,现场多用此法。如图2-40所示,操作方法如下:

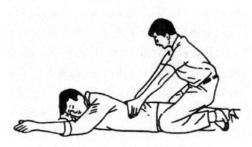

图2-40 俯卧压背法

(1)伤病人取俯卧位,即胸腹贴地,腹部可微微垫高,头偏向一侧,两臂伸过头,一臂枕于头下,另一臂向外伸开,以使胸廓扩张。

(2)救护人面向其头,两腿屈膝跪于伤病人大腿两旁,把两手平放在其背部肩胛骨下角(大约相当于第七对肋骨处)、脊柱骨左右,大拇指靠近脊柱骨,其余4指稍开。

(3)救护人俯身向前,慢慢用力向下压缩,用力的方向是向下、稍向前推压。当救护人的肩膀与病人肩膀将成一直线时,不再用力。在这个向下、向前推压的过程中,即将肺内的空气压出,形成呼气,然后慢慢放松全身,使外界空气进入肺内,形成吸气。

(4)按上述动作,反复有节律地进行,每分钟14~16次。

3)仰卧压胸法

此法便于观察病人的表情,而且气体交换量也接近于正常的呼吸量,但最大的缺点是,伤员的舌头由于仰卧而后坠,阻碍空气的出入,在淹溺、胸外伤、二氧化硫中毒、二氧化氮中毒时,不宜采用此法。如图2-41所示,操作方法如下:

(1)病人取仰卧位,背部可稍垫起,使胸部凸起。

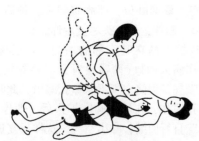

图2-41 仰卧压胸法

(2)救护人员屈膝跪地于病人大腿两旁,把双手分别放于乳房下(相当于第六七对肋骨处),大拇指向内,靠近胸骨下端,其余四指向外。放于胸廓肋骨之上。

(3)向下稍向前压,其方向、力量、操作要领与俯卧压背法相同。

2. 心脏复苏

首先判断患者有无脉搏。操作者跪于患者一侧,一手置于患者前额使头部保持后仰位,另一手以食指和中指尖置于喉结上,然后滑向颈肌(胸锁乳突肌)旁的凹陷处,触摸颈动脉。如果没有搏动,表示心脏已经停止跳动,应立即进行胸外心脏按压(图2-42)。

(1)确定正确的胸外心脏按压位置:先找到肋弓下缘,用一只手的食指和中指沿肋骨下缘向上摸至两侧肋缘于胸骨连接处的切痕迹,以食指和中指放于该切迹上,将另一只手的掌根部放于横指旁,再将第一只手叠放在另一只手的手背上,两手手指交叉扣起,手指离开胸壁。

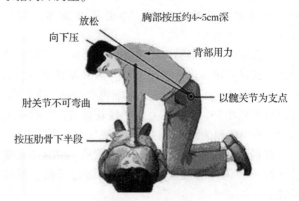

图2-42 心脏复苏

(2)施行按压:操作者前倾上身,双肩位于患者胸部上方正中位置,双臂与患者的胸骨垂直,利用上半身的体重和肩臂力量,垂直向下按压胸骨,使胸骨下陷4~5cm,按压和放松的力量和时间必须均匀、有规律,不能猛压、猛松。放松时掌根不要离开按压处。

3. 心肺复苏

无心搏患者的现场急救,需采用心肺复苏术,现场心肺复苏术主要分为三个步骤:打开气道,人工呼吸和胸外心脏按压。一般称为ABC步骤,即:A——患者的意识判断和打开气道;B——人工呼吸;C——胸外心脏按压。

按压的频率为80~100次/min,按压与人工呼吸的次数比例为:单人复苏15:2,双人复苏5:1,依照此频次按A-B-C的顺序持续循环,周而复始进行,直至苏醒或医护人员到位。

颈总动脉压迫（头面部出血）　　面动脉压迫（头顶部出血）　　颞浅动脉压迫（颜面部出血）

尺桡动脉压迫（手部出血）　　锁骨下动脉压迫（肩腋部出血）　　肱动脉压迫（前臂出血）

指动脉压迫（手指出血）　　股动脉压迫（大腿以下出血）　　胫前后动脉压迫（足部出血）

图 2-43　指压止血法

### 4. 外伤止血

出血有动脉出血、静脉出血和毛细血管出血。动脉出血呈鲜红色，喷射而出；静脉出血呈暗红色，如泉水样涌出；毛细血管出血则为溢血。

出血是创伤后主要并发症之一，成年人出血量超过 800mL 或超过 1000mL 就可引起休克，危及生命；若为严重大动脉出血，则可能在 1min 内即告死亡。因此，止血是抢救出血伤员的一项重要措施，它对挽救伤员生命具有特殊的意义。应根据损伤血管的部位和性质具体选用，常用的暂时性止血方法如下：

1) 指压止血法（图 2-43）

紧急情况下用手指、手掌或拳头，根据动脉的分布情况，把出血动脉的近端用力压向骨面，以阻断血流，暂时止血。注意：此类方法只适用于头面颈部及四肢的动脉出血急救，压迫时间不能过长。

2) 屈肢加垫止血法（图 2-44）

当前臂或小腿出血时，可在肘窝、腋窝内放以纱布垫、棉花团或毛巾、衣服等物品，屈曲关节，用三角巾作 8 字形固定，使肢体固定于屈曲位，可控制关节远端血流，但骨折或关节脱位者不能使用。

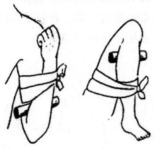

图 2-44　屈肢加垫止血法

3) 止血带止血法（图 2-45）

一般用于四肢大动脉出血。可就地取材，使用软胶管、衣服或布条作为止血带，压迫出血伤口的近心端进行止血。止血带使用方法如下：

(1) 在伤口近心端上方先加垫。

(2) 急救者左手拿止血带，上端留 5 寸（约 16.5cm），紧贴加垫处。

(3) 右手拿止血带长端，拉紧环绕伤肢伤口近心端上方两周，然后将止血带交左手中、食指夹紧。

(4) 左手中、食指夹止血带，顺着肢体下拉成环。

(5) 将上端一头插入环中拉紧固定。

(6) 在上肢应扎在上臂的 1/3 处，在下肢应扎在大腿的中下 1/3 处。

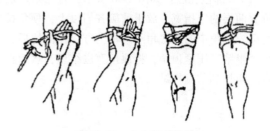

图 2-45　止血带止血法

使用止血带时应注意以下事项：

(1) 上止血带的部位要在创口上方（近心端），尽量靠近创口，但不宜与创口面接触。

(2) 在上止血带的部位，必须先衬垫绷带、布块，或绑在衣服外面，以免损伤皮下神经。

(3) 绑扎松紧要适宜，太紧损伤神经，太松不能止血。

(4)绑扎止血带的时间要认真记录，每隔0.5h（冷天）或者1h应放松1次，放松时间1~2min。绑扎时间过长则可能引起肢端坏死、肾功能衰竭。

5. 创伤包扎

包扎的目的：保护伤口和创面，减少感染，减轻痛苦；加压包扎有止血作用；用夹板固定骨折的肢体时需要包扎，以减少继发损伤，也便于将伤员运送医院。

包扎时使用的材料主要包括绷带、三角巾、四头巾等，现场进行创伤包扎可就地取材，用毛巾、手帕、衣服撕成的布条等进行。包扎方法如下：

1）布条包扎法

（1）环形绷带包扎法：在肢体某一部位环绕数周，每一周重叠盖住前一周。主要用于手、腕、足、颈、额部等处以及在包扎的开始和末端固定时使用。

（2）螺旋形绷带包扎法：包扎时，作单纯的螺旋上升，每一周压盖前一周的1/2。主要用于肢体、躯干等处的包扎。

（3）8字形绷带包扎法：本法是一圈向上一圈向下的包扎，每周在正面和前一周相交，并压盖前一周的1/2。多用于肘、膝、踝、肩、髋等关节处的包扎。

（4）螺旋反折绷带包扎法：开始先用环形法固定一端，再按螺旋法包扎，但每周反折一次，反折时以左手拇指按住绷带上面正中处，右手将绷带向下反折，并向后绕，同时拉紧。主要用于粗细不等部位，如小腿、前臂等处的包括。

2）毛巾包扎法

（1）下颌包扎法：先将四头带中央部分托住下颌，上位两端在颈后打结，下位两端在头顶部打结。

（2）头部包扎法：如图2-46所示，将三角巾的底边折叠两层约二指宽，放于前额齐眉以上，顶角拉向枕后部，三角巾的两底角经两耳上方，拉向枕后，先作一个半结，压紧顶角，将顶角塞进结里，然后再将左右底角拉到前额打结。

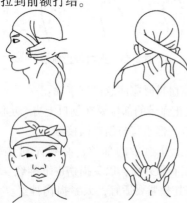

图2-46 头部包扎法

（3）面部包扎法：在三角巾顶处打一结，套于下颌部，底边拉向枕部，上提两底角，拉紧并交叉压住底边，再绕至前额打结。包完后在眼、口、鼻处剪开小孔。

（4）手、足包扎法：如图2-47所示，手（足）心向下放在三角巾上，手指（足趾）指向三角巾顶角，两底角拉向手（足）背，左右交叉压住顶角绕手腕（踝部）打结。

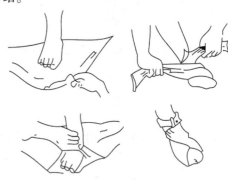

图2-47 足部包扎法

（5）胸部包扎法：如图2-48所示，将三角巾顶角向上，贴于局部，如系左胸受伤，顶角放在右肩上，底边扯到背后在后面打结；再将左角拉到肩部与顶角打结。背部包扎与胸部包扎相同，仅位置相反，结打于胸部。

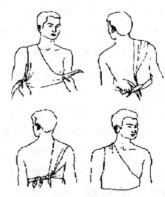

图2-48 胸部包扎法

（6）肩部包扎法：如图2-49所示，单肩包扎时，将毛巾折成鸡心状放在肩上，腰边穿带在上臂固定，前后两角系带在对侧腋下打结；双肩包扎时，将毛巾两角结带，毛巾横放背肩部，再将毛巾两下角从腋下拉至前面，然后把带子同角结牢。

图2-49 肩部包扎法

(7)腹部包扎法:将毛巾斜对折,中间穿小带,小带的两部拉向后方,在腰部打结,使毛巾盖住腹部。将上、下两片毛巾的前角各扎一小带,分别绕过大腿根部与毛巾的后角在大腿外侧打结。

6. 骨折固定

骨折固定可减轻伤员的疼痛,防止因骨折端移位而刺伤临近组织、血管、神经,也是防止创伤休克的有效急救措施。操作要点如下:

(1)急救骨折固定:常常就地取材,如各种木板、竹竿、树枝、木棍、硬纸板、棉垫等,均可作为固定代用品。

(2)锁骨骨折固定:最常用的方法是用三角巾将伤侧上肢托起固定。也可用8字形固定方法。即用绷带由健侧肩部的前上方,再经背部到患侧腋下,向前绕到肩部,如此反复缠绕8~10次。在缠绕之前,两侧腋下应垫棉垫或布块,以保护腋下皮肤不受损伤,血管、神经不受压迫。

(3)上臂骨折夹板固定:长骨骨折固定原则上是必须包括骨折两端的上下关节,其方法是就地取材,用木板、竹片等。根据伤员的上臂长短,取3块即可。上臂前面放置短板一块,后面放一块,上平肩下平肘,用绷带或布条上下固定。另将一块板托住前臂,使肘部屈曲90°,把前臂固定,然后悬吊于颈部。倘若没有木板等材料,可用伤员自己的衣服进行固定。即把伤侧衣服的腋中线剪开至肘部,衣服前片向上托起前臂,用别针固定在对侧胸前。

(4)前臂骨折固定:常采用夹板固定法。即取3块小木板,根据前臂的长短分别置于掌、背面,在其下面托一块直(或平直)的小木板,上下用绷带或布条固定,然后将肘部屈曲90°,保持医生常说的"功能位",用绷带悬吊于颈部。

(5)大腿的骨折固定:常用夹板固定法。即将两块有一定长度的木板,分别置于外侧自腋下至足跟,内侧自会阴部至踝部,然后分段用绷带固定。若现场无木板时也可采用自身固定法,即将伤肢与健肢捆扎在一起,两腿中间根据情况适当加以软垫。

(6)小腿骨折夹板固定:根据伤者的小腿的长度,取两块小木板,分别置于小腿的内、外侧,长度略过膝部,然后用绷带或者绳子予以固定。固定前应该在踝部、膝部垫以棉花、布类,以保护局部皮肤。

(7)脊柱骨折固定:脊柱骨折伤情较重,转送前必须妥善固定。对胸、腰椎骨折须取一块平肩宽的长木板垫在背部、胸部,用宽布带予以固定。颈椎骨折伤员的头部两侧应置以沙袋,或用枕头固定头部,使头部不能左右摆动,以防止或加重脊髓、神经的损伤。

7. 伤员搬运

搬运时应尽量做到不增加伤员的痛苦,避免造成新的损伤及并发症。现场常用的搬运方法有担架搬运法、单人或双人徒手搬运法等。

1)担架搬运法

担架搬运是最常用的方法,适用于路程长、病情重的伤员。担架的种类很多,有帆布担架(将帆布固定在两根长木棒上)、绳索担架(用一根长的结实的绳子绕在两根长竹竿或木棒上)、被服担架(用两件衣服或长大衣翻袖向内成两管,插入两根木棒后再将纽扣仔细扣牢)等。搬运时由3~4人将病人抱上担架,使其头向外,以便于后面抬的人观察其病情变化。

(1)如病人呼吸困难、不能平卧,可将病人背部垫高,让病人处于半卧位,以利于缓解其呼吸困难。

(2)如病人腹部受伤,要叫病人屈曲双下肢、脚底踩在担架上,以松弛肌肤、减轻疼痛。

(3)如病人背部受伤则使其采取俯卧位。

(4)对脑出血的病人,应稍垫高其头部。

2)徒手搬运法

当在现场找不到任何搬运工具而病人伤情又不太重时,可用此法搬运。常用的主要有单人徒手搬运和双人徒手搬运。

(1)单人徒手搬运法:适用于搬运伤病较轻、不能行走的伤员,如头部外伤、锁骨骨折、上肢骨折、胸部骨折、头昏的伤病员。

(2)双人徒手搬运法:一人搬托双下肢,一人搬托腰部。在不影响病伤的情况下,还可用椅式、轿式和拉车式。

# 第三章
# 基础知识

## 第一节 流体力学

流体力学是研究液体机械运动规律及其工程应用的一门学科。本节中介绍的流体力学知识主要包括在排水管渠水力计算、运行管理和防汛抢险中经常用到的基础概念和基础知识。

### 一、水的主要力学性质

物体运动状态的改变都是受外力作用的结果。分析水的流动规律，也要从分析其受力情况入手，所以研究水的流动规律，首先须对其力学性质有所了解。

#### (一) 水的密度

密度是指单位体积物体的质量，常用符号 $\rho$ 表示。物体密度 $\rho$ 与物体质量 $m$、体积 $V$ 的关系可用公式 $\rho=m/V$ 表示，密度单位为千克每立方米（$kg/m^3$）。

水的密度随温度和压强的变化而变化，但这种变化很小，所以一般把水的密度视为常数。采用在一个标准大气压下，温度为4℃时的蒸馏水密度来计算，此时 $\rho_水=1.0\times10^3 kg/m^3$。排水工程中，雨污水的密度一般也以此为常数，进行质量和体积的换算。

因为万有引力的存在，地球对物体的引力称为重力，以 $G$ 表示，$G=mg$，其中 $g$ 为重力加速度。而单位体积水所受到的重力称为容重，以 $\gamma$ 表示，$\gamma=G/V=mg/V=\rho g$，单位为牛每立方米（$N/m^3$）。

#### (二) 水的流动性

自然界的常见物质一般可分为固体、液体和气体三种形态，其中液体和气体统称为流体。固体具有确定的形状，在确定的剪切应力作用下将产生确定的变形。而水作为一种典型流体，没有固定的形状，其形状取决于限制它的固体边界。水在受到任意小的剪切应力时，就会发生连续不断的变形即流动，直到剪切应力消失为止。这就是水的易变形性，或称流动性。

#### (三) 水的黏滞性与黏滞系数

水受到外部剪切力作用发生连续变形即流动的过程中，其内部相应要产生对变形的抵抗，并以内摩擦力的形式表现出来，这种运动状态下的抵抗剪切变形能力的特性称为黏滞性。黏滞性只有在运动状态下才能显示出来，静止状态下内摩擦力不存在，不显示黏滞性。

水的这种抵抗剪切变形的能力以黏滞系数 $\nu_水$ 表示，也称黏度。黏滞系数随温度和压强的变化而变化，但随压强的变化甚微，对温度变化较为敏感。因此一般情况下，不同水温时的运动黏滞系数可按经验公式 $\nu_水=0.01775/(1+0.0337t+0.000221t^2)$ 计算。其中，$t$ 为水温，以摄氏温度（℃）计，$\nu_水$ 以平方厘米每秒（$cm^2/s$）计。

在排水管渠中，由于雨污水具有黏滞性的缘故，距离管渠内壁不同距离位置的水流流速不同。一般情况下，距离管渠内壁越近的水流速度越小，距离管渠内壁越远的水流速越大，如圆形管道管中心处流速最大，管内壁处流速最小。

#### (四) 水的压缩性与压缩系数

固体受外力作用发生变形，当外力撤除后（外力不超过弹性限度时），有恢复原状的能力，这种性质称为物体的弹性。

液体不能承受拉力，但可以承受压力。液体受压后体积缩小，压力撤除后也能恢复原状，这种性质称为液体的压缩性或弹性。液体压缩性的大小以体积压缩系数 $\beta$ 或体积弹性系数 $K$ 来表示。

水在10℃下时，每增加一个大气压，体积仅压缩约十万分之五，压缩性很小。因此在排水工程中，一般不考虑水的压缩性。但在一些特殊情况下，必须考虑水受压后的弹力作用。如泵站或闸阀突然关闭，造成压力管道中水流速度急剧变化而引起水击等现象，应予以重视。

### (五) 水的表面张力

自由表面上的水分子由于受到两侧分子引力不平衡，而承受的一个极其微小的拉力，称为水的表面张力。表面张力仅在自由表面存在，其大小以表面张力系数 $\sigma$ 来表示，单位为牛每米 (N/m)，即自由表面单位长度上所承受的拉力值。水温 20℃ 时，$\sigma = 0.074\text{N/m}$。

在排水工程中，由于表面张力太小，一般来说对液体的宏观运动影响甚微，可以忽略不计，只有在某些特殊情况下才予以考虑。

## 二、水流运动的基本概念

### (一) 水的流态

水的流动有层流、紊流和介于上述两者之间的过渡流三种流态，不同流态下的水流阻力特性不同，在水力计算前要先进行流态判别。流态采用雷诺数 $Re$ 表示。当 $Re<2000$ 时，一般为层流；当 $Re>4000$ 时，一般为紊流；当 $2000 \leq Re \leq 4000$ 时，水流状态不稳定，属于过渡流态。

一般情况下，排水管渠内的水流雷诺数 $Re$ 远大于 4000，管渠内的水流处于紊流流态。因此，在对排水管网进行水力计算时，均按紊流考虑。

紊流流态又分为三个阻力特征区：阻力平方区 (又称粗糙管区)、过渡区和水力光滑管区。在阻力平方区，管渠水头损失与流速平方成正比；在水力光滑管区，管渠水头损失约与流速的 1.75 次方成正比；而在过渡区，管渠水头损失与流速的 1.75~2.0 次方成正比。紊流三个阻力区的划分，需要使用水力学的层流底层理论进行判别，主要与管径 (或水力半径) 及管渠壁粗糙度有关。

在排水工程中，常用管渠材料的直径与粗糙度范围内，水流均处于紊流过渡区和阻力平方区，不会到达紊流光滑管区。当管壁较粗糙或管径较大时，水流多处于阻力平方区。当管壁较光滑或管径较小时，水流多处于紊流过渡区。因此，排水管渠的水头损失是水力计算中重要的内容。

### (二) 压力流与重力流

压力流输水通过封闭的管道进行，水流阻力主要依靠水的压能克服，阻力大小只与管道内壁粗糙程度、管道长度和流速有关，与管道埋设深度和坡度等无关。

重力流输水通过管道或渠道进行，管渠中水面与大气相通，且水流常常不充满管渠，水流的阻力主要依靠水的位能克服，形成水面沿水流方向降低，称为水力坡降。重力流输水时，要求管渠的埋设高程随着水流水力坡度下降。

在排水工程中，管渠的输水方式一般采用重力流，特殊情况下也采用压力流，如提升泵站或调水泵站出水管、过河倒虹管等。另外，当排水管渠的实际过流超过设计能力时，也会形成压力流。

从水流断面形式看，由于圆管的水力条件和结构性能好，在排水工程中采用最多。特别是压力流输水，基本上均采用圆管。圆管也用于重力流输水，在埋于地下时，圆管能很好地承受土壤的压力。除圆管外，明渠或暗渠一般只能用于重力流输水，其断面形状有多种，以梯形和矩形居多。

### (三) 恒定流与非恒定流

恒定流与非恒定流是根据运动要素是否随时间变化来划分的。恒定流是指水体在运动过程中，其任一点处的运动要素不随时间而变化的流动；非恒定流是指水体在运动过程中，其任一点处有任何一个运动要素随时间而变化的流动。

由于用水量和排水量的经常性变化，排水管渠中的水流均处于非恒定状态，特别是雨水及合流制排水管网中，受降雨的影响，水力因素随时间快速变化，属于显著的非恒定流。但是，非恒定流的水力计算特别复杂，在排水管渠设计时，一般也只能按恒定流计算。

近年来，由于计算机技术的发展与普及，国内外已经有人开始研究和采用非恒定流计算给水排水管网的水力问题，而且得到了更接近实际的结果。

### (四) 均匀流与非均匀流

均匀流与非均匀流是根据运动要素是否随位置变化来划分的。均匀流是指水体在运动过程中，其各点的运动要素沿流程不变的流动；非均匀流是指水体在运动过程中，其任一点的任何一个运动要素沿流程变化的流动。

在排水工程中，管渠内的水流不但多为非恒定流，且常为非均匀流，即水流参数往往随时间和空间变化。特别是明渠流或非满管流，通常都是非均匀流。

对于满管流动，如果管道截面在一段距离内不变且不发生转弯，则管内流动为均匀流；而当管道在局部分叉、转弯与截面变化时，管内流动为非均匀流。

均匀流的管道对水流阻力沿程不变，水流的水头损失可以采用沿程水头损失公式计算；满管流的非均匀流动距离一般较短，采用局部水头损失公式计算。

对于非满管流或明(暗)渠流，只要长距离截面不变，也可以近似为均匀流，按沿程水头损失公式进行水力计算；对于短距离或特殊情况下的非均匀流动则运用水力学理论按缓流或急流计算，或者用计算机模拟。

### (五)水流的水头与水头损失

**1. 水头**

水头是指单位重量的水所具有的机械能，一般用符号 $h$ 或 $H$ 表示，常用单位为米水柱($mH_2O$)，简写为米(m)。水头分为位置水头、压力水头和流速水头三种形式。位置水头是指因为水流的位置高程所得的机械能，又称位能，以水流所处的高程来度量，用符号 $Z$ 表示。压力水头是指水流因为压强而具有的机械能，又称压能，以压力除以相对密度所得的相对高程来度量，用符号 $p/\gamma$ 表示。流速水头是指因为水流的流动速度而具有的机械能，又称动能，以动能除以重力加速度所得的相对高程来度量，用符号 $v^2/2g$ 表示。

位置水头和压力水头属于势能，它们两者的和称为测压管水头；流速水头属于动能。水在流动过程中，三种形式的水头(机械能)总是处于不断转换之中。排水管渠中的测压管水头较之流速水头一般大得多，因此在水力计算中，流速水头往往可以忽略不计。

**2. 水头损失**

因黏滞性的存在，水在流动中受到固定界面的影响(包括摩擦与限制作用)，导致断面的流速不均匀，相邻流层间产生切应力，即流动阻力。水流克服阻力所消耗的机械能，称为水头损失，用符号 $h_w$ 表示。当水流受到固定边界限制做均匀流动时，流动阻力中只有沿程不变的切应力，称为沿程阻力。由沿程阻力所引起的水头损失称为沿程水头损失，用符号 $h_f$ 表示。当水流固定边界发生突然变化，引起流速分布或方向发生变化，从而集中发生在较短范围的阻力称为局部阻力。由局部阻力所引起的水头损失称为局部水头损失，用符号 $h_m$ 表示。实际应用中，水头损失应包括沿程水头损失 $h_f$ 和局部水头损失 $h_m$，即 $h_w = \Sigma h_f + \Sigma h_m$。

从产生的原理可以看出，水头损失的大小与管渠过水断面的几何尺寸和管渠内壁的粗糙度有关。

粗糙度一般用粗糙系数 $n$ 来表示，其大小综合反映了管渠内壁对水流阻力的大小，是管渠水力计算中的主要因素之一。

管渠过水断面的特性几何尺寸，称之为水力半径，用符号 $R$ 来表示，单位为米(m)，其计算公式为 $R = A/\chi$。其中，$A$ 为过水断面面积，单位为平方米($m^2$)；$\chi$ 为过水断面与固定界面表面接触的周界，即湿周，单位为米(m)。当水流为圆管满流时，其湿周 $\chi$ 与圆管断面周长一致，$R = 0.25d$，$d$ 为圆管直径，单位为米(m)。水力半径是一个重要的概念，在面积相等的情况下，水力半径越大，湿周越小，水流所受的阻力越小，越有利于过流。

在排水工程中，由于管渠长度较长，沿程水头损失一般远远大于局部水头损失。所以在进行水力计算时，一般忽略局部水头损失，或将局部阻力转换成等效长度的沿程水头损失进行计算。

## 三、水静力学

液体静力学主要是讨论液体静止时的平衡规律和这些规律的应用。所谓"液体静止"指的是液体内部质点间没有相对运动，也不呈现黏性，至于盛装液体的容器，不论它是静止的、匀速运动的还是匀加速运动的都没有关系。

### (一)液体静压力及其特性

当液体静止时，液体质点间没有相对运动，故不存在切应力，但却有压力和重力的作用。液体静止时产生的压力称为静水压力，即在静止液体表面上的法向力。

液体内单位面积 $\Delta A$ 上所受到的法向力为 $\Delta F$，如图3-1，则 $\Delta F$ 与 $\Delta A$ 之比，称为 $\Delta A$ 表面的平均静压强 $p$。当微小面积 $\Delta A$ 无限缩小为一点时，则其平均静压强的极限值就是该点的静压强，见式(3-1)：

$$p = \lim_{\Delta A \to 0} \frac{\Delta F}{\Delta A} \tag{3-1}$$

式中：$p$——液体内单位面积上的平均静压强，Pa；

$\Delta A$——液体内的单位面积，$m^2$；

$\Delta F$——液体内单位面积上受到的法向力，N。

由此可见，液体的静压力是指作用在某面积上的总压力，而液体的静压强则是作用在单位面积上的压力(图3-1)。由于液体质点间的凝聚力很小，不能受拉，只能受压，所以液体的静压强具有两个重要特性：①静压强的方向指向受压面，并与受压面垂直；②静止液体内任一点的静压强在各个方向上均相等。

图3-1 单位面积上的受力示意图

## (二) 水静力学基本方程

### 1. 静压基本方程式

在静止的液体中，取出一垂直的小圆柱体，如图3-2所示。已知自由液面（指液体与气体的交界面）压强为 $p_0$，圆柱体顶面与自由液面重合，高为 $h$，端面面积为 $\triangle A$。

平衡状态下，$p\triangle A = p_0 \triangle A + F_G$。这里的 $F_G$ 即为液柱的重量，$F_G = \rho g h \triangle A$。由上述两式得出式(3-2)：

$$p = p_0 + \rho g h = p_0 + \gamma h \qquad (3-2)$$

式中：$p$——静止液体内某点的压强，Pa；
$p_0$——液面压强，Pa；
$g$——重力加速度，N/kg；
$h$——小圆柱体高度，m；
$\gamma$——液体重力密度，N/m³。

式(3-2)即为液体静力学的基本方程。

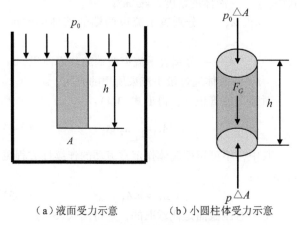

（a）液面受力示意　　（b）小圆柱体受力示意

**图3-2　静止液体的受力示意**

由液体静压力基本方程可知：

（1）静止液体内任一点处的压强由两部分组成，一部分是液面上的压强 $p_0$，另一部分是 $\gamma$ 与该点离液面深度 $h$ 的乘积。当液面上只受大气压强 $p_0$ 作用时，点 A 处的静压强则为 $p = p_0$。

（2）同一容器中同一液体内的静压强随液体深度 $h$ 的增加而线性地增加。

（3）连通器内同一液体中深度 $h$ 相同的各点压强都相等。由压强相等的组成的面称为等压面。在重力作用下静止液体中的等压面是一个水平面。

### 2. 静压力基本方程的物理意义

静止液体中单位质量液体的压力能和位能可以互相转换，但各点的总能量却保持不变，即能量守衡。

### 3. 帕斯卡原理

根据静力学基本方程，盛放在密闭容器内的液体，其外加压强 $p_0$ 发生变化时，只要液体仍保持其原来的静止状态不变，液体中任一点的压强均将发生同样大小的变化。也就是说，在密闭容器内，施加于静止液体上的压强将以等值同时传到各点，这就是静压传递原理或称帕斯卡原理。

## (三) 静水压强的表示方法和单位

### 1. 表示方法

压强的表示方法有两种：绝对压强和相对压强。绝对压强是以绝对真空作为基准所表示的压强；相对压强是以大气压力作为基准所表示的压强。由于大多数测压仪表所测得的压强都是相对压强，故相对压强也称表压强。绝对压强与相对压强的关系为绝对压强=相对压强+大气压强。

如果液体中某点处的绝对压强小于大气压强，这时在这个点上的绝对压强比大气压强小的部分数值称为：真空度，即：真空度=大气压强-绝对压强。

### 2. 单　位

我国法定压强单位为帕斯卡，简称帕，符号为 Pa，$1Pa = 1N/m^2$。由于 Pa 太小，工程上常用其倍数单位兆帕（MPa）来表示，$1MPa = 10^6 Pa$。

压强单位和其他非法定计量单位的换算关系为：

$1at$（工程大气压）$= 1kg \cdot f/cm^2 = 9.8 \times 10^4 Pa$

$1mH_2O$（米水柱）$= 9.8 \times 10^3 Pa$

$1mmHg$（毫米汞柱）$= 1.33 \times 10^2 Pa$

$1bar$（巴）$= 10^5 Pa \approx 1.02 kg \cdot f/cm^2$

## (四) 液体静压力对固体壁面的作用力

静止液体和固体壁面相接触时，固体壁面上各点在某一方向上所受静压作用力的总和，便是液体在该方向上作用于固体壁面上的力。在液压传动计算中质量力可以忽略，静压处处相等，所以可认为作用于固体壁面上的压力是均匀分布的。

当固体壁面是一个曲面时，作用在曲面各点的液体静压力是不平行的，但是静压力的大小是相等的，因而作用在曲面上的总作用力在不同的方向也就不一样。因此，必须首先明确要计算的曲面上的力。

如图3-3所示，在曲面上的液压作用力 $F$，就等

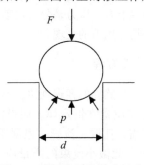

**图3-3　曲面液压作用力示意**

于压力作用于该部分曲面在垂直方向的投影面积 $A$ 与压力 $p$ 的乘积,其作用点在投影圆的圆心,其方向向上,即 $F=pA=p(\pi d^2/4)$。其中,$d$ 为承压部分曲面投影圆的直径。

由此可见,曲面上液压作用力在某一方向上的分力等于静压力和曲面在该方向的垂直面内投影面积的乘积。

## 四、水动力学

### (一) 基本概念

1. 理想液体、实际液体、平行流动和缓变流动

(1) 理想液体:既无黏性又不可压缩的液体称为理想液体。

(2) 实际液体:实际的液体,既有黏性又可压缩。

(3) 平行流动:流线彼此平行的流动。

(4) 缓变流动:流线夹角很小或流线曲率半径很大的流动。

2. 迹线、流线、流束和通流截面

(1) 迹线:流动液体的某一质点在某一时间间隔内在空间的运动轨迹。

(2) 流线:表示某一瞬时,液流中各处质点运动状态的一条条曲线。

(3) 流管和流束:封闭曲线中的这些流线组合的表面称为流管。流管内的流线群称为流束。

(4) 通流截面:流束中与所有流线正交的截面称为通流截面。截面上每点处的流动速度都垂直于这个面。

3. 流量和流速

(1) 流量:单位时间内通过某通流截面的液体的体积称为流量。

(2) 流速:单位面积内通过某通流截面的流量称为流速。

4. 流体压力

考虑流体内部某一平面,当该平面两侧流体无相对运动时,面上任一单位面积所受到的作用力称为流体压力。从微观上看,压力是分子运动对容器壁面碰撞所产生的平均作用力的表现。

### (二) 连续性方程

质量守恒是自然界的客观规律,不可压缩液体的流动过程也遵守质量守恒定律。假设液体作定常流动,且不可压缩,任取一流管,根据质量守恒定律,在 d$t$ 时间内流入此微小流束的质量应等于此微小流束流出的质量,如图 3-4 所示。

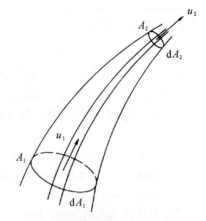

图 3-4 液体的微小流束连续性流动示意图

液体的连续性方程见式(3-3):

$$\left.\begin{array}{c}\rho u_1 \mathrm{d}A_1 \mathrm{d}t = \rho u_2 \mathrm{d}A_2 \mathrm{d}t \\ u_1 \mathrm{d}A_1 = u_2 \mathrm{d}A_2\end{array}\right\} \quad (3\text{-}3)$$

式中:$\rho$——液体的密度,$kg/m^3$;

$u_1$、$u_2$——分别表示流束两端的液体的黏度,$Pa \cdot s$;

$A_1$、$A_2$——分别表示流束两端的截面面积,$m^2$;

$t$——液体通过微小流束所用的时间,s。

对整个流管积分,得出式(3-4):

$$\int_{A_1} u_1 \mathrm{d}A_1 = \int_{A_2} u_2 \mathrm{d}A_2 \quad (3\text{-}4)$$

其中,不可压缩流体作定常流动的连续性方程见式(3-5):

$$v_1 A_1 = v_2 A_2 \quad (3\text{-}5)$$

由于通流截面是任意取的,则得出式(3-6):

$$q = v_1 A_1 = v_2 A_2 = v_3 A_3 = \cdots\cdots = v_n A_n = 常数$$

$$(3\text{-}6)$$

式中:$v_1$——流管通流截面 $A_1$ 上的平均流速,m/s;

$v_2$——流管通流截面 $A_2$ 上的平均流速,m/s;

$q$——流管的流量,$m^3/s$。

此式表明通过流管内任一通流截面上的流量相等,当流量一定时,任一通流截面上的通流面积与流速成反比。则任一通流断面上的平均流速为式(3-7):

$$v_i = \frac{q}{A_i} \quad (3\text{-}7)$$

### (三) 伯努利方程

能量守恒是自然界的客观规律,流动液体也遵守能量守恒定律,这个规律是用伯努利方程的数学形式来表达的。

1. 理想液体微小流束的伯努利方程

为了研究方便,一般将液体作为没有黏性摩擦力的理想液体来处理。理想液体微小流束的伯努利方程见式(3-8):

$$\frac{p_1}{\rho g} + z_1 + \frac{u_1^2}{2g} = \frac{p_2}{\rho g} + z_2 + \frac{u_2^2}{2g} \quad (3-8)$$

式中：$\frac{p}{\rho g}$——单位重量液体所具有的压力能，称为比压能，也叫作压力水头，m；

$z$——单位重量液体所具有的势能，称为比位能，也叫作位置水头，m；

$\frac{u^2}{2g}$——单位重量液体所具有的动能，称为比动能，也叫作速度水头，m。

对伯努利方程可作如下的理解：

(1) 伯努利方程式是一个能量方程式，它表明在空间各相应通流断面处流通液体的能量守恒规律。

(2) 理想液体的伯努利方程只适用于重力作用下的理想液体作定常活动的情况。

(3) 任一微小流束都对应一个确定的伯努利方程，即对于不同的微小流束，它们的常量值不同。

伯努利方程的物理意义为：在密封管道内作定常流动的理想液体在任意一个通流断面上具有三种形成的能量，即压力能、势能和动能。三种能量的总和是一个恒定的常量，而且三种能量之间是可以相互转换的，即在不同的通流断面上，同一种能量的值是不同的，但各断面上的总能量值都是相同的。

2. 实际液体流束的伯努利方程

实际液体都具有黏性，因此液体在流动时还需克服由于黏性所引起的摩擦阻力，这必然要消耗能量。设因黏性而消耗的能量为 $h_w$，则实际液体微小流束的伯努利方程见式(3-9)：

$$\frac{p_1}{\rho} + z_1 g + \frac{u_1^2}{2} = \frac{p_2}{\rho} + z_2 g + \frac{u_2^2}{2} + h_w g \quad (3-9)$$

式中：$p_1$、$p_2$——液体的压强，Pa；

$\rho$——液体的密度，kg/m³；

$z_1$、$z_2$——单位重量液体所具有的势能，称为比位能，也叫作位置水头，m；

$g$——重力加速度，m/s²；

$u_1$、$u_2$——液体的黏度，Pa·s；

$h_w$——由液体黏性引起的能量损失，m。

3. 实际液体总流的伯努利方程

将微小流束扩大到总流，由于在通流截面上速度 $u$ 是一个变量，若用平均流速代替，则必然造成动能偏差，故必须引入动能修正系数。于是实际液体总流的伯努利方程为式(3-10)：

$$\frac{p_1}{\rho} + z_1 g + \frac{\alpha_1 v_1^2}{2} = \frac{p_2}{\rho} + z_2 g + \frac{\alpha_2 v_2^2}{2} + h_w g \quad (3-10)$$

式中：$\alpha_1$、$\alpha_2$——动能修正系数，一般在紊流时 $\alpha=1$，层流时 $\alpha=2$。

4. 动量方程

动量方程是动量定理在流体力学中的具体应用。流动液体的动量方程是流体力学的基本方程之一，它是研究液体运动时作用在液体上的外力与其动量的变化之间的关系。液体作用在固体壁面上的力，用动量定理来求解比较方便。动量定理：作用在液体上的力的大小等于液体在力作用方向上的动量的变化率，见式(3-11)：

$$\sum F = \frac{d(mu)}{dt} \quad (3-11)$$

式中：$F$——作用在液体上作用力，N；

$m$——液体的质量，kg；

$u$——液体的流速，m/s。

假设理想液体作定常流动。任取一控制体积，两端通流截面面积为 $A_1$、$A_2$，在控制体积中取一微小流束，流束两端的截面面积分别为 $dA_1$ 和 $dA_2$，在微小截面上各点的速度可以认为是相等的，且分别为 $u_1$ 和 $u_2$。动量的变化见式(3-12)：

$$d(mu) = d(mu)_2 - d(mu)_1 = \rho dq dt (u_2 - u_1) \quad (3-12)$$

式中：$\rho$——液体的密度，kg/m³；

$q$——液体的流量，m³/s；

$t$——液体通过微小流速所用的时间，s；

$u_1$、$u_2$——液体在两端通流截面上的流速，m/s。

微小流束扩大到总流，对液体的作用力合力见式(3-13)：

$$\sum F = \rho q (u_2 - u_1) \quad (3-13)$$

将微小流束扩大到总流，由于在通流截面上速度 $u$ 是一个变量，若用平均流速代替，则必然造成动量偏差，故必须引入动量修正系数 $\beta$。故对液体的作用力合力为式(3-14)：

$$\sum F = \rho q (\beta_2 v_2 - \beta_1 v_1) \quad (3-14)$$

式中：$\beta_1$、$\beta_2$——动量修正系数，一般在紊流时 $\beta=1$，层流时 $\beta=1.33$。

## 五、基础水力

### (一) 沿程水头损失计算

管渠的沿程水头损失常用谢才公式计算，其形式见式(3-15)：

$$h_f = \frac{lv^2}{C^2 R} \quad (3-15)$$

式中：$h_f$——沿程水头损失，m；

$l$——管渠长度，m；

$v$——过水断面的平均流速，m/s；
$C$——谢才系数，$\sqrt{m}$/s；
$R$——过水断面水力半径，m。

对于圆管满流，沿程水头损失也可用达西公式计算，表示为式(3-16)：

$$h_f = \lambda \frac{l}{d} \frac{v^2}{2g} \tag{3-16}$$

式中：$d$——圆管直径，m；
$g$——重力加速度，m/s²；
$\lambda$——沿程阻力系数，$\lambda = 8g/C^2$，m。

沿程阻力系数或谢才系数与水流流态有关，一般只能采用经验公式或半经验公式计算。目前，国内外较为广泛使用的主要有舍维列夫公式、海曾-威廉公式、柯尔勃洛克-怀特公式和巴甫洛夫斯基公式等，其中国内常用的是舍维列夫公式和巴甫洛夫斯基公式。

### （二）局部水头损失计算

局部水头损失见式(3-17)：

$$h_j = \zeta \frac{v^2}{2g} \tag{3-17}$$

式中：$h_j$——局部水头损失，m；
$\zeta$——局部阻力系数，无量纲；
$v$——过水断面的平均流速，m/s。

不同配件、附件或设施的局部阻力系数详见表3-1。

表3-1 局部阻力系数($\zeta$)

| 配件、附件或设施 | $\zeta$ | 配件、附件或设施 | $\zeta$ |
| --- | --- | --- | --- |
| 全开闸阀 | 0.19 | 90°弯头 | 0.9 |
| 50%开启闸阀 | 2.06 | 45°弯头 | 0.4 |
| 截止阀 | 3~5.5 | 三通转弯 | 1.5 |
| 全开蝶阀 | 0.24 | 三通直流 | 0.1 |

### （三）非满流管渠水力计算

非满流管渠水力计算的目的在于确定管渠的流量、流速、断面尺寸、充满度、坡度之间的水力关系。非满流管渠内的水流状态基本上都处于阻力平方区，接近于均匀流。所以，在非满流管渠的水力计算中一般都采用均匀流公式，即式(3-18)：

$$\left.\begin{array}{l} v = C\sqrt{Ri} \\ Q = Av = AC\sqrt{Ri} = K\sqrt{i} \end{array}\right\} \tag{3-18}$$

式中：$v$——过水断面的平均流速，m/s；
$C$——谢才系数，$\sqrt{m}$/s；
$R$——水力半径，m；
$i$——水力坡度（等于水面坡度，也等于管底坡度），m/m；
$Q$——过水断面的平均流量，m³/s；
$A$——过水断面面积，m²；
$K$——流量模数，$K = AC\sqrt{R}$，其值相当于底坡等于1时的流量。

式(3-18)中的谢才系数 $C$ 如采用曼宁公式计算，则可表示为式(3-19)：

$$\left.\begin{array}{l} v = \frac{1}{n}\sqrt[3]{R^2}\sqrt{i} \\ Q = A\frac{1}{n}\sqrt[3]{R^2}\sqrt{i} \\ R = R(D, h/D) \\ A = A(D, h/D) \end{array}\right\} \tag{3-19}$$

式中：$n$——粗糙系数，无量纲。
$D$——过水管道管径，m；
$H$——过水断面水深，m；
$h/D$——充满度，%。

上述速度和流量的计算公式即为非满流管渠水力计算的基本公式。

在非满流管渠水力计算的基本公式中，有 $Q$、$d$、$h$、$i$ 和 $v$ 共5个变量，已知其中任意3个，就可以求出另外2个。由于计算公式的形式很复杂，所以非满流管渠水力计算比满流管渠水力计算要繁杂得多，特别是在已知流量、流速等参数求其充满度时，需要解非线性方程，手工计算非常困难。为此，必须找到手工计算的简化方法。常用简化计算方法有利用水力计算图表进行计算和借助满流水力计算公式并通过一定的比例变换进行计算等。

### （四）无压圆管的水力计算

所谓无压圆管，是指非满流的圆形管道。在排水工程中，圆形断面无压均匀流的例子最为普遍，一般污水管道、雨水管道和合流管道中大多属于这种流动。这是因为它们既是水力最优断面，又有制作方便、受力性能好等特点。由于这类管道内的流动都具有自由液面，所以常用明渠均匀流的基本公式对其进行计算。

圆形断面无压均匀流的过水断面如图3-5所示。设其管径为 $d$，水深为 $h$，定义 $\alpha = h/d = \sin(\theta/4)$，$\alpha$ 称为充满度，所对应的圆心角 $\theta$ 称为充满角(°)。

由几何关系可得各水力要素之间的关系为：

(1) 过水断面面积 $A = \dfrac{d^2}{8}(\theta - \sin\theta)$。

(2) 湿周 $\chi = \dfrac{d}{2}\theta$。

(3) 水力半径 $R = \dfrac{d}{4}\left(1 - \dfrac{\sin\theta}{\theta}\right)$。

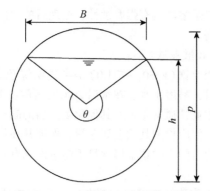

图 3-5 无压圆管均匀流的过水断面

代入式(3-19)，得出式(3-20)：

$$\left.\begin{array}{l} v = \dfrac{1}{n}\sqrt[3]{R^2}\sqrt{i} \\ Q = \dfrac{1}{n}A\sqrt[3]{R^2}\sqrt{i} \end{array}\right\} \quad (3\text{-}20)$$

为便于计算，表 3-2 列出不同充满度时，圆形管道过水断面面积 $A$ 和水力半径 $R$ 的值。

表 3-2 不同充满度时圆形管道过水断面面积和水力半径

| 充满度 ($\alpha$) | 过水断面面积 ($A$)/m² | 水力半径 ($R$)/m | 充满度 ($\alpha$) | 过水断面面积 ($A$)/m² | 水力半径 ($R$)/m |
|---|---|---|---|---|---|
| 0.05 | $0.0147d^2$ | $0.0326d$ | 0.55 | $0.4426d^2$ | $0.2649d$ |
| 0.10 | $0.0400d^2$ | $0.0635d$ | 0.60 | $0.4920d^2$ | $0.2776d$ |
| 0.15 | $0.0739d^2$ | $0.0929d$ | 0.65 | $0.5404d^2$ | $0.2881d$ |
| 0.20 | $0.1118d^2$ | $0.1206d$ | 0.70 | $0.5872d^2$ | $0.2962d$ |
| 0.25 | $0.1535d^2$ | $0.1466d$ | 0.75 | $0.6319d^2$ | $0.3017d$ |
| 0.30 | $0.1982d^2$ | $0.1709d$ | 0.80 | $0.6736d^2$ | $0.3042d$ |
| 0.35 | $0.2450d^2$ | $0.1935d$ | 0.85 | $0.7115d^2$ | $0.3033d$ |
| 0.40 | $0.2934d^2$ | $0.2142d$ | 0.90 | $0.7445d^2$ | $0.2980d$ |
| 0.45 | $0.3428d^2$ | $0.2331d$ | 0.95 | $0.7707d^2$ | $0.2865d$ |
| 0.50 | $0.3927d^2$ | $0.2500d$ | 1.00 | $0.7845d^2$ | $0.2500d$ |

注：表中 $d$ 的单位为 m。

## 第二节　水化学

### 一、概　述

#### (一) 水的含义

水($H_2O$)是由氢、氧两种元素组成的无机物，在常温常压下为无色无味的透明液体。水是最常见的物质之一，是包括人类在内所有生命生存的重要资源，也是生物体最重要的组成部分。水在生命演化中起到了重要的作用。

#### (二) 水化学的基本内容

水化学是研究和描述水中存在的各种物质(包括有机物和无机物)与水分子之间相互作用的物理化学过程。涉及化学动力学、热力学、化学平衡、酸碱化学、配位化学、氧化还原化学和它们之间相互作用等理论与实践，同时也会涉及有关物理学、地理学、地质学和生物学等相关知识。

#### (三) 水化学的意义

研究水化学的意义主要包括：了解天然水的地球化学；研究水污染化学；开发给水工程；污水处理实现水的回归；发展水养殖；进行水资源保护和合理利用；研究海洋科学工程；研究腐蚀与防腐科学；进行水质分析与水环境监测；制定水质标准；研究水利工程与土木建筑等。

### 二、水化学反应

#### (一) 中和反应

(1) 中和反应：是指酸与碱作用生成盐和水的反应。例如氢氧化钠(俗称烧碱、火碱、苛性钠)可以和盐酸发生中和反应，生成氯化钠和水。

(2) 实际应用：改变土壤的酸碱性、用于医药卫生、调节人体酸碱平衡、调节溶液酸碱性、处理工厂的废水等。

污水处理厂里的废水常呈现酸性或碱性，若直接排放将会造成水污染，所以需进行一系列的处理。碱性污水需用酸来中和，酸性污水需用碱来中和，如硫酸厂的污水中含有硫酸等杂质，可以用熟石灰来进行中和处理，生成硫酸钙沉淀物和水。

例如氢氧化钠被广泛应用于水处理。在污水处理厂，氢氧化钠可以通过中和反应减小水的硬度。在工业领域，是离子交换树脂再生的再生剂。氢氧化钠具有强碱性，且在水中具有相对高的可溶性。由于氢氧化钠在水中具有相对高的可溶性，所以容易衡量用量，被方便地使用在水处理的各个领域。

氢氧化钠被使用在水处理的方向有：消除水的硬度；调节水的pH；对废水进行中和；通过沉淀消除水中重金属离子；离子交换树脂的再生。

#### (二) 混　凝

混凝是指通过某种方法(如投加化学药剂)使水中胶体粒子和微小悬浮物聚集的过程，是水和废水处理工艺中的一种单元操作。凝聚和絮凝总称为混凝。凝聚主要指胶体脱稳并生成微小聚集体的过程，絮凝主要指脱稳的胶体或微小悬浮物聚结成大的絮凝体的过程。

影响混凝效果的主要因素如下：

(1)水温：水温对混凝效果有明显的影响。

(2)pH：对混凝的影响程度，视混凝剂的品种而异。

(3)水中杂质的成分、性质和浓度。

(4)水力条件。

混凝剂可归纳为如下两类：

(1)无机盐类：有铝盐(硫酸铝、硫酸铝钾、铝酸钾等)、铁盐(三氯化铁、硫酸亚铁、硫酸铁等)和碳酸镁等。

(2)高分子物质：有聚合氯化铝，聚丙烯酰胺等。

常用的混凝剂介绍如下：

(1)硫酸铝

硫酸铝常用的是 $Al_2(SO_4)_3 \cdot 18H_2O$，其分子量为 666.41，相对密度 1.61，外观为白色，光泽结晶。硫酸铝易溶于水，水溶液呈酸性，室温时溶解度大致是 50%，pH 在 2.5 以下。沸水中溶解度提高至 90%以上。硫酸铝使用便利，混凝效果较好，不会给处理后的水质带来不良影响。当水温低时硫酸铝水解困难，形成的絮体较松散。

硫酸铝在我国使用最为普遍，大都使用块状或粒状硫酸铝。根据其中不溶于水的物质的含量可分为精制和粗制两种。硫酸铝易溶于水可干式或湿式投加。湿式投加时一般采用 10%~20%的浓度(按商品固体重量计算)。硫酸铝使用时水的有效 pH 范围较窄，约在 5.5~8，其有效 pH 随原水的硬度的大小而异，对于软水 pH 在 5.7~6.6，中等硬度的水 pH 为 6.6~7.2，硬度较高的水 pH 则为 7.2~7.8。在控制硫酸铝剂量时应考虑上述特性。有时加入过量硫酸铝会使水的 pH 降至铝盐混凝有效 pH 以下，既浪费了药剂，又使处理后的水浑浊。

(2)三氯化铁

三氯化铁($FeCl_3 \cdot 6H_2O$)是一种常用的混凝剂，是黑褐色的结晶体，有强烈吸水性，极易溶于水，其溶解度随温度上升而增加，形成的矾花沉淀性能好，处理低温水或低浊水效果比铝盐好。我国供应的三氯化铁有无水物、结晶水合物和液体三种。液体、结晶水合物或受潮的无水物腐蚀性极大，调制和加药设备必须用耐腐蚀器材(不锈钢的泵轴运转几星期也即腐蚀，用钛制泵轴有较好的耐腐性能)。三氯化铁加入水后与天然水中碱度起反应，形成氢氧化铁胶体。

三氯化铁的优点是形成的矾花密度大，易沉降，低温、低浊时仍有较好效果，适宜的 pH 范围也较宽，缺点是溶液具有强腐蚀性，处理后的水的色度比用铝盐高。

(3)硫酸亚铁

硫酸亚铁($FeSO_4 \cdot 7H_2O$)是半透明绿色结晶体，俗称绿矾，易溶于水，在水温20℃时溶解度为21%。

硫酸亚铁通常是生产其他化工产品的副产品，价格低廉，但应检测其重金属含量，保证其在最大投量时，处理后的水中重金属含量不超过国家有关水质标准的限量。

固体硫酸亚铁需溶解投加，一般配置成 10%左右的重量百分比浓度使用。

当硫酸亚铁投加到水中时，离解出的二价铁离子只能生成简单的单核络合物，因此，不如含有三价铁的盐那样有良好的混凝效果。残留于水中的 $Fe^{2+}$ 会使处理后的水带色，当水中色度较高时，$Fe^{2+}$ 与水中有色物质反应，将生成颜色更深的不易沉淀的物质(但可用三价铁盐除色)。根据以上所述，使用硫酸亚铁时应将二价铁先氧化为三价铁，然后再起混凝作用。通常情况下，可采用调节 pH、加入氯、曝气等方法使二价铁快速氧化。

当水的 pH 在 8.0 以上时，加入的亚铁盐的 $Fe^{2+}$ 易被水中溶解氧氧化成 $Fe^{3+}$，当原水的 pH 较低时，可将硫酸亚铁与石灰、碱性条件下活化的活化硅酸等碱性药剂一起使用，可以促进二价铁离子氧化。当原水 pH 较低而且溶解氧不足时，可通过加氯来氧化二价铁。

硫酸亚铁使用时，水的 pH 的适用范围较宽，为 5.0~11。

(4)碳酸镁

铝盐与铁盐作为混凝剂加入水中形成絮体随水中杂质一起沉淀于池底，作为污泥要进行适当处理以免造成污染。大型水厂产生的污泥量甚大，因此不少人曾尝试用硫酸回收污泥中的有效铝、铁，但回收物中常有大量铁、锰和有机色度，以致不适宜再作混凝剂。

碳酸镁在水中产生 $Mg(OH)_2$ 胶体和铝盐、铁盐产生的 $Al(OH)_3$ 与 $Fe(OH)_3$ 胶体类似，可以起到澄清水的作用。石灰苏打法软化水站的污泥中除碳酸钙外，尚有氢氧化镁，利用二氧化碳气可以溶解污泥中的氢氧化镁，从而回收碳酸镁。

(5)聚丙烯酰胺(PAM)

聚丙烯酰胺为白色粉末或者小颗粒状物，密度为 1.32g/cm³(23℃)，玻璃化温度为 188℃，软化温度接近 210℃，为水溶性高分子聚合物，具有良好的絮凝性，可以降低液体之间的摩擦阻力，不溶于大多数有机溶剂。本身及其水解体没有毒性，聚丙烯酰胺的毒性来自其残留单体丙烯酰胺（AM）。丙烯酰胺为神经性致毒剂，对神经系统有损伤作用，中毒后表现出肌体无力，运动失调等症状。因此各国卫生部门均有规定聚丙烯酰胺工业产品中残留的丙烯酰胺含量，一般为 0.05%~0.5%。聚丙烯酰胺用于工业和城市污水的净化处理方面时，一般允许丙烯酰胺含量 0.2%以下，用于直接饮用水处理时，丙烯酰胺含量需在0.05%以下。聚丙烯酰胺产品用途如下：

①用于污泥脱水可有效在污泥进入压滤之前进行污泥脱水，脱水时，产生絮团大，不粘滤布，压滤时不散，泥饼较厚，脱水效率高，泥饼含水率在80%以下。

②用于生活污水和有机废水的处理，在酸性或碱性介质中均呈现阳电性，这样对污水中悬浮颗粒带阴电荷的污水进行絮凝沉淀，澄清很有效。如生产粮食酒精废水、造纸废水、城市污水处理厂的废水、啤酒废水、纺织印染废水等，用阳离子聚丙烯酰胺要比用阴离子、非离子聚丙烯酰胺或无机盐类效果要高数倍或数十倍，因为这类废水普遍带阴电荷。

③用于以江河水作水源的自来水的处理絮凝剂，用量少，效果好，成本低，特别是和无机絮凝剂复合使用效果更好，它将成为治理长江、黄河及其他流域的自来水厂的高效絮凝剂。

聚丙烯酰胺可以应用于各种污水处理，针对生活污水处理使用聚丙烯酰胺一般分为两个过程，一是高分子电解质与粒子表面的电荷中和；二是高分子电解质的长链与粒子架桥形成絮团。絮凝的主要目的是通过加入聚丙烯酰胺使污泥中细小的悬浮颗粒和胶体微粒聚结成较粗大的絮团。随着絮团的增大，沉降速度逐渐增加。

（6）聚合氯化铝（PAC）

聚合氯化铝颜色呈黄色或淡黄色、深褐色、深灰色，树脂状固体。有较强的架桥吸附性能，在水解过程中，伴随发生凝聚、吸附和沉淀等物理化学过程。聚合氯化铝与传统无机混凝剂的根本区别在于传统无机混凝剂为低分子结晶盐，而聚合氯化铝的结构由形态多变的多元羧基络合物组成，絮凝沉淀速度快，适用pH范围宽，对管道设备无腐蚀性，净水效果明显，能有效去除水中色度、悬浮物（SS）、化学需氧量（COD）、生化需氧量（BOD）及砷、汞等重金属离子，广泛用于饮用水、工业用水和污水处理领域如下：

①净水处理：生活用水、工业用水。

②城市污水处理。

③工业废水、污水、污泥的处理及污水中某些杂质回收等。

④对某些处理难度大的工业污水，以聚合氯化铝为母体，掺入其他药剂，调配成复合聚合氯化铝，处理污水能得到良好的效果。

### （三）氧化还原

**1. 臭氧消毒**

臭氧由三个氧原子组成，在常温下为无色气体，有腥臭。臭氧极不稳定，分解时产生初生态氧。

臭氧 $O_3 = O_2 + [O]$，[O]具有极强氧化能力，是氟以外的最活泼氧化剂，对具有较强抵抗能力的微生物如病毒、芽孢等都具有强大的杀伤力。[O]除具有强大杀伤力外，还具有很强的渗入细胞壁的能力，从而破坏细菌有机体结构导致细菌死亡。臭氧不能贮存，需现场边生产边使用。

臭氧在污水处理过程中除可以杀菌消毒外，还可以除色。

臭氧是一种强氧化剂，它能把有机物大分子分解成小分子，把难溶解物分解为可溶物，把难降解物质转化为可降解物质，把有害物质分解为无害物，从而达到污水净化的作用。污水处理中臭氧的特点如下：

（1）臭氧是优良的氧化剂，可以彻底分解污水中的有机物。

（2）可以杀灭包括抗氯性强的病毒和芽孢在内的所有病原微生物。

（3）在污水处理过程中，受污水pH、温度等条件的影响较小。

（4）臭氧分解后变成氧气，增加水中的溶解氧，改善水质。

（5）臭氧可以把难降解的有机物大分子分解成小分子有机物，提高污水的可生化性。

（6）臭氧在污水中会全部分解，不会因残留造成二次污染。

**2. 紫外线消毒**

紫外线具有杀菌消毒作用。其消毒优点如下：

（1）消毒速度快，效率高。

（2）不影响水的物理性质和化学成分，不增加水的臭和味。

（3）操作简单，便于管理，易于实现自动化。

紫外线消毒的缺点是：不能解决消毒后在管网中再污染问题，电耗较大，水中悬浮物杂质妨碍光线透射等。

**3. 氯消毒**

氯是一种黄绿色气体，在标准状态下，氯的密度约为空气密度的2.5倍，有特殊的强烈的刺鼻臭味，在常温常压下是气体，加压到5~7个大气压时就会变成液体。氯气极易溶于水。氯对人的呼吸器官有刺激性，浓度大时，起初引起流泪，每升空气中含有0.25mg浓度的氯气时，在其间停留30min即可致死，超过2.5mg/L浓度时，能短时间致死。氯气中毒能引起气管炎症，直至引起肺脏气肿、充血、出血和水肿，为防止氯气泄漏和中毒，需注意有关安全事项和操作规程。

氯消毒的目的是使致病的微生物失去活性，一般利用氯气或次氯酸。在再生水输向用户时要加入一定量的氯，以保证在运输过程中水不会被微生物污染，到达用户家中的余氯符合相关标准。

### (四) 气 提

气提即气提法，是指通过让废水与水蒸气直接接触，使废水中的挥发性有毒有害物质按一定比例扩散到气相中去，从而达到从废水中分离污染物的目的。

气提的基本原理：将空气或水蒸气等载气通入水中，使载气与废水充分接触，导致废水中的溶解性气体和某些挥发性物质向气相转移，从而达到脱除水中污染物的目的。根据相平衡原理，一定温度下的液体混合物中，每一组分都有一个平衡分压，当与之液相接触的气相中该组分的平衡分压趋于零时，气相平衡分压远远小于液相平衡分压，则组分将由液相转入气相。

### (五) 离子交换

离子交换是指借助于固体离子交换剂中的离子与稀溶液中的离子进行交换，以达到提取或去除溶液中某些离子的目的，是一种属于传质分离过程的单元操作。离子交换是可逆的等当量交换反应。

离子交换主要用于水处理（软化和纯化）；溶液（如糖液）的精制和脱色；从矿物浸出液中提取铀和稀有金属；从发酵液中提取抗生素以及从工业废水中回收贵金属等。

离子交换在水处理的应用如下：

（连续电除盐技术EDI）是一种将离子交换技术、离子交换膜技术和离子电迁移技术（电渗析技术）相结合的纯水制造技术。该技术利用离子交换能深度脱盐来克服电渗析极化而脱盐不彻底，又利用电渗析极化而使水发生电离产生$H^+$和$OH^-$实现树脂再生，来克服树脂失效后通过化学药剂再生的缺陷。EDI装置包括阴/阳离子交换膜、离子交换树脂、直流电源等设备。

EDI装置属于精处理水系统，一般多与反渗透（RO）配合使用，组成预处理、反渗透、EDI装置的超纯水处理系统，取代了传统水处理工艺的混合离子交换设备。EDI装置进水电阻率要求为0.025～0.5MΩ·cm，反渗透装置完全可以满足要求。EDI装置可生产电阻率15MΩ·cm以上的超纯水，具有连续产水、水质高、易控制、占地少、不需酸碱、环保等优点，具有广泛的应用前景。

## 第三节 水微生物学

### 一、概 述

#### (一) 微生物的分类和特点

1. 分 类

根据一般概念，水中的微生物分成两类，即非细胞形态的微生物和细胞形态的微生物。非细胞形态的微生物主要指病毒包括噬菌体。细胞形态的微生物主要有原核生物和真核生物。原核生物主要包括细菌、放线菌和蓝藻。真核生物主要包括藻类、真菌（酵母菌和霉菌）、原生生物（肉足虫、鞭毛虫、纤毛类）和后生动物。

上述微生物中，大部分是单细胞的，其中藻类在生物学中属于植物学的范围，原生动物及后生动物属于无脊椎动物范围。严格地说，其中个体较大者，不属于微生物学范围。此外，还需注意一种用光学显微镜看不见的生物，例如病毒，一般显微镜无法分辨小于0.2μm的物体，而病毒个体一般小于0.2μm，可称为超显微镜微生物。

2. 特 点

微生物除具有个体非常微小的特点外，还具有下列几个特点：一是种类繁多。由于微生物种类繁多，因而对于营养物的要求也不相同。它们可以分别利用自然界中的各种有机物和无机物作为营养，使各种有机物合成分解成无机物，或使各种无机物合成复杂的碳水化合物、蛋白质等有机物。所以，微生物在自然界的物质过程中起着重要作用。二是分布广。微生物个体小而轻，可随着灰尘四处飞扬，因而广泛分布于土壤、空气和水体等自然环境中。因土壤中含有丰富的微生物所需的营养物质，所以土壤中微生物的种类或数量特别多。三是繁殖快。大多数微生物在几十分钟内可繁殖一代，即由一个分裂为两个，如果条件适宜，经过10h就可繁殖为数亿个。四是容易发生变异。这一特点使微生物较能适应外界环境条件的变化。

微生物的生理特性以及上述的四个特点，是废水生物处理法的依据，废水和微生物在处理构筑物中接触时，能作为养料的物质（大部分的有机化合物和某些含硫、磷、氮等的无机化合物），即被微生物利用、转化，从而使废水的水质得到改善。当然，在废水排入水体之前，还必须除去其中的微生物，因为微生物本身也是一种有机杂质。

在各类微生物中，细菌与水处理的关系最密切。细菌是微小的、单细胞的、没有真正细胞核的原核生物，其大小一般只有几微米大。一滴水里，可以包含好几万个细菌。所以要观察细菌的形态，必须要使用显微镜。但由于细菌本身是无色透明的，即使放在显微镜下看，还是比较模糊的，为了清楚地观察到细菌，目前已使用了各种细菌的染色法，把细菌染成红的、紫色或者其他颜色，这样在显微镜下，细菌的轮廓就很清楚了。细菌的外形和结构如下：

1）细菌的外形

细菌从外观、形状来看，可分为球菌、杆菌和螺旋菌三大类。

球菌按照排列的形式，又可分为单球菌、链球菌。细菌分裂后各自分散独立存在的，称单球菌；细菌分裂后成串的，称链球菌。产甲烷八叠球菌等都是球状细菌。球菌直径一般为 $0.5\sim2\mu m$。

杆菌一般长 $1\sim5\mu m$，宽 $0.5\sim1\mu m$。布氏产甲烷杆菌、大肠杆菌、硫杆菌等都属于这一类细菌。

螺旋菌的宽度常在 $0.5\sim5\mu m$，长度各异。常见的有霍乱弧菌、纤维狐菌等。

各类细菌在其初生时期或适宜的生活条件下，呈现它的典型形态，这些形态特征是鉴定菌种的依据之一。

2）细菌的结构

细菌的内部结构相当复杂。一般来说，细菌的构造分为基本结构和特殊结构两种。特殊结构只为一部分细菌所具有。

细菌的基本结构包括细胞壁和原生质体两部分。原生质体位于细胞壁内，包括细胞膜、细胞质、核质和内含物。细胞壁是细菌分类中最重要的依据之一。根据革兰氏染色法，可将细菌分为两大类，革兰氏阳性菌和革兰氏阴性菌。革兰氏阳性菌的细胞壁较厚，为单层，其组分比较均匀，主要由肽聚糖组成。革兰氏阴性菌的细胞壁分为两层。

（1）细胞壁：细胞壁是包围在细菌细胞最外面的一层富有弹性的结构，是细胞中很重要的结构单元，在细胞生命活动中的作用主要有：保持细胞具有一定的外观形状；可作为鞭毛的支点，实现鞭毛的运动；与细菌的抗原特性、致病性有关。

（2）细胞膜：细胞膜是一层紧贴着细胞壁而包围着细胞质的薄膜，其化学组成主要是脂类、蛋白质和糖类。这种膜具有选择性吸收的半渗透性，膜上具有与物质渗透、吸收、转送和代谢等有关的许多蛋白酶或酶类。

细胞膜的主要功能有：一是控制细胞内外物质的运送和交换；二是维持细胞内正常渗透压；三是合成细胞壁组分和荚膜的场所；四是进行氧化、磷酸化或光合磷酸化的产能基地；五是许多代谢酶和运输酶以及电子呼吸链主组分的所在地；六是鞭毛着生和生长点。

（3）细胞质：细胞质是一种无色透明而黏稠的胶体，其主要成分是水、蛋白质、核酸和脂类等。根据染色特点，可以通过观察染色均匀与否来判断细菌处于幼龄还是衰老阶段。

（4）核质：一般的细菌仅具有分散而不固定形态的核质。核或核质内几乎集中有全部与遗传变异有密切相关的某些核酸，所以常称核是决定生物遗传性的主要部分。

（5）内含物：内含物是细菌新陈代谢的产物，或是贮存的营养物质。内含物的种类和量随着细菌种类和培养条件的不同而不同，往往在某些物质过剩时，细菌就将其转化成贮存物质，当营养缺乏时，它们又被分解利用。常见的内含物颗粒有异染颗粒、硫粒等。例如，在生物除磷过程中，不动杆菌在好氧条件下利用有机物分解产生的大量能源，可过度摄取周边溶液中磷酸盐并转化成多聚偏磷酸盐，以异染颗粒的方式贮存于细胞内。许多硫磺细菌都能在细胞内大量积累硫粒，如活性污泥中常见的贝氏硫细菌和发硫细菌都能在细胞内贮存硫粒。

（6）细菌的特殊结构：荚膜、芽孢和鞭毛。

① 荚膜：在细胞壁的外边常围绕着一层黏液，厚薄不一。比较薄时称为黏液层，相当厚时，便称为荚膜。当荚膜物质相融合成一团块，内含许多细菌时，称为菌胶团。并不是所有的细菌都能形成菌胶团。凡是能形成菌胶团的细菌，则称为菌胶团细菌。不同的细菌形成不同形状的菌胶团。菌胶团细菌包藏在胶体物质内，一方面对动物的吞噬起保护作用，同时也增强了它随不良环境的抵抗能力。菌胶团是活性污泥中细菌的主要存在形式，有较强的吸附和氧化有机物的能力，在废水生物处理中具有较为重要的作用。一般来说，处理生活污水的活性污泥，其性能的好坏，主要可依据所含菌胶团多少、大小及结构的紧密程度来定。

② 芽孢：在部分杆菌和极少数球菌的菌体内能形成圆形或椭圆形的结构，称为芽孢。一般认为芽孢是某些细菌菌体发育过程中的一个阶段，在一定的环境条件下由于细胞核和核质的浓缩凝聚所形成的一种特殊结构。一旦遇上合适的条件可发育成新的营养

体。因此,芽孢是抵抗恶劣环境的一个休眠体。处理的有毒废水都有芽孢杆菌生长。

③鞭毛:是由细胞质而来的,起源于细胞质的最外层即细胞膜,穿过细胞壁伸出细菌体外。鞭毛也不是一切细菌所共有,一般的球菌都无鞭毛,大部分杆菌和所有的螺旋菌都有鞭毛。有鞭毛的细菌能真正运动,无鞭毛的细菌在液体中只能呈分子运动。

### (二)微生物的生理特性

微生物的生理特性,主要从营养、呼吸、其他环境因素三方面来分析,微生物的营养是指吸收生长所需的各类物质并进行代谢生长的过程。营养是代谢的基础,代谢是生命活动的表现。

(1)微生物细胞的化学组分及生理功能:微生物细胞中最重要的组分是水,约占细胞总重量的85%,一般为70%~90%,其他10%~20%为干物质。干物质中有机物占90%左右,其主要代表元素是碳、氢、氧、氮、磷,另外约10%为无机盐分(或称灰分)。水分是最重要的组分之一,它的生理作用主要有溶剂作用、参与生化反应、运输物质的载体、维持和调节一定的温度等。无机盐,主要指细胞内存在的一些金属离子盐类。无机盐类在细胞中的主要作用是构成细胞的组成成分,酶的激活剂,维持适宜的渗透压,自氧型细胞的能源。

(2)碳源:凡是能提供细胞成分或代谢产物中碳素来源的各种营养物质称之为碳源。它分有机碳源和无机碳源两种,前者包括各种糖类、蛋白质、脂肪酸等,后者主要指$CO_2$。碳源的作用是提供细胞骨架和代谢物质中碳素的来源以及生命活动所需的能量。碳源的不同是划分微生物营养类型的依据。

(3)氮源:凡是能提供细胞组分中氮素来源的各种物质称为氮源。氮源也可分为两类:有机氮源(如蛋白质、氨基酸)和无机氮源。氮源的作用是提供细胞新陈代谢所需的氮素合成材料。极端情况下(如饥饿状态),氮素也可为细胞提供生命所需的能量。这是氮源与碳源的不同。

### (三)微生物的营养类型

微生物种类不同,它们所需的营养材料也不一样。根据碳源不同,微生物可分为自氧型和异养型两大类,有的微生物营养简单,能在完全含无机物的环境中生长繁殖,这类微生物属于自氧型。它们以二氧化碳或碳酸盐为碳素养料的来源(碳源),铵盐或者硝酸盐作为氮素养料的来源(氮源),用来合成自身成分,它们生命活动所需的能源则来自无机物或者阳光。有的微生物需要有机物才能生长,这类微生物属于异养型。它们主要以有机碳化物,如碳水化合物、有机酸等作为碳素养料的来源,并利用这类物质分解过程中所产生的能量作为进行生命活动所必需的能源。微生物的氮素养料则是无机的或有机氮化物。在自然界,绝大多数微生物都属于异养型。

根据生活所需能量来源不同,微生物又分为光能营养和化能营养两类。结合碳源的不同,则有光能自氧、化能自氧、化能异氧和光能异氧四类营养类型。

在应用微生物进行水处理过程中,应充分注意微生物的营养类型和营养需求,通过控制运行条件,尽可能地提供微生物所需的各类营养物质,最大限度地培养微生物的种类和数量,以实现最佳的工艺处理效果。如水处理中要注意进水中BOD:N:P比例。好氧生物处理中对BOD:N:P的比例要求一般为100:5:1。

### (四)微生物的新陈代谢

微生物要维持生存,就必须进行新陈代谢。即指微生物必须不断地从外界环境摄取其生长与繁殖所必需的营养物质,同时,又不断地将自身产生的代谢产物排泄到外部环境中的过程。微生物的新陈代谢主要是通过呼吸作用来完成的。

根据与氧气的关系,微生物的呼吸作用分为好氧呼吸和厌氧呼吸两大类。由于呼吸类型的不同,微生物也就分为好氧型(需氧型或好气型)、厌氧型(厌气型)和兼性(兼气)型三类。好氧微生物生长时需要氧气,没有氧气就无法生存。它们在有氧的条件下,可以将有机物分解成二氧化碳和水,这个物质分解的过程称为好氧分解。厌氧微生物只有在没有氧气的环境中才能生长,甚至有了氧气还对其有毒害作用。它们在无氧条件下,可以将复杂的有机物分解成较简单的有机物和二氧化碳等,这个过程称为厌氧分解。兼性微生物既可在有氧环境中生活,也可在无氧环境中生长。在自然界中,大部分微生物属于这一类。

微生物新陈代谢的代谢产物有以下几种:气体状态,如二氧化碳、氢、甲烷、硫化氢、氨及一些挥发酸;有机代谢产物,如糖类、有机酸;分解产物,如氨基酸等;其他还有亚硝酸盐、硝酸盐等。

### (五)微生物的生长繁殖

微生物在适宜的环境条件下,不断地吸收营养物质,并按照自己的代谢方式进行代谢活动,如果同化作用大于异化作用,则细胞质的量不断增加,体积得以加大,于是表现为生长。简单地说,生长就是有机体的细胞组分与结构在量方面的增加。

单细胞微生物如细菌,生长往往伴随着细胞数目的增加。当细胞增长到一定程度时，就以二分裂方式，形成两个基本相似的子细胞，子细胞又重复以上过程。在单细胞微生物中，由于细胞分裂而引起的个体数目的增加，称为繁殖。在一般情况下，当环境条件适合，生长与繁殖始终是交替进行的。从生长到繁殖是一个由质变到量变的过程，这个过程就是发育。

微生物生长最重要的因素是温度和pH。根据最适宜生长温度的不同，微生物可分为低温、中温和高温三大类。一般来说，微生物在pH为中性(6~8)的条件下生长最好。微生物处于一定的物理、化学条件下，生长发育正常，繁殖速率也高；如果某一或某些环境条件发生改变，并超出了生物可以适应的范围时，就会对机体产生抑制乃至杀灭作用。

### (六)影响微生物生长的环境因素

微生物的生长除了需要营养物质外，还需要适宜的生活条件，如温度、酸碱度、无毒环境等。

温度对微生物影响较大。大多数微生物生长的适宜温度在20~40℃，但有的微生物喜欢高温，适宜的繁殖温度是50~60℃，污泥的高温厌氧处理就是利用这一类微生物来完成的。按照温度不同，可将微生物(主要是细菌)分为低温性、中温性和高温性三类，见表3-3。

表3-3 水处理中不同微生物的适用工艺

| 类别 | 适宜生长温度/℃ | 适宜工艺 |
| --- | --- | --- |
| 低温性微生物 | 10~20 | 水处理工艺 |
| 中温性微生物 | 20~40 | 污泥中温厌氧消化 |
| 高温性微生物 | 50~60 | 污泥好氧堆肥<br>污泥高温厌氧消化 |

对于微生物来说，只要加热超过微生物致死的最高温度，微生物就会死亡。因为，在高温下，构成微生物细胞的主要成分和推动细胞进行新陈代谢作用的生物催化剂，都是由蛋白质构成的，蛋白质受到高温，其机体会发生凝固，导致微生物死亡。

各类微生物都有适合自己的酸碱度。在酸性太强或碱性太强的环境中，一般不能生存。大多数微生物适宜繁殖的pH为6~8。

各类微生物生活时要求的氧化还原电位条件不同。氧化还原条件的高低可用氧化还原电位$E$表示。一般好氧微生物要求$E$在+0.3~+0.4V左右；而$E$值在+0.1V以上均可生长；厌氧微生物则需要$E$值在+0.1V以下才能生活。对于兼性微生物，$E$值在+0.1V以上，进行好氧呼吸；$E$值在+0.1V以下，进行无氧呼吸。在实际生产中，对于好氧分解系统，如活性污泥系统，$E$值常在200~600mV。对于厌氧分解处理构筑物，如污泥消化池，$E$值应保持在-200~-100mV的范围内。

除光合细菌外，一般微生物都不喜欢光。许多微生物在日光直接照射下容易死亡，特别是病原微生物。日光中具有杀菌作用的主要是紫外线。

## 二、水处理微生物

自然界中许多微生物具有氧化分解有机物的能力。这种利用微生物处理废水的方法称为生物处理法。由于在水处理过程中微生物对氧气要求不同，水的生物处理可分为好氧生物处理和厌氧生物处理两类。生物处理单元基本分为附着生长型和悬浮生长型两类。在好氧生物处理中，附着生长型所用反应器可以生物滤池为代表；而悬浮生长型则可以活性污泥法中的曝气池为代表。

### (一)用于好氧处理的微生物

活性污泥中的微生物主要有假单胞菌、无色杆菌、黄杆菌、硝化菌等，此外还有钟虫、盖纤虫、累枝虫、草履虫等原生生物以及轮虫等后生生物。

生物滤池中的细菌主要有无色杆菌、硝化菌。原生动物中常见有钟虫、盖纤虫、累枝虫、草履虫等原生动物。此外，还有一些轮虫、蠕虫、昆虫的幼虫等。

### (二)用于厌氧处理的微生物

厌氧生物处理是在无氧条件下，借助厌氧微生物(包括兼性微生物)，主要是靠厌氧菌(包括兼性菌)作用来进行的。起作用的细菌主要有两类，发酵菌和产甲烷菌。

发酵菌，是有兼性的，也有厌氧的，在自然界中数量较多，而产甲烷菌则是严格的厌氧菌，且专业性强，其对温度和酸碱度的反应都相当敏感。温度变化或环境中的pH稍超过适宜的范围时，就会在较大程度上影响到有机物的分解。

一般的产甲烷菌都是中温的，最适宜的温度在25~40℃，高温性产甲烷菌的适宜温度则在50~60℃。产甲烷菌生长最适宜的pH范围约为6.8~7.2，如pH低于6或高于8，细菌的生长繁殖将受到极大影响。

产甲烷细菌有多种形态，有球形、杆形、螺旋形和八叠球形。《伯杰氏系统细菌学手册》第九版，将近年来的产甲烷菌的研究成果进行进行总结，建立以系统发育为主的甲烷菌最新分类系统，产甲烷菌可分为5个大目，分别为甲烷杆菌目、甲烷球菌目、甲烷微菌目、甲烷八叠球菌目、甲烷火菌目。上述5个目的产甲烷菌可继续分为10个科与31个属。

目前，在厌氧消化反应器中，研究应用较多的是甲烷菌中的甲烷鬃毛菌属（Methanosaeta）和甲烷八叠球菌（Methanosarcina）这两种菌属。在工业应用中，Methanosaeta 在高进液量、快流动性的反应器（如 UASB）中适用广泛，而 Methanosarcina 对于液体流动性比较敏感，主要用于固定和搅动的罐反应器。

此外，温度不同，甲烷菌属也不同。在高温厌氧消化器中就多见甲烷微菌目和甲烷杆菌目的甲烷菌。

### （三）用于厌氧氨氧化的细菌

在缺氧条件下，以亚硝酸氮为电子受体，将氨氮为电子供体，将亚硝酸氮和氨氮同时转化为氮气的过程，称为厌氧氨氧化。执行厌氧氨氧化的细菌成为厌氧氨氧化菌。目前已发现的厌氧氨氧化菌均属于浮霉状菌目。

厌氧氨氧化菌形态多样，呈球形、卵形等，直径 $0.8 \sim 1.1 \mu m$。厌氧氨氧化菌是革兰氏阴性菌，细胞外无荚膜，细胞壁表面有火山口状结构，少数有菌毛。

厌氧氨氧化菌为化能自养型细菌，以二氧化碳作为唯一碳源，通过将亚硝酸氧化成硝酸来获得能量，并通过乙酰辅酶 A（乙酰-CoA）途径同化二氧化碳。虽然有的厌氧氨氧化菌能够转化丙酸、乙酸等有机物质，但它们不能将其用作碳源。

厌氧氨氧化菌对氧敏感，只能在氧分压低于 5%氧饱和的条件下生存，一旦氧分压超过 18%氧饱和，其活性即受抑制，但该抑制是可逆的。

厌氧氨氧化菌的最佳生长 pH 为 $6.7 \sim 8.3$，最佳生长温度为 $20 \sim 43 ℃$。厌氧氨氧化菌对氨和亚硝酸的亲和力常数都低于 $1 \times 10^{-4} g/(N \cdot L)$。基质浓度过高会抑制厌氧氨氧化菌活性，见表 3-4。

表 3-4 基质对厌氧氨氧化菌的抑制浓度

| 基质 | 抑制浓度/（mmol/L） | 半抑制浓度/（mmol/L） |
| --- | --- | --- |
| $NH_4^+-N$ | 70 | 55 |
| $NO_2^--N$ | 7 | 25 |

注：半抑制浓度代表抑制 50%厌氧氨氧化活性的基质浓度。

由于厌氧氨氧化同时需要氨和亚硝酸 2 种基质，在实验室反应器中或在污水处理厂构筑物中，当溶解氧浓度较低时，厌氧氨氧化菌可与好氧氨氧化菌共同存在，互惠互利。好氧氨氧化菌产生的亚硝酸用作厌氧氨氧化菌的基质，而厌氧氨氧化菌消耗亚硝酸，则可解除亚硝酸对好氧氨氧化菌的抑制。

厌氧氨氧化菌是一种难培养的微生物，生长缓慢。据科学家研究表明，在 $30 \sim 40 ℃$ 下，其倍增时间为 $10 \sim 14 d$。如果对培养条件优化，可以缩短培养时间。但由于至今未能成功分离到纯的菌株，在某种方面制约了其应用。

### （四）用于堆肥的微生物

堆肥本质上是在微生物的作用下，将废弃的有机物中的有机质，分解并转化，合成腐殖质的过程。

按照堆肥过程中的需氧程度可分为好氧堆肥和厌氧堆肥。在堆肥的不同时期，微生物种类和数量不同。

好氧堆肥的过程如图 3-6 所示。

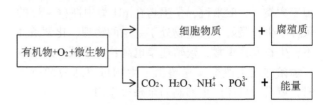

图 3-6 好氧堆肥过程

**1. 好氧堆肥微生物**

好氧堆肥中，参与有机物生化降解的微生物包括两类：嗜温菌和嗜热菌。嗜温菌的适宜温度范围为 $25 \sim 40 ℃$，嗜热菌的适宜温度单位为 $40 \sim 50 ℃$。好氧堆肥按照温度变化，主要分为三个阶段：升温、高温和腐熟阶段。各阶段的微生物见表 3-5。

表 3-5 堆肥常见的微生物

| 堆肥阶段 | 优势微生物 | 种类 |
| --- | --- | --- |
| 升温期 | 假单胞菌 | 细菌 |
| | 芽孢杆菌 | |
| | 酵母菌 | 真菌 |
| | 丝状真菌 | |
| 高温期 | 芽孢杆菌 | 细菌 |
| | 卡诺菌 | |
| | 链霉素 | 放线菌 |
| | 单孢子菌 | |
| 降温期 | 担子菌 | 真菌 |
| | 子囊菌 | |
| | 芽孢杆菌 | 细菌 |
| | 假单胞菌 | |

堆肥初期，堆层呈中温，故称中温阶段。此时，嗜温性微生物活跃，主要增殖的微生物为细菌、真菌和放线菌。堆层温度上升到 45℃ 以上，进入高温阶段，此时，嗜温性微物受到抑制，甚至死亡，而嗜热性微生物逐渐替代嗜温性微生物的活动。在 50℃ 左右活动的主要是嗜热性真菌和放线菌；60℃ 时，仅有嗜热性放线菌与细菌活动；70℃ 以上，微生物大量死亡进入休眠状态，进入降温阶段。主要是在内源呼吸期，微生物活性下降，发热量减少，温度下降，嗜温

性微生物再占优势，使残留难降解的有机物进一步分解，腐殖质不断增多且趋于稳定，堆肥进入腐熟阶段。

堆肥方式不同，堆肥中的优势微生物种类也不同，见表3-6。

表3-6 不同堆肥方式中的菌落情况

| 堆肥方式 | 初期优势菌 | 中期优势菌 | 后期优势菌 |
|---|---|---|---|
| 条垛式 | 蛭弧菌、梭菌细菌、芽孢杆菌属 | β-变形菌、硝化细菌、梭状芽孢杆菌 | β-变形菌、梭状芽孢杆菌、类芽孢杆菌 |
| 槽式 | 海洋底泥食冷菌、腐生螺旋体属、丝孢菌属 | 类链球菌、柱顶孢霉 | 类链球菌 |

由于微生物在堆肥过程中的角色非常重要，所以，在工程实践中，也有添加微生物菌剂的实例。通过添加微生物菌剂，提高优势菌群数量，提升有机质降解率，缩短熟化周期，提升系统效率。

**2. 厌氧堆肥微生物**

厌氧堆肥中复杂有机物降解的步骤包括水解、酸化、产乙酸和产甲烷四个步骤，参与反应的微生物有水解菌、酸化菌、产乙酸菌、氢甲烷菌和乙酸甲烷菌等几个主要类群。

据研究，在厌氧堆肥中，厌氧菌将污泥中的氮转化成植物可吸收的氨氮，所以可以用厌氧堆肥过程中污泥中氨氮的变化来衡量厌氧堆肥的效果。如图3-7所示。

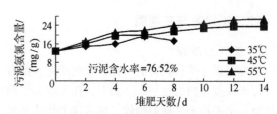

图3-7 厌氧堆肥中不同堆肥时间污泥中氨氮的变化

此外，实验表明，污泥厌氧堆肥的最佳温度为55℃，污泥含水率为80%左右，堆肥时间在6d左右。

## 第四节 工程识图

### 一、识图基本概念

#### (一) 投影概念

物体在光源的照射下会出现影子。投影的方法就是从这一自然现象中抽象出来，并随着科学技术的发展而发展起来的。在制图中，把光源称为投射中心，光线称为投射线，光线的射向称为投射方向，落影的平面（如地面、墙面等）称为投影面，影子的轮廓称为投影，用投影表示物体的形状和大小的方法称为投影法。

由一点放射的投影线所产生的投影称为中心投影，由相互平行的投影线所产生的投影称为平行投影。根据投影线与投影面的角度关系，平行投影又分为正投影和斜投影，如图3-8、图3-9所示。

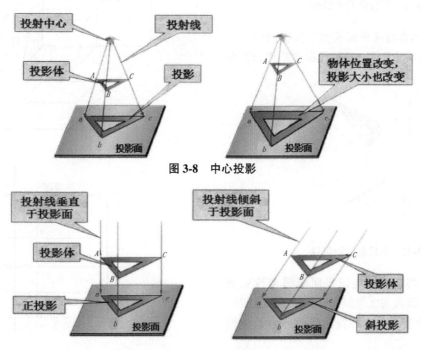

图3-8 中心投影

图3-9 平行投影

## (二) 正投影与三视图

### 1. 正投影原理

正投影属于平行投影的一种，如前所述，如有一束平行光线垂直照射在一个平面上，在光线和平面之间放置一个平行于平面的物体，那么这个物体必然在这个平面上留下一个与这个物体形状相同，大小相等的影子。在工程制图中把这束平行的光线称为投影线，把这个平面称为投影面，把这个物体称为投影体，而且这个影子就是该物体的正投影。将物体用平行投影法分别投到一个或多个互相垂直的投影面上，这样所得到的图形称为正投影图。

### 2. 正投影性质

一般的工程图纸都是按照正投影的原理绘制的，即假设投影线互相平行并垂直于投影面。正投影具有以下基本性质：

(1) 全等性：当空间直线或平面平行于投影面时，其投影反映直线的实长或平面的实形，这种投影性质称为全等性（图 3-10）。

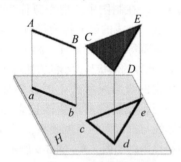

图 3-10 正投影的全等性

(2) 积聚性：当直线或平面垂直于投影面时，其投影积聚为一点或一条直线，这种投影性质称为积聚性（图 3-11）。

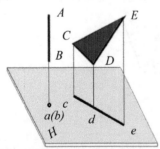

图 3-11 正投影的积聚性

(3) 类似性：当空间直线或平面倾斜于投影面时，其投影仍为直线或与之类似的平面图形，其投影的长度变短或面积变小，这种投影性质称为类似性（图 3-12）。

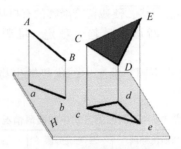

图 3-12 正投影的类似性

### 3. 三视图

由几何学可知，一个物体由长、宽、高三维的量构成，因此可用三个正投影面分别反映出物体含有长度的正立面($V$)、含有宽度的水平面($H$)、含有高度的侧立面($W$)的三维不同外形表面，分别表示出物体形状，称为该物体三面投影。其正面投影称正视图、水平投影称俯视图、侧面投影称侧视图。而投影面之间交线称为投影轴。$H$面与$V$面交线为$X$轴、$H$与$W$面交线为$Y$轴、$V$与$W$面交线为$Z$轴，$X$、$Y$、$Z$三轴交于一点$O$称为原点。

该物体三面投影可完全表达出某工程构筑物可见部分的轮廓外部形状；并可根据各部位尺寸，按照一定比例画在图纸上，这就是工程图中的三视图，如图 3-13 所示。三视图特性见表 3-8。

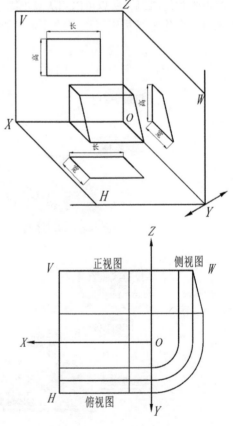

图 3-13 正视图

表 3-8 三视图特性

| 名称 | 特征 | 三视图 | 简化视图 |
|---|---|---|---|
| 长方体 | 各表面是长方形且相邻各面互相垂直 | | |
| 六棱柱 | 顶、底面是正六边形，六个棱面是长方形且与顶、底面垂直 | | |
| 圆柱 | 两端面是圆，表面四周是柱面，且和两端面垂直 | | |
| 圆锥 | 端面是点、底面是圆、表面是锥面，轴线和底面垂直 | | |
| 圆台 | 两端面是大小不同的圆，表面是锥面，轴线与端面垂直 | | |
| 球 | 球体从各方面看都是圆 | | |
| 圆筒 | 它可看成圆柱体中间再去掉一个圆柱体 | | |

(1)正视图：由物体正前方向，反映物体表面形状的投影面，称为正面图或正视图。在此投影面上，能反映出物体长度、高度尺寸和形状。

(2)俯视图：由物体上面俯视，反映出物体宽度表面形状的投影面，称为平面图或俯视图。在此投影图上，能反映出物体宽度与长度尺寸和形状。

(3)侧视图：由物体侧面方向反映物体高度表面形状的投影面，称为侧面图或侧视图，在此投影图上，能反映出物体高度和宽度尺寸与形状。

(三)轴测投影原理与方法

1. 轴测投影原理

正投影可以表达物体的长、宽、高的尺寸与形状，为此通常分别画出三个方向（立、平、侧）视图。而每一种视图又分别表示物体某一方向尺寸与表面形状，但整个物体形状与尺寸不能完整地表示出来。轴测投影和正投影一样，是物体对于一个平面采用平行投影法画出的立体图形，但可以直接表示出物体形状和长、宽、高三个方向的尺寸。因此其直观性强，缺点是量度性差，一般只用于指导少数特殊或新构筑物的施工。

2. 轴测投影方法

轴测图的关键是"轴"和"测"的两个问题。"轴"是用三个方向坐标反映物体放置的位置方向。"测"是在各方向坐标轴上，按照一定比例量测物体尺寸，反映出物体的尺寸状况。如果三测比例相同称为等测投影。其中二测比例相同称为二测投影。三测比例均不相同称为三测投影。一般轴测投影有两种表示方法，即正轴测投影和斜轴测投影。现分述如下：

1) 正轴测投影

正轴测投影或称为等角轴测投影，其原理是 $X$、$Y$、$Z$ 三根坐标轴的轴间角相等，均为120°。其轴向变形系数相等，均为1∶1，如图3-14所示。

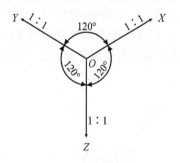

图 3-14 正轴测投影图

例如：物体的三视图如图 3-15 所示，用正轴测投影表示此物体，如图 3-16 所示。

2) 斜轴测投影

斜轴测投影原理是 $X$、$Y$、$Z$ 三根坐标轴的轴间角不等，轴变形系数也不同。即其中有轴方向坐标尺寸，按其余两轴的 1/2、2/3 或 3/4 比例来反映实物

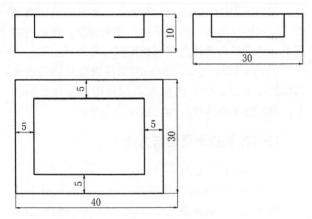

图 3-15　物体三视图(单位:mm)

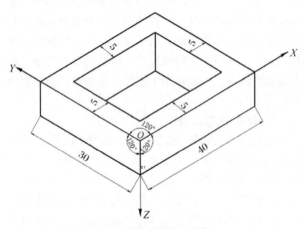

图 3-16　物体正轴测图(单位:mm)

尺寸。根据物体不同面平行于轴测投影面状况,可分为正面斜轴测投影和水平斜轴测投影两种,现分述如下:

(1)正面斜轴测投影

物体的正立面平行于轴测投影面,其投影反映为实形,X、Z 轴平行于投影面均不变形为原长,其轴间角为 90°,Y 轴斜线与水平线夹角为 30°、45° 或 60°,轴变形系数一般考虑定为 1/2,如图 3-17 所示。

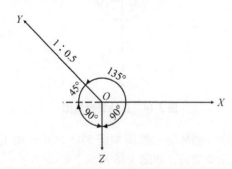

图 3-17　正面斜轴测投影图

例如:将图 3-15 对应的物体用正面斜轴测投影表示,如图 3-18 所示。

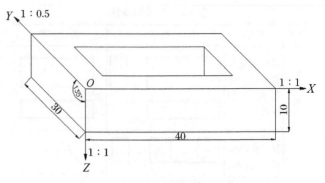

图 3-18　正面斜轴测图(单位:mm)

(2)水平斜轴测投影

物体的水平面平行于轴测投影面,其投影反映实形,X、Y 轴平行轴测投影面均不变形为原长,其轴间角为 90°,与水平线夹角为 45°,Z 轴为垂直线,轴变形系数一般考虑定为 1/2,如图 3-19 所示。

若平面垂直于投影面,其投影成为直线。

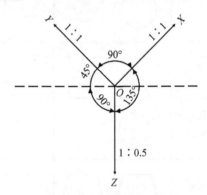

图 3-19　水平斜轴测投影

依上所述,当给出投影条件在投影面上时,可以得出投影体与投影相互几何图形特性和变化。

例如:将图 3-15 对应的物体用水平斜轴测投影表示,如图 3-20 所示。

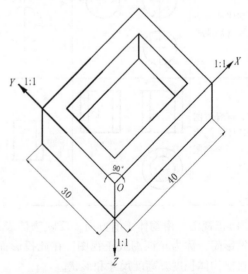

图 3-20　水平斜轴测图(单位:mm)

## (四)标高投影

### 1. 投影概念

在排水工程中,经常需要在一个投影面上给出地面起伏和曲面变化形状,即给出物体垂直与水平两个方向变化情况。这就需要用标高投影方法来解决。一般物体水平投影确定后,它的立面投影主要是提供投影物体的高度位置。如果投影物体各点高度已知后,将空间的点按正投影法投影到一个水平面上,并标出高度数值,使在一个投影面上表示出点的空间位置,即可确定物体形状与大小,此种方法称为标高投影。

如图 3-21 所示,若空间 $A$ 点距水平面($H$)有 4 个单位,则 $A$ 点在 $H$ 面投影 $a_4$ 按其水平基准面的尺寸单位和绘图比例就可确定 $A$ 点空间位置,即自 $a_4$ 引水平基准面($H$)垂直线按比例大小量取 4 个单位定出空间 $A$ 点的高度。

图 3-21 点标高投影

### 2. 地面标高投影——等高线

物体相同高度点的水平投影所连成的线,称为等高线。一般采用一个水平投影面,用若干不同的等高线来显示地面起伏或曲面形状(图 3-22)。

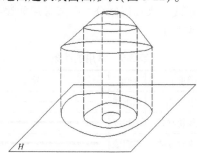

图 3-22 地形图

地面标高投影特性如下:

(1)等高线是某一水平面与地面交线,因此它必是一条闭合曲线。

(2)每条等高线上高程相等。

(3)相邻等高线之间的高度差都相等。

(4)相邻等高线之间间隔疏远程度,反映着地表面或物体表面倾斜程度。

## (五)剖面图

三视图可以清楚地表示出构造物可见部分的外形轮廓与尺寸。其构造物内部看不见的部分一般用虚线来表示;但是当物体内部比较复杂,在三视图上用大量虚线来表示,会使图形不清晰。因此采用切断开的办法,把物体内部需要的部分的构造状况暴露出来,使大多数虚线变成实线,采用这种方法绘出所需要物体某一部位切断面的视图称为剖视图。只表示出切断面的图形称为剖面图,简称剖面。所以剖面图是用来表示物体某一切开部分断面形状的。因此剖面与剖视的区别在于:剖面图只绘出切口断面的投影,而剖视图则即绘出切口断面又绘出物体其余有关部分结构轮廓的投影。现将剖视情况分述如下。

### 1. 按剖开物体方向分类

可分为纵剖面和横剖面,如图 3-23 所示。

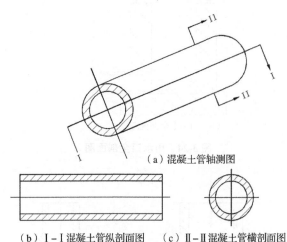

(a)混凝土管轴测图

(b)Ⅰ-Ⅰ混凝土管纵剖面图 (c)Ⅱ-Ⅱ混凝土管横剖面图

图 3-23 物体纵剖面和横剖面图

### 2. 按剖视物体的方法分类

(1)全剖视:由一个剖切平面,把某物体全部剖开所绘出的剖视图。它能清楚地表示出物体内部构造。一般当物体外形比较简单,而内部构造比较复杂时,采用全剖视(图 3-24)。

(2)半剖视:当物体有对称平面时,垂直于对称平面的投影面上的投影,可以由对称中心线为界,一半画出剖视图来表示物体内部构造情况,另一半画出物体原投影图,用以表示外部形状,这种剖面方法叫半剖视。如图 3-25 所示,有一混凝土基础,其三面图左右都对称,为了同时表示基础外形与内部构造情况,采用半剖视方法。

(3)局部剖视:如只表示物体局部的内部构造,不需全剖或半剖,但仍保存原物体外形视图,则采取局部剖视方法,称为局部剖视图。

(4)斜剖视:当物体形状与空间有倾斜度时,为了表示物体内部构造的真实形状,可采用斜剖视方法来表示。

(5)阶梯剖视:由两个或两个以上的相互平行的剖切平面进行剖切,用这种方法所绘出的图形叫阶梯

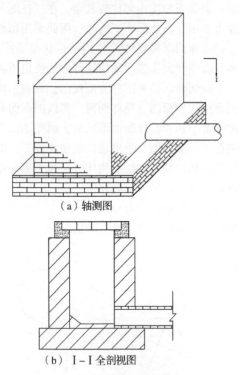

图 3-24 雨水口全剖面图

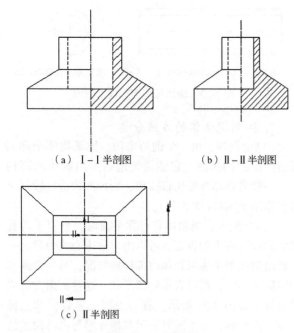

图 3-25 半剖面

剖视图。

(6) 旋转剖视：用两个相交的剖切平面，剖切物体后，并把它们旋转到同一平面上，用这种剖视方法所得到的剖视图，称为旋转剖视图。

3. 按剖面图在视图上的位置分类

(1) 移出剖面：剖面图绘在视图轮廓线外，称为移出剖面。

(2) 重合剖面：剖面图直接绘在视图轮廓线内，称为重合剖面。

## 二、识图基本知识

### (一) 图纸尺寸、比例、方向

在工程图纸上除绘出物体图形外，还必须注明各部分的尺寸大小。我国统一规定，工程图一律采用法定计量单位。由于排水工程以及构筑物各部分实际尺寸很大，而图纸尺寸有限，这就必须把实际尺寸加以缩小若干倍数后，才能绘在图纸上并加以注明。而图纸比例尺寸大小，以图纸上所反映构造物的需要而定，一般情况下采用以下比例：

(1) 排水系统总平面图比例为 1：2000 或 1：5000。

(2) 排水管道平面图比例为 1：500 或 1：1000。

(3) 排水管道纵断面图比例纵向为 1：50 或 1：100。

(4) 排水管道横断面图比例横向为 1：500 或 1：1000。

(5) 附属构筑物图比例为 1：20~1：100。

(6) 结构大样比例为 1：2~1：20。

图纸上地形、地物、地貌的方向，以图纸指北针为准，一般为上北、下南、左西、右东。

### (二) 线 条

为了使图纸上地形地物主次清晰，应用各种粗、细、实、虚线条来加以区分。一般常用的线条双有下数种，见表 3-9。

表 3-9 常用的线条

| 线条类型 | 线型 | 符号 |
|---|---|---|
| 构筑物中心线 | 点细线 | —·—·—·—·— |
| 构筑物隐蔽轮廓线 | 虚粗线 | ━ ━ ━ ━ |
| 构筑物主要轮廓线 | 实粗线 | ━━━━━ |
| 地物地貌现状和标注尺寸线 | 最细线 | ───── |

### (三) 图 例

为了便于统一识别同一类型图纸所规定出统一的各种符号来表示图纸中反映的各种实际情况。

1. 地形图符号

在地形图中一般可分地物符号、地貌符号和注记符号三种。

1) 地物符号

地面上铁路、道路、水渠、管道、房屋、桥梁等地物，在图上按比例缩小后标注出来，被称为比例符号。它反映地物尺寸、方向、位置。但有些地物按比例缩小后画不出来而且又很重要，如独立树木、水井、窑洞、路口等，只能标注位置、方向，不能反映出尺寸大小称为非比例符号。然而比例符号和非比例符号不是固定不变的，它们与图纸选用的比例大小有关，一般地物符号有下列数种，见表3-10。

表3-10 地物符号

| 类型 | 符号 | 类型 | 符号 |
|---|---|---|---|
| 三角点 | △ 点号/标高 | 台阶 | |
| 导线点 | ⊙ 点号/标高 | 地下管道检查井 | ○ |
| 水准点 | ⊗ ⊠ 点号/标高 | 消火栓 | |
| 雨水口 平算式 | 单 双 多 | 边坡 | |
| 雨水口 偏沟式 | 单 双 多 | 堤 | |
| 雨水口 联合式 | 单 双 多 | 地下管线：街道规划管线 | |
| 雨水口 平立结合式 | 单 双 多 | 地下管线：上水管道 | |
| 房屋建筑物 | | 地下管线：污水管道 | ⊕ ⊕ ⊕ |
| 临时建筑物 | ⊠ | 地下管线：雨水管道 | |
| 一般照明杆 | ○ | 地下管线：燃气管道 | |
| 高压电力杆 | | 地下管线：热力管道 | |
| 铁路 | | 地下管线：电信管道 | |
| 道路 | | 地下管线：电力管道 | |
| 水渠 | | 电缆：照明 | ∧ ∧ ∧ |
| 桥梁 | | 电缆：电信 | |
| 窑洞 | | 电缆：广播 | ○ ○ ○ |
| 围墙 | | 工业管道 | I — I — I |
| 临时围墙 | —X—X— | | |

### 2）地貌符号

表示地形起伏变化和地面自然状况的各种符号，一般有以下数种，见表 3-11。

### 3）注记符号

在工程图上，用文字表示地名、专用名称等；用数字表示房屋层数、地势标高和等高线高程；用箭头表示水流方向等都称为注记符号。

### 2. 地形图图例

在地形图中图例一般分为建筑材料图例和排水附件图例。

#### 1）建筑材料图例

用以表示构筑物的材料结构情况，见表 3-12。

表 3-11 地貌符号

| 类型 | 符号 | 类型 | 符号 |
|---|---|---|---|
| 一般土路 |  | 土埂 | 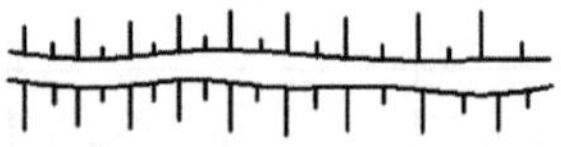 |
| 人行小道 |  | 沟渠 | 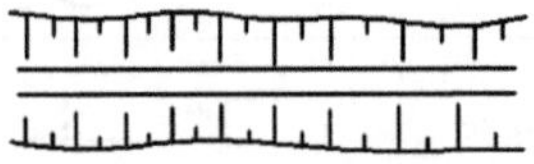 |
| 坟地 | 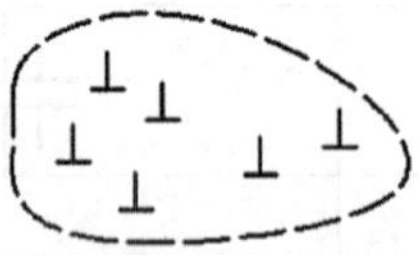 | 固然边坡 | 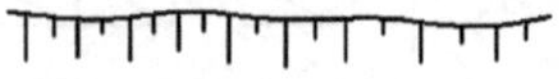 |
| 土坡梯田 | 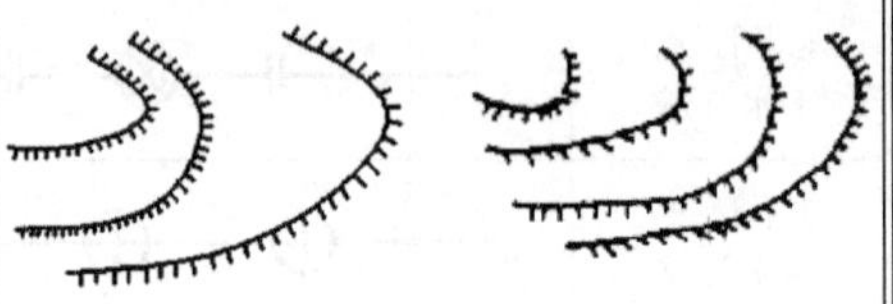 | 等高线 | 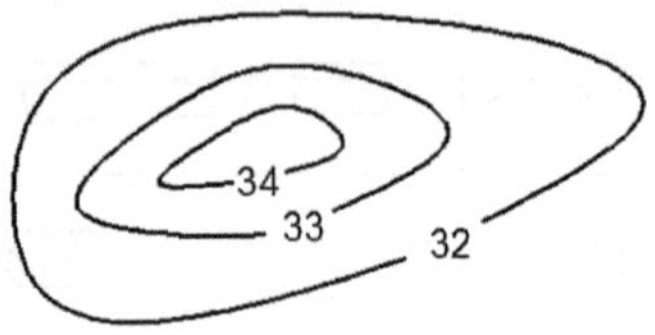 |

表 3-12 建筑材料图例

| 类型 | 符号 | 类型 | 符号 |
|---|---|---|---|
| 素土夯实（密实土壤） |  | 块石砌体 | 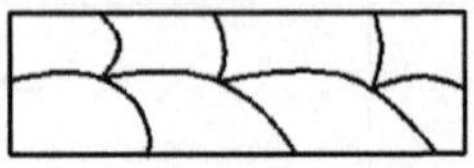 |
| 级配砂石 | 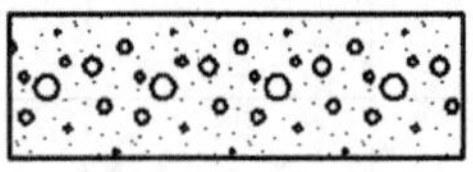 | 碎石底层 | 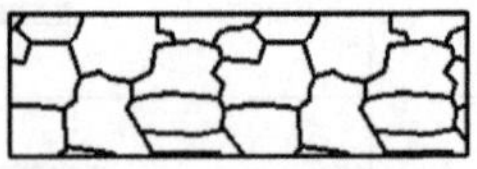 |
| 水泥混凝土 | 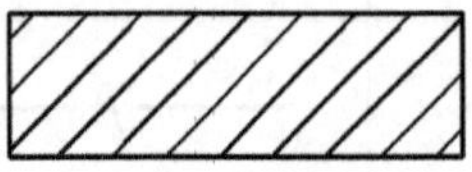 | 沥青路面 | 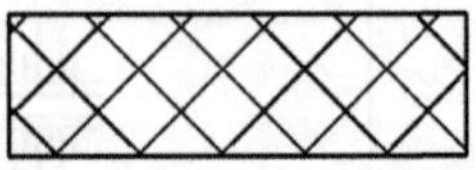 |
| 砂土 | 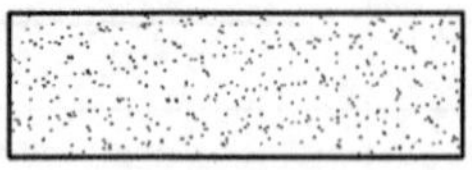 | 砖、条石砌体 | 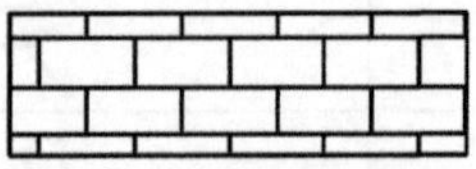 |
| 石灰石 | 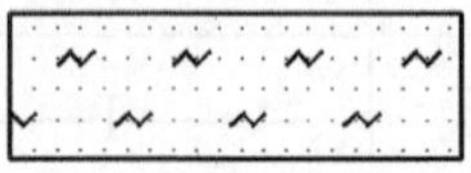 | 木材 |  |
| 石材 | 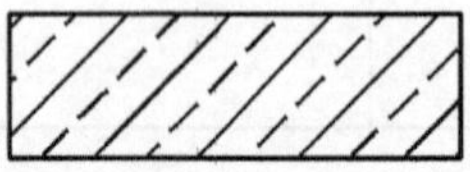 | | |

2)排水附件图例
(1)管道附件的图例(表3-13)

表 3-13　管道附件的图例

| 名称 | 图例 |
|---|---|
| 管道固定支架 |  |
| 管道滑动支架 |  |
| 挡墩 | 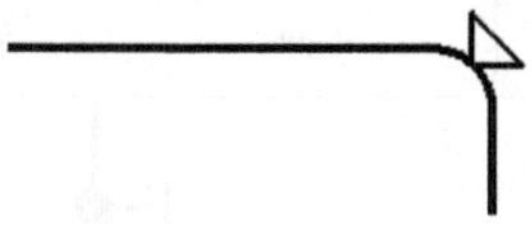 |
| Y型除污器 | 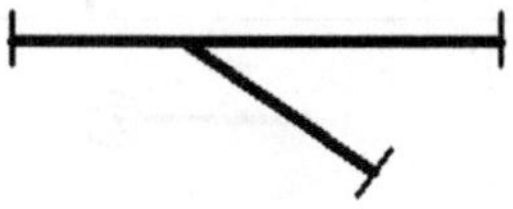 |

(2)管道连接的图例(表3-14)。

表 3-14　管道连接的图例

| 名称 | 图例 | 备注 |
|---|---|---|
| 法兰连接 | 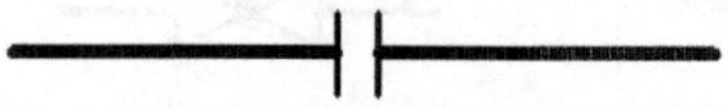 | |
| 管堵 |  | |
| 法兰堵盖 | | |
| 三通连接 |  | |
| 四通连接 | 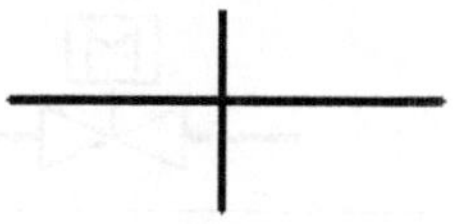 | |
| 盲板 |  | |
| 管道交叉 | 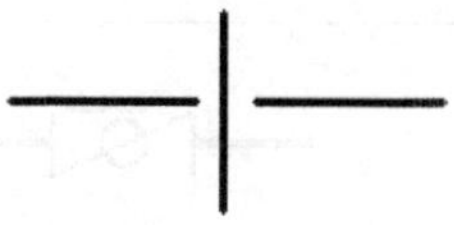 | 在下方和后面的管道应断开 |

(3)阀门的图例(表3-15)。

表 3-15　阀门的图例

| 名称 | 图例 | 备注 | 名称 | 图例 | 备注 |
|---|---|---|---|---|---|
| 闸阀 |  | | 气动阀 |  | |
| 角阀 | | | 减压阀 | 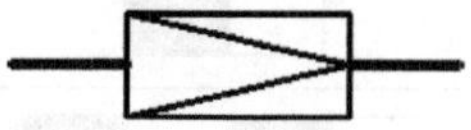 | 左侧为高压端 |
| 三通阀 |  | | 旋塞阀 | 平面　系统 | |
| 四通阀 | 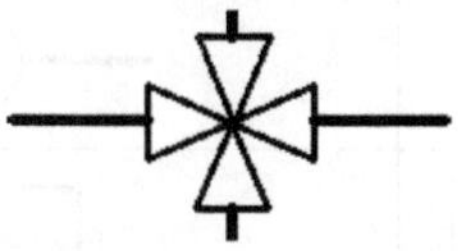 | | 底阀 | 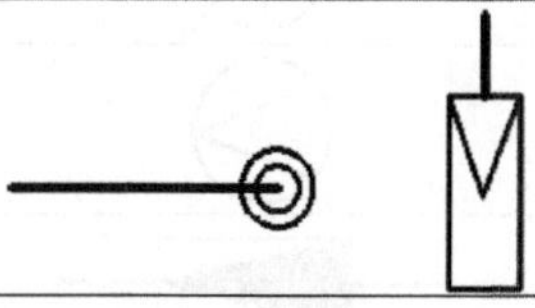 | |
| 截止阀 |  DN≥50　DN＜50 | | 球阀 |  | |
| 电动阀 |  | | 隔膜阀 |  | |
| 液动阀 | 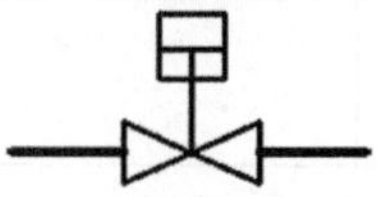 | | 气开隔膜阀 |  | |

(续)

| 名称 | 图例 | 备注 | 名称 | 图例 | 备注 |
|---|---|---|---|---|---|
| 气闭隔膜阀 |  | | 弹簧安全阀 | 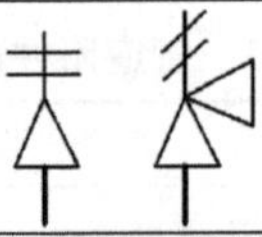 | |
| 温度调节阀 | 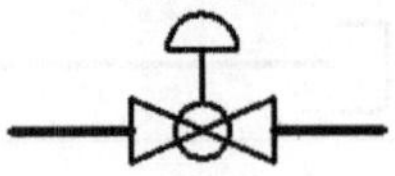 | | 平衡锤安全阀 | 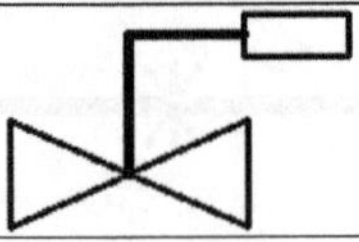 | |
| 压力调节阀 |  | | 自动排气阀 | 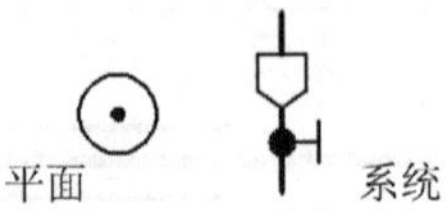 平面　系统 | |
| 电磁阀 |  | | 浮球阀 | 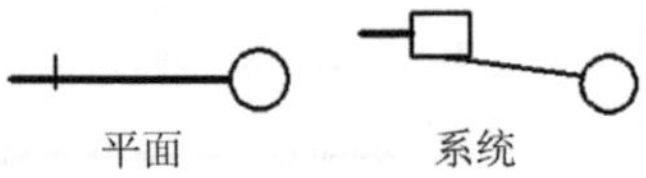 平面　系统 | |
| 止回阀 |  | | 延时自闭冲洗阀 |  | |
| 消声止回阀 |  | | 吸水喇叭口 | 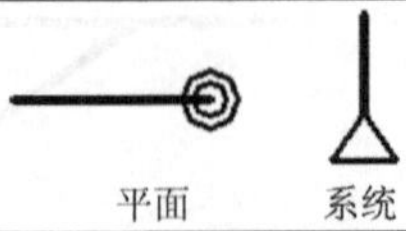 平面　系统 | |
| 蝶阀 | 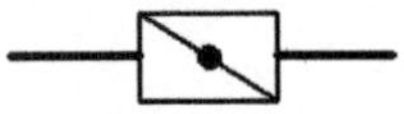 | | 疏水器 |  | |

(4) 排水构筑物的图例(表 3-16)。

#### 表 3-16 排水构筑物

| 名称 | 图例 | 备注 |
|---|---|---|
| 雨水口 |  | 单口 |
| |  | 双口 |
| 阀门井检查井 |  | |
| 水封井 |  | |
| 跌水井 |  | |
| 水表井 |  | |

(5) 排水专用所用仪表的图例(表 3-17)。

#### 表 3-17 排水专用所用仪表的图例

| 名称 | 图例 |
|---|---|
| 温度计 |  |

(续)

| 名称 | 图例 |
|---|---|
| 压力表 |  |
| 自动记录压力表 |  |
| 压力控制器 |  |
| 水表 |  |
| 自动记录流量计 | 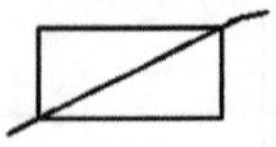 |
| 转子流量计 | 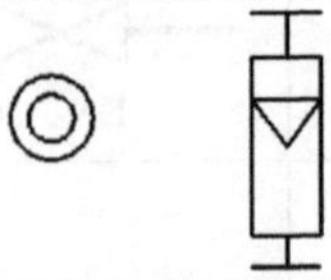 |
| 真空表 |  |

| 名称 | 图例 | (续) |
|---|---|---|
| 温度传感器 | — — ─┤T├─ — — | |
| 压力传感器 | — — ─┤P├─ — — | |

### (四) 尺寸标注

工程图中，除了依比例画出建筑物或构筑物等的形状外，还必须标注完整的实际尺寸，以作为施工的依据。图样的尺寸应由尺寸界线、尺寸线、尺寸起止符号和尺寸数字组成。

尺寸标注由有以下几点组成：

(1) 尺寸界线：表明所标注的尺寸的起止界线。

(2) 尺寸线：用来标注尺寸的线称为尺寸线。

(3) 尺寸起止符号：尺寸线与尺寸界线的交点为尺寸的起止点，起止点上应画出尺寸起止符号。

(4) 尺寸数字：图上标注的尺寸数字是物体的实际尺寸，它与绘图所用的比例无关；尺寸数字字高一般为 3.5mm 或 2.5mm。尺寸线的方向有水平、竖直和倾斜三种。

基本几何体一般应标注长、宽、高三个方向的尺寸。具有斜截面和缺口的几何体，除应注出基本几何体的尺寸外，还应标注截平面的定位尺寸。截平面的位置确定后，立体表面的截交线是也就可以确定，所以截交线必标注尺寸。

### 三、排水工程识图

排水管道工程图一般有排水系统总平面图、管道平面图、管道纵断面图、管道横断面图和排水管道附属构筑物结构图五种。

### (一) 排水系统总平面图

排水系统总平面图表示某一区域范围内，排水系统的现状和管网布置情况，其具体内容包括：

(1) 流域面积：在地形总平面图上，反映出总干管流域面积范围，确定出水流方向。

(2) 流域面积范围内水量分布：依地形状况，划分出各管段的排水范围，水流方向。各段支线排水面积之和应等于总干管的流域面积。

(3) 管网布置和干支线设置情况：根据流域面积和水量分布，确定出管网布置和支干线设置。总平面图示例如图 3-26 所示。

### (二) 管道平面图

管道平面图主要表示管道和附属构筑物在平面上的位置，其示例如图 3-27 所示，具体内容如下：

1) 排水管道的位置及尺寸：管道的管径和长度，排水管道与周围地物的关系。

2) 管道桩号：桩号排列自下游开始，起点为 K 0+000，向上游依次按检查井间距排列出管道桩号，直到上游末端最后一个检查井作为管道终点桩号。

3) 检查井位置与编号如下：

(1) 检查井位置一般应用三种方法来表示：栓点法、角度标注法、直角坐标法。

(2) 检查井的井号编制是自上游起始检查井开始，依次顺序向下游方向进行编号，直到下游末端检查井为止。

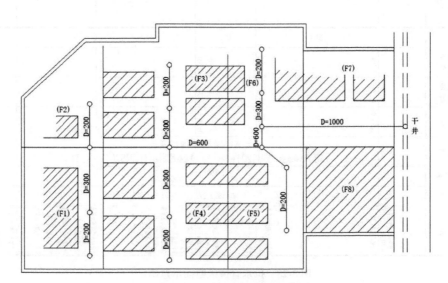

**图 3-26 排水系统总平面图示例**

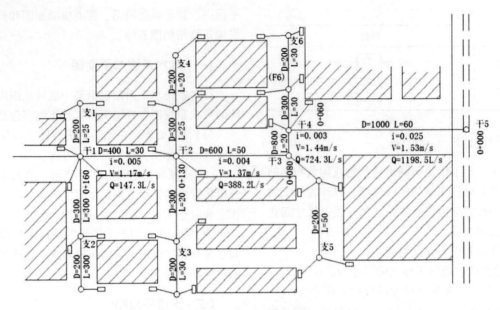

图 3-27 管道平面图示例

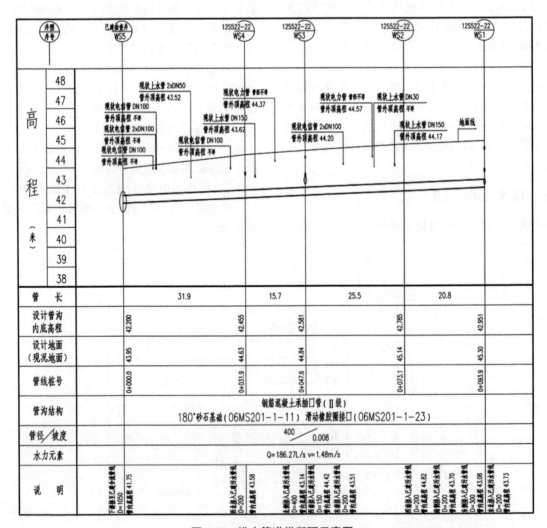

图 3-28 排水管道纵断面示意图

4)进、出水口的内容如下：

(1)进、出水口的地点位置与结构形式。

(2)雨水口的地点位置、数量与形式。

(3)雨水口支管的位置、长度、方向与接入的井号。

(4)管道及其附属构筑物与地上、地下各种建筑物、管线的相对位置(包括方向与距离尺寸)。

(5)沿线临时水准点设置的位置与高程情况。

### (三)管道纵断面图

主要表示管道及附属构筑物的高程与坡降情况，如图3-28所示。具体内容如下：

1)排水管道的各部分位置与尺寸

(1)管径与长度：管道总长度与各种管径长度，决定于管网布置中干管与各支管的长度，它取决于汇水区域的水量分布情况。各种井距间的管道长度，取决于检查井的设置情况。

(2)高程与坡度：高程包括地面高程和管底高程，表示管道埋深与覆土情况。坡降表示管道中水力坡降与合理坡降的情况。

2)管道结构状况

(1)管道种类与接口处理：所使用的管道材料及断面形式包括普通混凝土管、钢筋混凝土管、砖砌方沟等。接口处理方法包括钢丝网水泥砂浆抹带接口、沥青卷材接口、套环接口等。

(2)管道基础和地基加固处理：管道基础包括混凝土通基(90°、135°、180°)等。地基加固处理包括人工灰土、砂石层、河卵石垫层等。

3)检查井的井号、类型与作用

(1)检查井的井号：自上游向下游顺序排列，区分出干线井与支线井的井号。

(2)检查井类型：如圆形井、方形井、扇形井。并区分出雨水井、污水井与合流井。

(3)检查井作用：如直线井、转弯井、跌水井、截流井等。

4)管道排水能力：表示出各井距间管道的水力元素即流量($Q$)、流速($V$)的状况，给使用与养护管理方面提供出最基本数据。

5)进出水口、雨水口、支线接入检查井的井号、标高、位置与预留管线的方向、管径等。

6)管道与各种地下构筑物和管线的标高、相互位置关系。

7)临时设置的水准点位置与高程等。

### (四)管道横断面图

主要表示排水管道在城市街道上水平与垂直方向具体位置。反映排水管道同地上、地下各种建筑物和管线相对位置与相互关系的状况，以及排水管道合理布置的程度(图3-29)。

### (五)管道与附属构筑物示意图

建筑物排放的污水和雨水的管道结构图，一般都是利用三视图原理和各种剖视方法来反映下水道构筑物的结构状况，一般常用下列结构图：

(1)管道基础与管道接口结构图(图3-30)

(2)进出水口、雨水口示意图(图3-31)

(3)检查井示意图(以矩形为例、图3-32)

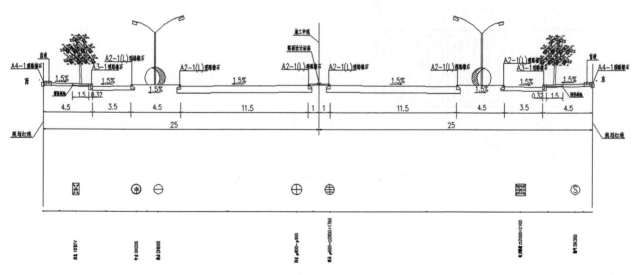

图3-29　管道横断面示意图

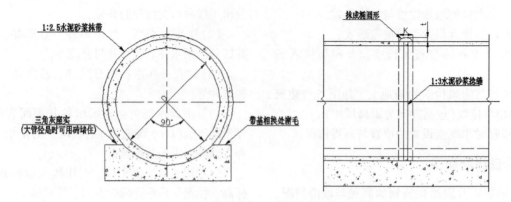

图 3-30　90°混凝土基础水泥砂浆抹带接口示意图

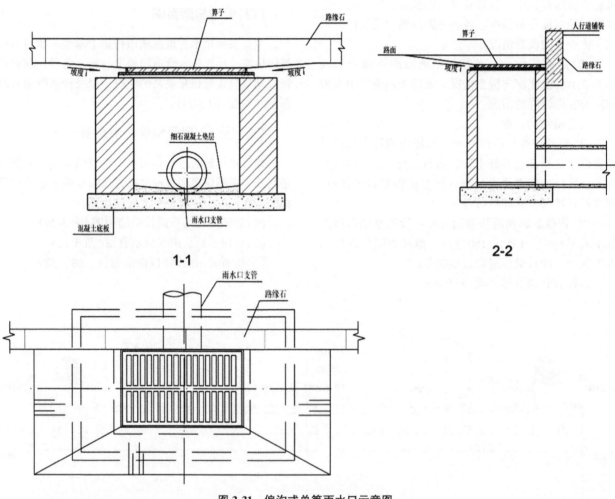

图 3-31　偏沟式单箅雨水口示意图

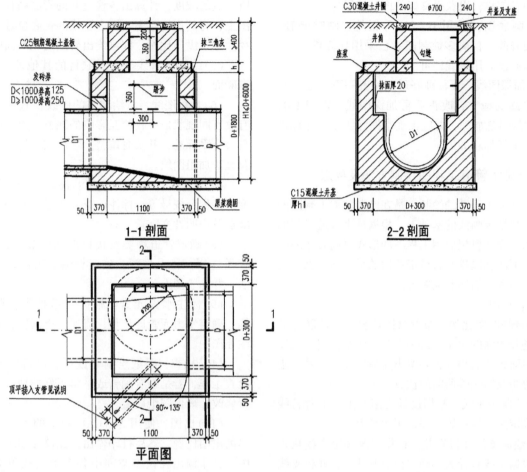

图 3-32 矩形检查井示意图

(4)钢筋混凝土盖板配筋示意图(图 3-33)。

(5)管道加固示意图(图 3-34)。

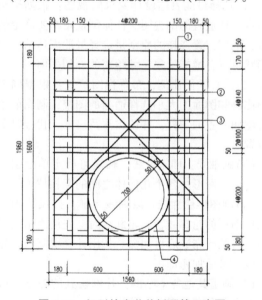

图 3-33 矩形检查井盖板配筋示意图

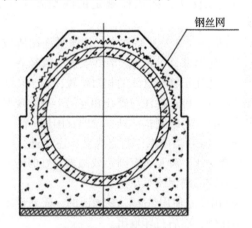

图 3-34 普通混凝土管满包混凝土加固示意图
(覆土<0.7m,$H=6\sim8$m)

## 四、排水工程制图

### (一)制图的步骤

(1)图面布置:首先考虑好在一张图纸上要画几个图样,然后安排各个图样在图纸上的位置。图面布置要适中、匀称，以获得良好的图面效果。

（2）画底图：常用 H~3H 等铅笔，画时要轻、细，以便修改。目前多数制图者已采用计算机绘图，因此，画底稿时用细线即可。

（3）加深图线：底稿画好后要检查一下，是否有错误和遗漏的地方，改正后再加深图线。常用 HB、B 等稍软的铅笔加深，并应正确掌握好线型。计算机绘图时将细线加粗即可。

## （二）排水管道工程图绘制方法及要点

排水管道工程图的绘制，是在已经掌握了制图的基本原理与规定画法的基础上，根据排水管道工程的设计要求、设计思想而用工程图的形式书面表达的一种方法。下面就以排水管道工程图的平面图、纵断图及结构图为例，简述其绘制方法及步骤。

1. 平面图

（1）选择绘图比例，布置绘图位置：根据确定的绘图比例和图面的大小，选用适当的图幅。制图前还应考虑图面布置的均称，并留出注写尺寸、井号、指北针、说明及图例等所需的位置。

（2）绘制主干线：根据设计意图及上、下游管线位置，确定主干线位置，并绘于图纸上。

（3）绘制支线及检查井：根据现况确定支线接入位置，根据干线管径大小确定检查井井距，并将支线及检查井绘制于图面上。

（4）加粗图线：将绘制完的图线检查一下，将不需要的线条除去，按国标规定的线型及画法加粗图线。

（5）标注尺寸及注写文字：按照平面图所应包括的内容，注写井号、桩号、管线长度、管径等；标注管线与其他建筑物或红线的相对位置，对于转折点的检查井应有栓桩；标注与管线相连的上下游现况管线的名称及管径；绘制指北针、说明及图例。

（6）检查：当图纸绘制完成后，还要进行一次全面的检查工作，看是否有画错或画得不好的地方，然后进行修改，确保图纸质量。

（7）出图：使用 AutoCAD 画图的，需要设置适当的出图比例，然后打印输出。

2. 纵断图

（1）确定绘图比例：根据管线长度及管径大小，确定纵断图绘制的横向及纵向比例。

（2）确定并绘制高程标尺：根据所确定的纵向比例及下游管的埋深，绘制高程标尺。

（3）绘制现况地面线：按照实测的地面高程，根据不同的纵横向比例，绘出现况地面线。

（4）绘制管线纵断面：根据下游管底高程，按照所确定的坡度，计算出各检查井的管底高程，并标于图上，将其连接起来，即为管线的管底位置。根据管径大小及纵向比例，即可绘出管线的纵断面图。

（5）绘制与管线交叉或顺行的其他地下物的横、纵断面。

（6）加粗图线：将绘制完的图线检查一下，看看有没有同现状地下物相互影响的地方，上下游相接处是否合乎标准，并及时调整。然后按国标规定的线型及画法加粗图线。

（7）标注尺寸及注写文字：注写管径、长度、坡度、高程及桩号等。标注检查井井号及井型。注写水准点及说明性文字。

（8）确定管道种类及接口形式：根据管道材料、管径（或断面）及埋深，确定管道基础形式、接口方法，并标于图上。

（9）标注水力元素：根据管道种类、管道坡度等，确定水力元素即流量、流速、充满度，并将其标注在图中。

（10）检查：图纸绘制完成后，进行一次全面的检查工作，看是否有画错或画得不好的地方，然后进行修改，确保图纸质量。

（11）出图：使用 AutoCAD 画图的，需要设置适当的出图比例，然后打印输出。建议在图纸空间布局中，打印输出在模型空间中各个不同视角下产生的视图。

3. 结构图

（1）选择最能表达设计要求的视图：根据构筑物的特点，选适宜的剖视图。任何剖视图都要确定剖切位置，剖切位置选择的原则是选择最能表达结构物几何形状特点、最能反映尺寸距离的剖切平面。

（2）选择绘图比例，布置视图位置：根据确定的绘图比例和图面的大小选择适当的图幅，制图前还应考虑图面布置的匀称，并留出注写尺寸、代号等所需的位置。

（3）画轴线：即定位线。轴线可确定单个图形的位置，以及图形中各个几何体之间的互相位置。

（4）画图形轮廓线：以轴线为准，按尺寸画出各个几何图形的轮廓线，画轮廓线时，先用淡铅笔轻轻画出，待细部完成后再加深。如用计算机制图，先使用细线，最后加粗即可。

（5）画出其他各个细部：凡剖切到的部分及可见到的各个部分，均需一一绘出。

（6）加深图线：底稿完成以后要检查一下，将不需要的线条擦去，按国标规定的线型及画法加深图线。例如：凡剖切到的轮廓线为 0.6~0.8mm 的粗实线，未剖到的轮廓线为 0.4mm 的中实线，尺寸标注线为0.2mm的细实线等。总的要求是轮廓清楚、线型准确、粗细分明。

（7）标注尺寸及注写文字：尺寸标注必须做到正确、完整、清晰、合理。不论图形是缩小还是放大，图样中的尺寸仍应按实物实际的尺寸数值注写，标注尺寸应先画尺寸界线，尺寸线和起止点，再注写尺寸数字。

（8）检查：当图样完成后，还要进行一次全面的检查工作，看是否有画错或画得不好的地方，然后进行修改，确保图纸质量。

（9）出图：使用 AutoCAD 画图的，需要设置适当的出图比例，然后打印输出。建议在图纸空间布局中打印输出在模型空间中各个不同视角下产生的视图。

## 五、排水工程竣工图绘制

目前，大部分竣工图的编制是利用施工图来编制的。竣工图的编制工作，可以说是以施工图为基础，以各种设计变更文件及实测实量数据为补充修改依据而进行的。竣工图反映的实际施工的最终状况。

### （一）绘制排水管道竣工图的技术要求

平面图的比例尺一般采用 1∶500～1∶2000。平面图中应包括平面图绘制一般要素外，还应绘制以下内容：

（1）管线走向、管径（断面）、附属设施（检查井、人孔等）、里程、长度等，以及主要点位的坐标数据。

（2）主体工程与附属设施的相对距离及竣工测量数据。

（3）现状地下管线及其管径、高程。

（4）道路永中、路中、轴线、规划红线等。

（5）预留管、口及其高程、断面尺寸和所连接管线系统的名称。

纵断面图内容，应包括相关的现状管线、构筑物（注明管径、高程等），以及根据专业管理的要求补充必要的内容。

### （二）竣工图的绘制方法

绘制竣工图以施工图为基本依据，按照施工图改动的不同情况，采用重新绘制或利用施工图改绘成竣工图。

#### 1. 重新绘制

有以下情况应重新绘制竣工图：

（1）施工图纸不完整，而具备必要的竣工文件资料。

（2）施工图纸改动部分，在同一幅图中覆盖面积超过 1/3，以及不宜利用施工图改绘清楚的图纸。

（3）各种地下管线（小型管线除外）。

#### 2. 利用施工图改绘竣工图

有以下情况可利用施工图改绘成竣工图：

（1）具备完整的施工图纸。

（2）局部变动，如结构尺寸、简单数据、工程材料、设备型号等及其他不属于工程图形改动，并可改绘清楚的图纸。

（3）施工图图形改动部分，在同一幅图中覆盖图纸面积不超过 1/3。

（4）小区支、户线工程改动部分，不超过工程总长度的 1/5。

利用施工图改绘竣工图的基本方法有如下两种：

（1）杠改法：对于少量的文字和数字的修改，可用一条粗实线将被修改部分划去。在其上方或下方（一张图纸上要统一）空白行间填写修改后的内容（文字或数字）。如行间空白有限，可将被修改点全部划去，用线条引到空处，填写修改后的情况。对于少量线条的修改，可用"×"号将被修改掉的线条划去，在适当的位置上画上修改后的线条，如有尺寸应予标注。

（2）贴图更改法：施工图由于局部范围内文字、数字修改或增加较多、较集中，影响图面清晰；线条、图形在原图上修改后使图面模糊不清，宜采用贴图更改法。即将需修改的部分用别的图纸书写绘制好，然后粘贴到被修改的位置上。重大工程一般宜采用贴图更改法。

不论用何种方法绘制排水管道工程的竣工图，如设计管道轴线发生位移、检查井增减、管底标高变更或管径发生变化等，除均应注明实测实量数据外，还应在竣工图中注明变更的依据及附件，共同汇集在竣工资料内，以备查考。

当检查井仍在原设计管线的中心线位置上，只是沿中心线方向略有位移，且不影响直线连接时，则只需在竣工图中注明实测实量的井距及标高即可。

### （三）竣工图编制的注意事项

竣工图的编制必须做到准确、完整和及时，图面应清晰，并符合长期安全保管的档案要求，具体应注意以下几点：

（1）完整性：即编制范围、内容、数量应与施工图相一致。在施工图无增减的情况下，必须做到有一张施工图，就有一张相应的竣工图；当施工图有增加时，竣工图也应相应增加；当施工图有部分被取消时，则需在竣工图中反映出取消的依据；当施工图有变更时在竣工图中应得到相应的变更。如施工中发生质量事故，而作处理变更的，亦应在竣工图中明确表示。

(2) 准确性：增删、修改必须按实测实量数据或原始资料准确注明。数据、文字、图形要工整清晰，隐蔽工程验收单、业务联系单、变更单等均应完整无缺，竣工图必须加盖竣工图标记章，并由编制人及技术负责人签证，以对竣工图编制负责。标记章应盖在图纸正面右下角的标题栏上方空白处，以便于图纸折叠装订后的查阅。

(3) 及时性：竣工图编制的资料，应在施工过程中及时记录、收集和整理，并作妥善的保管，以便汇集于竣工资料中。

# 第四章
# 城镇排水系统概论

## 第一节 排水系统的作用与发展概况

### 一、排水系统的作用

人们在生活和生产中，使用着大量的水。水在使用过程中会受到不同程度的污染，改变原有的化学成分和物理性质，这些水称作污水或废水。废水按照来源可以分为生活污水、工业废水和降水。工业废水和生活污水含有大量有害、有毒物质和多种细菌，严重污染自然环境，传播各种疾病，直接危害人民身体健康。自然降水若不能及时排除，也会淹没街道而中断交通，使人们不能正常进行生活和生产。在城市和工业企业中，应当有组织且及时地排除上述废水和雨水，否则可能污染和破坏环境，甚至形成公害，影响生活和生产以及威胁人民健康。废水和雨水的收集、输送、处理和排放等设施以一定方式组合成的总体，称为排水系统。

### 二、城镇排水系统发展概况

#### (一) 国外排水行业的发展概况

1. 创建阶段

19世纪，中期西方国家先后发展了现代城市给水排水系统。英国早期的排水工艺只是建造管渠工程，将污水、废水和雨水直接排入水体。到1911年德国已建成70座污水处理厂，在其后的半个世纪里城市排水系统的发展较为缓慢，例如，1957年西德的家庭污水入网率仅50%，1961年日本东京仅为21.2%。

2. 发展和治理阶段

20世纪60—70年代开始，西方国家投入大量财力铺设污水管道，修建污水处理厂，提高污水的收集率和处理率，并对工业污水、污水处理厂尾水的排放作了严格的控制(又称"点源"治理)。例如：1979年东京污水入网率达到70%；1987年前西德污水的入网率已达到95%，污水处理率达到86.5%，城市居民人均污水管长达4m。然而城市水环境的质量仍然不尽人意，研究中发现，传统的排水观念造成人们长期以来认为，合流管渠中的污水被暴雨稀释(稀释比约1:5~1:7)，溢流后不会再危害水体，事实上并非如此。1960—1962年，在英国北安普敦的调查发现，暴雨之初，原沉淀在合流管渠内的污泥被大量冲起，并经溢流井溢入水体即所谓的"第一次冲刷"。此后，人们提高了溢流井内的堰顶高程以减少溢流量，但这样做又增加了管渠内的沉积物，一旦被更大暴雨冲起、挟入溢流，进入水体仍然会造成污染。

3. 暴雨管理阶段

为了进一步改善城市水体的水质，自20世纪70年代起都在致力于此项工作。首先是对雨污混合污水在溢流前进行调节、处理及处置，使之溢流后对水体的水质影响在控制的目标之内。例如美国一些州，要求混合污水在溢流之前就地做一级处理，并对每个溢流口因超载而未加处理的混合污水溢流次数加以限制(如华盛顿州每个溢流口每年1次，旧金山市为4次)；其次是对污染严重地区雨水径流的排放做了更严格的要求，如工业区、高速公路、机场等处的暴雨雨水要经过沉淀、撇油等处理后才可以排放。在已有二级污水处理厂的合流制排水管网中，适当的地点建造新型的调节、处理设施(滞留池、沉淀池等)是进一步减轻城市水体污染的关键性补充措施。它能拦截暴雨初期"第一次冲刷"出来的污染物送往污水处理厂处理，减少混合污水溢流的次数、水量和改善溢流的水质，以及均衡进入污水处理厂混合污水的水量和水质，它也能对污染物含量较多的雨水作初步处理。

国外的实践表明，为了进一步改善受纳水体的水质，将合流制改造为分流制，其费用高昂且效果有限，而在合流制系统中建造上述补充设施则较为经济而有效。国外排水体制的构成中带有污水处理厂的合流制仍占相当高的比例，如西德1987年其比例为71.2%，且该国专家认为通常应优先采用合流制，分流制要建造两套完整的管网，耗资大、困难多，只在条件有利时才采用。至20世纪80年代末，西德建成的调节池已达计划容量的20%，虽然其效果难以量化，但是送到处理厂的污泥量增加了、河湖的水质有了显著的改善。据估计，用这种方式处理雨水的费用与用污水处理厂不相上下。

为了实现对暴雨雨水的管理，必须对雨水径流过程有更深入的认识、准确的预测和模拟。目前常用的排水系统水力模拟软件有：①英国环境部及全国水资源委员会的沃林福特软件（Wallingford），它是在20世纪60年代的过程线方法——TRRL程序的基础上发展起来的，可用于复杂径流过程的水量计算和模拟、管理设计优化，并含有修正的推理方法。②美国陆军工程师兵团水文学中心的"暴雨"模型（Storage, Treatment, Over flow, Runoff Model，简称STORM），该程序可以计算径流过程、污染物的浓度变化过程，适用于工程规划阶段对流域长期径流过程的模拟。③美国环保局的雨水管理模型（Storm Water Management Model，简称SWMM），它能模拟降雨和污染物质经过地面、排水管网、蓄水和处理设施，最终到达受纳水体的整个运动、变化的复杂过程，可作单一事件或长期连续时期的模拟。④德国汉诺威水文研究所的HE软件（HYSTEM-EXTRAN，简称HE），可用于模拟排水管网中的降雨径流过程和污染物扩散过程，是全德国境内使用最广泛的流体动力学排水管网计算程序，可以计算水力基础数据如径流量和水位，以及污染物在地表和管网中的扩散过程。这些雨水模型软件在西方国家城市排水工程中的应用已非常普遍。例如，早在1975年英国就有96%的雨水管渠设计使用了TRRL程序，而在现阶段的暴雨雨水管理中更是离不开计算机和相关软件了。

### (二) 中国古代排水事业的发展概况

**1. 中国古代排水管渠的起源与发展**

人类在公元前2500年创造了古代的排水管道，在20世纪初期创造了污水处理，在20世纪中期创造了水回用技术。排水工程的内涵由排水管道发展到水处理，由水处理发展到再生水循环回用，前后有将近4500多年的历史。在此期间中国的先民们首先在史前龙山文化时期造就了陶土排水管道，开创了人类的排水工程事业。城垣排水是古代文化的重要组成部分，也是人类文明的重要进程。

**2. 中国古代排水管道种类及特点**

中国最早的城垣遗址，出现在史前新石器时代的晚期。当时城垣内的排水系统，主要是地面自流，明沟排水。

进入了铜石并用时代的晚期时，由于封闭型城垣的长期发展以及民们物质文化水平的提高，河南省淮阳市平粮台的先民们（约为公元前2500年），首先将城垣中的雨水，由地面自流排水发展为采用小型地下陶土排水管。从此在排水系统中开创性地增加了排水管道的内涵。

随着历史的变革与社会的发展，社会生产力得到了解放，排水管道逐步得到了发展。偃师商城是商代前期（其年代约为公元前1600—公元前1400年）的都城遗址，城垣内开始出现了石砌排水暗沟；有较狭窄的全部用石块垒砌的小型石砌排水暗沟遗迹；也有沿城内的路网、贯通全城完整的大型石、木结构排水暗沟遗迹。

到了西汉时，已步入封建社会，并已进入铁器时代。社会生产力又有了长足的发展，城垣规模不断扩大。汉长安城的排水管道设施种类繁多，有圆形陶土排水管、五角形陶土排水管，并首次出现了拱形砖结构的砖砌排水暗沟，这是中国最早修建的大型砖砌排水暗沟。

由此可见，排水管道在城垣建设中已经形成不可缺少的一项基础设施。

为了纵观古代排水管道发展的历程，表4-1按照纪年体系整理出"中国古代排水管道遗迹资料表"。

依照表4-1的资料及有关文史、考古的报道，从公元2500年到公元前190年，前后约2300年，排水管道先后出现了陶土排水管道、木结构排水暗沟、石砌排水暗沟、卵石排水暗沟以及砖砌排水暗沟等5个种类，现依次叙述如下。

表4-1 中国古代排水管道遗迹资料表

| 时代分期 | 朝代与纪年 | 排水管道名称 | 管道种类概要 |
| --- | --- | --- | --- |
| 铜石并用时代晚期 | 相当文献记载的史前帝喾时代（约公元前2500年，河南龙山文化时期） | 平粮台陶土排水管道 | 三孔圆形陶土排水管（倒品字形）、每孔断面0.04m²、总断面0.12m² |
| 青铜时代早期 | 夏王朝中、后期，商代前期（公元前1900—公元前1500年） | 二里头木结构排水暗沟 | 木结构排水暗沟、石砌排水暗沟及圆形陶土排水管 |

(续)

| 时代分期 | 朝代与纪年 | 排水管道名称 | 管道种类概要 |
|---|---|---|---|
| 青铜时代中期 | 商代前期(公元前 1600—公元前 1400 年) | 偃师商城石砌排水暗沟 | 石砌排水暗沟(木盖板)、断面 3.0m² 及木结构排水暗沟、圆形陶土排水管 |
| | 商代前期(公元前 1600—公元前 1400 年) | 郑州商城石砌排水暗沟 | 石砌排水暗沟及圆形陶土排水管 |
| | 商代后期(公元前 1300—公元前 1046 年) | 安阳殷墟陶土排水管道 | 圆形陶土排水管 |
| 青铜时代晚期 | 西周时期(公元前 11 世纪) | 沣京陶土排水管道 | 圆形陶土排水管 |
| | 西周时期(约公元前 1045 年) | 琉璃河燕都卵石排水暗沟 | 卵石排水暗沟、断面 0.84m² 及圆形陶土排水管 |
| | 西周时期(约公元前 900 年) | 周原卵石排水暗沟 | 卵石排水暗沟及圆形陶土排水管 |
| | 西周时期(约公元前 850 年) | 齐国故城石砌排水暗沟 | 15 孔石砌排水暗沟(每孔断面 0.2m²)、总断面 3.0m² 及圆形陶土排水管 |
| | 东周时期(公元前 770—公元前 256 年) | 雒邑陶土排水管道 | 圆形陶土排水管 |
| | 东周时期(公元前 403—公元前 221 年) | 燕下都陶土排水管道 | 圆形陶土排水管 |
| 铁器时代 | 战国末期至秦王朝时期(公元前 247—公元前 208 年) | 秦皇陵陶土排水管道 | 五孔五角形陶土排水管(每孔断面 0.11m²)、总断面 0.55m² 及圆形陶土排水管 |
| | 秦王朝时期(公元前 221—公元前 206 年) | 阿房宫陶土排水管道 | 三孔圆形陶土排水管(品字形)、总断面 0.12 m² 及五角形陶土排水管 |
| | 汉朝时期(公元前 195—公元前 190 年) | 汉长安城砖砌排水暗沟 | 砖砌排水暗沟(顶部发砖券)、断面 2.24m² 及五角形陶土排水管、圆形陶土排水管 |
| | 隋唐时期(581—582 年) | 唐长安城砖砌排水暗沟 | 砖砌排水暗沟(顶部发砖券)、断面 1.04m² 及圆形陶土排水管 |

1)陶土排水管道

已发现的陶土排水管道有两种类型陶土排水管道:一种为圆形陶土管,另一种为五角形陶土管。

圆形陶土管,此管道很原始,从没有榫口,发展到有管套承插接口。从每节管长 35~45cm,到每节管长 100cm。从直管到三通管,再到直角弯管。经过漫长的岁月,陶土管逐步得到改进与完善。

圆形陶土管的内径一般为 22cm,断面面积约为 0.04m²。它的管径小,能够排泄的雨水流量也少,所以只适宜用于排除流量较小的地区。

由于大型圆形陶土管制作困难,也易压碎,为增大排水流量,先民们巧妙地拼装成三孔圆形陶土管,用以排除大流量。这种三孔圆形陶土管,前后发掘出正"品"字形和倒"品"字形两种拼装的形式,如图 4-1、图 4-2 所示。

**图 4-1 平粮台三孔圆形陶土排水管道**(倒"品"字形)

**图 4-2 阿房宫三孔圆形陶土排水管道**(正"品"字形)

除了圆形陶土管,另一类型是五角形陶土管。五角形陶土管是在秦汉时期形成的,该管道通高 45~47cm,底边宽 40~43cm,管壁厚 7cm,全长 65~68cm。它的单孔断面面积约为 0.11m²。它是圆形陶土管断面面积的 3 倍,相应排水的流量也较大,并且可以简单地拼装成两孔、三孔、四孔、五孔等形式(单孔构造如图 4-3 所示)。从而进一步提高排水流量,适应不同层次的流量需求。这种陶土管采用的是预制装配式结构,构思非常独特巧妙。它的缺点是制造复杂、管壁厚、成本高。

**图 4-3　咸阳市西汉帝陵五角形陶土排水管道（单孔）**

2）木结构排水暗沟

这是继"平粮台陶土排水管道"之后，发掘出最早的另一种排水暗沟。这是在当时的生产条件下，采用丰富的天然木材，巧妙搭建成的排水暗沟，以便适应大流量排水时的需求。这种排水暗沟，显然比较原始，不能耐久，流水也不顺畅。

3）石砌排水暗沟

石砌排水暗沟，在夏商周时期主要是采用天然石块即毛石垒砌而成，有如下三种形式：

第一种形式是较狭窄的石砌排水暗沟；暗沟的两侧沟墙及盖板，均采用天然石块垒砌，如"二里头石砌排水暗沟"及"郑州商城石砌排水暗沟"。

第二种形式是沟体较宽的石砌排水暗沟，暗沟的两侧沟墙用天然石块垒砌，并且在沟墙中夹砌木桩，支撑上面的木梁，木梁上再铺木材作为沟顶盖板，形成暗沟。贯通偃师商城的石砌排水暗沟就是这种类型。

第三种形式是多孔石砌排水暗沟。在原齐国故城，发掘出一座 15 孔石砌排水暗沟。15 个矩形石砌水孔，分上、中、下 3 层排列。水孔一般高 50cm、宽 40cm。每孔的两侧沟墙、盖板、底板均是采用天然石块互相搭接、垒砌而成。下层水孔的沟顶盖板，是上层水孔的底板（图 4-4）。齐国先民们巧妙地采用多孔石砌暗沟，使过水总面积达到了 $3m^2$，满足了排除大流量雨水时的需求。避开由于排水流量大，若采用大型单孔暗沟，带来沟顶盖板建筑结构的技术难题。这座石砌排水暗沟，水力条件合理、石材耐久，说明设计是成功的。缺点是体积庞大、不易清理。

4）卵石排水暗沟

这也是利用天然材料砌筑的排水暗沟。它是采用天然鹅卵石作为暗沟底部与侧墙的建筑材料，木材作为沟顶盖板，堆砌而形成较大的排水管道。

5）砖砌排水暗沟

汉长安城的砖砌排水暗沟，是中国目前发掘出最早的一座砖砌排水暗沟。暗沟的两侧墙体和底板、采用砖石混合结构，石材采用料石。顶部用发砖券，为拱形砖结构。这种拱形砖顶科学地解决了大型排水暗沟顶部的建筑结构问题。这在排水管道建筑结构的发展，是一项很有意义的突破。

根据以上的阐述，中国古代排水管道发展中的特点，大致有以下 3 个：

（1）圆形陶土管，一直是延续应用最广泛的一种排水管道，在各个朝代、各个时期、不同地区的城垣、皇宫以及庭院中，都曾发掘出许多这种管道。

（2）早期的矩形排水暗沟，由于缺乏有效的生产技术手段，大多数是采用天然木材、天然石块、天然鹅卵石等建造而成。夏商周时期，在一些古城遗址中，出现了许多木结构排水暗沟、石砌（毛石）排水暗沟以及卵石排水暗沟的遗迹。

（3）为适应排除大流量雨水的需求，人们一直在追求排水管道的变革和改进。由于城垣在不断扩大、建筑规模在增大、排水流量也在大幅增加。为了适应排除城垣中出现的大流量雨水，先民们对排水管道采取了许多加大管道、增加排水断面的工程措施；从三孔圆形陶土排水管到五孔五角形陶土排水管道，再到 15 孔石砌排水暗沟，再到采用天然材料建造矩形排水暗沟，一直到建造拱形砖顶的砖砌排水暗沟等变化。显然，先民们一直在探求解决能够排除大流量雨水，而且又性能最佳的排水管道。

砖砌排水暗沟的出现，是排水管道发展中的重要突破。西汉初年（公元前 195—公元前 190 年），在汉长安城遗址中，出现了最早的砖砌排水暗沟。为了分析砖砌排水暗沟形成及其发展的历史背景，表 4-2 将汉代以来砖砌排水暗沟的遗迹状况予以整理。

**图 4-4　原齐国故城 15 孔石砌排水暗沟**

表 4-2 砖砌排水暗沟发掘资料表

| 朝代 | 时间 | 地点 | 排水管道概要 |
|---|---|---|---|
| 西汉 | 公元前202—公元9年 | 西安 | 西面城墙至城门附近的城墙下，发掘出断面尺寸宽约1.2m，高约1.4m的砖砌排水暗沟；另外在南面城墙西安门附近的城墙下，也发掘出一座宽约1.6m，高约1.4m的砖砌排水暗沟。两座暗沟的沟墙、底板是用砖和石材砌筑。顶部都用发砖券，为拱形砖结构的砖砌排水暗沟 |
| 六朝(吴、东晋、宋、齐、梁、陈) | 229—589年 | 南京 | 在建康宫城遗址中，发现了一条穿过道路的拱顶砖砌排水暗沟，可能是东晋时修建 |
| 隋、唐 | 581—582年 | 西安 | 含光门遗址以西的城墙下，发掘出一座大型砖砌排水暗沟，其沟顶采用的是拱形结构，沟宽0.6m，全高1.8m，沟墙与拱顶的砖砌体结构厚度均为0.95 m。沟内设有三根10cm方铁粗柱作为铁栅，防范外人穿过 |
| | 618—907年 | 洛阳 | 在唐东都洛阳定鼎门遗址的西城墙下部，也发现了一处相同类型的砖砌排水暗沟，其沟顶也是采用拱形结构，暗沟内也设有铁栅防范外人穿过 |
| 北宋 | 960—1127年 | 赣州 | 著名的福寿砖排水暗沟，简称福寿沟。福寿沟宽约0.9m，高约1.8m，其中福沟长约11.6km，寿沟长约1 km，福寿沟的主沟总长约12.6km，沟墙为砖砌体，沟顶为石盖板，全城采用地下管道排除雨水。这是古代赣州的重要排水基础设施，且直到20世纪50年代仍然在养护、维修使用中 |
| 南宋 | 1127—1279年 | 杭州 | 南宋临安御街遗址(今杭州中山中路南段)中，发掘出两处砖砌排水暗沟。一处内宽0.3m，高0.9m，长约2.15m。沟壁为砖砌体，沟顶覆盖石板。另一处内宽0.15m，高0.15m，长约2.15m。沟壁用长方砖平砌，再用相同规格的长方砖封盖，长方砖的规格为33cm×l0cm×5cm |
| | 1162—1233年 | | 南宋临安恭圣仁烈皇后庭院遗迹中，发掘出一条砖砌排水暗沟和庭院以外相通。暗沟为方形，宽0.3m，高0.29m。沟底、沟壁均为砖砌体，沟顶用透雕的方砖封堵。透雕花纹为假山、松枝和两只猴子 |
| 元 | 1206—1368年 | 北京 | 健德门以西(今花园路段)发掘出一处砖砌排水暗沟的水关，基础由7层条石垒砌而成，顶部的拱券和两壁均为青砖砌筑，洞高3.45m。其中有一块条石上刻有"至元五年(1268年)二月石匠作头"的标记 |
| | | | 肃清门以北(今学院路西端)也发掘出一处砖砌排水暗沟水关，暗沟宽2.5m，直墙高1.25m；全高2.5m，暗沟顶部的拱券直径2.5m。沟底和两壁用条石铺砌，拱顶为砖砌体。暗沟按照宋代"营造法式"设计、施工。暗沟内设有菱形铁栅棍，铁栅棍的间距为10~15cm，防范外人穿过 |
| | | | 光照门以南(今东土城转角楼处)也发掘出一处与肃清门处相同的拱券砖砌排水暗沟水关遗址 |
| 明清 | 1368—1911年 | 北京 | 所有排水主干渠，穿过城墙下的水关排入护城河时，大部分也是采用砖砌排水暗沟。在内城就有6座排水水关，其中5座采用拱顶式砖砌排水暗沟，另外1座采用过梁式砖砌排水暗沟，沟墙均为砖砌体，沟顶为条石盖板。每座水关均设2~3层铁栅栏，防范外人穿过。根据乾隆五十一年(1786年)的丈量统计数据，明清时期北京城区的砖砌暗沟和排水明渠等，当时总计长达429km |
| | | 汉口 | 乾隆四年(1739年)汉口开埠时，首先在汉正街修建了一条长3441m，宽、高各1.66m的砖砌方形排水暗沟，上盖花岗岩长条石，条石的顶面作为路面，每隔20m留一窨井，上盖铁板，便于清掏 |
| | | 上海 | 19世纪开埠初，租界在辟路的同时，在路旁挖明沟或建暗渠。同治元年(1862年)起，英租界先从当时的中区(今黄浦区东部)开始进行规划和建设雨水排水管道；其中延安东路前身为洋泾浜(即小河浜)。19世纪60年代起，在其系统内，工部局在广东路、山东路、云南南路等地修建了砖砌排水暗沟。19世纪中叶，工部局在泥城浜(今西藏中路)排水系统内，修建了芝罘路、劳合路(今六合路)和广西路等砖砌排水暗沟 |
| | | 天津 | 光绪二十七年(1901年)开埠期间，拆毁了旧城墙，改建为四条环城马路，同时填平了城濠。于光绪二十九年(1903年)，为解决填平后城内排水出路，在南城濠建造了第一条大型砖砌排水暗沟，名"官沟" |

从上述的资料中可以看出：砖砌排水暗沟在古代城垣排水系统中，已逐渐发展成为重要的通用排水设施。

**3. 古代城垣排水系统的布局及特点**

由于城垣文化的发展，社会经济的需求，导致排水管道的出现与增多，同时又陆续充实、组成了比较完整的排水系统。

1) 排水系统的主要功能及设施

史前城垣中的排水系统，主要是采用地面自流的排水方式。自从龙山文化时期平粮台出现了陶土排水管以后，古代城垣中的排水系统开始进入采用明渠和地下排水管道两者相结合的阶段。

古代，在生活过程中产生的泔水一般是随意洒泼到庭院或排入渗井。粪便排除的方式，从宫廷到平民，大多地区都采用干厕。粪便的收集和清运，或背或挑，或车运或船运至粪场，经简易处置后多作农肥。潜水、粪便的这种传统清除方式，一直沿用到清朝末年，也很少有水冲厕所，更没有排除生活污水、粪便的专用污水管道。因此，古代城垣中的排水系统，其主要功能是排除雨水。

当时的城区，人口密度一般都较低，与排水系统相关联的河湖水体，自然净化的能力较强，水质清澈，基本未受污染。

2) 城垣排水系统的布置方式

古代在城垣中布置的排水系统，在商周时期已经逐步形成两种基本方式。第一种方式是排水系统的主干线采用明渠，沿主干线接收两旁的排水管道、支沟的排水后，当主干线的排水明渠，在穿过城墙下的水关时采用排水暗沟，然后再接入尾闾河段。第二种方式是排水系统的主干线采用管道、暗沟，沿干管接收支线的排水后，直接穿过城墙排入护城河。

古代城垣中的排水系统，常用的是第一种布置方式，并一直沿用到近代。

由于城垣的扩大与发展，各种排水设施也日趋完善，雨水经城区路网中的明渠或排水干管将宫廷、院落、街道的排水支管以及支沟的雨水汇流后，再通过预埋在城墙下的管道、暗沟，排入护城河，形成排水系统与路网系统相互结合的布局。并逐步发展为与引水系统、湖泊雨水调蓄等系统互相结合、更为完整的规划布置。

3) 古代排水系统中的雨水调蓄方式

在汉长安城中，排水系统与之相连的湖泊雨水调蓄系统，主要是进行径流调节，其作用是拦洪削峰，以保持下游管渠的流量在一定的范围内正常运行。这是在古代湖泊雨水调蓄系统中出现的第一种调蓄方式，也是通用的一种调蓄方式。另外还有第二种方式，调蓄目的是待机排水，古城赣州的调蓄系统就是采用了这种调蓄方式。

如前所述，北宋赣州古城的福寿沟是全城排除雨水的主要地下管道，其设施非常完整。赣州位于江西省的章江与贡江的交汇处，排水暗沟共有12个出口，就近分别进入章、贡两江。在各个出口处，共建造了12座"水窗"。"水窗"即为拍门，它是一种单向阀。它的功能是：当章、贡两江水位高时自动关闭拍门面板，防止江水倒灌。两江水位低时自动打开拍门面板，将暗沟中的雨水排入章、贡两江。在福寿沟所经之处又和沿线众多的湖泊、池塘连成一体，组成了排水网络中的蓄水库，形成湖泊雨水调蓄系统。调蓄的目的是当江河水位达到一定的高度时，利用"水窗"临时将雨水拦蓄在湖泊、池塘以及管渠中，待江河水位下降后再行排除，形成待机排水系统。巧妙地根据章、贡两江水位适时地排除城区的积水。

另外赣州古城是宋代一座封闭型的砖砌城垣。当发生水灾时，可以阻挡洪水进入城内。而章、贡两江的洪水，由于排水暗沟出口处造有"水窗"，可以阻挡江水倒流到城内，因而古城可以减轻或避免灾害，使城内保持稳定。赣州古城的各种排水设施，构思独特、设计巧妙，形成了有特点的、可调蓄的排水系统。

从以上的资料可以看出：古代当时对排水系统和与之相连的湖泊雨水调蓄系统，已具备了完整的、科学的规划设计手段。

4) 古代排水系统中的附属设施

随着排水管道的应用与发展，排水系统中的附属设施也逐渐增多，如在二里头古城遗址中发掘出石砌渗水井。在齐国故城出现了排水明渠穿过城墙下的"水关"。在秦咸阳发现有排水池，池中有地漏，下接90°弯曲的陶土管，弯曲的陶土管再与排水管道相连。在汉长安城长乐宫的皇宫庭院遗址中，发现其管线中设置有沉砂井。在唐长安城含光门遗址的砖砌排水暗沟水关内，设有3根10cm方铁粗柱作为铁栅，防范外人穿过铁栅水关设施（图4-5）。在赣州古城的砖砌排水暗沟出口处造有"水窗"，可防止江水倒灌。

在北京故宫的庭院排水系统中，发现有"沟眼""钱眼"。"沟眼"是地面明沟遇有台阶或建筑物，在

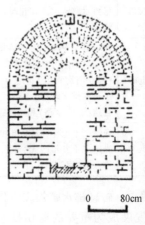

0　80cm

**图4-5　唐长安城含光门砖砌排水暗沟**
（左图为砖砌体结构断面示意图）

其下设置的过水涵洞设施,"钱眼"是雨水由地面流进地下管道的入口设施,这种入水口多为方石板雕成明、清铜币形,即外圆中方的5个空洞,可以进水,也就是雨水口。在乾隆年代,汉口汉正街的砖砌排水暗沟中,每隔20m有一座窨井(检查井),上盖铁板,便于清掏等。

5) 中国古代排水管道在世界文明进展中的历史意义

中国是世界上最早出现排水管道的国家,早期在世界各地,先后出现了三种陶土管道:在公元前2500年左右,中国河南省的平粮台古城遗址,首先出现了圆形陶土排水管。在公元前1650—公元前1450年,文明古国希腊的克里特岛出现了圆锥形陶土排水管道。在公元前211年左右时,中国陕西省西安市的秦始皇陵,出现了五角形陶土排水管道。很明显中国是世界上最早出现这种承插管道接口的国家。平粮台出现的圆形陶土排水管,它的连接方式,采用的是承插接口。这种接口方式,设计工艺非常巧妙,彼此套接,就可成为一条管道。是一个非常先进的接口方式,它在制作上有特殊的要求。管体和管头接口的同心度、管壁厚度等,必须按设计规定严格执行。陶土管的承插接口方式,已经延续使用了数千年,一直沿用至今。目前在许多其他管材的圆形管道接口中,如铸铁管道、塑料管道、预应力钢筋混凝土管道、球墨铸铁管道等,也都是采用这种接口方式。

### (三) 中国当代排水事业的发展概况

中华人民共和国成立以后,随着城市和工业建设的发展,城市排水工程的建设有了很大的发展。为了改善人民居住区的卫生环境,中华人民共和国成立初期,除对原有的排水管渠进行疏浚外,曾先后修建了北京龙须沟、上海肇家浜、南京秦淮河等十几处管渠工程。在其他许多城市也有计划地新建或扩建了一些排水工程。在修建排水管渠的同时,还开展了污水、污泥的处理和综合利用的科学研究工作,修建了一些城市污水处理厂。

改革开放以后,随着城市化进程的加快和国家对环境保护重视程度的不断加强,城市水环境污染问题日益得到重视。国家适时调整政策,规定在城市政府担保还贷条件下,准许使用国际金融组织、外国政府和设备供应商的优惠贷款,推动了一大批城市新建排水设施,较好地控制了城市水污染。同时,立法要求建设、完善城市排水管网和污水处理设施,并对社会环境质量标准,以及结合中国经济、技术条件,对制定国家及地方的污染物排放标准等工作做出了规定。并制定排污收费制度,开始征收排污费和城市排水设施有偿使用费,明确要求城市排水设施有偿使用费专款专用,用于排水设施的维修养护、运行和建设。城市排水设施建设得到较快发展,各城市修建的排水工程数量不断增加,工程规模不断加大,我国城市排水管道总量有了大幅地提高。

进入21世纪以来,我国排水事业有了长足进步,在环境保护和污水治理方面也取得了一定的经验,但由于历史欠账太多,总体水平仍然比较落后,与发达国家相比尚有差距。

## 第二节 排水系统体制

### 一、排水系统体制

在城市和工业企业中的生活污水、工业废水和雨水可以采用同一管道系统来排除,也可采用两个或两个以上各自独立的管道系统来排除,这种不同的排除方式所形成的排水系统称为排水体制。排水体制一般分为合流制、分流制和混流制。

#### (一) 合流制排水体制

合流制排水体制指将生活污水、工业废水和雨水混合在同一个管渠内排除的系统。最早出现的合流制排水系统,是将收集的混合污水不经处理直接就近排入水体,国内外很多老城市以往几乎都是采用这种合流制管道系统。

但由于污水未经无害化处理就排放,使受纳水体遭受严重污染。现在常采用末端截流方式对合流制排水系统进行分流改造。这种系统是在临河岸边建造一条截流干管,同时在合流干管与截流干管相交前或相交处设置截流井和溢流井,并在截流干管下游修建污水处理厂。晴天和降雨初期所有污水和雨污混合水可通过截流管道输送至污水处理厂,经处理后排入水体。随着降雨的延续,雨水径流量也逐渐增加,当雨污混合水的流量超过截流管的截流能力后,将有部分雨污混合水经溢流井溢出,直接排入水体(图4-6)。截流式合流制排水系统实现了晴天和降雨初期污水不入河,但降雨过程中仍会有部分雨污混合水未经处理直接排放入河,对受纳水体造成污染,这是它的严重缺点。

**图4-6 合流制排水体制**

目前,国内外在对合流制排水系统实施分流制改造时,普遍采用末端截流式分流方式,但在条件允许的情况下,应对采取末端截流式分流的合流制系统的溢流污染进行调蓄控制。

## (二)分流制排水体制

分流制排水体制是指将生活污水、工业废水和雨水分别在两个或两个以上各自独立的管道内排除的系统。由于排除雨水方式的不同,分流制排水系统又分为分流制和不完全分流制两种排水系统。

### 1. 完全分流制

按污水性质,采用两个各自独立的排水管渠系统进行排除。生活污水与工业废水流经同一管渠系统,经过处理,排入外界水体;而雨水流经另一管渠系统,直接排入外界水体。新建大中城市多采用完全分流排水体制(图4-7)。

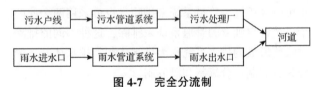

图 4-7 完全分流制

### 2. 不完全分流制

完全分流制具有污水排水系统和雨水排水系统,而不完全分流只具有污水排水系统,未建完整雨水排水系统。雨水沿天然地面、街道边沟、原有沟渠排泄,或者为了补充原有雨水渠道输水能力的不足而建部分雨水管道,待城市进一步发展完善后,再修建雨水排水系统,变成完全分流制(图4-8)。

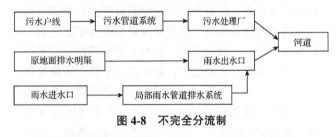

图 4-8 不完全分流制

## (三)混流制排水体系

混流制排水体制是指在同一城市内,有时因地制宜的分成若干个地区,采用各不相同的多种排水体制。

合理地选择排水系统的体制,是城市和工业企业排水系统规划和设计的重要问题。它不仅从根本上影响排水系统的设计、施工、维护管理,而且对城市和工业企业的规划和环境保护影响深远,同时也影响排水系统工程的总投资和初期投资费用,以及维护管理费用。通常,排水系统体制的选择应首先满足环境保护的需要,根据当地条件通过技术、经济比较后确定。因此,应当根据城市和工业企业发展规划、环境保护、地形现状、原有排水工程设施、污水水质与水量、自然气候与受纳水体等因素,在满足环境卫生条件下,综合考虑确定。

## 二、排水系统组成

### (一)城市污水排水系统

城市污水排水系统包括室内污水管道系统及设备、室外污水管道系统、污水泵站及压力管道、污水处理厂、出水口及事故排出口。

#### 1. 室内污水管道系统及设备

其作用是收集生活污水,并将其送至室外居住小区的污水管道中。在住宅及公共建筑内,各种卫生设备既是人们用水的容器,也是承受污水的容器,还是生活污水排水系统的起端设备。生活污水从这里经水封管、出户管等室内管道系统流入室外居住小区管道系统。

#### 2. 室外污水管道系统

分布在地面下的依靠重力流输送污水至泵站、污水处理厂或水体的管道系统。它包括居住小区管道系统和街道管道系统,以及管道系统上的附属构筑物。

居住小区污水管道系统(亦称专用污水管道系统)指敷设在居住小区内,连接建筑物出户管的污水管道系统。它分为接户管、小区支管和小区干管。接户管是指布置在建筑物周围接纳建筑物各污水出户管的污水管道。小区污水支管是指布置在居住组团内与接户管连接的污水管道,一般布置在组团内道路下。小区污水干管是指在居住小区内接纳各居住组团内小区支管流来污水的污水管道。一般布置在小区道路或市政道路下。居住小区污水排入城市排水系统时,其水质必须符合《污水排入城镇下水道水质标准》。居住小区污水排出口的数量和位置,要取得城镇排水主管部门的同意。

街道污水管道系统(亦称公共污水管道系统)指敷设在街道下,用以排除从居住小区管道排出的污水,一般由支管、干管、主干管等组成。支管是承受居住小区干管流来的污水或集中流量排出污水的管道。干管是汇集输送支管流来污水的管道。主干管是汇集输送由两个或两个以上干管流来污水,并把污水输送至泵站、污水处理厂或通至水体出水口的管道。

污水管道系统上常设的附属构筑物有检查井、跌水井、倒虹管等。

#### 3. 污水泵站及压力管道

污水一般以重力流排除,但往往受地形等条件的限制而无法排除，这时就需要设泵站。压送从泵站出来的污水至高地自流管道的承压管段称为压力管道。

4. 污水处理厂

处理和利用污水、污泥的一系列构筑物及附属构筑物的综合体称为污水处理厂。城市污水处理厂一般设置在城市河流的下游地段，并与居民点或公共建筑保持一定的卫生防护距离。

5. 出水口及事故排出口

污水排入水体的渠道和出口称为出水口，它是整个城市污水排水系统的终点设施。事故排出口是指在污水排水系统的途中，在某些易于发生故障的组成部分前，所设置的辅助性出水渠，一旦发生故障，污水就通过事故排出口直接排入水体。

### (二)工业废水排水系统

1. 车间内部管道系统和设备

主要用于收集各生产设备排出的工业废水，并将其排送至车间外部的厂区管道系统中。

2. 厂区管道系统

敷设在工厂内，用以收集并输送各车间排出的工业废水的管道系统。厂区工业废水的管道系统，可根据具体情况设置若干个独立的管道系统。

3. 污水泵站及压力管道

主要用于将厂区管道系统内的废水提升至废水处理站。

4. 废水处理站

废水处理站是厂区内回收和处理废水与污泥的场所。在管道系统上，同样也设置检查井等附属构筑物。在接入城市排水管道前宜设置检测设施。

### (三)雨水排水系统

1. 建筑物的雨水管道系统和设备

主要用于收集工业、公共或大型建筑的屋面雨水，将其排入室外雨水管渠系统中。

2. 居住小区或工厂雨水管渠系统

用于收集小区或工厂屋面和道路雨水，并将其输送至街道雨水管渠系统中。

3. 街道雨水管渠系统

用于收集街道雨水和承接输送用户雨水，并将其输送至河道、湖泊等水体中。

4. 排洪沟

排洪沟指为了预防洪水灾害而修筑的沟渠。在遇到洪水灾害时能够起到泄洪作用。一般多用于矿山企业生产现场，也可用于保护某些建筑物或者工程项目的安全，提高抵御洪水侵害的能力。

5. 出水口

出水口是指管渠排入水体的排水口，有多种形式，常见的有一字式、八字式和门字式。

## 第三节 常见排水设施

### 一、排水管渠

排水管渠是城市排水系统的核心组成部分，一般分为管道和沟渠两大类。

### 二、检查井

检查井是连接与检查管道的一种必不可少的附属构筑物，其设置的目的是为了使用与养护管渠的需要。

#### (一)检查井设置条件

检查井的设置条件如下：
(1)管道转向处。
(2)管道交汇处。
(3)管道断面和坡度变化处。
(4)管道高程改变处。
(5)管道直线部分间隔距离为30~120m。其间距大小决定于管道性质、管径断面、使用与养护上的要求而定。

检查井在直线管渠段上的最大间距，一般可按表4-3选用。

表4-3 检查井最大间距

| 管径或暗渠净高/mm | 最大间距/m | |
|---|---|---|
| | 污水管道 | 雨水(合流)管道 |
| 200~400 | 40 | 50 |
| 500~700 | 60 | 70 |
| 800~1000 | 80 | 90 |
| 1100~1500 | 100 | 120 |
| 1500~2000 | 120 | 120 |

注：数据参照GB 50014—2006。

#### (二)检查井类型

(1)圆形(井直径$\Phi$=1000~1100mm)：一般用于管径$D$<600 mm管道上。

(2)矩形(井宽$B$=1000~1200mm)：一般用于管径$D$>700mm管道上。

(3)扇形(井扇形半径$R$=1000~1500mm)：一般用于管径$D$>700mm管道转向处。

## (三)检查井与管道的连接方法

(1)井中上下游管道相衔接处：一般采取工字式接头，即管内径顶平相接和管中心线相接(流水面平接)。不论何种衔接都不允许在井内产生壅水现象。

(2)流槽设置：为了保持整个管道有良好的水流条件，直线井流槽应为直线型，转弯与交汇井流槽应成为圆滑曲线型，流槽宽度、高度、弧度应与下游管径相同，至少流槽深度不得小于管径的1/2，检查井底流槽的形式如图4-9所示。

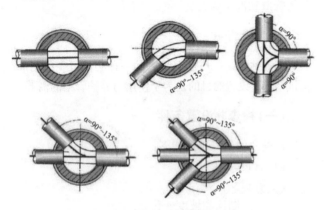

图4-9 检查井底流槽的形式

## (四)检查井构造及材料

检查井井身的构造一般有收口式和盖板式两种。收口式检查井，是指在砌筑到一定高度以后，逐行回收渐砌渐小直至收口至设计井口尺寸的形式，一般可分为井室、渐缩部和井筒三部分。盖板式检查井，是指直上直下砌筑到一定高度以后，加盖钢筋混凝土盖板，在盖上留出与设计井口尺寸一致的圆孔的形式，可分为井室和井筒两部分。

为了便于人员检修出入安全与方便，其直径不应小于0.7m，井室直径不应小于1m，其高度在埋深许可时一般采用1.8m。

检查井井身可采用砖、石、混凝土或钢筋混凝土、砌块等材料。检查井井盖一般为铸铁或钢筋混凝土材料，在车行道上一般采用铸铁。为防止雨水流入，盖顶略高出地面。井座采用铸铁、钢筋混凝土或混凝土材料制作。

## 三、雨水口

雨水口是在雨水管渠或合流管渠上收集雨水的构筑物。雨水口的设置位置应能保证迅速有效的收集地面雨水。一般应在交叉路口、路侧边沟的一定距离处以及没有道路边石的低洼地方设置，以防止雨水漫过道路或造成道路及低洼地区积水而妨碍交通。

雨水口的构造包括进水箅、井筒和连接管三部分，如图4-10所示；箅条交错排列的进水箅如图4-11所示。

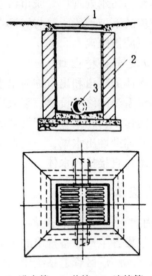

1-进水箅；2-井筒；3-连接管。

图4-10 平箅雨水口

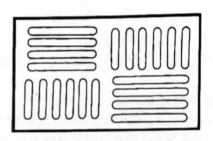

图4-11 箅条交错排列的进水箅

雨水口的进水箅可用铸铁或钢筋混凝土、石料制成。采用钢筋混凝土或石料进水箅可节约钢材，但其进水能力远不如铸铁进水箅，有些城市为加强钢筋混凝土或石料的进水箅的进水能力，把雨水口处的边沟沟底下降数厘米，但给交通造成不便，甚至可能引起交通事故。

雨水口按进水箅在街道上的设置位置可分为：①边沟雨水口，进水箅稍低于边沟底水平放置；②边石雨水口，进水箅嵌入边石垂直放置；③联合式雨水口，在边沟底和边石侧面都安放进水箅。各类又分为单箅、双箅、多箅等不同形式，双箅联合式雨水口如图4-12所示。

雨水口的井筒可用砖砌或用钢筋混凝土预制，也可采用预制的混凝土管。雨水口的深度一般不宜大于1m，在有冻胀影响的地区，雨水口的深度可根据经验适当加大。

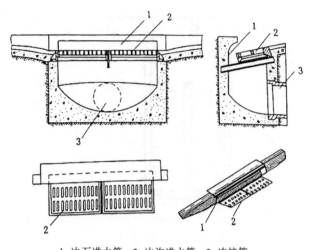

1—边石进水箅；2—边沟进水箅；3—连接管。
图 4-12 双箅联合式雨水口

雨水口的底部可根据需要做成有沉泥井或无沉泥井的形式，有沉泥井的雨水口可截留雨水所夹带的沙砾，避免它们进入管道造成淤塞。但是沉泥井往往需要经常清除，增加养护工作量，通常仅在路面较差、地面积秽很多的街道或菜市场等地方，才考虑设置有沉泥井的雨水口。

雨水口以连接管与街道排水管渠的检查井相连。当排水管直径大于 800mm 时，也可在连接管与排水管连接处不另设检查井，而设连接暗井。连接管的最小管径为 200mm，坡度一般为 0.01，长度不宜超过 25mm，接在同一连接管上的雨水口一般不宜超过 3 个。

## 四、特殊构筑物

### (一) 跌水井

跌水井也叫跌落井，是设有消能设施的检查井。当上下游管道高差大于 1m 时，为了消能、防止水流冲刷管道，应设置跌水井。跌水井的跌水方式与构造如下：

1. 跌水方式

(1) 内跌水：一般跌落水头较小，上游跌水管径不大于跌落水头，在不影响管道检查与养护工作的管道上采用(图 4-13)。

(2) 外跌水：对于跌落水头差与跌水流量较大的污水管和合流管道上，为了便于管道检查与养护工作，一般都采用外跌水方式(图 4-14)。

2. 跌水井构造

一般跌水井一次跌落不宜过大，需跌落的水头较大时，则采取分级跌落的办法，跌水井分竖管式、竖

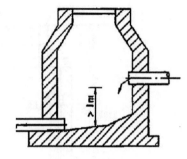

图 4-13 内跌水井

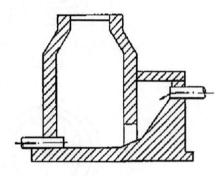

图 4-14 外跌水井

槽式、阶梯式三种(图 4-15～图 4-17)。

### (二) 溢流井

溢流井一般用于合流管道，当上中游管道的水量达到一定流量时，由此井进行分流，将过多的水量溢流出去，以防止由于水量过分集中某一管段处而造成倒灌、检查井冒水危险或污水处理厂和抽水泵站发生超负荷运转现象。通常溢流井采用跳堰和溢流堰两种形式，如图 4-18 所示。

### (三) 截流井

在改造老城区合流制排水系统时，一般在合流管道下游地段与污水截流管相交处设置截流井，使其变成截流式合流制排水系统。截流井的主要作用是正常情况下截流污水，当水量超过截流管负荷时进行安全溢流。常见截流井形式有堰式、槽式、槽堰结合式、漏斗式等(图 4-19)。

### (四) 冲洗井

在污水与合流管道较小管径的上、中游段，或管道起始端部管段内流速不能保证自净时，为防止管道淤塞可设置冲洗井，以便定期冲洗管道。冲洗井中的水量，可采用上游污水自冲或自来水与污水冲洗，达到疏通下水道的目的即可。

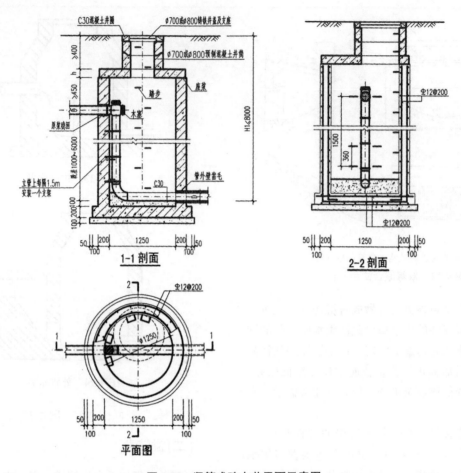

图 4-15 竖管式跌水井平面示意图

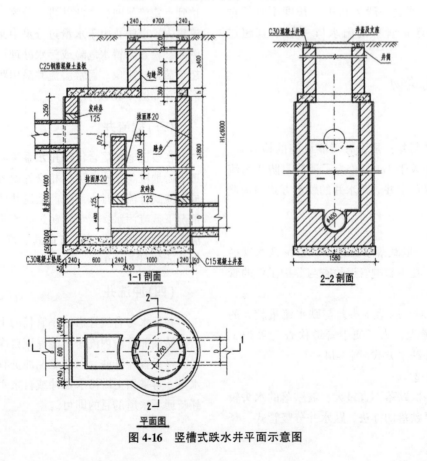

图 4-16 竖槽式跌水井平面示意图

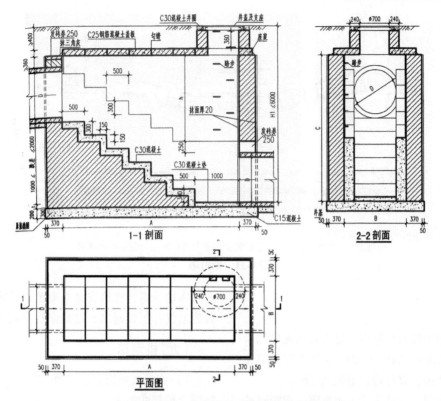

图 4-17　阶梯式跌水井平面示意图

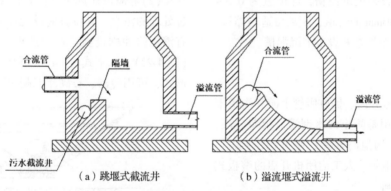

图 4-18　溢流井形式

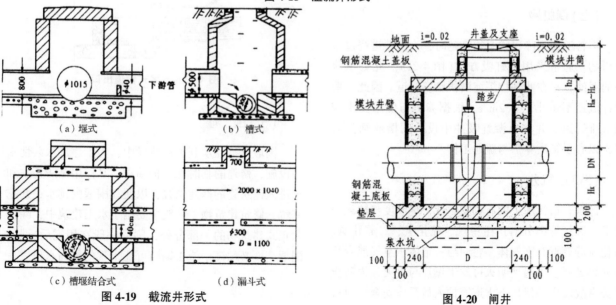

图 4-19　截流井形式

图 4-20　闸井

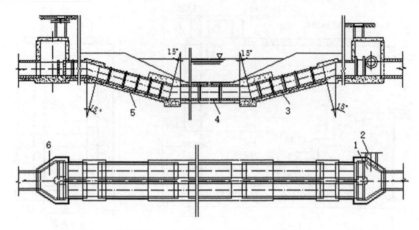

1-进水井；2-事故排除；3-下行管；4-平行管；5-上行管；6-出水井。

图 4-21 倒虹吸

### (五) 沉砂井

沉泥井主要用于排水管道中，是带有沉泥槽的检查井。可将排水管道中的砂、淤泥、垃圾等物在沉泥槽中沉淀，方便清理，以保持管道畅通无阻。

应根据各地情况，在排水管道中每隔一定距离的检查井和泵站前一检查井设沉泥槽，深度宜为 0.3~0.5m。对管径小于 600mm 的管道，距离可适当缩短。设计上一般相隔 2~3 个检查井设 1 个沉泥槽。

### (六) 闸 井

闸井一般设于截流井内、倒虹吸管上游和沟道下游出水口部位，其作用是防止河水倒灌、雨期分洪，以及维修大管径断面沟道时断水，闸井（图 4-20），一般有叠梁板闸、单板闸、人工启闭机开启的整板式闸，也有电动启闭机闸。

### (七) 倒虹吸

当管道遇到障碍物必须穿越时，为使管道绕过某障碍物，通常采用倒虹吸方式（图 4-21）。此处水流中的泥沙容易在此部位沉淀淤积堵塞管道。因此一般设计流速不得小于 1.2m/s。根据养护与使用要求应设双排管道。并在上游虹吸井中设有闸槽或闸门装置，以利于管道养护与疏通工作。

### (八) 通气井

污水管道污水中的有机物，在一定温度与缺氧条件下，厌气发酵分解产生甲烷、硫化氢、二氧化碳、氯化氢等有毒有害气体，它们与一定体积空气混合后极易燃易爆。当遇到明火可发生爆炸与火灾，为防止此类事故发生和保护下水道养护人员操作安全，对有此危害的管道，在检查井上设置通风管或在适宜地点设置通气井予以通风，以确保管道通风换气。

### (九) 排河口

(1) 淹没式排河口：这种方式多用于排放污水和经混合稀释的污水。

(2) 非淹没式排河口：此种多用于排放雨水或经过处理的污水。其位置应设置在城市水体下游，并且有消能防冲刷措施。在构造形式上，一般为一字式（图 4-22）、八字式（图 4-23）和门字式（图 4-24）三种形式，可用砖砌、石砌或混凝土砌筑。

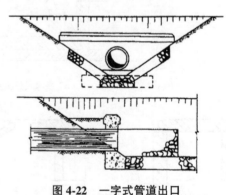

图 4-22 一字式管道出口

### (十) 围 堰

围堰是指在水利工程建设中，为了建造永久性水利设施，修建的临时性围护结构。其作用是防止水和土进入建筑物的修建位置，以便在围堰内排水，开挖基坑，修筑建筑物。一般主要用于水工建筑中，除作为正式建筑物的一部分外，围堰一般在用完后拆除。围堰高度必须高于施工期内可能出现的最高水位。

形式。

（2）进水设施：包括格栅和集水池。

（3）抽水设备：水泵，水泵型号、流量、扬程、功率应满足上游来水所需抽升水量和抽升高度的要求；电动机，电动机功率应稍大于水泵轴功率，其大小要相互适应。

（4）管道设施：进水管道、出水管道和安全排水口。

（5）电气设备：包括电器启动和制动逆行控制系统。

（6）起重吊装设备：用以适应设备安装与维修工作需要。

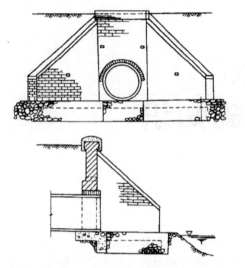

图 4-23　八字式管道出口

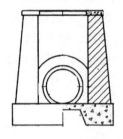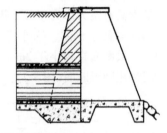

图 4-24　门字式管道出口

## 六、调蓄池

调蓄池一般分为雨水调蓄池和合流调蓄池。

雨水调蓄池是一种用于雨水调蓄和储存雨水的收集设施，占地面积大，可建造于城市广场、绿地、停车场等公共区域的下方，也可以利用现有的河道、池塘、人工湖、景观水池等设施。主要作用是把雨水径流的高峰流量暂时存入其中，待流量下降后，再从雨水调蓄中将雨水慢慢排出，以削减洪峰流量，实现雨水利用，避免初期雨水对下游受纳水体的污染，控制面源污染。特别是在下凹式桥区、雨水泵站附近设置带初期雨水收集池的调蓄池，既能规避雨水洪峰，实现雨水循环利用，避免初期雨水污染，又能对排水区域间的排水调度起到积极作用。

合流调蓄池主要设置于合流制排水系统的末端，采用调蓄池将截流的合流污水进行水量和水质调蓄，既能减少对污水处理厂造成冲击负荷，保证污水处理厂的处理效果，又能提高截流量、减少合流制溢流对水体的污染。

## 五、泵　站

当管道的上游水头低、下游水头高时，为使上游低水头改变成下游高水头，需要在变水头的部位加设抽水泵站，采用人为的方法提高管道中的水位高度。抽水泵站一般可分为雨水泵站、污水泵站与合流泵站三类，并由以下部分组成：

（1）泵房建筑：设泵站的地点，泵房的建筑结构

# 第五章
# 排水管道基础知识

## 第一节 排水管道的分类与分级

### 一、排水管道的分类

#### 1. 按管道材质分类

按管道材质可分为传统管材和新型管材两大类。传统管材包括金属管、石棉水泥管、陶土管、混凝土管、钢筋混凝土管，新型管材包括高密度聚乙烯双壁波纹管、聚乙烯管、聚乙烯中空壁缠绕管、玻璃钢夹砂管等（图5-1）。

（a）球墨铸铁管

（b）钢管

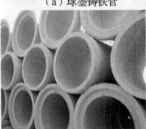
（c）混凝土管

（d）高密度聚乙烯管

（e）聚乙烯管

（f）玻璃钢夹砂管

图5-1 各种材质的管道

#### 2. 按管道断面形状分类

按管道断面的形状可分为圆形断面、拱形断面、矩形断面、梯形断面四大类。

（1）圆形断面：有较好的水力性能，在一定坡度下断面具有最大水力半径，因此流速大，流量也大。圆形断面便于预制、抗外荷载能力强、施工养护方便。一般断面直径小于2m。上中游排水干管和户线均可采用圆形断面（图5-2）。

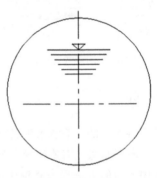

图5-2 圆形断面示意图

（2）拱形断面：能承受较大外荷载力，适用于大跨度、过水断面大的主干沟道，能够承担较大流量的雨水与合流排水系统内的污水（图5-3）。

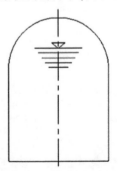

图5-3 拱形断面示意图

（3）矩形断面：可以就地浇制或砌筑，其断面宽度与深度可根据排水量大小而变化。除圆形断面外，矩形断面是最常采用的一种断面形式(图 5-4)。

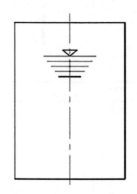

图 5-4　矩形断面示意图

(4)梯形断面:适用于明渠排水,能适应水量大、水量集中的地面雨水排除(图 5-5)。

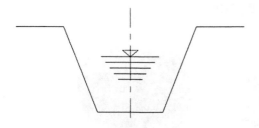

图 5-5　梯形断面示意图

## 二、排水管道的分级

### 1. 按管径分级

排水管道按管径分级可分为小型管、中型管、大型管、特大型管,见表 5-1。

表 5-1　排水管道的管径划分

| 类型 | 管径/mm | 方形管道横截面积/m² |
|---|---|---|
| 小型管 | $D<600$ | $S<0.3$ |
| 中型管 | $600 \leq D \leq 1000$ | $0.3 \leq S \leq 0.8$ |
| 大型管 | $1000<D \leq 1500$ | $0.8<S \leq 1.8$ |
| 特大型管 | $D>1500$ | $S>1.8$ |

### 2. 按排水功能级别标准分级

通过对辖区内排水管网的运行状况进行系统性的梳理,掌握其具体的运行脉络,并根据设施承载的排水功能,可将管道划分为户线—支线—次干线—干线(按上下游关系排列)四个功能级别。

户线:连接排水户与支管或次干管的排水管道。

支线:收集沿线排水户来水,并将来水输送至下游次干线的排水管道。

次干线:接纳支线来水及输送上游管段来水,下游接入干线的排水管道。

干线:接纳流域内来水,并将来水直接输送至河道或污水处理厂的雨污水管道。

根据以上四种管道的功能级别,沿次干线向上游直至户线进行梳理,进而从整个排水系统中分离出另一个服务范围较小的、相对独立的、新的排水系统。这些相对独立的排水系统称为子系统或小流域。小流域管理便于更有针对性地开展管网养护运营工作,实现排水管网生产运行系统化管理、设施评估和成本管控的精细化管理、作业人员和生产设备物资的标准化配置以及养护生产作业的规范化管控。污水小流域的划分如图 5-6 所示,雨水小流域的划分如图 5-7 所示。

## 第二节　排水管道的组成与构造

### 一、排水管道材料

#### (一)管道材料要求

排水管道必须具有足够的强度,以承受外部的荷载和内部的水压,外部荷载包括土壤的重量,即静荷载,以及由于车辆运行所造成的动荷载。压力管及倒虹吸管一般要考虑内部水压。自流管道发生淤塞时或雨水管渠系统的检查井内充水时,也可能引起内部水压。此外,为了保证排水管道在运输和施工中不致破裂,也必须使管道具有足够的强度。

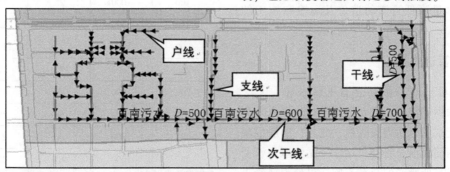

图 5-6　某污水小流域范围示意图

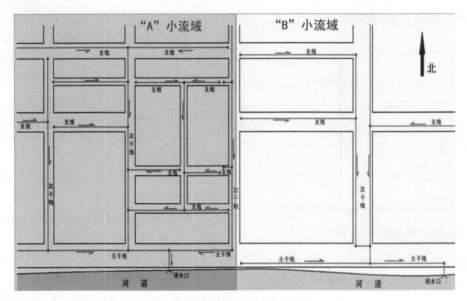

图 5-7 雨水小流域范围示意图

(a) 承插式　　　　(b) 企口式　　　　(c) 平口式

图 5-8 常见混凝土管接口

排水管道应具有能抵抗污水中杂质的冲刷和磨损的作用,应具有抗腐蚀性能,以免在污水或地下水的侵蚀作用(酸、碱或其他)下加快损坏。

污水管道应不透水,以防止污水渗出或地下水渗入。如污水从管道渗出至土壤,将污染地下水或邻近水体,或破坏管道及附近房屋的基础。地下水渗入管道,不但降低管道的排水能力,而且将增大污水泵站及污水处理厂的运行负荷。

排水管道的内壁应整齐光滑,使水流阻力尽量减小。

排水管道应就地取材,并考虑到预制管件及快速施工的可能,尽量降低管道的造价及运输和施工的费用。

### (二) 常用管道类型

**1. 混凝土排水管和钢筋混凝土排水管**

混凝土管和钢筋混凝土管是适用于排除雨水、生活污水、工业废水的无压重力流管道,此外,钢筋混凝土管及预应力钢筋混凝土管亦可用作泵站的压力管及倒虹管。按材料与所承受的荷载不同,可分为混凝土管、轻型钢筋混凝土管、重型钢筋混凝土管三种。管口通常有承插式、企口式、平口式,如图5-8所示。

混凝土管的管径一般小于300mm,长度多为1m,适用于管径较小的无压管。当管径大于300mm,管道埋深较大或敷设在土质条件不良地段,为抗外压通常采用钢筋混凝土管。混凝土管、轻型混凝土管、重型混凝土管技术条件及标准规格见表5-2～表5-4。

表 5-2　混凝土管技术条件及标准规格

| 公称内径 /mm | 管体尺寸/mm | | 外压试验/(kg/m) | |
|---|---|---|---|---|
| | 最小管长 | 最小壁厚 | 安全载荷 | 破坏载荷 |
| 75 | 1000 | 25 | 2000 | 2400 |
| 100 | 1000 | 25 | 1600 | 1900 |
| 150 | 1000 | 25 | 1200 | 1400 |
| 200 | 1000 | 27 | 1000 | 1200 |
| 250 | 1000 | 33 | 1200 | 1500 |
| 300 | 1000 | 40 | 1500 | 1800 |
| 350 | 1000 | 50 | 1900 | 2200 |
| 400 | 1000 | 60 | 2300 | 2700 |
| 450 | 1000 | 67 | 2700 | 3200 |

**表 5-3　轻型钢筋混凝土管技术条件及标准规格**

| 公称内径/mm | 管体尺寸/mm | | 套环/mm | | 外压试验/(kg/m) | | |
|---|---|---|---|---|---|---|---|
| | 最小管长 | 最小壁厚 | 填缝宽度 | 最小壁厚 | 最小管长 | 安全载荷 | 裂缝荷载 | 破坏载荷 |
| 100 | 2000 | 25 | 15 | 25 | 150 | 1900 | 2300 | 2700 |
| 150 | 2000 | 25 | 15 | 25 | 150 | 1400 | 1700 | 2200 |
| 200 | 2000 | 27 | 15 | 27 | 150 | 1200 | 1500 | 2000 |
| 250 | 2000 | 28 | 15 | 28 | 150 | 1100 | 1300 | 1800 |
| 300 | 2000 | 30 | 15 | 30 | 150 | 1100 | 1400 | 1800 |
| 250 | 2000 | 33 | 15 | 33 | 150 | 1100 | 1500 | 2100 |
| 400 | 2000 | 35 | 15 | 35 | 150 | 1100 | 1800 | 2400 |
| 450 | 2000 | 40 | 15 | 40 | 200 | 1200 | 1900 | 2500 |
| 500 | 2000 | 42 | 15 | 42 | 200 | 1200 | 2000 | 2900 |
| 600 | 2000 | 50 | 15 | 50 | 200 | 1500 | 2100 | 3200 |
| 700 | 2000 | 55 | 15 | 55 | 200 | 1500 | 2300 | 3800 |
| 800 | 2000 | 65 | 15 | 65 | 200 | 1800 | 2700 | 4400 |
| 900 | 2000 | 70 | 15 | 70 | 200 | 1900 | 2900 | 4800 |
| 1000 | 2000 | 75 | 18 | 75 | 250 | 2000 | 3300 | 5900 |
| 1100 | 2000 | 85 | 18 | 85 | 250 | 2300 | 3500 | 6300 |
| 1200 | 2000 | 90 | 18 | 90 | 250 | 2400 | 3800 | 6900 |
| 1350 | 2000 | 100 | 18 | 100 | 250 | 2600 | 4400 | 8000 |
| 1500 | 2000 | 115 | 22 | 115 | 250 | 3100 | 4900 | 9000 |
| 1650 | 2000 | 125 | 22 | 125 | 250 | 3300 | 5400 | 9900 |
| 1800 | 2000 | 140 | 22 | 140 | 250 | 3800 | 6100 | 11100 |

**表 5-4　重型混凝土管技术条件及标准规格**

| 公称内径/mm | 管体尺寸/mm | | 套环/mm | | 外压试验/(kg/m) | | |
|---|---|---|---|---|---|---|---|
| | 最小管长 | 最小壁厚 | 填缝宽度 | 最小壁厚 | 最小管长 | 安全载荷 | 裂缝荷载 | 破坏载荷 |
| 300 | 2000 | 58 | 15 | 58 | 150 | 3400 | 3600 | 4000 |
| 350 | 2000 | 60 | 15 | 60 | 150 | 3400 | 3600 | 4400 |
| 400 | 2000 | 65 | 15 | 65 | 150 | 3400 | 3800 | 4900 |
| 450 | 2000 | 67 | 15 | 67 | 200 | 3400 | 4000 | 5200 |
| 550 | 2000 | 75 | 15 | 75 | 200 | 3400 | 4200 | 6100 |
| 650 | 2000 | 80 | 15 | 80 | 200 | 3400 | 4300 | 6300 |
| 750 | 2000 | 90 | 15 | 90 | 200 | 3600 | 5000 | 8200 |
| 850 | 2000 | 95 | 15 | 95 | 200 | 3600 | 5500 | 9100 |
| 950 | 2000 | 100 | 15 | 100 | 250 | 3600 | 6100 | 11200 |
| 1050 | 2000 | 110 | 15 | 110 | 250 | 4000 | 6600 | 12100 |
| 1300 | 2000 | 125 | 22 | 125 | 250 | 4100 | 8400 | 13200 |
| 1550 | 2000 | 175 | 18 | 175 | 250 | 6700 | 10400 | 18700 |

混凝土排水管和钢筋混凝土排水管的主要优点是便于就地取材，可以在专门的工厂预制，也可在现场浇筑，制造方便。而且可以根据抗压的不同要求，制成无压管、低压管、预应力管等，所以在排水管道系统中得到普遍应用。

混凝土管和钢筋混凝土管的主要缺点是抵抗酸碱侵蚀、抗渗性能较差、管节短、接头多、施工复杂。在地震烈度大于 8 度的地区及饱和松砂、淤泥和淤泥土质、冲填土、杂填土的地区不宜敷设。另外大管径混凝土管的自重大，不便搬运。

2. 陶土管

陶土管又称缸瓦管，是由塑性黏土制成的。为了防止在焙烧过程中产生裂缝，通常按一定比例加入耐火黏土及石英砂，经过研细、调和、制坯、烘干、焙烧等过程制成。根据需要可制成无釉、单面釉、双面釉的陶土管，如图 5-9 所示。若采用耐酸黏土和耐酸填充物，还可以制成特种耐酸陶土管。一般制成圆形断面，有承插式和平口式两种形式。

**图 5-9　带釉陶土管**

普通陶土排水管最大内径可到 300mm，有效长度 800mm，适用于居民区，室外排水管。耐酸陶瓷管内径一般在 400mm 以内，最大可做到 800mm，管节长度有 300mm、500mm、700mm、1000mm 几种。

带釉的陶土管内外壁光滑，水流阻力小，不透水性好，耐磨损，抗腐蚀。但陶土管质脆易碎，不宜远途运输，不能受内压，抗弯抗拉强度低，不宜敷设在松土中或埋深较大的地方。此外，陶土管节短，需要较多的接口，增加施工步骤和费用。由于陶土管耐酸抗腐蚀性好，适用于排除酸性废水或管外有侵蚀性地下水的污水管道。

3. 金属管

常用的金属管有铸铁管及钢管，目前较多使用球墨铸铁管。室外重力流排水管道一般很少用金属管，只有当排水管道承受高内压、高外压或对渗漏要求特别高的地方（如排水泵站的进出水管、穿越铁路、河道的倒虹管）或靠近给水管道和房屋基础时，才采用金属管。在地震烈度大于 8 度、地下水位高、流沙严重的地区也采用金属管。金属管质地坚固、抗压、抗震、抗渗性能好；内壁光滑、水流阻力小；管道每节长度大、接头少。但钢管价格昂贵，抵抗酸碱腐蚀及地下水侵蚀的能力差。因此，在采用钢管时必须涂刷耐腐蚀的涂料，并注意绝缘。

4. 浆砌砖、石或钢筋混凝土大型管道

排水管道的预制管管径一般小于2000mm，实际上当管道设计断面大于1500mm时，通常就在现场建造大型排水管道。建造大型排水管道常用的建筑材料有砖、石、陶土块、混凝土块、钢筋混凝土块和钢筋混凝土等。采用钢筋混凝土时，要在施工现场支模浇制，采用其他几种材料时在施工现场主要是铺砌或安装。

矩形大型管道通常也称为渠道，渠道的上部称渠顶，下部称渠底，常和基础铺设在一起，两壁称渠身。矩形大型排水渠道的材质通常为混凝土和砖。

混凝土渠道基础用标号C15（可承受15MPa压强）混凝土浇筑，渠身用标号M7.5（抗压强度等级）的水泥砂浆和标号MU10（抗压强度为10MPa）的砖，渠顶采用钢筋混凝土盖板，内壁用1:3水泥砂浆抹面20mm厚。这种渠道的跨度可达3m，施工也较方便。

砖砌渠道在国内外排水工程中应用较早，常用的断面形式有圆形、矩形、半椭圆形等，可用普通砖或特制的楔形砖砌筑。当砖的质地良好时，砖砌渠道能抵抗污水或地下水的腐浊作用，很耐久。因此能用于排放有腐蚀性的废水。

在石料丰富的地区，常采用条石、方石或毛石砌筑渠道。通常将渠顶砌成拱形，渠底和渠身扁光、勾缝，以使水力性能良好。

5. 高密度聚乙烯（HDPE）双壁波纹管

高密度聚乙烯（HDPE）双壁波纹管，是一种具有环状结构外壁和平滑内壁的新型管材，20世纪80年代初在德国首先研制成功。排水用HDPE双壁波纹管材是以聚乙烯树脂为主要原料，加入适量助剂，经挤出成型；具有重量轻、排水阻力小、耐腐蚀、施工方便等优点。

## 二、排水管道接口

排水管道的不透水性和耐久性，在很大程度上取决于敷设管道时接口的质量。管道接口应具有足够的强度、不透水、能抵抗污水或地下水的侵蚀，并有一定的弹性。

管道接口一般分为柔性、刚性和半柔半刚性三种形式。

柔性接口允许管道纵向轴线交错3~5mm或交错一个较小的角度，而不致引起渗漏。常用的柔性接口有沥青卷材及橡皮圈接口。沥青卷材接口用在无地下水，地基软硬不一，沿管道轴向沉陷不均匀的无压管道上。橡胶圈接口使用范围更加广泛，特别是在地震区，对管道抗震有显著作用。柔性接口施工复杂，造价较高。在地震区采用它独特的优越性。

刚性接口不允许管道有轴向的交错。但比柔性接口施工简单、造价较低，常用的刚性接口有水泥砂浆抹带接口、钢丝网水泥砂浆抹带接口。刚性接口抗震性能差，用在地基比较良好、有带型基础的无压管道上。

半柔半刚性接口介于上述两种接口形式之间，使用条件与柔性接口类似。常用的是预制套环石棉水泥接口。

排水管道常用的接口形式如下：

(1) 水泥砂浆抹带接口：水泥砂浆抹带接口属于刚性接口，如图5-10所示。在管道接口处用1:3水泥砂浆抹成半椭圆形或其他形状的砂浆带，带宽120~150mm。一般适用于地基土质较好的雨水管道，或用于地下水位以上的污水支线上。企口管、平口管、承插管均可采用此种接口。

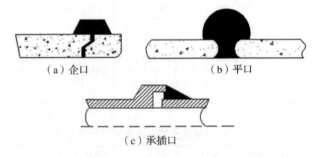

**图5-10 水泥砂浆抹带接口**

(2) 钢丝网水泥砂浆抹带接口：钢丝网水泥砂浆抹带接口属于刚性接口，如图5-11所示。将抹带范围的管外壁凿毛，抹1:3水泥砂浆一层（厚15mm），中间采用20号10mm×10mm钢丝网一层，两端插入基础混凝土中，上面再抹砂浆一层（厚10mm）。其适用于地基土质较好的具有带形基础的雨水、污水管道上。

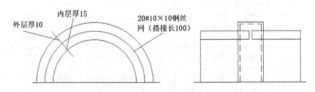

**图5-11 钢丝网水泥砂浆抹带接口**（单位：mm）

(3) 石棉沥青卷材接口：石棉沥青卷材接口属于柔性接口，如图5-12所示。石棉沥青卷材为工厂加工，沥青玛碲重量配比为沥青:石棉:细砂=7.5:

1∶1.5。先将接口处管壁刷净烤干，涂上冷底子油一层，再刷3mm厚沥青玛碲脂，包上石棉沥青卷材，再涂3mm厚沥青玛碲脂，这叫"三层做法"。若再加卷材和沥青玛碲脂各一层，便叫"五层做法"。一般适用于地基沿管道轴向沉陷不均匀的地区。

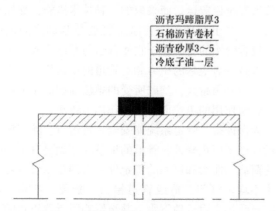

**图 5-12　石棉沥青卷材接口（单位：mm）**

（4）橡胶圈接口：橡胶圈接口属柔性接口，如图5-13所示。接口结构简单，施工方便，适用于施工地段土质较差、地基硬度不均匀或地震地区。

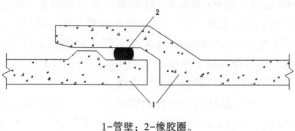

1—管壁；2—橡胶圈。

**图 5-13　橡胶圈接口**

（5）预制套环石棉水泥（或沥青砂）接口：预制套环石棉水泥（或沥青砂）接口属于半刚半柔接口，如图5-14所示。石棉水泥重量比为水∶石棉∶水泥＝1∶3∶7（沥青砂配比为沥青∶石棉∶砂＝1∶0.67∶0.67）。其适用于地基不均匀地段，或地基经过处理后管道可能产生不均匀沉陷且位于地下水位以下，内压低于10m的管道上。

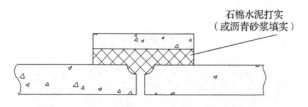

**图 5-14　预制套环石棉水泥（或沥青砂）接口**

（6）顶管施工常用的接口形式：①混凝土（或铸铁）内套环石棉水泥接口，如图5-15所示，一般只用于污水管道；②沥青油毡、石棉水泥接口，如图5-16所示；③麻辫（或塑料圈）石棉水泥接口，如图5-17所示，一般只用于雨水管道。

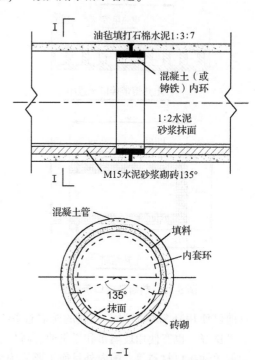

**图 5-15　混凝土（或铸铁）内套环石棉水泥接口**

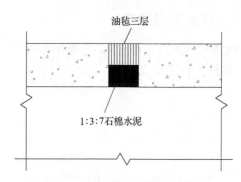

**图 5-16　沥青油毡、石棉水泥接口**

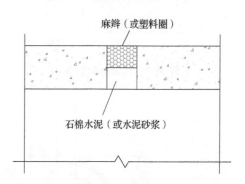

**图 5-17　麻辫（或塑料圈）石棉水泥接口**

（7）热熔接口：属于柔性接口，聚乙烯（PE）管和高密度聚乙烯（HDPE）中空结构壁缠绕管（SN8）采用热熔方式进行接口施工，如图5-18所示。

除上述常用的管道接口外，在化工、石油、冶金等工业的酸性废水管道上，需要采用耐酸的接口材

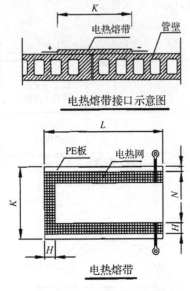

图 5-18　热熔带接口示意图

料。目前可使用环氧树脂浸石棉绳的防腐蚀接口材料，效果良好。也有使用玻璃布和煤焦油、高分子材料配制的柔性接口材料等。国内外目前主要采用承插口加橡皮圈及高分子材料的柔性接口。

## 三、排水管道基础

排水管道基础一般由地基、基础和管座三个部分组成，如图 5-19 所示。

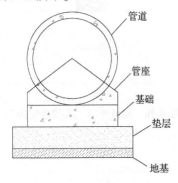

图 5-19　管道基础断面

地基是指沟槽底的土壤部分。它承受管道和基础的重量、管内水重、管上土压力和地面上的荷载。基础是指管道与地基间经人工处理过的或专门建造的设施，其作用是将管道较为集中的荷载均匀分布，以减少对地基单位面积的压力，或由于土的特殊性质，为使管道安全稳定运行而采取的一种技术措施，如原土夯实、混凝土基础等。管座是管道与基础之间的部分，设置管座的目的在于它使管道与基础连成一个整体，以减少对地基的压力和对管道的反作用力。管座包角的中心角越大，基础所受的单位面积的压力和地基对管道作用的单位面积的反作用力越小。

为保证排水管道系统能安全正常运行，除管道本身设计施工应正确外，管道的地基与基础要有足够的承受荷载的能力和可靠的稳定性。否则排水管道可能产生不均匀沉陷，造成管道错口、断裂、渗漏等现象，导致污染附近地下水，甚至影响附近建筑物的基础。目前常用的管道基础有以下三种：

### 1. 砂土基础

砂土基础包括弧形素土基础及砂垫层基础，如图 5-20 所示。弧形素土基础是在原土上挖一个弧形管槽（通常采用 90°弧形），管道落在弧形管槽里。这种基础适用于无地下水、原土能挖成弧形的干燥土壤，管道直径小于 600mm 的混凝土管、钢筋混凝土管、陶土管，管顶覆土厚度 0.7~2.0m 的污水管道，不在车行道下的次要管道及临时性管道。

砂垫层基础是在挖好的弧形管槽上，用带棱角的粗砂填 10~15cm 厚的砂垫层。这种基础适用于无地下水，岩石或多石土壤，管道直径小于 600mm 的混凝土管、钢筋混凝土管及陶土管，管顶覆土厚度 0.7~2m 的排水管道。

### 2. 混凝土枕基

混凝土枕基是指在管道接口处才设置的管道局部基础，如图 5-21 所示。通常在管道接口下用 C8 混凝土做成枕状垫块。此种基础适用于干燥土壤中的雨水管道及不太重要的污水支管。

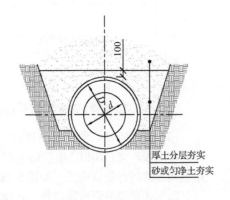
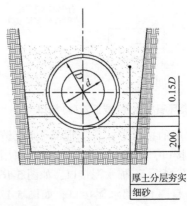

图 5-20　砂土基础

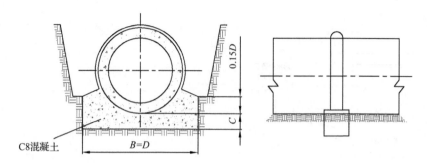

图 5-21 混凝土枕基

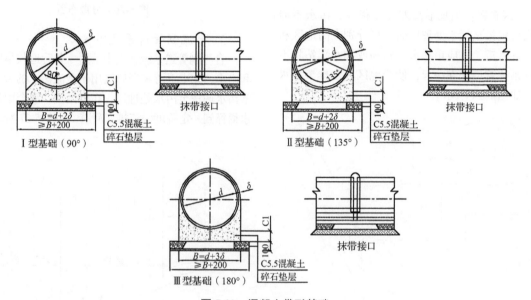

图 5-22 混凝土带形基础

3. 混凝土带形基础

混凝土带形基础是沿管道全长铺设的基础。按管座的形式不同，可分为 90°、135°、180°三种管座基础，如图 5-22 所示。

这种基础适用于各种潮湿土壤以及地基软硬不均匀的排水管道，适用管径为 200～2000mm，无地下水时在槽底原土上直接浇混凝土基础。有地下水时常在槽底铺 10～15cm 厚的卵石或碎石垫层，然后才在上面浇混凝土基础，一般采用强度等级为 C15 的混凝土。当管顶覆土厚度在 0.7～2.5m 时，采用 90°管座基础；管顶覆土厚度在 2.6～4m 时，采用 135°基础；管顶覆土厚度在 4.1～6m 时，采用 180°基础。在地震区或土质特别松软、不均匀沉陷严重地段，最好采用钢筋混凝土带形基础。

对地基松软或不均匀沉降地段，为增强管道强度，保证使用效果，北京、天津等地的施工经验是对管道基础或地基采取加固措施，接口采用柔性接口。

## 第三节 排水管道设计基础知识

### 一、排水管道的布置

排水管道的布置应依据地形坡降、出水口位置、排水体制、使用要求、水文地质条件、城镇街道及建筑物布局、地下管线状况、城市建设发展等综合因素，采取比较方案，进行技术经济论证与可行性分析来确定管道系统布置方式。不同排水体制管系统布置的方法如下：

1. 污水管道系统布置

从有利于管道的使用、养护与管理的角度考虑，一般污水管道敷设在次要街道或人行道，并靠近工厂建筑物某一侧。具体布置如下：

（1）扇形布置：当地形有较大的倾斜，为保持管道中有一个理想的坡度，减少管道跌水而采用的一种管网布置方法，如图 5-23 所示。

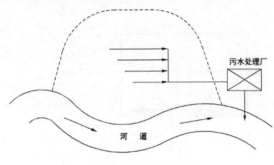

图 5-23　扇形布置

(2) 分区布置：当地形高差相差很大，污水不能以重力流形式排至污水处理厂时，可分别在高地区和低地区布置管道，再应用跌水构筑物或抽水泵站将不同地区各系统管道联在一起，使全地区污水排至污水处理厂，如图 5-24 所示。

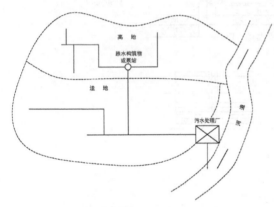

图 5-24　分区布置

2. 雨水管道系统布置

按地形来划分排水地区，使不经过处理的雨水以分散和直接较快的方式排入就近河道或水体，并应以与地形相适应，与街道倾斜坡度相一致为原则来布置雨水管道。一般有下列两种形式：

(1) 正交布置：依据地形倾斜状况、地面水的流向来布置管道，如图 5-25 所示。

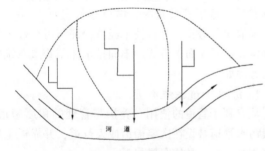

图 5-25　正交布置

(2) 分散布置：当地形向外面四周倾斜或排水地区较为分散时，采用此方式布置管道，如图 5-26 所示。

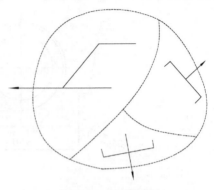

图 5-26　分散布置

3. 合流制管道系统布置

合流制管道系统在上中游用一条管道收集所有污水和雨水，在中下游末端修筑用于截流污水的管道，把日常污水输送至污水处理厂，在降雨期，混合雨污水将污水稀释到一定程度溢流排入河道，如图 5-27 所示。

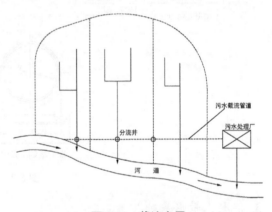

图 5-27　截流布置

4. 截流制管道系统布置

截流制管道系统又称为干沟式截流系统。它是在分流制排水系统的基础上，将雨水排水系统中旱季时少量混入的污水和雨季时的初期雨水进行截流，进入污水管网系统一并收集输送至污水处理厂进行处理。如图 5-28 所示。

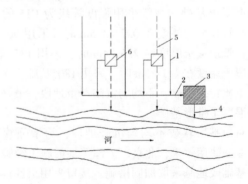

1-污水干管；2-污水主干管；3-污水处理设施；
4-尾水排放口；5-雨水干管系统；6-溢流井。

图 5-28　截流布置

**5. 一般街道居民区排水管网布置**

一般街道居民区排水管网布置通常有三种形式，如图 5-29 所示。

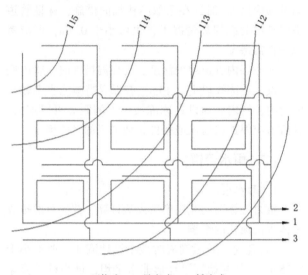

1-环绕式；2-贯穿式；3-低边式。

**图 5-29　排水管网形式**

(1) 环绕式：此种布置管线长、投资大、不经济，但使用方便。

(2) 贯穿式：此种形式使街道的发展受限制，一般用于已建成的街道居民区。

(3) 低边式：管道布置在街坊最低一边街道上，街坊内污水流向低边污水管，充分利用地形现状，因此较容易布置又较经济，广泛应用在合流管道上。

排水管道一般不采用环网状布置，一旦出现水量过大，超过管道排水负荷量或管道发生堵塞就会造成污水漫流，淹没街道，污染环境，影响交通，从而造成损失。因此，在重要地区排水管道系统必须加设安全出水口，或在各管道系统之间设置连通管，平时两条管道各自排水，一旦其中有一条管道系统发生故障时，水流可以从安全出水口或连通管排出，保证发生故障的管道系统能够正常排水。

## 二、排水管道的设计原则

### (一) 管道位置要求

排水管道一般是以重力自由流出式排水，因此要符合地形、地物的现状与水流的流向，并且满足使用要求。管道应与地形地面坡降走向相一致，尽量避免或减少设置抽水泵站及其跌水构筑物。一般雨水管道埋设在街道中心部位，污水管道埋设在街道一侧。

### (二) 管道断面要求

管道断面须满足以下三个条件：

**1. 可排除该地区的雨污水量**

雨水径流量的大小主要取决于地区降雨强度及其地面汇水区域状况，生活污水量主要取决于该地区人口密度及其生活方式，工业废水主要取决于此地区的工厂生产产品状况等因素。

**2. 满足管道对坡度的要求**

管道的水流流速大小取决于水流的水力坡降与过水断面的粗糙度。由于水力坡降大小由管道坡度决定，而过水断面粗糙度由管道材料决定，因此坡度大小反映着管道中心的流速大小，粗糙度仅影响着管道流速状况。

为防止排水管道出现冲刷速度，最大允许流速：一般明渠 $V_{max} \leq 10m/s$、非金属管道 $V_{max} \leq 5m/s$、金属管道 $V_{max} \leq 10m/s$，并以此来确定管道的最大坡度值。

为了不使污水中可沉降悬浮固体颗粒沉淀淤积管道，须保证排水管道中有一个自净能力的允许最小流速，一般明渠 $V_{min} \geq 0.4m/s$、雨水与合流管道满流时 $V_{min} \geq 0.75m/s$；污水管道在设计充满度下 $V_{min} \geq 0.6m/s$，并以此来确定管道最小坡度值。

为了保持管道水流流速变化平稳，管道坡度变化要均匀，以使水流流速自上游向下游逐渐增大。管道坡度必须具有一个合理坡降。

**3. 符合管道的充满度**

管道充满度用管道中水深($h$)与管径断面尺寸($d$)的比值来表示，即充满度=$h/d$。

这就是说管道充满度的变化，反映着管道中水深的变化，它对管道中流量与流速大小有不同程度影响，这与过水断面大小和水流与管壁接触表面积的水流阻力大小有关。

一般情况下，雨水与合流管道以满流来决定管道断面尺寸，而污水管道中的污水水量变化较大，为防止有可能在某一瞬间管内流量超过设计流量，同时为便于管道通风，有利于排除管道中有毒有害气体，污水不允许在管道内充满，必须保留一个适宜的空间，这就是管道的充满度。

按照排水设计规范规定出各种不同管径断面污水充满度要求见表 5-5。

**表 5-5　各种不同管径断面污水充满度要求**

| 管径/mm | 充满度 |
| --- | --- |
| 150~300 | 0.6 |
| 400~500 | 0.7 |
| 600~900 | 0.75 |
| ≥1000 | 0.8 |

## 三、排水管道的设计计算

### (一) 污水管道

**1. 流速、充满度**

污水管道的最大设计流速、最大设计充满度、最小设计流速见表5-6。

表5-6 污水管道的最大设计流速、最大设计充满度、最小设计流速

| 管径 /mm | 最大设计流速/(m/s) | | 最大设计充满度 | 在设计充满度下最小设计流速/(m/s) |
|---|---|---|---|---|
| | 金属管 | 非金属管 | | |
| 200 | ≤10 | ≤5 | 0.55 | 0.60 |
| 300 | | | 0.55 | |
| 400 | | | 0.65 | |
| 500 | | | 0.70 | |
| 600 | | | 0.70 | |
| 700 | | | 0.70 | |
| 800 | | | 0.70 | |
| 900 | | | 0.70 | |
| 1000 | | | 0.75 | |
| >1000 | | | 0.75 | |

根据泥沙运动的性质,运动水流中的泥沙由于惯性作用,其止动流速(由运动变为静止的临界流速)在0.35~0.40m/s(砂粒径$d=1$mm),大于止动流速就不会沉淀,但在过小流速下,要使所沉淀的泥沙从静止变为着底运动,其开动流速需要较大;要从着底运动变为不着底运动或扬动的流速,则需更大,扬动流速约为止动流速的2.4倍,设计中主要以止动流速考虑。

经大量实地观测,平坦地区不淤流速一般在0.4~0.5m/s,它与上述止动流速值相近似,因此,在平坦地区的一些起始管段用略小的流速与管坡设计不致产生较多淤积;当流量与流速增大时,已沉淀的微小泥粒也会被扬动随水下流,但因此可降低整个下游管系的埋深;在地形不利的情况下,起始管段的管坡与流速可以考虑适当降低。

**2. 设计最小管径及最小坡度**

污水管道的设计最小管径及最小坡度见表5-7。

表5-7 污水管道的设计最小管径及最小坡度

| 类型 | 位置 | 设计最小管径/mm | 设计最小坡度 |
|---|---|---|---|
| 工业废水管道 | 在厂区内 | 200 | 0.004 |
| 生活污水管道 | 在厂区内 | 200 | 0.004 |
| | 在街坊内 | 200 | 0.004 |
| | 在城市街道下 | 300 | 0.003 |

**3. 最小覆土厚度与冰冻层内埋深**

管道最小覆土厚度,在车行道下一般不小于0.7m;但在土壤冰冻线很浅(或冰冻线虽深,但有保温及加固措施)时,在采取结构加固措施,保证管道不受外部荷载损坏情况下,也可小于0.7m,但应考虑是否需保温。

冰冻层内管道埋设深度,无保温措施时,管内底可埋设在冰冻线以上0.15m。有保温措施或水温较高的管道,管内底埋设在冰冻线以上的距离可以加大,其数值应根据该地区或条件相似地区的经验确定。

### (二) 雨水管道

**1. 雨水管**

重力流管道的充满度按满流计算,并应考虑排放水体水位顶托的影响。

(1) 流速:管道满流时最小设计流速一般不小于0.75m/s,如起始管段地形非常平坦,最小设计流速可减小到0.6m/s。最大允许流速同污水管道。

(2) 最小管径和最小坡度:雨水管与合流管不论在街道还是厂区,最小管径均宜为300mm,最小设计坡度为0.003。雨水口连接管管径不宜小于200mm,坡度不小于0.01。

(3) 管道覆土:最小覆土参照污水管道的规定。

**2. 雨水明渠**

主要指平时无水的雨季排水明渠。

(1) 断面:根据需求和条件,可以采用梯形或矩形。梯形明渠最小底宽不得小于0.3m。用砖石或混凝土块铺砌的明渠边坡,一般采用1:0.75~1:1.0。

(2) 流速:明渠最小设计流速一般不小于0.4m/s。

(3) 超高:明渠一般不宜小于0.3m,最小不得小于0.2m。

(4) 折角与转弯:明渠线路转折和支干渠交接处,其水流转角不应小于90°;交接处须考虑铺砌。转折处必须设置曲线,曲线的中心线半径一般土明渠不小于水面宽的5倍,铺砌明渠不小于水面宽的2.5倍。

(5) 跌水:土明渠跌差小于1m,流量小于2000L/s时,可用浆砌块石铺砌,厚度0.3m。土明渠跌差大于1m,流量大于200L/s时,按水工构筑物设计规范计算。明渠在转弯处一般不宜设跌水。

### (三) 合流管道

**1. 流速、充满度、坡度**

生活污水量的总变化系数可采用1。工业废水宜采用最大生产班内的平均流量。

短时间内工厂区淋浴水的高峰流量不足设计流量的30%时,可不予计入。

雨水设计重现期可适当地高于同一情况下的雨水管道设计标准。

在按晴天流量校核时,工业废水量和生活污水量的计算方法,同污水管道。

设计充满度按满流计算。设计流速、最小坡度、最小管径、覆土要求等设计数据以及雨水口等构筑物同雨水管道。但最热月平均气温大于或等于25℃的地区,合流管道的雨水口应考虑防臭、防蚊蝇的措施。

旱季流量的管内流速,一般不小于0.2~0.5m/s,对于平底管道,宜在沟底做低水流槽。

在压力流情况下,须保证接户管不致倒灌。

2. 水力计算

须合理地确定溢流井的位置和数量;水力计算方法同分流制中雨水管道;按总设计流量设计,用旱季流量校核。

## 第四节 我国有关城镇排水的标准规范

### 一、国家标准

#### (一)《室外排水设计规范(2016年版)》(GB 50014—2006)

《室外排水设计规范》(GB 50014—2006)是2006年1月18日公布,自2006年6月1日起实施。2011年8月4日公布其2011年版,2014年3月1日公布其2014年版,2016年6月28日公布其2016年版。相关内容如下:

4.1.1 排水管渠系统应根据城镇总体规划和建设情况统一布置,分期建设。排水管渠断面尺寸应按远期规划的最高日最高时设计流量设计,按现状水量复核,并考虑城镇远景发展的需要。

4.1.2 管渠平面位置和高程,应根据地形、土质、地下水位、道路情况、原有的和规划的地下设施、施工条件以及养护管理方便等因素综合考虑确定。排水干管应布置在排水区域内地势较低或便于雨污水汇集的地带。排水管宜沿城镇道路敷设,并与道路中心线平行,宜设在快车道以外。截流干管宜沿受纳水体岸边布置。管渠高程设计除考虑地形坡度外,还应考虑与其他地下设施的关系以及接户管的连接方便。

4.1.3 管渠材质、管渠构造、管渠基础、管道接口,应根据排水水质、水温、冰冻情况、断面尺寸、管内外所受压力、土质、地下水位、地下水侵蚀性、施工条件及对养护工具的适应性等因素进行选择与设计。排水管渠的断面形状应符合下列要求:排水管渠的断面形状应根据设计流量、埋设深度、工程环境条件,同时结合当地施工、制管技术水平和经济、养护管理要求综合确定。大型和特大型管渠的断面应方便维修、养护和管理。

4.1.4 输送腐蚀性污水的管渠必须采用耐腐蚀材料,其接口及附属构筑物必须采取相应的防腐蚀措施。

4.1.5 当输送易造成管渠内沉析的污水时,管渠形式和断面的确定,必须考虑维护检修的方便。

4.1.6 工业区内经常受有害物质污染的场地雨水,应经预处理达到相应标准后才能排入排水管渠。

4.1.7 排水管渠系统的设计,应以重力流为主,不设或少设提升泵站。当无法采用重力流或重力流不经济时,可采用压力流。

4.1.9 污水管道、合流污水管道和附属构筑物应保证其严密性,应进行闭水试验,防止污水外渗和地下水入渗。

4.1.12 排水管渠系统中,在排水泵站和倒虹管前,宜设置事故排出口。

#### (二)《给水排水管道工程施工及验收规范》(GB 50268—2008)

《给水排水管道工程施工及验收规范》(GB 50268—2008)于2008年10月15日公布,自2009年5月1日起实施。相关内容如下:

3.1.1 从事给排水管道工程的施工单位应具备相应的施工资质,施工人员应具备相应的资格。给排水管道工程施工和质量管理应具有相应的施工技术标准。

3.1.5 给排水管道工程施工质量控制应符合下列规定:各分项工程应按照施工技术标准进行质量控制,每分项工程完成后,必须进行检验。相关各分项工程之间,必须进行交接检验,所有隐蔽分项工程必须进行隐蔽验收,未经检验或验收不合格不得进行下道分项工程。

4.1.9 给排水管道铺设完毕并经检验合格后,应及时回填沟槽。回填前,应符合下列规定:预制钢筋混凝土管道的现浇筑基础的混凝土强度、水泥砂浆接口的水泥砂浆强度不应小于5MPa;现浇钢筋混凝土管渠的强度应达到设计要求,混合结构的矩形或拱形管渠,砌体的水泥砂浆强度应达到设计要求;井室、雨水口及其他附属构筑物的现浇混凝土强度或砌体水泥砂浆强度应达到设计要求；回填时采取防止管道发生位移或损伤的措施，化学建材管道或管径大于900mm的钢管、球墨铸铁管等柔性管道在沟槽回填前，应采取措施控制管道的竖向变形，雨期应采取措施防止管道漂浮。

### （三）《城镇给水排水技术规范》（GB 50788—2012）

《城镇给水排水技术规范》（GB 50778—2012）于2012年5月28日公布，自2012年10月1日起实施。相关内容如下：

2.0.3 城镇给水排水设施应具备应对自然灾害、事故灾难、公共卫生事件和社会安全事件等突发事件的能力。

2.0.4 城镇给水排水设施的防洪标准不得低于所服务城镇设防的相应要求，并应留有适当的安全裕度。

2.0.7 城镇给水排水系统中有关生产安全、环境保护和节水设施的建设，应与主体工程同时设计、同时施工、同时投产使用。

2.0.8 城镇给水排水系统和设施的运行、维护、管理应制定相应的操作标准，并严格执行。

2.0.9 城镇给水排水工程建设和运行过程中必须做好相关设施的建设和管理，满足生产安全、职业卫生安全、消防安全和安全保卫的要求。

2.0.10 城镇给水排水工程建设和运行过程中产生的噪声、废水、废弃和固体废弃物不应对周边环境和人身健康造成危害，并应采取措施减少温室气体的排放。

2.0.11 城镇给水排水设施运行过程中使用和产生的易燃、易爆及有毒化学品应实施严格管理，防止人身伤害和灾害性事故发生。

2.0.12 设置于公共场所的城镇给水排水相关设施应采取安全防护措施，便于维护。

2.0.13 城镇给水排水设施应根据其储备或传输介质的腐蚀性质及环境条件，确定且不应影响公众安全。构筑物、设备和管道应采取相应防腐蚀措施。

4.1.8 排入城镇污水管渠的污水水质必须符合国家现行标准的规定。

4.1.9 城镇排水设施的选址和建设应符合防灾专项规划。

4.1.10 对于产生有毒有害气体或可燃气体的泵站、管道、检查井、构筑物或设备进行放空清理或维修时，必须采取确保安全的措施。

4.3.3 操作人员下井作业前，必须采取自然通风或人工强制通风使易爆或有毒气体浓度降至安全范围；下井作业前，操作人员应穿戴供压缩空气的隔离式防护服；井下作业期间，必须采用连续的人工通风。

4.3.4 应建立定期巡视、检查、维护和更新排水管渠的制度，并应严格执行。

4.4.1 排水泵站应安全、可靠、高效地提升、排除雨水和污水。

4.4.2 排水泵站的水泵应满足在最高使用频率时处于高效区运行，在最高工程扬程和最低工作扬程的整个工作范围内安全稳定运行。

4.4.3 抽送产生易燃易爆和有毒有害气体的室外污水泵站，必须独立设置，并采取相应的安全防护措施。

4.4.4 排水泵站的布置应满足安全防护、机电设备安装、运行和检修的要求。

### （四）《污水排入城镇下水道水质标准》（GB/T 31962—2015）

《污水排入城镇下水道水质标准》（GB/T 31962—2015）于2015年9月11日发布，自2016年8月1日起实施。相关内容如下：

4.1.1 严禁向城镇下水道排入具有腐蚀性的污水或物质。

4.1.2 严禁向城镇下水道排入剧毒、易燃、易爆、恶臭物质和有害气体、蒸汽或烟雾。

4.1.3 严禁向城镇下水道倾倒垃圾、粪便、积雪、工业废渣等物质和排入易凝聚、沉积、造成下水道堵塞的污水。

4.1.5 水质超过本标准的污水，应进行预处理，不得用稀释法降低其浓度后排入城镇下水道。

### （五）《有限空间安全作业五条规定》

《有限空间安全作业五条规定》于2014年9月29日发布，自公布之日起施行。相关内容如下：

(1) 必须严格实行作业审批制度，严禁擅自进入有限空间作业。

(2) 必须做到"先通风、再检测、后作业"，严禁通风、检测不合格作业。

(3) 必须配备个人防中毒窒息等防护装备，设置安全警示标识，严禁无防护监护措施作业。

(4) 必须对作业人员进行安全培训，严禁教育培训不合格上岗作业。

(5) 必须制定应急措施，现场配备应急装备，严禁盲目施救。

### （六）《缺氧危险作业安全规程》（GB 8958—

2006)

《缺氧危险作业安全规程》(GB 8958—2006)于2006年6月22日发布，2006年12月1日实施。相关内容如下：

5.3.1 监测人员必须装备准确可靠的分析仪器，并且应定期标定、维护，仪器的标定和维护应符合相关国家标准的要求。

5.3.2 在已确定为缺氧作业环境的作业场所，必须采取充分的通风换气措施，使该环境空气中氧含量在作业过程中始终保持在0.195以上。严禁用纯氧进行通风换气。

5.3.3 作业人员必须配备并使用空气呼吸器或软管面具等隔离式呼吸保护器具。严禁使用过滤式面具。

5.3.4 当存在因缺氧而坠落的危险时，作业人员必须使用安全案例带(绳)，并在适当位置可靠地安装必要的安全绳网设备。

5.3.5 在每次作业前，必须仔细检查呼吸器具和安全带(绳)，发现异常应立更换，严禁勉强使用。

5.3.6 在作业人员进入缺氧作业场所前和离开时应准确清点人数。

5.3.7 在存在缺氧危险作业时，必须安排监护人员。监护人员应密切监视作业状况，不得离岗。发现异常情况，应及时采取有效的措施。

5.3.8 作业人员与监护人员应事先规定明确的联络信号，并保持有效联络。

5.3.9 如果作业现场的缺氧危险可能影响附近作业场所人员的安全时，应及时通知这些作业场所。

5.3.10 严禁无关人员进入缺氧作业场所，并应在醒目处做好标志。

6.2 当作业场所空气中同时存在有害气体时，必须在测定氧含量的同时测定有害气体的含量，并根据测定结果采取相应的措施。在作业场所的空气质量达到标准后方可作业。

6.3 在进行钻探、挖掘隧道等作业时，必须用试钻等方法进行预测调查。发现有硫化氢、二氧化碳或甲烷等有害气体逸出时，应先确定处理方法，调整作业方案，再进行作业。防止作业人员因上述气体逸出而患缺氧中毒综合症。

6.4 在密闭容器内使用氩、二氧化碳或氦气进行焊接作业时，必须在作业过程中通风换气，使氧含量保持在0.195以上。

6.5 在通风条件差的作业场所，如地下室、船舱等，配制二氧化碳灭火器时，应将灭火器放置牢固，禁止随便启动，防止二氧化碳意外泄出。在放置灭火器的位置应设立明显的标志。

6.6 当作业人员在特殊场所(如冷库等密闭设备)内部作业时，如果供作业人员出入的门或窗不能很容易地从内部打开而又无通信、报警装置时，严禁关闭门或窗。

6.7 当作业人员在与输送管道连接的密闭设备内部作业时，必须严密关闭阀门，或者装好盲板。输送有害物质的管道的阀门应有人看守或在醒目处设立禁止启动的标志。

6.8 当作业人员在密闭设备内作业时，一般应打开出入口的门或盖。如果设备与正在抽气或已经处于负压状态的管路相通时，严禁关闭出入口的门或盖。

6.9 在地下进行压气作业时，应防止缺氧空气泄至作业场所。如与作业场所相通的空间中存在缺氧空气，应直接排出，防止缺氧空气进入作业场所。

### (七)《密闭空间作业职业危害防护规范》(GBZ/T 205—2007)

《密闭空间作业职业危害防护规范》(GBZ/T 205—2007)于2007年9月25日发布，2018年3月1日施行。相关内容如下：

4.1 用人单位的职责

4.1.1 按照本规范组织、实施密闭空间作业。制定密闭空间作业职业病危害防护控制计划、密闭空间作业准入程序和安全作业规程，并保证相关人员能随时得到计划、程序和规程。

4.1.2 确定并明确密闭空间作业负责人、准入者和监护者及其职责。

4.1.3 在密闭空间外设置警示标识，告知密闭空间的位置和所存在的危害。

4.1.4 提供有关的职业安全卫生培训。

4.1.5 当实施密闭空间作业前，对密闭空间可能存在的职业病危害进行识别、评估以确定该密闭空间是否可以准入并作业。

4.1.6 采取有效措施，防止未经允许的劳动者进入密闭空间。

4.1.7 提供合格的密闭空间作业安全防护设施与个体防护用品及报警仪器。

4.1.8 提供应急救援保障。

4.2 密闭空间作业负责人的职责

4.2.1 确认准入者、监护者的职业卫生培训及上岗资格。

4.2.2 在密闭空间作业环境、作业程序和防护设施及用品达到允许进入的条件后，允许进入密闭空间。

4.2.3 在密闭空间及其附近发生不符合准入的情况时，终止进入。

4.2.4 密闭空间作业完成后，在确定准入者及所携带的设备和物品均已撤离后终止准。

4.2.5 对应急救援服务、呼叫方法的效果进行检查、验证。

4.2.6 对未经准入又试图进入或已进入密闭空间者进行劝阻或责令退出。

4.3 密闭空间作业准入者的职责

4.3.1 接受职业卫生培训，持证上岗。

4.3.2 按照用人单位审核进入批准的密闭空间实施作业。

4.3.3 遵守密闭空间作业安全操作规程；正确使用密闭空间作业安全设施与个体防护用品。

4.3.4 应与监护者进行必要的、有效的安全、报警、撤离等双向信息交流。

4.3.5 在准入的密闭空间作业且发生下列事项时，应及时向监护者报警或撤离密闭空间。

4.3.5.1 已经意识到身体出现危险症状和体征。

4.3.5.2 监护者和作业负责人下达了撤离命令。

4.3.5.3 探测到必须撤离的情况或报警器发出撤离警报。

4.4 密闭空间监护者的职责

4.4.1 具有能警觉并判断准入者异常行为的能力，接受职业卫生培训，持证上岗。

4.4.2 准确掌握准入者的数量和身份。

4.4.3 在准入者作业期间，履行监测和保护职责，保证在密闭空间外持续监护；适时与准入者进行必要的、有效的安全、报警、撤离等信息交流；在紧急情况时向准入者发出撤离警报。监护者在履行监测和保护职责时，不能受到其他职责的干扰。

4.4.4 发生以下情况时，应命令准入者立即撤离密闭空间，必要时，立即呼叫应急救援服务，并在密闭空间外实施应急救援工作。

4.4.4.1 发现禁止作业的条件；

4.4.4.2 发现准入者出现异常行为；

4.4.4.3 密闭空间外出现威胁准入者安全和健康的险情；

4.4.4 监护者不能安全有效地履行职责时，也应通知准入者撤离。

4.4.5 对未经允许靠近或者试图进入密闭空间者予以警告并劝离，如果发现未经允许进入密闭空间者，应及时通知准入者和作业负责人。

5 综合控制措施

用人单位应采取综合措施，消除或减少密闭空间的职业病危害以满足安全作业条件。

5.1 设置密闭空间警示标识，防止未经准入人员进入。

5.2 进入密闭空间作业前，用人单位应当进行职业病危害因素识别和评价。

5.3 用人单位制定和实施密闭空间职业病危害防护控制计划、密闭空间准入程序和安全作业操作规程。

5.4 提供符合要求的监测、通风、通信、个人防护用品设备、照明、安全进出设施以及应急救援和其他必须设备，并保证所有设施的正常运行和劳动者能够正确使用。

5.5 在进入密闭空间作业期间，至少要安排一名监护者在密闭空间外持续进行监护。

5.6 按要求培训准入者、监护者和作业负责人。

5.7 制定和实施应急救援、呼叫程序，防止非授权人员擅自进入密闭空间。

5.8 制定和实施密闭空间作业准入程序。

5.9 如果有多个用人单位同时进入同一密闭空间作业，应制定和实施协调作业程序，保证一方用人单位准入者的作业不会对另一用人单位的准入者造成威胁。

5.10 制定和实施进入终止程序。

5.11 当按照密闭空间管理程序所采取的措施不能有效保护劳动者时，应对进入密闭空间作业进行重新评估，并且要修订职业病危害防护控制计划。

5.12 进入密闭空间作业结束后，准入文件或记录至少存档一年。

6.1 密闭空间作业应当满足的条件：

6.1.1 配备符合要求的通风设备、个人防护用品、检测设备、照明设备、通信设备、应急救援设备；

6.1.2 应用具有报警装置并经检定合格的检测设备对准入的密闭空间进行检测评价；检测、采样方法按相关规范执行；检测顺序及项目应包括：

6.1.2.1 测氧含量。正常时氧含量为18%~22%，缺氧的密闭空间应符合GB 8958的规定，短时间作业时必须采取机械通风。

6.1.2.2 测爆。密闭空间空气中可燃性气体浓度应低于爆炸下限的10%。对油轮船舶的拆修，以及油箱、油罐的检修，空气中可燃性气体的浓度应低于爆炸下限的1%。

6.1.2.3 测有毒气体。有毒气体的浓度，须低于GBZ 2.1所规定的浓度要求。如果高于此要求，应采取机械通风措施和个人防护措施。

6.1.3 当密闭空间内存在可燃性气体和粉尘时，所使用的器具应达到防爆的要求。

6.1.4 当有害物质浓度大于IH浓度、或虽经通风但有毒气体浓度仍高于GBZ 21所规定的要求，或缺氧时，应当按照GB/T 1864要求选择和佩戴呼吸性防护用品

6.1.5 所有准入者、监护者、作业负责人、应急救援服务人员须经培训考试合格。

6.2 对密闭空间可能存在的职业病危害因素进行检测、评价。

6.3 隔离密闭空间注意事项：

6.3.1 封闭危害性气体或蒸汽可能回流进入密闭空间的其他开口。

6.3.2 采取有效措施防止有害气体、尘埃或泥土、水等其他自由流动的液体和固体涌入密闭空间。

6.3.3 将密闭空间与一切不必要的热源隔离。

6.4 进入密闭空间作业前，应采取水蒸气清洁、惰性气体清洗和强制通风等措施，对密闭空间进行充分清洗，以消除或者减少存于密闭空间内的职业病有害因素。

12 密闭空间的应急救援要求

12.1 用人单位应建立应急救援机制，设立或委托救援机构，制定密闭空间应急救援预案，并确保每位应急救援人员每年至少进行一次实战演练。

12.2 救援机构应具备有效实施救援服务的装备；具有将准入者从特定密闭空间或已知危害的密闭空间中救出的能力。

12.3 救援人员应经过专业培训，培训内容应包括基本的急救和心肺复苏术，每个救援机构至少确保有一名人员掌握基本急救和心肺复苏术技能，还要接受作为准入者所要求的培训。

12.4 救援人员应具有在规定时间内在密闭空间危害已被识别的情况下对受害者实施救援的能力。

12.5 进行密闭空间救援和应急服务时，应采取以下措施：

12.5.1 告知每个救援人员所面临的危害。

12.5.2 为救援人员提供安全可靠的个人防护设施，并通过培训使其能熟练使用。

12.5.3 无论准入者何时进入密闭空间，密闭空间外的救援均应使用吊救系统。

12.5.4 应将化学物质安全数据清单或所需要的类似书面信息放在工作地点，如果准入者受到有毒物质的伤害，应当将这些信息告知处理暴露者的医疗机构。

12.6 吊救系统应符合的条件：

12.6.1 每个准入者均应使用胸部或全身套具，绳索应从头部往下系在后背中部靠近肩部水平的位置，或能有效证明从身体侧面也能将工作人员移出密闭空间的其他部位。在不能使用胸部或全身套具，或使用胸部或全身套具可能造成更大危害的情况下，可使用腕套，但须确认腕套是最安全和最有效的选择。

12.6.2 在密闭空间外使用吊救系统救援时，应将吊救系统的另一端系在机械设施或固定点上，保证救援者能及时进行救援。

12.6.3 机械设施至少可将人从1.5m的密闭空间中救出。

## 二、行业标准

### （一）《城镇排水管渠与泵站运行、维护及安全技术规程》（CJJ 68—2016）

《城镇排水管渠与泵站运行、维护及安全技术规程》（CJJ 68—2016）于2016年9月5日发布，自2017年3月1日起实施。相关内容如下：

3.1.4 分流制排水系统中，严禁雨水和污水管道混接。

3.1.5 严禁重力流排水管道采用上跨障碍物的敷设方式

3.3.4 当巡视人员在巡视中发现井盖和雨水箅缺失或损坏后，应立即设置警示标志，并在6h内修补恢复；当相关排水管理单位接报井盖和雨水箅缺失或损坏信息后，必须在2h内安放护栏和警示标志，并应在6h内修补恢复。

3.3.13 从事管道潜水检查作业的单位和潜水员必须具有特种作业资质。

3.3.15 养护车辆和污泥盛器在道路上作业停放时，应设置安全警示标志，夜间应悬挂警示灯；养护作业完毕后，应清理现场并及时撤离。

3.5.10 管径800mm及以上的未投运管道，可采用人员进管检查，并应进行摄影或摄像记录。

3.5.11 进行潜水检查管渠时，其管径或渠内高不得小于1200mm，流速不得大于0.5m/s。

3.5.12 从事管渠潜水检查作业的潜水员应经专门安全作业培训，取得相应资格，方可上岗作业。

3.7.1 封堵管渠应经排水管理单位批准，封堵前应做好临时排水措施。

3.7.4 使用充气管塞封堵管道应符合下列规定：
(1) 应使用合格的充气管塞；
(2) 管塞所承受的水压不得大于该管塞的最大允许压力；
(3) 安放管塞的部位不得留有石子等杂物；
(4) 应按产品技术说明的压力充气，在使用期间应有专人每天检查气压状况，发现低于产品技术说明的气压时应及时补气；

(5)应做好防滑动支撑措施；

(6)拆除管塞时应缓慢放气，并在下游安放拦截设备；

(7)放气时，井下操作人员不得在井内停留。

3.7.8 排水管渠的废除和迁移应经排水管理单位批准，并应在原功能被替代后，方可废除。

4.1.2 维护泵站设施时，必须先对有毒、有害、易燃易爆气体进行检测与防护。

4.1.7 泵站起重设备、压力容器、易燃、易爆、有毒气体监测装置必须定期检测，合格后方可使用。

## (二)《城镇排水管道检测与评估技术规程》(CJJ 181—2012)

《城镇排水管道检测与评估技术规程》(CJJ 81—2012)于2012年7月19日发布，自2012年12月1日起实施。相关内容如下：

3.0.1 从事城镇排水管道检测和评估的单位应具备相应的资质，检测人员应具备相应的资格。

3.0.2 城镇排水管道检测所用的仪器和设备应有产品合格证、检定机构的有效检定(校准)证书。新购置的、经过大修或长期停用后重新启用的设备，投入检测前应进行检定和校准。

3.0.3 管道检测方法应根据现场的具体情况和检测设备的适应性进行选择。当一种检测方法不能全面反映管道状况时，可采用多种方法联合检测。

3.0.5 管道检测评估应按下列基本程序进行：接受委托；现场踏勘；检测前的准备；现场检测；内业资料整理、缺陷判读、管道评估；编写检测报告。

3.0.6 检测单位应按照要求，收集待检测管道区域内的相关资料，组织技术人员进行现场踏勘，掌握现场情况，制定检测方案，做好检测准备工作。

3.0.7 管道检测前应搜集下列资料：已有的排水管线图等技术资料；管道检测的历史资料；待检测管道区域内相关的管线资料；待检测管道区域内的工程地质、水文地质资料；评估所需的其他相关资料。

3.0.8 现场踏勘应包括下列内容：察看待检测管道区域内的地物、地貌、交通状况等周边环境条件；检查管道口的水位、淤积和检查井内构造等情况；核对检查井位置、管道埋深、管径、管材等资料。

3.0.9 检测方案应包括下列内容：检测的任务、目的、范围和工期；待检测管道的概况(包括现场交通条件及对历史资料的分析)；检测方法的选择及实施过程的控制；作业质量、健康、安全、交通组织、环保等保证体系与具体措施；可能存在的问题和对策；工作量估算及工作进度计划；人员组织、设备材料计划；拟提交的成果资料。

3.0.10 现场检测程序应符合下列规定：检测前应根据检测方法的要求对管道进行预处理；应检查仪器设备；应进行管道检测与初步判读；检测完成后应及时清理现场、保养设备。

3.0.15 管道检测影像记录应连续、完整，录像画面上方应含有"任务名称、起始井及终止井编号、管径、管道材质、检测时间"等内容，并宜采用中文显示。

3.0.16 现场检测时，应避免对管体结构造成损伤。

3.0.17 现场检测过程中宜采取监督机制，监督人员应全程监督检测过程，并签名确认检测记录。

3.0.18 管道检测工作宜与卫星定位系统配合进行。

3.0.19 排水管道检测时的现场作业应符合现行行业标准《城镇排水管道维护安全技术规程》(CJJ 6—2009)的有关规定。现场使用的检测设备，其安全性能应符合现行国家标准《爆炸性气体环境用电气设备》(GB 3836—2000)的有关规定。现场检测人员的数量不得少于2人。

3.0.20 排水管道检测时的现场作业应符合现行行业标准《城镇排水管渠与泵站维护技术规程》(CJT 68)的有关规定。

3.0.21 检测设备应做到定期检验和校准，并应经常维护保养。

3.0.22 当检测单位采用自行开发或引进的检测仪器及检测方法时，应符合下列规定：该仪器或方法应通过技术鉴定，并具有一定的工程检测实践经验；该方法应与已有成熟方法进行过对比试验；检测单位应制定相应的检测细则；在检测方案中应予以说明，必要时应向委托方提供检测细则。

3.0.23 现场检测完毕后，应由相关人员对检测资料进行复核并签名确认。

7.1.1 传统方法检查宜用于管道养护时的日常性检查，以大修为目的的结构性检查宜采用电视检测方法。

7.1.2 人员进入排水管道内部检查时，应同时符合下列各项规定：管径不得小于0.8m；管内流速不得大于0.5m/s；水深不得大于0.5m；充满度不得大于50%。

7.1.3 当具备直接量测条件时，应根据需要对缺陷进行测量并予以记录

7.1.4 当采用传统方法检查不能判别或不能准确判别管道各类缺陷时，应采用仪器设备辅助检查确认。

7.1.5 检查过河倒虹管前,当需要抽空管道时,应先进行抗浮验算。

7.1.6 在检查过程中宜采集沉积物的泥样,并判断管道的异常运行状况

7.1.7 检查人员进入管内检查时,必须拴有带距离刻度的安全绳,地面人员应及时记录缺陷的位置。

7.2.1 地面巡视应符合下列规定:地面巡视主要内容应包括:管道上方路面沉降、裂缝和积水情况;检查井冒溢和雨水口积水情况;井盖、盖框完好程度;检查井和雨水口周围的异味;其他异常情况。

7.2.2 人员进入管内检查时,应采用摄像或摄影的记录方式,并应符合下列规定:应制作检查管段的标示牌,标示牌的尺寸不宜小于210mm×147mm。标示牌应注明检查地点、起始井编号、结束井编号、检查日期。当发现缺陷时,应在标示牌上注明距离,将标示牌靠近缺陷拍摄照片,记录人应按本规程附录B的要求填写现场记录表。照片分辨率不应低于300万像素,录像的分辨率不应低于30万像素。检测后应整理照片,每一处结构性缺陷应配正向和侧向照片各不少于1张,并对应附注文字说明。

7.2.3 进入管道的检查人员应使用隔离式防毒面具,携带防爆照明灯具和通信设备。在管道检查过程中,管内人员应随时与地面人员保持通信联系。

7.2.4 检查人员自进入检查井开始,在管道内连续工作时间不得超过1h。当进入管道的人员遇到难以穿越的障碍时,不得强行通过,应立即停止检测。

7.2.5 进入管内检查宜2人同时进行,地面辅助、监护人员不应少于3人。

7.2.6 当待检管道邻近基坑或水体时,应根据现场情况对管道进行安全性鉴定后,检查人员方可进入管道。

7.4.1 采用潜水方式检查的管道,其管径不得小于1200m。

7.4.2 潜水检查仅可作为初步判断重度淤积、异物、树根侵入、塌陷、错口、脱节、胶圈脱落等缺陷的依据。当需确认时,应排空管道并采用电视检测。

### (三)《城镇排水管道维护安全技术规程》(CJJ 6—2009)

《城镇排水管道维护安全技术规程》(CJJ 6—2009)于2009年10月20日发布,自2010年7月1日起实施。相关内容如下:

3.0.6 在进行路面作业时,维护作业人员应穿戴配有反光标志的安全警示服并正确佩戴和使用劳动防护用品;未按规定穿戴安全警示服及佩戴和使用劳动防护用品的人员,不得上岗作业。

3.0.10 维护作业区域应采取设置安全警示标志等防护措施;夜间作业时,应在作业区域周边明显处设置警示灯;作业完毕,应及时清除障碍物。

3.0.11 维护作业现场严禁吸烟,未经许可严禁动用明火。

3.0.12 当维护作业人员进入排水管道内部检查、维护作业时,必须同时符合下列各项要求:管径不得小于0.8m;管内流速不得大于0.5m/s;水深不得大于0.5m;充满度不得大于50%。

4.2.3 开启压力井盖时,应采取相应的防爆措施。

5.1.2 下井作业人员必须经过专业安全技术培训、考核,具备下井作业资格,并应掌握人工急救技能和防护用具、照明、通信设备的使用方法。作业单位应为下井作业人员建立个人培训档案。

5.1.6 井下作业人员必须履行审批手续,执行当地的下井许可制度。

5.1.8 井下作业前,维护作业单位必须检测管道内有害气体。井下有害气体浓度必须符合《城镇排水管道维护安全技术规程》第53节的有关规定。

5.1.10 井下作业时,必须进行连续气体检测,且井上监护人员不得少于两人;进入管道内作业时,井室内应设置专业呼应和监护,监护人员严禁擅离职守。

5.3.6 气体检测设备必须按相关规定定期进行检定,检定合格后方可使用。

6.0.1 井下作业时,应使用隔离式防毒面具,不应使用过滤式防毒面具和半隔离式。

6.0.3 防护设备必须按相关规定定期进行维护检查。严禁使用质量不合格的防毒和防毒面具以及氧气呼吸设备。

6.0.5 安全带应采用悬挂双背带式安全带。使用频繁的安全带、安全绳应经常进行防护设备。外观检查,发现异常立即更换。

7.0.1 维护作业单位必须制定中毒、窒息等事故应急救援预案,并应按相关规定定期进行演练。

7.0.4 但需下井抢救时,抢救人员必须在做好个人安全防护并有专人监护下进行下井抢救,必须佩戴好便携式空气呼吸器、悬挂双背带式安全带,并系好安全绳,严禁盲目施救。

## (四)《城镇排水设施气体的检测方法》(CJ/T 307—2009)

《城镇排水设施气体的检测方法》(CJ/T 307—2009)于2009年4月7日发布，自2009年10月1日起实施。相关内容如下：

3.2　排水设施气体：是指排水设施构筑物中常见的易燃易爆和有毒有害气体，即可燃性气体、硫化氢、氧气、氨气、一氧化碳、二氧化硫、氯气、二氧化碳和总挥发性有机物等。

5.3　采样点的选择：一般选择待测气体处于相对平衡态的检查井、管道、沟渠和泵站等下水道设施及其他相关设施中气体富集点进行样品采集或实际测定。操作人员的实际作业位置应进行有毒有害、可燃性气体的预先测定，防止发生意外。

# 第六章
# 排水管道运行维护知识

## 第一节 运行养护知识

### 一、排水管道病害成因

城镇排水管道及其附属构筑物,在使用过程中因沉积淤塞、水流冲刷、腐蚀、外荷载等原因造成损坏,影响管道正常使用功能的现象称之为排水管道病害。常见的排水管道病害成因如下:

1. 沉积淤塞

排水管道输送的雨污水含有多种固体悬浮物,其中相对密度大于1的固体物质属于可沉降固体杂质,如颗粒较大的泥砂、有机残渣、金属粉末等物质,固体颗粒的相对密度与粒径大小,水流的流速与流量的大小决定了其沉降速度与沉降量。可沉降固体,流速小、流量大,颗粒相对密度大与粒径大的沉降速度及沉降量大,管道污泥沉积快。

在管道运行过程中,当管道及其附属构筑物中存在局部阻力变化,如管道汇集、管道转向、管径断面突变等情况时,局部阻力越大,局部水头损失越大,对流速流量的影响也越大,此时流速不能保持一个不变的理想自净流速或设计流速,易产生管道的沉积和淤塞。同时,管道内输送的雨污水水质不同,产生沉积的过程和程度也有较大的不同,水流中易沉降固体悬浮物浓度越大,越容易产生管道的沉积和淤塞。

另外,在排水管道使用中,一些超标排放、违规排放等因素也是造成管道沉积和淤塞的重要原因。如排入污水中油脂类物质超标造成积聚、凝结、硬化后淤塞管道,违章倾倒建筑垃圾、泥浆、粪便等情况,也会造成管道非正常沉积和淤塞。

2. 水流冲刷

水流的流动将不断地冲刷排水管道及其附属构筑物,而一般排水工程设计水流是以稳定均匀无压流为基础,但有时管道或某部位出现压力流动,如雨水管道瞬时出现不稳定压力流动,水头变化处的水流及养护作业时水流都将改变原有形态,尤其是在高速紊流情况下,水流中又会有较大悬浮物,对排水沟道及构筑物冲刷磨损更为严重。这种水动压力作用结果,使构筑物表层松动脱落而损坏,这种损坏一般从构筑物的薄弱处开始(如接缝),受水流冲击损坏且逐渐扩大。

3. 腐蚀作用

污水中各种有机物经微生物分解在产酸细菌作用下(即酸性发酵阶段),有机酸大量产生,污水呈酸性。随着二氧化碳($CO_2$)、氨气($NH_3$)、氮气($N_2$)、硫化氢($H_2S$)产生,并在甲烷细菌作用下二氧化碳与水作用生成甲烷($CH_4$),此时污水酸度下降,此阶段称为碱性发酵阶段。这种酸碱度变化及其所产生的有害气体,腐蚀着以水泥混凝土为主要材料的排水管道及其附属构筑物。

4. 外荷载作用

排水管道及其附属构筑物强度不足、外荷载变化(如地基强度降低、排水构筑物中水动压力变化而产生的水击、外部荷载的增大而引起土压力变化),使管道及其附属构筑物产生变形并受到挤压,而出现裂缝、松动、断裂、错口、下沉、位移等损坏现象。

### 二、排水管道运行维护的主要内容

为了使排水管道及附属构筑物经常处于完好状态,保持排水通畅,更加充分的发挥排水管道的排水能力,必须对排水管道进行日常维护。排水管道运行维护工作范围包括:雨污水管道、合流制管道、检查井、雨水口、雨水口支管、截流井、倒虹吸、排河口、机闸等设施的日常清理、维护、维修等。排水管道运行维护的作用是通过合理的维护保证排水管道的使用功能,保障城市公共排水的安全稳定运行及安全度汛。主要工作内容如下:

1. 管道疏通

管道疏通是指通过水力疏通、机械疏通、人力掏挖等方法清除管道内的淤泥，保持管道的正常使用功能。

水力疏通方法是使用冲洗池、高压射流车或管道拦蓄等方式，利用水流对管道进行冲洗，将上游管道中的污泥排入下游检查井，再采用吸泥车抽吸、清运。这种方法操作简单，安全风险低且功效较高，目前已得到广泛应用。

当管道淤堵严重，淤泥已黏结密实，水力冲洗的效果不好时，需要采用机械疏通或人力掏挖。

### 2. 附属构筑物维护

附属构筑物维护是指通过对检查井、截流井、倒虹吸、闸井、雨水口及排河口进行清理；对井筒、踏步、井室、流槽等部位的损坏进行维修；对丢失或损坏的排水检查井井盖或雨水箅子进行补装和更换等日常维护作业，保持附属构筑物的正常使用功能。

### 3. 附属设备维护

管道附属设备维护是指对安装在管道内的拦蓄自冲洗设备、水力转刷等管道自冲洗设备以及对管道液位、流量、气体、视频监控等在线监测设备，定期进行检查、清理、维护及更换电池等工作，保障相关设备的正常使用功能。

### 4. 日常巡查

排水管道设施日常巡查是指定期对排水管道井盖、附属构筑物、排河口及管道运行情况进行巡视和检查。巡查内容包括：排水管道运行情况、截流设施运行情况、井盖雨水口缺损、违章占压、违章排放接管及影响管道排水的工程施工情况。

## 三、排水管道运行维护的常用方法

### (一) 管道水力清淤疏通

#### 1. 水力清淤疏通

(1) 原理：用人为的方法，提高管道中的水头差，增加水流压力、加大流速和流量来清洗管道中的沉积物，也就是用较大流速来分散或冲刷管道中可推移的沉积物，用较大流量挟带输送污水中可沉淀的悬浮物质。而人为加大的流速和流量，必须超过管道的设计流速和流量才有实际意义。各种粒径的泥砂在水中产生移动时所需要的最小流速见表 6-1。

表 6-1　泥砂在水中产生移动时的最小流速

| 泥砂类型 | 产生移动最小流速/(m/s) |
| --- | --- |
| 粉砂 | 0.07 |
| 细砂 | 0.2 |
| 中砂 | 0.3 |
| 粗砂粒径(<5mm) | 0.7 |
| 砾石粒径(10~30mm) | 0.9 |

(2) 条件：按水力清淤疏通原理，管道的水力条件应满足水量充足，如自来水、再生水、河水、污水等，水量、管道断面与积泥情况要相互适应，管道要具有良好的坡度等条件。一般情况下，管径 200~1200mm 的管道断面，具有较好的冲洗效果。

在单条管道上冲洗应从管道上游开始，在一个排水系统上冲洗应由支线开始，有条件的可在几条支线上同时冲洗，以支线水量汇集冲洗干线，并使用吸泥车配合吸泥。

#### 2. 冲洗井冲洗

在排水管道上游，建设专用冲洗井，依靠地形高差，使冲洗井底高程高于管道底高程，并通过制造水头差来加大冲洗井水流流速，对下游管道进行冲洗。冲洗井一般修建在管道上游段，常用于自身坡度较小，不能保证自净流速的小管径管道。冲洗井可利用自来水、雨污水、再生水、河湖水等作为水源，定期冲洗管道。

#### 3. 拦蓄冲洗

(1) 人工拦蓄冲洗：在某一段管道上，根据管内存泥情况，选择合适的检查井为临时集水井，使用管塞或橡胶气堵等工具堵塞下游管道口，并设置绳索固定和牵引管塞或橡胶气堵。当上游管道水位上涨到要求高度后，拔出管塞或气堵，让大量污水利用水头压力，以高流速冲洗下游管道。这种冲洗方法，由于切断了水流，可能使上游管道产生新的沉积物；但在打开管塞放水时，由于积水而增加了上游管道的水力坡度，也使得上游管道的流速增大，从而带走一些上游管道中的沉积物(图 6-1)。

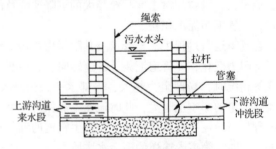

图 6-1　人工拦蓄自冲洗

(2) 机械拦蓄自冲洗：在排水管道通过安装拦蓄机械，拦蓄管道上游来水，当拦蓄水量达到一定高度时，自动或手动控制打开拦蓄盾，对下游一定距离的管道进行水力冲洗，达到管道疏通清淤的目的。一般情况下，可以清理设备安装点以上150m 及以下150m 管道。机械拦蓄自冲洗的特点是利用小流量雨污水即可实现频繁的管道冲洗，有效防止了管道中污染物的沉积。

## (二)管道机械清淤疏通

当管道淤积沉淀物较多时,一般的水力疏通方法无法解决,要使用机械对管道内的积泥和堵塞物进行清理疏通。常用的机械清淤疏通方法有人力绞车疏通、机械绞车疏通、高压射流车疏通和吸污车疏通等。

### 1. 人力绞车疏通

人力绞车(图6-2)被广泛应用于清理排水管道中的淤泥及杂物,具有操作简单、便于运输及维护保养、不需要电力及燃油(气)、节能环保等优点,是排水管道清淤的常用机械,适用管径为200~600mm。

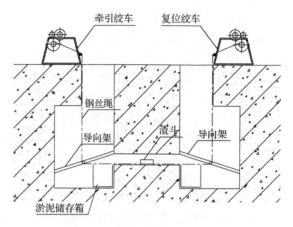

图6-3 人力绞车疏通示意图

图6-2 人力绞车

作业时,一般在目标管段上下游检查井位置,分别设置一台绞车,利用钢丝绳将管道内的疏通工具与地面两台绞车进行连接,通过人力转动绞车绞盘,以达到牵引管道内的疏通工具对管道进行清理的目的。上下游两台绞车中,一台为牵引绞车,另一台为复位绞车,牵引绞车和复位绞车除传动比不同外,其余结构均完全相同,如图6-3所示。

### 2. 机械绞车疏通

机械绞车(图6-4)疏通原理与人力绞车疏通原理基本相同,区别在于由电力、液压站等机械代替人力提供动力,通过控制面板进行操作,减少了人力,操作简单轻便。同时,机械绞车在使用中,复位端以井口导向轮替代复位绞车,利用卷筒缠绕钢丝绳牵引管道内疏通工具,并设换向机构实现往复运动,使清淤更彻底、快捷。适用管径为200~600mm。如图6-5所示。

图6-4 机械绞车

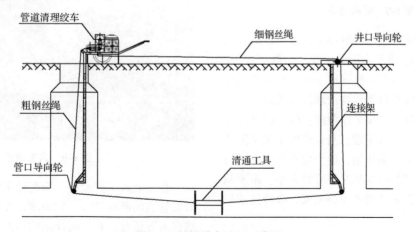

图6-5 机械绞车疏通示意图

### 3. 高压射流车疏通

高压射流车是目前最为常用的机械疏通设备(图6-6),一般由汽车底盘改装,由水罐、机动卷管器、高压水泵、高压冲洗胶管、射水喷头(图6-7)和冲洗工具等部分组成。其工作原理是用汽车引擎供给动力,驱动高压水泵,将水加压通过胶管到达喷头。高压喷头头部和尾部设有射水喷嘴(一般6~8个),高压水流由喷嘴射出,在管道内产生与喷头前进方向相反的强力水柱,借助所产生的反作用力,带动喷头与胶管向前推进。当水泵压力达到6MPa时,喷头前进推力可达190~200N,喷出的水柱使管道内沉积物松动,成为可移动的悬浮物质流向下游检查井或沉泥井。当喷头到达上游管口时,应减少射水压力,卷管器自动将胶管抽回,同时边卷管边射水,将残存的沉淀物全部冲刷到检查井或沉泥井内。

图6-6 高压射流车

图6-7 射水喷头

通过重复上述流程进行反复冲洗,直到目标管段冲洗干净后,再转移到下一管段作业。一般情况下,高压射流车作业时,应在目标管段下游检查井或沉泥井内,配合使用吸泥车将沉积物清理排出管道。

一般情况下,高压射流车作业应从管道起始端开始,逐个检查井向下进行疏通,当管道处于完全阻塞状态时,应从管道最末端开始,逐个检查井向上进行疏通,并应根据管道的结构状况、管径大小、淤塞状况、沉积物特点等因素选用适当的喷头,合理使用射水压力。

### 4. 吸污车疏通

吸污车(图6-8)一般配合高压射流车使用,通过抽吸排出管道内的淤泥和杂物,在清理沉泥井和旋流沉砂装置等特定条件下也可独立使用。常用的吸污车有风机式和真空式两种类型,均是利用汽车自身动力,一种方式是带动离心高压风机旋转,使吸污管口处产生高压高速气流,污泥在其作用下被送入储泥罐内;另一种方式是带动真空泵,通过气路系统把罐内空气抽出形成一定真空度,应用真空负压原理将管道或沉泥井中污泥吸入储泥罐内。一般情况下,吸泥车的有效吸程为6~7m。

图6-8 吸污车

### (三)管道人工清淤疏通

当管道清淤疏通受到作业环境等因素影响,无法使用水力疏通或机械疏通时,可采用人工清淤疏通(图6-9)。人工清淤疏通时,必须严格按照有限空间作业相关安全要求执行。一般人工清淤疏通适用于直径大于1000mm的管线。

图6-9 人工清淤

在开展人工清淤前,应充分了解作业现场环境及清淤管道的断面尺寸、充满度、流速、沉积深度、户线接入等情况,并编制详细的清淤作业方案及应急预案,保障清淤作业的安全、高效开展。

## 四、排水设施周期性运维模式

排水设施养护疏通工作范围包括雨水口、检查井及管道三部分，这些部位在使用过程中随时有沉淀物沉积。一般用管道存泥合格率来表示沉积物的程度，根据行业标准，管道内允许存泥深度不应超过管径或沟深的20%，超过此要求就应及时进行清洗工作。为了做好管道清洗工作，必须了解管道积泥快慢的基本规律，它取决于以下两个因素：

（1）积泥快慢与管道内污水流速、流量成反比，而这种流速与流量是指管道中日常实际流速与流量的情况。

（2）积泥快慢与进入管道中污水里的可沉降固体悬浮物含量成正比，而污水与雨水进入管道的时间愈长，水里的悬浮物含量愈大，这取决于当地居住环境卫生条件和地面铺装与覆盖状况。

因此，在日常养护工作中，应记录各条管道养护日期、出泥量和养护周期，并根据管道的位置、长度、管径、坡度以及水质、水量、各类污泥的含水率，预测出沟道清洗周期，从而掌握所有管道系统的积泥规律，确定出整个管道系统的养护周期，统一安排养护计划，进行周期性养护。

### （一）测算养护周期的条件

全面了解管道设施状况，包括管径、坡度、长度以及污水流向、流速、流量等基础资料。

掌握各种不同管道、不同管径的积泥深度，最好是一年当中雨季前后，要有观测记录，并全面调查淤泥的来源、性质、成分、运动规律，做好分析记录，并且要详细、准确、齐全。

管道所在街道的地面种类、覆盖物情况以及附近环境卫生，居住标准、排水设施完善程度。

调查使用排水管道的工矿企业性质和上游支管的连接情况。

管道系统中泵站的设置、水泵规格、机组数量，特别是泵站下游管道，由于泵站开泵、停泵后导致的水位、流速、流量的变化。

根据管道所在地区的养护条件、管理条件确定允许积泥深度，在不严重影响排水的条件下，一般规定允许积泥深度不能超过管内径的20%。

### （二）养护周期的计算方法

1. 管道平均泥深

根据不同时期观测的管内淤泥深度，找出不同年度、不同管段的平均泥深，一般3年以上泥深的平均值才有一定代表性。采用排水管道不同管段每年平均泥深统计计算，查泥表样表见表6-2。

表6-2 查泥表（样表）

| 管线名称 | 管段 | 管径/mm | 第1年 | | 第2年 | | 第3年 | | 平均泥深/mm | 该条管线平均泥深/mm |
| --- | --- | --- | --- | --- | --- | --- | --- | --- | --- | --- |
| | | | 上次冲洗日期 | 查泥泥深/mm | 上次冲洗日期 | 查泥泥深/mm | 上次冲洗日期 | 查泥泥深/mm | | |
| ×× | | | | | | | | | | |

2. 管道允许泥深

根据管道断面高度或管径大小，按行业标准规定允许存泥深度为管径的20%计算。

3. 养护周期计算

允许泥深（单位：mm）除以1年平均的泥深（单位：mm），即得出养护周期（单位：年），其计算公式为式(6-1)：

$$养护周期 = \frac{允许泥深}{1年实际平均泥深} \quad (6-1)$$

按不同管径，不同泥深分别计算，可以考虑到特殊管段的特殊情况，然后取其平均值，再找出合理周期，使整条管线有一个综合疏通周期参数。

有些管道地段，由于特殊用户的特殊淤积情况，可区别对待。根据这些管道的具体情况和实测的具体泥深数值，结合各种因素，酌情确定个别管段的水冲周期，单独处理。

如果资料不全时，可以粗测几次积泥深度，采用估算方法得出大致的水冲周期。关于粗测与估算的方法和步骤如下：

（1）根据几次粗测的泥深和观测日期，求出相隔的月数。

（2）相应泥深除以相隔月数得出平均每月的积泥深度。

（3）允许泥深除以平均每月的积泥深度，得出水冲周期月数，如时间较长可以换算为年。

（4）根据不同管段，不同管径的周期数分别相加求平均，得出管道全线的综合水冲周期。由于这个周期是粗测，且估算的不够准确，应在养护工作中长期反复实践和加以修订，以保证周期的合理性。

### （三）建立和完善周期性养护的方法

1. 周期性养护的定义

根据行业标准对排水管道沉积物以及养护技术的相关规定，在日常运维过程中，结合管道属性、管径、水量、水质以及管道性质等特点，通过对管道沉泥观测，分析沉泥规律建立养护周期，明确两次养护之间科学合理的间隔时间，从而实现对未来管网养护趋势的科学预测。

### 2. 周期性养护的实施

养护周期的确定分为三个阶段，一是静态赋值，二是动态观测，三是周期分析。具体如下：

（1）静态赋值：落实管网小流域化管理模式，分析小流域纳管特点，进行针对性沉泥观测分析，同时结合近几年管网养护记录，形成以点带面的全局性周期预判。

（2）动态观测：通过对管网设施进行现况调查，测量不同时期沉泥深度，计算并动态调整沉泥周期，预测下次养护时间。动态观测应该是一个持续调整周期规律的过程，直至所有设施被赋予不少于两次的养护记录。

（3）周期分析：通过动态观测与实际养护工作，所有设施被赋予了养护记录，两次记录之间的时间间隔为一个周期，根据养护频次与周期延长的客观规律，通过对尽可能多的周期进行分析，最终确定一个相对客观的养护周期。

## 五、排水管网运行监测

近年来，随着城市信息化的进程，城市排水系统管理领域已逐步开展数字化管理技术的研究和应用。监测技术可用于排水管网关键节点水力负荷和污染特征的获取，结合排水管网模型和大数据分析等技术，可对管网运行状况、运行风险、溢流污染等事件进行预测分析和预报预警。常用的排水管网运行监测内容包括降雨量、管道液位、流量、水质等。

### （一）雨量监测

雨量监测的内容包括降雨量和降雨强度。降雨量是指降雨的绝对值，即降雨深度，用 $H$ 表示，单位以 mm 计。降雨强度是指某一段时段内的平均降雨量，是描述降雨特征的重要指标，用 $i$ 表示，即：

$$i = \frac{H}{t} \tag{6-2}$$

式中：$i$——降雨强度，mm/min；

$H$——降雨深度，mm；

$t$——降雨历时，指场次降雨时间，或其中的一部分连续时段，一般可用 5min、10min、30min、60min、120min 等不同历时计算；用于水力模型的降雨历时资料应该等于或小于 5min。

雨量测量主要采用翻斗式雨量计，如图 6-10 所示。翻斗式雨量计是一种自动测量、自动采集、自动存储降水资料的测量仪器，可分为单翻斗雨量计和双翻斗雨量计。翻斗式雨量计由外筒、集水器、调节螺钉、计数翻斗、弹簧管、安装支架等组成，在测量过程中，当翻斗盛满 0.2mm 或 0.5mm 的降雨时，由于重心外移而发生倾斜，并将斗中的雨水倒出，同时另一个翻斗对准集水器，随着翻斗间歇翻转，翻斗交替的翻转次数会自动记录下来，并发出脉冲信号，通过该仪器的数据采集仪可快速显示出当日的雨量值和时段雨量值。

图 6-10 翻斗式雨量计

### （二）流量监测

流量监测的方法和仪器种类繁多，其分类方法也多。测量对象包括封闭管道和明渠两类。按测量设备的结构原理来分，可把流量计分为三大类：堰槽式流量计、容积式流量计和推理式流量计，推理式主要包括差压式流量计、电磁式流量计、流体振荡型流量计等。在排水系统中常用的流量计主要有：测量明渠流量时一般采用堰式流量计或槽式流量计，测量排水管道流量一般采用电磁流量计、超声波流量计、转子流量计。本节主要介绍超声波流量计。

超声波流量计是利用超声波在流体中传播时记载的流体流速信息，以测量体积流量的仪表，与传统流量计相比，超声波流量计具有非接触测量、工作范围广、便携性好等方面的优点，适合大管径及大流量监测。

#### 1. 超声波流量计工作原理

超声波流量计的测流原理有：传播时间法、多普勒效应法、波速偏移法、相关法、噪声法等。其中应用较广的是传播时间法和多普勒效应法。

（1）传播时间法：超声脉冲穿过管道从一个传感器到达另一个传感器，当管道中的流体有一定流速（该流速不等于零），顺流方向的声脉传输速度快于逆流方向的声脉传输。两个脉冲信号之间产生了时间差，由此可推求出液体的流速，称为传播时间法。

（2）多普勒效应法：多普勒流量计利用声学多普勒效应，在某一固定点测量流体所含散射颗粒产生的多普勒频移来确定流量，可同时记录管道中的瞬时流量、累计流量、流速、水位等多种参数。

（3）面积速度型多普勒流量计：普通的超声波多普勒流量计测量的是管道内具有统计意义的指标流速，测量的精度受流速分布影响较大，尤其是管内流体的雷诺数变化较大、流速分布不均时，将产生较大误差。而面积速度型流量计，可以较好地解决排水系统流量监测过程中的一些特殊问题，如速度分布严重畸变测量、非满管管道测量、非圆截面管道测量等。

面积速度型流量计运用多普勒超声波流量计测量原理并配以相应的面积速度传感器，可对流场进行分层流速测量。如图6-11所示，将管道截面分成若干测量单元，然后测出每个单元的特征点流速，并以该特征点流速代表本单元的平均流速，然后再乘以测量单元的面积得到相应的流量，最后通过多个测量单元的流量叠加得到整个过流断面的流量。

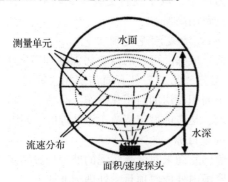

**图6-11 面积速度型流量计测量示意图**

**2. 超声波流量计的特点和适用条件**

超声波流量计为非接触式仪表，与传统流量测量方法相比，具有以下特点：

（1）可以将测量元件置于管壁上，不与被测流体直接接触，因而不会破坏流体的流畅，不产生附加阻力，无压力损失，且仪表的安装检修均不影响监测。

（2）其测流原理不受管径限制，造价与管径无关，适于测量大型圆形管道和矩形管道，它与水位计联动可进行敞开水流的流量测量。

（3）可测量腐蚀性液体、高黏度液体及非导电性液体，在无阻挠流量测量方面是对电磁流量计的一种补充。

（4）夹装式流量计可无须停留截管安装，只用在管道外部安装换能器，这是其具有的独特优点，因此可作移动性测量。

传播时间法超声波流量计适用于较清洁的液体和气体，而多普勒法超声波流量计适用于测量含有一定杂质颗粒或气泡的液体，故可用于污水的流量测量。管径的适用范围为2~500cm，从几米宽的明渠、暗渠到500m宽的河流均可适用。

多普勒超声波流量计自身也存在一定的限制，具体如下：

（1）可测流体的温度范围受流量计材料耐温程度的限制，目前多用于测量200℃以下的流体。

（2）基本误差一般为±（1%~10%），相对于电磁流量计、浮子流量计等而言测量精度较低。

（3）多普勒信号在传统处理方法解调后易失去方向信息。

（4）低流速（<1m/s）测量的采样周期长，动态响应慢，不能满足实时测量需求。

（5）为保证测量精度，测量管道需满足上游管道直线段长度大于10倍管径和下游管道直线段长度大于5倍管径；对在泵、阀等管段处的测量点，上游管道直线段长度大于30倍管径。

## 六、清疏污泥运输与处置

从排水管道内掏挖清理出的沉积物又叫清疏污泥，这些沉积物既有随生活污水和工业废水进入管道中的颗粒物和杂质，也有随道路降尘、垃圾清扫以及建设工地排放进入管道中的物质，还有例如树枝、塑料袋、布片、石块、纤维、动物尸体、泥沙、饮料瓶、包装盒等其他杂物，其特性复杂，是生活垃圾、渣土、砂石、有机污泥、污水的混合物。

清疏污泥运输或处置不当将对环境造成二次污染，因其成分复杂，含水率变化大，垃圾填埋逐步拒绝接收，清疏污泥只能晾晒后临时处置，对环境造成二次污染。随着城市管网的不断建设和运行维护水平的提升，清疏污泥量将逐步增加，如果得不到妥善处置，将进一步加剧对环境的污染，影响人们的日常生活。

### （一）清疏污泥的运输

清疏污泥含水率较高，受清淤方式影响，一般采用水力冲洗清捞时，污泥含水率约为80%~95%；采用机械清捞时，污泥含水率约为40%~60%。为避免清疏污泥运输过程中对环境造成二次污染，运输车辆应采用抓斗车、封闭泥罐车、特种封闭作业车等，如图6-12~图6-14所示。在运输过程中，应做到泥不落地，沿途无洒落。

**图6-12 抓斗车**

图 6-13 封闭泥罐车

图 6-14 联合疏通车

### (二)清疏污泥的处置

#### 1. 处置目的

清疏污泥的处置目的是降低清疏污泥的含水率和污泥中的有机成分,便于清疏污泥进入填埋场填埋。同时,根据我国清疏污泥的特点,将夹杂在污泥中大量的生活垃圾、树皮、砖石等杂物分离,以便进一步分开处理和资源化处置。

#### 2. 传统清疏污泥处理工艺

(1)自然风干:通过自然晾晒的方式降低清疏污泥的含水率,但粗放式的管理和运行方式给周边带来的环境问题已越来越难以被人接受,同时晾晒对气候的要求较高,我国北方地区冬季低温降雪等都给自然风干的处理带来极大困难,晾晒占地面积较大,不适合在城市人口密度较大的地区应用。

(2)机械脱水:利用清疏污泥砂石含量高、持水力较差的特点,采用离心、压榨等方式去除污泥中的自由水和部分间隙水。但由于我国清疏污泥中夹杂着大量的块状砖石等建筑垃圾,极易对脱水设备造成磨损,使常规机械脱水设备无法正常运行。

(3)加热烘干:主要是利用外源加热取代自然晾晒的方式对清疏污泥进行快速烘干,具有占地面积小,运行管理相对集中的优点。但烘干工艺对原料的要求更为严格,烘干设备更易受到块石等杂物的磨损,运行费用高昂。

#### 3. 现代清疏污泥处理工艺

目前,成熟、可行的清疏污泥处理工艺为"淘洗+筛分"工艺,此工艺具有简洁实用,针对性强,容易实现小面积厂房的封闭化操作,有利于控制二次污染等特点,是当前城市清疏污泥处理的最好方法。

1)处理目标

目前国家尚未对清疏污泥的处理处置制定统一标准,借鉴国内外成熟项目,处理标准如下:

(1)清疏污泥无害化、减量化、资源化。

(2)最终污泥含水率≤40%,便于装载运输。

(3)有机质含量≤10%,便于填埋处理。

2)工艺原理

清疏污泥中的固体物质主要由大量无机物和部分有机物组成,按照尺寸、物质成分和密度的不同,可以分为不同的种类。清疏污泥"淘洗+筛分"工艺的原理是利用水力和机械力,重力分选结合粒度分选,将清疏污泥中的各成分分离,以便进一步分开处理。

3)工艺流程

处理基本流程如图 6-15 所示。

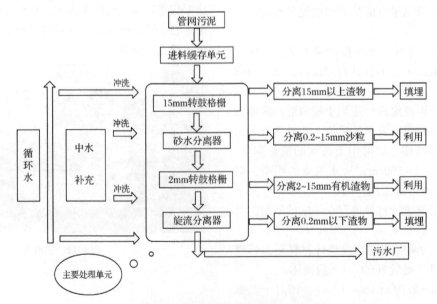

图 6-15 清疏污泥处置流程示意图

4）现代清疏污泥处置项目实例

北京清河清疏污泥处理站为北京市第一个清疏污泥处理站，位于北京市海淀区清河再生水厂院内，依清河再生水厂而建，如图 6-16 所示。建于 2013 年 2 月，厂房包括污泥进料间、污泥处理间、控制间及附属用房，占地面积 3698m²，总建筑面积 964.1m²。主要负责北京城区管网清疏污泥的初期处理，处理能力 60m³/d。

运行工艺采用冲洗、筛分工艺，四级分离，核心设备选用 15mm 转鼓格栅、2mm 转鼓格栅、砂水分离器、螺旋输送机及抓斗天车，冲洗用水取自再生水厂中水，出渣为 15mm 以上粗大物料、0.2~15mm 粒径粗砂、2mm 以上有机物料及污泥，除粗砂以外，其他出料均由环卫公司清运填埋；洗涤后的污水通过新建污水管线排入清河再生水厂污水进水干线，进入清河再生水厂进行专业处理。如图 6-17 所示。

上海虹口区清疏污泥处理站为上海第一座清疏污泥处理站，如图 6-18 所示，位于广粤支路与汶水东路交汇处，依河而建。建于 2013 年，占地面积约 150m²，处理能力 60t/d。

运行工艺采用冲洗、筛分工艺，两级分离，主要设备选用振动筛及皮带输送机，冲洗用水取自河道，出渣为粗大物料及其他物料，由环卫公司清运填埋；出水排入广粤支路市政污水设施。此工艺相对简单，出料仅实现污泥减量化，未能实现资源化利用。

4. 资源化途径

清疏污泥处理后的产物潜在资源化途径包括：填埋、制砖、焚烧、作为建筑材料利用等。

1）填埋或制砖

根据清疏污泥的基本性质，对照《城镇污水处理厂污泥处置混合填埋泥质》（CJ/T 249—2007）标准中涉及的指标进行相关分析。标准中规定，污泥用于混合填埋时需要控制污泥含水率小于等于 60%，pH 为 5~10。表 6-3、表 6-4 列举了某清疏污泥处理产物的检测数据。污泥产物平均含水率低于 30%，pH 符合要求。同时，污泥产物中的污染物含量均满足标准所涉及的安全指标要求。

（a）处置站外观

（b）进料间

（c）处理间

图 6-16　清河清疏污泥处置站

(a) 15mm 以上粗大物料

(b) 0.2~15mm 粗砂

(c) 2~15mm 有机物料

(d) 2mm 以下污泥

图 6-17 清河清疏污泥处置站出渣情况

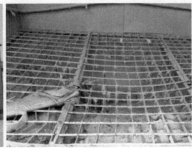

图 6-18 上海虹口区清疏污泥处理站

表 6-3 清疏污泥处理产物技术指标样品检测结果

单位:%

| 样品名称 | 含水率 | 有机份 |
| --- | --- | --- |
| 砂水分离装置泥样 | 17.3 | 5.88 |
| 2mm 精细过滤装置泥样 | 22.5 | 98.5 |
| 旋流分离装置泥样 | 29.5 | 7.77 |

表 6-4 清疏污泥处理产物重金属含量样品检测结果

单位:mg/kg

| 样品名称 | 总汞 | 总砷 | 总锌 | 总铜 | 总铅 | 总镍 | 总铬 | 总镉 |
| --- | --- | --- | --- | --- | --- | --- | --- | --- |
| 污水管线 | 1.28 | 9.93 | 182 | 48.8 | 39.5 | 15.3 | 17.8 | <4 |
| 出渣 | 0.966 | 9.62 | 199 | 49.7 | 73.0 | 12.2 | 22.6 | <4 |
| 出沙 | 0.833 | 5.65 | 244 | 37.8 | 25.4 | 7.65 | 10.9 | <4 |
| 泥浆 | 0.434 | 5.22 | 112 | 30.3 | 18.8 | 5.86 | 11.0 | <4 |
| 城镇污水处理厂污泥泥质(GB 24188—2009) | <25 | <75 | <4000 | <1500 | <1000 | <200 | <1000 | <20 |

分析结果表明，将清疏污泥产物进行混合填埋或制砖是可行的。其中，用于混合填埋时，混合比例应控制在 8% 以内；用于制砖时，混合比例应控制在 10% 以内。

2) 焚烧

因 2mm 精细筛分装置筛分产物存在有机物含量较高，含水率较低的特点，污染物含量符合安全指标，因此可采用焚烧的方式进行消纳处置，充分利用其热值，用于发电或供热等环境。焚烧后的灰渣及飞灰体积比焚烧前大大减少，但有害重金属大多数都富集在残渣中，在重金属含量不超标的情况下可考虑综合利用，比如制砖、水泥等。若重金属含量超标，不允许直接填埋，通常是采用飞灰再燃装置进行高温熔融处理后，再进行填埋，或采用化学方法将超标重金属淋滤出来，达标后再利用。焚烧后烟气污染物排放要达到国家规定的标准值。

3) 作为建筑材料使用

清疏污泥中含有大量砂粒，以北京为例，每方污泥出砂量达到 30%~40%，粒径 0.2~15mm。根据《建筑用砂》(GB/T 14684—2001) 标准要求，天然砂的含泥量3类小于5%（1类小于1%，2类小于3%），天然砂中粒径小于0.075mm的颗粒即为含泥量。从试样情况来看，处理后的污泥粗砂不宜直接作为建筑用砂使用，只可用于使用要求不高的方面，例如作为铺设管道或道路基础的回填土、制作步道砖的原材料等。但是，通过技术改进提高其粒径精度，减少含泥量，降低有机物含量，可扩大其作为建材利用途径。

## 七、城镇防汛与排涝

### (一)降雨概述

#### 1. 降雨的特征与分类

降雨的特性取决于上升气流、水汽供应和云的物理特征，其中尤以上升运动最为重要。因此通常按上升气流的特性将降水分为对流雨、锋面雨、地形雨和台风雨四种主要类型。

(1)对流雨：热带及温带夏季午后，因高温使得蒸发旺盛，富含水汽的气流剧烈上升，至高空因减压膨胀冷却而成云致雨，称为对流雨。它多从积雨云中下降，是强度大、雨量多、雨时短、雨区小的阵性降雨。发展强烈的还伴有暴雨、大风、雷电，甚至冰雹。这种降水大多发生在终年高温、大气层结不稳定的低纬度热带地区和中纬度地区的夏季。地处赤道低压带的热带雨林气候，因太阳辐射强，空气对流运动显著，主要为对流雨。一般清晨时天空经常无云，日出后随着太阳高度角的增大，气温迅速升高水汽蒸发后上升，天空积云逐渐增厚。到了午后，积雨云势如山峰，电闪雷鸣下起倾盆大雨。傍晚雨停，大自然又恢复了宁静。一年中每一天几乎都是如此没有季节的变化。我国南方亚热带或温带的夏季午后也常有对流雨出现。

(2)锋面雨：冷暖性质不同的气团相遇，其接触面称为锋面。暖湿空气因密度小，较干冷空气轻，会沿着锋面爬升，而致水汽凝结降雨，称为锋面雨。锋面雨多发生于温带气旋的天气系统内，故又称气旋雨。因为锋面或气旋水平尺度大、持续时间长、上升速度慢，易形成层状云系，产生大范围的连续性降水。降水均匀，降水强度没有急剧变化，这是中高纬度地区最重要的降水类型。我国北方大部分地区夏季的暴雨都是锋面雨。锋面雨是我国主要的降雨类型，主要由夏季风的进退所决定，雨带随锋面的移动而移动。每年5月，南部沿海进入雨季；6月移至长江中下游，形成1个月左右的梅雨；7—8月雨带移至华北、东北，长江中下游出现伏旱；9月雨带南撤；10月雨季结束。我国南方雨季开始早，结束晚，雨季长；北方雨季开始晚，结束早，雨季短。为了解决我国降水量地区分配不均带来的相关问题，我国修建了"南水北调"工程。有些年份因夏季风进退反常，易引发水旱灾害，可修建水库进行调节。

(3)地形雨：温湿空气运行中遇到山地等地形阻挡被迫抬升，气温降低，空气中的水汽凝结而产生的降雨，称为地形雨。一般形成在山地的迎风坡，而且随着高度的升高，降水量逐渐增多，到达一定高度时降水量达到最大。再向高空去，降水量又逐渐减少。地形雨的强度和大小除同山地的高度有关外，还同气流的含水量、稳定性和运动速度相关，如果山体足够高，气流水汽充沛，运行稳定，常常成为多雨中心。如喜马拉雅山南坡的乞拉朋齐，位于西南季风的迎风坡，年平均降水量达到12000mm左右，成为世界的"雨极"。当气流越过山顶，沿背风坡向下流动，则形成增温、干燥等现象，有些地方还出现干热的焚风，降雨量很少或没有降雨，成为"雨影区"。如澳大利亚东海岸的大分水岭，东侧为东南信风的迎风坡，多地形雨；西侧的墨累—达令盆地形成雨影效应，降水稀少，气候干燥，严重影响了该地混合农业的生产。为了解决灌溉水源问题，澳大利亚修建了"东水西调"工程。

(4)台风雨：在热带洋面出现的热带气旋，其降雨主要是由于海上潮湿空气的强烈辐合上升作用而形成，称为台风雨。台风是形成于热带或亚热带海洋上强大的热带气旋，中心附近风力达到12级或12级以上。热带气旋的范围虽比温带气旋小，但云层浓密，且环绕在低气压中心的气流强盛，带来狂风暴雨，会造成河堤决口、水库崩溃、洪水泛滥。这种热带气旋在亚洲东部和我国沿海地区称为台风，在亚洲南部及北美洲东海岸则称为飓风。我国夏秋季节经常发生的台风属于强烈发展的热带气旋，带来狂风暴雨，给人民群众的生命财产造成巨大损失。

#### 2. 降雨的分级

降雨根据其不同的物理特征可分为液态降水和固态降水。降水量是指在一定时间内降落到地面的水层深度，单位用毫米(mm)表示。

液态降水有毛毛雨、雨、雷阵雨、冻雨、阵雨等；固态降水有雪、雹、霰等；还有液态固态混合型降水：如雨夹雪等。在气象上用降水量来区分降水的强度，可分为：小雨、中雨、大雨、暴雨、大暴雨、特大暴雨、小雪、中雪、大雪和暴雪等。

小雨：雨点清晰可见，没漂浮现象；落地不四溅；洼地积水很慢；屋上雨声微弱，屋檐只有滴水；12h内降水量小于5mm或24h内降水量小于10mm的降雨过程。

中雨：雨落如线，雨滴不易分辨，落硬地四溅；

洼地积水较快；屋顶有沙沙雨声；12h 内降水量 5~15mm 或 24h 内降水量 10~25mm 的降雨过程。

大雨：雨降如倾盆，模糊成片；洼地积水极快；屋顶有哗哗雨声；12h 内降水量 15~30mm 或 24h 内降水量 25~50mm 的降雨过程。

暴雨：凡 24h 内降水量超过 50mm 的降雨过程统称为暴雨。根据暴雨的强度可分为：暴雨、大暴雨、特大暴雨三种。

大暴雨：12h 内降水量 70~140mm 或 24h 内降水量 100~250mm 的降雨过程。

特大暴雨：12h 内降水量大于 140mm 或 24h 内降水量大于 250mm 的降雨过程。

小雪：12h 内降雪量小于 1mm（折合为融化后的雨水量，下同）或 24h 内降雪量小于 2.5mm 的降雪过程。

中雪：12h 内降雪量 1~3mm 或 24h 内降雪量 2.5~5mm 或积雪深度达 3cm 的降雪过程。

大雪：12h 内降雪量 3~6mm 或 24h 内降雪量 5~10mm 或积雪深度达 5cm 的降雪过程。

暴雪：12h 内降雪量大于 6mm 或 24h 内降雪量大于 10mm 或积雪深度达 8cm 的降雪过程。

3. 降雨频率与重现期

降雨是一种偶然事件，某一大小的暴雨强度出现的可能性一般不是预知的。因此，需要通过大量的观测资料进行统计分析，计算其发生的频率，推论发生的可能性。某特定值暴雨强度的频率是指不小于该值的暴雨强度出现的次数与观测资料总项数之比的百分数。频率小的暴雨强度出现可能性小，反之则大。

在实际中常用重现期代替频率一词。某特定值暴雨强度的重现期是指等于或大于该值的暴雨强度可能出现一次的平均间隔时间，单位用年（a）表示。重现期与频率互为倒数。

## （二）城镇防洪排涝及雨水管理

### 1. 城镇防洪排涝的重要意义

洪涝灾害具有突发性强、波及面广、影响程度重的特征，是人类面临的最主要的自然灾害之一，也是影响社会和谐的重大隐患。纵观世界主要文明的起源，可以发现这样一个规律性的认识：人类文明的起步是从用火开始的，而人类社会的形成是从治水开始的。古代中国的思想家就把洪水灾害视同猛兽，提出了"为政之要，其枢在水"的观点。防洪工作需要与自然规律协调安排，人与洪水协调共处。要付出合理的投入，取得可能获得的最大效益；要进行科学规划，确定城镇的防洪标准，修建防洪工程体系，包括堤防、水库，并设置分蓄行洪区，建设区内安全设施，以便主动分蓄行洪；要平垸行洪，退田还湖，移民建镇。这些工作的目标是：在城镇发生规划标准的常遇和较大洪水时，国家经济和社会活动不受影响；遇到超标准的大洪水和特大洪水时，有预定的分蓄行洪区和防洪措施，国家经济和社会不发生动荡，不影响国家长远计划的完成。防洪减灾是关系到人民群众生命财产安全，关系到社会稳定与可持续发展的重要事业。

### 2. 城镇雨水管理概况

我国城镇化进程正处在快速发展时期。在此背景下，伴随着城镇人口激增和城镇规模的扩张，城镇水系统和自然水循环过程受到影响，水生态系统退化严重，自然水体水质恶化，水患问题日益突出。主要表现在以下几个方面：

1）城镇洪涝灾害日益严重

由于人类活动的影响，天然流域受到破坏，土地利用状况改变，混凝土建筑、柏油马路、工业区、商业区、住宅区、停车场、街道等不透水面积大量增加，建筑密度不断提高，导致城镇地表径流汇流时间缩短，径流量和洪峰流量增大，发生洪涝灾害的风险大增，危害加剧。据住房和城乡建设部 2010 年对国内 351 个城镇专项调研显示，2008—2010 年，有 62% 的城镇发生过不同程度的内涝，其中内涝灾害超过 3 次以上的城镇有 137 个，在发生过内涝的城镇中，57 个城镇的最长积水时间超过 12h。同时随着城镇人口和资产密度提高，同等雨水强度的灾害损失在增加；城镇空间立体开发，雨水不仅易给各种地下设施带来灭顶之灾，高层建筑也会因交通、供水、供气、供电等系统的瘫痪而难免损失；城镇资产类型复杂化，计算机网络等信息类资产设施受水灾破坏所造成的损失难以估量，且恢复困难；城镇对生命线系统的依赖性及其在区域经济贸易活动中的中枢作用，使得洪水灾害的影响范围远远超出受淹范围，间接损失甚至超过直接损失。

2）城镇雨水径流污染加重

我国多数城镇的水环境受到一定程度的点源污染和面源污染，尤其面源污染成为城镇化进程中面临的新挑战。由于城镇中人类活动强，土地不透水面积比例高，径流来势猛，流量大，水质差，初期雨水污染严重。降雨对地表沉积物冲刷是引起城镇地表径流污染的主要根源，是仅次于农业面污染源的第二大污染源。在我国，随着城镇化进程的快速发展，城镇非点源污染也逐渐成为影响河流湖泊水质的主要因素之一。我国大部分城镇采用雨污合流排水系统，一些分流制管网存在严重的混接、错接和乱接现象，污水溢流问题严重。大量雨水进入污水管道，还增大了污水处理厂的负荷，增加了运营能耗和处理成本。

3) 城镇雨水管理模式概况

为解决由于城镇化所带来的这些问题，早在 20 世纪中期，发达国家就开始进行探索。到 20 世纪末期，多样化的可持续雨水管理的理念和技术得到大范围的应用和实践。其中最有代表性的包括 20 世纪 70 年代起源于北美的最佳管理措施（Best Management Practices，简称 BMPs）；20 世纪 90 年代美国在 BMPs 基础上推行的低影响开发（Low Impact Development，简称 LID）；同时期在英国发起可持续城镇排水系统（Sustainable Urban Drainage System，简称 SUDS）；澳大利亚的城市雨水利用设计（Water Sensitive Urban Design，简称 WSUD）；新西兰集合了 LID 和 WSUD 理念的低影响城镇设计与开发（Low Impact Urban Design and Development，简称 LIUDD）。这些理念是城镇化背景下的产物，它们都着力于寻找一种能缓解城镇水患，改善城镇水环境的雨水管理解决途径。这些雨水管理理念或措施先后在美国、加拿大、英国、德国、澳大利亚、新西兰等 40 多个国家进行了实践，取得了良好效果。

中华人民共和国成立以来至 21 世纪初，我国大部分城镇仍采用传统的雨水管网措施，将雨水视为灾害尽快排走，很少有城镇在雨水综合利用上下功夫。近年来，随着我国城镇雨水问题日益突出，雨水管理理念在我国逐渐引起了关注。2012 年 4 月，在《2012 低碳城市与区域发展科技论坛》中，"海绵城市"概念首次提出；2013 年 12 月 12 日，习近平总书记在《中央城镇化工作会议》的讲话中强调："提升城市排水系统时要优先考虑把有限的雨水留下来，优先考虑更多利用自然力量排水，建设自然存积、自然渗透、自然净化的海绵城市"。而《海绵城市建设技术指南——低影响开发雨水系统构建（试行）》以及仇保兴发表的《海绵城市（LID）的内涵、途径与展望》则对"海绵城市"的概念给出了明确的定义，即城市能够像海绵一样，在适应环境变化和应对自然灾害等方面具有良好的"弹性"，下雨时吸水、蓄水、渗水、净水，需要时将蓄存的水"释放"并加以利用，达到提升城市生态系统功能和减少城市洪涝灾害发生的作用。

### （三）城市防汛排涝

城市防汛是指为了防止和减轻洪水和城市暴雨内涝灾害，在洪水预报、防洪调度、防洪工程运用、防汛保障、应急排涝等方面进行的有关工作。城市暴雨内涝是指由于强降水或连续性降水超过城市排水能力致使城市内产生积水灾害的现象。排涝是指排除危害生产、生活的积水。

1. 城市安全度汛一般工作内容

(1) 汛前准备工作：主要包括建立防汛指挥体系，明确防汛组织架构；编制防汛保障方案和汛情预警响应预案；编制重点地区、桥区防汛抢险预案；组织防汛人员相关技能培训；排查防汛软硬件设施隐患；实施隐患消除工程；组织应急抢险和排涝预案演练；备足防汛物资；建立健全防汛预报警报系统。

(2) 汛中保障工作：主要包括 24 小时防汛值班，根据降雨预报及时发布汛情预警，启动防汛响应；雨中做好重点道路、桥区、易积水地区的巡查和守护；做好雨水和排涝泵站的维护，保证正常运行；发生积滞水或其他相关险情，立即组织抽排或抢险，将社会影响和财产损失控制在最小范围；及时收集、整理、分析和报送相关汛情、雨情、险情等动态信息。

(3) 汛后总结工作：主要包括对城市防洪排涝工程、专项作业设备等进行再检查和汛后整修及保养维护；对城市防汛工作进行经验总结和教训分析；对汛中抢险工程再加固；若采用分洪等紧急措施，则应做好善后工作。

2. 城市防汛排涝措施

1) 隐患排查及治理

汛前应对防汛重点部位排水设施、风险隐患点和历史积水点、桥区泵站收退水设施、雨水及排涝泵站、防汛抽排及应急抢险设备等情况进行深入细致的排查，发现问题及时处理。

2) 汛前养护及维修

(1) 管道检查及养护：为确保排水管道的使用功能，汛前应对排水管道尤其是雨水管道和合流制管道运行情况进行全面检查和清淤疏通，及时恢复排水管道过水断面。

(2) 泵站设备设施维护：雨水泵站和排涝泵站在排除城市低洼地带积水，防止城市内涝方面发挥着重要作用。汛前应对雨水泵站和排涝泵站收退水设施及各类设备设施情况进行排查和维修保养，保证汛期泵站正常运行。

(3) 雨水口清掏：雨水口是雨水进入排水管道的入口，是收集地面径流的重要设施，雨水口的收水功能直接影响城市的防汛安全。汛前应对雨水口进行专项清淤，保证雨水口及雨水支管排水畅通，汛中更要提高检查频率，及时清理淤堵的雨水口。

(4) 排河口及机闸维护：排河口是雨水排入自然水体的出水口，排河口的运行状况直接影响上游雨水系统的正常运行，汛前应对排河口进行专项检查和清理维护，同时对排河口附属机闸进行维护保养，保证闸门的正常启闭。

(5) 防汛设备检修及保养：汛前应对用于防汛保

障的车辆、抽排设备、视频及定位设备、雨量及风速采集设备、液位监控设备等进行检修和保养。

3) 防汛物资及备品备件储备

汛前应根据防汛保障预案，做好汛期防汛保障物资及各类设备相关备品备件的储备及保障工作。

4) 通信及信息保障

防汛保障单位应设立防汛专用电话、传真和电台。汛前应对防汛各类信息化系统进行全面调试和维护，保证各系统正常运行。

5) 培训与演练

汛前应组织泵站运行、水厂运行、应急抢险、设备抢修、系统操作及汛期宣传等各方面培训、演练，各项不少于3次，抢险单元演练不少于5次。通过培训和演练，达到提升防汛保障人员业务水平，缩短防汛抢险单元展开时间，提高汛情处置效率的目的。

## 第二节　修复更新知识

### 一、排水管道检测与评估

排水管道检测是发现病害、制订维修方案、做好管道养护维修计划的前提和必要条件。排水管道检查的目的在于确定是否需要疏通管道，能够及时发现损坏管道和查找造成损坏的原因。检测必须定期进行，以便及时地发现管道内部的损坏部分。

由于施工和管道养护手段等原因，排水管道使用过程中会存在不同程度的破裂、渗漏、脱节、错位、侵蚀、积泥堵塞，甚至变形塌陷等现象，直接影响排水系统的正常运行，甚至威胁到城市交通和人民生命财产的安全。为了能够最大限度地发挥管道的排水能力，延长管道的使用寿命，需要对排水管道及附属设施进行设施检测。排水管道检测即为利用目测等传统的方法或专业管道检测设备对排水管道及其附属设施进行全面、直观、科学的检查、评估，其目的是对排水管道的现况具备基本的掌握，为后续养护疏通及工程改造等提供科学的参考依据。

#### （一）检测分类

根据检测目的的不同，排水管道检测分为功能性检测和结构性检测。

1. 功能性检测

主要是以检查排水管道功能为目的的检测，一般检测排水管道的有效过水断面，并将排水管道实际过流量与设计流量进行比较，以确定排水管道的功能性状况。这类检测病害一般可通过日常养护疏通等手段解决。

排水管道的建设或使用过程中，进入或残留在管道内的杂物以及水中泥沙沉淀、油脂附着等，使过水断面减小，影响其正常排水能力的缺陷状态。功能性病害包括积泥、洼水、结垢、树根、杂物、封堵等，见表6-5。

表6-5　城镇排水管道功能性病害

| 病害种类 | 病害定义 | 示意图 |
| --- | --- | --- |
| 积泥 | 水中的泥沙及其他异物沉淀在排水管道底部形成的堆积物 | |
| 洼水 | 因地基不均匀沉降等因素在排水管道内形成的水洼 | |
| 结垢 | 水中的油脂、铁盐、石灰质等附着或沉积于排水管道内表面形成的软质或硬质结垢 | |
| 树根 | 自然生长进入排水管道的树根（群） | |
| 杂物 | 排水管道内的碎砖石、树枝、遗弃工具、破损管道碎片等坚硬杂物 | |
| 封堵 | 残留在排水管道内的封堵材料 | |

2. 结构性检测

主要是以检查排水管道结构现况为目的的检测，该类检测是为了解排水管道结构现况及连接状况，通过综合评估后确定排水管道对地下水资源及市政设施、城市道路安全等是否带来影响。这类检测病害一般可通过工程修复等手段解决。

排水管道的建设或使用过程中，由于外部扰动、地面沉降或水中有害物质的作用，使管道的结构外形或结构强度发生变化，影响其正常使用寿命。结构性病害包括腐蚀、破裂、变形、错口、脱节、渗漏、侵入等，见表6-6。

表 6-6 城镇排水管道结构性病害

| 病害种类 | 病害定义 | 示意图 |
|---|---|---|
| 腐蚀 | 排水管道内壁受到水中有害物质的腐蚀或磨损 | |
| 破裂 | 外部作用力超过自身承受力使排水管道产生的裂缝或破损，破裂形式有纵向、环向和复合三种 | |
| 变形 | 排水管道的断面形状偏离原样，变形一般指柔性管 | |
| 错口 | 两根同断面排水管道接口未对正 | |
| 脱节 | 两根同断面排水管道接口未充分推进或脱离 | |
| 渗漏 | 外部土层中的水从排水管道壁（顶）、接口或检查井壁流入 | |
| 侵入 | 管道等物体非正常进入或穿过排水管道 | |

## （二）检测技术

随着社会和科技的进步，排水管道检测技术根据历史沿革分为以简单的目测法、量泥斗检测法、潜水检测法等为代表的传统检测法和以管道潜望镜等复杂专业检测方法为代表的现代检测法。

### 1. 传统检测方法

传统检测方法是人员在地面巡视检查、进入管内检查、反光镜检查、量泥斗（或量泥杆）检查、潜水检查等检查方法的统称。

（1）观察法：通过观察同条管道相间检查井内的水位，确定管道是否堵塞；观察窨井内的水质成分，如上游检查井中为正常的雨污水，而下游检查井内流出的是黄泥浆水，说明管道中间有断裂或塌陷。检查人员自进入检查井开始，在管道内连续工作时间不得超过1h。当进入管道的人员遇到难以穿越的障碍时，不得强行通过，应立即停止检测。该种检测方法直观，但检测条件较苛刻，安全性差，目前已不再使用。

（2）量泥斗检测法：通过检测管口或检查井内的淤泥和积砂厚度，来判断管道排水功能是否正常。量泥斗用于检查井底或离管口500mm以内的管道内软性积泥量测，当使用Z字形量泥斗检查管道时，应将全部泥斗伸入管口取样。量泥斗的取泥斗间隔宜为25mm，量测积泥深度的误差应小于50mm。该检测方法直观速度快，但无法测量管道内部情况，无法检测管道结构损坏情况，仅适用于管线管口淤积情况的检测。

（3）反光镜法：通过反光镜把日光折射到管道内，观察管道的堵塞、错位等情况。该检测方法直观、快速、安全。但无法检测管道结构损坏情况，有垃圾堆积时，后面情况看不清，现在基本不用。

（4）潜水检查法：用于人可进入的大口径管道，通过潜水员手摸管道内壁进行观察和判断管道是否堵塞、错位的一种方法。该检测方法较为安全，但无视像资料、准确性差，仅适用于设备无法检测等特殊情况。

传统检测方法虽然简单、方便，在条件受到限制的情况下可起到一定的作用，但其很多的局限性，已不适应现代化排水管网管理的要求。

### 2. 现代化检测方法

现代排水管道检测技术相对于传统方法，无论在检测设备、检测原理和方法，还是在适用范围、检测评估等方面，都有革新性的区别。根据现代检测技术的工作原理和采用的检测设备，可分为管道外检测技术和管道内窥检测技术。

1）管道外检测技术

（1）探地雷达法：根据电磁波在地下传播过程中遇到不同的物体界面会发生反射进行反演可得到目标体的位置分布、埋深等信息。该法用于测量土壤层的孔隙深度和尺寸，混凝土管的层理和饱和水渗出的范围以及管道下的基础。输出图像比较复杂，需要有丰富的经验才能判读，探地雷达检测法适用于初步检测管道位置、管道及周边土层坍塌等，一般用于抢险抢修和工程施工（图6-19）。

（2）撞击回声法：当重物或重锤撞击管壁后会产生应力波，应力波通过管道传播，由地下传音器可探测到在管道内部裂痕和外表面产生的反射波。当波以不同速度传播，通过不同的路径散射到管外的土壤中去时，用表面波特殊分析仪将波分成不同频率的成分，便可得出管道结构和外部土壤的相关信息。撞击回声检测法仅适用于初步检测管道是否存在渗漏，但无法判断裂痕大小等，一般适用于管线调查等。

(a) CAS-SCAN探地雷达

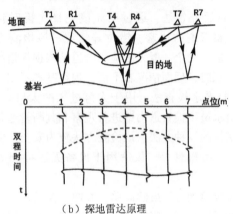

(b) 探地雷达原理

**图 6-19　探地雷达**

(3) 表面波光谱分析法：该方法使用辅助传感器和用于分析表面波的光谱分析仪，因此易于区分管壁和周围土壤引起的问题，同时可以检测管壁和土壤情况。表面波光谱分析法仅适用于初步判断排水管道管壁裂痕及周边土壤坍塌等。

上述几种管道外检测技术，均是通过仪器对排水管道缺陷的检测，优点在于对管道无损性检测、避免了人工下井检查的危险，但存在检测内容单一、受环境影响大、采集的数据不直观，需要有丰富的经验才能准确判断等缺点。

2) 管道内窥检测技术

(1) 闭路电视检测系统：闭路电视检测（Close Circuit Television Inspection，简称 CCTV）系统的原理是采用闭路电视采集图像，通过有线传输方式，进行直观影像显示和记录来分析管道内部缺陷状况，如图 6-20 所示。适用于新建排水管道系统的竣工验收；排水管道系统改造或疏通的竣工验收；管道淤积、排水不畅的竣工验收；管道腐蚀、破损、接口错位、结垢等运行状况的检测；查找、确定非法排放污水的源头及接驳口；查找因排水系统或基建施工而找不到的检查井或去向不明管段，探测不明线路；检查市政排污系统是否需要维修或更换排水管道；可在非开挖铺设管道竣工后，对管道内部状况进行检查验收；人员无法进入的危险环境下的作业；根据其内部情况，及时进行清理和维修；保证管道在紧急状况下能正常发挥作用。适用管径 200~3000mm。

**图 6-20　闭路电视检测系统**

(2) 管道声呐检测：管道声呐检测（Sonar Inspection）是采用声波反射技术对管道及其他设施内的水中物体进行探测和定位，并能够提供准确的量化数据，从而检测和鉴定管道的破损情况，如图 6-21 所示。用于管道内污水充满度高、流量大，又因生产排放等原因无法停水，而无法进行 CCTV 检测的污水管道的淤积、结垢、泄漏故障检测，适用于直径（断面尺寸）从 125~3000mm 范围内各种材质的管道。

**图 6-21　声呐检测设备**

(3) 管道潜望镜检测：管道潜望镜（Quickview）是管道快速检测设备，配备了强力光源，它通过可调节长度的手柄将高放大倍数的摄像头放入检查井或管道中，通过控制盒来调节摄像头和照明以获取清晰的录像或图像，如图 6-22 所示。适用于管径为 150~3000mm 的管道检测，因管道潜望镜自身缺陷，探测距离较闭路电视检测系统短，在井段较长等情况下以及缺陷位置位于管道较深处时，与闭路电视检测系统相较而言易出现检测清晰度不够等现象，故管道潜望

**图 6-22　管道潜望镜**

镜适用于水位不影响检测的情况，对排水管道内部进行缺陷检测。

(4) 激光检测：采用专用激光发生器、影像测量评估软件和闭路电视系统进行管道内窥定量检测的一种方法，如图 6-23 所示。激光检测系统一般与闭路电视系统同步使用，激光发生器与电视检测系统完全兼容，可快速、牢固地安装在电视检测系统摄像头的前方，方便拆卸。通过激光扫描数据和图像记录，利用软件对管道截面积、变形值、$X$ 和 $Y$ 轴情况，以及管道内壁腐蚀磨损度计算，进而对管道内部结构状况进行精确评估。适用于在非带水作业的前提下，进行管道非接触、高精度、定量检测。

(三) 评估方法

1. 功能性检测评估

排水管道功能性缺陷等级划分及相关参数见表 6-7。

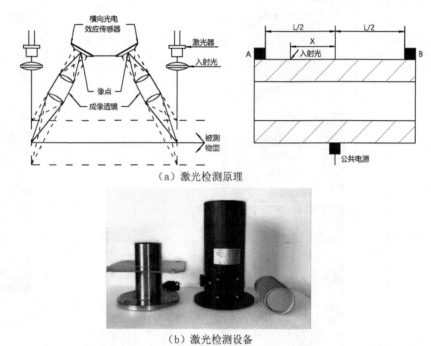

图 6-23 管道激光检测

表 6-7 管道功能性缺陷等级划分及样图

| 缺陷名称 | 缺陷代码 | 缺陷程度分级 | 说明 | 分值 | 样图 | 缺陷名称 | 缺陷代码 | 缺陷程度分级 | 说明 | 分值 | 样图 |
|---|---|---|---|---|---|---|---|---|---|---|---|
| 积泥 | JN | 轻度 | 深度小于断面尺寸的15% | 0.05 |  | 洼水 | WS | 轻度 | 深度小于断面尺寸的20% | 0.05 |  |
|  |  | 中度 | 深度为断面尺寸的15%~30% | 0.25 |  |  |  | 中度 | 深度为断面尺寸的20%~40% | 0.25 |  |
|  |  | 重度 | 深度大于断面尺寸的30% | 1.00 |  |  |  | 重度 | 深度大于断面尺寸的40% | 1.00 |  |

| 缺陷名称 | 缺陷代码 | 缺陷程度分级 | 说明 | 分值 | 缺陷名称 | 缺陷代码 | 缺陷程度分级 | 说明 | 分值 |
|---|---|---|---|---|---|---|---|---|---|
| 结垢 | JG | 轻度 | 过水断面积损失小于10% | 0.15 | 树根 | SG | 轻度 | 过水断面积损失小于10% | 0.15 |
| 结垢 | JG | 中度 | 过水断面积损失为10%~25% | 0.75 | 树根 | SG | 中度 | 过水断面积损失为10%~25% | 0.75 |
| 结垢 | JG | 重度 | 过水断面积损失大于25% | 3.00 | 树根 | SG | 重度 | 过水断面积损失大于25% | 3.00 |
| 杂物 | ZW | 轻度 | 过水断面积损失小于5% | 0.50 | 残堵 | CD | 轻度 | 过水断面积损失小于5% | 0.50 |
| 杂物 | ZW | 中度 | 过水断面积损失为5%~15% | 3.00 | 残堵 | CD | 中度 | 过水断面积损失为5%~15% | 3.00 |
| 杂物 | ZW | 重度 | 过水断面积损失大于15% | 6.00 | 残堵 | CD | 重度 | 过水断面积损失大于15% | 6.00 |

排水管道的功能等级以井段为最小评定单位,以排水管线为最大评定单位。

排水管道的功能等级根据式(6-3)计算的养护指数 $MI$ 按表6-8进行评定。

$$MI = 85G + 5E + 10K \quad (6\text{-}3)$$

式中:$G$——评定段的功能性缺陷参数,见式(6-4);
$E$——评定段的管道重要性参数,见表6-9;
$K$——评定段的地区重要性参数,见表6-10。

$$\left.\begin{array}{l} \text{当 } Y > 1 \text{ 时,} G = 1 \\ \text{当 } F < Y \leqslant 1 \text{ 时,} G = Y \\ \text{当 } Y \leqslant F \text{ 时,} G = F \end{array}\right\} \quad (6\text{-}4)$$

式中:$Y$——评定段的淤积状况系数,见式(6-5);
$F$——评定段的负荷状况系数,见表6-11。

$$\left.\begin{array}{l} \text{当 } Y_a > Y_m \text{ 时,} Y = Y_a \\ \text{当 } Y_a \leqslant Y_m \text{ 时,} Y = Y_m \end{array}\right\} \quad (6\text{-}5)$$

式中:$Y_a$——评定段的沿程平均淤积状况系数,见式(6-6);
$Y_m$——评定段的局部最大淤积状况系数,见式(6-7)。

$$Y_a = \frac{1}{\alpha L} \sum_{i=1}^{n} P_i L_i \quad (6\text{-}6)$$

$$Y_m = \frac{1}{\beta} \max\{P_i\} \quad (6\text{-}7)$$

式中:$\alpha$——沿程平均淤积程度临界值,取0.4;

β——局部最大淤积程度临界值，取1.0；
L——评定段所检测的管道长度，m；
n——评定段检测出的功能缺陷个数，个；
$L_i$——第$i$个(处)缺陷纵向长度，m；以"个"为计量单位时，1个相当于纵向长度1m；
$P_i$——第$i$个(处)缺陷权重，按表6-13确定；在同一处出现一种以上缺陷时，权重叠加。

表6-8 管道功能等级评定

| 管道养护指数 | 管道功能等级 | 功能状况评价 | 管道养护方案 |
|---|---|---|---|
| MI<25 | 一级 | 没有功能缺陷或仅个别轻度缺陷，管道功能状况良好 | 无须养护 |
| 25≤MI<50 | 二级 | 少量轻度缺陷或仅个别中度缺陷，管道功能状况较好 | 列计划养护 |
| 50≤MI<75 | 三级 | 轻度缺陷较多或有少量中度缺陷，管道功能状况较差 | 须尽快养护 |
| MI≥75 | 四级 | 中度缺陷较多或已出现重度缺陷，管道功能状况很差 | 紧急养护或扩建 |

表6-9 管道重要性参数($E$)

| 管道断面尺寸/mm | 管道重要性参数 | 管道断面尺寸/mm | 管道重要性参数 |
|---|---|---|---|
| <600 | 0 | >1000且≤1500 | 0.6 |
| 600~1000 | 0.3 | >1500 | 1 |

表6-10 地区重要性参数($K$)

| 管道集水地区属性 | 地区重要性参数 | 管道集水地区属性 | 地区重要性参数 |
|---|---|---|---|
| 中心政治、商业及旅游区 | 1 | 其他机动车道路 | 0.3 |
| 交通干道和其他商业区 | 0.6 | 其他区域 | 0 |

表6-11 管道负荷状况系数($F$)

| 污水 | 雨水 | 合流 | 管道负荷状况系数 | 污水 | 雨水 | 合流 | 管道负荷状况系数 |
|---|---|---|---|---|---|---|---|
| 管道高峰充满度 | 保证降雨重现期/a | | | 管道高峰充满度 | 保证降雨重现期/a | | |
| <0.7 | ≥5 | | 0 | ≥0.8且<0.9 | ≥2且<3 | | 0.6 |
| ≥0.7且<0.8 | ≥3且<5 | | 0.3 | ≥0.9 | <2 | | 1 |

表6-12 功能缺陷权重

| 缺陷名称（代码） | 功能缺陷权重($P$) | | | 计量单位 |
|---|---|---|---|---|
| | 轻度 | 中度 | 重度 | |
| 积泥(JN) | 0.05 | 0.25 | 1.00 | m |
| 洼水(WS) | 0.05 | 0.25 | 1.00 | m |
| 结垢(JG) | 0.15 | 0.75 | 3.00 | m(纵向)或个(环向) |
| 树根(SG) | 0.15 | 0.75 | 3.00 | 个 |
| 杂物(ZW) | 0.50 | 3.00 | 6.00 | 个 |
| 封堵(FD) | 0.50 | 3.00 | 6.00 | 个 |

2. 结构性检测评估

排水管道结构性缺陷等级划分及相关参数见表6-13。

表6-13 管道结构性缺陷等级划分及样图

| 缺陷名称 | 缺陷代码 | 缺陷程度分级 | 说明 | 分值 | 样图 | 缺陷名称 | 缺陷代码 | 缺陷程度分级 | 说明 | 分值 | 样图 |
|---|---|---|---|---|---|---|---|---|---|---|---|
| 腐蚀 | FS | 轻度 | 出现凹凸面；勾缝明显脱落 | 0.15 | | 破裂 | PL | 轻度 | 出现裂痕(裂缝宽度<2mm) | 0.30 | |
| | | 中度 | 显露粗骨料；砌块失去棱角 | 4.50 | | | | 中度 | 明显裂口但破裂处无脱落 | 1.50 | |
| | | 重度 | 已显露钢筋；砌块明显脱落 | 9.00 | | | | 重度 | 破裂处有明显脱落（破碎） | 7.50 | |

(续)

| 缺陷名称 | 缺陷代码 | 缺陷程度分级 | 说明 | 分值 | 样图 | 缺陷名称 | 缺陷代码 | 缺陷程度分级 | 说明 | 分值 | 样图 |
|---|---|---|---|---|---|---|---|---|---|---|---|
| 变形 | BX | 轻度 | 小于管道断面尺寸的5% | 0.10 | | 错口 | CK | 轻度 | 小于管道壁厚的1/2 | 0.15 | |
| | | 中度 | 为管道断面尺寸的5%~15% | 0.50 | | | | 中度 | 为管道壁厚的1/2~1 | 0.75 | |
| | | 重度 | 大于管道断面尺寸的15% | 2.50 | | | | 重度 | 大于管道壁厚 | 3.00 | |
| 脱节 | TJ | 轻度 | 小于管道壁厚的1/2 | 0.15 | | 渗漏 | SL | 轻度 | 水从缺陷点间断滴出 | 0.75 | |
| | | 中度 | 为管道壁厚的1/2~1 | 0.75 | | | | 中度 | 水从缺陷点以线状持续流出 | 3.00 | |
| | | 重度 | 大于管道壁厚 | 3.00 | | | | 重度 | 水从缺陷点大量涌出或喷出 | 7.50 | |
| 侵入 | QR | 轻度 | 占用过水断面积小于10% | 0.75 | | | | | | | |
| | | 中度 | 占用过水断面积为10%~25% | 3.00 | | | | | | | |
| | | 重度 | 占用过水断面积大于25% | 7.50 | | | | | | | |

评定排水管道的结构等级至少应检测下列井段：排水管道的首尾井段、水力坡降异常的井段、横跨交通干道的井段、有结构缺陷尚未修复完成的井段、已检测出结构缺陷的上下游井段、在保护范围内有新建地下工程的井段或位于粉砂土或湿陷性土等不稳定土层的井段。

排水管道的结构等级以井段为最小评定单位，以排水管线为最大评定单位。同一管段上的多个连续井段，当检测出的结构缺陷类型及程度基本相同时，可进行整体评定。

排水管道的结构等级根据式(6-8)计算的修复指数 $RI$ 按表 6-14 进行评定。

$$RI = 70J + 5E + 10K + 15T \quad (6-8)$$

式中：$J$——评定段的结构性缺陷参数，见式(6-9)；
$E$——评定段的管道重要性参数，见表 6-15；
$K$——评定段的地区重要性参数，见表 6-16；
$T$——评定段的土质重要性参数，见表 6-17。

$$\left.\begin{array}{l} 当 S > 1 时，J = 1 \\ 当 A < S \leq 1 时，J = S \\ 当 S \leq A 时，J = A \end{array}\right\} \quad (6-9)$$

式中：$S$——评定段的损坏状况系数，见式(6-10)；
$A$——评定段的老化状况系数，见表 6-18。

$$\left.\begin{array}{l} 当 S_\alpha > S_m 时，S = S_\alpha \\ 当 S_\alpha \leq S_m 时，S = S_m \end{array}\right\} \quad (6-10)$$

式中：$S_\alpha$——评定段的沿程平均损坏状况系数，见式(6-11)；
$S_m$——评定段的局部最大损坏状况系数，见式(6-12)；

$$S_\alpha = \frac{1}{\alpha L} \sum_{i=1}^{n} P_i L_i \quad (6-11)$$

$$S_m = \frac{1}{\beta} \max\{P_i\} \quad (6-12)$$

式中：$\alpha$——沿程平均损坏程度临界值，取 0.4；
$\beta$——局部最大损坏程度临界值，取 3.0；
$L$——评定段所检测的管道长度，m；
$n$——评定段检测出的结构缺陷个数，个；
$L_i$——第 $i$ 个(处)缺陷纵向长度，m；以"个"为计量单位时，1 个相当于纵向长度 1m；
$P_i$——第 $i$ 个(处)缺陷权重，见表 6-19；在同一处出现一种以上缺陷时，权重叠加。

**表 6-14 管道结构等级评定**

| 管道修复指数 | 管道结构等级 | 结构状况评价 | 管道修复方案 |
|---|---|---|---|
| $RI < 25$ | 一级 | 结构状况良好 | 不需修复 |
| $25 \leq RI < 50$ | 二级 | 短期内无安全隐患 | 加强监测 |
| $50 \leq RI < 75$ | 三级 | 有较大安全隐患 | 列计划尽快修复 |
| $RI \geq 75$ | 四级 | 有重大安全隐患 | 紧急修复或翻新 |

**表 6-15 管道重要性参数($E$)**

| 管道断面尺寸/mm | 管道重要性参数 | 管道断面尺寸/mm | 管道重要性参数 |
|---|---|---|---|
| <600 | 0 | >1000 且 ≤1500 | 0.6 |
| >600 且 ≤1000 | 0.3 | >1500 | 1 |

**表 6-16 地区重要性参数($K$)**

| 管道所在地区属性 | 地区重要性参数 | 管道所在地区属性 | 地区重要性参数 |
|---|---|---|---|
| 中心政治、商业及旅游区 | 1 | 其他机动车道路 | 0.3 |
| 交通干道和其他商业区 | 0.6 | 其他区域 | 0 |

**表 6-17 老化状况系数($A$)**

| 管道使用年限/a | 管道老化状况系数 | 管道使用年限/a | 管道老化状况系数 |
|---|---|---|---|
| <25 | 0 | ≥40 且 <50 | 0.6 |
| ≥25 且 <40 | 0.3 | ≥50 | 1 |

**表 6-18 土质重要性参数($T$)**

| 管道所在土层类型 | 土质重要性参数 | 管道所在土层类型 | 土质重要性参数 |
|---|---|---|---|
| 粉砂土、湿陷性土 | 1 | 杂填土、粉质黏土 | 0.3 |
| 膨胀土、淤泥质土 | 0.6 | 其他土层 | 0 |

**表 6-19 结构缺陷权重**

| 缺陷名称（代码） | 结构缺陷权重($P_i$) 轻度 | 中度 | 重度 | 计量单位 |
|---|---|---|---|---|
| 腐蚀(FS) | 0.30 | 4.50 | 9.00 | m |
| 破裂(PL) | 0.20 | 1.00 | 6.00 | m(纵向)或个(环向) |
| 变形(BX) | 0.10 | 0.50 | 3.00 | m(纵向)或个(环向) |
| 错口(CK) | 0.15 | 0.75 | 4.50 | 个 |
| 脱节(TJ) | 0.15 | 0.75 | 4.50 | 个 |
| 渗漏(SL) | 0.75 | 3.00 | 9.00 | 个 |
| 侵入(QR) | 0.75 | 3.00 | 9.00 | 个 |

## 二、排水管道非开挖修复

随着城市建设的飞速发展，排水管道的建设逐年增加，城市地下管网的规模不断扩大。然而，从排水管道建设和运行调研结果看，除了建国初期开始建设的、使用已达半个世纪以上的管道出现损坏外，一些新建管道也由于局部地质条件较差等原因也已出现结构性和功能性损坏现象。与此同时，在建工程对周边已建排水管道造成影响甚至损坏的情况也时有发生，这些情况严重影响了城市排水的安全运行。因此，掌握排水管道的运行状况，确保城市排水安全运行，对存在缺陷的管道进行及时修复是十分必要的。

目前我国城市发展已从建设时代逐渐进入维护管理时代，但管道维护与修复往往受到繁忙的城市交通、地下管线、环境保护、古迹维护、农作物和绿化保护、构（建）筑物、高速公路、铁路及河流等各种复杂地理环境因素的影响，导致传统的开挖修复施工维护措施代价高昂，迫使对周围环境影响较小的非开挖修复技术获得广泛应用，以提高社会效益。

在我国，管道非开挖技术最初主要用于公用地下管线工程，随后在沉管抢修和结构性损坏的预防性修复工程中逐渐得到应用和推广，目前，包括从国外引进及自主开发用于排水管道修复的非开挖技术种类繁多，其中不乏先进技术。

## （一）非开挖修复技术分类

排水管道非开挖修复的基本目的是采用少开挖或不开挖地表的修复技术对损坏的排水管道进行局部或整体修复，使其恢复原有功能。由于非开挖修复技术的局限性，排水管道能否采用非开挖修复技术修复应对需修复管道损坏情况、所处环境和修复后能达到的功能等进行综合考虑，修复前须进行管道信息收集、损坏检测和评估、修复技术选择等程序。

排水管道非开挖修复方法很多，随着科学技术的进一步发展，以后也会有更多的技术被采用，目前，北京市常用排水管道非开挖修复按技术可分为土体注浆法、嵌补法、套环法、局部内衬、现场固化内衬、螺旋管内衬、短管及管片内衬、牵引内衬、涂层法和裂管法等；按修复目的可分为防渗漏型、防腐蚀型和加强结构型三类；按修复范围可分为辅助修复、局部修复和整体修复三类。表6-20为排水管道非开挖修复技术分类一览表。

表6-20 非开挖修复技术分类一览表

| 辅助修复 | 土体注浆法 |
|---|---|
| 局部修复 | 嵌补法 |
| | 套环法 |
| | 局部内衬 |
| | 裂管法 |

（续）

| 辅助修复 | 土体注浆法 |
|---|---|
| 整体修复 | 现场固化内衬 |
| | 螺旋管内衬 |
| | 短管及管片内衬 |
| | 牵引内衬 |
| | 涂层内衬 |

**1. 辅助修复**

辅助修复常用方式是土体注浆。

土体注浆法是较早应用的一种排水管道防渗堵漏和填充方法，通过管内向外或地面向下对排水管道周围土体和接口部位、检查井底板和四周井壁注浆，形成隔水帷幕防止渗漏，固化管道和检查井周围土体，填充因水土流失造成的空洞，增加地基承载力和变形模量，隔断地下水渗入管道及检查井的途径的一种堵漏、填充方法。是排水管道非开挖修复的基础，其对修复管道的稳定和防道路路面的沉降作用较大，且为各种非开挖修复的前期处理工艺，通常被作为一种辅助修复方法被应用，一般与其他修复技术配合使用。

注浆分为土体注浆和裂缝注浆。土体注浆可选用水泥注浆和化学注浆两种注浆材料，裂缝注浆则选用化学注浆。

土体注浆常用方式有渗透注浆、压密注浆、劈裂注浆，但在实际注浆中，浆液往往是以多种形式灌入地基中，单一的流动方式是难以实现的，只是以某一种形式为主而已。

**2. 局部修复**

局部修复是对旧管道内的局部破损、接口错位、局部腐蚀等缺陷进行修复的方法。如果管道本身质量较好，仅出现少量局部缺陷，采用局部修复比较经济。常用的局部修复技术如下：

1）嵌补法

嵌补法是一种排水管道非开挖局部嵌补修复技术，嵌补材料可分为刚性和柔性两种，常用的刚性材料有石棉水泥或双A水泥砂浆等；常用的柔性材料有沥青麻丝、环氧焦油砂浆、聚硫密封胶、聚氨酯等。

最早的嵌补材料为石棉水泥或双A水泥砂浆，凿除旧的接缝后，用速干水泥或石棉膨胀水泥进行手工嵌补。随着化学材料的研发，环氧焦油砂浆、聚硫密封胶、聚氨酯等开始取代水泥砂浆。化学密封料具有较好的柔性，抗变形比水泥砂浆好，堵漏效果更好，适用于接口或裂缝嵌补，比刚性嵌补材料效果好。

常用的嵌补法有裂缝嵌补修复技术（聚氨酯材料），该技术不仅适用于排水管道的接口堵漏修理，也适用于检查井修理。嵌补法存在着质量不够稳定，且工期较长，有着重复修理的可能，但设备简单。对于某些地质条件较好而经费又不足的地区，仍然是可考虑的一种选择。

2) 套环法

套环法是在接口部位或局部损坏部位安装止水套环，绝大多数套环法的质量稳定性较好，而且施工速度快，但对水流形态和过水断面有一定影响。

套环法按套环支架材料分为不锈钢套环法、普通钢套环法、PVC 套环法、NPC 胶带双胀环法等。按密封形式分为橡胶止水带（圈）密封、PE 止水带密封、聚氨酯灌浆等。常用的套环法有不锈钢双胀环法、不锈钢发泡筒修复法等。

3) 局部内衬法

局部内衬法是将整体内衬用于局部修理。利用毡筒气囊局部成型技术，将涂灌树脂的毡筒用气囊使之紧贴母管，然后用紫外线等方法加热固化。一般可分为毡筒气囊局部成型、人工玻璃钢接口等。常用的有局部现场固化（毡筒气囊局部成型）修复技术，该技术适用于检查井修理。

3. 整体修复

整体修复是对两个检查井之间的井段整段加固修复。对管道内部严重腐蚀、接口渗漏点较多以及管道的结构遭到多处损坏或经济比较不宜采用局部修复的管道，采用整体修复就可以达到修旧如新的效果。

修复可分为两大类，即内衬法和涂层法。内衬法修复的管道不仅可以防腐、防渗，而且可按需要增加内衬管管壁厚度，达到增加管道总体结构强度的目的。内衬法施工速度快，可靠性强，因此已经成为排水管道非开挖整体修复的主流。涂层法修复的管道是以防腐、防渗为修理目的。常用的整体修复技术如下：

1) 现场固化内衬

现场固化内衬是一种全新的排水管道非开挖整体修复技术。将浸满热固性树脂的毡制软管通过翻转或牵引等方法送入已清洗干净的待修理管道中，并通过水压或气压使其紧贴于管道内壁，然后进行加热固化，形成新树脂内衬管。按加热方法可分为热水、蒸汽、喷淋或紫外线加热固化；按内衬材料置入管内的方法分为水翻、气翻和拉入。该技术还适用于检查井修理。

紫外线加热固化具有固化时间短、节约能源的优点，但同时也有穿透能力弱、安全性差等缺点，目前适用于管径 600mm 以下的管道。

2) 螺旋内衬

螺旋内衬是排水管道非开挖整体内衬修复技术，通过安放在井内的制管机将塑料板带绕制成螺旋状不断向旧管道内推进，在管内形成新的内衬管。修复后的管道内壁光滑，输送能力比修复前的混凝土管要好，适合长距离的管道修复。

螺旋内衬按螺旋缠绕工艺分为固定口径法和扩张工法两种。

机械制螺旋内衬管修复技术主要有独立结构管和复合结构管两种，新管道与原有管道之间可注浆或不注浆。

3) 短管及管片内衬

短管及管片内衬是既可以对排水管道进行非开挖整体修理，也可以进行局部修理的方法。将特制的塑料短管或管片由检查井进入管内，组装成衬管，然后逐节向旧管内推进，最后在新旧管道的空隙间注入水泥浆固定，这种复合结构内衬管是在旧的管道中形成"管中管"，使修复后的管道结构性能加强，延长了使用寿命，但该方法的管道横截面面积损失较大。

该修复技术可分短管及管片内衬注浆法和贴壁内衬法；又可分小口径管道修复技术和中、大管道修复技术。常用的短管及管片内衬法有短管焊接内衬修复技术，该技术适用于检查井修理。

4) 牵引内衬

牵引内衬是对排水管道非开挖整体内衬修理，采用牵引机将整条塑料管由工作坑或检查井牵引拉入旧管内，然后进行形状复原形成新的内衬管。按施工技术分为折叠牵引法、缩径牵引法、滑衬法和胀（裂）管法。常用的有折叠管牵引内衬修复技术。

5) 涂层内衬

涂层内衬是一种不增强结构强度的排水管道非开挖整体修复技术，主要用于防腐处理，对轻微渗漏也有一定预防作用。涂层内衬对施工前的堵漏和管道表面处理有较严格的要求，施工质量受操作环境和人为因素影响较大，稳定性和可靠性比较差，检查和评定涂层质量也比较困难。按修复技术分为水泥基聚合物涂层、玻璃钢涂层内衬、水泥砂浆喷涂法和聚脲喷涂法等。常用的涂层内衬法有水泥基聚合物涂层修复技术，该技术适用于检查井修理。

**（二）非开挖修复技术选择**

管道非开挖修复技术应根据现场条件、管道损坏情况及其各修复方法的使用条件选择。经过总结可知，非开挖修复技术的适用范围见表 6-21。

表 6-21　非开挖修复技术的适用范围

| 修复方法 | | 管径范围 | | | 检查井 | 常用修复技术 |
| --- | --- | --- | --- | --- | --- | --- |
| | | $D<800$ | $800 \leq D <1500$ | $D \geq 1500$ | | |
| 辅助修复 | 地基加固处理 | √ | √ | √ | √ | 土体注浆技术 |
| 局部修复 | 嵌补法 | √ | √ | √ | √ | 裂缝嵌补修复技术 |
| | 套环法 | — | √ | √ | — | 不锈钢双胀环修复技术 |
| | | √ | √ | — | — | 不锈钢发泡筒修复技术 |
| | 局部内衬 | — | √ | √ | √ | 局部现场固化修复技术 |
| 整体修复 | 现场固化内衬 | √ | √ | √ | — | 现场固化内衬修复技术 |
| | 螺旋内衬 | — | √ | √ | — | 机械制螺旋管内衬修复技术 |
| | 短管及管片内衬 | √ | √ | √ | — | 短管焊接内衬修复技术 |
| | 牵引内衬 | $D<600$ | — | — | — | 折叠管牵引内衬修复技术 |
| | 涂层内衬 | — | √ | √ | √ | 水泥基聚合物涂层修复技术 |

注：表中"√"表示适用。

### 三、排水管道附属构筑物维修

为了提高排水管道构筑物耐久性，延长排水设施使用寿命，对排水构筑物出现的各种损坏状况应及时进行维护与修理。排水管网附属构筑物包括雨水口、检查井、倒虹吸管、出水口等。

#### (一) 设施损坏因素

(1) 使用损坏：当流速过小、淤塞沟道，特别是对较小管径、管道转向、倒虹吸管、截流井等处，由于不正常的水流破坏易发生管道使用损坏。如不及时疏通会将整个管道堵死，中断水流，造成管道或排水构筑物重新翻建。当流速过大，会严重冲刷磨损管道等构筑物而引起损坏。流速突变（由大变小）形成水柱，可产生巨大的水压力，破坏管道等构筑物。

(2) 强度损坏：排水管道构筑物由于遭受到外荷载变化，产生结构破坏。如土压力、地面荷载力、地基沉降、土基冻胀力等，使构筑物产生下沉变形、断裂位移、砌体松动等结构强度破坏。

(3) 自然损坏：管道及其构筑物由于污水腐蚀作用而发生的损坏。排水管道构筑物均是以水泥为胶结材料所构筑而成的混凝土和砖石砌体结构，酸碱性污水和污水中有机物分解腐化过程所产生的有害气体，均腐蚀着混凝土、钢筋混凝土和砖石砌体结构及其钢铁配件，如钢筋、踏步、井盖、闸门等。

#### (二) 设施维修方法

为了保证排水管道构筑物设施完好，对发生的各种损坏与不良的现象，应及时进行维护与修理，并根据损坏情况将养护修理工程项目进行分类，分别进行整修、翻修、改建、新建等。同时按照维修工程规模及投资可以分为大修、中修、小修、维护等类别。

(1) 整修工程：指原有排水管道设施，遭受到各种局部损坏，但主体结构完好，经过整修来恢复原设施完整性。

(2) 翻修工程：指原有排水管道设施，遭受到彻底结构性破坏或主体结构完全损坏，必须经过重新修建来恢复原有设施完好性。

(3) 改建工程：指对目前原有排水管道设施等级现状进行不同规模地保护、改造和提高，使原有排水管道设施能适应目前排水方面需要。

(4) 新建工程：是指完善原有排水管道排水系统，发挥排水管道设施排水能力所实施的工程。

#### (三) 维修工作内容

**1. 雨水口**

雨水口出现损坏情况，影响使用与养护，应进行维修，如雨水箅子损坏、短缺，井座移动损坏，井壁挤压断裂，位置不良或短缺，深浅不适，高低不平等。具体情况如下：

(1) 升降雨水口：雨水口高程不适宜，雨水口周围附近路面有积水现象或路面平整度受到影响。

(2) 整修雨水口：井座错位、移动、损坏，箅子损坏短缺，井壁底砖块和水泥抹面腐蚀、松动、脱落，雨水口被淹埋堵塞等。

(3) 翻修雨水口：井壁挤压断裂损坏，深浅不适等。

(4) 改建雨水口：原雨水口位置不合理，类型数量不适宜等。

(5) 新建雨水口：原地面雨水口短缺，需要新添加雨水口。

**2. 雨水支管**

由于翻修、改建、新建雨水口而发生的雨水支管翻修、改建、新建的工程。具体如下：

(1) 翻修雨水支管：指原雨水支管位置、长度、管位不变，只是埋深和坡度的改变。

(2) 改建雨水支管：指原雨水支管位置、长度、管径、埋深、坡度都可以有改变。

(3)新建雨水支管：指原地位置没有任何雨水支管，需新修建雨水支管工作。

3. 进出水口

当翼墙、护坡、海漫、消能设施等部位受到冲刷挤压而出现断裂、坍陷、砖石松动、勾缝抹面脱落、错动移位，影响到设施的完整使用和养护时，均须按损坏情况进行整修与改建。

4. 检查井

检查井出现损坏情况，影响使用与养护工作，应进行维修，如井盖、井口和井圈损坏、错动、倾斜、位移、高低不适，井内踏步松动、短缺、锈蚀，流槽冲刷破损、抹面勾缝脱落，井壁断裂、腐蚀、挤塌，井中堵塞，井筒下沉等。具体情况如下：

(1)整修、油刷踏步：对踏步松动、缺损和锈蚀的维修。

(2)更换井盖：对井盖、井圈缺损或原井盖不适宜使用的进行更换。

(3)升降检查井：指原井高程不适宜，影响路面平整与车辆行驶或日常养护工作。

(4)整修检查井：原检查井的井盖错动、倾斜位移、井壁勾缝抹面脱落、断裂、井中堵塞。

(5)翻修检查井：原井井筒下沉，井壁断裂，错动或挤塌，将原井在原位置进行重建。

(6)改建检查井：原井位置不良或类型、大小深浅、高程已不适应使用与养护工作要求而改建。

(7)新建检查井：原沟道上检查井短缺，根据使用与养护需要而新建检查井。

### (四)检查井井盖和雨水箅子的调整、更换

1. 检查井井盖的调整与更换

检查井井盖的类型按承载力可分为重型和轻型两种；按材质可分为金属井盖、高强钢纤维水泥混凝土井盖、再生树脂井盖、聚合物基复合材料检查井盖等；按形状可分为圆形和矩形井盖等。

当井盖不能满足使用要求或者产生破损等情况时，要对井盖做调整或更换处理，通常包括更换单个井盖、调整更换整套井盖、修复井盖周边破损路面等工作。

1)更换单个井盖

当单个井盖发生丢失、破损时，如井圈井座完好，可使用同类型、同尺寸的井盖进行更换处理，同时做好防盗措施。

2)调整、更换整套井盖

当整套井盖发生损坏、位移、下沉等现象时，按照以下步骤实施：

(1)将路面按施工所需尺寸切割开，通常"切方、切圆"两种方法任选其一，深度控制在15~20cm为宜，或考虑可以凿除旧井盖及井圈深度为准。

(2)路面切割完成后，用风镐进行破碎，清理深度至井框底以下2~3cm为宜(井盖规格有出入时，以新井盖的规格控制凿除深度)，将旧有井盖、井圈取出。

(3)将砂浆搅拌均匀(沙砾与水泥比例1∶3)平铺井筒上方，厚度2~3cm，将井盖垂直放置砂浆找平层上方，比原有路面高约5~10mm(用水平尺或者小线找准高程)，井筒外围夯实处理。在检查井安装时必须注意用1∶1∶1的混凝土对井圈四周加固，防止检查井位移、下沉。待水泥砂浆凝固后(30min为宜)方可以平铺热沥青。完成后使用1∶1的水泥砂浆对井圈内部进行勾缝处理，勾缝应均匀、密实。

3)修复井盖周边破损路面

路面恢复通常采用混凝土恢复和沥青混凝土恢复两种。沥青混凝土恢复路面方法主要内容为：井盖安装完成后，在操作面表面淋适量乳化沥青作为黏结层，用沥青填充操作面，高度控制在高出路面2~3cm。如厚度超出10cm时，分层铺设沥青，每层沥青使用平板夯实，如此反复，直至铺设沥青与旧路面高度基本一致。在路面恢复时注意检查井周边沥青必须与原有路面连接平稳，新旧路面接茬不得有毛茬。方便车辆、行人能够安全、平稳的通过。

2. 雨水箅子的调整与更换

当雨水箅子不能满足使用要求或者产生破损等情况时，要对雨水箅子做调整或更换处理，通常包括更换单个雨水箅子、调整更换整套雨水箅子、修复雨水箅子周边破损路面等工作。

1)更换单个雨水箅子

当单个雨水箅子发生丢失、破损时，如模口完好，可使用同类型、同尺寸的雨水箅子进行更换处理，同时做好防盗措施。

2)调整、更换整套雨水箅子

当整套雨水箅子发生损坏、位移、下沉等现象时，按照以下步骤实施：

(1)将路面按施工所需尺寸切割开，深度控制在15~20cm为宜，或考虑可以凿除旧雨水箅子及模口深度为准。

(2)路面切割完成后，用风镐进行破碎，清理深度至模口底以下2~3cm为宜(雨水箅子规格有出入时，以新雨水箅子的规格控制凿除深度)，将旧有雨水箅子、模口取出。

(3)将砂浆搅拌均匀(沙子与水泥比例1∶3)平铺雨水口上方，厚度2~3cm，将雨水箅子垂直放置砂浆找平层上方，比原有路面低约0~5mm(用水平尺或者小线找准高程)。雨水箅子外围夯实处理。在雨水箅子安装时必须注意用1∶1∶1的混凝土对模口四周加固，

防止雨水箅子位移、下沉。待水泥砂浆凝固后（30min为宜）方可平铺热沥青。完成后使用1∶1的水泥砂浆对模口内部进行勾缝处理，勾缝应均匀、密实。

3）修复雨水箅子周边破损路面

路面恢复通常采用混凝土恢复和冷拌沥青混凝土恢复两种。混凝土恢复路面方法主要内容为：雨水箅子安装完成后，对模口外围进行夯实处理，然后浇筑混凝土并振捣，待混凝土初凝后用抹子抹平，拉毛。

3. 施工质量控制标准

（1）预埋件安装正确牢固，雨水箅子或检查井口位置吻合。

（2）混凝土振捣密实，表面平整，无石子外露及露筋现象；混凝土与切割面结合紧密；井口平整、光洁，与井壁垂直；养生及时，无裂纹。

（3）修复后的井框、模口与现况路面接茬平顺，结合紧密。

（4）检查井或雨水口内清理干净，无建筑垃圾等杂物。

## （五）检查井维修

检查井维修包括流槽维修、脚窝修补、踏步更换补装、墙体腐蚀修复、检查井人孔修复。具体如下：

1. 流槽维修

流槽即为检查井的内底，都是砌筑成"U"形。雨水检查井的流槽砌筑至雨水管道的一半，污水检查井的流槽砌筑与污水管顶平齐。

流槽砌筑时应充分考虑水流运行阻力及防水性，所以当流槽出现破损而出现地下水渗入或者污水外渗的可能时，就必须做流槽修复施工，修复面积视破损情况而定，但前提是做好导流，保证修复工作在一个相对较干燥的环境。在修复时，为了保证流槽整体的严密性，如若流槽需要修复达40%以上时，建议将流槽全部剔除再进行修复，修复时砂浆标号宜采用M10号防水砂浆。如流槽破损面较小时，修复时须凿除周边0.2m的范围砂浆层以保证修复面与原砂浆面有效衔接，并对光面进行凿毛处理。

2. 脚窝维修

脚窝是供人员上下落脚的地方，通常做成凹槽式的，设置应严格按照标准图集进行，除正常用于作业人员进出检查井使用外，同样起到防水的作用，也是检查井极易出现渗漏的部位之一，所以修复时要严格执行抹面施工方法，砂浆标号应相对较高。

3. 踏步更换或补装

通常踏步安装都是随检查井施工同步砌筑安装，或者随检查井浇筑预留埋件后期焊接，或者检查井浇筑完成后，打孔安装。在养护作业维修时，无论缺失还是补装，施工方法大多采用钻孔安装，安装时严格执行踏步安装标准规范要求，但严格控制钻孔深度，以保证踏步植入安全尺寸，封孔时应用环氧树脂封填密实。

4. 墙体腐蚀修复

排水检查井因年久失修或者因环境潮湿，墙体出现骨料外露，钢筋外露锈蚀时，要做墙体修复处理。检查井表面处理的方法有三种：砂浆涂层修复、速凝水泥修复、树脂喷涂固化修复。

（1）砂浆涂层修复：将墙体表面清理干净后，用高压水车冲洗干净，根据腐蚀程度进行抹面。抹面厚度可以控制在0.6~2.4cm，腐蚀程度十分严重时，可喷涂环氧树脂作为最外壁涂层，形成有效的抗腐蚀表面。

（2）速凝水泥修复：由于速凝水泥的凝固时间极短，所以该修复方法只适用于即时修复检查井出现渗漏的部位，填充结构中的裂隙。速凝水泥可以是粉状或者稠膏状的，用手或者泥铲人工迅速涂抹在墙体渗漏的位置。

（3）树脂喷涂固化修复：铁树脂是一种不含任何有机挥发物、自我成型、刚性喷涂材料。根据铁树脂的物理性能和化学性能，它可以很好的给检查井提供结构修复、结构补强、防渗和防腐性能。

在喷涂前，首先要做表面砂浆找平处理，找平层厚度不大于2cm。

如遇到严重渗漏，需用注浆材料将严重渗漏处做临时堵漏处理。

在喷涂前，应对所喷涂表面进行烘干，基底干燥度检测合格后，方可涂刷或喷涂底涂料。基底修复条件要求大于24℃，表面干燥。

5. 检查井人孔修复

检查井人孔有三种砌筑形式，即预制件检查井人孔、砖砌检查井人孔、砌块人孔。

根据检查井人孔的破损状况和建筑形式不同，修复方法也不一样，如破损程度过大，预制井筒需进行更换处理，小面积可进行砂浆修复。

砌块人孔和砖砌人孔破损后，需将破损部分拆除后，再次进行砌筑。

## 四、城镇排水管网应急抢险

### （一）城镇排水管网潜在风险及影响

城镇排水管网及泵站在日常运行中，因冲刷、腐蚀、外力、淤堵、停电、机械故障等原因，存在管道塌陷、管道断裂、污水冒溢、道路淹泡等潜在风险，一旦发生将对城市的正常运行、人们的出行和生产生活、生态环境等造成危害和影响，城镇排水管网潜在风险及影响见表6-22。

表6-22 排水管网潜在风险及影响

| 潜在风险 | 影响后果及危害程度 |
| --- | --- |
| 排水管网内产生的硫化氢气体等有毒有害物质超标 | 造成人员伤亡、破坏排水设施 |
| 非法偷排泥浆或其他原因造成雨污水干管堵塞、破裂 | 污水溢流进入河道、污染河道水体；排水不畅造成城区大面积内涝 |
| 排水干管（渠）破损导致地面坍塌 | 影响交通，严重时造成人员伤亡与财产损失 |
| 城市主要雨污水输送干管（渠）遭受破坏或非正常运行 | 造成大范围污水冒溢以及排水不畅造成大范围雨水淹泡 |
| 道路雨水口堵塞引起路面积水 | 影响交通 |
| 市政道路雨污水管（渠）检查井、雨水箅子受破坏或被盗 | 影响居民出行和道路交通安全，严重时可能造成人员伤亡 |
| 运营单位违规下井作业或安全措施不到位 | 造成工作人员伤亡 |
| 因暴雨强度超过排水系统的设计标准，现状排水设施能力不足引起城区积水和水浸 | 造成大范围城区积水，人民群众生命和财产受损害 |

### （二）城镇排水管网应急抢险事故等级划分

排水管网属于地下管线的一种，根据突发事故影响范围和事故严重程度，一般将地下管线突发事故分成特别重大（Ⅰ级）、重大（Ⅱ级）、较大（Ⅲ级）和一般（Ⅳ级）四个级别。以北京市为例，各级别划定及响应程度如下：

（1）特别重大地下管线突发事故（Ⅰ级）是指突然发生，事态非常复杂，对首都城市公共安全、政治稳定和社会秩序产生特别严重的危害或威胁，需要市应急委统一组织协调，市城市公共设施事故应急指挥部调度各方面力量和资源进行应对的突发事故。符合下列条件之一者定为特别重大（Ⅰ级）地下管线突发事故：造成30人以上死亡或造成100人以上重伤（包括中毒）；造成1亿元以上直接经济损失。

（2）重大地下管线突发事故（Ⅱ级）是指突然发生，事态复杂，需要由市城市公共设施事故应急指挥部牵头协调相关部门和单位等共同应对的突发事故。符合下列条件之一者定为重大（Ⅱ级）地下管线突发事故：造成10人以上30人以下死亡或造成50人以上100人以下重伤（包括中毒）；造成5000万元以上1亿元以下直接经济损失。

（3）较大地下管线突发事故（Ⅲ级）是指突然发生，事态较复杂，但管线处置主责部门清晰，由管线所属行业主管部门指挥处置，市城市公共设施

应急指挥部办公室或区县政府协调应对的突发事故。符合下列条件之一者定为较大（Ⅲ级）地下管线突发事故：造成3人以上10人以下死亡或造成50人以下重伤（包括中毒）；造成1000万元以上5000万元以下直接经济损失。

（4）一般地下管线突发事故（Ⅳ级）是指突然发生，事态不复杂，处置主责部门清晰，影响范围较小，由管线单位处置的事故，管线所属行业主管部门或区县政府负责应对协调或指挥的突发事故。符合下列条件之一者定为一般（Ⅳ级）地下管线突发事故：造成3人以下死亡或造成10人以下重伤（包括中毒）；造成100万以上1000万元以下直接经济损失。

对于发生在重点地区、敏感时间，容易引发一定政治影响和社会矛盾的地下管线事故，不受分级标准限制。

### （三）城镇排水管网应急抢险备勤保障

1. 备勤保障

根据应急抢险事件不确定性与突发性的特点，一般需每天日常备勤一组抢险单元，有能力随时处置一起一般性排水管网突发应急事件，在重大节假日与重要会议保障期间需备勤两组抢险单元，并按照地理位置划分保障区域和支援区域，保证覆盖全部保障范围。

针对重大会议的保障，会议召开前，须对会议场所附近的公共排水管道进行全面的排查，对设施结构与运行薄弱部位加强养护与检查。在排查中发现的问题，要在会前及时解决，如不能根本解决，须采取有效的防控措施，避免设施发生安全事故。此外，保障单位应结合设施设备运行状况，储备足够的备品备件，并提前组织相应的抢险备勤队伍，保证会议期间可以有效应对各类突发设施运行事件。在保障期间，各保障单位应做好备勤值守和各类保障信息的报送工作。重点加强设施巡查与监控，避免借助排水设施发生恐怖袭击事件。当发生设施险情时，各保障单位应快速安全处置。保障结束后，须进行保障工作总结，总结内容应具体全面、数据准确。

2. 应对措施

（1）设施类突发事件的应对措施：当排水管网发生设施运行突发事件时，应立即启动相应应急预案，明确处置时限，抢险队在接到突发应急事件后第一时间到达险情现场，快速开展抢险处置工作。

当发生污水处理厂溢流入河等突发事件时，污水处理厂应快速查明原因，并在第一时间向上级值班室报告。同时，根据单位生产运行突发事件综合应急预案程序，迅速与其他单位做好联动调水工作，减少污水入河流量。

（2）车辆安全突发事件的应对措施：当发生车辆

被抢、被盗及其他车辆突发事件时，当事人应首先做好自我保护，并及时向公安局报案，同时向单位负责人和上级总值班室报告，并配合做好事件的后期处置工作。

(3)群众纠纷突发事件的应对措施：在作业及生产过程中，如本单位工作人员与周边群众发生纠纷时，员工首先应做好自我安全保护，避免人身事故发生；其次，采取克制态度，耐心与其交流，尽力做好安抚工作，避免事态进一步扩大；再次，如情况紧急，当事态无法控制时，应及时报警求助。

(4)突发事件的报告：当发生较大以上突发事件时，根据市里与单位相关应急预案要求，各单位必须第一时间向单位总值班室报告，单位相关部门配合做好媒体采访及新闻发布等工作。

## 第三节 扩建改造知识

### 一、排水管道开槽施工法

#### (一)沟槽土方工程

**1. 沟槽开挖的一般要求**

沟槽槽底原状地基土不得扰动，机械开挖时槽底预留200~300mm土层由人工开挖设计至设计高程，整平；槽底不得受水浸泡或受冻，槽底局部扰动或受水浸泡时，宜采用天然级配沙砾石或石灰土回填；槽底扰动土层为湿陷性黄土时，应按设计要求进行地基处理；槽底土层为杂填土、腐蚀性土时，应全部挖除并按设计要求进行地基处理；槽壁平顺，边坡坡度符合施工方案的规定；在沟槽边坡稳固后设置供施工人员上下沟槽的安全梯。

**2. 沟槽开挖参数确定**

1)沟槽底部开挖宽度

$$B = D_0 + 2(b_1 + b_2 + b_3) \quad (6\text{-}13)$$

式中：$B$——管道沟槽底部的开挖宽度，mm；

$D_0$——管外径，mm；

$b_1$——管道一侧的工作面宽度，mm；

$b_2$——有支撑要求时，管道一侧的支撑厚度，可取200mm~400mm；

$b_3$——现场浇筑混凝土或钢筋混凝土管渠一侧模板的厚度，mm。

2)开槽槽帮坡度

一般情况下，按土质状况规定出大开槽的槽帮坡度值见表6-23，此表适宜在土质良好，无地下水的条件下采用。

表6-23 深度在5m以内的沟槽边坡的最陡坡度

| 土的类别 | 边坡坡度(高：宽) | | |
|---|---|---|---|
| | 坡顶无荷载 | 坡顶有静载 | 坡顶有动载 |
| 中密的砂土 | 1：1.00 | 1：1.25 | 1：1.50 |
| 中密的碎石类土(充填物为砂土) | 1：0.75 | 1：1.00 | 1：1.25 |
| 硬塑的粉土 | 1：0.67 | 1：0.75 | 1：1.00 |
| 中密的碎石类土(充填物为黏性土) | 1：0.50 | 1：0.67 | 1：0.75 |
| 硬塑的粉质黏土、黏土 | 1：0.33 | 1：0.50 | 1：0.67 |
| 老黄土 | 1：0.10 | 1：0.25 | 1：0.33 |
| 软土(经井点降水后) | 1：1.25 | — | — |

注：1. 人工开挖沟槽的槽深超过3.0m时应分层开挖，每层的深度不应大于2m。

2. 人工开挖多层沟槽的层间留台宽度应按设计要求执行。

3. 采用机械挖槽时，沟槽分层的深度和留台宽度应结合现场情况、边坡力学稳定计算结论和机械性能综合确定。

4. 槽底原状地基土不得扰动，机械开挖时槽底应预留200~300mm土层由人工开挖至设计高程，整平。

**3. 沟槽断面形式**

一般有下列三种常用的基本沟槽断面形式：

(1)直槽：一般用于土层坚实、良好，挖深较浅，管径较小的户支线管道，如图6-24所示。

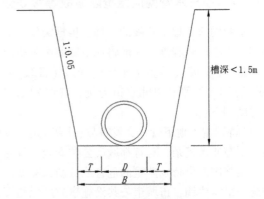

图6-24 直槽(矩形槽)

(2)大开槽：多用于施工环境条件好，一般支次干线管道的开挖断面，如图6-25所示。

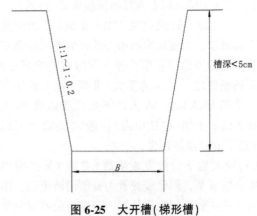

图6-25 大开槽(梯形槽)

(3)多层槽：通常用于挖深较大，埋设主次干线管道的深槽断面，如图6-26所示。

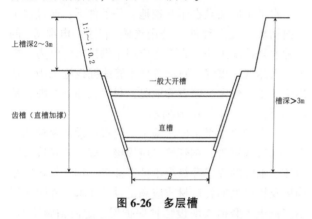

图 6-26 多层槽

关于开槽槽帮坡度，一般情况下，按土质状况规定出大开槽的槽帮坡度值见表6-23所示，此表适宜在土质良好，无地下水的条件下采用。

### (二)管道施工方法

**1. 下 管**

下管一般有两种方法，即吊车下管和人工下管。采用吊车下管时，事先应勘查现场，根据沟槽深度、土质、环境情况，确定吊车停放位置、地面上管材存放地点与沟槽内管材运输方式等。在人工下管方法中，有大绳和吊链下管两种，大绳下管方式中还分许多种，管径小于600mm的浅槽通常采用压绳法下管，大管径的深槽下管应修筑马道。下管方法的选用应根据施工现场条件、管径大小、槽深浅程度和施工设备情况来决定。

**2. 稳 管**

稳管的目的是把各节管道都稳定在设计中心线位置上，对管道中心线的控制可采用边线法或中线法等两种方法。

(1)边线法：在管道边缘外侧挂线，边线高度与管中心高度一致，其位置距管壁外皮10mm为宜。

(2)中线法：在管端部应以水平尺将中心板放平，然后用中垂线测量中心位置。如图6-27所示。

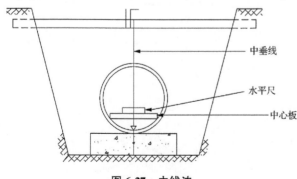

图 6-27 中线法

**3. 管道接口处理**

不论是渗入或是渗出，管道接口应当严密不漏水。如果渗入则降低了原管道排水能力，如果渗出将污染邻近水源，破坏了土层结构，降低了土壤承载力，造成管道或附近建筑物的下沉。管道渗漏情况，决定于接口方式方法、操作质量、牢固严密程度等因素。

## 二、排水管道不开槽施工法

不开槽施工又称为非开挖施工，指在管道沿线地面下开挖成形的洞内敷设或浇筑管道(渠)的施工方法，可分为顶管法、盾构法、浅埋暗挖法、定向钻法、夯管法等。

### (一)顶管法

顶管法(图6-28)是一种不开挖或者少开挖的管道埋设施工技术。顶管法施工就是在工作坑内借助于顶进设备产生的顶力，克服管道与周围土壤的摩擦力，将管道按设计的坡度顶入土中，并将土方运走。一节管子完成顶入土层之后，再下第二节管子继续顶进。其原理是借助于主顶油缸及管道间、中继间等推力，把工具管或掘进机从工作坑内穿过土层一直推进到接收坑内吊起。管道紧随工具管或掘进机后，埋设在两坑之间。顶管法特别适于修建穿过已成建筑物、交通线下面的涵管或河流、湖泊。顶管按挖土方式的不同分为机械开挖顶进、挤压顶进、水力机械开挖和人工开挖顶进等。

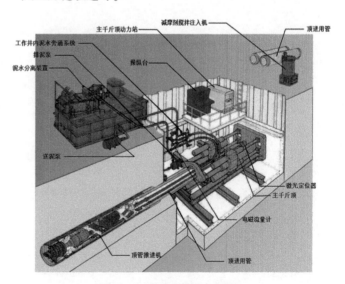

图 6-28 顶管法施工示意图

### (二)盾构法

盾构法(图6-29)是非开挖施工中的一种全机械

化施工方法，它是将盾构机械在地中推进，通过盾构外壳和管片支承四周围岩防止隧道内发生坍塌，同时在开挖面前用切削装置进行土体开挖，通过出土机械运出洞外，靠千斤顶在后部加压顶进，并拼装预制混凝土管片，形成隧道结构的一种机械化施工方法。

图 6-29 盾构法施工示意图

## （三）水平定向法

水平定向法是在不开挖地表的条件下，通过水平定向钻机敷设多种地下公用设施（管道、电缆等）的一种非开挖施工法，它广泛应用于供排水、电力、电讯、天然气、煤气、石油等地下管线铺设施工中，适用于沙土、黏土、卵石等地况，我国大部分非硬岩地区都可施工，如图 6-30 所示。

排水管道水平定向法施工，应根据设计要求选用聚乙烯管或钢管，钢管接口应焊接，聚乙烯管接口应熔接。钢管的焊缝等级应不低于Ⅱ级；钢管外防腐结构层及接口处的补口材质应满足设计要求，外防腐层不应被土体磨损或增设牺牲保护层。定向钻施工时，轴向最大回拖力和最小曲率半径的确定应满足管材力学性能要求，钢管的管径与壁厚之比不应大于100，聚乙烯管标准尺寸比宜为SDR11。

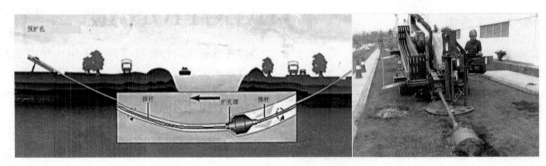

图 6-30 水平定向法施工示意图

# 第七章
# 相关知识

## 第一节　电工基础知识

### 一、电学基础

#### (一)电学的基本物理量

**1. 电　量**

自然界中的一切物质都是由分子组成的，分子又是由原子组成的，而原子是由带正电荷的原子核和一定数量带负电荷的电子组成的。在通常情况下，原子核所带的正电荷数等于核外电子所带的负电荷数，原子对外不显电性。但是，用一些办法，可使某种物体上的电子转移到另外一种物体上。失去电子的物体带正电荷，得到电子的物体带负电荷。物体失去或得到的电子数量越多，则物体所带的正、负电荷的数量也越多。

物体所带电荷数量的多少用电量来表示。电量是一个物理量，它的单位是库仑，用字母 C 表示。1C 的电量相当于物体失去或得到 $6.25×10^{18}$ 个电子所带的电量。

**2. 电　流**

电荷的定向移动形成电流。电流有大小和方向。

1)电流的方向

人们规定正电荷定向移动的方向为电流的方向。金属导体中，电流是电子在导体内电场的作用下定向移动的结果，电子流的方向是负电荷的移动方向，与正电荷的移动方向相反，所以金属导体中电流的方向与电子流的方向相反，如图7-1所示。

2)电流的大小

电学中用电流强度来衡量电流的大小。电流强度就是单位时间内通过导体截面的电量。电流强度用字母 $I$ 表示，计算公式见式(7-1)：

$$I = \frac{Q}{t} \tag{7-1}$$

式中：$I$——电流强度，A；

　　　$Q$——在时间 $t$ 内，通过导体截面的电荷量，C；

　　　$t$——时间，s。

实际使用时，人们把电流强度简称为电流。电流的单位是安培，简称安，用 A 表示。如果 1s 内通过导体截面的电荷量为 1C，则该电流的电流强度为 1A。实际应用中，除单位安培外，还有千安(kA)、毫安(mA)和微安(μA)等。它们之间的关系为：$1kA = 10^3 A$，$1A = 10^3 mA$，$1mA = 10^3 μA$。

**3. 电　压**

从图7-2(a)可以看到水由 A 槽经 C 管向 B 槽流去。水之所以能在 C 管中进行定向移动，是由于 A 槽水位高，B 槽水位低所致；A、B 两槽之间的水位差即水压，是实现水形成水流的原因。与此相似，当图7-2(b)中的开关 S 闭合后，电路里就有电流。这是因为电源的正极电位高，负极电位低。两个极间电位差(电压)使正电荷从正极出发，经过负载 R 移向负极形成电流。所以，电压是自由电荷发生定向移动形成电流的原因。在电路中电场力把单位正电荷由高

图 7-1　金属导体中的电流方向

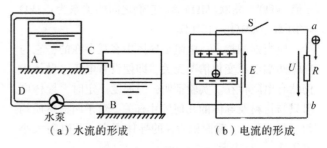

图 7-2　水流和电流形成

电位 $a$ 点移向低电位 $b$ 点所做的功称为两点间的电压，用 $U_{ab}$ 表示。所以电压是 $a$ 与 $b$ 两点间的电位差，它是衡量电场力做功本领的物理量。

电压用字母 $U$ 表示，单位为伏特，电场力将 1C 电荷从 $a$ 点移到 $b$ 点所做的功为 1 焦耳(J)，则 $ab$ 间的电压值就是 1 伏特，简称伏，用 V 表示。常用的电压单位还有千伏(kV)、毫伏(mV)等。它们之间的关系为：$1kV= 10^3 V$，$1V = 10^3 mV$。

电压与电流相似，不但有大小，而且有方向。对于负载来说，电流流入端为正端，电流流出端为负端。电压的方向是由正端指向负端，也就是说负载中电压实际方向与电流方向一致。在电路图中，用带箭头的细实线表示电压的方向。

**4. 电动势、电源**

在图7-2(a)中，为使水在 C 管中持续不断地流动，必须用水泵把 B 槽中的水不断地泵入 A 槽，以维持两槽间的固定水位差，也就是要保证 C 管两端有一定的水压。在图7-2(b)中，电源与水泵的作用相似，它把正电荷由电源的负极移到正极，以维持正、负极间的电位差，即电路中有一定的电压使正电荷在电路中持续不断地流动。

电源是利用非电力把正电荷由负极移到正极的，它在电路中将其他形式能转换成电能。电动势就是衡量电源能量转换本领的物理量，用 $E$ 表示，它的单位也是伏特，简称伏，用 V 表示。

电源的电动势只存在于电源内部。人们规定电动势的方向在电源内部由负极指向正极。在电路中也用带箭头的细实线表示电动势的方向，如图7-2(b)所示。当电源两端不接负载时，电源的开路电压等于电源的电动势，但两者方向相反。

生活中用测量电源端电压的办法，来判断电源的状态。如测得工作电路中两节5号电池的端电压为 2.8V，则说明电池电量比较充足。

**5. 电 阻**

一般来说，导体对电流的阻碍作用称为电阻，用字母 $R$ 表示。电阻的单位为欧姆，简称欧，用字母 $\Omega$ 表示。如果导体两端的电压为 1V，通过的电流为 1A，则该导体的电阻就是 $1\Omega$。常用的电阻单位还有千欧($k\Omega$)、兆欧($M\Omega$)等。它们之间的关系为：$1k\Omega = 10^3 \Omega$，$1M\Omega = 10^3 k\Omega$。

应当强调指出：电阻是导体中客观存在的，它与导体两端电压变化情况无关，即使没有电压，导体中仍然有电阻存在。实验证明，当温度一定时，导体电阻只与材料及导体的几何尺寸有关。对于两根材质均匀、长度为 $L$、截面积为 $S$ 的导体而言，其电阻大小可用式(7-2)表示：

$$R = \rho \frac{L}{S} \qquad (7-2)$$

式中：$R$——导体电阻，$\Omega$；
$L$——导体长度，m；
$S$——导体截面积，$mm^2$；
$\rho$——电阻率，$\Omega \cdot m$。

电阻率是与材料性质有关的物理量。电阻率的大小等于长度为 1m，截面积为 $1mm^2$ 的导体在一定温度下的电阻值，其单位为欧米($\Omega \cdot m$)。例如，铜的电阻率为 $1.7\times10^{-8}\Omega \cdot m$，就是指长为 1m，截面积为 $1mm^2$ 的铜线的电阻是 $1.7\times10^{-8}\Omega$。几种常用材料在 20℃ 时的电阻率见表7-1。

**表7-1 几种常用材料在20℃时的电阻率**

| 材料名称 | 电阻率/($\Omega \cdot m$) |
|---|---|
| 银 | $1.6\times10^{-8}$ |
| 铜 | $1.7\times10^{-8}$ |
| 铝 | $2.9\times10^{-8}$ |
| 钨 | $5.5\times10^{-8}$ |
| 铁 | $1.0\times10^{-7}$ |
| 康铜 | $5.0\times10^{-7}$ |
| 锰铜 | $4.4\times10^{-7}$ |
| 铝铬铁电阻丝 | $1.2\times10^{-6}$ |

从表中可知，铜和铝的电阻率较小，是应用极为广泛的导电材料。以前，由于我国铝的矿藏量丰富，价格低廉，常用铝线作输电线。但由于铜线有更好的电气特性，如强度高、电阻率小，现在铜制线材被更广泛应用。电动机、变压器的绕组一般都用铜材。

**6. 电功、电功率**

电流通过用电器时，用电器就将电能转换成其他形式的能，如热能、光能和机械能等。把电能转换成其他形式的能称为电流做功，简称电功，用字母 $W$ 表示，单位是焦耳，简称焦，用 J 表示。电流通过用电器所做的功与用电器的端电压、流过的电流、所用的时间和电阻有以下关系，见式(7-3)：

$$\left. \begin{array}{l} W = UIt \\ W = I^2 Rt \\ W = \dfrac{U^2}{R}t \end{array} \right\} \qquad (7-3)$$

式中：$U$——电压，V；
$I$——电流，A；
$R$——电阻，$\Omega$；
$t$——时间，s；
$W$——电功，J。

电流在单位时间内通过用电器所做的功称为电功

率，用 $P$ 表示。其数学表达式见式(7-4)：

$$P = \frac{W}{t} \quad (7-4)$$

将电功的表示公式代入上式得到式(7-5)：

$$\left.\begin{array}{l} P = \dfrac{U^2}{R} \\ P = UI \\ P = I^2 R \end{array}\right\} \quad (7-5)$$

若电功单位为 J，时间单位为 s，则电功率的单位就是 J/s。J/s 又称为瓦特，简称瓦，用 W 表示。在实际工作中，常用的电功率单位还有千瓦(kW)、毫瓦(mW)等。它们之间的关系为：$1kW = 10^3 W$，$1W = 10^3 mW$。

从电功率 $P$ 的计算公式中可以得出如下结论：

(1) 当用电器的电阻一定时，电功率与电流平方或电压平方成正比。若通过用电器的电流是原电流的 2 倍，则电功率是原功率的 4 倍；若加在用电器两端电压是原电压的 2 倍，则电功率是原功率的 4 倍。

(2) 当流过用电器的电流一定时，电功率与电阻值成正比。对于串联电阻电路，流经各个电阻的电流是相同的，则串联电阻的总功率与各个电阻的电阻值的和成正比。

(3) 当加在用电器两端的电压一定时，电功率与电阻值成反比。对于并联电阻电路，各个电阻两端电压相等，则各个电阻的电功率与各个电阻的阻值成反比。

在实际工作中，电功的单位常用千瓦小时(kW·h)，也称为度。1kW·h 是 1 度，它表示功率为 1kW 的用电器 1h 所消耗的电能，即：$1kW\cdot h = 1kW \times 1h = 3.6 \times 10^6 J$。

**例 7-1**：已知一台 42 英寸(1 英寸=2.54cm)等离子电视机的功率约为 300W，平均每天开机 3h，若每度电费为人民币 0.48 元，问 1 年(以 365 天计算)要交纳多少电费？

解：电视机的功率 $P = 300W = 0.3kW$

电视机 1 年开机的时间 $t = 3 \times 365 = 1095h$

根据式(7-4)，电视机 1 年消耗的电能 $W = Pt = 0.3 \times 1095 = 328.5 kW\cdot h$

则 1 年的电费 $328.5 \times 0.48 = 157.68$ 元

**7. 电流的热效应**

电流通过导体使导体发热的现象称为电流的热效应。电流的热效应是电流通过导体时电能转换成热能的效应。

电流通过导体产生的热量，用焦耳—楞次定律表示，见式(7-6)：

$$Q = I^2 R t \quad (7-6)$$

式中：$Q$——热量，J；
$I$——通过导体的电流，A；
$R$——导体电阻，Ω；
$t$——电流通过导体的时间，s。

焦耳—楞次定律的物理意义是：电流通过导体所产生的热量，与电流强度的平方、导体的电阻及通电时间成正比。

在生产和生活中，应用电流热效应制作各种电器。如白炽灯、电烙铁、电烤箱、熔断器等在工厂中最为常见；电吹风、电褥子等常用于家庭中。但是电流的热效应也有其不利的一面，如电流的热效应能使电路中不需要发热的地方(如导线)发热，导致绝缘材料老化，甚至烧毁设备，导致火灾，是一种不容忽视的潜在祸因。

**例 7-2**：已知当 1 台电烤箱的电阻丝流过 5A 电流时，每分钟可放出 $1.2 \times 10^6 J$ 的热量，求这台电烤箱的电功率及电阻丝工作时的电阻值。

解：根据式(7-4)，电烤箱的电功率为：

$$P = \frac{W}{t} = \frac{Q}{t} = \frac{1.2 \times 10^6}{60} = 20kW$$

根据式(7-5)，电阻丝工作时电阻值为：

$$R = \frac{P}{I^2} = \frac{20000}{25} = 800\Omega$$

## (二) 电 路

**1. 电路的组成及作用**

电流所流过的路径称为电路。它是由电源、负载、开关和连接导线 4 个基本部分组成的，如图 7-3 所示。电源是把非电能转换成电能并向外提供电能的装置。常见的电源有干电池、蓄电池和发电机等。负载是电路中用电器的总称，它将电能转换成其他形式的能。如电灯把电能转换成光能；电烙铁把电能转换成热能；电动机把电能转换成机械能。开关属于控制电器，用于控制电路的接通或断开。连接导线将电源和负载连接起来，担负着电能的传输和分配的任务。电路电流方向是由电源正极经负载流到电源负极，在电源内部，电流由负极流向正极，形成一个闭合通路。

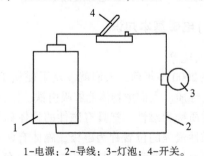

1-电源；2-导线；3-灯泡；4-开关。
**图 7-3 电路的组成**

## 2. 电路图

在设计、安装或维修各种实际电路时，经常要画出表示电路连接情况的图。如图7-3所示的实物连接图，虽然直观，但很麻烦。所以很少画实物图，而是画电路图。所谓电路图就是用国家统一规定的符号，来表示电路连接情况的图。如图7-4所示是图7-3的电路图。

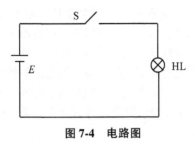

图7-4 电路图

表7-2是几种常用的电工符号。

表7-2 几种常用的电工符号

| 名称 | 符号 | 名称 | 符号 |
|---|---|---|---|
| 电池 | ─┤├─ | 电流表 | Ⓐ |
| 导线 | ─── | 电压表 | Ⓥ |
| 开关 | ─/─ | 熔断器 | ─▭─ |
| 电阻 | ─▭─ | 电容 | ─┤├─ |
| 照明灯 | ⊗ | 接地 | ⏚ |

## 3. 电路状态

电路有3种状态：通路、开路、短路。

通路是指电路处处接通。通路也称为闭合电路，简称闭路。只有在通路的情况下，电路才有正常的工作电流；开路是指电路中某处断开，没有形成通路的电路。开路也称为断路，此时电路中没有电流；短路是指电源或负载两端被导线连接在一起，分别称为电源短路或负载短路。电源短路时电源提供的电流比通路时提供的电流大很多倍，通常是有害的，也是非常危险的，所以一般不允许电源短路。

### (三) 电磁基本知识

#### 1. 磁现象

早在2000多年前，人们就发现了磁铁矿石具有吸引铁的性质。人们把物体能够吸引铁、钴、镍及其合金的性质称为磁性，把具有磁性的物体称为磁体。磁体上磁性最强的位置称为磁极，磁体有两个磁极：即南极和北极，通常用S表示南极（常涂红色），用N表示北极（常涂绿色或白色）。条形、蹄形、针形磁铁的磁极位于它们的两端。值得注意的是任何一个磁体的磁极总是成对出现的。若把一个条形磁铁分割成若干段，则每段都会同时出现南极、北极。这称为磁极的不可分割性。磁极与磁极之间存在的相互作用力称为磁力，其作用规律是同性磁极相斥，异性磁极相吸。一根没有磁性的铁棒，在其他磁铁的作用下获得磁性的过程称为磁化。如果把磁铁拿走，铁棒仍有的磁性则称为剩磁。

#### 2. 磁场、磁感应

磁体周围存在磁力作用的空间称为磁场。人们经常看见两个互不接触的磁体之间具有相互作用力，它们是通过磁场这一特殊物质进行传递的。磁场之所以是一种特殊物质，是因为它不是由分子和原子等粒子组成的。虽然磁场是一种看不见、摸不着的特殊物质，但通过实验可以证明它的存在。例如，在一块玻璃板上均匀地撒些铁粉，在玻璃板下面放置一个条形磁铁。铁粉在磁场的作用下排列成规则线条，如图7-5(a)所示。这些线条都是从磁铁的。N极到S极的光滑曲线，如图7-5(b)所示。人们把这些曲线称为磁感应线，用它能形象描述磁场的性质。

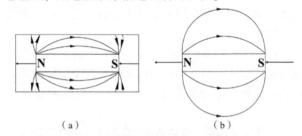

图7-5 铁粉在磁场作用下的排列

实验证明磁感应线具有下列特点：

(1) 磁感应线是闭合曲线。在磁体外部，磁感应线从N极出发，然后回到S极，在磁体内部，是从S极到N极，这称为磁感应线的不可中断性，如图7-6所示。

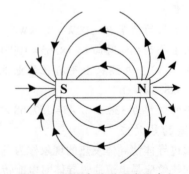

图7-6 磁体内外磁感应线走向

(2) 磁感应线互不相交。这是因为磁场中任何一点磁场方向只有一个。

(3) 磁感应线的疏密程度与磁场强弱有关。磁感应线稠密表示磁场强，磁感应线稀疏表示磁场弱。

**3. 磁通量、磁感应强度**

在磁场中，把通过与磁场方向垂直的某一面积的磁感应线的总数目，称为通过该面积的磁通量，简称磁通，用$\Phi$表示。磁通量的单位是韦伯，简称韦，用Wb表示。

磁感应强度是用来表示磁场中各点磁场强弱和方向的物理量，用$B$表示。垂直通过单位面积的磁感应线的数目称为该点的磁感应强度。它既有大小，又有方向。在磁场中某点磁感应强度的方向，就是位于该点磁针北极所指的方向，它的大小在均匀磁场中可由式(7-7)表示：

$$B = \frac{\Phi}{S} \tag{7-7}$$

式中：$B$——磁感应强度，T；

$\Phi$——磁通量，Wb；

$S$——垂直于磁感应线方向通过磁感应线的面积，$m^2$。

式(7-7)说明磁感应强度的大小等于单位面积的磁通。如果通过单位面积的磁通越多，则磁感应线越密，磁场也越强，反之磁场越弱。磁感应强度的单位是$Wb/m^2$，称为特斯拉，简称特，用T表示。

**4. 磁导率**

实验证明，铁、钴、镍及其合金对磁场影响强烈，具有明显的导磁作用。但是自然界绝大多数物质对磁场影响甚微，导磁作用很差。为了衡量各种物质导磁的性能，引入磁导率这一物理量，用$\mu$表示。磁导率的单位为亨利/米（H/m）。不同物质有不同的磁导率。在其他条件相同的情况下，某些物质的磁导率比真空中的强，另一些物质的磁导率比真空中的弱。

经实验测得，真空的磁导率为$\mu_0 = 4\pi \times 10^{-7} H/m$，是常数。

为了便于比较各种物质的导磁性能，把各种性质的磁导率与真空中的磁导率进行比较，引入相对磁导率这一物理量。任何一种物质的磁导率与真空的磁导率的比值称为相对磁导率，用式(7-8)表示：

$$\mu_r = \frac{\mu}{\mu_0} \tag{7-8}$$

相对磁导率没有单位，只是说明在其他条件相同的情况下，物质的磁导率是真空磁导率的多少倍。

根据各种物质的磁导率的大小，可将物质分成3类。

(1) $\mu_r < 1$的物质称为反磁物质，如铜、银等。

(2) $\mu_r > 1$的物质称为顺磁物质，如空气、铝等。

(3) $\mu_r \gg 1$的物质称为铁磁物质，如铁、钴、镍及其合金等。

由于铁磁物质的相对磁导率很高，所以铁磁物质被广泛地应用于电工技术方面（如制作变压器、电磁铁、电动机的铁心等）。表7-3中列出了几种铁磁物质的相对磁导率，供参考。

**表7-3 几种铁磁物质的相对磁导率**

| 铁磁物质名称 | 相对磁导率($\mu_r$) |
|---|---|
| 钴 | 174 |
| 镍 | 1120 |
| 退火的铁 | 7000 |
| 软钢 | 2180 |
| 硅钢片 | 7500 |
| 镍铁合金 | 60000 |
| 坡莫合金 | 115000 |

**（四）常用电学定律**

**1. 欧姆定律**

1) 一段电阻电路的欧姆定律

所谓一段电阻电路是指不包括电源在内的外电路，如图7-7所示。

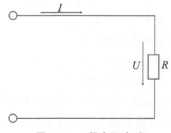

**图7-7 一段电阻电路**

实验证明，两段电阻电路欧姆定律是指流过导体的电流强度与这段导体两端的电压成正比；与这段导体的电阻成反比。其数学表达式见式(7-9)：

$$I = \frac{U}{R} \tag{7-9}$$

式中：$I$——导体中的电流，A；

$U$——导体两端的电压，V；

$R$——导体的电阻，$\Omega$。

在式(7-9)中，已知其中两个量，就可以求出第三个未知量；公式又可写成另外两种形式：

(1) 已知电流、电阻，求电压，见式(7-10)：

$$U = IR \tag{7-10}$$

(2) 已知电压、电流，求电阻，见式(7-11)：

$$R = \frac{U}{I} \tag{7-11}$$

**例7-3**：已知1台直流电动机励磁绕组在220V电压作用下，通过绕组的电流为0.427A，求绕组的电阻。

解：已知电压 $U=220V$，电流 $I=0.427A$，根据式(7-11)，可得：

$$R = \frac{U}{I} = \frac{220}{0.427} \approx 515.2\Omega$$

2) 全电路欧姆定律

全电路是指含有电源的闭合电路。全电路是由各段电路连接成的闭合电路。如图7-8所示，电路包括电源内部电路和电源外部电路，电源内部电路简称内电路，电源外部电路简称外电路。

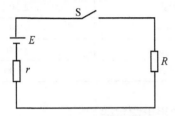

图 7-8 简单的全电路

在全电路中，电源电动势 $E$、电源内电阻 $r$、外电路电阻 $R$ 和电路电流 $I$ 之间的关系为式(7-12)：

$$I = \frac{E}{R+r} \quad (7\text{-}12)$$

式中：$I$——电路中的电流，A；
$E$——电源电动势，V；
$R$——外电路电阻，$\Omega$；
$r$——内电路电阻，$\Omega$。

上式是全电路欧姆定律。定律说明电路中的电流强度与电源电动势 $E$ 成正比，与整个电路的电阻($R+r$)成反比。

将式(7-12)变换后得到式(7-13)：

$$E = IR + Ir = U + Ir \quad (7\text{-}13)$$

式中：$U$——外电路电压，V。

外电路电压是指电路接通时电源两端的电压，又称为路端电压，简称端电压。这样，公式的含义又可叙述为：电源电动势在数值上等于闭合回路的各部分电压之和。根据全电路欧姆定律研究全电路的3种状态时，全电路中电压与电流的关系是：

(1) 当全电路处于通路状态时，由式(7-13)可以得出端电压为：$U = E - Ir$，可知随着电流的增大，外电路电压也随之减小。电源内阻越大，外电路电压减小得越多。在直流负载时需要恒定电压供电，所以总是希望电源内阻越小越好。

(2) 当全电路处于开路状态时，相当于外电路电阻值趋于无穷大，此时电路电流为零，开路内电路电压为零，外电路电压等于电源电动势。

(3) 当全电路处于短路状态时，外电路电阻值趋近于零，此时电路电流称为短路电流。由于电源内阻很小，所以短路电流很大。短路时外电路电压为零，内电路电阻电压等于电源电动势。

全电路在3种状态下，电路中电压与电流的关系见表7-4。

表 7-4 电路中电压与电流的关系

| 电路状态 | 负载电阻 | 电路电流 | 外电路电压 |
| --- | --- | --- | --- |
| 通路 | $R$ = 常数 | $I = \dfrac{E}{R+r}$ | $U = E - Ir$ |
| 开路 | $R \to \infty$ | $I = 0$ | $U = E$ |
| 短路 | $R \to 0$ | $I = \dfrac{E}{r}$ | $U = 0$ |

通常电源电动势和内阻在短时间内基本不变，且电源内阻又非常小，所以可近似认为电源的端电压等于电源电动势。不特别指出电源内阻时，就表示其阻值很小忽略不计。但对于电池来说，其内阻随电池使用时间延长而增大。如果电池内阻增大到一定值时，电池的电动势就不能使负载正常工作了。如旧电池开路时两端的电压并不低，但装在电器里，却不能使电器工作，这是由于电池内阻增大所致。

**2. 电阻的串联、并联电路**

1) 电阻的串联电路

在一段电路上，将几个电阻的首尾依次相连所构成的一个没有分支的电路，称为电阻的串联电路。如图7-9(a)所示是电阻的串联电路。图7-9(b)是图7-9(a)的等效电路。电阻的串联电路有以下特点：

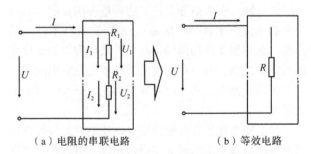

(a) 电阻的串联电路　　　(b) 等效电路

图 7-9 电阻的串联电路及等效电路

(1) 串联电路中流过各个电阻的电流都相等，用式(7-14)表示：

$$I = I_1 = I_2 = I_3 = \cdots = I_n \quad (7\text{-}14)$$

(2) 串联电路两端的总电压等于各个电阻两端的电压之和，用式(7-15)表示：

$$U = U_1 + U_2 + \cdots + U_n \quad (7\text{-}15)$$

(3) 串联电路的总电阻(即等效电阻)等于各串联的电阻之和，用式(7-16)表示：

$$R = R_1 + R_2 + \cdots + R_n \quad (7\text{-}16)$$

根据欧姆定律得出，$U_1 = IR_1$，$U_2 = IR_2$，$\cdots$，$U =$

$IR$ 可以得出式(7-17)：

$$\frac{U_1}{R_1} = \frac{U_2}{R_2} = \cdots = \frac{U}{R} \quad (7\text{-}17)$$

或者式(7-18)：

$$\frac{U_1}{U} = \frac{R_1}{R} = \frac{U_2}{U} = \frac{R_2}{R} \quad (7\text{-}18)$$

式(7-17)和式(7-18)表明，在串联电路中，电阻的阻值越大，这个电阻所分配到的电压越大；反之，电压越小，即电阻上的电压分配与电阻的阻值成正比。这个理论是电阻串联电路中最重要的结论，用途极其广泛。例如，用串联电阻的办法来扩大电压表的量程：

在如图7-9(a)所示的，电路中，将 $R = R_1 + R_2$ 代入式(7-18)中，得出式(7-19)：

$$\left. \begin{array}{l} U_1 = \dfrac{R_1}{R_1 + R_2} U \\ \\ U_2 = \dfrac{R_2}{R_1 + R_2} U \end{array} \right\} \quad (7\text{-}19)$$

利用式(7-19)可以直接计算出每个电阻从总电压中分得的电压值，习惯上就把这两个式子称为分压公式。

电阻串联的应用极为广泛。例如：

①用几个电阻串联来获得阻值较大的电阻。

②用串联电阻组成分压器，使用同一电源获得几种不同的电压。如图7-10所示，由 $R_1 \sim R_4$ 组成串联电路，使用同一电源，输出4种不同数值的电压。

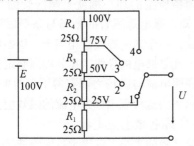

图7-10 电阻分压器

③当负载的额定电压(标准工作电压值)低于电源电压时，采用电阻与负载串联的方法，使电源的部分电压分配到串联电阻上，以满足负载正确的使用电压值。例如，一个指示灯额定电压6V，电阻6Ω，若将它接在12V电源上，必须串联一个阻值为6Ω的电阻，指示灯才能正常工作。

④用电阻串联的方法来限制调节电路中的电流。在电工测量中普遍用串联电阻法来扩大电压表的量程。

2) 电阻的并联电路

将两个或两个以上的电阻两端分别接在电路中相同的两个节点之间，这种连接方式称为电阻的并联电路。如图7-11(a)所示是电阻的并联电路，图7-11(b)是图7-11(a)的等效电路。电阻的并联电路有如下特点：

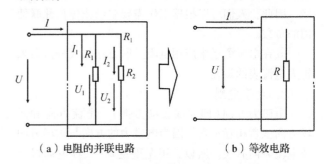

图7-11 电阻的并联电路及等效电路

(1) 并联电路中各个支路两端的电压相等，即式(7-20)：

$$U = U_1 = U_2 = \cdots = U_n \quad (7\text{-}20)$$

(2) 并联电路中总的电流等于各支路中的电流之和，即式(7-21)：

$$I = I_1 + I_2 + I_3 + \cdots + I_n \quad (7\text{-}21)$$

(3) 并联电路的总电阻(即等效电阻)的倒数等于各并联电阻的倒数之和，即式(7-22)：

$$\frac{1}{R} = \frac{1}{R_1} + \frac{1}{R_2} + \cdots + \frac{1}{R_n} \quad (7\text{-}22)$$

若是两个电阻并联，可求并联后的总电阻为式(7-23)：

$$R = \frac{R_1 R_2}{R_1 + R_2} \quad (7\text{-}23)$$

可以得出式(7-24)：

$$\left. \begin{array}{l} \dfrac{I_1}{I_n} = \dfrac{R_n}{R_1} \\ \\ \dfrac{I}{I_n} = \dfrac{R_n}{R} \end{array} \right\} \quad (7\text{-}24)$$

上述公式表明，在并联电路中，电阻的阻值越大，这个电阻所分配到的电流越小，反之越大，即电阻上的电流分配与电阻的阻值成反比。这个结论是电阻并联电路特点的重要推论，用途极为广泛，例如，用并联电阻的办法，扩大电流表的量程。

电阻并联的应用，同电阻串联的应用一样，也很广泛。例如：

①因为电阻并联的总电阻小于并联电路中的任意一个电阻，因此，可以用电阻并联的方法来获得阻值较小的电阻。

②由于并联电阻各个支路两端电压相等，因此，工作电压相同的负载，如电动机、电灯等都是并联使用，任何一个负载的工作状态既不受其他负载的影

响，也不影响其他负载。在并联电路中，负载个数增加，电路的总电阻减小，电流增大，负载从电源取用的电能多，负载变重；负载数目减少，电路的总电阻增大，电流减小，负载从电源取用的电能少，负载变轻。因此，人们可以根据工作需要启动或停止并联使用的负载。

③在电工测量中应用电阻并联方法组成分流器来扩大电流表的量程。

**3. 左手定则**

电磁力方向（即导线运动方向）、电流方向和磁场方向三者相互垂直。因为电磁力的方向与磁场方向及电流方向有关。所以，用左手定则（又称电动机定则）来判定三者之间的关系。

左手定则的内容是：伸平左手，使大拇指与其余四指垂直，手心对着 N 极，让磁感应线垂直穿过手心，四指的指向代表电流方向，则大拇指所示的方向就是磁场对载流直导线的作用力方向，如图 7-12 所示。

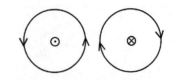

（a）通电直导线与周围磁场的关系

（b）右手螺旋定则

图 7-13　直导线周围的磁场方向

大，靠近直导线的磁感应线越密集，磁感应强度越大；反之，导线中通过电流越小，靠近直导线的磁感应线越稀疏，磁感应强度越小。

通电螺线管磁场方向，与螺线管中通过的电流方向的关系，用右手螺旋定则进行判定，如图 7-14 所示。

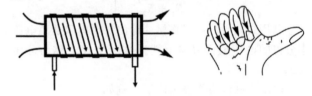

图 7-14　右手螺旋定则

右手螺旋定则的内容是：用右手握住螺线管，让弯曲的四指所指的方向与螺线管中流过的电流方向一致，那么拇指所指的那一端就是螺线管的 N 极。由图 7-14 可知，通电螺线管的磁场与条形磁铁的磁场相似。因此，一个通电螺线管相当于一块条形磁铁。

总之，凡是通电的导线，在其周围必定会产生磁场，从而说明电流与磁场之间有着不可分割的联系。电流产生磁场的这种现象称为电流的磁效应。

**5. 法拉第电磁感应定律**

感应电动势的大小，取决于条形磁铁插入或拔出的快慢，即取决于磁通变化的快慢。磁通变化越快，感应电动势就越大；反之就越小。磁通变化的快慢，用磁通变化率来表示。例如，有一单匝线圈，在 $t_1$ 时刻穿过线圈的磁通为 $\Phi_1$，在此后的某个时刻 $t_2$，穿过线圈的磁通为 $\Phi_2$，那么在 $t_2-t_1$ 这段时间内，穿过线圈的磁通变化量见式（7-26）：

$$\Delta\Phi = \Phi_2 - \Phi_1 \tag{7-26}$$

因此，单位时间内的磁通变化量，即磁通变化率见式（7-27）：

$$\frac{\Delta\Phi}{\Delta t} = \frac{\Phi_2 - \Phi_1}{t_2 - t_1} \tag{7-27}$$

在单匝线圈中产生的感应电动势的大小见式（7-28）：

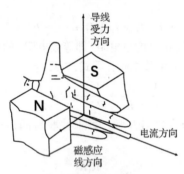

图 7-12　左手定则

实验证明，在匀强磁场中，当载流直导线与磁场方向垂直时，磁场对载流直导线作用力的大小，与导线所处的磁感应强度、通过直导线的电流以及导线在磁场中长度的乘积成正比，表示见式（7-25）：

$$F = BIL \tag{7-25}$$

式中：$B$——磁感应强度，$Wb/m^2$；

$I$——直导线中通过的电流，A；

$L$——直导线在磁场中的长度，m；

$F$——直导线受到的电场力，N。

**4. 右手定则**

通电直导线周围磁场方向与导线中的电流方向之间的关系可用安培定则（又称右手螺旋定则）进行判定。其具体内容是：右手拇指指向电流方向，贴在导线上，其余四指弯曲握住直导线，则弯曲四指的方向就是磁感应线的环绕方向（图 7-13）。

实验证明，通电直导线四周的磁感应线距直导线越近，磁感应线越密集，磁感应强度越大，反之，磁感应线越稀疏，磁感应强度越小。导线中通过电流越

$$e = \left|\frac{\Delta \Phi}{\Delta t}\right| \qquad (7\text{-}28)$$

式中的绝对值符号，表示只考虑感应电动势的大小，不考虑方向。

对于多匝线圈来说，因为通过各匝线圈的磁通变化率是相同的，所以每匝线圈感应电动势大小相等。因此，多匝线圈感应电动势是单匝线圈感应电动势的 $N$ 倍，表示见式(7-29)：

$$e = N\left|\frac{\Delta \Phi}{\Delta t}\right| \qquad (7\text{-}29)$$

式中：$e$——多匝线圈感应电动势，V；
　　　$N$——线圈匝数；
　　　$\Delta \Phi$——线圈中磁通变化量，Wb；
　　　$\Delta t$——磁通变化 $\Delta \Phi$ 所用的时间，s。

公式说明，当穿过线圈的磁通发生变化时，线圈两端的感应电动势的大小只与磁通变化率成正比。这就是法拉第电磁感应定律。

**6. 楞次定律**

法拉第电磁感应定律，只解决了感应电动势的大小取决于磁通变化率，但无法说明感应电动势的方向与磁通量变化之间的关系。穿过线圈的原磁通的方向是向下的。

如图 7-15(a)所示，当磁铁插入线圈时，线圈中的原磁通量增加，产生感应电动势。感应电流由检流计的正端流入。此时，感应电流在线圈中产生一个新的磁通。根据安培定则可以判定，新磁通与原磁通的方向相反，也就是说，新磁通阻碍原磁通增加。

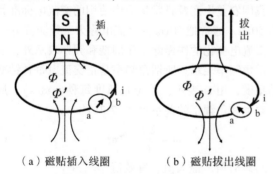

（a）磁贴插入线圈　　　（b）磁贴拔出线圈

**图 7-15　感应电动势方向的判断**

如图 7-15(b)所示，当磁铁由线圈中拔出时，线圈中的原磁通减少，产生感应电动势，感应电流由检流计的负端流入。此时，感应电流在线圈中产生一个新的磁通，根据安培定则判定，新磁通与原磁通的方向是相同的，也就是说，新磁通阻碍原磁通的减少。

经过上述讨论得出一个规律：线圈中磁通变化时，线圈中产生感应电动势，其方向是使它形成的感应电流产生新磁通来阻碍原磁通的变化。也就是说，感应电流的新磁通总是阻碍原磁通的变化。这个规律被称为楞次定律。

应用楞次定律来判定线圈中产生感应电动势的方向或感应电流的方向，具体方法步骤如下：

（1）首先明确原磁通的方向和原磁通的变化（增加或减少）的情况。

（2）根据楞次定律判定感应电流产生新磁通的方向。

（3）根据新磁通的方向，应用安培定则（右手螺旋定则）判定出感应电动势或感应电流的方向。

**（五）自感与互感**

**1. 自　感**

自感是一种电磁感应现象，下面通过实验说明什么是自感。如图 7-16(a)所示，有两个相同的灯泡。合上开关后，灯泡 HL1 立刻正常发光。灯泡 HL2 慢慢变亮。其原因是在开关 S 闭合的瞬间，线圈 L 中的电流是从无到有，线圈中这个电流所产生的磁通也随之增加，于是在线圈中产生感应电动势。根据楞次定律，由感应电动势所形成的感应电流产生的新磁通，要阻碍原磁通的增加；感应电动势的方向与线圈中原来电流的方向相反，使电流不能很快地上升，所以灯泡 HL2 只能慢慢变亮。

如图 7-16(b)所示，当开关 S 断开时，HL 灯泡不会立即熄灭，而是突然一亮然后熄灭。其原因是在开关 S 断开的瞬间，线圈中电流要减小到零，线圈中磁通也随之减。由于磁通变化在线圈中产生感应电动势。根据楞次定律；感应电动势所形成的感应电流产生的新磁通，阻碍原磁通的减少，感应电动势方向与线圈中原来的电流方向一致，阻止电流减少，即感应电动势维持电感中的电流慢慢减小。所以灯泡 HL 不会立刻熄灭。

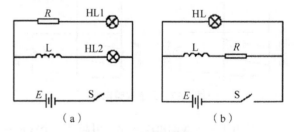

**图 7-16　自感实验电路**

通过两个实验可以看到，由于线圈自身电流的变化，线圈中也要产生感应电动势。把由于线圈自身电流变化而引起的电磁感应称为自感应，简称自感。由自感现象产生的电动势称为自感电动势。

为了表示自感电动势的大小，引入一个新的物理量——自感系数。当一个线圈通过变化电流后，单位电流所产生的自感磁通数，称为自感系数，也称电感量,简称电感,用 $L$ 表示。电感是测量线圈产生自感磁通本领的物理量。如果一个线圈中流过 1A 电流,能产生 1Wb 的自感磁通,则该线圈的电感就是 1 亨利,简称亨,用 H 表示。在实际使用中,常采用较小的单位有毫亨(mH)、微亨(μH)等。它们之间的关系为:$1H = 10^3 mH$,$1mH = 10^3 \mu H$。

电感 $L$ 是线圈的固有参数,它取决于线圈的几何尺寸以及线圈中介质的磁导率。如果介质磁导率恒为常数,这样的电感称为线性电感,如空心线圈的电感 $L$ 为常数;反之,则称为非线性电感,如有铁心的线圈的电感 $L$ 不是常数。

自感在电工技术中,既有利又有弊。如日光灯是利用镇流器(铁心线圈)产生自感电动势提高电压来点亮灯管的,同时也利用它来限制灯管电流。但是,在有较大电感元件的电路被切断瞬间,电感两端的自感电动势很高,在开关刀口断开处产生电弧,烧毁刀口,影响设备的使用寿命;在电子设备中,这个感应电动势极易损坏设备的元器件,必须采取相应措施,予以避免。

### 2. 互 感

互感也是一种电磁感应现象。图 7-17 中有两个互相靠近的线圈,当原线圈电路的开关 S 闭合时,原线圈中的电流增大,磁通也增加,副线圈中磁通也随之增加而产生感应电动势,检流计指针偏转,说明副线圈中也有电流。当原线圈电路开关 S 断开时,原线圈中的电流减小,磁通也减小,这个变化的磁通使副线圈中产生感应电动势,检流计指针向相反方向偏转。

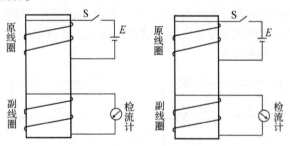

**图 7-17 互感实验电路**

这种由于一个线圈电流变化,引起另一个线圈中产生感应电动势的电磁感应现象,称为互感现象,简称互感。由互感产生的感应电动势称为互感电动势。

人们利用互感现象,制成了电工领域中伟大的电器——变压器。

## 二、电工基础

电工是一种特殊工种,不仅作业技能的专业性强,而且对作业的安全保护有特殊要求。因此,对从事电工作业的人员,在上岗前,都必须进行作业技能和安全保护的专业培训,经过考核合格后,才允许上岗作业。从各个国家的情况来看,均由从事电力供应的电力部门来承担这任务。不仅电力系统内的电工须经培训,各企业的电工同样需经过培训,合格后才准从事电工行业。

### (一) 正弦交流电路

#### 1. 正弦交流电三要素

1)周期、频率、角频率

交流电变化一周所需要的时间称为周期,用 $T$ 表示,单位是秒(s),较小的单位有毫秒(ms)和微秒(μs)等。它们之间的关系为:$1s = 10^3 ms = 10^6 \mu s$。

周期的长短表示交流电变化的快慢,周期越小,说明交流电变化一周所需的时间越短,交流电的变化越快;反之,交流电的变化越慢。

频率是指在一秒钟内交流电变化的次数,用字母 $f$ 表示,单位为赫兹,简称赫,用 Hz 表示。当频率很高时,可以使用千赫(kHz)、兆赫(MHz)、吉赫(GHz)等。它们之间的关系为:$1kHz = 10^3 Hz$,$1MHz = 10^3 kHz$,$1GHz = 10^3 MHz$。

频率和周期($T$)一样,是反映交流电变化快慢的物理量。它们之间的关系见式(7-30):

$$\left. \begin{array}{l} f = \dfrac{1}{T} \\ T = \dfrac{1}{f} \end{array} \right\} \quad (7\text{-}30)$$

我国农业生产及日常生活中使用的交流电标准频率为 50Hz。通常把 50Hz 的交流电称为工频交流电。

交流电变化的快慢除了用周期和频率表示外,还可以用角频率表示。所谓角频率是指交流电每秒钟变化的角度,用 $\omega$ 表示,单位是弧度每秒(rad/s)。周期、频率和角频率的关系见式(7-31):

$$\omega = \dfrac{2\pi}{T} = 2\pi f \quad (7\text{-}31)$$

2)瞬时值、最大值、有效值

正弦交流电(简称交流电)的电动势、电压、电流,在任一瞬间的数值称为交流电的瞬时值,分别用 $e$、$u$、$i$ 表示。瞬时值中最大的值称为最大值。最大值也称为振幅或峰值。在波形图中,曲线的最高点对应的纵轴值,即表示最大值。分别用 $E_m$、$U_m$、$I_m$ 表示电动势、电压、电流的最大值。它们之间的关系见式(7-32):

$$\left. \begin{array}{l} e = E_m \sin\omega t \\ u = U_m \sin\omega t \\ i = I_m \sin\omega t \end{array} \right\} \quad (7\text{-}32)$$

由上式可知，交流电的大小和方向是随时间变化的，瞬时值在零值与最大值之间变化，没有固定的数值。因此，不能随意用一个瞬时值来反映交流电的做功能力。如果选用最大值，就夸大了交流电的做功能力，因为交流电在绝大部分时间内都比最大值要小。这就需要选用一个数值，能等效地反映交流电做功的能力。为此，引入了交流电的有效值这一概念。

正弦交流电的有效值的定义：如果一个交流电通过一个电阻，在一个周期内所产生的热量，和某一直流电流在相同时间内通过同一电阻产生的热量相等，那么，这个直流电的电流值就称为交流电的有效值。正弦交流电的电动势、电压、电流的有效值分别用 $E$、$U$、$I$ 表示。通常所说的交流电的电动势、电压、电流的大小都是指它的有效值，交流电气设备铭牌上标注的额定值、交流电仪表所指示的数值也都是有效值。本书在谈到交流电的数值时，如无特殊注明，都是指有效值。理论计算和实验测试都可以证明，它们之间的关系见式(7-33)：

$$\left. \begin{array}{l} E = \dfrac{E_m}{\sqrt{2}} = 0.707 E_m \\ U = \dfrac{U_m}{\sqrt{2}} = 0.707 U_m \\ I = \dfrac{I_m}{\sqrt{2}} = 0.707 I_m \end{array} \right\} \quad (7\text{-}33)$$

3) 相位、初相、相位差

如图 7-18 所示，两个相同的线圈固定在同一个旋转轴上，它们相互垂直，以某一角速度做逆时针旋转，在 AX 和 BY 线圈中产生的感应电动势分别为 $e_1$ 和 $e_2$。

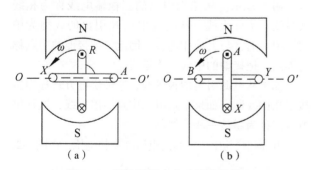

图 7-18　两个线圈中电动热变化情况

当 $t=0$ 时，AX 线圈平面与中性面之间的夹角 $\varphi_1 = 0°$，BY 线圈平面与中性面之间的夹角 $\varphi_2 = 90°$。由式(7-32)得到，在任意时刻两个线圈的感应电动势分别为：

$$e_1 = E_m \sin(\omega t + \varphi_1)$$
$$e_2 = E_m \sin(\omega t + \varphi_2)$$

其中 $\omega t + \varphi_1$ 和 $\omega t + \varphi_2$ 是表示交流电变化进程的一个角度，称为交流电的相位或相角，它决定了交流电在某一瞬时所处的状态。$t=0$ 时的相位称为初相位或初相。它是交流电在计时起始时刻的电角度，反映了交流电的初始值。例如，AX、BY 线圈的初相分别是 $0°$、$90°$。在 $t=0$ 时，两个线圈的电动势分别为 $e_1 = 0$，$e_2 = E_m$。两个频率相同的交流电的相位之差称为相位差。令上述 $e_1$ 的初相位 $\varphi_1 = 0°$，$e_2$ 的初相位 $\varphi_2 = 90°$，则两个电动势的相位差为：

$$\Delta\varphi = (\omega t + \varphi_2) - (\omega t + \varphi_1) = \varphi_2 - \varphi_1$$

可见，相位差就是两个电动势的初相差。

从图 7-19 和图 7-20 所示可以看出，初相分别为 $\varphi_1$ 和 $\varphi_2$ 的频率相同的两个电动势的同向最大值，不能在同一时刻出现。就是说 $e_2$ 比 $e_1$ 超前 $\varphi$ 角度达到最大值，或者说 $e_1$ 比 $e_2$ 滞后 $\varphi$ 角度达到最大值。

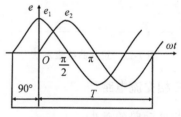

图 7-19　电动势波形图

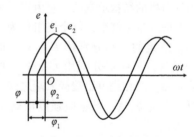

图 7-20　$e_1$ 与 $e_2$ 的相位差

综上所述，一个交流电变化的快慢用频率表示；其变化的幅度，用最大值表示；其变化的起点用初相表示。

如果交流电的频率、最大值、初相确定后，就可以准确确定交流电随时间变化的情况。因此，频率、最大值和初相称为交流电的三要素。

2. 正弦交流电表示方法

正弦交流电的表示方法有三角函数式法和正弦曲线法两种。它们能真实地反映正弦交流电的瞬时值随时间的变化规律，同时也能完整地反映出交流电的三要素。

(1) 三角函数式法：正弦交流电的电动势、电压、电流的三角函数式表示方法见式(7-32)，若知道了交流电的频率、最大值和初相，就能写出三角函数式，用它可以求出任一时刻的瞬时值。

(2)正弦曲线法(波形法)：正弦曲线法就是利用三角函数式相对应的正弦曲线，来表示正弦交流电的方法。

如图7-21所示，横坐标表示时间$t$或者角度$\omega$，纵坐标表示随时间变化的电动势瞬时值。图中正弦曲线反映出正弦交流电的初相$\varphi=0$，$e$最大值$E_m$，周期$T$以及任一时刻的电动势瞬时值。这种图也称为波形图。

图 7-21 正弦曲线表示法

## (二)三相交流电路

### 1. 三相电动势的产生

三相交流电是由三相发电机产生的，如图7-22所示是三相发电机的结构示意图。它由定子和转子组成。在定子上嵌入三个绕组，每个绕组称为一相，合称三相绕组。绕组的一端分别用$U_1$、$V_1$、$W_1$表示，称为绕组的始端，另一端分别用$U_2$、$V_2$、$W_2$表示，称为绕组的末端。三相绕组始端或末端之间的空间角为120°。转子为电磁铁，磁感应强度沿转子表面按正弦规律分布。

当转子以匀角速度$\omega$逆时针方向旋转时，在三相绕组中分别感应出振幅相等，频率相同，相位互差120°的三个感应电动势，这三相电动势称为对称三相电动势。三个绕组中的电动势分别为：

$$e_U = E_m \sin \omega t$$
$$e_V = E_m \sin(\omega t - 120°)$$
$$e_W = E_m \sin(\omega t + 120°)$$

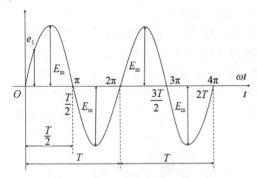

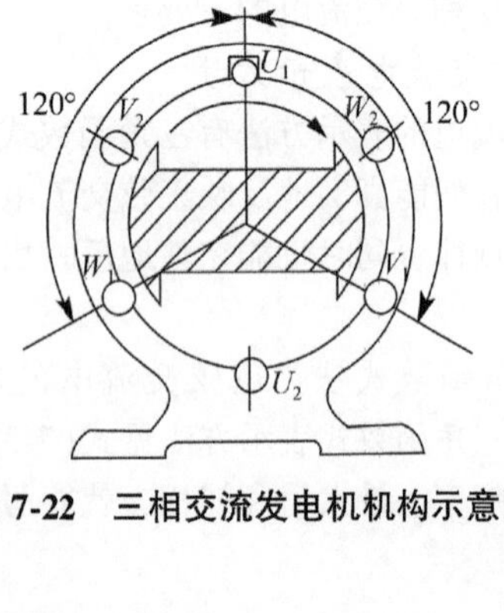

图 7-22 三相交流发电机机构示意图

显而易见，$V$相绕组的比$U$相绕组的落后120°，$W$相绕组的比$V$相绕组的落后120°。

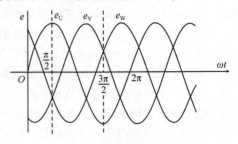

图 7-23 三相电动势波形图

如图7-23所示是三相电动势波形图。由图可见三相电动势的最大值和角频率相等，相位差120°。电动势的方向是从末端指向始端，即$U_2$到$U_1$，$V_2$到$V_1$，$W_2$到$W_1$。

在实际工作中经常提到三相交流电的相序问题，所谓相序就是指三相电动势达到同向最大值的先后顺序。在图7-23中，最先达到最大值的是$e_U$，其次是$e_V$，最后是$e_W$；它们的相序是$U—V—W$，该相序称为正相序，反之是负序或逆序，即$U—W—V$。通常三相对称电动势的相序都是指正相序，用黄、绿、红三种颜色分别表示$U$、$V$、$W$三相。

### 2. 三相电源绕组联结

三相发电机的每相绕组都是独立的电源，均可以采用如图7-24所示的方式向负载供电。这是三个独立的单相电路，构成三相六线制，有六根输电线，既不经济又没有实用价值。在现代供电系统中，发电机三相绕组通常用星形联结或三角形联结两种方式。但是，发电机绕组一般不采用三角形接法而采用星形接法或Y形接法，如图7-24所示。公共点称为电源中点，用N表示。从始端引出的三根输电线称为相线或端线，俗称火线。从电源中点N引出的线称为中线。中线通常与大地相连接，因此，把接地的中点称为零点，把接地的中线称为零线。

如果从电源引出四根导线，这种供电方式称为星接三相四线制；如果不从电源中点引出中线，这种供电方式称为星接三相三线制。

电源相线与中线之间的电压称为相电压，在图7-24

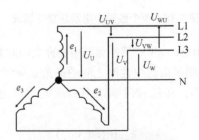

图 7-24 三相电源的星形接法

中用 $U_U$、$U_V$、$U_W$ 表示，电压方向是由始端指向中点。

电源相线之间的电压称为线电压，分别用 $U_{UV}$、$U_{VW}$、$U_{WU}$ 表示。电压的正方向分别是从端点 $U_1$ 到 $V_1$，$V_1$ 到 $W_1$，$W_1$ 到 $U_1$。

三相对称电源的相电压相等，线电压也相等，则相电压 $U_{相}$ 与线电压 $U_{线}$ 之间的关系为：$U_{线} = \sqrt{3} U_{相} \approx 1.7 U_{相}$。此关系式表明三相对称电源星形联结时，线电压的有效值约等于相电压有效值的 1.7 倍。

3. 三相交流电路负载的联结

在三相交流电路中，负载由三部分组成，其中，每两部分称为一相负载。如果各相负载相同，则称为对称三相负载；如果各相负载不同，则称为不对称三相负载。例如，三相电动机是对称三相负载，日常照明电路是不对称三相负载。根据实际需要，三相负载有两种连接方式，星形（Y形）联结和三角形（△形）联结。

1) 负载的星形联结

设有三组负载 $Z_U$、$Z_V$、$Z_W$，若将每组负载的一端分别接在电源三根相线上，另一端都接在电源的中线上，如图 7-25 所示，这种连接方式称为三相负载的星形联结。图中 $Z_U$，$Z_V$，$Z_W$ 为各相负载的阻抗，N 为负载的中性点。

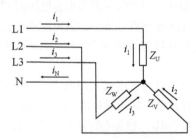

图 7-25 三相负载的星形联结图

由图 7-25 可见，负载两端的电压称为相电压。如果忽略输电线上的压降，则负载的相电压等于电源的相电压；三相负载的线电压就是电源的线电压。负载相电压 $U_{相}$ 与线电压 $U_{线}$ 间的关系为：$U_{线Y} = \sqrt{3} U_{相Y}$，$U_{线} = \sqrt{3} U_{相} \approx 1.7 U_{相}$。

星接三相负载接上电源后，就有电流流过相线、负载和中线。流过相线的电流 $I_U$、$I_V$、$I_W$ 称为线电流，统一用 $I_{线}$ 表示。流过每相负载的电流 $I_U$、$I_V$、$I_W$ 称为相电流，统一用 $I_{相}$ 表示。流过中线的电流 $I_N$ 叫做中线电流。

如果图 7-25 所示中的三相负载各不相同（负载不对称）时，中线电流不为零，应当采取三相四线制。如果三相负载相同（负载对称）时，流过中线的电流等于零，此时可以省略中线。如图 7-26 所示是三相对称负载星形联结的电路图。可见去掉中线后，电源

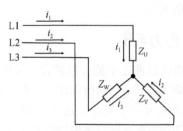

图 7-26 三相对称负载的星形联结图

只需三根相线就能完成电能输送，这就是三相三线制。三相对称负载呈星形联结时，线电流 $I_{线}$ 等于相电流 $I_{相}$，即 $I_{线Y} = I_{相Y}$。

在工业上，三相三线制和三相四线制应用广泛。对于三相对称负载（如三相异步电动机）应采用三相三线制，对于三相不对称的负载，如图 7-27 所示的照明线路，应采用三相四线制。

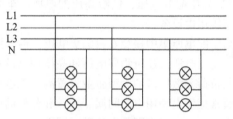

图 7-27 三相四线制照明电路

值得注意的是，采用三相四线制时，中线的作用是使各相的相电压保持对称。因此，在中线上不允许接熔断器，更不能拆除中线。

2) 负载的三角形联结

设有三相对称负载 $Z_U$、$Z_V$、$Z_W$，将它们分别接在三相电源两相线之间，如图 7-28 所示，这种连接方式称为负载的三角形联结。

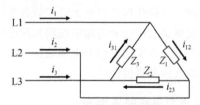

图 7-28 负载的三角形联结图

负载呈三角形联结时，负载的相电压就是电源的线电压 $U_{线}$，即：$U_{相△} = U_{线△}$。

当对称负载呈三角形联结时，电源线上的线电流 $I_{线}$ 有效值与负载上相电流 $I_{相}$ 有效值的关系为：$I_{线△} = \sqrt{3} I_{相△} \approx 1.7 I_{相△}$。

分析了三相负载的两种联结方式后，可以知道，负载呈三角形联结时的相电压约是其呈星形联结时的相电压的 1.7 倍。因此，当三相负载接到电源时，究竟是采用星形联结还是三角形联结，应根据三相负载

的额定电压而定。

## 三、电力系统

由于电力目前还不能大量储存，其生产、输送、分配和消费都在同一时间内完成，因此，必须将各个环节有机地联成一个整体。这个由发电、送电、变电、配电和用电组成的整体称为电力系统。

### (一) 电力系统的组成

电力系统是由发电厂、变电所、电力线路和电能用户组成的一个整体。供配电系统是电力系统的电能用户，也是电力系统的重要组成部分。它由总降变电所、高压配电所、配电线路、车间变电所或建筑物变电所和用电设备组成。总降变电所是含企业电能供应的枢纽。它将35~110kV的外部供电电源电压降为6~10kV高压配电电压，供给高压配电所、车间变电所和高压用电设备。

高压配电所集中接受6~10kV电压，再分配到附近各车间变电所或建筑物变电所和高压用电设备。一般情况负荷分散厂区的大型企业设置高压配电所。

通常把发电和用电之间属于输送和分配的中间环节称为电力网。电力网是由各种不同电压等级的电力线路和送变电设备组成的网络，是电力系统的重要组成部分，是发电厂和用户不可缺少的中心环节。电力网的作用是将电能从发电厂输出并分配到用户处。

电力网包含输电线路的电网称为输电网，包含配电线路的电网称为配电网。输电网由35kV及以上的输电线路与其相连的变电所组成的。它的作用是将电能输送到各个地区的配电网，然后输送到大型工业企业用户。配电网是由10kV及以下的配电线路和配电变电所组成。它的作用是将电力分配到各类用户。

电力线路按其用途分为输电线路和配电线路；按其架设的方式分为架空线路和电缆线路，按其传输方式分为交流线路和直流线路。

### (二) 电力系统基本要求

#### 1. 保证电能质量

电压和频率是衡量电能质量的重要指标。电压、频率过高或过低都会影响工厂企业的正常生产，严重时，会造成人身事故、设备损坏，影响电力系统的稳定性。

1) 电压偏移对发电机及用电设备的影响

当发电机的电压比额定值高5%，则定子绕组中的电流比额定值低5%，这两种情况发电机出力保持不变。电压过高，使发电机、电动机绝缘老化，甚至击穿；使白炽灯寿命缩短，若电压升高5%，灯泡寿命缩短一半，使用电设备也有可能损坏，对带铁芯的用电设备，由于电压升高，使铁芯过饱和，其无功损耗增加。

当发电机电压低于额定值90%运行时，其铁芯处于未饱和状态，使电压不能稳定，当励磁电流稍有变化，电压就有很大变化，可能损坏并列运行的稳定性，引起振荡或失步。

电压过低时，使用户的电动机运行情况恶化。因为电动机的电磁转矩正比于电压的平方，因此当电压下降时，转矩降低更为严重。当电压降至额定电压的30%~40%，电动机带不动负载，转矩下降较大，自动停转。正在启动的电机可能启动不起来。电压下降造成电动机定子电流增加，运行中温度升高，甚至将电动机烧毁。

电压过低使照明设备不能正常发光。如白炽灯的电源电压降低5%时，其发光效率降低18%；如电源电压降低10%，则降低约35%。

GB/T 12325—2008《电能质量 供电电压偏差》规定供电电压偏差的限值为：

35kV及以上供电电压正、负数偏差绝对值之和不超过标称电压的10%。

20kV及以下三相供电电压偏差为标称电压的±7%。

220V单项供电电压偏差为标称电压的+7%，-10%。

对供电点短路容量较小，供电距离较长以及对供电电压偏差有特殊要求的用户，由供用电双方协议确定。

2) 频率偏移对发电机和用电设备的影响

频率也是供电的质量标准之一。我国电力系统的额定频率为50Hz。根据《电力工业技术管理法规》规定，在300万kW以上的系统中，频率的变动不超过±0.2Hz；在不足300万kW的系统中频率的变动不得超过±0.5Hz。

频率过高使发电机转速增加。发电机的频率与转子转速成正比，所以当频率升高时，转子的转速增加，使其离心力增加，使转子机械强度受到威胁，对安全运行十分不利。

当电力系统有功负荷增加，并大于发电厂的出力时，电力系统的频率就要降低，当频率降得过低时，就会影响电力系统安全运行，发电机出力就要受到限制。

低频率运行，用户所有电动机的转速降低，将会影响冶金、化工、机械、纺织等行业的产品质量。

#### 2. 保证供电可靠性

电力系统中各种动力设备和电气设备都可能发生各种故障，影响电力系统的正常运行，造成用户供电中断，给工农业生产和国民经济带来重大损失，影响现代化建设的速度，影响人民的正常生活。衡量供电可靠性的指标，一般以全部用户平均供电时间占全年时间的百分数来表示。

### (三)电力系统的额定电压

电压是电能质量的重要标志之一，电压偏移超过允许范围，用电设备的正常运行就会受到影响。因此，用电设备最理想的工作电压就是它的额定电压。额定电压是指在规定条件下，保证电器正常工作的工作电压值，电气设备长期运行且经济效果最好。

我国规定的三相交流电网和电力设备的额定电压，见表7-5。

表7-5 我国交流电网和电力设备的额定电压

单位：kV

| 分类 | 电网额定电压 | 发电机额定电压 | 变压器 | |
|---|---|---|---|---|
| | | | 一次线圈 | 二次线圈 |
| 低压 | 0.22 | 0.23 | 0.22 | 0.23 |
| | 0.38 | 0.4 | 0.38 | 0.4 |
| 高压 | 3 | 3.15 | 3~3.15※ | 3.15~3.33※※ |
| | 6 | 6.3 | 6.0~6.3 | 6.3~6.6 |
| | 10 | 10.5 | 10~10.5 | 10.5~11 |
| | 35 | — | 35 | 38.5 |
| | 110 | — | 110 | 121 |

注：※是指变压器一次线圈挡内 3.15kV、6.3kV、10.5kV 电压适用于和发电机端直接连接的升压变压器和降压变压器。

※※是指变压器二次线圈挡内 3.3kV、6.6kV、11kV 电压适用于阻抗值在 7.5% 以上的降压变压器。

电网(线路)的额定电压只能选用国家规定的额定电压，它是确定各类电气设备额定电压的基本依据。用电设备的额定电压与同级电网的额定电压相同。

1) 发电机的额定电压

发电机的额定电压 $U_{NG}$ 为线路额定电压 $U_N$ 的 105%，即 $U_{NG} = 1.05U_N$（图7-29）。

2) 变压器的额定电压

(1) 变压器一次绕组的额定电压：变压器一次绕组接电源，相当于用电设备。与发电机直接相连的升

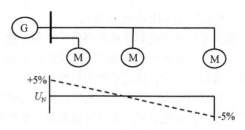

图7-29 发电机的额定电压

压变压器的一次绕组的额定电压应与发电机的额定电压相同。连接的线路上的降压变压器的一次绕组的额定电压应与线路的额定电压相同。

(2) 变压器二次绕组的额定电压：变压器的二次绕组向负荷供电，相当于发电机。二次绕组电压应比线路的额定电压高5%，而变压器二次绕组额定电压是指空载时电压。但在额定负荷下，变压器的电压降为5%。因此，为使正常运行时变压器二次绕组电压较线路的额定电压高5%，当线路较长（如35kV及以上高压线路），变压器二次绕组的额定电压应比相连线路的额定电压高10%；当线路较短时（直接向高低压用电设备供电，如10kV及以下线路），二次绕组的额定电压应比相连线路额定电压高。如图7-30所示。

### (四)电力系统中性点接地方式

三相交流电系统的中性点是指星形联结的变压器或发电机的中性点。中性点的运行方式有三种：中性点不接地系统、中性点经消弧线圈接地系统、中性点直接接地系统（中性点经电阻接地的电力系统）。前两种为小接地电流系统，后一种为大接地电流系统。

我国 3~63kV 系统，一般采用中性点不接地运行方式。当 3~10kV 系统接地电流大于 30A；20~63kV 系统接地电流大于 10A 时，应采用中性点经消弧线圈接地的运行方式。110kV 及以上系统和 1kV 以下低压系统采用中性点直接接地运行方式。中性点的运行方式对电力系统的运行影响显著。它主要取决于单相接地时电气设备绝缘要求及对供电可靠性的要求，同时还会影响电力系统二次侧的继电保护及监测仪表的选择与运行。

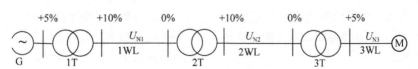

图7-30 二次绕组的额定电压

1. 中性点不接地的电力系统

中性点不接地系统的特点是当中性点不接地的电力系统发生单相接地时，系统的三个线电压不论其相位和量值都没有改变，因此系统中的所有设备仍可照常运行，相对地提高了供电的可靠性。但是这种状态不能长此下去，以免在另一相又接地形成两相接地短路，这将产生很大的短路电流，可能损坏线路和设备。因此，这种中性点不接地系统必须装设单相接地保护或装设绝缘监视装置。当系统发生单相接地故障时，发出警报信号或指示，以提醒运行值班人员注意，及时采取措施，查找和消除接地故障；如有备用线路，则可将重要负荷转移到备用线路上去。当发生单相接地故障危及人身和设备安全时，单相接地保护装置应进行跳闸动作。

中性点不接地系统缺点在于因其中性点是绝缘的，电网对接地电容中储存的能量没有释放通路。当接地电容的电流较大时，在接地处引起的电弧就很难自行熄灭，在接地处还可能出现所谓间隙电弧，即周期地熄灭与重燃的电弧。由于对地电容中的能量不能释放，造成电压升高，从而产生弧光接地过电压或谐振过电压，其值可达很高的倍数，对设备绝缘造成威胁。由于电网是一个具有电感和电容的振荡回路，间歇电弧将引起相对地的过电压，容易引起另一相对地击穿，而形成两相接地短路。所以必须设专门的监察装置，以便使运行人员及时地发现一相接地故障，从而切除电网中的故障部分。

在电压为3~10kV的电力网中，单相接地时的电容电流不允许大于30A，否则，电弧不能自行熄灭；在20~60kV的电力网中，间歇电弧所引起的过电压，数值更大，对于设备绝缘更为危险，而且由于电压较高，电弧更难自行熄灭，在这些电网中，单相接地时的电容电流不允许大于10A；与发电机有直接电气联系的3~20kV的电力网中，如果要求发电机带单相接地运行时，则单相接地电容电流不允许大于5A。

当不满足上述条件时，常采用中性点经消弧线圈接地或直接接地的运行方式。

2. 中性点经消弧线圈接地方式

在中性点不接地系统中，当单相接地电流超过规定的数值时，电弧将不能自行熄灭，为了减小接地电流，造成故障点自行灭弧条件，一般采用中性点经消弧线圈接地的措施。目前，在35~60kV的高压电网中多采用此种运行方式。如果消弧线圈可以正确运行，则是消除电网因雷击或其他原因而发生瞬时单相接地故障的有效措施之一。

1)中性点经消弧线圈接地的系统正常状态

在正常工作时，中性点的电位为零，消弧线圈两端没有电压，所以没有电流通过消弧线圈。当某一相发生金属性接地时，消弧线圈中就会有电感电流流过，补偿了单相接地电流，如果适当选择消弧线圈的匝数，就使消弧线圈的电感电流和接地的对地电容电流大致相等，就可使流过接地故障电流变得很小，从而减轻电弧的危害。

2)中性点经消弧线圈接地的系统故障状态

当发生单相完全接地时，其电压的变化和中性点不接地系统完全一样，故障相对地的电压变为零，非故障相对地电压值升高2.5~3倍，各相对地的绝缘水平是按照线电压设计的，因为线电压没有变化，不影响用户的工作可以继续运行2h，值班人员应尽快查找故障并且加以消除。

3)消弧线圈的补偿方法

在单相接地故障时，根据消弧线圈产生的电感电流对容性的接地故障电流，补偿的程度，可分为三种补偿方式：完全补偿、欠补偿和过补偿。

(1)完全补偿：就是消弧线圈产生的电感电流刚好等于容性的接地电容电流，在接地故障处的电流等于零，不会产生电弧。

(2)欠补偿：就是由消弧线圈产生的电感电流略小于接地故障处流过的容性接地故障电流，在接地处仍有未补偿完的容性接地故障电流流过。产生电弧的情况由电流的大小决定。电流较小就不会产生稳定电弧，一般要求补偿到不会产生电弧为止。

(3)过补偿：就是由消弧线圈产生的电感电流（$I_L$）略大于接地故障处流过的容性接地电流（$I_C$），在发生完全接地故障时，接地处有感性电流流过，过补偿时，流过接地故障处的电流也不大，一般也要求补偿到不会产生电弧为止。

3. 中性点经电阻接地的电力系统

随着城市电网的发展，电网结构有了很大变化，电缆线路的占比逐年上升，城市中心区出现了以电缆为主的配电网。许多城市配电网的对地电容已经超过200A，结构紧凑的全封闭GIS电器和氧化锌避雷器已经广泛使用，这类进口设备也逐渐增多，在此情况下，采用中性点不接地或经消弧线圈接地方式会带来许多问题。因此中性点经电阻接地方式也被愈来愈广泛的使用。

采用中性点经消弧线圈接地方式，切合电缆线路时电容电流变化较大，需要及时调整消弧线圈的调谐度，操作麻烦，并要求熟练的运行维护技术。同时因电网中电缆增多，电容电流很大，要求消弧线圈的补偿容量随之增大，很不经济。

原有中性点接地方式的电网的过电压高，持续时间长，包括工频过电压，弧光接地过电压，各种谐振过电压。它们对设备绝缘和氧化锌避雷器的安全运行是严重的威胁。对各电网中大量的进口设备的绝缘威胁更大。这些进口设备本来是适用于中性点接地系统的，和中性点绝缘系统设备相比，绝缘水平低一级，价格便宜的多，但必须降低系统过电压。

原有的中性点接地方式单相接地故障电流小，难以实现快速选择性接地保护。使过电压持续时间长，对绝缘不利。而电缆一旦发生单相接地，其绝缘不能自行恢复，不及时切掉故障，容易使故障扩大。中性点经电阻接地按接地的方式有高电阻接地、中电阻接地、低电阻接地三种方式。

1）高电阻接地

按美国 IEEE 142—2007 标准：在接地系统中，通常有目的地用接入电阻来限制接地故障电流在 10A 以下，使本系统电流继续流过一段时间而不致加重设备的损坏，高电阻接地系统的电阻设计应满足 $R_0 \leq X_{c0}$，$R_0$ 为系统每相的零序电阻，$X_{c0}$ 为系统中每相对地分布电容之和，以限制电弧接地故障时暂态过电压。采用高电阻接地能使接地故障电流限制到足够低的数值，目的是要达到不要求立即切除故障的水平。这个不要求立即切除故障便是推荐采用高电阻接地方式的主要原因。

采用高电阻接地方式的条件为：

(1) 单相接地后立即清除故障而且停电，否则会对工业企业造成废品，损坏机器设备，人身伤亡或释放出危害环境的物质，酿成火灾或爆炸。

(2) 备有接地故障检测和定位的系统。

(3) 有合格人员运行和维护的系统。

(4) 高电阻接地允许带故障运行的时间一般可达 2h。

高阻接地方式的特点和优点：

(1) 抑制单相接地过电压：单相接地故障发生后，其中性点偏移最大值为相电压，暂态过电压小于 2.5 倍相电压，使高频分量的频率明显降低，可有效抑制高频熄弧重燃过电压，使单相接地故障点电流对零序电压的超前角远小于 90°，衰减时间常数明显降低。

(2) 既能带故障短时间继续供电，又能提供带故障检测和对接地故障点定位条件。

(3) 大量减少设备损坏。

(4) 消除大部分谐振现象。

(5) 跨步电压、接触电压低。

(6) 减少人身伤害事故。

(7) 简化设备。

由于电流小，允许带故障运行的时间较长，所以对继电保护要求不太高，一般仅用作为报警。

若用 Y/△ 接线变压器作人工接地点，电阻一般接于 △ 二次侧，占用空间小阻值也低，但要求通流容量高。

若用 Z 型变压器时，电阻直接接入 Z 型变压器中性点与地之间，此时要求阻值大，通流容量小，可装配氧化锌避雷器，由于它能耐受工频过电压，残压也低，对系统安全有利。

2）中性点经小电阻接地

中电阻和低电阻之间没有统一的界限，一般认为单相接地故障时通过中性点电阻的电流 10～100A 时为低电阻接地方式。中性点经中电阻和低电阻接地方式适用于以电缆线路为主、不容易发生瞬时性单相接地故障的、系统电容电流比较大的城市配网、发电厂用电系统及大型工矿企业。其主要特点是在电网发生单相接地时，能获得较大的阻性电流，这种方式的优点：能快速切除单相接地故障，过电压水平低，谐振过电压发展不起来，电网可采用绝缘水平较低的电气设备；单相接地故障时，非故障相电压升高较小，发生为相间短路的概率较低；人身安全事故及火灾事故的可能性均减少；此外，还改善了电气设备运行条件，提高了电网和设备运行的可靠性。

大的故障接地电流会引起地电位升高超过安全允许值，干扰通行，供电可靠性受影响。对供电可靠性，可采取以下措施：

(1) 在部分架空线路馈线上，设置自动重合闸。

(2) 尽快加速架空线路电缆化改造。

(3) 对电缆配网进行改造，按 $N+1$ 的结构模式组成环网。

(4) 逐步对配网进行改造，为配网自动化创造条件，在对故障点进行自动检测的基础上实现遥控和遥信，缩短单相接地故障的恢复时间。

3）低电阻接地电阻值的选择

(1) 按限制单相接地短路电流小于三相短路电流的条件选取，见式 (7-34)：

$$R_n = \frac{U_e}{1.732KI_d} \quad (7-34)$$

式中：$R_n$——接地电阻的阻值，Ω；

$U_e$——线电压，V；

$K$——系数，根据各电网要求选取；

$I_d$——三相短路电流，A。

(2) 按单相接地故障时限制过电压倍数 $K \leq 2.5$ 的条件选择：根据计算和试验分析，当流经接地电阻 $R_n$ 的电流 $I_r \geq 1.5 I_d$ 时，就能把单相接地过电压倍数限制在 2.5 倍以内，这时，接地电阻的阻值 $R_n = U_e/1.732I_r$。

(3) 根据对通信干扰不产生有害影响选择。

(4)按保证接触电压和跨步电压不超过安全规程要求选择。

**4. 中性点直接接地的电力系统**

中性点直接接地方式，即是将中性点直接接入大地。该系统运行中若发生一相接地时，就形成单相短路，其接地电流很大，使断路器跳闸切除故障。这种大电流接地系统，不装设绝缘监察装置。恢复其他无故障部分的系统正常运行。

中性点直接接地的系统在发生一相接地时其他两相对地电压不会升高，因此这种系统中的供用电设备的相绝缘只需按相电压考虑，而不必按线电压考虑。这对110kV以上超高压系统是很有经济技术价值的，因为高压电器特别是超高压电器的绝缘问题是影响其设计和制造的关键问题。

至于低压配电系统，TN系统和TT系统均采到中性点直接接地的方式，而且引出有中性线或保护线，这除了便于接单相负荷外，还考虑到安全保护的要求，一旦发生单相接地故障，即形成单相短路，快速切除故障，有利于保障人身安全，防止触电。

电源侧的接地称为系统接地，负载侧的接地称为保护接地。国际电工委员会（IEC）标准规定的低压配电系统接地有IT系统、TT系统、TN系统三种方式。

现低压接地系统常用五种形式：TN-C、TN-S、TN-C-S、IT、TT，其各自的特点如下：

1) TN方式供电系统

TN方式供电系统是将电气设备的外露导电部分与工作中性线相接的保护系统，称作接零保护系统，用TN表示。当电气设备的相线碰壳或设备绝缘损坏而漏电时，实际上就是单相对地短路故障，理想状态下电源侧熔断器会熔断，低压断路器会立即跳闸使故障设备断电，产生危险接触电压的时间较短，比较安全。TN系统节省材料、工时，应用广泛。

TN方式供电系统中，按国际标准IEC 60364规定，根据中性线与保护线是否合并的情况，TN系统分为TN-C、TN-S、TN-C-S。

(1) TN-C方式供电系统：本系统中，保护线与中性线合二为一，称为PEN线。如图7-31所示，TN-C整个系统的中性线与保护线是合一的。

优点：TN-C方案易于实现，节省了一根导线，且保护电器可节省一极，降低设备的初期投资费用；发生接地短路故障时，故障电流大，可采用过流保护电器瞬时切断电源，保证人员生命和财产安全。

缺点：线路中有单相负荷，或三相负荷不平衡，以及电网中有谐波电流时，由于PEN中有电流，电气设备的外壳和线路金属套管间有压降，对敏感性电子设备不利；PEN线中的电流在有爆炸危险的环境

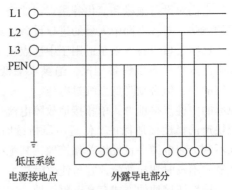

图7-31 TN-C系统

中会引起爆炸；PEN线断线或相线对地短路时，会呈现相当高的对地故障电压，可能扩大事故范围；TN-C系统电源处使用漏电保护器时，接地点后工作中性线不得重复接地，否则无法可靠供电。

(2) TN-S方式供电系统：本系统中，专用保护线（PE线）和工作中性线（N线）严格分开，称作TN-S供电系统，如图7-32所示。整个系统的中性线与保护线是分开的。

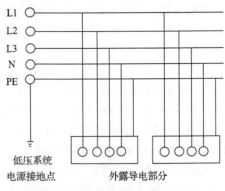

图7-32 TN-S系统

优点：正常时即使工作中性线上有不平衡电流，专用保护线上也不会有电流。适用于数据处理和精密电子仪器设备，也可用于爆炸危险场合；民用建筑中，家用电器大都有单独接地触点的插头，采用TN-S系统，既方便，又安全；如果回路阻抗太高或者电源短路容量较小，需采用剩余电流保护装置RCD对人身安全和设备进行保护，防止火灾危险；TN-S系统供电干线上也可以安装漏电保护器，前提是工作中性线（N线）不得有重复接地。专用保护线（PE线）可重复接地，但不可接入漏电开关。

缺点：由于增加了中性线，初期投资较高；TN-S系统相对地短路时，对地故障电压较高。

(3) TN-C-S方式供电系统：本系统是指如果前部分是TN-C方式供电，但为考虑安全供电，二级配电箱出口处，分别引出PE线及N线，即在系统后部分二级配电箱后采用TN-S方式供电，这种系统总称

为 TN-C-S 供电系统（图 7-33）。系统有一部分中性线与保护线是合一的。

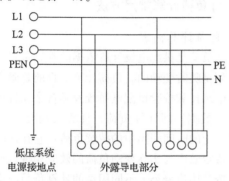

图 7-33 TN-C-S 系统

工作中性线（N 线）与专用保护线（PE 线）相联通，联通后面 PE 线上没有电流，即该段导线上正常运行不产生电压降；联通前段线路不平衡电流比较大时，在后面 PE 线上电气设备的外壳会有接触电压产生。因此，TN-C-S 系统可以降低电气设备外露导电部分对地的电压，然而又不能完全消除这个电压，这个电压的大小取决于联通前线路的不平衡电流及联通前线路的长度。负载越不平衡，联通前线路越长，设备外壳对地电压偏移就越大。所以要求负载不平衡电流不能太大，而且在 PE 线上应作重复接地；一旦 PE 线作了重复接地，只能在线路末端设立漏电保护器，否则供电可靠性不高；对要求 PE 线除了在二级配电箱处必须和 N 线相接以外，其后各处均不得把 PE 线和 N 线相连，另外在 PE 线上还不许安装开关和熔断器；民用建筑电气在二次装修后，普遍存在 N 线和 PE 线混用的情况，事实上混用使 TN-C-S 系统变成 TN-C 系统，后果如前述。鉴于民用建筑的 N 线和 PE 线多次开断、并联现象严重，形成危险接触电压的情况机会较多，在建筑电器的施工与验收中需重点注意。

2）IT 方式供电系统

系统的电源不接地或通过阻抗接地，电气设备的外壳可直接接地或通过保护线接至单独接地体。如图 7-34 所示。

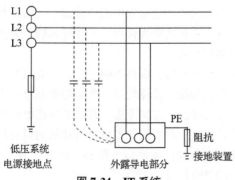

图 7-34 IT 系统

优点：运用 IT 方式供电系统，由于电源中性点不接地，相对接地装置基本没有电压。电气设备的相线碰壳或设备绝缘损坏时，单相对地漏电流较小，不会破坏电源电压的平衡，一定条件下比电源中性点接地的系统供电可靠；IT 方式供电系统在供电距离不是很长时，供电的可靠性高、安全性好。一般用于不允许停电的场所，有连续供电要求的地方，例如，医院的手术室、地下矿井、炼钢炉、电缆井照明等处。

缺点：如果供电距离很长时运用 IT 方式供电，如图 7-34 所示，电气设备的相线碰壳或设备绝缘损坏而漏电时，由于供电线路对大地的分布电容会产生电容电流，此电流经大地可形成回路，电气设备外露导电部分也会形成危险的接触电压；TT 方式供电系统的电源接地点一旦消失，即转变为 IT 方式供电系统，三相、二相负载可继续供电，但会造成单相负载中电气设备的损坏；如果消除第一次故障前，又发生第二次故障，如不同相的接地短路，故障电流很大，非常危险，因此对一次故障探测报警设备的要求较高，以便及时消除和减少出现双重故障的可能性，保证 IT 系统的可靠性。

3）TT 方式供电系统

本系统是指电力系统中性点直接接地，电气设备外露导电部分与大地直接连接，而与系统如何接地无关。专用保护线（PE 线）和工作中性线（N 线）要分开，PE 线与 N 线没有电的联系。正常运行时，PE 线没有电流通过，N 线可以有工作电流。在 TT 系统中负载的所有接地均称为保护接地，如图 7-35 所示。整个系统的中性线与保护线是分开的。

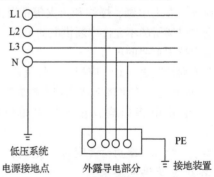

图 7-35 TT 系统

优点：TT 供电系统中当电气设备的相线碰壳或设备绝缘损坏而漏电时，由于有接地保护，可以减少触电的危险性；电气设备的外壳与电源的接地无电气联系，适用于对电位敏感的数据处理设备和精密电子设备；故障时对地故障电压不会蔓延。

缺点：短路电流小，发生短路时，短路电流保护装置不会动作，易造成电击事故；受线路零序阻抗及接地处过渡电阻的影响，漏电电流可能比较小，低压断路器不一定能跳闸，会造成漏电设备的外壳对地产生高于安全电压的危险电压，一般需要设漏电保护器作后续保护；由于各用电设备均需单独接地，TT系统接地装置分散，耗用钢材多，施工复杂较为困难；TT供电系统在农村电网应用较多，因一相一地的偷电方式，是造成电源出口处漏电保护器频繁动作的主要原因；如果工作中性线断线，健全相电气设备电压升高，会导致成批电器设备损坏。因此《架空绝缘配电线路设计技术规程》(DL/T 601—1996) 中 10.7 规定：中性点直接接地的低压绝缘线的中性线，应在电源点接地。在干线和分支线的终端处，应将中性线重复接地。三相四线供电的低压绝缘线在引入用户处，应将中性线重复接地。

### (五) 电力负荷等级介绍

电力负荷是指电能用户的用电设备在某一时刻向电力系统取用的电功率总和。

#### 1. 负荷定义及分级

负荷是指所有用电设备的功率和，是电力系统运行的重要组成部分。供电系统的电力负荷应根据对供电可靠性的要求及中断供电在对人身安全、经济损失上所造成的影响程度进行分级，并应符合下列规定：

符合下列情况之一时，应视为一级负荷：

(1) 中断供电将造成人身伤害时。

(2) 中断供电将在经济上造成重大损失时。

(3) 中断供电将影响重要用电单位的正常工作。

在一级负荷中，当中断供电将造成人员伤亡或重大设备损坏或发生中毒、爆炸和火灾等情况的负荷，以及特别重要场所的不允许中断供电的负荷，应视为一级负荷中特别重要的负荷。

符合下列情况之一时，应视为二级负荷：

(1) 中断供电将在经济上造成较大损失时。

(2) 中断供电将影响较重要用电单位的正常工作。

不属于一级和二级负荷者应为三级负荷。

#### 2. 各级负荷供电要求

一级负荷的供电电源要求如下：

(1) 一级负荷应由双重电源供电；当一个电源发生故障时，另一个电源不应同时受到损坏。

(2) 一级负荷中特别重要的负荷供电，除由双重电源供电外，尚应增设应急电源，并严禁将其他负荷接入应急供电系统。

二级负荷的供电电源要求如下：

二级负荷供电系统应做到当电力变压器或线路发生常见故障时，不致中断供电或中断供电能及时恢复。

三级负荷无明确要求。

### (六) 负荷计算常用方法

#### 1. 负荷计算内容

电气负荷是供配电设计所依据的基础资料。通常电气负荷是随时变动的。负荷计算的目的是确定设计各阶段中选择和校验供配电系统及其各个元件所需的各项负荷数据，即计算负荷。计算负荷是一个假想的、在一定的时间间隔中的持续负荷；它在该时间中产生的特定效应与实际变动负荷的效应相等。计算负荷通常按其用途分类。不同用途的计算负荷应选取不同的负荷效应及其持续时间，并采用不同的计算原则和方法，从而得出不同的计算结果。

(1) 需要负荷或最大负荷：需要负荷或最大负荷也可统称计算负荷，在各个具体情况下，计算负荷分别代表有功功率、无功功率、视在功率、计算电流等。用以按发热条件选择电器和导体，计算电压损失、电压偏差及网络损耗；通常取"半小时最大负荷"作为需要负荷。这里 30min 是按中小截面导体达到稳定温升的时间考虑的。

(2) 平均负荷：年平均负荷用于计算电能年消耗量。

(3) 尖峰电流：尖峰电流是用以计算电压波动、选择和整定保护器件、校验电动机的启动条件，通常尖峰电流取单台或一组用电设备持续 1s 左右的最大负荷电流，即启动电流的周期分量；在校验瞬动元件时，还应考虑启动电流的非周期分量。

#### 2. 负荷计算方法

负荷计算的方法主要有需要系数法、二项式系数法、利用系数法、单位面积功率法和单位指标法。我国目前普遍采用的确定用电设备级计算负荷的方法为需要系数法和二项式系数法。需要系数法方便简单，计算结果基本符合实际。当用电设备台数较多，各台设备容量相差不悬殊时，宜采用需要系数法，其多用于二线、配变电所的负荷计算。

二项式系数法应用的局限性较大，但在确定设备台数较少而设备容量差别很大的分支二线的计算负荷时，较需要系数法更为合理，且计算也较为简便。

1) 需要系数法

在负荷计算时，应将不同工作制用电设备的额定功率换算成为统一计算功率。泵站的水泵电机为主要设备，应按连续工作制考虑，其功率应按电机额定铭牌功率计算。短时或周期工作制电动机的设备功率应统一换算到负载持续率($\varepsilon$)为 25% 以下的有功功率，应按式 (7-35) 计算：

$$P_N = P_r \frac{\varepsilon_r}{0.25} = 2P_r\sqrt{\varepsilon_r} \qquad (7\text{-}35)$$

式中：$P_N$——用电设备组的设备功率，kW；
$P_r$——电动机额定功率，kW；
$\varepsilon_r$——电动机额定负载持续率，kW。

采用需要系数法计算负荷，应符合下列要求：

（1）设备组的计算负荷及计算电流应按式（7-36）计算：

$$\left.\begin{array}{l} P_{js} = K_X P_N \\ Q_{js} = P_{js}\tan\varphi \\ S_{js} = \sqrt{P_{js}^2 + Q_{js}^2} \\ I_{js} = \dfrac{S_{js}}{\sqrt{3}\,U_r} \end{array}\right\} \qquad (7\text{-}36)$$

式中：$P_{js}$——用电设备有功计算功率，kW；
$K_X$——需要系数，按表 7-6 的规定取值；
$Q_{js}$——用电设备无功计算功率，kW；
$\tan\varphi$——用电设备功率因数角的正切值，按表 7-6 的规定取值；
$S_{js}$——用电设备视在计算功率，kW；
$I_{js}$——计算电流，A；
$U_r$——用电设备额定电压或线电压，kV。

表 7-6 用电设备系数

| 用电设备组名称 | 需要系数（$K_X$） | $\cos\varphi$ | $\tan\varphi$ |
|---|---|---|---|
| 水泵 | 0.75~0.85 | 0.80~0.85 | 0.75~0.62 |
| 生产用通风机 | 0.75~0.85 | 0.80~0.85 | 0.75~0.62 |
| 卫生用通风机 | 0.65~0.70 | 0.80 | 0.75 |
| 闸门 | 0.20 | 0.80 | 0.75 |
| 格栅除污机、皮带运输机、压榨机 | 0.50~0.60 | 0.75 | 0.88 |
| 搅拌机、刮泥机 | 0.75~0.85 | 0.80~0.85 | 0.75~0.62 |
| 起重器及电动葫芦（$\varepsilon=25\%$） | 0.20 | 0.50 | 1.73 |
| 仪表装置 | 0.70 | 0.70 | 1.02 |
| 电子计算机 | 0.60~0.70 | 0.80 | 0.75 |
| 电子计算机外部设备 | 0.40~0.50 | 0.50 | 1.73 |
| 照明 | 0.70~0.85 | — | — |

（2）变电所的计算负荷应按式（7-37）计算：在确定多组用电设备的计算负荷时，应考虑各组用电设备的最大负荷不会同时出现的因素，计入一个同时系数 $K_\Sigma$。

$$\left.\begin{array}{l} P_{js} = K_{\Sigma P}\sum(K_X P_N) \\ Q_{js} = K_{\Sigma Q}\sum(K_X P_N \tan\varphi) \\ S_{js} = \sqrt{P_{js} + Q_{js}} \end{array}\right\} \qquad (7\text{-}37)$$

式中：$K_{\Sigma P}$、$K_{\Sigma Q}$——有功功率、无功功率同时系数，分别取 0.8~0.9 和 0.93~0.97。

2）二项式系数法

二项式系数法较需要系数法更适于确定设备台数较少而容量差别较大的低干线和分支线的计算负荷系数。二项式系数认为计算负荷由两部分组成，一部分是由所有设备运行时产生的平均负荷 $bP_N$；另一部分是由于大型设备的投入产生的负荷 $cP_x$，$x$ 为容量最大设备的台数，其中，$b$，$c$ 称为二项式系数。二项式系数也是通过统计得到的负荷计算的二项式系数法，用二项式系数法进行负荷计算时的步骤与需用系数法相同，计算公式如下：

（1）单组用电设备组中设备台数≥3 台时的计算负荷见式（7-38）：

$$P_c = b\sum_{i=1}^{n} P_{Ni} + cP_x \qquad (7\text{-}38)$$

式中：$P_c$——有功功率，kW；
$P_{Ni}$——用电设备组中每台设备的额定功率，kW；
$P_x$——用电设备组中 $x$ 台大型设备的额定功率，kW；
$b$、$c$——二项式系数。

（2）多组用电设备组的计算负荷：
①有功计算负荷见式（7-39）：

$$P_{30} = \sum(bP_e) + (cP_x)_{\max} \qquad (7\text{-}39)$$

②无功计算负荷见式（7-40）：

$$Q_{30} = \sum(bP_e\tan\varphi) + (cP_x)_{\max}\tan\varphi_{\max} \qquad (7\text{-}40)$$

式中：$P_{30}$——有功功率，kW；
$Q_{30}$——无功功率，kW；
$P_e$——用电设备组中每台设备的平均额定功率，kW；
$\tan\varphi$——最大附加负荷$(cP_x)_{\max}$的设备组的平均功率因数角的正切值。

$P_{30}$ 和 $Q_{30}$ 的"30"是指导线截面的发热按照允许 30min 运行，因此负荷计算时采用 30min 最大负荷作为计算负荷。

3）其他方法

利用系数是求平均负荷的系数。通过利用系数 $K_X$，平均利用系数 $K_{xav}$，有效台数 $n_{eq}$，附加系数等可确定计算负荷。

（1）利用系数：一般情况下，当用电设备组确定后，其最大日负荷曲线也就确定了，利用系数计算公式见式（7-41）。

$$K_X = \frac{P_{av}}{\sum\limits_{i=1}^{n} P_{Ni}} \qquad (7\text{-}41)$$

式中：$K_X$——利用系数；

$P_{av}$——各用电设备组平均负荷的有功功率，kW；

$\sum_{i=1}^{n} P_{Ni}$——各用电设备组设备功率之和。

（2）附加系数：为了便于比较，从发热角度出发，不同容量的用电设备需归算为同一容量的用电设备，于是可得其等效台数，计算公式见式（7-42）。

$$\left. \begin{array}{l} P_c = K_{\sum P} K_d \sum_{i=1}^{n} P_{Ni} \\ Q_c = P_c \tan\varphi \\ S_c = \sqrt{P_c^2 + Q_c^2} \\ I_c = \dfrac{S_c}{\sqrt{3} U_r} \end{array} \right\} \quad (7\text{-}42)$$

式中：$P_c$——有功功率，kW；

$K_{\sum P}$——有功同时系数，对于配电干线所供范围的计算负荷，$K_{\sum P}$取值范围一般都在0.8~0.9；对于变电站总计算负荷，$K_{\sum P}$取值范围一般在0.85~1；

$K_d$——需用系数；

$P_{Ni}$——用电设备组中每台用电设备的额定功率，kW；

$Q_c$——无功功率，kW；

$S_c$——视在功率，kW；

$\tan\varphi$——用电设备功率因数角的正切值；

$I_c$——电气设备电流，A；

$U_r$——电气设备额定电压，kV。

（3）系数法的计算步骤如下：

①单组用电设备组中设备台数≥3台时的计算负荷先由式（7-41）求出平均负荷。

②再由附加系数求计算负荷。附加系数由设备等效台数$n_{eq}$和利用系数$K_X$得到式（7-43）和式（7-44）：

$$P_{av} = K_X \sum_{i=1}^{n} P_{Ni} \quad (7\text{-}43)$$

$$Q_{av} = P_{av} \tan\varphi \quad (7\text{-}44)$$

③多组用电设备组的计算负荷：当供电范围内有多个性质不同的设备组时，设备等效台数$n_{eq}$为所有设备的等效台数；利用系数$K_X$以各组设备组的加权利用系数$K_{xav}$替换，同样使用附加系数表可以查得附加系数$K_{ad}$。有功功率计算公式为式（7-45）：

$$P_c = K_{ad} K_{xav} \sum_{m=1}^{m} \sum_{n=1}^{n} P_{Nij} \quad (7\text{-}45)$$

加权利用系数为式（7-46）：

$$K_{xav} = \dfrac{\sum_{m=1}^{m} P_{avj}}{\sum_{m=1}^{m} \sum_{n=1}^{n} P_{Nij}} \quad (7\text{-}46)$$

式中：$\sum_{m=1}^{m} P_{avj}$——各组设备平均功率之和，kW；

$\sum_{m=1}^{m} \sum_{n=1}^{n} P_{Nij}$——各组设备额定功率之和，kW。

4）各种计算法优缺点

（1）指标法中除了住宅用电量指标法外的其他方法一般只用作供配电系统的前期负荷估算。

（2）需用系数法计算简单，是最为常用的一种计算方法，适合用电设备数量较多，且容量相差不大的情况，组成需用系数的同时系数和负荷系数都是平均的概念，若一个用电设备组中设备容量相差过于悬殊，大容量设备的投入对计算负荷起决定性的作用，这时需用系数计算的结果很可能与大容量设备投入时的实际情况不符，出现不合理的结果。影响需用系数的因素非常多对于运行经验不多的用电设备，很难找出较为准确的需用系数值。

（3）二项式系数法考虑问题的出发点就是大容量设备的作用，因此当用电设备组中设备容量相差悬殊时，使用二项式系数法可以得到较为准确的结果。

（4）利用系数法是通过平均负荷来计算负荷，这种方法的理论依据是概率论与数理统计，因此是一种较为准确的计算方法，但利用系数法的计算过程相对繁琐。

（5）目前民用建筑用电负荷的二项式系数法和利用系数法经验值尚不完善，这两种方法主要用于工业企业的负荷计算。

（6）根据负荷计算方法得出的计算结果往往偏大，这是因为：

①负荷计算的基础数据偏大，在选择电气设备时，一般都是按最不利的负荷情况选择，常常还在此基础上加保险系数，使得设备容量偏大。

②负荷计算所用的计算系数偏大。在作负荷计算时，各种系数都是以求出负荷曲线上持续30min最大负荷给出的，对于大多数电气设备讲，显然过于保守。

## （七）短路电流的计算

短路是电力系统最为常见的故障之一，它是由供配电系统中相导体之间或相导体与地之间不通过负载阻抗发生了直接电气连接所产生的。在供配电系统中，可能发生的短路类型有四种，分别为三相短路、两相短路、单相短路、两相接地短路。

### 1. 短路电流计算方法

（1）以系统元件参数的标幺值计算短路电流，适用于比较复杂的系统。

（2）以系统短路容量计算短路电流，适用于比较简单的系统。

(3)以有名值计算短路电流,适用于1kV及以下的低压网络系统。

(4)计算短路电流时,电路的分布电容不予考虑。

**2. 短路电流计算要求**

短路电流计算中应以系统在最大运行方式下三相短路电流为主;应以最大三相短路电流作为选择、校验电器和计算继电保护的主要参数。同时也需要计算系统在最小运行方式下的两相短路电流作为校验继电保护、校核电动机启动等的主要参数。短路电流计算时所采用的接线方式,应为系统在最大及最小运行方式下导体和电器安装处发生短路电流的正常接线方式。短路电流计算宜符合下列要求:

(1)在短路持续时间内,短路相数不变,如三相短路持续时间内保持三相短路不变,单相接地短路持续时间内保持单相接地短路不变。

(2)具有分接开关的变压器,其开关位置均视为在主分接位置。

(3)不计弧电阻。

**3. 高压短路电流计算**

高压短路电流计算时,应考虑对短路电流影响大的变压器、电抗器、架空线及电缆等因素的阻抗,对短路电流影响小的因素可不予考虑。

高压短路电流计算宜按下列步骤进行:

(1)确定基准容量 $S_j = 100 \text{MV} \cdot \text{A}$,确定基准电压 $U_j = U_p$($U_p$ 为电网线电压平均值)。

(2)绘制主接线系统图,标出计算短路点。

(3)绘制相应阻抗图,各元件归算到标幺值。

(4)经网络变换等计算短路点的总阻抗标幺值。

计算三相短路周期分量及冲击电流等。

**4. 低压网络短路电流计算步骤**

(1)画出短路点的计算电路,求出各元件的阻抗(图7-36)。

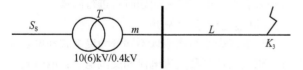

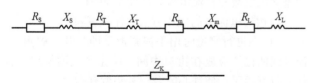

**图7-36 三相短路电流计算电路**

(2)变换电路后画出等效电路图,求出总阻抗。

(3)低压网络三相和两相短路电流周期分量有效值按式(7-47)计算。

$$\left. \begin{array}{l} I''_3 = \dfrac{\dfrac{CU_n}{\sqrt{3}}}{Z_k} = \dfrac{\dfrac{1.05 U_n}{\sqrt{3}}}{\sqrt{R_k^2 + X_k^2}} = \dfrac{230}{\sqrt{R_k^2 + X_k^2}} \\ R_k = R_s + R_T + R_m + R_L \\ X_k = X_s + X_T + X_m + X_L \end{array} \right\} \quad (7\text{-}47)$$

式中:$I''_3$——三相短路电流的初始值,A;

$C$——电压系数,计算三相短路电流时取1.05;

$U_n$——网络标称电压或线电压(380V),V;

$Z_k$、$R_k$、$X_k$——分别为短路电路总阻抗、总电阻、总电抗,$m\Omega$;

$R_s$、$X_s$——分别为变压器高压侧系统的电阻、电抗(归算到400V侧),$m\Omega$;

$R_T$、$X_T$——分别为变压器的电阻、电抗,$m\Omega$;

$R_m$、$X_m$——分别为变压器低压侧母线段的电阻、电抗,$m\Omega$;

$R_L$、$X_L$——分别为配电线路的电阻、电抗,$m\Omega$。

只要 $\sqrt{\dfrac{R_T^2 + X_T^2}{R_S^2 + X_S^2}} \geq 2$,变压器低压侧短路时的短路电流周期分量不衰减 $I_k = I''_3$。

(4)短路冲击电流按式(7-48)计算。

$$\left. \begin{array}{l} I_{sh} = \sqrt{2} K_{sh} I'' \\ I_{sh} = I'' \sqrt{1 + 2(K_{sh} - 1)^2} \end{array} \right\} \quad (7\text{-}48)$$

式中:$I_{sh}$——短路冲击电流,A;

$K_{sh}$——短路电流冲击系数。

(5)两相短路电流按式(7-49)计算:

$$\left. \begin{array}{l} I''_2 = 0.866 I''_3 \\ I_{K2} = 0.866 I_{K3} \end{array} \right\} \quad (7\text{-}49)$$

式中:$I''_2$——两相短路电流的初始值,A;

$I_{K2}$——两相短路稳态电流,A;

$I_{K3}$——三相短路稳态电流,A。

**5. 短路电流计算结果的应用**

短路电流计算结果主要有以下几方面的应用:①电气接线方案的比较与选择;②正确选择和校验电气设备;③继电保护的选择、整定及灵敏系数校验;④计算软导线的短路摇摆;⑤接地装置的设计及确定中性点接地方式;⑥正确选择和校验载流导体;⑦三分之一分裂导线间隔棒的间距;⑧验算接地装置的接触电压与跨步电压。

**6. 影响短路电流的因素**

影响短路电流的因素主要有以下几种:①系统电

压等级；②主接线形式以及主接线的运行方式；③系统的元件正负序阻抗及零序阻抗大小（变压器中性点接地点多少）；④是否加装限流电抗器；⑤是否采用限流熔断器、限流低压断路器等限流型电器，能在短路电流达到冲击值之前完全熄灭电弧起到限流作用。

### （八）电工测量

电工常用携带式仪表主要有万用表、钳形电流表及兆欧表。

#### 1. 万用表的应用

万用表可用来测量直流电流、直流电压、交流电流、交流电压、电阻、电感、电容、音频电平及晶体三极管的电流放大系数 $\beta$ 值等。如图7-37、图7-38所示。

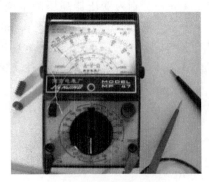

图 7-37　指针式万用表

图 7-38　数字式万用表

1）万用表的使用方法

（1）端钮（或插孔）选择要正确：红色测试棒连接线要接到红色端钮上（或标有"+"号的插孔内），黑色测试棒连接线要接到黑色端钮上（或标有"-"号的插孔内）。有的万用表备有交直流电压为2500V的测量端钮，使用时黑色测试棒仍接黑色端钮，而红色测试棒接到2500V的端钮上。

（2）转换开关位置选择要正确：根据测量对象转换开关转到相应的位置，有的万用表面板上有两个转换开关；一个选择测量种类；一个选择测量量程。使用时应先选择测量种类，然后选择测量量程。

（3）量程选择要合适：根据被测量的大致范围，将转换开关转至适当的量限上，若测量电压或电流时，最好使指针指在量程的1/2～2/3范围内，这样读数较为准确。

（4）正确进行读数：在万用表的标度盘上有很多标度尺，它们分别适用于不同的被测对象。因此测量时在对应的标度尺上读数的同时，应注意标度尺读数和量程挡的配合，以避免差错。

（5）欧姆挡的正确使用：

①选择合适的倍率挡：测量电阻时，倍率挡的选择应以使指针停留在刻度线较稀的部分为宜，指针越接近标度尺的中间部分，读数越准确，越向左、刻度线越密，读数的准确度越差。

②调零：测量电阻之前，应将两根测试棒碰在一起，同时转动"调零旋钮"，使指针刚好指在欧姆标度尺的零位上，这一步骤称为欧姆挡调零。每换一次欧姆挡，测量电阻之前都要重复这一步骤，从而保证了测量的准确性，如果指针不能调到零位，说明电池电压不足，需要更换。

③不能带电测量电阻：测量电阻时万用表是电池供电的，被测电阻决不能带电，以免损坏表头。

④注意节省干电池：在使用欧姆挡间歇中，不要让两根测试棒短接，以免浪费电池。

2）使用万用表应注意的事项

（1）使用万用表时要注意手不可触及测试棒的金属部分，以保证安全和测量的准确度。

（2）在测量较高电压或大电流时，不能带电转动转换开关，否则有可能使开关烧坏。

（3）万用表用完以后，应将转换开关转到"空挡"或"OFF"挡，表示已关断。有的表没有上述两挡时可转向交流电压最高量程挡，以防下次测量时疏忽而损坏万用表。

（4）平时要养成正确使用万用表的习惯，每当测试棒接触被测线路前应再一次全面检查，观察各部分位置是否有误，确实没有问题时再进行测量。

#### 2. 钳形电流表的应用

钳形电流表按结构原理不同分为磁电式和电磁式两种，磁电式可测量交流电流和交流电压；电磁式可测量交流电流和直流电流。如图7-39所示。

1）钳形电流表的使用方法和注意事项

（1）在进行测量时用手捏紧扳手即张开，被测载流导线的位置应放在钳口中间，防止产生测量误差，然后放开扳手，使铁心闭合，表头就有指示。

（2）测量时应先估计被测电流或电压的大小，选择合适的量程或先选用较大的量程测量，然后再视被测电流、电压大小减小量程，使读数超过刻度的

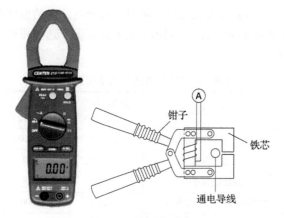

图 7-39　钳形电流表

1/2，以便得到较准确的读数。

（3）为使读数准确，钳口两个面应保证很好的接合，如有杂声，可将钳口重新开合一次，如果声音依然存在，可检查在接合面上是否有污垢存在，如有污垢，可用汽油擦干净。

（4）测量低压可熔保险器或低压母线电流时，测量前应将邻近各相用绝缘板隔离，以防钳口张开时可能引起相间短路。

（5）有些型号的钳形电流表附有交流电压刻度，测量电流、电压时应分别进行，不能同时测量。

（6）不能用于高压带电测量。

（7）测量完毕后一定要把调节开关放在最大电流量程位置，以免下次使用时由于未经选择量程而造成仪表损坏。

（8）为了测量小于 5A 以下的电流时能得到较准确的读数，在条件许可时可把导线多绕几圈放进钳口进行测量，但实际电流数值应为读数除以放进钳口内的导线根数。

2）钳形电流表在几种特殊情况下的应用

用钳形电流表测量绕线式异步电动机的转子电流时，必须选用电磁系表头的钳形电流表，如果采用一般常见的磁电系钳形电流表测量时，指示值与被测量的实际值会有较大出入，甚至没有指示，其原因是磁电系钳形表的表头与互感器二次线圈连接，表头电压是由二次线圈得到的。根据电磁感应原理可知，互感电动势的计算见式（7-50）。

$$E_2 = 4.44 f W \Phi_m \quad (7-50)$$

式中：$E_2$——互感电动势，V；
　　　　$f$——电流变化的频率，Hz；
　　　　$W$——互感系数，H；
　　　　$\Phi_m$——磁通量，Wb。

由式（7-50）看出，互感电动势的大小与频率成正比。当采用此种钳形表测量转子电流时，由于转子上的频率较低，表头上得到的电压将比测量同样工频电流时的电压小得多（因为这种表头是按交流 50Hz 的工频设计的）。有时电流很小，甚至不能使表头中的整流元件导通，所以钳形表没有指示，或指示值与实际值有很大误差。

如果选用电磁系的钳形表，由于测量机构没有二次线圈与整流元件，被测电流产生的磁通通过表头，磁化表头的静、动铁片，使表头指针偏转，与被测电流的频率没有关系，所以能够正确指示出转子电流的数值。

用钳形电流表测量三相平衡负载时，会出现一种奇怪现象，即钳口中放入两相导线时的指示值与放入一相导线时的指示值相同，这是因为在三相平衡负载的电路中，每相的电流值相等，表示为 $I_u = I_v = I_w$。若钳口中放入一相导线时，钳形表指示的是该相的电流值，当钳口中放入两相导线时，该表所指示的数值实际上是两相电流的相量之和，按照相量相加的原理，$I_1 + I_3 = -I_2$，因此指示值与放入一相时相同。

如果三相同时放入钳口中，当三相负载平衡时，$I_1 + I_2 + I_3 = 0$，即钳形电流表的读数为零。

3．兆欧表的应用

兆欧表俗称摇表或摇电箱，是一种简便、常用的测量高电阻直接式携带型摇表，用来测量电路、电机绕组、电缆及电气设备等的绝缘电阻。表盘的上标尺刻度以"MΩ"为单位。兆欧表可分为手摇发电机型、用交流电作电源型及用晶体管直流电源变换器作电源的晶体管兆欧表。目前常用的是手摇发电机型。

1）兆欧表测量绝缘电阻的方法

（1）线路间绝缘电阻的测量：被测两线路分别接在线路端钮"L"上和地线端钮"E"上，用左手稳住摇表，右手摇动手柄，速度由慢逐渐加快，并保持在 120r/min 左右，持续 1min，读出兆欧数。

（2）线路对地间绝缘电阻的测量：被测线路接于"L"端钮上，"E"端钮与地线相接，测量方法同上。

（3）电动定子绕组与机壳间绝缘电阻的测量：定子绕组接"L"端钮上，机壳与"E"端钮连接。

（4）电缆缆心对缆壳间绝缘电阻的测量：将"L"端钮与缆心连接，"E"端钮与缆壳连接，将缆心与缆壳之间的内层绝缘物接于屏蔽端钮"G"上，以消除因表面漏电而引起的测量误差。

2）兆欧表的使用注意事项

（1）在进行测量前先切断被测线路或设备电源，并进行充分放电（约需 2～3min）以保障设备及人身安全。

（2）兆欧表接线柱与被测设备间连接导线不能用双股绝缘线或胶线，应用单股线分开单独连接，避免因胶线绝缘不良而引起测量误差。

(3)测量前先将兆欧表进行一次开路和短路试验,检查兆欧表是否良好。若将两连接线开路,摇动手柄,指针应指在"∞"(无穷大)处;把两连接线短接,指针应指在"0"处。说明兆欧表是良好的,否则兆欧表是有问题的。

(4)测量时摇动手柄的速度由慢逐渐加快并保持120r/min左右的速度,持续1min左右,这时才是准确的读数。如果被测设备短路、指针指零,应立即停止摇动手柄,以防表内线圈发热损坏。

(5)测量电容器及较长电缆等设备的绝缘电阻后,应立即将"L"端钮的连接线断开,以免被测设备向兆欧表倒充电而损坏仪表。

(6)禁止在雷电时或在邻近有带高压电的导线或设备时用兆欧表进行测量。只有在设备不带电又不可能受其他电源感应而带电时才能进行测量。

(7)兆欧表量程范围的选用一般应注意不要使其测量范围过多的超出所需测量的绝缘电阻值,以免读数产生较大的误差。例如,一般测量低压电气设备的绝缘电阻时可选用0~200MΩ量程的表,测量高压电气设备或电缆时可选用0~2000MΩ量程的表。刻度不是从零开始,而且从1MΩ或2MΩ起始的兆欧表一般不宜用来测量低压电器设备的绝缘电阻。

(8)测量完毕后,在手柄未完全停止转动和被测对象没有放电之前,切不可用手触及被测对象的测量部分并拆线,以免触电。

3)兆欧表的选用方法

(1)目前常用国产兆欧表的型号与规格如表7-7所示。表中所列为手摇发电机型,最高电压为2500V,最大量程为10000MΩ。若需要更高电压和更大量程的可选用新型ZC 30型晶体兆欧表,其额定电压可达5000V,量程为100000MΩ。

表7-7 常用兆欧表的型号与规格

| 型号 | 额定电压/V | 级别 | 量程范围/MΩ |
|---|---|---|---|
| ZC 11-6 | 100 | 1.0 | 0~20 |
| ZC 11-7 | 250 | 1.0 | 0~50 |
| ZC 11-8 | 500 | 1.0 | 0~100 |
| ZC 11-9 | 50 | 1.0 | 0~200 |
| ZC 25-2 | 250 | 1.0 | 0~250 |
| ZC 25-3 | 500 | 1.0 | 0~500 |
| ZC 25-4 | 1000 | 1.0 | 0~1000 |
| ZC 11-3 | 500 | 1.0 | 0~2000 |
| ZC 11-10 | 2500 | 1.5 | 0~25000 |
| ZC 11-4 | 1000 | 1.0 | 0~5000 |
| ZC 11-5 | 2500 | 1.5 | 0~10000 |

(2)兆欧表的选择:主要是选择兆欧表的电压及其测量范围,表7-8列出了在不同情况下选择兆欧表的要求。

表7-8 兆欧表的电压及测量范围的选择

| 被测对象 | 被测设备的额定电压/V | 所选兆欧表的电压/V |
|---|---|---|
| 弱电设备、线路的绝缘电阻 | 100以上 | 50~100 |
| 线圈的绝缘电阻 | 500以下 | 500 |
| 线圈的绝缘电阻 | 500以上 | 1000 |
| 发电机线圈的绝缘电阻 | 380以下 | 1000 |
| 电力变压器、发电机、电动机绝缘电阻 | 500以上 | 1000~2500 |
| 电气设备的绝缘电阻 | 500以下 | 500~1000 |
| 电气设备的绝缘电阻 | 500以上 | 2500 |
| 瓷瓶、母线、刀闸的绝缘电阻 | — | 2500~5000 |

4)接地电阻的测量(图7-40)

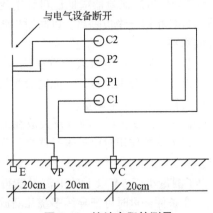

图7-40 接地电阻的测量

(1)被测接地E(C2、P2)和电位探针P1及电流探针C1依直线彼此相距20m,使电位探针处于E、C中间位置,按要求将探针插入大地。

(2)用专用导线将端子E(C2、P2)、P1、C1与探针所在位置对应连接。

(3)开启电源开关"ON",选择合适挡位轻按,该挡指示灯亮,表头LCD显示的数值即为被测得的接地电阻值。

5)土壤电阻率测量(图7-41)

测量时在被测的土壤中沿直线插入四根探针,并使各探针间距相等,各间距的距离为L,要求探针入地深度为L/20cm,用导线分别从C1、P1、P2、C2端子按出分别与4根探针相连接。若测出电阻值为R,则土壤电阻率按式(7-51)计算:

$$\rho = 2\pi RL \qquad (7\text{-}51)$$

式中:$\rho$——土壤电阻率,$\Omega \cdot cm$;

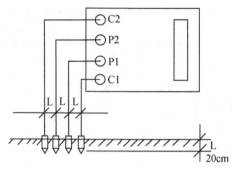

图 7-41 土壤电阻率测量

$L$——探针与探针之间的距离，cm；

$R$——电阻仪的读数，Ω。

用此法则得的土壤电阻率可以近似认为是被埋入区域的平均土壤电阻率。

6）测量注意事项和维护保养措施

（1）测量保护接地电阻时，一定要断开电气设备与电源连接点。在测量小于 1Ω 的接地电阻时，应分别用专用导线连在接地体上，C2 在外侧，P2 在内侧，如图 7-42 所示：

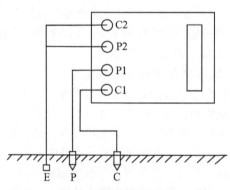

图 7-42 接地电阻的测量

（2）测量接地电阻时最好反复在不同的方向测量 3~4 次，取其平均值。

（3）测量大型接地网接地电阻时，不能按一般接线方式测量，可参照电流表、电压表测量法中的规定选定埋插点。

（4）若测试回路不通或超量程时，表头显示"1"，说明溢出，应检查测试回路是否连接好或是否超量程。

（5）本表当电池电压低于 7.2V 时，表头显示欠压符号"←"，表示电池电压不足，此时应插上电源线由交流供电或打开仪器后盖板更换干电池。

（6）如果使用可充电池时，可直接插上电源线利用本机充电，充电时间一般不低于 8h。

（7）存放保管本表时，应注意环境温度和湿度，应放在干燥通风的地方为宜，避免受潮，应防止酸碱及腐蚀气体，不得雨淋、暴晒、跌落。

## 四、城镇排水泵站供配电基本知识

### （一）排水泵站配电系统的主要功能及规模

配电系统主要有三个功能，首先是将输电系统的电能输送到配电系统，其次是将电压降低至当地适用电压，最后是在发生故障时，通过隔离故障单元，保护整个电网。

泵站规模的调查应根据城市雨水、污水系统专业规划和有关排水系统所规定的范围、设计标准，经工艺设计的综合分析计算后确定泵站的近期规模，包括泵站站址选择和总平面布置。泵站平面布置图中应包括泵房、集水间、调蓄池、附属构筑物。附属构筑物主要包括配电室、值班室。排水泵站规模决定了排水泵站供电系统的规模。

### （二）排水泵站供电系统设计调整依据

排水泵站配电室也是电气系统的一部分，必须按照电气设计规范进行设计。泵站的供配电设计工程首先要确定泵站的用电负荷，应根据泵站的规模、工艺特点、泵站总用电量（包括动力设备用电和照明用电）等计算泵站负荷，所以设计前对这些因素必须进行调查，调查主要包括：泵站规模的调查；工艺的调查（包括工程性质、工艺流程图、工艺对电气控制的要求）；用电量的调查（包括机械设备正常工作用电、设备规格、型号、工作制、仪表监控用电、正常工作照明、安全应急照明、室外照明、检修用电及其他场所的照明）；发展规划的调查（包括近期建设和远期发展的关系，远近结合，以近期为主，适当考虑发展的可能）；环境调查（包括周围环境对本工程的影响以及本工程实施后对居民生活可能造成的影响进行初步评估）。其次按照现行的设计规范进行设计，目前主要电气设计规范如下：

《民用建筑电气设计规范》（JGJ 16—2008）

《供配电系统设计规范》（GB 50052—2009）

《建筑照明设计标准》（GB 50034—2013）

《低压配电设计规范》（GB 50054—2011）

《3~110kV 高压配电装置设计规范》（GB 50060—2008）

《20kV 及以下变电所设计规范》（GB 50053—2013）

《爆炸危险环境电力装置设计规范》（GB 50058—2014）

《电力装置的继电保护和自动装置设计规范》（GB 50062—2008）

《建筑物防雷设计规范》（GB 50057—2010）

《自动化仪表选型设计规定》（HG/T 20507—2000）

《仪表系统接地设计规定》（HG/T 20513—2000）

《控制室设计规定》（HG/T 20508—2014）

《工业建筑供暖通风与空气调节设计规范》（GB 50019—2015）

《建筑给水排水设计标准》（GB 50015—2019）

《建筑灭火器配置设计规范》（GB 50140—2019）

《建筑给水排水及采暖工程施工质量验收规范》（GB 50242—2002）

《泵站设计规范》（GB 50265—2010）

### （三）配电室位置与形式选择

**1. 配变电所位置选择**

变电所的设置应根据下列要求经技术经济比较后确定：①进出线方便；②接近负荷中心；③接近电源侧；④设备运输方便；⑤不应设在有剧烈震动的或高温的场所；⑥不宜设在多尘或有腐蚀气体的场所，如无法远离，不应设在污染源的主导风向的下风侧；⑦不应设在有爆炸危险环境或火灾危险环境的正上方和正下方；⑧变电所的辅助用房，应根据需要和节约的原则确定。有人值班的变电所应设单独的值班室。值班室与高压配电室宜直通或经过通道相通，值班室应有门直接通向户外或通向走道。

**2. 配变电所的类型**

排水泵站的变配所大多是10kV变电所，一般为全户内或半户内独立式结构，开关柜放在屋内，主变压器可放置屋内或屋外，依据地理环境条件因地制宜。10kV及以下变配电所按其位置分类主要有以下类型：①独立式变配电所；②地下变配电所；③附设变配电所；④户外变配电所；⑤箱式变电站。

**3. 高压配电室结构布置**

配电装置宜采用成套设备，型号应一致。配电柜应装设闭锁及连锁装置，以防止误操作事故的发生。带可燃性油的高压开关柜，宜装设在单独的高压配电室内。当高压开关柜的数量为6台及以下时，可与低压柜设置在同一房间。

高压配电室长度超过7m时，应设置两扇向外开的防火门，并布置在配电室的两端。位于楼上的配电室至少应设一个安全出口通向室外的平台或通道。并应便于设备搬运。

高压配电装置的总长度大于6m时，其柜（屏）后的通道应有两个安全出口。高压配电室内各种通道的最小宽度（净距）应符合表7-9的规定。

表7-9 高压配电室内通道的最小宽度（净距）

单位：m

| 装置种类 | 操作走廊（正面） | | 维护走廊（背面） | 通往防爆间隔的走廊 |
|---|---|---|---|---|
| | 设备单列布置 | 设备双列布置 | | |
| 固定式高压开关柜 | 2.0 | 2.5 | 1.0 | 1.2 |
| 手车式高压开关柜 | 单车长+1.2 | 双车长+1.0 | 1.0 | 1.2 |

**4. 电力变压器室的布置规定**

（1）每台油量为100kg及以上的三相变压器，应装设在单独的变压器室内。

（2）室内安装的干式变压器，其外廓与墙壁的净距不应小于0.6m；干式变压器之间的距离不应小于1m，并应满足巡视、维修的要求。

（3）变压器室内可安装与变压器有关的负荷开关、隔离开关和熔断器。在考虑变压器布置及高、低压进出线位置时，应使负荷开关或隔离开关的操动机构装在近门处。

（4）变压器室的大门尺寸应按变压器外形尺寸加0.5m。当一扇门的宽度为1.5m及以上时，应在大门上开宽0.8m、高1.8m的小门。

**5. 低压配电室的布置规定**

低压配电设备的布置应便于安装、操作、搬运、检修、试验和监测。低压配电室长度超过7m时，应设置两扇门，并布置在配电室的两端。位于楼上的配电室至少应设一个安全出口通向室外的平台或通道。

成排布置的配电装置，其长度超过6m时，装置后面的通道应有两个通向本室或其他房间的出口，如两个出口之间的距离超过15m时，其间还应增加出口。

低压配电室兼作值班室时，配电装置前面距墙不宜小于3m。成排布置的低压配电装置，其屏前后的通道最小宽度应符合表7-10的规定。

表7-10 低压配电装置室内通道的最小宽度

单位：m

| 装置种类 | 单排布置 | | 双排对面布置 | | 双排背对背布置 | |
|---|---|---|---|---|---|---|
| | 屏前 | 屏后 | 屏前 | 屏后 | 屏前 | 屏后 |
| 固定式 | 1.5 | 1.0 | 2.0 | 1.0 | 1.5 | 1.5 |
| 抽屉式 | 2.0 | 1.0 | 2.3 | 1.0 | 2.0 | 1.5 |

电容器室布置应符合下列规定：室内高压电容器组宜装设在单独房间内。当容量较小时，可装设在高压配电室内。但与高压开关柜的距离不应小于1.5m。

室内高压电容器组宜装设在单独的房间内。当容量较小时可装设在高压配电室内。

成套电容器柜单列布置时，柜正面与墙面之间的距离不应小于 1.5m；双列布置时，柜面之间的距离不应小于 2m。装配式电容器组单列布置时，网门与墙距离不应小于 1.3m；双列布置时，网门之间距离不应小于 1.5m。长度大于 7m 的电容器室，应设两个出口，并宜布置在两端。门应外开。

6. 泵房内设备的布置规定

根据水泵类型、操作方式、水泵机组配电柜、控制屏、泵房结构形式、通风条件等确定设备布置。电动机的启动设备宜安装于配电室和水泵电机旁。机旁控制箱或按钮箱宜安装于被控设备附近，操作及维修应方便，底部距地面 1.4m 左右，可固定于墙、柱上，也可采用支架固定。格栅除污机、压榨机、水泵、闸门、阀门等设备的电气控制箱宜安装于设备旁，应采用防腐蚀材料制造，防护等级户外不应低于 IP65，户内不应低于 IP44。臭气收集和除臭装置电气配套设施应采用耐腐蚀材料制造。

1) 泵站场地内电缆沟、井的布置规定

（1）泵房控制室、配电室的电缆应采用电缆沟或电缆夹层敷设，泵房内的电缆应采用电缆桥架、支架、吊架或穿管敷设。

（2）电缆穿管没有弯头时，长度不宜超过 50m，有一个弯头时，穿管长度不宜超过 20m；有两个弯头时，应设置电缆手井，电缆手井的尺寸根据电缆数量而定。

2) 泵站照明光源选择的规定（表 7-11）

（1）宜采用高效节能新光源。泵房、泵站道路等场地照明宜选用高压钠灯。

（2）控制室、配电间、办公室等场所宜选用带节能整流器或电子整流器的荧光灯。

（3）露天工作场地等宜选用金属卤化物灯。

3) 泵站照明灯具选择的规定及照度要求（表 7-11）

（1）在正常环境中宜采用开启型灯具。

（2）在潮湿场合应采用带防水灯头的开启型灯具或防潮型灯具。

（3）灯具结构应便于更换光源。

（4）检修用的照明灯具应采用Ⅲ类灯具，用安全特低电压供电，在干燥场所电压值不应大于 50V。

（5）在潮湿场所电压值不应大于 25V。

（6）在有可燃气体和防爆要求的场合应采用防爆型灯具。

表 7-11 泵站最低照度标准

| 工作场所 | 工作面名称 | 规定照度的被照面 | 一般工作照度/lx | 事故照度/lx |
|---|---|---|---|---|
| 泵房间、格栅间 | 设备布置和维护地区 | 离地 0.8m 水平面 | 150 | 10 |
| 中控室 | 控制盘上表针、操作屏台、值班室 | 控制盘上表针 | 200 | 30 |
| | | 控制台水平面 | 500 | |
| 继电保护盘、控制屏 | 屏前屏后 | 离地 0.8m 水平面 | 100 | 5 |
| 计算机房、值班室 | 设备上 | 离地 0.8m 水平面 | 200 | 10 |
| 高、低压配电装置、母线室、变压器室 | 设备布置和维护地区 | 离地 0.8m 水平面 | 75 | 3 |
| 机修间 | 设备布置和维护地区 | 离地 0.8m 水平面 | 60 | — |
| 主要楼梯和通道 | — | 地面 | 10 | 0.5 |

4) 照明设备（含插座）的布置规定

（1）室外照明庭院灯高度宜为 3.0～3.5m，杆间距宜为 15～25m。

（2）路灯供电宜采用三芯或五芯直埋电缆。变配电所灯具宜布置在走廊中央。

（3）灯具安装在顶棚下距地面高度宜为 2.5～3.0m，灯间距宜为灯高度的 1.8～2 倍。当正常照明因故停电，应急照明电源应能迅速地自动投入。

（4）当照明线路中单相电流超过 30A 时，应以 380V/220V 供电。每一单相回路不宜超过 15A，灯具为单独回路时数量不宜超过 25 个；对高强气体放电灯单相回路电流不宜超过 30A；插座应为单独回路，数量不宜超过 10 个（组）。

（四）排水泵站供电方式

配电系统应根据工程用电负荷大小、对供电可靠性的要求、负荷分布情况等采用不同的接线方法。常用的配电系统接线方式有放射式、树干式、环式或其他组合方式。对 10kV/6kV 配电系统宜采用放射式。对泵站内的水泵电机应采用放射式配电。对无特殊要求的小容量负荷可采用树干式配电。配电系统采用放射式时，供电可靠性高，发生故障后的影响范围较小，切换操作方便，保护简单，便于管理，但所需的配电线路较多，相应的配电装置数量也较多，因而造价较高。放射式配电系统接线又可分为单回路放射式和双回路放射式两种。前者可用于中、小城市的二、三级负荷给排水工程；后者多用于大、中城市的一、二级负荷给排水工程。10kV 及以下配电所母线绝大部分为单母线或单母线分段。因一般配电所出线回路较少，母线和设备检修或清扫可趁全厂停电检修时进行。此外，由于母线较短，事故很少，因此，对一般泵站建造的配、变电所，采用单母线或单母线分段的接线方式已能满足供电要求。

排水泵站变配电所基本上是 10kV 变 0.4kV 的配电系统，因此基本上采用单母线或单母线分段运行。

排水泵站作为承担城市雨水和污水排放功能设施，其供电负荷为二级，特别重要的按一级负荷考虑。

目前供电方式按电源供电数分为：单电源供电、双电源供电、单电源加发电机、双电源加发电机等。按供电电压等级可分为低压供电、高压供电。按电源进线方式分为架空线供电、电缆供电。按计量方式分为高压供电、高压侧计量（高供高量），高压供电、低压侧计量（高供低量），低压供电低压计量。

户外电源进线装置主要是指由供电电网提供给排水泵站电源的接纳装置，包含有供电电网的分界开关、进户电杆、电缆分支箱等设备。排水泵站主要进线分为架空进线和电缆进线。

架空进线的户外进线装置由分界开关、户外高压跌落式熔断器、避雷器、绝缘子、架空线、进户电缆组成。

电缆进线装置一般安装在室内，供电与用户分界点是以供电部门高压配电柜内出线开关进行划分；也有个别安装在户外，户外从供电部门的电缆分支箱内开关进行划分。泵站供电系统组成如图 7-43 所示。

排水泵站供配电系统一般分为高压系统和低压配电系统，根据泵站规模及设备容量情况以供电部门出具供电方案为依据进行设计。排水泵站高压系统由于设备容量不同采用的设备及保护方式不同：容量小于 630kV·A 的高压供电系统可以采用高压负荷开关加高压熔断器进行保护。容量大于 630kV·A 的高压供电系统采用高压断路器加直流屏进行保护。负荷开关加熔断器保护的高压系统如图 7-44 所示，真空断路器保护的高压系统如图 7-45 所示。

排水泵站低压配电系统是指按照供电方案将有关低压设备组装，实现对水泵、附属用电设备进行控制，提供电源。低压配电柜主要型号有 GCK、GCS、GGD 等。

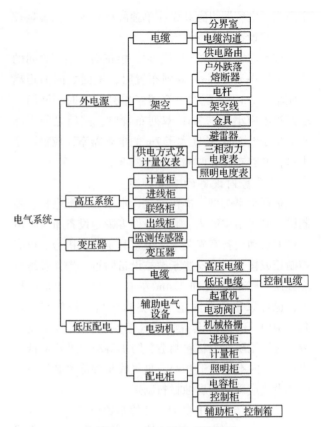

图 7-43 排水泵站系统图

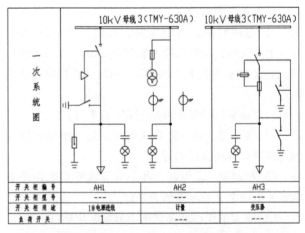

图 7-44 高压系统图：负荷开关+熔断器保护的高压系统

低压配电系统的供电方式主要由高压配电系统决定，低压供电由供电部门给出的供电方案为准。

低压配电系统主要有以下几种供电方式：

1. 单路电源供电

低压设备只有一路进线电源，控制泵站设备运行，如图 7-46 所示。

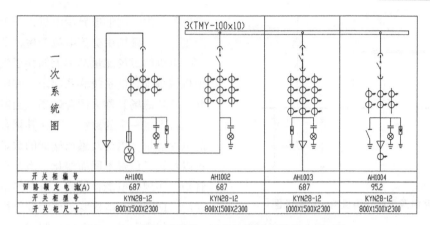

图 7-45　高压系统图：真空断路器保护的高压系统

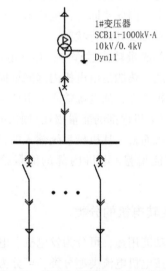

图 7-46　单路电源供电一次系统图

2. 单路电源加发电机供电

低压配电设备只有一路进线电源，但是为提高保障度，配备一台相同容量或略大于电源容量的发电机，如图 7-47 所示，正常状态下发电机不工作，当电源发生故障时，发电机运行。发电机与进线电源开关做好连锁工作，确保不发生因反送电现象引起的人员、设备事故。

3. 双路电源一用一备供电

低压配电设备由两路电源供电，但正常时只能运行一路电源，另一路电源作为保障性电源，一路电源要能够运行全部设备，如图 7-48 所示。

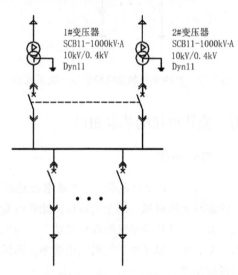

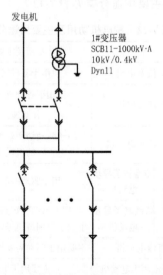

图 7-47　单路电源加发电机供电一次系统图

图 7-48　双路电源一用一备供电一次系统图

4. 双路电源母线联络供电

泵站低压配电系统由两路电源供电，中间通过相同容量的断路器进行联络，保障一路电源故障时，另一路电源及时带动全部设备，如图 7-49 所示。低压母线分段运行。配电柜内安装 3 台断路器进行控制，正常状态下只能闭合两台断路器。

5. 双路电源加发电机供电

泵站比较重要时，为提高泵站的供电可靠性，两路电源供电外，再增加一路发电机供电，配电柜内安装 3 台断路器，通过电气联锁进行控制，确保电源供电质量，不发生电源反送故障，如图 7-50 所示。

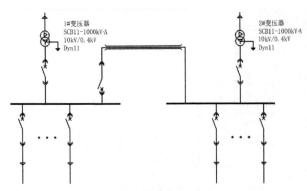

图 7-49　双路电源母线联络供电一次系统图

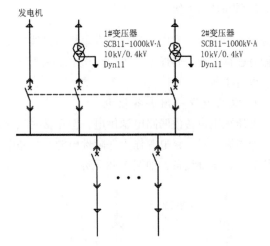

图 7-50　双路电源加发电机供电一次系统图

## 五、旋转电机的基本知识

### (一) 旋转电机

旋转电机(以下简称电机)是依靠电磁感应原理而运行的旋转电磁机械,用于实现机械能和电能的相互转换。发电机从机械系统吸收机械功率,向电系统输出电功率;电动机从电系统吸收电功率,向机械系统输出机械功率。

电机运行原理基于电磁感应定律和电磁力定律。电机进行能量转换时,应具备能做相对运动的两大部件:建立励磁磁场的部件,感生电动势并流过工作电流的被感应部件。这两个部件中,静止的称为定子,做旋转运动的称为转子。定子、转子之间有空气隙,以便转子旋转。

电磁转矩由气隙中励磁磁场与被感应部件中电流所建立的磁场相互作用产生。通过电磁转矩的作用,发电机从机械系统吸收机械功率,电动机向机械系统输出机械功率。建立上述两个磁场的方式不同,形成不同种类的电机。例如,两个磁场均由直流电流产生,则形成直流电机;两个磁场分别由不同频率的交流电流产生,则形成异步电机;一个磁场由直流电流产生,另一磁场由交流电流产生,则形成同步电机。

电机的磁场能量基本上储存于气隙中,它使电机把机械系统和电系统联系起来,并实现能量转换,因此,气隙磁场又称为耦合磁场。当电机绕组流过电流时,将产生一定的磁链,并在其耦合磁场内存储一定的电磁能量。磁链及磁场储能的数量随定子、转子电流以及转子位置不同而变化,由此产生电动势和电磁转矩,实现机电能量转换。这种能量转换理论上是可逆的,即同一台电机既可作为发电机也可作为电动机运行。但实际上,一台电机制成后,由于两种运行状态下参数和特性方面的原因,很难满足两种运行状态下的客观要求,因此,同一台电机不经改装和重新设计,不可任意改变其运行状态。

电机内部能量转换过程中,存在电能、机械能、磁场能和热能。热能是由电机内部能量损耗产生的。

对电动机而言,从电源输入的电能=耦合电磁场内储能增量+电机内部的能量损耗+输出的机械能。

对发电机而言,从机械系统输入的机械能=耦合电磁场内储能增量+电机内部的能量损耗+输出的电能。

### (二) 旋转电机的分类

按电机功能用途,可分为发电机、电动机、特殊用途电机。按电机电流类型分类,可分为直流电机和交流电机。交流电机可分为同步电机和异步电机。按电机相数分类,可分为单相电机及多相(常用三相)电机。按电机的容量或尺寸大小分类,可分为大型、中型、小型、微型电机。电机还可按其他方式(如频率、转速、运动形态、磁场建立与分布等)分类;按电机功用及主要用途分类见表 7-12。

表 7-12　按电机功用及主要用途分类

| 种类 | 名称 | | 功用及主要用途 |
| --- | --- | --- | --- |
| 发电机 | 交流发电机 | | 用于各种发电电源 |
| | 直流发电机 | | 用于各种直流电源和作测速发电机 |
| 电动机 | 交流同步电动机 | | 用于驱动功率较大或转速效低的机械设备 |
| | 交流异步电动机 | 笼型转子异步电动机 | 用于驱动一般机械设备 |
| | | 绕线转子异步电动机 | 用于启动转矩高、启动电流小或小范围调速等要求的机械设备 |
| | 直流电动机 | | 主要用于驱动需要调速的机械设备 |
| | 交直流两用电动机 | | 主要用于电动工具 |

| 种类 | 名称 | 功用及主要用途 |
|---|---|---|
| 特殊用途电机 | 电动测功机 | 用于测定机械功率 |
| | 同步调相机 | 用于改善功率因数 |
| | 进相机 | 用于提高异步电动机的功率因数 |
| | 微特电机 | 用于传动机械负载或用于控制系统 |

对于各类电机，还可按电机的使用环境条件、用途、外壳防护型式、通风冷却方法和冷却介质、结构、转速、性能、绝缘、励磁方式和工作制等特征进行分类。

### （三）旋转电机的基本原理

**1. 三相异步电动机的结构**

在各类电动机中，笼型转子三相异步电动机是结构简单、运行可靠、使用范围最广的一种电动机，三相异步电动机主要分成两个基本部分：定子（固定部分）和转子（旋转部分）。

（1）定子：由机座和装在机座内的圆筒形铁心以及其中的三相定子绕组组成。机座是用铸铁或铸钢制成的。铁心是由互相绝缘的硅钢片叠成的，铁心的内圆周表面有槽，用以放置对称三相绕组 AX、BY、CZ，有的联结成星形，有的联结成三角形。

（2）转子：转子是由转子铁心和力矩输出轴组成。转子铁心是圆柱状，也用硅钢片叠成，表面冲有槽。铁心装在转轴上，轴用以输出机械力矩。

**2. 电动机旋转**

三相异步电动机接上电源，就会转动。图 7-51 所示的是一个装有手柄的蹄形磁铁，磁极间放有一个可以自由转动的，由铜条组成的转子。铜条两端分别用铜环连接起来，形似鼠笼，作为鼠笼式转子。磁极和转子之间没有机械联系。当摇动磁极时，发现转子跟着磁极一起转动。摇得快，转子转得也快；摇得慢，转得也慢；反摇，转子马上反转。

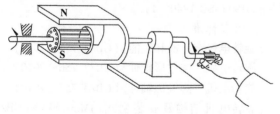

图 7-51 电动机转动示意图

从上述现象得出两点启示：
（1）有一个旋转的磁场。
（2）转子跟着磁场转动。异步电动机转子转动的原理与上述现象相似。

**3. 电动机内旋转磁场的产生**

三相异步电动机的定子铁心中放有三相对称绕组 AX、BY 和 CZ。设将三相绕组联结成星形，接在三相电源上，绕组中便通入三相对称电流其波形如图 7-52 所示。取绕组始端到末端的方向作为电流的参考方向。在电流的正半周时，其值为正，其实际方向与参考方向一致；在负半周时，其值为负，其实际方向与参考方向相反。定子铁心和定子绕组并不转动，定子绕组中的三相电流随着时间和相位的变化，三相磁势相加便形成了旋转的磁场。旋转的定子磁场在切割转子导条时，会在转子绕组中感应出一个转子磁场，引起转子旋转。由于感应励磁场的需要，转子的转速总是比定子磁场的转速稍慢，有一个转差，这就是感应异步电动机名称的由来。如果转子是一个永磁体或是一个由转子励磁绕组产生的恒定磁场，那么转子的转速就与定子磁场的转速同步，就形成同步电机。

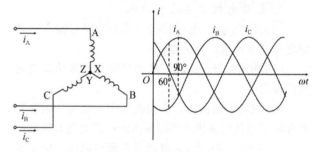

图 7-52 三相对称电流

### （四）旋转电机设计时的模拟电路

电动机的设计与制造现今已是成熟行业，并有完善的理论体系，三相感应电动机的一相电路的等效电路图如图 7-53 所示。

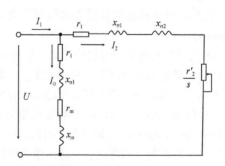

图 7-53 三相感应电动机的一相电路等效电路图

图 7-53 中的 $I_0$ 为激磁电流，$I_2$ 为转子电流，$r_2'/s$ 与电流平方的乘积即为电机输出功率。在电动机各方面规格合理情况下，电动机转子的大小决定着电动机的输出功率。转矩与电机参数的关系见式(7-52)：

$$T = 9550 \frac{P}{n} \propto D^2 l \quad (7\text{-}52)$$

式中：$T$——转矩，N·m；
　　　$P$——功率，kW；
　　　$n$——转速，r/min；
　　　$D$——定子内径，m；
　　　$l$——定子铁心长度，m。

通过定子铁心长度可以了解电机功率大小与电机机座号的关系，转速在选型过程中也同样有决定性的作用。

### （五）旋转电机性能参数指标

**1. 异步电动机额定数据**

异步电动机额定数据包括相数、额定频率(Hz)、额定功率(kW)、额定电压(V)、额定电流(A)、绝缘等级、额定转速(极数)(r/min)、防护性能、冷却方式等。

**2. 异步电机主要技术指标**

（1）效率($\eta$)：电动机输出机械功率与输入电功率之比，通常用百分比表示。

（2）功率因数($\cos\varphi$)：电动机输入有效功率与视在功率之比。

（3）堵转电流($I_A$)：电动机在额定电压、额定频率和转子堵住时从供电回路输入的稳态电流有效值。

（4）堵转转矩($T_k$)：电动机在额定电压、额定频率和转子堵住时所产生转矩的最小测得值。

（5）最大转矩($T_{max}$)：电动机在额定电压、额定频率和运行温度下，转速不发生突降时所产生的最大转矩。

（6）噪声：电动机在空载稳态运行时 A 计权声功率级 dB(A)最大值。

（7）振动：电动机在空载稳态运行时振动速度有效值(mm/s)。

（8）电动机主要性能分为启动性能、运行性能。

①启动性能包括启动转矩、启动电流。一般启动转矩越大越好，而启动时的电流越小越好，在实际中通常以启动转矩倍数(启动转矩与额定转矩之比 $T_{st}/T_n$)和启动电流倍数(启动电流与额定电流之比 $I_{st}/I_n$)进行考核。电机在静止状态时，一定电流值时所能提供的转矩与额定转矩的比值，表征电机的启动性能。

②运行性能包括效率、功率因数、绕组温升(绝缘等级)、最大转矩倍数($T_{max}/T_n$)、振动、噪声等。效率、功率因数、最大转矩倍数越大越好，而绕组温升、振动和噪声则是越小越好。

启动转矩、启动电流、效率、功率因数和绕组温升合称电机的五大性能指标。

**3. 电动机性能参数常用计算公式**

（1）电动机定子磁极转速见式(7-53)：

$$n = \frac{60f}{p} \quad (7\text{-}53)$$

式中：$n$——转速，r/min；
　　　$f$——频率，Hz；
　　　$p$——极对数。

（2）电动机额定功率见式(7-54)：

$$P = 1.732 UI\eta\cos\varphi \quad (7\text{-}54)$$

式中：$P$——功率，kW；
　　　$U$——电压，kV；
　　　$I$——电流，A；
　　　$\eta$——效率；
　　　$\cos\varphi$——功率因数。

（3）电动机额定力矩见式(7-55)：

$$T = \frac{9550P}{n} \quad (7\text{-}55)$$

式中：$T$——力矩，N·m；
　　　$P$——额定功率，kW；
　　　$n$——额定转速，r/min。

### （六）电机制造常用标准

目前国际上有两大标准体系：一个是 IEC(国际电工委员会)标准；二个是 NEMA(美国电气制造商协会)；我国电机制造行业所执行的 GB(国家)标准基本上都是等同或等效采用 IEC 标准。所谓等同采用，就是译为中文后不作修改或作很少的修改直接采用；所谓等效采用就对原有的国际标准在不改变原主旨条件下，重新组织形成国家标准后颁布执行。

**1. 国际电工委员会(IEC 标准)**

由国际电工委员会发布的关于旋转电机的系列标准(IEC 60034)。

**2. 国际标准化组织(ISO)**

《旋转电机噪声测定方法》(ISO 1680)

《刚性转子平衡品质 许用不平衡的确定》(GB/T 755—2019)(ISO 1940—1)

**3. 国家标准**

《旋转电机定 额和性能》(GB/T 755—2019)

《旋转电机 圆柱形轴伸》(GB/T 756—2010)

《旋转电机 圆锥形轴伸》(GB/T 757—2010)

《旋转电机结构及安装型式(IM 代码)》(GB/T 997—2003)

《三相同步电动机试验方法》(GB/T 1029—2005)

《三相异步电动机试验方法》(GB/T 1032—2012)

《旋转电机 线端标志与旋转转方向》(GB/T 1971—2006)

《旋转电机冷却方法》(GB/T 1993—1993)

《外壳防护等级(IP代码)》(GB/T 4208—2017)

《旋转电机尺寸和输出功率等级》(GB/T 4772—1999)

《旋转电机整体外壳结构的防护分级(IP代码)分级》(GB/T 4942.1—2006)

《隐极同步电机技术要求》(GB/T 7064—2008)

《同步电机励磁系统大、中型同步发电机励磁系统技术要求》(GB/T 7409.3—2007)

《轴中心高为56mm及以上电机的机械振动 振动的测量、评定及限值》(GB 10068—2008)

《旋转电机噪声测定方法及限值》(GB/T 10069—2006)

《热带型旋转电机环境技术要求》(GB/T 12351—2008)

《大型三相异步电动机基本系列技术条件》(GB/T 13957—2008)

《中小型三相异步电动机能效限定值及能效等级》(GB 18613—2016)

《爆炸性气体环境用电气设备 第1部分：通用要求》(GB 3836.1—2010)

《爆炸性气体环境用电气设备 第2部分：隔爆型"d"》(GB 3836.2—2010)

《爆炸性气体环境用电气设备 第3部分：增安型"e"》(GB 3836.3—2010)

《爆炸性气体环境用电气设备 第4部分：本质安全型"i"》(GB 3836.4—2010)

《爆炸性气体环境用电气设备 第5部分：正压外壳型"e"》(GB 3836.5—2010)

《爆炸性气体环境用电气设备 第8部分："n"型电气设备》(GB 3836.8—2010)

### (七)旋转电机产品型号编制方法(GB/T 4831—2016)

1) 产品型号

产品型号由产品代号、规格代号、特殊环境代号和补充代号4个部分组成，并按下列顺序排列：

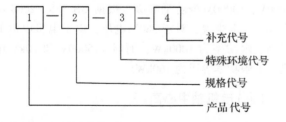

2) 电机的产品代号

电机的产品代号由类型代号、特点代号、设计序号和励磁方式代号4个小节顺序组成。

(1) 类型代号系指表征电机的各种类型而采用的汉语拼音字母，见表7-13。

表7-13 电机类型代号表

| 电机类型 | 代号 |
|---|---|
| 异步电动机(笼型及绕线型) | Y |
| 异步发电机 | YF |
| 同步电动机 | T |
| 同步发电机(除汽轮发电机、水轮发电机外) | TF |
| 直流电动机 | Z |
| 直流发电机 | ZF |
| 汽轮发电机 | QF |
| 水轮发电机 | SF |
| 测功机 | C |
| 交流换向器电动机 | H |
| 潜水电泵 | Q |
| 纺织用电机 | F |

(2) 特点代号系指表征电机的性能、结构或用途而采用的汉语拼音字母，对于防爆电机类型的字母A(增安型)、B(隔爆型)、W(无火花型)应标于电机特点代号首位，即紧接在电机类型代号后面的标注。

(3) 设计序号系指电机产品设计的顺序，用阿拉伯数字标示。对于第一次设计的产品，不标注设计序号。从基本系列派生的产品，其设计序号按基本系列标注；专用系列产品则按本身设计的顺序标注。

(4) 励磁方式代号分别用字母S表示3次谐波励磁、J表示晶闸管励磁、X表示相复励磁，并应标于设计序号之后，当不必设计序号时，则标于特点代号之后，并用短划分开。

3) 常用异步电动机的产品代号(表7-14)

表7-14 常用异步电动机的产品代号

| 产品名称 | 产品代号 | 代号汉字意义 |
|---|---|---|
| 三相异步电动机 | Y | 异 |
| 绕线转子三相异步电动机 | YR | 异绕 |
| 三相异步电动机(高效率) | YX | 异效 |
| 增安型三相异步电动机 | YA | 异安 |
| 隔爆型三相异步电动机 | YB | 异爆 |

4) 电机的规格代号

电机的规格代号用中心高、铁心外径、机座号、机壳外径、轴伸直径、凸缘代号、机座长度、铁心长度、功率、电流等级、转速或极数等来表示。

主要系列产品的规格代号按表7-15的规定。其他系列产品如确有需要采用上列以外的其他参数来表示时，应在该产品的标准中说明。

机座长度采用国际字母符号来表示，S表示短机座，M 表示中机座，L 表示长机座。铁心长度按由短至长顺序用数字1、2、3……表示。凸缘代号采用国际通用字母符号 FF（凸缘上带通孔）或 FT（凸缘上带螺孔）连同凸缘固定孔中心基圆直径的数值来表示。系列产品的规格代号见表7-15。

**表 7-15　系列产品的规格代号**

| 系列产品 | 规格代号 |
|---|---|
| 小型异步电动机 | 中心高(mm)—机座长度(字母代号)—铁心长度(数字代号)—极数 |
| 中大型异步电动机 | 中心高(mm)—铁心长度(数字代号)—极数 |
| 小型同步电动机 | 中心高(mm)—机座长度(字母代号)—铁心长度(数字代号)—极数 |
| 中大型同步电动机 | 中心高(mm)—铁心长度(数字代号)—极数 |
| 汽轮发电机 | 功率(MW)—极数 |
| 中小型水轮发电机 | 功率(kW)—极数/定子铁心外径(mm) |
| 大型水轮发电机 | 功率(MW)—极数/定子铁心外径(mm) |
| 测功机 | 功率(kW)—转速(仅对直流测功机) |
| 分马力电动机（小功率电动机） | 中心高或机壳外径(mm)—(或/)机座长度(字母代号)—铁心长度、电压、转速(均用数字代号) |

5) 环境条件的考虑

特殊环境派生系列，实质上属于结构派生系列，它是在基本系列结构设计的基础上做一些改动，使产品具有某种特殊的防护能力。这些系列的部分结构部件及防护措施与基本系列不同。特殊环境下电机代号见表7-16。

**表 7-16　电机的特殊环境代号**

| 环境类型 | 代号 |
|---|---|
| "高"原用 | G |
| "船"（海）用 | H |
| 户"外"用 | W |
| 化工防"腐"用 | F |
| "热"带用 | T |
| "湿热"带用 | TH |
| "干热"带用 | TA |

对于特殊环境条件下使用的电动机，订货时应在电机型号后加注特殊环境代号（表7-17）。

(1) 有气候防护场所：户内或具有较好遮蔽（其建筑结构能防止或减少室外气候日变化的影响，包括棚下条件）的场所。

(2) 无气候防护场所：全露天或仅有简单遮蔽（几乎不能防止室外气候日变化的影响）的场所。

**表 7-17　特殊环境电机代号**

| 特殊环境条件 | 代号 |
|---|---|
| 湿热型，有气候防护场所 | TH |
| 干热型，有气候防护场所 | TA |
| 热带型，有气候防护场所 | T |
| 湿热型，无气候防护场所 | THW |
| 干热型，无气候防护场所 | TAW |
| 热带型，无气候防护场所 | TW |
| 户内，轻防腐型 | 无代号 |
| 户内，中等防腐型 | F1 |
| 户内，强防腐型 | F2 |
| 户外，轻防腐型 | W |
| 户外，中等防腐型 | WF1 |
| 户外，强防腐型 | WF2 |
| 高原用 | G |

6) 电机的补充代号

电机的补充代号仅适用于有此要求的电机。补充代号用汉语拼音字母或阿拉伯数字表示。补充代号所代表的内容，在产品标准中有规定。

7) 产品型号示例

例如，户外化工防腐蚀隔爆型异步电动机表示如下：

YB160M-4 W
　　　　└── 特殊环境代号，W 表示户外用
　　　└── 规格代号，表示中心高160mm，中机座，4 极
　└── 产品代号，表示隔爆型异步电动机

低压电机(1140V 及以下)主要产品代号有：Y、YA、YB2、YXn、YAXn、YBXn、YW、YBF、YBK2、YBS、YBJ、YBI、YBSP、YZ、YZR 等。

高压电机(3000V 及以上)主要产品代号有：Y、YKK、YKS、Y2、YA、YB、YB2、YAKK、YAKS、YBF、YR、YRKK、YRKS、TAW、YFKS、QFW 等。

## (八) 电动机电压等级的选择

我国工业用三相交流电的频率为50Hz，而电压等级一般分为：127V、220V、380V、660V、1140V、6000V、10000V 等若干等级。根据 GB 755—2008 的推荐，一般来说，对于380V 电压，由于电机电流的限制上限功率为1000kW；而对于6000V 和10kV 电机，下限功率等级为160kW。

## (九) 电机轴中心高

轴中心高是从电机成品底脚平面至轴中心线的距离，它包括制造厂供应的绝缘垫块厚度，但不包括电机安装时调整用垫块的厚度。电机轴中心高一般为

36mm、40mm、45mm、50mm、56mm、63mm、71mm、89mm、90mm、100mm、112mm、132mm、160mm、180mm、200mm、225mm、250mm、280mm、315mm、355mm、400mm、450mm、500mm、560mm、630mm、710mm、800mm、900mm、1000mm。

轴中心高公差及平行度公差应符合表7-18的规定。中心高公差适用于在公共底板上安装的电机。平行度公差是指电机两个轴伸端面中心高之差。

表7-18 轴中心高及平行度公差

单位：mm

| 中心高($H$) | 中心高公差 | 平行度公差 | | |
|---|---|---|---|---|
| | | $2.5H>L$ | $2.5H≤L≤4H$ | $L>4H$ |
| 25~50(含50) | -0.4 | 0.2 | 0.3 | 0.4 |
| >50~250(含250) | -0.5 | 0.25 | 0.4 | 0.5 |
| >250~630(含630) | -1.0 | 0.5 | 0.75 | 1.0 |
| >630~1000(含1000) | -1.0 | — | — | — |

注：$L$是电机轴长度。

### (十) 电机绝缘等级

电机绝缘结构是指用不同的绝缘材料、不同的组合方式和不同的制造工艺制成的电机绝缘部分的结构形式。电动机的绝缘系统大致分为：绝缘电磁线、槽绝缘、相间绝缘、浸渍漆、绕组引接线、接线绝缘端子等。电机绝缘耐热等级及温度限值见表7-19。以前电动机最常用的绝缘等级为B级，目前最常用的绝缘等级为F级，H级绝缘也正在陆续被采用。

表7-19 电机绝缘耐热等级及温度限值

| 耐热等级 | 极限温度/℃ | 耐热等级 | 极限温度/℃ |
|---|---|---|---|
| A | 105 | F | 155 |
| E | 120 | H | 180 |
| B | 130 | C | 210 |

### (十一) 电机工作制

《旋转电机定额和性能》(GB/T 755—2019)规定电机绝缘耐热等级及温度限值见表7-20。

表7-20 电机绝缘耐热等级及温度限值

| 电机工作制 | 代号 |
|---|---|
| 连续工作制 | S1 |
| 短时工作制 | S2 |
| 断续周期工作制 | S3 |
| 包括启动的断续工作制 | S4 |
| 包括电制动的断续工作制 | S5 |

(续)

| 电机工作制 | 代号 |
|---|---|
| 连续周期工作制 | S6 |
| 包括电制动的连续周期工作制 | S7 |
| 包括变速负载的连续周期工作制 | S8 |
| 负载和转速非周期变化工作制 | S9 |

### (十二) 防护型式

《外壳防护分级(IP代码)》(GB/T 4208—2017)规定防护标志由字母IP和两个表示防护等级的表征数字组成。第一位表征数字表示(表7-21)：防止人体触及或接近壳内带电部分及壳内转动部件，以及防止固体防异物进入电机。第二位表征数字表示(表7-22)：防止由于电机进水而引起的有害影响。

表7-21 第一位表征数字含义

| 表征数字 | 无防护电机 |
|---|---|
| 1 | 防止大于$\varphi$50mm固体进入壳内 |
| 2 | 防止大于$\varphi$12mm固体进入壳内 |
| 3 | 防止大于$\varphi$2.5mm固体进入壳内 |
| 4 | 防止大于$\varphi$1mm固体进入壳内 |
| 5 | 防尘电机 |

表7-22 第二位表征数字含义

| 表征数字 | 无防护电机 |
|---|---|
| 1 | 垂直滴水无有害影响 |
| 2 | 电机从各方向倾斜15°，垂直滴水无有害影响 |
| 3 | 与垂直线成60°角范围内淋水应无有害影响 |
| 4 | 承受任何方向溅水应无有害影响 |
| 5 | 承受任何方向喷水应无有害影响 |
| 6 | 在海浪冲击或强烈喷水时电机的进水量不应达到有害程度 |

常用电机的防护等级包括：

IP23：防止大于2.5mm固体的进入和与垂线成60°角范围内淋水对电机应无影响。

IP44：防止大于1mm固体的进入和任一方向的溅水对电机应无影响。防爆电机的外壳防护等级不低于IP44。

IP54：能防止触及或接近电机带电或转动部件，不完全防止灰尘进入，但进入量不足以影响电机的正常运行和任一方向的溅水对电机应无影响。凡使用于户外的电动机外壳防护等级不低于IP54。

IP55：能防止触及或接近电机带电或转动部件，不完全防止灰尘进入，但进入量不足以影响电机的正常运行，用喷水从任何方向喷向电机时，应无有害影响。粉尘防爆电机的防尘式外壳防护等级不低于

IP55，尘密式外壳防护等级不低于 IP65。

### （十三）电机安装结构型式

《旋转电机结构及安装型式（IM 代码）》（GB/T 997—2008）规定，代号由代表"国际安装"（International Mounting）的缩写字母"IM"、代表"卧式安装"的"B"和代表"立式安装"的"V"连同 1 位或 2 位阿拉伯数字组成。如 IMBB35 或 IMV14 等。B 或 V 后面的阿拉伯数字代表不同的结构和安装特点。

中小型电动机常用安装型式代号有四大类：B3、B35、B5、V1。B3 安装方式：电机靠底脚安装，电机有一圆柱形轴伸；B35 安装方式：电机带底脚，轴伸端带法兰；B5 安装方式：电机靠轴伸端法兰安装；V1 安装方式：电机靠轴伸端法兰安装，轴伸朝下。

### （十四）电机冷却方法

《旋转电机冷却方法》（GB/T 1993—1993）规定电机冷却方式代号由特征字母 IC、冷却介质代号和两位表征数字织成。第一位数字代表冷却回路布置；第二位数字代表冷却介质驱动方式。常用的冷却方式见表 7-23。

**表 7-23　常用的冷却方式**

| 冷却方式 | 代号 |
| --- | --- |
| 空气自由循环，冷却介质依靠转子的风扇流入电机或电机表面 | IC01 |
| 全封闭自带风扇冷却 | IC411 |
| 电机周围布冷却风管，内部、外部靠自带风扇冷却 | IC511 |
| 电机上部带冷却风管，内部、外部靠自带风扇冷却 | IC611 |
| 电机上部带冷却水管，内部靠自带风扇冷却 | IC81W |

电动机冷却方式的选择一般是依据电动机的功率和安装使用现场的条件，一般是 2000kW 以下电机采用空气冷却方式较好，结构简单，安装维护方便；功率大于 2000kW 电动机，由于自身损耗发热量大，如采用空气冷却，需要有较大的冷却风量，导致电机噪声过大，如采用内风路为自带风扇循环空气，外部冷却介质为循环水，那么对电机的冷却效果较好，但要求有循环水站和循环水路，维护较复杂。

### （十五）湿热带、干热带环境用电动机

当一天内有 12h 以上气温等于或高于 20℃，同时相对湿度等于或大于 80% 的天数全年累计在两个月以上时，该地区之气候划归为湿热气候（TH）。这类气候的特点是空气湿度大、雷暴雨频繁、有凝露、气温高且日变化小、有生物（霉菌）因素，对电机的绝缘和结构起不良的影响和侵蚀作用。

干热带气候（TA）是指年最高温度在 40℃ 以上，而且温、湿度出现的条件不同于湿热带气候，其特点是气温日变化大，太阳辐射强烈，极端最高温度可高达 55℃，空气相对湿度小，并含有较多的沙尘。

针对以上这两类气候所使用的电机，采取以下 4 种措施以满足电动机的适应性：

（1）在电气性能方面：增加原材料用量—增加定转子铁心长度，从而降低电动机额定运行时的温升，满足在高温环境下运行的要求，从而延长电动机在高温环境下的绝缘寿命。在对电动机额定运行温升限度按比正常电机降低 5℃ 考核。

（2）在绝缘结构方面：定子绕组经过真空压力浸漆（VPI）工艺处理，绝缘材料和浸渍漆能经受 12 个循环周期的交变湿热试验合格；具有防霉菌合格、防潮湿性能合格、绝缘电阻和介电强度合格等。

（3）在电动机表面涂覆方面：电动机内外表面喷涂具有防腐蚀性能的底漆和面漆，定转子铁心表面进行磷化防腐处理。

（4）在电动机导电件和紧固件方面：电动机导电件进行镀银防腐蚀处理；紧固件进行镀镍处理或采用不锈钢材质。

对于以上 4 项措施，在执行国家标准和机械工业部标准的同时，对于太阳直晒的户外电动机，还采用增加防护性顶罩的措施来防止太阳直晒高温，从而确保电机稳定运行合格。

### （十六）防腐电机

一般防腐电机分为户外 W、户外防中等腐蚀 WF1、户外防强腐蚀 WF2，对这类电机主要从电机各零部件的表面涂覆和紧固件的电镀两方面解决。电机各零部件的底漆和面漆采用防腐底漆和防腐面漆；紧固件进行镀镍处理或采用不锈钢材质。

### （十七）电动机振动限值

根据《轴中心高为 56mm 及以上电机的机械振动的测量、评定及限值》（GB 10068—2000）规定，振动测量量值是电机轴承处的振动动速度和电机轴承内部或附近的轴相对振动位移。

（1）振动烈度：电机轴承振动烈度的判据是振动速度的有效值，以 mm/s 表示，在规定的各测量点中所测得的最大值表示电机的振动烈度，详见 ISO 10816-1：2016。不同轴中心高的振动烈度限值（有效值）见表 7-24。

表 7-24　不同轴中心高 H 的振动烈度限值

| 振动等级 | 额定转速 /(r/min) | 电机在自由悬置状态下测量/(mm/s) | | | | 刚性安装/(mm/s) |
|---|---|---|---|---|---|---|
| | | 56mm<H≤132mm | 132mm<H≤225mm | 225mm<H≤400mm | H>400mm | H>400mm |
| N | 600~3600 | 1.8 | 2.8 | 3.5 | 3.5 | 2.8 |
| R | 600~1800 | 0.71 | 1.12 | 1.8 | 2.8 | 1.8 |
| | >1800~3600 | 1.12 | 1.8 | 2.8 | 2.8 | 1.8 |
| S | 600~1800 | 0.45 | 0.71 | 1.12 | | |
| | >1800~3600 | 0.71 | 1.12 | 1.8 | | |

注：1. 如未规定级别，电机应符合 N 级要求。2. R 级电机多用于机床驱动中，S 级电机用于对振动要求严格的特殊机械驱动，S 级仅适用于轴中心高 H≤400mm 的电机。

（2）轴相对振动及限值：轴相对振动所采用的判据应是沿测量方向的振动位移峰峰值 SP-P。

建议仅对有滑动轴承、额定功率大于 1000kW 的二极和多极电机测量轴相对振动，至于安装轴测量传感器的必要规定由制造厂和用户事先协议确定。

（3）根据国家标准《大电机振动测定方法》（GB 4832—1984）规定，对于轴中心高 630mm 以上、转速为 150~3600r/min 的大型交流电机，转速为 600r/min 及以上的电机采用振动速度的最大均方根值（mm/s）表示；小于 600r/min 的电机采用位移幅值（mm，双幅值）表示。最大轴相对振动（SP-P）和最大径向跳动的限值见表 7-25。

表 7-25　最大轴相对振动（SP-P）和最大径向跳动的限值

| 振动等级 | 极数 | 最大轴相对位移/μm | 最大径向跳动/μm |
|---|---|---|---|
| N | 2 | 70 | 18 |
| | 4 | 90 | 23 |
| R | 2 | 50 | 12.5 |
| | 4 | 70 | 18 |

注：1. R 等级通常是对驱动关键性设备的高速电机规定的。
2. 所有限值适用于 50Hz 和 60Hz 两种频率的电机。
3. 最大轴相对位移限值包括径向跳动。

### （十八）电机选型要点

电动机选型要点包括负载类型；机械的负载转矩特性；机械的工作制类型；机械的启动频率；负载的转矩惯量大小；是否需要调速；机械的启动和制动方式；机械是否需要反转；电机使用场所。

## 六、变频器的基本知识

变频器（Variable-frequency Drive，简称 VFD）是应用变频技术与微电子技术，通过改变电机工作电源频率方式来控制交流电动机的电力控制设备（图 7-54）。变频器主要由整流（交流变直流）、滤波、逆变（直流变交流）、制动单元、驱动单元、检测单元微处理单元等组成。变频器靠内部 IGBT 的开断来调整输出电源的电压和频率，根据电机的实际需要来提供其所需要的电源电压，进而达到节能、调速的目的，另外，变频器还有很多的保护功能，如过流、过压、过载保护等。随着工业自动化程度的不断提高，变频器也得到了非常广泛的应用。

图 7-54　变频器

变频器的应用范围很广，从小型家电到大型的矿场研磨机及压缩机。全球约 1/3 的能量是消耗在驱动定速离心泵、风扇及压缩机的电动机上，而变频器的市场渗透率仍不算高。能源效率的显著提升是使用变频器的主要原因之一。变频器技术和电力电子有密切关系，包括半导体切换元件、变频器拓扑、控制及模拟技术以及控制硬件及固件的进步等。

### （一）变频器的工作原理

主电路是给异步电动机提供调压调频电源的电力变换部分，变频器的主电路大体上可分为两类：电压型是将电压源的直流变换为交流的变频器，直流回路的滤波是电容。电流型是将电流源的直流变换为交流的变频器，其直流回路滤波是电感。它由三部分构成，将工频电源变换为直流功率的整流器，吸收在变流器和逆变器产生的电压脉动的平波回路，以及将直流功率变换为交流功率的逆变器。

### 1. 整流器

被大量使用的是二极管的变流器，它把工频电源变换为直流电源。也可用两组晶体管变流器构成可逆变流器，由于其功率方向可逆，可以进行再生运转。

### 2. 平波回路

在整流器整流后的直流电压中，含有电源6倍频率的脉动电压，此外逆变器产生的脉动电流也使直流电压发生变动。为了抑制电压波动，采用电感和电容吸收脉动电压（电流）。装置容量小时，如果电源和主电路构成器件有余量，可以省去电感采用简单的平波回路。

### 3. 逆变器

同整流器相反，逆变器是将直流功率变换为所要求频率的交流功率，以所确定的时间使6个开关器件导通、关断就可以得到三相交流输出。

控制电路是给异步电动机供电（电压、频率可调）的主电路提供控制信号的回路，它由频率、电压的运算电路，主电路的电压、电流检测电路，电动机的速度检测电路，将运算电路的控制信号进行放大的驱动电路，以及逆变器和电动机的保护电路组成。

(1)运算电路：将外部的速度、转矩等指令同检测电路的电流、电压信号进行比较运算，决定逆变器的输出电压、频率。

(2)电压、电流检测电路：与主回路电位隔离检测电压、电流等。

(3)驱动电路：驱动主电路器件的电路。它与控制电路隔离使主电路器件导通、关断。

(4)速度检测电路：以装在异步电动机轴机上的速度检测器的信号为速度信号，送入运算回路，根据指令和运算可使电动机按指令速度运转。

(5)保护电路：检测主电路的电压、电流等，当发生过载或过电压等异常时，为了防止逆变器和异步电动机损坏，使逆变器停止工作或抑制电压、电流值。

## (二) 变频器的基本分类

1)按变换的环节分类

(1)交—直—交变频器：是先把工频交流通过整流器变成直流，然后再把直流变换成频率电压可调的交流，又称间接式变频器，是目前广泛应用的通用型变频器。

(2)交—交变频器：将工频交流直接变换成频率电压可调的交流，又称直接式变频器。

2)按直流电源性质分类

(1)电压型变频器：特点是中间直流环节的储能元件采用大电容，负载的无功功率将由它来缓冲，直流电压比较平稳，直流电源内阻较小，相当于电压源，故称电压型变频器，常选用于负载电压变化较大的场合。

(2)电流型变频器：特点是中间直流环节采用大电感作为储能环节，缓冲无功功率，即扼制电流的变化，使电压接近正弦波，由于该直流内阻较大，故称电流型变频器。电流型变频器的特点（优点）是能扼制负载电流频繁而急剧的变化。常选用于负载电流变化较大的场合。

3)按工作原理分类：可分为V/f控制变频器（输出电压和频率成正比的控制）、SF控制变频器（转差频率控制）和VC控制变频器（Vectory Control，即矢量控制）。

4)按照用途分类：可分为通用变频器、高性能专用变频器、高频变频器、单相变频器和三相变频器等。

5)按变频器调压方法分类

(1)脉冲振幅调制（Pulse Amplitude Modulation）：调压方法是通过改变电压源 $U_d$ 或电流源 $I_d$ 的幅值进行输出控制。

(2)脉冲宽度调制（Pulse Width Modulation）：调压方法是在变频器输出波形的一个周期产生个脉冲波个脉冲，其等值电压为正弦波，波形较平滑。

6)按国际区域分类

(1)国产变频器：普传、安邦信、浙江三科、欧瑞传动、森兰、英威腾、蓝海华腾、迈凯诺、伟创、美资易泰帝、台湾变频器（台达）和香港变频器。

(2)国外变频器：欧美变频器（ABB、西门子）、日本变频器（富士、三菱）、韩国变频器。

7)按电压等级分类

(1)高压变频器：3kV、6kV、10kV。

(2)中压变频器：660V、1140V。

(3)低压变频器：220V、380V。

8)按电压性质分类

(1)交流变频器：AC-DC-AC（交—直—交）、AC-AC（交—交）。

(2)直流变频器：DC-AC（直—交）。

## (三) 变频器的基本组成

变频器通常分为4部分：整流单元、高容量电容、逆变器和控制器。

(1)整流单元：将工作频率固定的交流电转换为直流电。

(2)高容量电容：存储转换后的电能。

(3)逆变器：由大功率开关晶体管阵列组成电子开关，将直流电转化成不同频率、宽度、幅度的方波。

(4)控制器：按设定的程序工作，控制输出方波的幅度与脉宽，使叠加为近似正弦波的交流电，驱动交流电动机。

### (四)变频器的功能作用

#### 1. 变频节能

变频器节能主要表现在风机、水泵的应用上。为了保证生产的可靠性，各种生产机械在设计配用动力驱动时，都留有一定的富余量。当电机不能在满负荷下运行时，除达到动力驱动要求外，多余的力矩增加了有功功率的消耗，造成电能的浪费。风机、泵类等设备传统的调速方法是通过调节入口或出口的挡板、阀门开度来调节给风量和给水量，其输入功率大，且大量的能源消耗在挡板、阀门的截流过程中。当使用变频调速时，如果流量要求减小，通过降低泵或风机的转速即可满足要求。

电动机使用变频器的作用就是为了调速，并降低启动电流。为了产生可变的电压和频率，该设备首先要把电源的交流电变换为直流电(DC)，这个过程称为整流。把直流电(DC)变换为交流电(AC)的装置，其科学术语为"inverter"(逆变器)。一般逆变器是把直流电源逆变为一定的固定频率和一定电压的逆变电源。对于逆变为频率可调、电压可调的逆变器称为变频器。变频器输出的波形是模拟正弦波，主要是用在三相异步电动机调速用，又称为变频调速器。对于主要用在仪器仪表的检测设备中的波形要求较高的可变频率逆变器，要对波形进行整理，可以输出标准的正弦波，称为变频电源。由于变频器设备中产生变化的电压或频率的主要装置为"inverter"，故该产品本身就被命名为变频器。

变频不是到处可以省电，有不少场合用变频并不一定能省电。作为电子电路，变频器本身也要耗电(约额定功率的3%~5%)。一台1.5P的空调自身耗电算下来也有20~30W，相当于一盏长明灯。变频器在工频下运行，具有节电功能是事实。但前提条件是：①大功率并且为风机/泵类负载；②装置本身有节电功能(软件支持)；③长期连续运行。这是体现节电效果的三个条件。除此之外，如果不加前提条件地说变频器工频运行节能是不合常规的。

#### 2. 功率因数补偿节能

无功功率不但增加线损和设备的发热，更主要的是功率因数的降低导致电网有功功率的降低，大量的无功电能消耗在线路当中，设备使用效率低下，浪费严重，使用变频调速装置后，由于变频器内部滤波电容的作用，从而减少了无功损耗，增加了电网的有功功率。

#### 3. 软启动节能

电机硬启动对电网造成严重的冲击，而且还会对电网容量要求过高，启动时产生的大电流和振动时对挡板和阀门的损害极大，对设备、管路的使用寿命极为不利。而使用变频节能装置后，利用变频器的软启动功能将使启动电流从零开始，最大值也不超过额定电流，减轻了对电网的冲击和对供电容量的要求，延长了设备和阀门的使用寿命，节省了设备的维护费用。

从理论上讲，变频器可以用在所有带有电动机的机械设备中，电动机在启动时，电流会比额定高5~6倍的，不但会影响电机的使用寿命而且消耗较多的电量。系统在设计时在电机选型上会留有一定的余量，电机的速度是固定不变，但在实际使用过程中，有时要以较低或者较高的速度运行，因此进行变频改造是非常有必要的。变频器可实现电机软启动、补偿功率因素、通过改变设备输入电压频率达到节能调速的目的，而且能给设备提供过流、过压、过载等保护功能。

### (五)变频器的控制方式

低压通用变频输出电压为380~650V，输出功率为0.75~400kW，工作频率为0~400Hz，它的主电路都采用交—直—交电路。其控制方式经历了以下5代：

#### 1. 正弦脉宽调制(SPWM)控制方式

其特点是控制电路结构简单、成本较低，机械特性硬度也较好，能够满足一般传动的平滑调速要求，已在产业的各个领域得到广泛应用。但是，这种控制方式在低频时，由于输出电压较低，转矩受定子电阻压降的影响比较显著，使输出最大转矩减小。另外，其机械特性硬度终究没有直流电动机大，动态转矩能力和静态调速性能都还不尽人意，且系统性能不高、控制曲线会随负载的变化而变化，转矩响应慢、电机转矩利用率不高，低速时因定子电阻和逆变器死区效应的存在而性能下降，稳定性变差等。因此，人们又研究出矢量控制变频调速。

#### 2. 电压空间矢量(SVPWM)控制方式

它是以三相波形整体生成效果为前提，以逼近电机气隙的理想圆形旋转磁场轨迹为目的，一次生成三相调制波形，以内切多边形逼近圆的方式进行控制的。经实践使用后又有所改进，即引入频率补偿，能消除速度控制的误差；通过反馈估算磁链幅值，消除低速时定子电阻的影响；将输出电压、电流闭环，以提高动态的精度和稳定度。但控制电路环节较多，且没有引入转矩的调节，所以系统性能没有得到根本改善。

### 3. 矢量控制（VC）方式

矢量控制变频调速的做法是将异步电动机在三相坐标系下的定子电流 $I_a$、$I_b$、$I_c$，通过三相—二相变换，等效成两相静止坐标系下的交流电流 $I_{a1}$、$I_{b1}$，再通过按转子磁场定向旋转变换，等效成同步旋转坐标系下的直流电流 $I_{m1}$、$I_{t1}$（$I_{m1}$ 相当于直流电动机的励磁电流；$I_{t1}$ 相当于与转矩成正比的电枢电流），然后模仿直流电动机的控制方法，求得直流电动机的控制量，经过相应的坐标反变换，实现对异步电动机的控制。其实质是将交流电动机等效为直流电动机，分别对速度、磁场两个分量进行独立控制。通过控制转子磁链，然后分解定子电流而获得转矩和磁场两个分量，经坐标变换，实现正交或解耦控制。矢量控制方法的提出具有划时代的意义。然而在实际应用中，由于转子磁链难以准确观测，系统特性受电动机参数的影响较大，且在等效直流电动机控制过程中所用矢量旋转变换较复杂，使得实际的控制效果难以达到理想分析的结果。

### 4. 直接转矩控制（DTC）方式

1985 年，德国鲁尔大学的 M. Depenbrock 教授首次提出了直接转矩控制变频技术。该技术在很大程度上解决了上述矢量控制的不足，并以新颖的控制思想、简洁明了的系统结构、优良的动静态性能得到了迅速发展。目前，该技术已成功地应用在电力机车牵引的大功率交流传动上。直接转矩控制直接在定子坐标系下分析交流电动机的数学模型，控制电动机的磁链和转矩。它不需要将交流电动机等效为直流电动机，因而省去了矢量旋转变换中的许多复杂计算；它不需要模仿直流电动机的控制；也不需要为解耦而简化交流电动机的数学模型。

### 5. 矩阵式交—交控制方式

VVVF 变频、矢量控制变频、直接转矩控制变频都是交—直—交变频中的一种。其共同缺点是输入功率因数低，谐波电流大，直流电路需要大的储能电容，再生能量又不能反馈回电网，即不能进行四象限运行。为此，矩阵式交—交变频应运而生。由于矩阵式交—交变频省去了中间直流环节，从而省去了体积大、价格贵的电解电容。它能实现功率因数为1，输入电流为正弦且能四象限运行，系统的功率密度大。该技术目前尚未成熟，但仍吸引着众多的学者深入研究。其实质不是间接的控制电流、磁链等量，而是把转矩直接作为被控制量来实现的。具体方法是：

（1）控制定子磁链引入定子磁链观测器，实现无速度传感器方式。

（2）自动识别（ID）依靠精确的电机数学模型，对电机参数自动识别。

（3）算出实际值对应定子阻抗、互感、磁饱和因素、惯量等，算出实际的转矩、定子磁链、转子速度进行实时控制。

（4）实现 Band—Band 控制，按磁链和转矩的 Band—Band 控制产生 PWM 信号，对逆变器开关状态进行控制。

矩阵式交—交变频具有快速的转矩响应（<2ms），很高的速度精度（±2%，无 PG 反馈），高转矩精度（<3%）；同时还具有较高的启动转矩及高转矩精度，尤其在低速时（包括速度为 0 时），可输出 150% ~ 200% 转矩。

### （六）变频器的使用保养

#### 1. 物理环境

（1）工作温度：变频器内部是大功率的电子元件，极易受到工作温度的影响，产品一般要求为 0 ~ 55℃，但为了保证工作安全、可靠，使用时应考虑留有余地，最好控制在 40℃ 以下。在控制箱中，变频器一般应安装在箱体上部，并严格遵守产品说明书中的安装要求，绝对不允许把发热元件或易发热的元件紧靠变频器的底部安装。

（2）环境温度：温度太高且温度变化较大时，变频器内部易出现结露现象，其绝缘性能就会大大降低，甚至可能引发短路事故。必要时，必须在箱中增加干燥剂和加热器。

（3）腐蚀性气体：使用环境如果腐蚀性气体浓度大，不仅会腐蚀元器件的引线、印刷电路板等，而且还会加速塑料器件的老化，降低绝缘性能，在这种情况下，应把控制箱制成封闭式结构，并进行换气。

（4）振动和冲击：装有变频器的控制柜受到机械振动和冲击时，会引起电气接触不良。这时除了提高控制柜的机械强度、远离振动源和冲击源外，还应使用抗震橡皮垫固定控制柜外和内电磁开关之类产生振动的元器件。设备运行一段时间后，应对其进行检查和维护。

#### 2. 电气环境

（1）防止电磁波干扰：变频器在工作中由于整流和变频，周围产生了很多的干扰电磁波，这些高频电磁波对附近的仪表、仪器有一定的干扰。因此，柜内仪表和电子系统，应该选用金属外壳，屏蔽变频器对仪表的干扰。所有的元器件均应可靠接地，除此之外，各电气元件、仪器及仪表之间的连线应选用屏蔽控制电缆，且屏蔽层应接地。如果处理不好电磁干扰，往往会使整个系统无法工作，导致控制单元失灵或损坏。

（2）防止输入端过电压：变频器电源输入端往往

有过电压保护，但是，如果输入端高电压作用时间长，会使变频器输入端损坏。因此，在实际运用中，要核实变频器的输入电压、单相还是三相和变频器使用额定电压。特别是电源电压极不稳定时要有稳压设备，否则会造成严重后果。

3. 工作环境

在变频器实际应用中，由于国内客户除少数有专用机房外，大多为了降低成本，将变频器直接安装于工业现场。工作现场一般有灰尘大、温度高、湿度大等问题，还有如铝行业中有金属粉尘、腐蚀性气体等。因此，必须根据现场情况做出相应的对策。

(1) 变频器应该安装在控制柜内部。

(2) 变频器最好安装在控制柜内的中部；变频器要垂直安装，正上方和正下方要避免安装可能阻挡排风、进风的大元件。

(3) 变频器上、下部边缘距离控制柜顶部、底部、隔板或者其他大元件等的最小间距，应该大于300mm。

(4) 如果特殊用户在使用中需要取掉键盘，则变频器面板的键盘孔，一定要用胶带严格密封或者采用假面板替换，防止粉尘大量进入变频器内部。

(5) 在多粉尘场所，特别是多金属粉尘、絮状物的场所使用变频器时，总体要求控制柜整体密封，专门设计进风口、出风口进行通风；控制柜顶部应该有防护网和防护顶盖出风口；控制柜底部应该有底板、进风口和进线孔，并且安装防尘网。

(6) 多数变频器厂家内部的印制板、金属结构件均未进行防潮湿霉变的特殊处理，如果变频器长期处于恶劣工作环境下，金属结构件容易产生锈蚀。导电铜排在高温运行情况下，会更加剧锈蚀的过程，对于微机控制板和驱动电源板上的细小铜质导线，锈蚀将造成损坏。因此，对于应用于潮湿和含有腐蚀性气体的场合，必须对所使用变频器的内部设计有基本要求，例如，印刷电路板必须采用三防漆喷涂处理，对于结构件必须采用镀镍铬等处理工艺。除此之外，还需要采取其他积极、有效、合理的防潮湿、防腐蚀气体的措施。

4. 环境条件要求

(1) 环境温度：5~35℃

(2) 相对湿度：≤85%

(3) 环境空气质量要求：不含高浓度粉尘及易燃、易爆气体或粉尘，附件没有强电磁辐射源。

(4) 注意事项：本设备不能放置含有易燃易爆或会产生挥发、腐蚀性气体的物品进行试验或存储。

5. 日常维护

操作人员必须熟悉变频器的基本工作原理、功能特点，具有电工操作常识。在对变频器日常维护之前，必须保证设备总电源全部切断；并且在变频器显示完全消失的3~30min（根据变频器的功率）后再进行维护。应注意检查电网电压，改善变频器、电机及线路的周边环境，定期清除变频器内部灰尘，通过加强设备管理最大限度地降低变频器的故障率。

1) 维护和检查的注意事项

(1) 在关掉输入电源后，至少等5min才可以开始检查（还要确定充电发光二极管已经熄灭），否则会引起触电。

(2) 维修、检查和部件更换必须由胜任人员进行。开始工作前，取下所有金属物品（手表、手镯等），使用带绝缘保护的工具。

(3) 不要擅自改装变频器，否则易引起触电和损坏产品。

(4) 变频器维修之前，须确认输入电压是否有误，如误将380V电源接入220V级变频器之中会出现炸机（炸电容、压敏电阻、模块等）。

2) 日常维护检查项目

(1) 日常检查：检查变频器是否按要求工作。用电压表在变频器工作时，检查其输入和输出电压。

(2) 定期检查：检查所有只能当变频器停机时才能检查的地方。

(3) 部件更换：部件的寿命很大程度上与安装条件有关。

3) 日常维护方法

(1) 静态测试

① 测试整流电路：找到变频器内部直流电源的P端和N端，将万用表调到电阻X10挡，红表棒接到P，黑表棒分别接到R、S、T，应该有大约几十欧的阻值，且基本平衡。相反将黑表棒接到P端，红表棒依次接到R、S、T，有一个接近于无穷大的阻值。将红表棒接到N端，重复以上步骤，都应得到相同结果。如果阻值三相不平衡，可以说明整流桥故障。红表棒接P端时，电阻无穷大，可以断定整流桥故障或启动电阻出现故障。

② 测试逆变电路：将红表棒接到P端，黑表棒分别接到U、V、W，应该有几十欧的阻值，且各相阻值基本相同，反相应该为无穷大。将黑表棒接到N端，重复以上步骤应得到相同结果，否则可确定逆变模块故障。

(2) 动态测试：在静态测试结果正常以后，才可进行动态测试，即上电试机。在上电前后必须注意检查变频器各接插口是否已正确连接，连接是否有松动，连接异常有时可能导致变频器出现故障，严重时会出现炸机等情况。

(3) 检查冷却风扇：变频器的功率模块是发热最严重的器件，其连续工作所产生的热量必须要及时排出，一般风扇的寿命大约为 2 万～4 万 h。按变频器连续运行折算，3～5 年就要更换一次风扇，避免因散热不良引发故障。

(4) 检查滤波电容：中间电路滤波电容，又称电解电容，该电容的作用是滤除整流后的电压纹波，还在整流与逆变器之间起去耦作用，以消除相互干扰，还为电动机提供必要的无功功率，要承受极大的脉冲电流，所以使用寿命短，因其要在工作中储能，所以必须长期通电，它连续工作产生的热量加上变频器本身产生的热量都会加速其电解液的干涸，直接影响其容量的大小。正常情况下电容的使用寿命为 5 年。建议每年定期检查电容容量一次，一般其容量减少 20%以上应更换。

(5) 检查防腐剂：因一些公司的生产特性，各电气控制室的腐蚀气体浓度过大，致使很多电气设备因腐蚀损坏（包括变频器）。为了解决以上问题可安装一套空调系统，用正压新鲜风来改善环境条件。为减少腐蚀性气体对电路板上元器件的腐蚀，还可要求变频器生产厂家对线路板进行防腐加工，维修后也要喷涂防腐剂，有效地降低了变频器的故障率，提高了使用效率。在保养的同时要仔细检查变频器，定期送电，电机工作在 2Hz 的低频约 10min，以确保变频器工作正常。

### 6. 接　地

变频器正确接地是提高控制系统灵敏度、抑制噪声能力的重要手段，变频器接地端子 E(G)接地电阻越小越好，接地导线截面积应不小于 2mm²，长度应控制在 20m 以内。变频器的接地必须与动力设备接地点分开，不能共地。信号输入线的屏蔽层，应接至 E(G)，其另一端绝不能接于地端，否则会引起信号变化波动，使系统振荡不止。变频器与控制柜之间应电气连通，如果实际安装有困难，可利用铜芯导线跨接。

### 7. 防　雷

在变频器中，一般都设有雷电吸收网络，主要防止瞬间的雷电侵入，使变频器损坏。但在实际工作中，特别是电源线架空引入的情况下，单靠变频器的吸收网络是不能满足要求的。在雷电活跃地区，这一问题尤为重要，如果电源是架空进线，在进线处装设变频专用避雷器（选件），或有按规范要求在离变频器 20m 的远处预埋钢管做专用接地保护。如果电源是电缆引入，则应做好控制室的防雷系统，以防雷电窜入破坏设备。实践表明，这一方法基本上能够有效解决雷击问题。

## 七、软启动器的基础知识

软启动器是一种集软启动、软停车、轻载节能和多功能保护于一体的电机控制装备。实现在整个启动过程中无冲击而平滑的启动电机，而且可根据电动机负载的特性来调节启动过程中的各种参数，如限流值、启动时间等。

软启动器于 20 世纪 70 年代末和 80 年代初投入市场，填补了星—三角启动器和变频器在功能实用性和价格之间的鸿沟。采用软启动器，可以控制电动机电压，使其在启动过程中逐渐升高，很自然地控制启动电流，这就意味着电动机可以平稳启动，机械和电应力降至最小。因此，软启动器在市场上得到广泛应用，并且软启动器所附带的软停车功能有效地避免水泵停止时所产生的水锤效应。

### (一) 基本分类

根据电压可分为：高压软启动器、低压软启动器。

根据介质可分为：固态软启动器、液阻软启动器。

根据控制原理可分为：电子式软启动器、电磁式软启动器。

根据运行方式可分为：在线型软启动器、旁路型软启动器。

根据负载可分为：标准型软启动器、重载型软启动器。

### (二) 软启动器控制原理

软启动器的基本原理如图 7-55 所示，通过控制可控硅的导通角来控制输出电压。因此，软启动器从本质上是一种能够自动控制的降压启动器，由于能够任意调节输出电压，作电流闭环控制，因而比传统的降压启动方式（如串电阻启动、自耦变压器启动等）有更多优点。例如，满载启动风机水泵等变转矩负载，实现电机软停止，应用于水泵能完全消除水锤效应等。

### (三) 启动方式

运用串接于电源与被控电机之间的软启动器，控制其内部晶闸管的导通角，使电机输入电压从零以预设函数关系逐渐上升，直至启动结束，赋予电机全电压，即为软启动，在软启动过程中，电机启动转矩逐渐增加，转速也逐渐增加。软启动一般有以下几种启动方式：

(1) 折叠斜坡升压软启动：这种启动方式最简

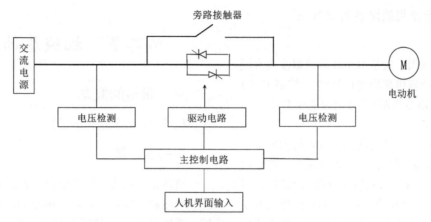

图 7-55 软启动器的基本原理

单,不具备电流闭环控制,仅调整晶闸管导通角,使之与时间成一定函数关系增加。其缺点是,由于不限流,在电机启动过程中,有时要产生较大的冲击电流使晶闸管损坏,对电网影响较大,实际很少应用。

(2)折叠斜坡恒流软启动:这种启动方式是在电动机启动的初始阶段启动电流逐渐增加,当电流达到预先所设定的值后保持恒定,直至启动完毕。启动过程中,电流上升变化的速率是可以根据电动机负载调整设定。电流上升速率大,则启动转矩大,启动时间短。该启动方式是应用最多的启动方式,尤其适用于风机、泵类负载的启动。

(3)折叠阶跃启动:开机,即以最短时间使启动电流迅速达到设定值,即为阶跃启动。通过调节启动电流设定值,可以达到快速启动效果。

(4)折叠脉冲冲击启动:在启动开始阶段,让晶闸管在极短时间内,以较大电流导通一段时间后回落,再按原设定值线性上升,连入恒流启动。该启动方法,在一般负载中较少应用,适用于重载并需克服较大静摩擦的启动场合。

(5)折叠电压双斜坡启动:在启动过程中,电机的输出力矩随电压增加,在启动时提供一个初始的启动电压 $U_s$,$U_s$ 根据负载可调,将 $U_s$ 调到大于负载静摩擦力矩,使负载能立即开始转动。这时输出电压从 $U_s$ 开始按一定的斜率上升(斜率可调),电机不断加速。当输出电压达到达速电压 $U_r$ 时,电机也基本达到额定转速。软启动器在启动过程中自动检测达速电压,当电机达到额定转速时,使输出电压达到额定电压。

(6)折叠限流启动:就是电机的启动过程中限制其启动电流不超过某一设定值($I_m$)的软启动方式。其输出电压从零开始迅速增长,直到输出电流达到预先设定的电流限值 $I_m$,然后保持输出电流 $I$。这种启动方式的优点是启动电流小,且可按需要调整。对电网影响小,其缺点是在启动时难以知道启动压降,不能充分利用压降空间。

### (四)软启动折叠保护功能

(1)过载保护功能:软启动器引进了电流控制环,因而随时跟踪检测电机电流的变化状况。通过增加过载电流的设定和反时限控制模式,实现了过载保护功能,使电机过载时,关断晶闸管并发出报警信号。

(2)缺相保护功能:工作时,软启动器随时检测三相线电流的变化,一旦发生断流,即可作出缺相保护反应。

(3)过热保护功能:通过软启动器内部热继电器检测晶闸管散热器的温度,一旦散热器温度超过允许值后自动关断晶闸管,并发出报警信号。

(4)其他功能:通过电子电路的组合,还可在系统中实现其他种种联锁保护。

### (五)软启动器与传统减压启动方式的区别

笼型电机传统的减压启动方式有 Y-q 启动、自耦减压启动、电抗器启动等。这些启动方式都属于有级减压启动,存在明显缺点,即启动过程中出现二次冲击电流。软启动与传统减压启动方式的区别是:

(1)无冲击电流:软启动器在启动电机时,通过逐渐增大晶闸管导通角,使电机启动电流从零线性上升至设定值。

(2)恒流启动:软启动器可以引入电流闭环控制,使电机在启动过程中保持恒流,确保电机平稳启动。

(3)根据负载情况及电网继电保护特性选择,可自由地无级调整至最佳的启动电流。适用于重载并需克服较大静摩擦的启动场合,如风机等。

### (六)软启动器常见故障及解决方法

**1)瞬停**

引起此故障的原因一般是由于外部控制接线有误而导致的。把软启动器内部功能代号"9"(控制方式)的参数设置成"1"(键盘控制),就可以避免此故障。

**2)启动时间过长**

出现此故障是软启动器的限流值设置得太低而使得软启动器的启动时间过长,在这种情况下,把软启动器内部的功能代码"4"(限制启动电流)的参数设置高些,可设置到1.5~2.0倍,必须要注意的是电机功率大小与软启动器的功率大小是否匹配,如果不匹配,在相差很大的情况下,野蛮地把参数设置到4~5倍,启动运行一段时间后会因电流过大而烧坏软启动器内部的硅模块或是可控硅。

**3)输入缺相**

(1)检查进线电源与电机接线是否有松脱。

(2)输出是否接上负载,负载与电机是否匹配。

(3)用万用表检测软启动器的模块或可控硅是否有击穿,及它们的触发门极电阻是否符合正常情况下的要求(一般在20~30Ω左右)。

(4)内部的接线插座是否松脱。

以上这些因素都可能导致此故障的发生,只要细心检测并作出正确的判断,就可予以排除。

**4)频率出错**

此故障是由于软启动器在处理内部电源信号时出现了问题,而引起了电源频率出错。出现这种情况需要请教公司的产品开发软件设计工程师来处理。主要注意电源电路设计改善。

**5)参数出错**

出现此故障就须重新开机输入一次出厂值就好了。具体操作:先断掉软启动器控制电(交流220V)用一手指按住软启动器控制面板上的"PRG"键不松,再送上软启动器的控制电,在约30s后松开"PRG"键,就重新输入出厂值。

**6)启动过流**

启动过流是由于负载太重启动电流超出了500%倍而导致的,解决办法包括:把软启动器内部功能码"0"(起始电压)设置高些,或是再把功能码"1"(上升时间)设置长些,可设为30~60s。还有功能代码"4"的限流值设置是否适当,一般可设成2~3倍。

## 第二节 机械基础知识

### 一、机械的概念

机械是机器和机构的总称。

#### (一)机 器

机器是指由若干构件组合,各部分之间具有确定的相对运动,能够转换或传递能量、物料和信息的机械。机器具有三个共同的特征:由许多构件组合而成;构件之间具有确定的相对运动;能够代替或减轻人的劳动,有效地完成机械功或实现机械能量转换。

#### (二)机 构

机构是指由若干构件通过活动连接以实现规定运动的组合,各部分之间具有一定的相对运动的机械,用以改变运动方式。机器、仪器等内部为实现传递、转换运动或某种特定的运动而由若干零件组成的机械装置。如机械手表中有原动机构、擒纵机构、调速机构等;车床、刨床等有走刀机构。机构只产生运动的转换,目的是传递或变换运动。机构具备上述介绍的机器的前面两个特征。

#### (三)构 件

构件是机器的运动单元。一般由若干个零件刚性连接而成,也可以是单的零件。若从运动的角度来讲,可以认为机器是由若干个构件组装而成的。

#### (四)零 件

零件是机器的构成单元,是组成机器的最小单元,也是机器的制造单元。机器是由若干个不同的零件组装而成的。各种机器经常用到的零件称为通用零件,如齿轮、螺栓等。通用零件中,制定了国家标准并由专门工厂生产的零部件就称为标准件,如滚动轴承、螺栓等。而在特定的机器中用到的零件称为专用零件,如曲轴、叶轮等。按照零件的结构特征可分为:轴套类零件、轮盘类零件、箱体类零件、支架类零件。

机器是由零件构成的。机器与零件是整体与局部的关系,多数机械零件是由金属材料制成的。机械零件材料选择一般原则:满足零件使用性能、工艺性和经济性3方面要求。

零件与构件的区别:零件是制造单元,构件是运动单元,零件组成构件,构件是组成机构的各个相对运动的实体。

机构与机器的区别：机器能完成有用的机械功或转换机械能，机构只是完成传递运动力或改变运动形式，同时机构是机器的主要组成部分。

## 二、机器的组成

一台完整的机器通常由以下4个部分组成：

### (一)原动机部分(动力装置)

原动机部分的作用是将其他形式的能量转换为机械能，以驱动机器各部分的运动，是机器动力的来源。常用的原动机有电动机、内燃机、燃气轮机、液压马达、气动马达等。现代机器大多采用电动机，而内燃机主要用于运输机械、工程机械和农业机械。

### (二)执行部分(工作机构)

执行部分处于整个机械传动路线终端，在机器中直接完成具体工作任务。

### (三)传动部分(传动装置)

传动部分将原动机的运动和动力传递给执行部分(工作机构)。机器中的传动形式有机械传动、气压传动和电力传动等，其中机械传动应用最多。常见的传动装置有连杆机构、凸轮机构、带传动、链传动、齿轮传动等。传动部分的主要作用如下：

(1)改变运动的速度，即减速、增速或变速。

(2)转换运动的形式，即转动与往复直线运动(或摆动)可以相互转化。

### (四)操纵、控制及辅助装置

操纵、控制装置用以控制机器的启动、停车、正反转和动力参数改变及各执行装置间的动作协调等。自动化机器的控制系统能使机器进行自动检测、自动数据处理和显示、自动控制调节、故障诊断、自动保护等。辅助装置则有照明、润滑、冷却装置。

## 三、机械的常用零部件

### (一)轴

轴的作用是传递运动和转矩、支承回转零件。轴的分类如下：

(1)直轴：按承载不同，直轴可分为传动轴，主要承受转矩；心轴，只承受弯矩；转轴，按承受转矩又承受弯矩作用的轴。按轴的外形不同，直轴可分为光轴，即只有一个截面尺寸的轴；阶梯轴，即有两个以上的不同截面尺寸的轴。

(2)曲轴：曲轴是内燃机、曲柄压力机等机器中用于往复直线运动和旋转运动相互转换的专用零件。

(3)软轴：软轴具有良好的挠性，它可以将回转运动灵活地传到任何空间位置。

### (二)轴　承

轴承用于轴的支承。根据轴承的工作摩擦性质，可分为滑动摩擦轴承和滚动摩擦轴承；根据承受载荷的方向，可分为向心滑动轴承、推力滑动轴承和向心推力轴承三大类。

#### 1.滑动轴承

滑动轴承的特点是工作平稳、噪声较小、工作可靠、启动摩擦阻力较大。其主要应用于以下场合：工作转速特别高的轴承；承受冲击和振动负荷极大的轴承；要求特别精密的轴承、装配工艺要求轴承部分的场合；要求径向尺小的轴承。

滑动轴承一般由轴承座与轴瓦构成。向心滑动轴承根据结构形式不同，分为整体式和剖分式。安装、维护要点如下：

(1)滑动轴承安装要保证轴在轴承孔内转动灵活、准确、平稳。

(2)轴瓦与轴承孔要修刮贴实，轴瓦剖分面要高出0.05~0.1mm，以便压紧。整体式轴瓦压入时要防止编斜，并用紧固螺钉。

(3)注意油路畅通，油路与油槽接通。刮研时油两边点子要软，以形成油膜，两端点子均匀，以防止漏油。

(4)注意清洁，修刮调试过程中凡能出现油污的机件，修刮后都要清洗涂油。

(5)轴承使用过程中要经常检查润滑、发热、振动问题，偶有发热(一般在60℃以下为正常)、冒死、卡死以及异常振动、声响等要及时检查、分析，采取措施。

#### 2.滚动轴承

滚动轴承的特点是摩擦较小、间隙可调、轴向尺寸较小、润滑方便、维修简便。但承载能力差、噪声大、径向尺寸大、寿命较短。由于轴承为标准化、系列化零件，且成本低，故应用广泛。

滚动轴承由内圈、外圈、滚动体和保持架组成，安装和维护要点如下：

(1)将轴承和壳体孔清洗干净，然后在配合表面上涂润滑油。

(2)根据尺寸大小和过盈量大小采用压装法、加热法或冷装法，将轴承装入壳体孔内。

(3)轴承装入壳时，如果轴承上有油孔，应与壳体上油孔对准。

(4)装配时，特别要注意轴承和壳体孔同轴。为此在装配时，尽量采用导向心轴。

(5)轴承装入后还要定位，如钻骑缝螺纹底孔时，应该用钻模板，否则钻头会向硬度较低的轴承方向偏移。

(6)轴承孔校正。由于装入壳体后轴承内孔会收缩，所以通常应加大轴承内孔尺寸，轴承(铜件)内孔加大尺寸量，应使轴承装入后，内孔与轴颈之间还能保证适当的间隙。也有在制造轴承时，内孔留精铰量，待轴承装配后，再精铰孔，保证其配合间隙。精铰时，要十分注意铰刀的导向，否则会造成轴承内孔轴线的偏斜。

### (三)联轴器

1. 联轴器的作用

联轴器用于轴与轴之间的连接，使他们一起回转并传递扭矩。联轴器大多已经标准化或系列化，在机械工程中广泛应用。

2. 联轴器的分类

联轴器主要分为刚性联轴器和弹性联轴器两类。刚性联轴器分为刚性固定式联轴器和刚性可移式联轴器。刚性固定式联轴器包括凸缘联轴器、套筒联轴器；刚性可移式联轴器包齿式联轴器和万向联轴器。弹性联轴器靠弹性元件的弹性变形来补偿两轴轴线的相对位移。

## 四、润滑油(脂)的型号、性能与应用

### (一)润滑材料的分类

凡是能降低摩擦阻力的介质均可作为润滑材料，目前常见的润滑剂有四种，分别是：

(1)液体润滑剂：包括矿物油、合成油、水基液、动植物油。

(2)润滑油脂：包括皂基脂、无机脂、烃基脂。

(3)固体润滑剂：包括软金属、金属化合物、无机物、有机物。

(4)气体润滑剂：包括空气、氮气、氖气、氢气等。

### (二)润滑油的种类

润滑油的种类有很多，这里只叙述水泵机组的用油，通常可分为润滑油和绝缘油两类。这些油中用量较大的为透平油和变压器油。

1. 润滑油

(1)透平油：水泵大容量机组常用的透平油有22号、30号、45号三种，主要供给油压装置、主机组、油压启闭机等。具体选择哪一种油，应根据设备制造厂的要求确定。若未注明，一般采用30号。

(2)机械油：常用的由10号、20号、30号三种，主要用于辅助设备轴承、起重机械和容量较小的主机组润滑。

(3)压缩机油：供空气压缩机润滑。

(4)润滑油脂(黄油)：供滚动轴承润滑。

2. 绝缘油

(1)变压器油：供油浸式变压器和互感器使用，常用的是10号和25号两种。

(2)开关油：供开关用，有10号、45号两种。

### (三)润滑油的作用

1. 机械油的作用

(1)润滑：油在相互运动的零部件的空间(间隙)形成油膜，以润滑机件的内部摩擦(液体摩擦)来代替固体间的干摩擦，减少机件相对运动的摩擦阻力，减轻设备发热和磨损，延长设备的使用寿命，保证设备的功能和安全。

(2)散热：设备虽然经油润滑，但还有摩擦存在(如分子间的摩擦)，因摩擦所消耗的功能变为热量，使温度升高。油温过高会加速油的氧化，使油劣化变质，影响设备功能，所以必须通过油将热量带出去，使油和设备的温度不超过规定值，保证设备经济安全运行。

(3)传递能量：水泵叶片液压调节装置、液压启闭机和机组顶机组转子装置等都是由透平油传递能量的，在使用液压联轴器传动大型机组中，透平油还用来传递主水泵的轴功率，从而实现机组的足迹变速调节。

2. 绝缘油的作用

(1)绝缘：由于绝缘油的绝缘强度比空气大得多。用油作为绝缘介质可以大大提高电气设备运行的可靠性，缩小设备尺寸。同时，绝缘油还对棉纱纤维等绝缘材料起一定的保护作用，使之不受空气和水分的侵蚀而很快变质。

(2)散热：变压器线圈通过电流而产生热量，此热量若不能及时排出，温升过高将会损害线圈绝缘，甚至烧毁变压器。绝缘油可以吸收这些热量，在经冷却设备将热量传递给水或空气带走，保持温度在一定的允许值内。

(3)消弧：当油开关接通或切断电力负荷时，在触头之间产生电弧，电弧的温度很高，若不设法将弧道消除，就可能烧毁设备。此外，电弧的继续存在，还可能使电力系统发生震荡，引起过电压击穿设备。

## 五、机械维修的工具及方法

机械维修常用工具如下：

(1) 维修工具：分为划线工具、锉削工具、锯割工具、铲刮工具、研磨工具、校直及折弯工具、拆装工具等。

(2) 夹具：分为专用夹具、非专用夹具。

(3) 量具：分为普通量具、精密量具、专用量具。

机械设备故障是指整机或零部件在规定的时间和使用条件下不能完成规定的功能，或各项技术经济指标而偏离了正常状况；或在某种情况下尚能维持一段时间工作，若不能得到妥善处理将导致事故。

### (一) 维修前的准备工作

(1) 技术资料准备：如原理图、重要零部件图、组装图、技术参数等；组织拆装准备，如拆除工具、量具、摆放场地、装油器皿等。

(2) 拆卸：首先要明确拆卸的目的。其次要确定拆卸方法。常用拆卸方法有机卸法、拉拔法、顶压法、温差法、破坏法。典型的连接件拆卸包括：端头螺钉的拆卸、打滑内六角螺钉拆卸、锈死螺纹的拆卸、组成螺纹连接件的拆卸、过盈连接件的拆卸。

(3) 清洗：拆卸后零部件的清洗包括油污清洗、水垢清洗、积碳清洗、除锈和清除漆层。

(4) 检验：检验主要内容包括零部件的几何精度、隐蔽缺陷、静动平衡等。检验常用方法包括感觉检验法、测量工具和仪器检验法。

### (二) 常用的修复工艺

#### 1. 钳工修复

钳工修复方法包括：铰孔、研磨、刮研、钳工修补。铰孔是为了提高零件的尺寸精度和减少表面粗糙度，主要用来修复各种配合的孔。研磨是在零件上研掉一层极薄的表面层的精度加工方法，可得到较高的尺寸精度和形位精度。用刮刀从工件表面刮去较高点，再用标准检具涂色检验的反复加工过程称为刮研。

#### 2. 压力加工修复

压力加工修复法是利用外力在加热或常温下，使零件的金属产生塑性变形，以金属位移恢复零件的几何形状和尺寸。适用于恢复磨损零件表面的形状和尺寸及零件的弯曲和扭曲校正。

#### 3. 焊修修复

1) 钢制零件的焊修

一般而言，钢制零件中含碳量越高，合金元素种类和数量越多，可焊接性就越差。一般低碳钢、中碳钢、低合金钢均有良好的可焊性，焊修这些钢制零件时主要考虑焊修时受热变形问题。

2) 铸铁零件的焊修

铸铁在机械设备中应用非常广泛，常见的有灰口铸铁(HT)、球墨铸铁(QT)等。铸铁可焊性差，存在以下问题：

(1) 铸铁含碳量高焊接时容易产生白口(端口呈亮白色)，既脆又硬，焊接后不仅加工困难，而且容易产生裂纹。铸铁中磷、硫含量较高，也给焊接带来一定困难。

(2) 焊接时寒风易产生气孔或咬边。

(3) 铸铁零件带有气孔、沙眼、缩松等缺陷时，也容易造成焊接缺陷。

(4) 焊接时如果工艺措施和保护方法不当，也容易造成铸铁零件其他部位变形过大或电弧划伤而使工件报废。

## 六、机械的传动基础知识

机器的种类很多。它们的外形、结构和用途各不相同，有其个性，也有其共性。有些机器是可以将其他形式的能转变为机械能，如电动机、汽油机、蒸汽轮机；有些机器是需要原动机带动才能运转工作，如车床、打米机、水泵。传动的方式很多，有机械传动，也有液压传动、气压传动以及电气传动。

### (一) 皮带传动

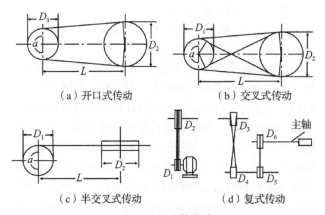

图 7-56 皮带传动

在皮带传动(图 7-56)中，两个轮的转速与两轮的直径成反比，这个比称为传动比，用符号 $i$ 表示，见式(7-56)：

$$i = \frac{n_1}{n_2} = \frac{D_2}{D_1} \quad (7\text{-}56)$$

式中：$n_1$——主动轮转速，r/min；

$n_2$——被动轮转速，r/min；

$D_1$——主动轮直径，mm；

$D_2$——被动轮直径，mm。

如果是由几对皮带轮组成的传动，其传动比可以用式(7-57)计算：

$$i = \frac{n_1}{n_末} = \frac{D_2}{D_1} \times \frac{D_4}{D_3} \times \frac{D_6}{D_5} \cdots \quad (7-57)$$

若计入滑动率，用式(7-58)表示：

$$i = \frac{n_1}{n_2} = \frac{D_{p2}}{(1-e)D_{p1}} \quad (7-58)$$

式中：$n_1$——小带轮转速，r/min；
$n_2$——大带轮转速，r/min；
$D_{p1}$——小带轮的节圆直径，mm；
$D_{p2}$——大带轮的节圆直径，mm；
$e$——弹性滑动率，通常 $e = 0.01 \sim 0.02$。

### (二) 齿轮传动

两轴距离较近，要求传递较大转矩，且传动比要求较严时，一般都用齿轮传动。齿轮传动是机械传动中最主要的一种传动。其形式很多，应用广泛。齿轮传动的主要特点包括：

(1) 效率高：在常用的机械中，以齿轮传动效率最高，如一级齿轮传动的效率可达99%，这对大功率传动十分重要。

(2) 结构紧凑：在同样的使用条件下，齿轮传动所需的空间尺寸较小。

(3) 工作可靠，寿命长：设计制造正确合理、使用维护良好的齿轮，寿命长达一二十年。这对车辆及再矿井内工作的机器尤为重要。

(4) 传动比较稳定：齿轮传动之所以获得广泛应用，就是因其具有这一特点。

齿轮传动分为圆柱齿轮传动和圆锥齿轮传动两种。圆柱齿轮有直齿、斜齿和内齿3种，分别如图7-57(a)、(b)、(c)所示。直齿圆柱齿轮的特点是加工方便，用途较广，但齿上负荷集中，传动不平稳。斜齿圆柱齿轮的特点是传动平稳，载荷分布均匀，但有轴向力产生，因此要用平面轴承。内齿圆柱齿轮传动的特点是两轴旋转方向相同并且占空间小，但加工较困难。圆柱齿轮用在两轴平行情况下的传动。在两轴线相交的情况下采用圆锥齿轮传动。圆锥齿轮有直齿和螺旋齿两种，分别如图7-57(d)、(e)所示。直齿圆锥齿轮特点是加工方便，但在传动中噪声较大。螺旋齿圆锥齿轮的特点是传动圆滑，噪声小，但加工较复杂。齿轮传动的传动比 $i$ 可用式(7-59)表示：

$$i = \frac{Z_2}{Z_1} = \frac{n_1}{n_2} \quad (7-59)$$

式中：$Z_1$——主动轮齿数；
$Z_2$——从动轮齿数；

$n_1$——主动轮转速，r/min；
$n_2$——从动轮转速，r/min。

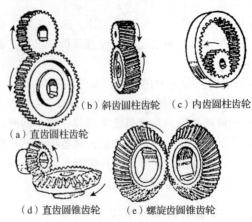

(a) 直齿圆柱齿轮　(b) 斜齿圆柱齿轮　(c) 内齿圆柱齿轮

(d) 直齿圆锥齿轮　(e) 螺旋齿圆锥齿轮

图7-57　不同齿轮传动示意

### (三) 链传动

在两轴距较远而速比又要正确时，可采用链传动。链传动的被动轮圆周速度虽然波动不定，但其平均值不变，因此，可以在传动要求不高的情况下代替齿轮传动。

链有滚子链和齿状链两种。在传动速度较大时，一般多用齿状链，因为这种链在传动时声音较小，所以又称为无声链。链传动的传动比和齿轮传动相同。

齿状链传动是利用特定齿形的链板与链轮相啮合来实现传动的。齿形链是由彼此用铰链连接起来的齿形链板组成，链板两工作侧面间的夹角为60°，相邻链节的链板左右错开排列，并用销轴、轴瓦或滚柱将链板连接起来。齿形链式与滚子链相比，齿形链具有工作平稳、噪声较小、允许链速较高、承受冲击载荷能力较好和轮齿受力较均匀等优点；但结构复杂、装拆困难、价格较高、重量较大并且对安装和维护的要求也较高。

### (四) 蜗杆蜗轮传动

在两轴轴线错成90°而彼此既不平行又不相交的情况下，可以采用蜗杆蜗轮传动，如图7-58所示。蜗杆蜗轮传动的特点是：蜗杆一定是主动的，蜗轮一

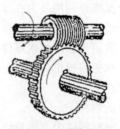

图7-58　蜗杆传动

定是被动的，因此应用于防止倒转的装置上。但它的最大特点是减速，能得到较小的传动比，且所占的空间小，一般应用于减速器上。

### （五）齿轮齿条传动

要把直线运动变为旋转运动，或把旋转运动变为直线运动，可采用齿轮齿条传动，如图7-59所示。

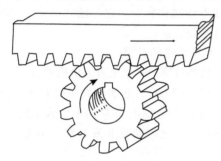

图7-59 齿轮齿条传动

### （六）螺旋传动

要把旋转运动变为直线运动，也可以用螺旋传动。例如，车床上的长丝杆的旋转，可以带动大拖板纵向移动，转动车床小拖板上的丝杆，可使刀架横向移动等，如图7-60所示。

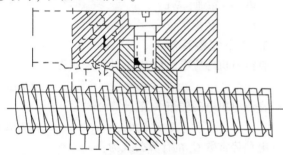

图7-60 螺旋传动

在普通的螺旋传动中，丝杆转一圈，螺母移动一个螺距，如果丝杆头数为$K$，单位为个；螺距为$h$，单位为cm；传动时，丝杆转一圈，则螺母移动的距离$S=Kh$。

## 七、电动机的拖动基础知识

### （一）基本概念

#### 1. 主磁通

在电机和变压器内，常把线圈套装在铁芯上。当线圈内通有电流时，就会在线圈周围的空间形成磁场，由于铁芯的导磁性能比空气好得多，所以绝大部分磁通将在铁芯内通过，这部分磁通称为主磁通。

#### 2. 漏磁通

当变压器中流过负载电流时，就会在绕组周围产生磁通，在绕组中由负载电流产生的磁通称为漏磁通，漏磁通大小决定于负载电流。漏磁通不宜在铁磁材质中通过。漏磁通也是矢量，也用峰值表示。

#### 3. 磁路的基本定律

磁路的基本定律与电路中的欧姆定律（$E=IR$）在形式上十分相似。即安培环路定律：磁路的欧姆定律作用在磁路上的磁动势$F$等于磁路内的磁通量$\Phi$乘以磁阻$R_m$。

#### 4. 磁路的基尔霍夫定律

（1）磁路的基尔霍夫电流定律：穿出或进入任何一闭合面的总磁通恒等于零。

（2）磁路的基尔霍夫电压定律：沿任何闭合磁路的总磁动势恒等于各段磁路磁位差的代数和。

### （二）常用铁磁材料及其特性

（1）软磁材料：磁滞回线较窄，剩磁和矫顽力都小的材料。软磁材料磁导率较高，可用来制造电机、变压器的铁心。

（2）硬磁材料：磁滞回线较宽，剩磁和矫顽力都大的铁磁材料称为硬磁材料。可用来制成永久磁铁。

### （三）铁心损耗

#### 1. 磁滞损耗

磁滞损耗是铁磁体等在反复磁化过程中因磁滞现象而消耗的能量。磁滞指铁磁材料的磁性状态变化时，磁化强度滞后于磁场强度，它的磁通密度$B$与磁场强度$H$之间呈现磁滞回线关系。经一次循环，每单位体积铁芯中的磁滞损耗正比于磁滞回线的面积。这部分能量转化为热能，使设备升温，效率降低，它是电气设备中铁损的组成部分，此现象对交流机这一类设备是不利的。软磁材料的磁滞回线狭窄，其磁滞损耗相对较小。软磁材料硅钢片因而广泛应用于电机、变压器、继电器等设备中。

#### 2. 涡流损耗

导体在非均匀磁场中移动或处在随时间变化的磁场中时，导体内的感生的电流导致的能量损耗，称为涡流损耗。在导体内部形成的一圈圈闭合的电流线，称为涡流（又称傅科电流）。

#### 3. 铁心损耗

铁心损耗是磁滞损耗和涡流损耗之和。

（1）尽管电枢在转动，但处于同一磁极下的线圈边中电流方向应始终不变，即进行所谓的"换向"。

（2）一台直流电机作为电动机运行时，在直流电机的两电刷端加上直流电压，电枢旋转，拖动生产机械旋转，输出机械能；作为发动机运行时，用原动机拖动直流电机的电枢，电刷端引出直流电动势，作为直流电源，输出电能。

### (四) 直流电机的主要结构

直流电机的主要结构是定子和转子。定子的主要作用是产生磁场转子，又称为"电枢"，作用是产生电磁转矩和感应电动势实现机电能量转换，电路和磁路之间必须在相对运动，所以旋转电机必须具备静止的和转动的两大部分，且静止和转动部分之间要有一定的间隙，此间隙称为气隙。

### (五) 直流电机的铭牌数据

直流电机的额定值包括：①额定功率 $P_N$，单位为 kW；②额定电压 $U_N$，单位为 V；③额定电流 $I_N$，单位为 A；④额定转速 $n_N$，单位为 r/min；⑤额定励磁电压 $U_{fN}$，单位为 V。

### (六) 直流电机电枢绕组的基本形式

直流电机电枢绕组的基本形式有两种，一种称为单叠绕组；另一种称为单波绕组。单叠绕组的特点：元件的两个端子连接在相邻的两个换向片上。上层元件边与下层元件边的距离称为元件的跨距，元件跨距称为第一节距 $y_1$（用所跨的槽数计算）。一般要求元件的跨距等于电机的极距。上层元件边与下层元件边所连接的两个换向片之间的距离称为换向器节距 $y_c$（用换向片数计算）。直流电机的电枢绕组除了单叠、单波两种基本形式以外，还有其他形式，如复叠绕组、复波绕组、混合绕组等。

各种绕组的差别主要在于它们的并联支路，支路数多，相应地组成每条支路的串联元件数就少。原则上，电流较大，电压较低的直流电机多采用叠绕组；电流较小，电压较高，就采用支路较少而每条支路串联元件较多的波绕组。所以大中容量直流电机多采用叠绕组，而中小型电机采用波绕组。

### (七) 直流电机的励磁方式

(1) 他励直流电机：励磁绕组与电枢绕组无连接关系，而是由其他直流电源对励磁绕组供电。

(2) 并励直流电机：励磁绕组与电枢绕组并联。

(3) 串励直流电机：励磁绕组与电枢绕组串联。

(4) 复励直流电机：两个励磁绕组，一个与电枢绕组并联；另一个与电枢绕组串联。

直流电机负载时的磁场及电枢反应当直流电机带上负载以后，在电机磁路中又形成一个磁动势，这个磁动势称为电枢磁动势。此时的电机气隙磁场是由励磁磁动势和电枢磁动势共同产生的。电枢磁动势对气隙磁场的影响称为电枢反应。

### (八) 感应电动势和电磁转矩的计算

**1. 感应电动势的计算**

先求出每个元件电动势的平均值，然后乘上每条支路中串联元件数。直流电机感应电动势的计算公式是直流电机重要的基本公式之一。感应电动势 $E_a$ 的大小与每极磁通 $\Phi$（有效磁通）和电枢转速的乘积成正比。如不计饱和影响，它与励磁电流 $I_f$ 和电枢机械角速度乘积成正比。

**2. 电磁转矩的计算**

电磁转矩计算公式也是直流电机的另一个重要基本公式，见式(7-60)，它表明：电磁转矩 $T_e$ 的大小与每极磁通 $\Phi$ 和电枢电流 $I_a$ 的乘积成正比。或：如不计饱和影响，它与励磁电流 $I_f$ 和电枢电流 $I_a$ 的乘积成正比。

$$T_e = 2p \frac{Z}{4\pi a} I_a \Phi = \frac{pZ}{2\pi a} \Phi I_a = C_T \Phi I_a \quad (7\text{-}60)$$

式中：$T_e$——电磁转矩，N·m；

$p$——磁极对数；

$Z$——电枢绕组的全部导体数；

$a$——电枢绕组的支路数；

$I_a$——电枢电流，A；

$\Phi$——磁通，Wb；

$C_T$——转矩常数。

**3. 几个重要关系式**

直流电机感应电动势 $E_a$ 的计算公式为：

$$E_a = C_e \Phi n \quad (7\text{-}61)$$

直流电机电磁转矩 $T_e$ 的计算公式为：

$$T_e = C_T \Phi I_a \quad (7\text{-}62)$$

电动势常数 $C_e$ 的计算公式为：

$$C_e = \frac{pZ}{60a} \quad (7\text{-}63)$$

转矩常数 $C_T$ 的计算公式为：

$$C_T = \frac{pZ}{2\pi a} \quad (7\text{-}64)$$

电动势常数 $C_e$ 与转矩常数 $C_T$ 的关系表示为：

$$C_T = 9.55 C_e \quad (7\text{-}65)$$

电动机电枢回路稳态运行时的电动势平衡方程式为：

$$U = E_a + R_a I_a, \quad E_a = C_e \Phi n \quad (7\text{-}66)$$

式(7-61)~式(7-66)中：

$E_a$——感应电动势，V；

$C_e$——电动势常数；

$\Phi$——磁通，Wb；

$a$——并联支路数；

$U$——平衡电动势，V；

$R_a$——电动机电阻，Ω；

$I_a$——电枢电流，A。

**4. 直流电动机的工作特性**

指端电压 $U=U_N$（额定电压），电枢回路中无外加电阻、励磁电流 $If=If_N$（额定励磁电流）时，电动机的转速 $n$、电磁转矩 $T_e$ 和效率 $\eta$ 三者与输出功率 $P_2$ 之间的关系。

1）并励直流电动机的工作特性

（1）转速特性计算公式见式（7-67）：

$$n = \frac{U_s}{C_e\Phi} - \frac{(I_s-I_r)R_s}{C_e\Phi} \quad (7-67)$$

式中：$n$——电动机转速，r/min；

$U_s$——电动机外加直流电压，V；

$C_e$——电动机结构常数；

$\Phi$——电动机每极磁通量，Wb；

$I_s$——供给电动机的总电流，A；

$I_r$——电动机并励磁电流，A；

$R_s$——电动机电枢绕组直流电阻，Ω。

（2）转矩特性计算公式见式（7-68）：

$$T = C_T\Phi I_a \quad (7-68)$$

式中：$C_T$——转矩常数；

$\Phi$——电动机每极磁通量，Wb；

$I_a$——电枢电流，A。

（3）电磁转矩也可以表示为效率特性，计算公式见式（7-69）：

$$\eta = \frac{P_2}{P_1} \times 100\% \quad (7-69)$$

式中：$P_1$——电动机的输入功率，kW；

$P_2$——电动机的输出功率，kW。

电机励磁损耗、机械损耗、铁耗等于电枢铜耗时，效率大。

2）串励直流电动机的工作特性

串励电机不允许在空载或负载很小的情况下运行。

**5. 直流发电机的工作特性**

（1）空载特性：当他励直流发电机被原动机拖动，$n=n_N$ 时，励磁绕组端加上励磁电压 $U_f$，调节励磁电流 $I_{f0}$，得出空载特性曲线 $U_0=f(I_0)$。

（2）负载运行：无论他励、并励还是复励发电机，建立电压以后，在 $n=n_N$ 的条件下，加上负载后，发电机的端电压都将发生变化。

**6. 直流发电机的换向**

1）换向的电磁现象

（1）电抗电动势：在换向过程中，元件中电流方向将发生变化，由于电枢绕组是电感元件，所以必存自感和互感作用。换向元件中出现的由自感与互感作用所引起的感应电动势，称为电抗电动势。

（2）电枢反应电动势：由于电刷放置在磁极轴线下的换向器上，在几何中心线处，虽然主磁场的磁密等于零，可是电枢磁场的磁密不为零。换向元件切割电枢磁场，产生一种电动势，称为电枢反应电动势。

2）改善换向的方法

改善换向一般采用以下方法：装设换向磁极，即在位于几何中性线处装换向磁极。换向绕组与电枢绕组串联，在换向元件处产生换向磁动势抵消电枢反应磁动势。大型直流电机在主磁极极靴上安装补偿绕组，补偿绕组与电枢绕组串联，产生的磁动势抵消电枢反应磁动势。

## 第三节　排水系统信息化与智慧排水基础知识

### 一、排水系统信息化建设

城市排水管网是城市地下管线系统的重要组成部分，为城市安全稳定运行发挥着非常大的作用。城市排水管网主要作用是排除城市生活污水、工业废水和雨水，起到保护城市环境、防止发生洪涝灾害的作用。城市排水管网系统具有结构复杂，规模大、覆盖范围广、管道数量多等特点，这对城市排水管道的日常管理维护提出了很大的挑战。另外，考虑到功能和美观，排水管道和排水设备都隐藏在地下，这又极大地增加了排水管道的管理和维护难度。

目前，我国大力发展"智慧城市"建设，引起城市基础设施行业高度重视，全球50多个国家已经开展了智慧城市相关业务，产生了多个有关智慧城市建设方面的解决方案，水务行业作为城市基础设施的重要组成部分，也顺应发展，引入智慧城市的理念，称之为"智慧水务"，主动适应"智慧化"的时代需求，大力发展云计算、物联网、大数据等新一代信息技术产业，也是未来城市和城镇水务发展的趋势。智慧水务通过智慧排水、智慧河网、智慧厂站、智慧防汛、智慧海绵等工程予以实施，使管理部门能够对管网、厂站、重要节点、河湖水系等进行运行指标的实时监视、控制反馈，达到水务运营最优效果。为了保证城市排水管网的正常运行，提高城市排水管网规划水平，加强对城市排水系统的管理工作存在一定的必要性。

#### (一)信息化排水系统的建设目标

城市排水管网地理信息系统建设遵循"整体规划、分步实施、循序渐进、逐步提升"的原则，利用

"互联网+"，促进生产与需求对接、传统产业与新兴产业融合，有效汇聚资源推进分享经济成长，形成创新驱动发展新格局，以实现以下目标：

（1）针对城市河道、立交道桥、低洼地带等汛情易发地区，提供实时、完整的各类汛情信息的收集、分析、展示，包括水（雨）情、工情险情、气象、视频监控等。

（2）提供强大的人机交互支持，实现多部门异地多媒体群体会商，实现水情调度、抢险调度、命令发布等方面的自动化，为各级领导提供科学的决策依据。

（3）建立具有"视频监控""水雨情监测""数据采集、整合、分析、预报警"等功能于一体的综合城市防汛系统，为指挥调度、抢险救灾工作提供科学准确的依据。

（4）建立具有对管网养护生产从计划、过程、实施、质量、完成反馈、数据分析等功能为一体的生产调度管控系统，为养护生产工作进行定量评估，这为生产计划管控和决策提供技术支撑。

## （二）信息化排水系统的建设内容

### 1. 运行环境建设

（1）网络环境建设：实现防汛各职能部门的网络互连，实现指挥平台与无线防汛终端、视频监控、监测设备的无线网络互连。

（2）硬件平台建设：包括机房装修、服务器（数据库服务器、应用服务器、GIS 服务器）、存储备份、网络安全、工作站等设备，雨量计、水位计、视频探头等监测设备部署，防汛手机、PDA 移动终端、防汛指挥车等移动设备。

（3）软件平台建设：包括操作系统、数据库系统、GIS 地理信息系统、中间件及系统安全软件等。

（4）指挥中心建设：包括指挥中心场地装修、DLP 大屏系统、LED 电子显示屏、综合布线、音响系统、供电系统、集中控制系统、呼叫中心系统等。

### 2. 应用系统建设

进行汛情的实时监测：包括视频监控系统、水位信息管理、雨量数据管理、气象信息展示、工情险情监测，实现对河道、立交道、重点低洼地区的全方位、全角度监控。

（1）指挥调度决策：包括视频会商系统、指挥调度分析、防汛决策支持。

（2）防汛资源管理：包括防汛物资管理、防汛人员管理、防汛组织管理、防汛车辆管理。

（3）移动防汛：通过手机、PDA 移动终端，满足外出和现场处置时对水雨情、气象、视频、人员物资、预案等实时信息的上报、查询需要，实现移动指挥办公。

（4）养护生产调度：包括日常设施管理、管网运行管理、管网养护生产计划制定，养护实施过程管控，结果反馈，养护数据的分析，实现养护生产实施"全过程"管理。

（5）排水管网数学模型应用：包括管网运行风险安全性评估，为管网实施设计、规划、更新、改造提供定量评估和科学的决策依据。

在城市排水日常管理中，通过建立基于 GIS 的"智慧"排水管理系统，构建全业务支撑体系，是实现排水巡查、检测、运行养护、防汛精细化管理的必要手段。

### 3. 数据库建设

通过数据采集，数据整合接入（气象、水文、交通、城管等部门）建立汛情数据库、监测数据库、基础地形数据库、管线设施数据库、案例数据库、专题数据库。

## 二、城镇排水管网地理信息系统

### （一）GIS 技术概述

地理信息系统（Geographic Information System 或 Geo-Information System，简称 GIS）是一种特定的十分重要的空间信息系统。它是在计算机硬、软件系统支持下，对有关地理分布数据进行采集、储存、管理、运算、分析、显示和描述的技术系统。它是以地理数据库为基础，采用地理模型分析方法，适时提供多种空间动态的地理信息，用于管理和决策过程的计算机技术系统，是计算机科学迅速发展的产物。它在近30多年内取得了惊人的发展，并广泛应用于资源调查、环境评估、区域发展规划、公共设施管理、交通安全等领域，成为一个跨学科、多方向的研究领域。地理信息系统具有以下特征：

（1）地理信息系统在分析处理问题中使用了空间数据与属性数据，并通过数据库管理系统将两者联系在一起共同管理、分析和应用，从而提供了认识地理现象的一种新的思维方法。

（2）地理信息系统强调空间分析，通过利用空间解析式模型来分析空间数据，地理信息系统的成功应用依赖于空间分析模型的研究与设计。

### （二）GIS 在排水系统中的应用

GIS 通过对空间数据的拓扑和空间状况的运算、属性数据运算以及空间数据与属性数据的联合运算实现各种空间功能，包括叠加分析、缓冲区分析、拓扑空间查询、空间集合分析和地学分析等。

叠加分析可以将不同数据层的特征进行叠加运算，得到具有新特征的数据层。例如将管道汇水区图层与城市地图相叠加，可以得到每个汇水区的用地情况分布图；将管道节点与城市地形图叠加分析可以得到各个管道节点的地面高程。

缓冲区分析是在研究的空间实体周围建立具有一定宽度的缓冲区多边形，以判断研究实体的影响范围。例如，污水检查井出现溢流冒水时，可利用缓冲区分析影响的大致范围。

拓扑空间查询和分析是对点、线、面三种基本元素相互之间的关系进行分析处理，提取其拓扑特征。例如，城市排水系统需要通过检查井、排水管道和流域范围三个图层来表达，分别含有点、线、面要素。三个图层之间需要建立拓扑关系：排水管道的起点和终点必须为检查井数据；流域范围面数据所覆盖的空间范围内，必须存在相应的检查井和排水管道。利用GIS的拓扑空间查询和分析功能，可以构建一系列拓扑关系，约束排水系统中各类数据之间的正确性。

空间集合分析是以叠加分析运算与布尔逻辑运算为基础，按照空间数据组合条件来检索，查询相应的属性数据或图形数据。实际上就是在叠加分析的基础上，按照给定的条件进行逻辑交运算、逻辑并运算或者逻辑差运算。

地学分析是用来描述地理系统中各地理要素之间的相互关系和客观规律信息的方法，包括数字高程模型分析、地形分析和地学专题分析三个方面。例如利用数字高程模型，可以实现自然汇水流域的自动化划分，为管网的流域划分提供依据。

## 三、城镇排水管网运行管理系统

### （一）基于 GIS 的排水设施巡查管理系统

城市排水管网在日常运行过程中，会出现影响排水设施安全运行的外界因素，因此必须加强对排水设施的巡查管理。基于 GIS 的排水设施巡查管理系统不仅为巡护人员提供科学有效的监督和管理手段，更为重要的是对维护社会治安起到了防患于未然的作用。传统巡护方式的巡查管理系统主要依靠员工的自觉性，在预先规定的巡逻地点上定时巡查，这种方式难以实现对巡护人员的科学、准确的考核与监控，存在虚假谎报工作现象。

因此，须建立一套定位与信息事件实时报送相结合的排水设施巡查管理信息系统。系统应结合 GPS 全球卫星定位技术和无线通信技术，利用巡查人员手持 PDA 设备，将巡查信息、调度信息等通过无线网络在现场端和监控系统控制总台之间双向传递，既实现对巡查事件的快速收集、有效调度，又实现对巡查人员工作的全方位掌控；既解决了巡查事务性工作难以管理的问题，又便于对巡查人员进行绩效考核，突破传统管理模式的限制。对巡查路线的定位示意，巡查事件上报示例如图 7-61 所示。

基于 GIS 的排水设施巡查管理系统构成城市市政设施巡护管理系统，由服务器、GPS 手持终端、GSM 网络、城市市政设施巡护管理系统组成。

1. 系统目标

排水设施巡查管理系统应结合移动化终端设备构建，通过终端可以实现事件的上报、处理、查询等功能，形成一个完整的涉水事件移动化作业及处理平台，构建一套以排水管网业务为核心的排水终端应用。排水终端的主要功能为支持移动端的涉水事件的上报、处理，还可以与排水热线事件管理系统协同工作，为排水事件移动端的上报、处理以及人员位置信息的查询、管理形成统一的涉水事件处理平台。

2. 功能概述

设施巡查管理系统由一个中心端和多个移动端组成，可实现定位管理和排水事件报送等功能的集成。

1）中心端平台功能

中心端巡查管理平台，可对人员进行定位和轨迹回放，对各类巡查事件进行综合管理。

**图 7-61　巡查事件上报示例**

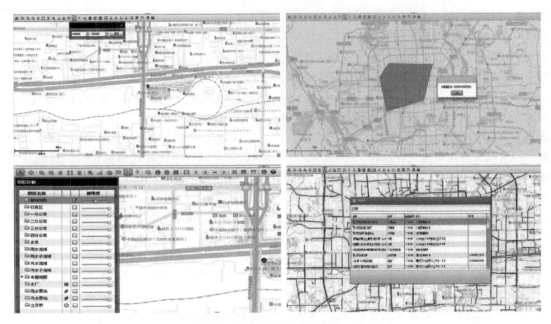

图 7-62　设施巡查管理系统中心端

(1) 定位管理：可以同时针对多人或单个人进行定位，定位后人员图标在地图上闪烁表示，地图缩放到定位位置。通过平台还可以对指令信息进行发送、查询和分类管理。

(2) 排水事件管理：对巡查人员上报的事件，按照处置时限、事件类别、影响因素等，进行事件处置过程跟踪，并综合统计分析各类巡查问题。针对排水事件的类型，如：排水设施堵冒、井盖箅子丢损、设施外力损坏、设施塌陷抢险、私接私排等，按照事件所处位置，将事件通过系统派发至相应的处置单位，处置单位通过系统反馈事件处置情况。同时对不同类型的事件，按照时限要求，系统自动进行提醒并记录事件完成时间，对每个处置阶段的完成情况进行记录，包括事件处置单位、完成情况、用户满意度等。通过跟踪事件处置，实现对排水热线事件的全过程管理，并结合流域化管理分析事件发生频率、热点地区等，为排水设施养护、改造提供基础信息。

(3) 排水管网 GIS 基础应用：排水设施巡查管理系统中，应具备城市排水部门日常管理所需要的通用功能，如图形化的应用界面、视图编辑、属性编辑、图形编辑、查询分析等，自动生成日常管理所需的管道横断面图、纵剖面图和工作报表等，可管理巡查资料库、图档库等。

系统基于排水空间信息共享平台的基础服务，实现对空间数据的二维展示及维护功能，结合排水管网、设施及相关业务数据进行空间定位、属性信息查询及业务分析展示功能。提供点选坐标查询、距离和面积的统计计算等功能，统计计算查询结果可导出使用。还具备图层管理、定位查询、数据展现等功能。

设施巡查管理系统中心端如图 7-62 所示。

2) 移动端功能

事件上报是巡查员通过终端对发现的排水事件进行上报，上报后的事件统一进入到"排水设施巡查管理系统"平台数据库中，各级处置人员对巡查上报的事件进行查看与处理。

巡查员在外可通过终端接收和查询其所属单位的所有待处理的事件列表，待处理事件包含所有类别未处理的事件，即既包含巡查上报的事件，也包含客服热线接到的事件，点击某一事件项，可查看该事件的详细信息。

## (二) 基于 GIS 的管网运行养护管理系统

排水管网业务管理主要包括日常设施管理、管网运行管理、管网养护管理等。业务管理系统应基于地理信息系统平台软硬件，结合计算机网络技术，在数据采集和建立数据库的基础上，紧密结合排水管网运营管理的核心业务，建设面向排水管网管理的 GIS 应用平台，以实现排水管网的信息化、科学化、精细化管理。管网业务管理系统框架如图 7-63 所示。

通过业务功能建立可全面推动管网管理信息化平台建设及应用，建立标准化、规范化的管网设施数据全生命周期管理体系，提高统一数据管理能力，深化管网管理的流域化，成为支撑排水管网主干业务的数据服务中心。

1. 系统目标

系统应基于排水管网管理的核心业务，建立完善的业务支持体系，实现在统一的系统信息管理模式下，对排水管网各种核心数据的集中管控，提供高效的设

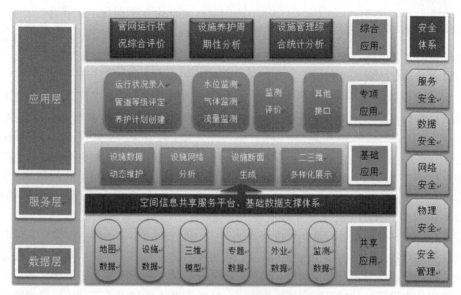

图 7-63　管网业务管理系统架构图

施管理支持，提高数据使用效率，以实现以下目标：

（1）排水管网地理信息数据及各种业务数据管理统一化。

（2）排水管网运营、设施管理、养护管理等业务信息收集电子化。

（3）排水管网设施的业务应用管理以及综合统计分析流域化。

（4）排水管网地理信息及业务信息的展示多样化。

2. 功能概述

管网运行养护管理系统包括设施管理、运行监控、养护管理等功能，实现排水设施全生命周期管理。

1）设施管理功能

随着城市建设的高速发展，排水管网系统变得越来越复杂、越来越庞大，传统的方式已无法适应城市管线现代化管理的需要，必须借助信息化手段加强管理，解决传统管理模式下的种种问题，提高管理水平，需要建立基于GIS的排水管网业务管理系统。

GIS是管网信息化管理体系的核心，包括基础地形图数据，管网空间数据、管网属性数据、管网档案数据、纸质竣工图纸、其他相关数据。GIS系统兼备管网基础设施资料的查询统计功能，通过数字化的方式管理管网设施数据，极大地提高了管理工作效率，解决了传统管理模式中排水设施信息的查询不便、统计困难和管理难度大等问题。

2）运行监控功能

通过电视检查设备采集的管道内部状况视频，按照一定的格式上报到系统中，与管道数据建立关联关系，按照设施等级评定流程，实现等级自动计算。评定成果与管道空间数据进行关联，可以查询管道等级历史成果数据，为管道养护提供分析依据。对设施运行状况利用地图空间进行直观表达，实现柱状图、折线图等展示，可以反映管线运行指标及影响范围。

3）养护管理功能

管网设施是城市安全运行的重要公共设施之一，确保排水管网使用功能、结构功能、附属构筑物运行正常的主要手段就是定期对管道进行维护，包括管道冲洗、疏通、清淤、雨水口清掏等维护作业，有些结构老化、腐蚀严重的管道无法正常使用，还需要对管道进行更新改造。排水管线运营单位应建立完善的管道维护记录，便于对管道进行周期性维护。

设施养护管理系统以设施周期性养护决策管理为中心，综合分析了企业内部对维护工作管控的管理主线、技术主线，形成管理计划批复、任务实施、支付计量的业务闭环，建立了以空间数据为核心，业务信息为补充的综合信息系统（图7-64）。

图 7-64　养护管理系统

## (三)基于 GIS 的防汛管理系统

防汛管理系统可收集获取降雨情况、泵站运行情况、桥区和排河口实时液位监测数据、水厂运行情况等信息,为防汛布控提供数据支持。实时获取人员、车辆、设备位置信息和处置能力,为防汛调度提供科学的决策依据。

### 1. 实时监测子系统

通过建设防洪抗涝实时监测子系统,一方面,能够改变原有工作模式,变人工报送泵站运行状况、降雨情况,为自动采集数据,自动生成统计分析报表;另一方面,大量专题分析、报表统计,灵活的数据展现方式和多样的数据综合利用,使防洪抗涝指挥部能够及时获取雨中、雨后的汛情分析、泵站运行的结果分析,为防洪抗涝工作提供智能化的系统支撑,可实现以下五类功能:

(1)实时监控:能够为生产和管理人员提供泵站排河口河道水位、泵站集水池液位、桥区水位、管网液位和管网气体监测以及泵站生产运行等数据的实时在线展示功能,可以监测到管网、泵站相关的设备运行状态、各监测仪表实时数据。

(2)设备运行工况:为直观了解各个设备的运行情况,还应提供设备或仪表运行图界面,提供各个设备运行状态的图形或动画显示,图形及动画应与现场采集设备的各项运行参数关联,实时显示设备的运行情况。

(3)历史数据查询:能够通过本模块对管网液位和气体浓度、泵站运行、集水池液位、桥区水位、排河口液位、降雨量等数据进行单指标或关联指标组合等历史数据综合查询,支持任意时间段的历史数据查询,能够采用统计表、柱状图、曲线图等不同方式对查询结果进行形象的展示,能够提供横向、纵向的历史数据对比查询功能。

(4)综合统计:能从工业数据库和关系型数据库中获取泵站运行、管网液位、桥区水位、排河口液位、降雨量等各类参数和监测数据,进行数据汇总、统计分析,并根据需求提供日报、月报、季报、年报或其他定制报表的展现和输出功能。

(5)专题分析:能从实时数据库和关系型数据库中获取泵站运行、管网液位、桥区水位、排河口液位、降雨量等各类参数和监测数据,从与其他系统的整合接口中获取各种类型和格式的实时或历史数据,进行数据汇总、计算、分析,并根据需求定制各类专题分析图、表的展现和输出功能。

### 2. 视频监控子系统

生产视频监控子系统服务于调度中心、泵站生产运行调度和日常管理,构建统一的视频监视管理平台,实现对排水设施关键业务单元视频图像的采集、存贮、查看、回放,有效帮助管理人员和生产人员掌握排水设施实时状况,了解各个工艺环节的运行情况,为城市排水设施实现可视化的防洪抗涝指挥、应急处置、联合调度提供辅助,为安全度汛、安全生产、安全运营提供有效技术手段,提高处警效率。

视频监控子系统采用网络视频监控技术开发,从根本上改变了传统监控系统的信息采集与传输方式,便于图像存储和集中管理,是视频监控系统的发展趋势。

依托国内丰富的网络资源,采用有线或者无线的方式,不受地域和时间的限制实现远程监控。

视频监控子系统采用了优化的系统架构,可通过 C/S 和 B/S 两种方式进行远程视频监控,同时提供手机客户端访问方式进行视频监控。B/S 结构,可以通过任意一台计算机浏览视频监控信号。C/S 结构,通过安装客户端播放软件的方式作为人机交互界面,可集中管理和操作整个视频监控系统,即实现用户管理、全网内终端设备的配置以及所有监控业务的操作。手机客户端访问,即通过安装手机 APP 软件,浏览视频监控信号。

视频监控子系统提供集中式或分布式的海量存储功能,可以同时支持运营调度中心磁盘阵列存储、污水处理厂监控室存储和客户端存储三种存储方式,存储的设置与回放功能操作简单、方式多样。

视频监控子系统主要功能包括:设备接入、实时监看、电子地图、报警呈现、检索回放、计划管理、报警管理、设备管理、设备巡检、存储管理、用户管理、日志管理等。支持单播、组播流转发,支持双码流,支持多种音频压缩标准。

### 3. GPS 车辆定位与监控子系统

通过系统建设能够实现对排水管网巡查检测车、管道疏通车、电视检查车、应急抢险车等车辆的定位和轨迹回放,辅助排水设施日常养护和应急抢险等工作进行绩效评定,提高排水设施运营管理效率,同时也为城市防洪抗涝抢险的指挥调度提供辅助决策手段。可实现以下两方面的功能:

(1)中心端功能:基本功能包括车辆定位、车辆监控、轨迹回放、车辆调度功能。结合排水管网日常业务,可扩展功能包括车辆任务分派、查询,即可通过系统分派、查询该车当前执行的工作任务、计划;车辆配备查询,即可通过系统事先录入车辆所配设备,查询设备使用信息。

(2)车载端说明:车载端具备定位功能、智能导航、地图显示及操作、终端实时显示与定位、数据传输、报警功能、接收设置和命令指令、信息编写与发送、语音通信以及自诊断等功能。

**4. 态势应急指挥子系统**

态势标绘应急指挥系统实现了对车辆单元信息、备勤布控方案等信息的管理，同时提供基于 GIS 的应急指挥调度平台，可对车辆单元进行 GPS 定位、行进路线跟踪，结合 PDA 移动终端进行指挥调度，对积水点进行查询与管理，汛后进行备勤统计及回放，对实时路况、人巡、客服热线等信息进行了集成，并在汛期防洪抗涝指挥调度工作中得以良好应用。可实现以下五方面的功能：

（1）天气雷达图信息集成与分析：天气雷达图的信息为实时信息，信息来源为中国天气网与中央气象台，通过对天气雷达图信息的实时获取与提取分析，并在态势系统中进行集成显示，同时根据雷达图信息进行降雨量估算及预警，进行雨型生成，辅助排水管网防洪抗涝抢险。

（2）天气雷达图信息实时显示与回放：在态势指挥系统中，通过选择雷达图信息按钮，可将雷达图与地图叠加显示，并可指定一定的时间范围进行历史回放。

（3）降雨量估算及预警：降水强度和雷达接受功率（即回波强度）之间存在特定的关系，通过雷达回波图与 GIS 技术可反演平均雨量，进行降雨量估算，并进行预警。

（4）雨量信息集成显示：态势指挥系统实时读取雨量站信息及降雨量信息，分析生成雨量等值线图进行显示。

（5）态势标绘工具：提供各类要素信息的图形标绘，并对要素信息可辅以属性信息，定制其图形样式形式。

**5. 智慧河道管理平台**

在干流入河口、支流入河口监控断面处各建设水质自动监测站、气象自动监测站。通过河道智慧管理平台建设，使流域管理者全盘掌控流域内水质、水量、气象等实时信息，实现对洪水、水体污染、水华爆发及突发事件等情况的预警，为水质保障、应急响应、调度管理提供平台，实现流域智慧管理。可实现以下四方面的功能：

（1）水环境自动监测功能：水环境自动监测系统以实现水文水质在线监测及动态展示为目的，监测内容包括水质、水文、气象等信息，平台包括采水单元、配水及预处理单元、自动监测设备、系统控制单元、信息展示及辅助设施等五部分内容。水样采集及预处理实现水样除砂、过滤及供给，防止自动监测设备管路阻塞，保护自动监测单元正常运行。自动监测的主要设备和辅助单元设置于设备间，使主要设备实现了整个监测系统的自动运行。辅助单元确保自动监测设备正常运行，并负责数据的传输、处理，将测量结果通过通用模拟量输入输出接口统一上传至数据采集系统，然后将结果进行数据储存和图形分析并叠加视频监控图像，并通过专业数据采集仪上传至监控中心等，实现部门间信息资源共享。信息展示单元设置于上游污水处理厂调度中心，主要用于实时信息展示、水质综合评价及数据存储，为决策者提供管理、调度平台。

该系统实现了完全自动化的 24 小时监测功能，具备自动报警功能，并可以自动启动和停止（反控功能），自动进行数据存储和上传，真正实现了工作现场无须人员值守。整套系统结构简单，维护工作量少，时效性强，运行成本低，同时系统采用模块化结构，可任意组合监测项目。

（2）视频监控功能：视频监控系统是由摄像、传输、控制、显示、记录登记五大部分组成，每一监控点位配置带红外线功能的高速球摄像机进行监视，然后将数字图像信号经传输网络送至污水处理厂调度室，经视频监控软件接收处理显示在大屏之中，统一调度管理。摄像机布设点位选择在排河口、监测断面、闸坝等需加强监控和安全防范的地点。监控视频通过有线或无线传输至调度中心水环境信息管理系统，设独立的视频显示模块。布局上与水环境自动监测指标并排展示，便于统一调度管理。

（3）气象站监测功能：野外气象自动监测站系统主要包括四部分内容：固定系统、供电系统、传感器、数据采集系统。本项目固定系统主要采用三脚式支架进行野外固定，保证气象站在野外可耐受强风及暴雨冲刷，并在支架系统上安装防雷装置。采用太阳能供电系统，从而避免野外布电工作。本项目主要监测指标为风速、风向、温度、湿度、降雨量、总辐射、PM2.5 等气象条件，故传感器系统主要包括一体化风向风速传感器、温湿传感器、雨量传感器、太阳辐射传感器、PM2.5 传感器。数据采集系统主要包括数据采集记录及数据传输，本项目数据采集主要采用室外环境数据记录仪，对传感器监测数据进行实时记录及存贮，数据传输拟采用无线传输方式，在会商决策中心与气象站之间建立数据链接系统，实现监测数据的实时传送。

（4）会商决策功能：为实现水质自动监测站、气象站的数据集成、存储、分析、评价、预警、调度、会商等系统功能，本项目配套建设会商决策管理系统，实现水文、水质、气象等环境信息实时监测和预警，提升水质目标管理能力。会商决策管理具有四项功能，即水质数据实时显示、水质等级综合评价、水华信息监测预警、与上级部门数据传送。

## 四、排水系统数学模型

城市排水管网系统是重要的城市基础设施，也是城市水污染防治和城市防洪排涝的骨干工程，对消除和减少城市道路积水、合流制管道溢流等内涝灾害发挥着重要的安全保障作用。建立城市排水管网系统模型的目的是以定量评估的方法模拟或预测系统中各部分的水流状况，以便对排水系统进行管理和控制。随着计算机技术、网络技术和通信技术等信息技术的飞速发展，为城市排水管网事业信息化管理带来了机遇和挑战，使排水管网水力模型的建立和现代化管理技术应用成为可能。建立城市排水管网系统模型是实现城市排水管网系统信息化管理的重要方面。

排水管网模型是对实际排水管网系统的合理抽象与概化。通过排水管网模型，能在各种假设情景下，根据城市的地表降雨径流和排水管网的汇流规律，模拟城市排水管网系统的运行特征，掌握城市排水管网的运行规律，以便对排水管网的规划、设计和运行管理作出科学的决策。

### （一）排水管网模型的发展

计算机排水管网模型的建模标志是1971年在美国环保署的支持下，梅特卡夫-埃迪公司（M&E）、美国水资源公司（WRE）和佛罗里达大学（UOF）等联合开发了SWMM模型，随后，各种城市排水模型相继问世，包括伊利诺斯城市排水区域模拟模型（Illinois Urban Drainage Area Simulator，简称ILLUDAS）、美国陆军工程兵团水文工程中心开发的储存处理和漫流模型（Storage Treatment Overflow Runoff Model，简称STORM）等。研究者对城市排水系统模拟模型的开发和深入研究为后来城市排水管网模型软件的开发奠定了良好的理论基础。

进入20世纪90年代后，排水管网模型与GIS技术的集成逐步成为对排水管网专业化分析和数字化管理的研究和应用热点。城市排水管网模型软件中开始整合GIS及图形预处理和后加工模块，从而大大加强了模型的输入和输出功能。虽然排水管网模型的内部结构和理论基础基本保持不变，预处理与后处理加工模块的开发也不影响模型的计算过程和模拟结果，但图形化的功能提高了模型建模与模拟分析的工作效率，降低了模型使用和操作的难度，大幅度提高了模型的易用性和实用性。

进入21世纪后，计算机、通信和网络等技术的进步加快了城市排水管网模型的发展，模型开始采用更加直观的图形界面，操作也更加简洁方便，具有代表性的是2004年美国环保署发布的SWMM 5.0。

近年来，随着我国排水事业的发展和排水管网精细化运营管理模式的建立，管网模型在指导排水设施的规划、设计、改造、运营等方面的科学指导作用逐渐体现，更多集成GIS技术、仿真模拟技术、动态监控技术的城市排水管网模拟软件开始应用于城市排水规划、安全风险评估、海绵城市建设、厂网一体化运营及水环境综合治理项目中，为排水设施的科学管理、维护、运营、指挥调度系统提供强有力的定量评估技术支撑和运行保障。

### （二）排水管网模型的模拟内容

排水管网模型涉及众多的自然和人工设施要素，如地表街道、污水管网、雨水管网、合流制管网、明渠、水库、天然河道等，因此排水管网模型具有结构复杂和模拟参数多的特点。通常，排水管网模型的模拟过程由三部分构成，即地表径流过程模拟、径流污染过程模拟和管网传输过程模拟，如图7-65所示。地表径流过程模拟主要是描述降雨事件发生后，汇水区发生的洼地蓄水、蒸发和入渗等径流损失以及生成城市地表径流的过程，它包括输入降雨过程、计算径流损失、净雨量和地表汇流过程。径流污染过程模拟主要是描述各种污染物组分在地表旱季的累积过程和雨季随径流过程进入到排水管道的冲刷过程。管网传输过程模拟主要是描述雨污水汇流后由排水管网输送到受纳水体或污水处理厂的过程，其核心部分是管网汇流的计算，即管道中水流由上游向下游运动的演算过程，并从中确定系统各节点和管道的流量、水深、流速和水质等状态信息。

### （三）排水管网模型的构建和应用流程

在排水管网模型构建过程中，通常需要完成三部分工作，即模型初步构建，现场监测方案的制订与实施，模型参数的识别。只有基于真实排水管网属性数据与网络拓扑结构进行模型构建，依据真实监测数据进行模型的参数识别和率定，才能使建立的数学模型客观地反映排水管网的运行规律。通常，排水管网模型的构建和应用流程如图7-66所示。

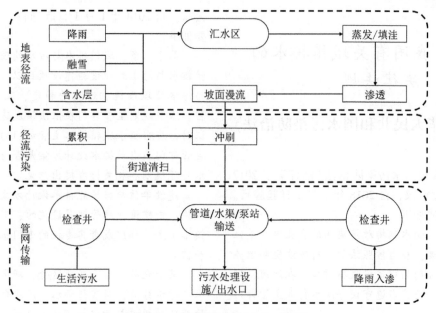

图 7-65　排水管网模型结构示意图

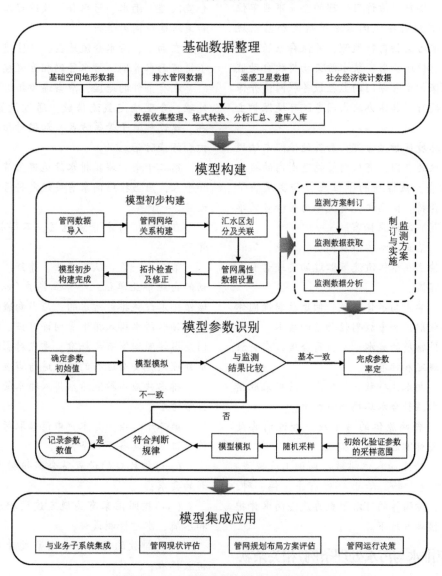

图 7-66　排水管网模型构建和应用流程图

# 第四节 我国有关城镇排水的法律法规

## 一、《中华人民共和国水污染防治法》相关条款

《中华人民共和国水污染防治法》修订案于2017年6月27日通过审议，自2018年1月1日起施行。相关重点条款摘要如下：

第二十二条 向水体排放污染物的企业事业单位和其他生产经营者，应当按照法律、行政法规和国务院环境保护主管部门的规定设置排污口；在江河、湖泊设置排污口的，还应当遵守国务院水行政主管部门的规定。

第二十三条 实行排污许可管理的企业事业单位和其他生产经营者应当按照国家有关规定和监测规范，对所排放的水污染物自行监测，并保存原始监测记录。重点排污单位还应当安装水污染物排放自动监测设备，与环境保护主管部门的监控设备联网，并保证监测设备正常运行。具体办法由国务院环境保护主管部门规定。

第三十条 环境保护主管部门和其他依照本法规定行使监督管理权的部门，有权对管辖范围内的排污单位进行现场检查，被检查的单位应当如实反映情况，提供必要的资料。检察机关有义务为被检查的单位保守在检查中获取的商业秘密。

第三十三条 禁止向水体排放油类、酸液、碱液或者剧毒废液。禁止在水体清洗装贮过油类或者有毒污染物的车辆和容器。

第三十四条 禁止向水体排放、倾倒放射性固体废物或者含有高放射性和中放射性物质的废水。向水体排放含低放射性物质的废水，应当符合国家有关放射性污染防治的规定和标准。

第三十五条 向水体排放含热废水，应当采取措施，保证水体的水温符合水环境质量标准。

第三十六条 含病原体的污水应当经过消毒处理；符合国家有关标准后，方可排放。

第三十七条 禁止向水体排放、倾倒工业废渣、城镇垃圾和其他废弃物。禁止将含有汞、镉、砷、铬、铅、氰化物、黄磷等的可溶性剧毒废渣向水体排放、倾倒或者直接埋入地下。

## 二、《城镇排水与污水处理条例》相关条款

《城镇排水与污水处理条例》于2013年10月2日公布。自2014年1月1日起施行。相关重点条款摘要如下：

第十四条 城镇排水与污水处理规划范围内的城镇排水与污水处理设施建设项目以及需要与城镇排水与污水处理设施相连接的新建、改建、扩建建设工程，城乡规划主管部门在依法核发建设用地规划许可证时，应当征求城镇排水主管部门的意见。城镇排水主管部门应当就排水设计方案是否符合城镇排水与污水处理规划和相关标准提出意见。

建设单位应当按照排水设计方案建设连接管网等设施；未建设连接管网等设施的，不得投入使用。城镇排水主管部门或者其委托的专门机构应当加强指导和监督。

第十九条 除干旱地区外，新区建设应当实行雨水、污水分流；对实行雨水、污水合流的地区，应当按照城镇排水与污水处理规划要求，进行雨水、污水分流改造。雨水、污水分流改造可以结合旧城区改建和道路建设同时进行。

在雨水、污水分流地区，新区建设和旧城区改建不得将雨水管网、污水管网相互混接。

在有条件的地区，应当逐步推进初期雨水收集与处理，合理确定截流倍数，通过设置初期雨水贮存池、建设截流干管等方式，加强对初期雨水的排放调控和污染防治。

第二十条 城镇排水设施覆盖范围内的排水单位和个人，应当按照国家有关规定将污水排入城镇排水设施。

在雨水、污水分流地区，不得将污水排入雨水管网。

第二十一条 从事工业、建筑、餐饮、医疗等活动的企业事业单位、个体工商户(以下称排水户)向城镇排水设施排放污水的，应当向城镇排水主管部门申请领取污水排入排水管网许可证。城镇排水主管部门应当按照国家有关标准，重点对影响城镇排水与污水处理设施安全运行的事项进行审查。

排水户应当按照污水排入排水管网许可证的要求排放污水。

第二十二条 排水户申请领取污水排入排水管网许可证应当具备下列条件：

(一)排放口的设置符合城镇排水与污水处理规划的要求；

(二)按照国家有关规定建设相应的预处理设施和水质、水量检测设施；

(三)排放的污水符合国家或者地方规定的有关排放标准；

(四)法律、法规规定的其他条件。

符合前款规定条件的，由城镇排水主管部门核发污水排入排水管网许可证；具体办法由国务院住房城乡建设主管部门制定。

第二十三条　城镇排水主管部门应当加强对排放口设置以及预处理设施和水质、水量检测设施建设的指导和监督；对不符合规划要求或者国家有关规定的，应当要求排水户采取措施，限期整改。

第二十四条　城镇排水主管部门委托的排水监测机构，应当对排水户排放污水的水质和水量进行监测，并建立排水监测档案。排水户应当接受监测，如实提供有关资料。

列入重点排污单位名录的排水户安装的水污染物排放自动监测设备，应当与环境保护主管部门的监控设备联网。环境保护主管部门应当将监测数据与城镇排水主管部门共享。

第二十九条　城镇污水处理设施维护运营单位应当保证出水水质符合国家和地方规定的排放标准，不得排放不达标污水。

城镇污水处理设施维护运营单位应当按照国家有关规定检测进出水水质，向城镇排水主管部门、环境保护主管部门报送污水处理水质和水量、主要污染物削减量等信息，并按照有关规定和维护运营合同，向城镇排水主管部门报送生产运营成本等信息。

城镇污水处理设施维护运营单位应当按照国家有关规定向价格主管部门提交相关成本信息。

城镇排水主管部门核定城镇污水处理运营成本，应当考虑主要污染物削减情况。

第三十条　城镇污水处理设施维护运营单位或者污泥处理处置单位应当安全处理处置污泥，保证处理处置后的污泥符合国家有关标准，对产生的污泥以及处理处置后的污泥去向、用途、用量等进行跟踪、记录，并向城镇排水主管部门、环境保护主管部门报告。任何单位和个人不得擅自倾倒、堆放、丢弃、遗撒污泥。

第三十八条　城镇排水与污水处理设施维护运营单位应当建立健全安全生产管理制度，加强对窨井盖等城镇排水与污水处理设施的日常巡查、维修和养护，保障设施安全运行。

从事管网维护、应急排水、井下及有限空间作业的，设施维护运营单位应当安排专门人员进行现场安全管理，设置醒目警示标志，采取有效措施避免人员坠落、车辆陷落，并及时复原窨井盖，确保操作规程的遵守和安全措施的落实。相关特种作业人员，应当按照国家有关规定取得相应的资格证书。

第四十一条　城镇排水主管部门应当会同有关部门，按照国家有关规定划定城镇排水与污水处理设施保护范围，并向社会公布。

在保护范围内，有关单位从事爆破、钻探、打桩、顶进、挖掘、取土等可能影响城镇排水与污水处理设施安全的活动的，应当与设施维护运营单位等共同制定设施保护方案，并采取相应的安全防护措施。

第四十二条　禁止从事下列危及城镇排水与污水处理设施安全的活动：

（一）损毁、盗窃城镇排水与污水处理设施；

（二）穿凿、堵塞城镇排水与污水处理设施；

（三）向城镇排水与污水处理设施排放、倾倒剧毒、易燃易爆、腐蚀性废液和废渣；

（四）向城镇排水与污水处理设施倾倒垃圾、渣土、施工泥浆等废弃物；

（五）建设占压城镇排水与污水处理设施的建筑物、构筑物或者其他设施；

（六）其他危及城镇排水与污水处理设施安全的活动。

第四十九条　违反本条例规定，城镇排水与污水处理设施覆盖范围内的排水单位和个人，未按照国家有关规定将污水排入城镇排水设施，或者在雨水、污水分流地区将污水排入雨水管网的，由城镇排水主管部门责令改正，给予警告；逾期不改正或者造成严重后果的，对单位处10万元以上20万元以下罚款，对个人处2万元以上10万元以下罚款；造成损失的，依法承担赔偿责任。

第五十条　违反本条例规定，排水户未取得污水排入排水管网许可证向城镇排水设施排放污水的，由城镇排水主管部门责令停止违法行为，限期采取治理措施，补办污水排入排水管网许可证，可以处50万元以下罚款；造成损失的，依法承担赔偿责任；构成犯罪的，依法追究刑事责任。

第五十六条　违反本条例规定，从事危及城镇排水与污水处理设施安全的活动的，由城镇排水主管部门责令停止违法行为，限期恢复原状或者采取其他补救措施，给予警告；逾期不采取补救措施或者造成严重后果的，对单位处10万元以上30万元以下罚款，对个人处2万元以上10万元以下罚款；造成损失的，依法承担赔偿责任；构成犯罪的，依法追究刑事责任。

第五十七条　违反本条例规定，有关单位未与施工单位、设施维护运营单位等共同制定设施保护方案，并采取相应的安全防护措施的，由城镇排水主管部门责令改正，处2万元以上5万元以下罚款；造成严重后果的，处5万元以上10万元以下罚款；造成损失的，依法承担赔偿责任；构成犯罪的，依法追究刑事责任。

违反本条例规定，擅自拆除、改动城镇排水与污水处理设施的，由城镇排水主管部门责令改正，恢复原状或者采取其他补救措施，处5万元以上10万元以下罚款；造成严重后果的，处10万元以上30万元以下罚款；造成损失的，依法承担赔偿责任；构成犯罪的，依法追究刑事责任。

## 三、《城镇污水排入排水管网许可管理办法》相关条款

《城镇污水排入排水管网许可管理办法》于2015年1月22日发布，自2015年3月1日起施行。相关重点条款摘要如下：

第六条 排水户向所在地城镇排水主管部门申请领取排水许可证。城镇排水主管部门应当自受理申请之日起20日内做出决定。集中管理的建筑或者单位内有多个排水户的，可以由产权单位或者其委托的物业服务企业统一申请领取排水许可证，并由领证单位对排水户的排水行为负责。各类施工作业需要排水的，由建设单位申请领取排水许可证。

第十三条 排水户不得有下列危及城镇排水设施安全的行为：

（一）向城镇排水设施排放、倾倒剧毒、易燃易爆物质、腐蚀性废液和废渣、有害气体和烹饪油烟等；

（二）堵塞城镇排水设施或者向城镇排水设施内排放、倾倒垃圾、渣土、施工泥浆、油脂、污泥等易堵塞物；

（三）擅自拆卸、移动和穿凿城镇排水设施；

（四）擅自向城镇排水设施加压排放污水。

第十四条 排水户因发生事故或者其他突发事件，排放的污水可能危及城镇排水与污水处理设施安全运行的，应当立即停止排放，采取措施消除危害，并按规定及时向城镇排水主管部门等有关部门报告。

# 第八章
# 排水管道运行养护操作

排水管道运行养护包括附属构筑物小规模整修、排水管渠清淤疏通、防汛应急排涝三部分内容，本章详细介绍其具体操作方法。

## 第一节 附属构筑物小规模整修

常见排水管道管道附属构筑物包括检查井整修、井盖修复与更换、雨水口整修、雨水箅子修复与更换等。

### 一、检查井整修操作

检查井常见病害一般包括井内踏步松动、短缺、锈蚀、流槽冲刷破损、抹面勾缝脱落、井壁断裂、腐蚀、挤塌、堵塞、井筒下沉等，发生上述损坏情况，影响使用与养护工作时，应及时进行维修。

#### (一)一般规定

检查井及闸井应按设计文件施工。

砖、预制块、石砌筑附属构筑物所用原材料、砌筑工艺，应符合砖、石砌筑管渠工艺的有关规定。

井室砌完后，应及时安装井盖。在道路面上的井盖面应与路面平齐。检查井设置在田间、绿地内时，其井盖宜高出地面30cm左右。

井室及沟槽还土前，应将所有未接通预留管接口堵死。

#### (二)操作要求

翻修检查井时，检查井基础应与管道基础同时浇筑。排水检查井内的流槽，宜与井壁同时进行砌筑；有预留支管的检查井砌井时，应按设计将预留管做好；当使用砌块砌筑时，表面应用砂浆分层压实抹光，流槽应与上下游管道接顺。

砌筑检查井时，对接入的支管应随砌随安，管口宜伸入井内3cm。不得将截断管端放在井内，预留管口应封堵严密，封口抹平，封堵便于拆除。

砌筑圆井应随时掌握直径尺寸，进行收口时，四面收口的每层砖不应超过3cm，三面收口的每层砖不应超过4~5cm。圆井筒的楔形缝应以适宜的砖块填塞，砌筑砂浆应饱满。

检查井内的踏步，安装前应刷防锈剂，在砌筑时用砂浆埋固，砂浆未凝固前不得踩踏。

砌筑检查井的内壁应用原浆勾缝，有抹面要求时，内壁抹面应分层压实，外壁用砂浆搓缝应密实。

有闭水要求的排水管道检查井，回填土前应进行管道、井体的一体闭水试验。经闭水合格、隐蔽验收后方可进行回填土。

井室砌筑或修复质量应符合下列规定：

(1)井壁砌筑应位置准确，灰浆饱满，灰缝平整，不得有通缝、瞎缝，抹面应压光，不得有空鼓、裂缝等现象。

(2)井内流槽应平顺圆滑，不得有建筑垃圾等杂物。

(3)砂浆标号应符合设计要求，配比准确。

(4)井室盖板尺寸及预留孔位置应正确，压墙尺寸符合设计要求，勾缝整齐。

(5)踏步应安装牢固、位置正确。

(6)井圈、井盖应完整无损，安装稳固，位置准确。

(7)检查井允许偏差见表8-1规定。

表 8-1 检查井允许偏差表

| 项目 | | 允许偏差/mm | 检查频率 | | 检验方法 |
|---|---|---|---|---|---|
| | | | 范围 | 点数 | |
| 井室尺寸 | 长宽 | ±20 | 每座 | 2 | 用尺量长、宽,各计1点 |
| | 直径 | | | | |
| 井筒直径 | | ±20 | 每座 | 2 | 用尺量 |
| 井口高程 | 非路面 | ±20 | 每座 | 1 | 用水准仪测量 |
| | 路面 | 与道路的规定一致 | 每座 | 1 | 用水准仪测量 |
| 井底高程 | 安管 $D \leq 1000$ | ±10 | 每座 | 1 | 用水准仪测量 |
| | 安管 $D > 1000$ | ±15 | 每座 | 1 | 用水准仪测量 |
| | 顶管 $D < 1500$ | +10, -20 | 每座 | 1 | 用水准仪测量 |
| | 顶管 $D \geq 1500$ | +10, -40 | 每座 | 1 | 用水准仪测量 |
| 踏步安装 | 水平及垂直间距、外露长度 | ±10 | 每座 | 1 | 用尺量计偏差较大者 |
| 脚窝 | 高、宽、深 | ±10 | 每座 | 1 | 用尺量计偏差较大者 |
| 流槽宽度 | | +10, 0 | 每座 | 1 | 用尺量 |

注：表中 $D$ 为管径,单位为 mm。

## 二、井盖修复与更换操作

井盖常见病害一般包括井盖、井口和井圈损坏、错动、倾斜、位移、震响、高低不适等。发生上述损坏情况,影响使用与养护工作时,应及时进行维修。

### (一)一般规定

井盖发生损坏情况时应立即组织修复,位于交通干道时应及时与交通运输部门协调配合或设置警示标志,待夜间车流量小时完成修复。

井盖发生松动震响时,应根据井盖规格及时更换井圈内密封胶圈。

单个井盖发生丢失、破损时,如井圈井座完好,可使用同类型、同尺寸的井盖进行更换处理,同时做好防盗措施。

整套井盖更换时在路面恢复时注意检查井周边沥青必须与原有路面连接平稳,新旧路面接茬不得有毛茬。

### (二)操作要求

整套井盖更换或路面修复时,将井盖外沿 35cm 范围路面切割,通常"切方、切圆"两种方法任选其一,深度控制在 15~20cm 为宜,或考虑可以凿除旧井盖及井圈深度为准。

路面切割完成后,用风镐进行破碎,清理深度至井框底以下 2~3cm 为宜(井盖规格有出入时,以新井盖的规格控制凿除深度),将旧有井盖、井圈取出。

将砂浆搅拌均匀(比例为1:3)平铺井筒上方,厚度 2~3cm,将井盖垂直放置砂浆找平层上方,比原有路面高约 5~10mm(用水平尺或者小线找准高程),井筒外围夯实处理。在检查井安装时必须注意用 1:1:1 的混凝土对井圈四周加固,防止检查井位移、下沉。待水泥砂浆凝固后(30min 为宜)方可以平铺热沥青。完成后使用 1:1 的水泥砂浆对井圈内部进行勾缝处理,勾缝应均匀、密实。

井盖安装完成后,在操作面表面淋适量乳化沥青作为黏结层,用沥青填充操作面,高度控制在高出路面 2~3cm。如厚度超出 10cm 时,分层铺设沥青,每层沥青使用平板夯实,如此反复,直至铺设沥青与旧路面高度基本一致。

## 三、雨水口整修操作

雨水口常见病害一般包括雨水口井壁断裂、变形、沉降或塌陷等。发生上述损坏情况,影响使用与养护,应及时进行维修。

### (一)一般规定

雨水口应与道路工程配合施工,雨水口位置应按道路设计图确定,应按雨水口位置及设计要求确定雨水支线管的槽位,应按设计图纸要求选择或预制雨水口井圈(模口)，施工中应对雨水口加盖保证安全。

### (二)操作要求

应按设定雨水口位置及外形尺寸，开挖雨水口槽，开挖雨水口支管槽，每侧宜留出30~50cm的施工宽度。

槽底应夯实，当为松软土质时，应换填石灰土，并及时浇筑混凝土基础。

采用预制雨水口时，当槽底为松软土质，应换填石灰土后夯实，并应据预制雨水口底厚度，校核高程，宜低20~30mm铺砂垫层。

在基础上放出雨水口侧墙位置线，并安放雨水管。管端面露于雨水口内，其露出长度不得大于2cm，管端面应完整无破损。

当立缘石内有50cm宽平石，且使用宽度小于或等于50cm雨水口时，宜与平石贴路面一侧在一直线上。

砌筑雨水口应灰浆饱满，随砌随勾缝。雨水口内应保持清洁，砌筑时应随砌随清理，砌筑完成后及时加盖，保证安全。雨水口底应用水泥砂浆抹出雨水口泛水坡。

路下雨水口、雨水支管应根据设计要求浇筑混凝土基础。坐落于道路基层内的雨水支管应作C25级混凝土全包封，且在包封混凝土在到75%强度前，不得放行交通，施工车辆通过应采取保护措施。

雨水口质量应符合以下规定：

(1)雨水口位置符合设计要求；内壁勾缝应直顺，坚实，不得漏勾、脱落。

(2)井框、井算应完整、无损，安装平稳、牢固。

(3)井周回填应符合要求。

(4)支管应直顺，管内应清洁，不得有错口、反坡，管内接口灰浆外露的"舌头灰"存水及破损现象。管端面应完整无破损与井壁平齐。

(5)雨水口、支管允许偏差应符合表8-2的规定。

表8-2 雨水口、支管允许偏差表

| 项目 | 允许偏差/mm | 检验频率 范围 | 检验频率 点数 | 检验方法 |
|---|---|---|---|---|
| 井框与井壁吻合 | ≤10 | 座 | 1 | 用尺量取较大值 |
| 井口高 | ≤10 | 座 | 1 | 井框与路面比用钢尺量 |
| 雨水口位置与路边线平行 | ≤20 | 座 | 1 | 用钢尺量较大值 |
| 井内尺寸 | ≤20 | 座 | 1 | 用钢尺量较大值 |

## 四、雨水算子修复或更换操作

雨水算子常见病害包括算子损坏、缺失，井座移动损坏，高程不符合要求等。发生上述损坏情况，影响使用与养护，应及时进行维修。

### (一)一般规定

雨水算子发生损坏、丢失情况时应立即组织修复更换。

单个雨水算子发生丢失、破损时，如模口完好，可使用同类型、同尺寸的雨水算子进行更换处理，同时做好防盗措施。

### (二)操作要求

整套雨水算子发生损坏、位移、沉陷等现象时，将路面按施工所需尺寸切割开，深度控制在15~20cm为宜，或考虑可以凿除旧雨水算子及模口深度为准。

路面切割完成后，用风镐进行破碎，清理深度至模口底以下2~3cm为宜(雨水算子规格有出入时，以新雨水算子的规格控制凿除深度)，将旧有雨水算子、模口取出。

将砂浆搅拌均匀(比例为1∶3)平铺井筒上方，厚度2~3cm，将雨水算子垂直放置砂浆找平层上方，比原有路面低约0~5mm(用水平尺或者小线找准高程)。雨水算子外围夯实处理。在雨水算子安装时必须注意用1∶1∶1的混凝土对模口四周加固，防止雨水算子位移、下沉。待水泥砂浆凝固后(30min为宜)方可平铺热沥青。完成后使用1∶1的水泥砂浆对模口内部进行勾缝处理，勾缝应均匀、密实。

雨水算子安装完成后，对模口外围进行夯实处理，然后浇筑混凝土并振捣，待混凝土初凝后用抹子抹平，拉毛。

## 第二节 排水管道清淤疏通

排水管道的清淤疏通一般包括冲洗井冲洗、拦蓄自冲洗、高压射流车疏通、吸污车抽排、机械绞车疏通、人力绞车疏通、人工掏挖。

## 一、冲洗井冲洗操作

在被冲洗的管道上游建设专用冲洗井或蓄水池。

根据蓄水池规模大小通过铺设专门的送水管道或水车运送等方式为蓄水池定期、定时注水。注水水源应为中水、自来水、河湖水或沉淀过滤后的雨水等干净的水源。

通过人工或自动手段定时开启蓄水池闸门,实施放水冲洗下游管道(图8-1)。

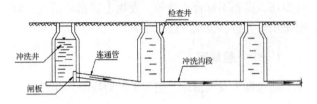

图8-1 冲洗井冲洗示意图

## 二、拦蓄自冲洗操作

选择适合的检查井安装机械拦蓄盾拦截上游来水,拦蓄盾高度约为管径70%~80%,预留溢流口,防止上游管道发生倒灌。

通过液位或设置蓄水时间两种模式,实现拦蓄盾自动开启功能,达到频繁自动冲洗的效果。

设置蓄水液位,蓄水达到设置深度后拦蓄盾自动打开。

根据不同大小的蓄水管道断面观测蓄水量耗时,设置蓄水时间,达到设置后拦蓄盾自动打开。

## 三、高压射流车疏通操作

### (一)组织设置

高压射流车疏通作业一般设置不小于5人,主操作手兼司机1~2名,副操作手1名,清掏人员2名。多工法配合作业时根据实际情况设置作业人数。

### (二)作业前准备

检查高压射流车操作面板仪表,操作按钮或开关阀是否正常。高压胶管是否破裂或老化,如有损坏应及时更换。检查水箱水量是否充足(加注清水)。检查配套工具是否齐全,如护管、井口导轮支架、型号喷头以及管钳等工具。

### (三)配套工具

(1)喷头:根据冲洗管道断面大小选择适用型号的喷头。

(2)井口导轮支架:设置于检查井井口,防止高压胶管与井圈摩擦的固定支架。

(3)护管:套于高压胶管上固定在管口位置防止胶管与管口摩擦的防护套管。

(4)水笼带:水车加水时用的水笼带。

(5)管钳:装卸喷头或坚固螺丝用工具。

### (四)操作流程

以"阿奎泰克"联通车为例介绍高压射流车疏通作业的操作流程。

1. 冲洗操作

(1)布置水车:将高压射流车行驶至冲洗检查井位置,卷管器(胶管轮盘)沿管道中心线垂直于检查井上方,手动或控制卷管器操纵杆(按钮)调整卷管器(胶管轮盘)位置,将卷管器调整至检查井上方与管道中心线顺向垂直。

(2)开户取力器:一般为踩下离合器,挂高挡,手动开启取力器装置。

(3)制动车辆安装型号喷头:手刹制动车辆,根据不同管径选择适用型号的喷头。

(4)安装护管与井口导轮支架:在高压胶管上套护管保护,避免管口摩擦高压胶管。在检查井口设置导轮支架,防止检查井口摩擦高压胶管。然后将喷头置于要冲洗的管道内。

(5)进入式冲洗:开启节水阀使胶管处于供水状态,调整油压杆按钮,缓慢增加油压压力不大于13.8MPa(小型冲洗车压力为13.8~15MPa),从而加大射水压力。通过喷头水压反作用力将胶管带入管道,同时开启卷管器"放"管按钮,胶管持续带入管道进行冲洗疏通。

(6)回收式冲洗:当胶管喷头行进至另一检查井时关闭油压杆按钮,停止油压操作,开启卷管器"收"管操纵杆按钮,使胶管回收,此时根据管道内和泥情况调整油压杆按钮,适当增加油压(小于10.3MPa),将污泥带出管口。

(7)复位高压胶管:在回收胶管时应手动摆动胶管缠绕器,使胶管有序缠绕在卷管器上,开户胶管清洗阀或用棉丝握紧胶管,回收过程中将地胶管擦拭干净,胶管回收至检查井管口1m位置时(管口有明显的水雾喷出)停止油压,关闭节水阀,当胶管升出井口时立即用手攥住喷头防止滞水喷溅,同时关闭洗管器及卷管器"收"操纵杆按钮,卸下喷头和护管,将胶管固定。

2. 冬季放水操作

(1)打开水罐最下方的阀门,将罐内的水全部放干净。

(2)打开Y形过滤器的端盖,取出滤网,将水排干。此时可以不将端盖和滤网装回,直到下一次使用。

(3)将水罐抬起,稍有倾斜,有助于排空罐内水分。

(4)打开高压软管的阀门。按照通常顺序开启

PTO，运行水泵大约15s。将水泵上方的气阀接入车辆底盘的压缩空气，使泵体和高压软管的水分吹出（此时必须确保高压软管末端不能安装喷头）。

（5）将高压软管末端固定在卷盘上，沿着收管方向旋转卷盘，直到高压软管末端没有水分流出。

（6）打开冲洗枪阀门，推进快速接头的球阀，将水分全部排出。

（7）打开冷天循环系统回路的阀门，放出回水管中的水，此阀门可以一直保持打开状态，直到下一次使用。

### 四、吸污车抽排操作

#### （一）组织设置

吸污车操作一般配合有限空间作业，作业人员应不小于5人。其中主操兼司机1~2名，进入有限空间1人，现场监护人员2人。多工法配合作业时根据实际情况设置作业人数。

#### （二）作业前准备

检查车辆底盘润滑油、冷却液、变速箱油、尿素溶液等液位正常。检查设备液压油、真空泵润滑油液位正常，油质合格。检查三、四级过滤器水位合格，水质干净。检查真空泵放水阀门，确认处于关闭状态。检查传动皮带张紧度，按压皮带中部，挠曲度小于14.3mm。确认真空罐液压门处于锁闭状态。

#### （三）配套工具

（1）吸管：连接真空罐的6寸（约0.2m）吸泥软管，规格有30m、15m等。

（2）球阀扳手：启闭抽、排球型阀门的工具。

（3）金属吸管扶手：安装在吸管末端，供人手扶吸管的工具。

#### （四）操作流程

以JHA5140GXWA1型真空吸污车（图8-2）为例，介绍吸污车抽排作业过程中的操作流程。

**1. 吸引操作**

（1）将车辆行驶到指定地点后，拉紧手刹，使车辆底盘固定。

（2）打开负荷释放阀。将转换阀调至"吸引"状态。启动发动机进行预热运转后，踩下离合器、按下取力器的开关、慢慢松开离合器使取力器开始运转。（注意将罐门锁闭装置锁上）。

（3）通过车辆右侧操作盘处的调速阀（外接油门）将发动机的转速调节到吸引作业时所需要的转速。

**图8-2　JHA5140GXWA1型真空吸污车**

（4）打开回收罐后方的吸引阀。

（5）将吸污胶管尽可能深地插入污泥中，保证管端在作业过程上始终距液面300mm以下。

（6）关闭负荷释放阀。如果需要暂时中断或停止时，将负荷释放阀慢慢打开即可。

（7）工作完工后，将负荷释放阀慢慢打开。等到真空压降至-30kPa以下后，通过节流阀将发动机的转速调至空转速度。

（8）关闭回收罐后方的吸引阀，断开取力器开关。

**2. 排卸操作**

（1）将吸污胶管朝向蓄污池内。

（2）将四通阀门后柄拉至与地面平行，开启防溢阀，使其手柄与管路轴线平行即可将变速器挂入空挡，然后启动发动机，分离离合器，将取力器开关向后拉即挂挡取力，真空泵开始运转。

（3）罐体内污液排卸完后，驾驶员应及时将取力器操纵柄向前推即脱挡，真空泵停止运转。

（4）将加油箱直通旋塞旋柄板与进油轴线平行即关闭，冲洗胶管后，将其放回走台箱关好边门，并使吊杆朝向驾驶室上方。

（5）将吸污车驶离作业点。

**3. 压送操作**

（1）打开负荷释放阀。将转换阀调至"吸引"状态。启动发动机进行预热运转后，踩下离合器、按下取力器的开关、慢慢松开离合器使取力器开始运转。

（2）确认罐门锁闭装置是否完全牢实的锁闭。确认罐门及观察口牢牢关紧，确认软管的状态及连接部牢靠。

（3）打开回收罐后方的排出阀。

（4）通过车辆右侧操作盘处的调速阀（外接油门）将发动机的转速调节到排出作业时所需要的转速。

（5）将转换阀慢慢地扭转至"压送"状态。

（6）将转换阀慢慢地扭转至"吸引"状态。

（7）通过操作盘处的调速阀（外接油门）将发动机转速调至怠速状态。

（8）关闭回收罐后方的排出阀，断开取力器。

## 五、机械绞车疏通操作

### (一)组织设置

作业时一般由不少于5人组成,主操作手兼司机1~2名,辅助操作手1名,清掏2名。多工法配合作业时根据实际情况设置作业人数。

### (二)作业前准备

检查绞车各零部件及防护设施应完整有效,检查自备液压动力站是否正常,钢丝绳不能有死折或断股,各种配套工具完好。

### (三)配套工具

(1)管口导向轮架:固定钢丝绳在管口的位置,避免与管道摩擦。

(2)手持导轮:置于管口内侧管顶,用于支撑钢丝绳,避免与管道摩擦。

(3)疏通器具:常见的有松泥耙、簸箕、刮泥板等。

(4)液压动力站:向绞车提供动力的设备。

(5)辅助人力绞车:疏通过程中主要起到辅助复位的作用,避免疏通器具断开或卡死在管道内部。

### (四)操作流程

以"JC031型"液压绞车为例,介绍机械工作操作流程(图8-3)。

**图8-3 "JC031型"液压绞车**

(1)绞车现场布置:将绞车按相邻井中心连线方向,推至检查井外侧,机械绞车置于下游检查井处,辅助绞车位于上游检查井。

(2)设置车轮架:垂直按下扶手,松开车轮架挂钩,使车轮架平稳落地。

(3)设置定位架:卸下定位架保险销,放下定位板置于井口,使定位架顶紧检查井井圈内侧。

(4)设置斜撑:卸下斜撑杆保险销,向下旋转斜撑杆与定位架连接,插好保险销。

(5)设置穿管器:利用穿针引线方式将穿管器从上游管口穿至下游管口,连接机械绞车钢丝绳后,原位抽出穿管器,将机械绞车钢丝绳带出上游管口。

(6)安装疏通器具:将疏通器具(松泥耙、簸箕、刮泥板)前端连接机械绞车钢丝绳,尾端连接辅助绞车钢丝绳后,放入下游管口内。

(7)设置手持导轮及导向支架:钢丝绳置于手持导轮下方,导轮上方平面顶紧管顶内壁;钢丝绳置于三角导轮下方,单杆顶紧管口上方10cm处。

(8)连接液压管:将液压动力站两条液压管按照型号与绞车连接,另一端与液压动力站连接。

(9)启动液压动力站:将流量选择阀杆拨到5GPM;启动发动机;将流量阀杆上向拨,液压油输出,开始工作。

(10)启动液压绞车:启动液压动力绞车,将上方的操纵杆向前推,钢丝绳卷器将倒转开始收回钢丝绳牵引渣斗在管道内滑动,起到清疏通管道的作用。将上方的操纵杆向后推,钢丝绳卷绳器将正转钢丝绳放出。将疏通器具从上游管口牵引至下游管口,利用掏锹将推出管口的污泥掏挖出检查井。

## 六、人力绞车疏通操作

### (一)组织设置

作业时一般不少于5人,主操兼司1~2名,辅操1名,清掏2名。多工法配合作业时根据实际情况设置作业人数。

### (二)作业前准备

检查绞车各零部件及防护设施应完整有效,钢丝绳不能有死折、断股或腐蚀,各种配套工具完好。

### (三)配套工具

(1)转动把手:主、绞车各两把,转动绞车取力轴时使用。

(2)管口三角导向支架:斜撑在检查井内管口位置,用于支撑钢丝绳,避免钢丝绳摩擦管壁。

(3)手持导轮:置于管口内侧管顶,用于支撑钢丝绳,避免钢丝绳摩擦管壁。

### (四)操作流程

以通用型人力绞车(图8-4)为例,介绍人力绞车疏通工作的操作流程。

图 8-4 通用型人力绞车

(1) 绞车现场布置：将绞车按相邻井中心连线方向，推至检查井外侧，主绞车置于下游检查井处，辅助绞车位于上游检查井。

(2) 设置车轮架：垂直按下扶手，松开车轮架挂钩，使车轮架平稳落地。

(3) 设置定位架：卸下定位架保险销，放下定位板置于井口，使定位架顶紧检查井井圈内侧。

(4) 设置斜撑：卸下斜撑杆保险销，向下旋转斜撑杆与定位架连接，插好保险销。

(5) 设置穿管器：利用穿针引线方式将穿管器从上游管口穿至下游管口，连接主绞车钢丝绳后，原位抽出穿管器，将主绞车钢丝绳带出上游管口。

(6) 安装疏通器具：将疏通器具(松泥耙、簸箕、刮泥板)前端连接主绞车钢丝绳，尾端连接辅助绞车钢丝绳后，放入下游管口内。

(7) 设置手持导轮/导向支架：钢丝绳置于手持导轮下方，导轮上方平面顶紧管顶内壁；钢丝绳置于三角导轮下方，单杆顶紧管口上方 10cm 处。

(8) 疏通取泥：将主绞车钢丝绳放置卡管滑轮上方，人工转动主绞车动力轴把手；将疏通器具从上游管口牵引至下游管口，利用掏锹将推出管口的污泥掏挖出检查井。

## 七、人工掏挖操作

### (一)组织设置

人力掏挖配合地下有限空间作业时，作业人员一般不少于 5 人，其中现场负责人 1 人、现场监护人员 2 人、进入有限空间内 1~2 人。多工法配合作业时根据实际情况设置作业人数。

### (二)作业前准备

严格执行作业审批手续。执行安全交底程序。检查防护设备，如呼吸设备、检测设备、送风设备、发电设备等。对作业现场进行安全隔离并设置危害警示牌与企业告知牌。气体检测，原则是"先检测，后作业，作业过程中持续检测"。通风换气，有害气体浓度高时采取强制通风手段。现场监护人员不少于 2 人且持证上岗。

### (三)配套设备

(1) 气体检测仪：检测气体浓度的仪器工具，主要用于有限空间作业和管道养护作业，一般检测氧气、硫化氢、一氧化碳和可燃气。

(2) 三脚架及安全绳：起固定支撑、升降作用的工具组。

(3) 防爆轴流风机：一种强制排水管道内空气流动的设备，一般用于管道放气和有限空间作业。

(4) 长管送风呼吸器：一种采用小型送风机，将符合空气质量标准的新鲜空气供给使用者的设备，常用于有限空间作业和管道养护作业。

(5) 全身安全带：防止高处作业人员发生坠落或发生坠落后将作业人员安全悬挂的个体防护装备。

### (四)操作流程

人工掏挖作业示意如图 8-5 所示。

图 8-5 人工掏挖作业

(1) 作业准备：对作业环境进行风险评估，提出针对性防控措施，明确作业人员和选配防护设备，制订作业方案。

（2）作业审批：填写有限空间作业审批表，各向有限空间主管部门申请作业，得到批准后方可开展作业。

（3）封闭作业区域与安全警示：对作业区域进行交通栏护和封闭，张贴或悬挂安全告知牌、危险作业警示牌以及施工作业信息牌等。

（4）安全交底：对作业人员进行安全交底，明确任务、作业程序、作业分工、危险因素和防控措施等内容。交底人与被交底人双方签字，交底单存档备查。

（5）设备安全检查：对作业防护设备、救援设备、检测设备、通风设备以及作业工具进行安全检查，确保安全可靠。

（6）开启出入口：检测评估出入口燃爆风险，安全开启出入口，进行自然通风。

（7）安全隔离：通过封闭、切断等措施，完全阻止有害物质和能源进入有限空间。

（8）清除置换：清除有限空间内残存有害物质，释放或置换有害气体，消除污染源。

（9）检测分析：对有限空间进行评估检测，明确控制措施；进入作业前进行准入检测，明确选配防护措施。

（10）通风换气：消除或降低有限空间内有害气体浓度，提高氧含量，保证有限空间作业安全。作业过程中全程通风。

（11）个体防护：根据作业风险评估与检测分析，选择适用呼吸防护设备、个体防护用品、坠落防护工具等。

（12）安全作业：作业过程中有效防控水、电等风险。通过人工清运方式对管道进行清淤疏通。此时也可配合吸污车设备对管道淤泥进行抽吸清除。

（13）安全监护：作业全程应设置具有相应作业资格的人员进行地上监护，且监护人员不应于少2人。进入管道内作业时，还应在检查井内设置1名联络看护人员。

（14）作业后清理：掏挖作业完成后，确保人员、设备物资有序撤离有限空间。对作业现场进行清扫、清洁。

# 第三节 防汛应急排涝

## 一、防汛抽排设备操作

### (一) 小型汽油泵操作

1. 准备工作

1）启动前检查汽油机

2）汽油机润滑油油位检查

卸下润滑油加入口盖，擦干油尺。把油尺插入加油口，但不要拧旋它。如果油位低，加入推荐使用的润滑油直到机器厂家推荐油尺位置。

3）空气滤清器检查

绝对不要在无空气滤清器时运转汽油机，不然会加速汽油机的磨损。检查滤芯上的灰尘和杂物。

4）加注燃油

使用汽车用的汽油，最好使用无铅或者低铅汽油，这样可减少燃烧室内的沉积。

决不要使用机油与汽油混合油或者脏汽油，避免燃油箱内掉进灰尘、垃圾及水。

在通风良好的地方加油，加油时汽油机要停止运转，加油地禁止抽烟及动用明火，存储汽油地严禁明火及火花。要求如下：

（1）油箱不要加得过满（加油口颈部应无燃油），加完油后，检查油箱盖是否盖好。

（2）加油时当心不要溢溅燃油，溢溅出的燃油或燃油挥发气体可能会燃烧。如果有燃油溢溅出，应立即使用抹布擦干，并且在启动前要确保该地方已挥发干净。

（3）避免皮肤反复或长期接触汽油或者吸入汽油挥发气体，不要让儿童接触汽油。

2. 连接水管、注水

连接吸水管；连接出水管；检查预注水，启动前应加满预注水。

3. 启动操作

开启燃油开关；关闭阻风门；将发动机开关置于开启位置；将节气门拉杆稍向左侧移动；轻轻拉动起启动手柄至有阻力感，然后快速拉动，注意放回启动手柄时请勿打击发动机，应轻轻放回防损坏启动器。

4. 运转操作

当发动机温度升高后，逐渐开启阻风门；将节气门置于所需速度位置。

5. 停机操作

将节气门拉杆向右移至全开位置；将发动机开关置

于"关"位置;将燃油开关置于"关"位置并与止动钮接触;紧急停机方法是将发动机开关置于"关"位置。

### (二)液压渣浆泵操作

以 HP28 型液压渣浆泵(图 8-6)为例,介绍液压渣浆泵作业的操作流程。

图 8-6  HP28 型液压渣浆

**1. 准备工作**

(1)发动机曲轴箱油位:每次发动前,检查发动机机油的油位。发动机机油的油位应位于机油尺"FULL"的刻度线以上,但不要太满。

(2)发动机燃料液位:检查发动机汽油箱的油位情况,添加清洁、非变质的汽油,辛烷值最少不低于 87,含 10%乙醇的混合汽油也可使用。检查液压油液位,并添加符合以下标准的液压油。

(3)选用管径 12.7mm 长度为 8m 的油管:油管的承压必须达到 17.5MPa。油管两头必须有符合液压工具制造协会(HTMA)要求的管接头盒快速接头(图 8-7)。

图 8-7  液压管快速接头示意图

**2. 启动操作**

启动发动机前,先查发动机油油位和液压油箱油位。

将流量阀杆拨到关的位置,否则发动机无法启动。按要求连接油管。

有的发动机没有配备手动阻风门,所以启动时,没有必要阻风。

将流量选择阀杆拨到 5GPM。设备第一次启动时,可以用这个流量来预热机器,然后根据需要,再切换到 8GPM 位置。如图 8-8 所示。

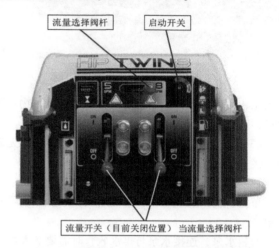

图 8-8  液压动力站开关及流量控制示意图

转动启动开关,当发动机正常启动后,立即放开旋钮。急速下预热发动机。

将流量阀杆往上拨,开始工作。两个阀杆都拨下,则开始双回路作业。

**3. 停机操作**

将流量阀杆往下拨,切断压力油输;旋转启动开关至"OFF"位置,关闭发动机。

**4. 冬季启动**

在冬季,按启动步骤启动发动机,并且继续进行以下步骤:

(1)液压油在冬季会相对黏稠,所以将发动机在急速下运行,液压油温上升到 50°F/10℃。

(2)如果液压油管及工具同样低温,那就等油管中的油温也上来后,再进行正常作业。

### (三)车载式移动泵站操作

以"迪沃"车载式移动泵站(图 8-9)为例,介绍车载式移动泵站作业的操作流程。

**1. 准备工作**

(1)发电机组检查:检查机组燃油充足;机油液位;冷却液液位;连接发电机组接地装置;设置接地钎,钎体入地 2/3 位置。

(2)水泵搬运与检查:搬运水泵及电缆应 2 人配合完成,搬运水泵避免磕碰、放置平稳;检查水泵叶轮完好;检查防护罩完完好;检查电缆外观无破裂、

图 8-9 车载式移动泵站

图 8-10 "龙吸水"大型排水车辆

无老化、无裸线；检查电缆插头无破损、无污物、无积水、插针顺直。

(3) 排水软管检查：检查排水软管外观有无破损、接头是否牢固、卡箍是否完好。

2. 启动操作

布置排水软管，平铺布置排水软管，不可有死角。

安装水泵，连接水泵与排水软管时需要 2 人配合完成；平稳放置水泵，防止水泵倾倒；水泵与排水软管连接牢固；水泵电缆应均匀布置，不可缠绕使用；水泵电缆与发电机组连接牢固。

设置水泵，使用水泵提拉绳升降水泵，电缆不可受力；将水泵平稳放入检查井底；收紧排水软管；预留水泵电缆长度；水泵设置淹没状态；固定水泵提拉绳；固定水泵电缆；抽水井设置专人看护；排水井设置专人看护。

按顺序启动发电机组；开发电机组电瓶，开启机组控制屏电源，启动机组开关，观察显示面板，闭合断路器。

按顺序启动水泵，增加转速至规定转速，观察水泵控制面板，示意水泵已开启。

3. 停机作业

按顺序关闭水泵；降低水泵转速至零，关闭水泵，观察水泵控制面板，示意水泵已关闭。

关闭发电机组，闭合断路器，关闭机组，关闭机组控制屏电源，关闭发电机组电瓶开关，示意发电机组已关闭。

拆除排水软管，将排水软管中积水完全排空；回收排水软管，对折错开 50cm；盘卷整齐。

(四) 大型排水车操作

以"龙吸水"大型排水车(图 8-10)为例，介绍大型排水车作业的操作流程。

1. 准备工作

检查液压油箱液位是否在规定范围内。

确认底盘储气筒气压超过 5kg，若不足，请空转发动机充气，直至自然排气。

检查各个开关接头是否有松动，油管等是否破损渗漏，如有问题请立即修理，修理完成后方允许进行下一步的工作。

开启电源总开关。按照抢险预案，选择好抽、排水区域，将车停在合适的位置。根据需要连接出水管，当橡胶软管爬坡度较大时，应该用沙袋等先将沟壑铺垫平整，使管路顺畅。

2. 启动操作

将车辆停放到合适的作业地点，将变速箱挡位挂到空挡位置，拉起驻车制动器手柄，确保 2 个底盘气压表均超过"5"的位置。钥匙拨至开启状态，但不启动发动机。

打开控制面板电源开关，按下"辅泵开"，启动发动机，按下"辅泵加压"按钮(辅泵开只能在发动机停机状态下操作，发动机启动后禁止进行"辅泵开"的操作)。

分别按住"左支腿伸出"和"右支腿伸出"按钮，将左右支腿尽量伸出至最远处；注意确认支腿行径范围内无障碍物再进行伸出支腿操作。以上操作也可用无线遥控器控制，但不可同时进行两个或两个以上的动作操作。

按下"支腿下"按钮，放下液压支撑腿，以能将车辆稍微顶起来为宜，若支撑的地面较为松软应先将地面铺至硬实。

按下"翻转举升"按钮，将翻转架举升至适当的角度即可，未翻转举升到一定角度时不得进行"平移伸出"操作。按下"平移伸出"按钮，将平台平移到最远位置。

根据现场工况需要，可按下"转盘正或反转"按钮，使平台在水平面上旋转合适的角度(进行"转盘正或反转"时"平移伸出"必须伸至最远处，然后将管轨适当地下降，让转盘的受力更加均衡)。

通过翻转举升、管轨下降、副轨下降、水管伸出等步骤相结合，使水泵最大限度伸入水中。

水泵等机构展开到位后,选择合适的出水口连接好出水接头,按下"绞盘正转"开关,放出输水软管与出水接头相连接。

按下"翻转举升"按钮,将翻转架举升至90°,与井的中心线平行。以上的操作适用于90°下井排水,实际的操作则应按实际工况的不同进行合理调整,"管轨、副轨、水管"的伸缩不设先后顺序。

通过"平移""旋转"等动作使水泵与水管尽量对准井中心。按住"副轨下降"按钮,小心地将副轨伸入井中,直至副轨走完全部行程,注意勿刮碰。按住"水管伸出"按钮,将伸缩水管放出。按下"绞盘正转"放出输水软管,将其一端与出水口上的接口用快速接头连接。

水泵等机构伸出到位,连接好排水软管之后,按下"辅泵卸荷",按住"发动机停车"按钮直至发动机完全熄火,按下"辅泵关"按钮。此时抽水前的准备工作完成。

3. 水泵开机操作

按下"水泵开"按钮,按住"发动机启动"按钮,启动汽车发动机(此时确认全功率取力器的传动轴是否正常转动),打开"密封圈开关",使充气密封圈充气。

按下"水泵正转"按钮,打开"PTO开关",锁定油门,按住发动机提速开关,使转速提高到1500r/min左右。

顺时针缓慢旋动油压调节旋钮,使水泵油压显示表指针慢慢提升至20MPa左右(升压及降压时禁止快速旋动油压调节旋钮)。发动机转速与水泵油压匹配关系见表8-3。

表8-3 发动机转速与水泵油压匹配表

| 发动机转速/(r/min) | 水泵油压/MPa |
| --- | --- |
| 800 | 8~9 |
| 900 | 9~10 |
| 1000 | 10~12 |
| 1100 | 12~15 |
| 1200 | 15~18 |
| 1300 | 18~20 |
| 1400~1500 | 20~22 |

4. 停机操作

缓慢平稳逆时针旋转油压调节旋钮,直至油压表指针指向0。

关闭密封圈开关,降低发动机转速至800r/min,关闭"PTO开关",按下"水泵停止"按钮。

按住"发动机停车"按钮,直至发动机完全熄火。

关闭"水泵开关"。打开"辅泵开关",启动发动机,按下"辅泵加压"按钮。

按住"水管缩回"按钮,缩回水管。按住"副轨上升"按钮,收回副滑轨。按住"管轨上升"按钮,收回主滑轨。按住"转盘正转/反转"按钮,使转盘恢复到与龙门架平行的角度。按住"翻转下降"按钮,使翻转架下降一定角度。按住"平移收回"按钮,使工作平台完全收回。按住"翻转下降"按钮,使翻转架平稳地卡放在龙门架上的凸起上。

拆卸输水管路,将输水软管用液压绞盘卷起。

按住"支腿上"按钮,收起液压支撑腿,分别按下"左/右支腿收回"按钮,使支腿恢复到行驶状态。

打开控制箱面板,按下"辅泵卸荷",关闭"辅泵开关",关闭控制系统总电源。

## 二、防汛挡水设备操作

### (一)便携式防汛带操作

便携式防汛带是一种能快速布置的可折叠防汛产品,主要用于洪水控制、水流拦截、消防水疏导等方面。在各种地面都能很好地附着,地形适用性广。雨前布设,低水位不影响车辆通行。

1. 标准配备

防汛带主体、压载沙袋、两侧沙袋、浮漂。

2. 产品规格(表8-4)

表8-4 便携式防汛带产品规格表

| 规格型号 | 最大拦水高度/cm | 布设占地宽度/m | 标准件长度/m | 主体材质 |
| --- | --- | --- | --- | --- |
| XD035-050 | 35 | 1.4 | 5 | PVC涂层布 |
| XD050-050 | 50 | 2 | 5 | |
| XD070-050 | 70 | 2.8 | 5 | |
| XD100-050 | 100 | 4 | 5 | |

3. 操作流程

(1)现场就位后,沿蓄水侧和迎水侧展开,铺平(图8-11)。

(2)沿防汛带迎水侧铺设沙袋,安装浮漂(图8-12)。

(3)快速拼接出所需长度,按粘条、拉链、粘条、卡扣的顺序依次连接(图8-13)。

4. 维护保养

移动时应搬运,禁止拖动;使用完毕后用清水清洗;悬挂晾干并折叠收纳;禁止与尖锐物品叠放保存;保存应避免长时间阳光暴晒。

图 8-11 便携式防汛带铺设示意图

图 8-12 铺设沙袋与安装浮漂示意图

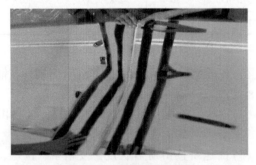

图 8-13 快速拼接示意图

(二)便携式防汛筒操作

便携式防汛筒用于井盖顶脱,污水外溢时制止污水、雨水井的喷冒(图 8-14)。

图 8-14 井喷应对示意图

1. 标准配备

筒体、定位圈、支撑杆。

2. 产品规格(表 8-5)

表 8-5 便携式防汛筒产品规格表

| 规格型号 | 最大拦水深度/cm | 底盘外径/mm | 适用井口尺寸/mm | 主体材质 |
| --- | --- | --- | --- | --- |
| XT80-100 | 100 | 2000 | φ800 | PVC 涂层布 |
| XT80-050 | 50 | 1530 | φ800 | |
| XT70-100 | 100 | 1900 | φ700 | |
| XT70-050 | 50 | 1430 | φ700 | |

3. 操作流程

将筒体展开;安装定位关钢圈(图 8-15);移到井口就位。

图 8-15 安装定位关钢圈示意图

### 4. 维护保养

移动时应搬运，禁止拖动；使用完毕后用清水清洗；悬挂晾干并折叠收纳；禁止与尖锐物品叠放保存；保存应避免长时间阳光暴晒。

### (三) 防汛专用挡板操作

防汛专用挡板是一种铝合金或PVC材质的可快速布置的防汛物资，主要用于地铁、隧道、地下商场、地下车库等低洼区域的拦水导水（图8-16）。

图 8-16　防汛专用挡板应用示意图

#### 1. 标准配备

挡水板、固定支架。

#### 2. 产品规格（表8-6）

表 8-6　防汛挡板产品规格表

| 规格型号 | 最大拦水高度/cm | 布设占地宽度/m | 标准板尺寸（H×L）/mm | 主体材质 |
| --- | --- | --- | --- | --- |
| XB020-020 | 60 | 0.3 | 200×2000 | 铝合金 PVC |

#### 3. 操作流程

(1) 道路导水操作：核定现场尺寸与图纸标示一致；根据设计尺寸确定防汛挡板固定支架安装位置，标定打孔位置；打孔，并植入膨胀螺栓或化学螺栓；安装防汛挡板固定支架；安装挡水板（图8-17）。

图 8-17　道路挡水板应用示意图

(2) 门中、通道等挡水：核定现场尺寸与图纸标示一致；根据设计尺寸确定防汛挡板固定支架安装位置，标定打孔位置；打孔，并植入膨胀螺栓或化学螺栓；安装防汛挡板固定支架。在安装位置预先涂抹防水密封胶，安装完毕后在固定支架与墙体接缝处涂抹防水密封胶；安装挡水板，调整侧顶螺钉，固定防汛挡板及密封（图8-18）。

图 8-18　通道口挡板示意图

### 4. 维护保养

用水流冲洗；堆叠整齐码放。

### (四) 移动式防洪闸操作

移动式防洪闸采用高性能铝合金材料制成，背水侧采用三角形支撑结构，最大可承受4m水深的压力。如图8-19所示。

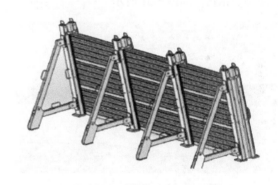

图 8-19　移动式防洪闸示意图

#### 1. 标准配备

闸板、侧固定框架、活动框架、斜支撑。

#### 2. 产品规格（表8-7）

表 8-7　移动式防洪闸产品规格表

| 规格型号 | 最大拦水高度/cm | 布设占地宽度/m | 标准板尺寸（H×L）/mm | 主体材质 |
| --- | --- | --- | --- | --- |
| HQ050-02 | 400 | 1.5 | 500×2000 | 铝合金 |

#### 3. 操作流程

(1) 安装防洪闸底座：将底座与植筋连接找平后浇筑混凝土，确保底座上表面与周边地面或台面齐平。

(2) 安装侧固定框架：用膨胀螺栓或化学螺栓将两侧框架与墙面紧固，采用橡胶密封，安装完毕后在框架两侧及底面均匀涂抹防水密封胶。

（3）安装活动框架：用螺钉将活动闸框与防洪闸底座连接固定。

（4）安装活动框架的斜支撑：用扳手调整支撑盘，增加预紧力。

（5）安装防洪闸板：按照板密封方向，将板放入固定好的框架内，确保相邻的两块闸板对齐（图8-20）。

图8-20　防洪闸板组装示意图

### （五）速装式防汛椅操作

速装式防汛椅是由一系列椅形板标准件首尾相连组装而成的挡水屏障，现场布设及其快捷，可高效应对紧急突发汛情。如图8-21所示。

图8-21　速装式防汛椅示意图

1. 标准配备

椅形板。

2. 产品规格（表8-8）

表8-8　速装式防汛椅产品规格表

| 规格型号 | 最大拦水高度/cm | 布设占地宽度/m | 标准件长度/m | 主体材质 |
|---|---|---|---|---|
| XP055-063 | 55 | 0.8 | 630 | ABS |

3. 操作流程

（1）预先布设：检查将要布设速装式防汛椅的区域，把松散的砂子和石块清理掉；放置椅形板，并一个挨一个的连接起来。

（2）带水布设：布设临时保护性防汛墙，将椅形板相邻迎水放置但不连接，以削减流速和冲击能量；布设正式的防汛墙（图8-22）；收回保护性防汛墙。

图8-22　带水布设防汛墙示意图

4. 维护保养

用高压水枪冲洗检查；水平后将椅形板堆叠存放。

# 第九章
# 排水管道修复更新操作

## 第一节　检测与评估操作

### 一、资料收集

掌握管道的基本信息，如建设年代、管材、管径、连接关系等，主要包括以下资料的收集：现有排水管线图、管道竣工图或施工图、已有管道检测资料、评估所需相关资料。

### 二、现场踏勘

勘察检测区域的地物、地貌、交通和管道分布情况，目测或工具检查管道的水位、积泥等情况，复核所搜集资料中的管位、管径、管材、连接关系、流量等信息。

### 三、编制实施计划

编制实施计划书是检测工作的重要环节，它的符合性好坏直接关系到检测工作是否能顺利实施，主要包括以下内容：

（1）项目概况：检测的目的、任务、范围和期限。
（2）现有的资料分析：交通条件、管道概况。
（3）技术措施：管道封堵和清洗方法、检测方法。
（4）辅助措施：应急排水措施、交通组织措施。
（5）保质措施：作业质量保证体系、质量检查。
（6）工期控制：工作量估算、工作进度计划。
（7）保障措施：人员、设备和材料计划问题和对策。
（8）特殊缺陷、未检情况、其他问题、处理建议。
（9）成果资料清单：各种检测表、缺陷发布图、检测和评估报告等。

### 四、现场检测

#### （一）CCTV检测

**1. 设备自检**

设备（图9-1）下井检测前应检查设备状况，检查

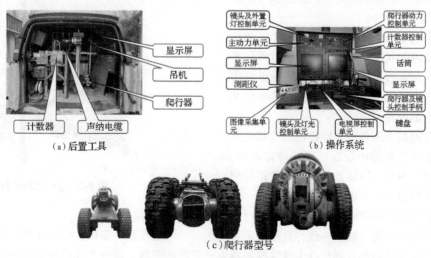

图9-1　CCTV检测设备

内容包括仪器设备的尺寸是否与待检测管道管径匹配，仪器的计米器是否已校准，灯光及辅助光源调节，摄像头高度调节，显示系统与录像存储系统是否处于正常工作状态，仪器内压是否正常等。

2. 设置安全警示标志

一般市政排水管道铺设于城市快车道、慢车道、人行道、绿化带下，其中铺设于车行道下的情况居多，检测施工作业须占用检查井井口附近一个车道的宽度，长度则根据检测车的大小情况而定。安全警示标志可采用路锥加三角红旗、施工护栏等方式维护，夜间施工还应配有闪烁警示灯和必要的照明。

3. 封堵降水措施

CCTV 检测应尽量不带水作业，当现场条件不能满足时，应当采取降低水位措施，使管通内水位不大于管径的 20%，以便被拍摄对象尽量暴露，保证检测画面能较完整地展现管道内部情况，使检测结果真实可靠。

4. 疏通清洗

在实施结构状况检测前应对管道进行疏通、清洗，管道内壁应无污泥覆盖，以获得管壁的实际影像，保证检测结果的可靠性。

5. 基本信息录入

在对每一段管道检测前，应在检测设备内录入管道基础信息，包括所在地点、设施名称、设施标段、设施属性、管径、时间以及检测人等。设备不具有录入功能的也可以拍摄看板的方式记录此项工作。

6. 摄像头高度控制

圆形或矩形排水管道摄像镜头移动轨迹应在管道中轴线上，"蛋形"管道摄像镜头移动轨迹应在管道高度 2/3 的中央位置，偏离不应大于±10%。调节摄像头高度的方法除了抬升或降低爬行器支架外，还可以通过调换不同直径的轮组或用加宽器来加宽轮距来实现。

7. 主控制器操作

将远程控制彩色 CCTV 检测车送入已清洗好的排水管道内，将管道内的状况同时传输到电视监视屏幕和电脑上。操作人员通过主控制器的键盘或操纵杆边操作爬行器移动和摄像头姿态边录制成数字影像文件，同时存储在电脑硬盘内。

通过操作主控制器上的各种功能键钮来控制检测过程中的摄像，若在监视器中发现特征或异常点时，操作人员将其位置、方位、特征点和缺陷的代码等信息记录下来，并抓拍照片存入电脑内。

摄像方式通常采用两种模式：一种称为直向摄影，即摄像头取景方向与管道轴向一致，且图像垂直方向保持正位，在摄像头随爬行器行进中通过控制器显示和记录管道内影像的拍摄模式，爬行器行进移动时不能变换拍摄角度和焦距。另一种称为侧向摄影，即爬行器停止移动，摄像头偏离管道轴向，通过摄像头的变焦、旋转和俯仰等动作，重点显示和记录管道某侧或部位的拍摄模式。

直向摄影是检测过程中的常态模式，当发现有异常情形时，应切换成侧向摄影模式，为了异常点拍得更准确，进行侧向摄影时，爬行器应停留 10s 以上，并变化拍摄视角和焦距，以获得清晰完整的影像。

8. 爬行器行进速度控制

管径小于等于 200mm 时，直向摄影的行进速度不宜超过 0.1m/s；大于 200mm 时，直向摄影的行进速度不宜超过 0.15m/s。行进速度在很多 CCTV 检测设备上具有实时显示和记录功能，没有此功能的设备，可以从时间和距离计算得知。

9. 异常画面的处置

直向摄影时发现有某一种缺陷，立即停止爬行器移动进行侧向摄影，依据标准，录入缺陷代码、等级和环向位置，截获照片，自动获取纵向距离。设备自动获取的纵向距离，应该通过线缆上提前做好的刻度标记予以确认。

10. 终止检测

整条管道检测完毕后，终止检测，回收爬行器。

爬行器行进过程中遇到管道破裂、塌陷、异物阻挡等影响正常行进的问题时，可尝试从另一端进入拍摄，若再次受阻，可终止检测。

设备、镜头出现故障或污渍遮挡影响拍摄画面清晰度时，可终止检测，及时修复处理后继续检测。

## （二）QV 检测

图 9-2　QV 检测设备

1. 拍摄准备

设置作业区维护，打开井盖，目测管口中心点至井底的距离，调整支撑杆至合适高度。打开设备（图 9-2）电源进行自检，检查各项控制功能是否有效，图像质量是否清晰。调整手持杆的长度，使之和井深相匹配。

2. 拍摄标志物

选定检查井周边可视范围内的固定参照物作为标志物，将此作为起始拍摄点，启动录制按钮后，将QV摄像头放到井下拍摄位置时，应保持不间断摄像，直至拍摄结束。

标志物一般能准确辨认，可选择建筑物、大门、桥体、广告牌、门牌号等固定物体和标记，市政道路上的树、电线杆、桥墩等太过于重样，不宜作为标志物。若遇到周围空旷无参照物的情形，可以用油漆在检查井附件合适的位置写明该井编号，初始拍摄该编号亦可。

3. 拍摄录像

将摄像头头摆放在管口并对准被检测管道的延伸方向。

当水位低于管道直径 1/3 位置或无水时，镜头中心应保持在被检测管道圆周中心。当水位不超过管道直径 1/2 位置时，镜头中心应位于管道检测圆周中心的上部。

根据画面的清晰度，调节灯光亮度，通常拍摄近距离画面时，光照度要调低，反之则要调高。拍摄管道内部状况时，通过拉伸镜头的焦距，连续、清晰地记录镜头能够捕捉的最大景深的画面，拍摄时，变动焦距不宜过快。

拍摄缺陷时，应保持摄像头静止拍摄 10s 以上。

4. 拍摄终止

QV 的拍摄纵深通常受管道内干净程度、光线以及管径等因素的影响，往往拍摄的景纵达不到设备厂商所提供的数据（通常是 80m），此时就有可能检测不到原计划的管段，只好终止拍摄，或者换一座检查井从反方向拍摄。和 CCTV 检测的道理一样，摄像镜头自身的脏物和管道内雾气都有可能造成摄像质量不高或完全成废片，所以必须暂时停止拍摄，待处理好条件具备后再拍摄。

## 五、缺陷判读与表达

### (一) 缺陷规模

缺陷规模是指缺陷在管道内所覆盖面积的大小，它有四种形态，即点、线、面和立体。

点状缺陷通常是指其纵向延伸长度不大于 0.5m 的缺陷，环向长度可不必考虑，常见的缺陷如渗漏、密封材料脱落等。

线状缺陷通常是指纵向延伸长度大于 0.5m，且边界清晰而又呈线状的缺陷，常见的缺陷如裂纹。

面状缺陷相对线状缺陷而言，边界一般比较模糊，形状不规则，表现出成片的状态，比较典型的如腐蚀、结垢等。

立体状的缺陷一般是指管道内的堆积物，如淤积、障碍物等。

### (二) 空间位置表达

如图 9-3 所示，缺陷定位和规模是通过对其空间位置的表达而展现出来的。

缺陷沿管道轴线方向延伸的起止位置以及延伸距离的确定，称为纵向定位。具体如下：

(1) 纵向定位数据的准确性至关重要，它关系到今后整改对象所在位置的准确度，若出现偏差会带来重大经济损失，如在开挖修复时，开挖区域未发现缺陷所在，造成不必要的浪费。

(2) CCTV 检测设备自动获取的纵向距离有时存在较大误差，为了避免这一错误的产生，通常的做法是先在线缆上做好刻度标记，检测过程中随时和显示的距离数值校核，若发现差异较大应予以修正。

(3) 对于已录制好影像资料，应该测量出修正值并予修正，保证最后成果准确无误。

(4) 纵向定位距离的最小单位是 0.1m，其精度通常要求在 ±0.5m 以内。

缺陷沿圆周方向分布的起止位置以及覆盖范围的确定，称为环向定位。

国际上通常将缺陷的环向位置以时钟的方式用 4 位数字来表达，称为时钟表示法。具体如下：

(1) 前两位数字表示从几点开始，后两位表示到几点结束。如果缺陷处在某一点上（通常没超过 1 个小时的跨度）就用 00 代替前两位，后两位数字表示缺陷点位。

(2) 最小记录单位都为正点小时（图 9-4）。

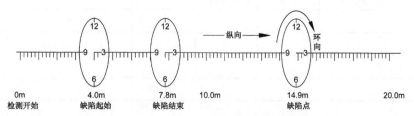

图 9-3　缺陷空间位置表达示意图

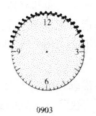 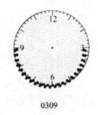  

0903　　　　0309　　　　1101　　　　1010

图 9-4　时钟表示法示意图

(3) 环向定位的精度要求比纵向定位的要求低，原则上不要出现完全象限型的错误都能满足今后整改的要求。

(4) 用时钟表示法确定的环向位置是记录缺陷很重要的参数之一，必须填写在现场缺陷记录表之中。

(5) 不同的缺陷规模(覆盖范围)记录的要求不一样，详见表 9-1。

表 9-1　缺陷记录规范

| 缺陷规模 | 纵向起点刻度 | 纵向止点刻度 | 环向时钟起点 | 环向时钟止点 |
|---|---|---|---|---|
| 点状缺陷 | 记录 | 不记录 | 记录 | 不记录 |
| 纵状缺陷 | 记录 | 记录 | 记录 | 不记录或记录(大于1h) |
| 面状缺陷 | 记录 | 记录 | 记录或变化大于1h | 记录 |
| 立体缺陷 | 记录 | 记录 | 记录或记录高度 | 记录或记录高度 |

### (三) 缺陷代码

缺陷代码的编码原则是缺陷汉字的拼音的首个字母结合。如腐蚀(Fu Shi)，编码为 FS。

每种缺陷都有轻重或大小程度之分。在缺陷代码下再分为 1~4 个级别。具体内容可参照第六章中"修复更新知识"关于检测评估相关内容。

### (四) 缺陷判读

无论是在现场通过监视器实时查看，还是在室内以正常播放速度观看影片判读，发现缺陷，必须仔细判读，对照规范上的标准图片，确定代码和等级，剪截典型画面并储存记录。

一般来说，一处缺陷表述主要有以下几部分组成：

(1) 基本信息：检测地点、道路名称、管段信息、检测时间和缺陷距起点距离等。

(2) 缺陷标注：详细标出缺陷在图片中的位置。

(3) 代码和等级：判定出缺陷的代码和等级。

(4) 环向位置：时钟表示法确认。

### (五) 检测记录与评估报告

以北京排水集团检测评估为例，介绍制式化现场记录表与评估报告样板。

检测过程中，应将检测缺陷进行初步判读进行现场记录(表 9-2)，记录过程需要两人同时完成，一人记录一人监督。待单个检测任务结束后立即组织编制专门的评估报告(表 9-3、表 9-4)。

表 9-2　CCTV 现场检测记录表(样表)

| 编号 | | 天气 | | | 记录人 | | |
|---|---|---|---|---|---|---|---|
| 日期 | | 管径 | | | 管材 | | |
| 管线名称 | | | | | | | |
| 管线上游名称 | | | 管线下游名称 | | | | |

| 序号 | 功能状况 | | | 结构状况 | | | 检查井及管线位置 | | 照片号/影像号 | 时间 |
|---|---|---|---|---|---|---|---|---|---|---|
| | 充满度/% | 存泥/cm | 流速(正常、快、慢) | 腐蚀(轻、中、重) | 破裂(环向、纵向) | 其他病害 | 检查井位置 | 管线位置 | | |
| 1 | | | | | | | | | | |
| 2 | | | | | | | | | | |
| 3 | | | | | | | | | | |
| 说明： | | | | | | | | | | |

表 9-3 CCTV 检测等级评定报告（样表）

排水管道 CCTV 检测等级评定报告

| 运营单位： | | | 检测日期： | |
|---|---|---|---|---|
| 设施名称 | | | | |
| 设施位置 | | | | |
| 所属小流域 | | | | |
| 管线全长/m | | | 检测长度/m | |
| 管径/m | | | 录像编号 | |
| 管材 | □混凝土 □塑料 □金属 □砖砌 □其他（ ） | | | |
| 管道功能等级评定 | | | | |
| | 参数取值：$G=$   $E=$   $K=$ | | | |
| | 养护指数：$MI=85G+5E+10K=$ | | | |
| | 功能等级： | | | |
| | 病害程度描述： | | | |
| | 建议养护范围： | | 病害长度： | |
| 功能等级个人建议 | | | | |
| 管道结构等级评定 | | | | |
| | 参数取值：$J=$   $E=$   $K=$   $T=$ | | | |
| | 修复指数：$RI=70J+5E+10K+15T=$ | | | |
| | 结构等级： | | | |
| | 病害程度描述： | | | |
| | 建议修复范围： | | 病害长度： | |
| 结构等级个人建议 | | | | |
| 评估人签字 | | | 主操作手签字 | |
| 部门领导签字 | | | | |
| 填表说明：评定方式参照集团等级评定企标，评定参数取值及计算过程需描述清楚，建议修复(养护)范围根据企标得出 | | | | |

表 9-4 CCTV 检测等级评定报告（样表）

| XXXXXX 公司 | | | |
|---|---|---|---|
| 缺陷位置照片 | | | |
| 管线名称： | | 日期： | |
| 起止井号： | | | |
| 管道总体情况 | 管道内部照片 1 | 管道内部照片 2 | 管道内部照片 3 |
| | | | |
| 管道存在缺陷对应照片 | 病害 1： | 病害 2： | 病害 3： |
| | 病害位置： | 病害位置： | 病害位置： |
| | | | |
| | 病害 4： | 病害 5： | 病害 6： |
| | 病害位置： | 病害位置： | 病害位置： |
| | | | |
| 备注：病害位置为起止检查井及病害里程 | | | |

## 第二节 封堵与导水操作

### 一、一般规定

调查管线相关资料，编制封堵方案，明确封堵位置、数量和导排水措施等。

临时封堵时待施工结束后应及时拆除封堵，恢复管道功能。充气气囊封堵时做好管道预处理并按照气囊标识压力进行充气。

封堵施工一般配合有限空间作业，应严格按照有限空间安全作业相关规定操作。

导水原则应确保管道系统一致或禁止污水系统向雨水系统内导水。

无管道可利用时，可铺设临时排水管作为施工期间附近街坊和施工排水的通道。

### 二、管塞封堵法

#### （一）充气皮堵封堵操作

选择适用管道规格的皮堵。检查皮堵外观是否完好无损坏、老化等现象。

检查充、放气口是否完好无堵塞、损坏等现象。检查气泵、充气管是否完好，压力表标的是否正确。

正确连接气泵和皮堵。对管道内安装皮堵的位置进行预处理，确保管壁平滑、干净。皮堵安装在上游管口并且全部没入管内，系牢安全绳，固定在井上。按皮堵标识压力充气，随时检查管堵的气压，当管堵气压降低时应及时充气。充气时作业人员应返回地面，观察水流状态，达到封堵效果。

当管堵上、下游有水压力差时，应对管堵进行支撑。

#### （二）液压皮堵封堵操作

选择适用管型规格的皮堵。检查皮堵外观是否完好无损坏、老化等现象。

检查液压阀是否完好无堵塞、损坏等现象。检查液压泵油量是否正常。

正确连接液压泵和皮堵。对管道内安装皮堵的位置进行预处理，确保管壁平滑、干净。皮堵安装在上游管口并且全部没入管内，系牢安全绳，固定在井上。按皮堵标识压力加压，加压时作业人员应返回地面，观察水流状态，达到封堵效果。

### 三、砖砌封堵法

管道内水量较大或水位较深时，可在上游管段利用管塞或挡板、麻袋等进行临时封堵，必要时配合导水措施，有效降低下游水流量。

封堵前先将井底、井壁的污泥清除干净。

砌筑材料采用水泥拌黏土或快干水泥等。砌筑厚度在半砖至一砖半之间。

### 四、拆堵作业

拆堵作业原则为先拆下游在拆上游。拆除管塞封堵时，先降低封堵压力或直接使用安全绳将管塞提出管道。人工井下拆除封堵时应遵守下列操作要求：

（1）实施导水措施降低上游液位，确保拆堵后水流量对人员无影响。

（2）应彻底拆除封堵，恢复管道平整度，避免遗留残墙、坝根等病害。

（3）拆除封堵后应将封堵材料及时清理，避免遗留。

## 第三节 涂层法整修操作

### 一、一般规定

排水管道内喷涂修复工程的设计应以原有管道检测与评估报告为基础。

管道内喷涂修复工程施工应符合国家标准《给水排水管道工程施工及验收规范》（GB 50268—2008）的有关规定。应编制施工组织设计或专项施工方案，并在审批后执行。涉及道路开挖与回填、交通导行的工程应按要求报批。

应根据工程特点合理选用施工设备，并应有设备总体配置方案。对于季节性施工、重要工程、不宜间断的工程，应有满足施工要求备用的动力和设备。喷涂设备应由专业技术人员管理和操作，机械喷涂作业人员应接受过岗位技能教育及安全培训。

喷涂工程施工前应通过图纸会审，施工单位应掌握工程主体及细部构造的技术要求。

管道内喷涂修复，应遵守以下规定：

（1）管体结构完好或含有轻微结构性缺陷的原有管道，适合采用管道内喷涂修复。

（2）利用原有管道结构进行半结构性喷涂修复的管道，其设计使用年限应不低于原有管道结构的剩余设计使用期限。对于混凝土管道，半结构性喷涂修复后的最长设计使用年限不宜超过30年。

（3）管道内喷涂修复可采用局部喷涂修复，当管段缺陷为整体缺陷时，应采用整体修复。

作业过程中，应进行过程控制和质量检验。喷涂施工的每道工序完成后，经过检查合格后，方可进行下道工序的施工，并应采取成品保护措施。检查不合格时，重新进行上一道工序的施工，并经重新检验其质量后再决定是否进行下一道工序的施工。作业过程应有完整的施工工艺记录。

喷涂预处理施工前应完成喷涂施工场地准备、工作坑的开挖与支护、管道断管工作。

当管道需采取临时排水措施时，应符合以下规定：

(1) 对原有管道进行封堵应按 CJJ 68—2016 执行。

(2) 当管堵采用充气管塞时，应随时检查管堵的气压，当管堵气压降低时应及时充气。

(3) 当管堵上、下游有水压力差时，应对管堵进行支撑。

(4) 临时排水设施的排水能力应能确保各修复工艺的施工要求。

## 二、管道清理及预处理

喷涂施工前，应对清淤或管道内表面清洗后的管道进行预处理，包括堵漏、切除突出部位、填补结构缺陷、除锈或除垢、干燥通风等工作。

管道清理及预处理的效果，应符合设计要求，并应满足下列规定：

(1) 预处理后的原有管道内应无积水、沉积物、垃圾及其他障碍物。

(2) 预处理后的原有管道内壁表面应洁净，应无影响喷涂的结垢、铁锈、油污、油脂、灰尘、粉尘、浮浆等附着物，无尖锐毛刺、焊渣，无结构孔隙。

(3) 预处理后的原有管道壁应无漏水、渗水点。

(4) 环氧树脂与聚氨酯喷涂的给水管道底材预处理后表面应满足《涂覆涂料前钢材表面处理表面清洁度的目视评定 第1部分：未涂覆过的钢材表面和全面清除原有涂层后的钢材表面的锈蚀等级和处理等级》(GB/T 8923.1—2011)的有关规定。

(5) 原有管基层与基层局部处理混凝土应紧密贴合，阴角和阳角处过渡平顺。

(6) 高强度聚氨酯基层喷涂前，基层表面温度应≥5℃，环境温度≥15℃，管道内壁表面触干，环境相对湿度≤85%，并应强制通风。

预处理前应采取断水或导水措施，满足施工要求。对有缺陷的管道基础应按设计要求进行处理。管道清理及预处理时，不得对原有管道结构造成破坏。

预处理作业中发现病害比原设计文件严重时，应停止预处理作业并与设计单位沟通。

预处理后至少用 CCTV 检测、人工目测、试压检测、取样检测等方法中的一种方法进行检测，并记录、保存检测结果。

管道清理与清洗产生的污水和污物应按《城镇排水管渠与泵站运行维护及安全技术规程》(CJJ 68—2016)中的有关规定处理。

## 三、喷涂工作坑设计

工作坑位置宜设置在管道阀门、转角、变径或分支管处。一个喷涂段的两个工作坑间距应控制在施工能力范围内。工作坑尺寸应根据原有管道埋深、具体工艺等确定。

工作坑的探槽开挖、降排水、工作坑开挖、支护或放坡、回填等应符合《给水排水管道工程施工及验收规范》(GB/T 50268—2008)的有关规定。

## 四、喷涂工艺

排水管道内喷涂修复工艺按表 9-5 所示进行选择。

表 9-5 排水管道内喷涂修复工艺选择

| 工艺名称 | 适用范围及使用条件 | | | |
| --- | --- | --- | --- | --- |
| | 修复适用管内径/mm | 适用喷涂的底材 | 修复类型 | 非结构性喷涂厚度/mm |
| 无机防腐砂浆、聚合物砂浆手工喷涂 | ≥800 | 混凝土、钢、铸铁 | 非结构性 | 6~50 |
| 无机防腐砂浆、聚合物砂浆离心喷涂 | ≥300 | 混凝土、钢、铸铁 | 非结构性 | 6~24 |
| 高强度聚氨酯人工喷涂 | ≥1000 | 混凝土、钢、铸铁 | 非结构性、半结构性 | 3~8（半结构性修复时按计算确定） |

## 五、无机防腐砂浆喷涂施工

无机防腐砂浆喷涂施工的表面准备应符合喷涂前预处理要求。大面积修复时，可增设一层玻璃纤维网格布或者钢筋网。

喷涂的水泥砂浆达到终凝后，应立即进行保湿养护，保持涂层湿润状态时间应在 7d 以上；达到设计规定的养护期限后，应及时投入使用。

用无机防腐砂浆喷涂修复排水管时，其性能应符合表 9-6 的规定。

表 9-6 排水管道喷涂无机防腐砂浆的性能要求

| 项目 | 普通修复 | 快速修复 | 检测方法 |
| --- | --- | --- | --- |
| 无机材料成分/% | ≥97 | ≥97 | GB/T 29756—2013 |
| 可工作时间/min | ≥60 | ≥60 | JC/T 2381—2016 |

(续)

| 项目 | 普通修复 | 快速修复 | 检测方法 |
|---|---|---|---|
| 可恢复通水时间/h | ≤24 | ≤2~6 | JC/T 2381—2016 |
| 1d 抗压强度/MPa | ≥10 | ≥15 | GB/T 17671—1999 |
| 28d 抗压强度/MPa | ≥20 | ≥30 | GB/T 17671—1999 |
| 1d 抗折强度/MPa | ≥2 | ≥4 | GB/T 17671—1999 |
| 28d 抗折强度/MPa | ≥4 | ≥6 | GB/T 17671—1999 |
| 拉伸黏结强度/MPa | ≥1.0 | ≥1.0 | JC/T 2381—2016 |
| 抗渗压力/MPa | ≥1.5 | ≥1.5 | JC/T 2381—2016 |
| 防腐蚀类型 | 硫化氢、弱酸、海水、硫酸盐等腐蚀 | | JC/T 2381—2016 |

## 六、聚合物水泥砂浆喷涂施工

聚合物水泥砂浆施工环境宜为 10~30℃，当低于 5℃时，应采取加热保温措施，不宜在大风天气、雨天或阳光直射的高温环境下施工，不应在养护期小于 3d 的砂浆面和混凝土基层上施工。

喷涂聚合物水泥砂浆前，底层应先刷涂一遍聚合物水泥净浆，宜薄而均匀，然后喷涂聚合物水泥砂浆。喷涂完毕后，宜人工一次抹平，不宜反复抹压，遇有气泡时应刺破，使表面密实。

使用聚合物水泥砂浆喷涂修复排水管道时，其性能应满足《混凝土结构修复用聚合物水泥砂浆》（JG/T 336—2011）的 B 型产品的力学性能要求。

## 七、高强度聚氨酯喷涂施工

高强度聚氨酯喷涂施工的表面准备应符合喷涂前预处理要求。直径≥1500mm 的管道，需要沿轴线和环向进行切槽处理。

喷涂施工前应使环境温度保持在 5℃及以上、相对湿度小于 85%，基层表面温度不低于 15℃。必要时可利用间接式加热器对基层进行烘干。喷涂料混配应符合产品供应商的要求。喷涂施工前，材料需进行热处理至设计温度。喷涂作业施工应符合高强度聚氨酯喷涂工艺要求。

涂层修补应符合涂层厚度及缺陷处理要求。

高强度聚氨酯用于给水排水管道的半结构性修复、防渗和防腐工程时，其性能应符合表 9-7 的要求。

**表 9-7 给水排水管道喷涂高强度聚氨酯的性能要求**

| 项目 | 性能要求 | 试验方法 |
|---|---|---|
| 固体含量/% | ≥98 | GB/T 16777—2008 |
| 表干时间/s | ≤120 | |
| 拉伸强度/MPa | ≥45 | |

(续)

| 项目 | 性能要求 | 试验方法 |
|---|---|---|
| 断裂伸长率/% | ≥2 | GB/T 16777—2008 |
| 短期弯曲模量/MPa | ≥4800 | |
| 短期弯曲强度/MPa | ≥85 | |
| 黏结强度/MPa | ≥2 | |
| 抗压强度/MPa | ≥105 | |
| 硬度（邵氏硬度 D） | ≥80 | |
| 不透水性（0.4MPa，2h） | 不透水 | |

## 八、端口连接

管道断开部位的端口连接应符合设计或施工的要求。

喷涂作业完工后，连接给水管道时不得直接在端口连接处涂层上凿孔、打洞、敲击。严禁直接对端口喷涂材料进行明火烘烤、热熔沥青材料等施工。

# 第四节 注浆法加固操作

## 一、工艺流程与操作

### （一）工艺流程

注浆法加固施工工艺流程如图 9-5。

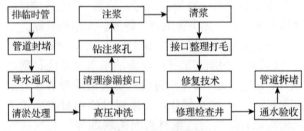

图 9-5 施工流程图

### （二）施工操作

**1. 管道清淤堵漏**

（1）封堵管道；（2）抽水清淤；（3）测毒与防护；（4）寻找渗漏点与破损点；（5）止水堵漏（注：堵漏材料采用快速堵水砂浆）。

**2. 钻孔注浆管周隔水帷幕和加固土体**

钻孔注浆范围：管道是底板以下 2m，管材外径左、右侧各 1.5m，上侧 1m。检查井是底板以下 2m，窨井基础四周外侧各扩伸 1.5m。

管节纵向注浆孔布置（管内向外）：管材长度 1.5~2m 时，纵向注浆孔在管缝单侧 30cm 处。管材长度大于2.5m时,纵向注浆孔在管缝两侧各40cm处。

管节横断面注浆孔布置(管内向外):管径小于或等于1600mm时,布置四点,分别为时钟位置2、5、7、10处。管径大于1600mm管道时,布置五点,分别为时钟位置1、4、6、8、11处。

管节纵向注浆孔布置(地面向下):注浆孔间距一般为1~2m,能使被加固土体在平面和深度范围内连成一个整体。

钻孔注浆范围如图9-6、图9-7所示。

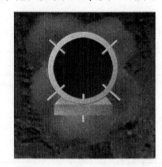

图9-6 管内向外注浆图

图9-7 地面向下注浆

注浆操作要求如下:

(1)注浆管插入深度应分层进行。先插底层,缓缓提升注浆管注浆第二层,两层间隔厚度1m。

(2)注浆操作过程中对注浆压力应由深到浅的逐渐调整,砂性土宜控制在0.2~0.5MPa,黏性土宜控制在0.2~0.3MPa。如采用水泥—水玻璃双液快凝浆液,则注浆压力宜小于1MPa。在保证可注入的前提下应尽量减小注浆压力,浆液流量也不宜过大,一般控制在10~20L/min。注浆管可使用直径19~25mm的钢管,遇强渗漏水时,则采用直径50~70mm。

(3)如遇特大型管道两注浆孔间距过大,应适当增补1~2个注浆孔,以保障注浆固结土体的断面不产生空缺断档现象,提高阻水隔水的效果。

(4)检查井底部开设注浆孔,应视井底部尺寸大小不同,控制在1~2个。

(5)开设注浆孔必须用钻孔机打洞,严禁用榔头开凿和使用空压机枪头冲击,不得损坏管道原体结构。

(6)在冬季,当日平均温度低于5℃或最低温度低于-3℃注浆时,应在施工现场采取适当措施,以保证不使浆体冻结。在夏季炎热条件下注浆时,用水温度不得超过35℃,并应避免将盛浆桶和注浆管路在注浆体静止状态暴露于阳光下,以免加速浆体凝固。

3. 检查井井壁损裂堵漏修复

检查井基础处于流沙软土层内极易失稳,造成检查井、井壁和拱圈开裂。除按本章对检查井基础底部土体进行注浆加固外,须结合其他方法对井壁裂缝进行修复。修复检查井底面或流槽,调整井坐标高至修复道路标高一致,有条件的提倡安装改良型卸载大盖板。

## 二、材料与设备

### (一)施工材料

注浆法主要施工材料见表9-8。

表9-8 主要施工材料明细表

| 材料名称 | 规格 | 主要用途 |
|---|---|---|
| 普通硅酸盐水泥 | 42.5级 | 用于钻孔注浆 |
| 特细粉煤灰 | 一级 | 用于钻孔注浆 |
| 水玻璃 | 一级 | 用于钻孔注浆 |
| 注浆管 | 25~50mm | 用于钻孔注浆 |

### (二)施工设备

注浆法施工时有常规设备和专用设备,根据施工现场的情况进行必要的调整和配套,主要施工设备见表9-9。

表9-9 主要施工设备明细表

| 机械或设备名称 | 数量 | 主要用途 |
|---|---|---|
| CCTV检测系统 | 1套 | 用于施工前后管道内部的情况确认 |
| 钻孔机 | 1台 | 用于管内外钻孔 |
| 400L灰浆搅拌机 | 1台 | 用于注浆液搅拌 |
| 注浆泵 | 1台 | 用于钻孔注浆 |
| 手撤泵 | 1台 | 用于钻孔注浆 |
| 发电机 | 1台 | 用于施工现场的电源供应 |
| 鼓风机 | 1台 | 用于管道内部的通风和散热 |

## 三、施工质量控制

### (一)施工质量控制要求

注浆孔的间距、深度及数量,注浆效果,路基及管道沉降应符合设计要求。

先利用计量器具在搅拌机内放入足量的水,再依次按配合比放入水泥、粉煤灰、水玻璃,待均匀搅拌3min后,可供注浆。制成的浆体应能在设计要求的时间内凝固并具有一定强度,其本身的防渗性和耐久性应满足设计要求,制成的浆体1h内不应发生析水现象。

注浆压力控制在0.2~1MPa,每根注浆量控制在0.5~1m³。注浆量必须达到平均方量,以确保土体内饱和状态。

劈裂注浆的注浆量一般表示如下:

$$Q = V\lambda \tag{9-1}$$

式中:$Q$——注浆量,$m^3$;
$V$——加固土体体积,$m^3$;
$\lambda$——浆液充填率,%。

浆液充填率$\lambda$的取值可通过现场试验、施工经验和经验公式确定。根据上海、天津和江浙地区的经验,劈裂注浆加固土体的浆体填充率一般在15%~20%。

必须指出的是注浆量的估算方法,在实际施工中应根据注浆压力的变化、地面是否冒浆、地表抬升、周边构筑物移位等情况对注浆量进行即时的控制。

检查要求:抽取注浆孔数的2%~5%,当检验结果低于设计指标的70%应增加1倍的检查量。

根据设计需要,检查时间在注浆结果28d以内,从以下几种中选用检查方法:(1)钻孔取芯,室内土工试验;(2)静力触探试验;(3)标准贯入度试验;(4)十字板抗剪切试验;(5)静载荷试验。

注浆土体质量检验标准见表9-10。

**表9-10 质量检验标准**

| 项目 | 检查项目 | | 允许偏差或允许值 | 检查方法 |
|---|---|---|---|---|
| 主体项目 | 原材料检验 | 水泥 | 设计要求 | 查产品合格证书或抽样送检 |
| | | 粉煤灰:细度烧失量 | 不粗于同时使用的水泥<3% | 实验室试验 |
| | | 水玻璃:模数 | 2.5~3.5 | 抽样选检 |
| | | 其他化学浆液 | 设计要求 | 查产品合格证书或抽样选检 |
| | 注浆孔深 | | ±100 | 测量注浆管长度 |
| | 土基承载力 | | 设计要求 | 按规定方法 |
| | 注浆体强度 | | 设计要求 | 取样检验 |
| 一般项目 | 各种注浆材料称量误差 | | <3% | 抽查 |
| | 注浆孔位 | | ±20mm | 用钢尺量 |
| | 注浆压力 | | ±10% | 检查压力表读数 |

注浆所用的水泥标号不低于42.5级,必须在产品出厂日期的3个月之内使用。检查要求如下:

(1)检验数量:同厂、同标号水泥以50t为一检验批,不足者以一批计,每批检验不少于一次。

(2)检验方法:查检产品合格证,随机抽检做水泥标号指标试验。

### (二)验收文件和记录

注浆施工情况必须准确记录,应有压力和流量记录,施工中要对资料及时进行整理分析,以便指导注浆工程的顺利进行,并为验收工作做好准备,见表9-11。

**表9-11 验收文件和记录**

| 项目 | 文件 |
|---|---|
| 设计 | 设计图及会审记录、设计变更通知、材料规格要求 |
| 施工方案 | 施工方法、技术措施、质量保证措施 |
| 技术交底 | 施工操作要求及注意事项 |
| 材料质量证明文件 | 出厂合格证、产品质量检验报告、实验报告 |
| 中间检查记录 | 分项工程质量验收记录、隐蔽工程检查验收记录、施工检验记录 |
| 施工日志 | 施工日志记录 |
| 注浆液 | 试配及施工配合比、抗渗试验报告、黏度 |
| 施工单位资质证明 | 资质复印件 |
| 工程检验记录 | 抽样质量检验及观察检查 |
| 其他技术资料 | 质量整改单、技术总结等 |

## 第五节 局部缺陷修复操作

### 一、裂缝嵌补修复

#### (一)工艺流程与操作

1. 工艺流程(图9-8)

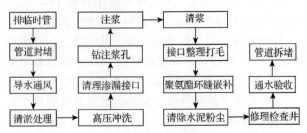

图9-8 施工流程图

## 2. 施工操作

1) 管道清淤堵漏

(1) 封堵管道；(2) 抽水清淤；(3) 测毒与防护；(4) 寻找渗漏点与破损点；(5) 止水堵漏（注：堵漏材料采用快速堵水砂浆）。

2) 钻孔注浆管周隔水帷幕和加固土体

在聚氨酯环缝修理前应对管周土体进行注浆加固，注浆液充满土层内部及空隙，形成防渗帷幕，加强管周土体的稳定，防止四周土体的流失，提高管基土体的承载力，再通过接口聚氨酯堵漏修理，达到排水管道长期正常的使用。

3) 脱节渗漏接口聚氨酯环缝修复施工方法

(1) 剔凿除内腰箍，深度视漏水情况而定，但不少于 8~10cm；槽宽 5cm 左右。

(2) 清除接口松动的杂物，将漏水部位凿毛，整理清洁。

(3) 用石棉水泥，沥青麻丝将接口底部嵌实封堵，厚度 3~5cm。

(4) 用水泥防水砂浆封堵至管道接口内壁面，并在沥青麻丝与双 A 水泥砂浆之间预留压浆胶管，压浆管口径根据接口开缝大小而定，一般预留管口径应小于 2cm。

(5) 封口双 A 水泥砂浆收水凝结 1h 左右，用手揿泵将水溶性聚氨酯堵漏剂自预留胶管注入接口混凝土裂缝中，边压浆边缓缓地将预留胶管抽出，直至聚氨酯充满由胶管而成型的预留孔。手揿泵压浆压力控制在 0.2~0.5MPa。也可以将预留胶管作切缝处理，向预留管进行充分灌注聚氨酯浆液，直至浆液从胶管另一端溢出后，即刻把胶管口封堵，将胶管埋入混凝土管接口内不用抽出。

(6) 聚氨酯环缝修理（图 9-9）。

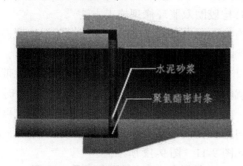

**图 9-9　聚氨酯堵漏，双 A 水泥封口**

4) 检查井修理

检查井基础处于流沙和软土层内极易失稳，造成窨井、井壁和拱圈开裂。对于井壁裂缝须采用聚氨酯进行堵漏修理。修理方法是将井壁裂缝按 V 字形凿齐清理，用石棉油麻丝、聚氨酯及双 A 水泥堵漏封缝后，在凿除检查井井壁粉刷层，最后以 1:2 砂浆粉刷井壁；并修复检查井底面或流槽，调整井坐标高至修复道路标高一致，有条件的提倡安装改良型卸载大盖板。

## （二）材料与设备

### 1. 施工材料

裂缝嵌补修复主要施工材料见表 9-12。

表 9-12　主要施工材料

| 材料名称 | 规格 | 用途 |
| --- | --- | --- |
| 双 A 水泥 | 42.5 级 | 用于封口 |
| 黄沙 | 中细 | 用于封口 |
| 聚氨酯 | TZS 水溶性 | 用于环缝堵漏 |
| 沥青细麻丝 | 细 | 用于环缝底层堵漏 |
| 石棉绳 | — | 用于环缝堵漏 |
| 胶管 | φ10 | 用于聚氨酯注浆 |

### 2. 施工设备

裂缝嵌补法施工时有常规设备和专用设备，根据施工现场的情况进行必要的调整和配套，主要施工设备见表 9-13。

表 9-13　主要施工设备

| 机械或设备名称 | 数量 | 主要用途 |
| --- | --- | --- |
| CCTV 检测系统 | 1 套 | 用于施工前后管道内部的情况确认 |
| 钻孔机 | 1 台 | 用于管内外钻孔 |
| 手揿泵 | 1 台 | 用于聚氨酯灌浆 |
| 发电机 | 1 台 | 用于施工现场的电源供应 |
| 鼓风机 | 1 台 | 用于管道内部的通风和散热 |
| 手提砂轮机 | 1 台 | 用于修理接口抽槽 |

## （三）施工质量控制

### 1. 施工质量控制要求

接口堵漏的聚氨酯及双 A 水泥材料要符合设计要求。

管道接口裂缝应按施工规范剔凿和清除接口松动杂物，将漏水部位凿毛、冲洗干净，接口环缝处理要贯通、平顺、均匀，环缝宽度和深度应符合设计要求。

正确配制封缝材料双 A 水泥配比和聚氨酯注浆液，严格按照设计要求的操作程序分层填实石棉水泥油麻丝，聚氨酯灌浆和双 A 水泥封口堵漏各防水层的平均厚度须符合设计要求，最小厚度不得小于设计厚度的80%；控制好双A水泥封口初凝时间(1h左右)，防止聚氨酯浆液从封缝口两侧涌出流失。

注浆预埋胶管直径应大于1cm，胶管长度1m左右，接口预埋胶管必须留出进浆口和出气口，并在聚氨酯灌浆前检查预埋管进浆口和排气口间畅通无阻。

双A水泥砂浆封缝层表面应光洁、平整，与接口砼壁黏结牢固并连成一体，无空鼓、裂纹和麻面现象。

聚氨酯裂缝嵌补修复工程竣工质量应达到国家地下工程防水等级1级标准，管道接口及井壁无渗水，结构表面无湿渍。

施工质量检验标准(表9-14)。

表9-14 质量验收标准

| 项目 | 检查项目 | 允许偏差或允许值 | 检查方法 |
|---|---|---|---|
| 主控项目 | 强度 | ≤5% | 实验室做拉伸试验(结果与设计标准相比) |
| | 延伸率 | ≤3% | 实验室做拉伸试验(结果与设计标准相比) |
| 一般项目 | 搭接长度 | ≥20mm | 用钢尺量 |
| | 层面平整度 | ≤15mm | 用平直靠尺 |
| | 厚度 | ±15mm | 针刺抽查 |

2. 验收文件和记录(表9-15)

表9-15 验收文件和记录

| 项目 | 文件 |
|---|---|
| 设计 | 设计图及会审记录、设计变更通知、材料规格要求 |
| 施工方案 | 施工方法、技术措施、质量保证措施 |
| 技术交底 | 施工操作要求及注意事项 |
| 材料质量证明文件 | 出厂合格证、产品质量检验报告、实验报告 |
| 中间检查记录 | 分项工程质量验收记录、隐蔽工程检查验收记录、施工检验记录 |
| 施工日志 | 施工日志记录 |
| 砂浆、聚氨酯 | 试配及施工配合比、抗渗试验报告、聚氨酯膨胀率、黏度 |
| 施工单位资质证明 | 资质复印件 |
| 工程检验记录 | 抽样质量检验及观察检查 |
| 其他技术资料 | 质量整改单、技术总结等 |

## 二、不锈钢双胀环修复

### (一)工艺流程与操作

1. 工艺流程(图9-10)

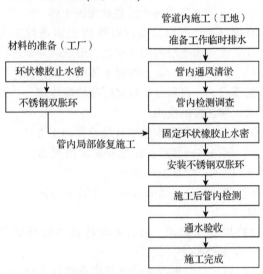

图9-10 施工流程图

2. 施工操作

1)管道清淤堵漏

(1)封堵管道；(2)抽水清淤；(3)测毒与防护；(4)寻找渗漏点与破损点；(5)止水堵漏(注：堵漏材料采用快速堵水砂浆)。

2)钻孔注浆管周隔水帷幕和加固土体

在橡胶圈双胀环修复前应对管周土体进行注浆加固，注浆液充满土层内部及空隙，形成防渗帷幕，加强管周土体的稳定，制止四周土体的流失，提高管基土体的承载力，再通过不锈钢双胀环修复技术进行修理，达到排水管道长期正常使用。

3)橡胶圈双胀环修理施工方法

施工人员先对管道接口或局部损坏部位处进行清理，然后将环状橡胶带和不锈钢片带入管道内，在管道接口或局部损坏部位安装环状橡胶止水密封带，橡胶带就位后用2~3道不锈钢胀环固定，安装时先将螺栓、楔形块、卡口等构件使套环连成整体，再紧贴母管内壁，使用液压千斤顶设备，对不锈钢胀环施压。如图9-11、图9-12所示。

### (二)材料与设备

1. 施工材料

(1)不锈钢环(预制环)：不锈钢片采用奥氏体不锈钢304(316亦可)。304号不锈钢具有良好的延展性，易冷加工成型，抗拉强度(抗拉强度$T_s$最小为700N/mm，屈服强度$Y_s$最小为450N/mm)均有优越

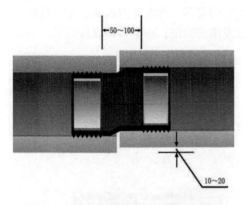

图 9-11 双胀环能适应接口错位和偏转

图 9-12 双道不锈钢胀环

的表现，相当于碳钢(6.8级)，同时，不锈钢还具有耐腐蚀，对侵蚀、高低温都有良好的抵抗力。

(2)环状橡胶止水密封带：需采用耐腐蚀的橡胶，紧贴管道的一面应做成齿状，以便更好地贴紧管壁。

2. 施工设备

橡胶圈双胀环法施工时有常规设备和专用设备，根据施工现场的情况进行必要的调整和配套，主要施工设备见表9-16。

表 9-16 主要施工设备

| 机械或设备名称 | 数量 | 主要用途 |
| --- | --- | --- |
| 电视检测系统 | 1套 | 用于施工前后管道内部的情况确认 |
| 发电机 | 1台 | 用于施工现场的电源供应 |
| 鼓风机 | 1台 | 用于管道内部的通风和散热 |
| 空气压缩机 | 1台 | 用于施工时压缩空气的供应 |
| 卷扬机 | 1台 | 用于管道内部牵引 |
| 液压千斤顶 | 1台 | 用于对不锈钢胀环施压 |
| 管道封堵气囊 | 1套 | 用于临时管道封堵 |
| 疏通设备 | 1套 | 用于修复前管道疏通 |
| 其他设备 | 1套 | 用于施工时的材料切割等需要 |

(三)施工质量控制

1. 施工质量控制要求

施工前检查所有设备运转是否正常，并对设备工具列清单。

安装过程中，检查录像中修复点的情况，清理一切可能影响安装的障碍物。

质量标准可参考《城镇排水管渠与泵站运行、维护及安全技术规程》(CJJ 68—2016)及排水管道其他相关的国家标准。

通过CCTV检测，判断修复质量是否合格，查看修复后是否漏水等。

2. 验收文件和记录

(1)质量检查：主要检查不锈钢双胀圈是否安装紧凑，无松动现象。漏水、漏泥等管道缺陷完全消除。

(2)质量验收：主要通过CCTV检测管道是否修理合格。管道修复验收的文件和记录见表9-17。

表 9-17 验收文件和记录

| 项目 | 文件 |
| --- | --- |
| 设计 | 设计图及会审记录、设计变更通知、材料规格要求 |
| 施工方案 | 施工方法、技术措施、质量保证措施 |
| 技术交底 | 施工操作要求及注意事项 |
| 材料质量证明文件 | 出厂合格证、产品质量检验报告、实验报告 |
| 中间检查记录 | 分项工程质量验收记录、隐蔽工程检查验收记录、施工检验记录 |
| 施工日志 | 施工日志记录 |
| 施工主要材料 | 符合材料特性和要求，应有质量合格证及试验报告单 |
| 施工单位资质证明 | 资质复印件 |
| 工程检验记录 | 抽样质量检验及观察检查 |
| 其他技术资料 | 质量整改单、技术总结等 |

### 三、不锈钢发泡筒修复

(一)工艺流程与操作

1. 工艺流程(图9-13)

安装不锈钢发泡筒工艺流程为：(1)在海绵上均匀涂上发泡胶；(2)往气囊少量充气以固定卷筒；(3)连接所有的线缆将电视摄像机、卷筒及气囊串联起来放入检查井拖动至管道内的修复部位运行安装；(4)调节气压安装；(5)膨胀到位放气；(6)取出所有设备。

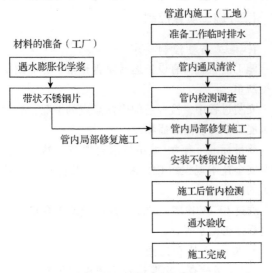

图 9-13 施工流程图

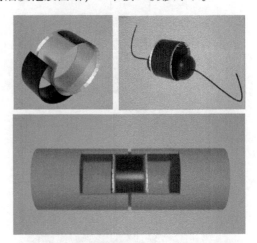

图 9-14 不锈钢发泡筒工艺修复示意图

2. 施工操作

1) 管道清淤堵漏

(1) 封堵管道；(2) 抽水清淤；(3) 测毒与防护；(4) 寻找渗漏点与破损点；(5) 止水堵漏（注：堵漏材料采用快速堵水砂浆）。

2) 钻孔注浆管周隔水帷幕和加固土体

在不锈钢发泡筒修理前应对管周土体进行注浆加固，注浆液充满土层内部及空隙，形成防渗帷幕，加强管周土体的稳定，防止四周土体的流失，提高管基土体的承载力，再通过不锈钢发泡筒修复技术进行修理，达到排水管道长期正常使用。

3) 不锈钢发泡筒工艺操作要求（图9-14）

(1) 在地面将不锈钢发泡卷筒套在带轮子的橡胶气囊外面，最里面是气囊，中间一层是不锈钢卷筒，最外层是涂满发泡胶的海绵卷筒。

(2) 在发泡卷筒最外面的海绵层用油漆滚筒均匀涂上发泡胶。有2种浆液可供选择：G-101为双组分浆，101-A和101-B混合后18min开始发泡，体积膨胀3倍；G-200为单一组分浆，遇水后20min发泡，体积膨胀7倍。

(3) 将电视摄像机、橡胶气囊及不锈钢发泡卷筒串联起来，在线缆的牵引下，带轮子的气囊、卷筒从窨井进入管道。

(4) 在电视摄像机的指引下，使卷筒在所要修理的接口处就位。

(5) 开动气泵对橡胶气囊进行充气，气囊的膨胀使收缩的卷筒胀开，并紧贴水泥管的管壁，φ150～380mm卷筒的充气压力为2kg/cm²，φ450～600mm卷筒的充气压力为1.75kg/cm²。

(6) 当卷筒膨胀到位时，不锈钢卷筒的定位卡会将卷筒锁住，使之在气囊放气缩小后不会回弹。就这样，不锈钢套环、海绵发泡胶和水泥管黏在一起，几小时后发泡胶固结，一个接口就修好了。

(二) 材料与设备

1. 施工材料

(1) 不锈钢片：采用奥氏体不锈钢304（316亦可）。304号不锈钢具有良好的延展性，易冷加工成型，抗拉强度均有优越的表现，相当于碳钢（6.8级），同时，不锈钢还耐腐蚀，对侵蚀、高低温都有良好的抵抗力。

(2) 发泡剂：采用多异氰酸酯和聚醚等进行聚合化学反应生成的高分子化学注浆堵漏材料，尤其对混凝土结构体的渗漏水有立即止漏的效果。材料技术指标及特性见表9-18。

表 9-18 发泡剂产品技术指标及特性

| 技术指标 | 特性 |
| --- | --- |
| 外观 | 淡棕色透明液 |
| 密度 (25±0.5)℃ /(g/cm³) | 0.98～1.10 |
| 黏度 (25±0.5)℃ /(MPa·s) | 60～500 |
| 诱导凝固时间/s | 10～1300 |
| 膨胀率/% | 100～400 |
| 产品特点 | 包水率大，有韧性，可带水作业，收缩大，活动裂缝亦可使用；亲水性好，遇水后立即反应，分散乳化发泡膨胀，并与砂石泥土固结成弹性固结体，迅速堵塞裂缝，永久性止水；可控制诱导发泡时间；膨胀性大；任性好，无收缩，与基材黏着力强，且对水质适应性好；可灌性好，即使在低温下仍可注浆使用；施工简便，清洗容易 |

## 2. 施工设备

不锈钢发泡筒修复法施工有常规设备和专用设备，根据施工现场的情况进行必要的调整和配套。主要施工设备见表9-19。

表9-19 主要施工设备

| 机械或设备名称 | 数量 | 主要用途 |
| --- | --- | --- |
| CCTV检测系统 | 1套 | 用于施工前后管道内部的情况确认 |
| 发电机 | 1台 | 用于施工现场的电源供应 |
| 鼓风机 | 1台 | 用于管道内部的通风和散热 |
| 橡胶气囊 | 1套 | 将不锈钢发泡卷筒套在带轮子的橡胶气囊外面 |
| 空气压缩机 | 1台 | 用于施工时压缩空气的供应 |
| 卷扬机 | 1台 | 用于管道内部牵引 |
| 油漆滚筒 | 1套 | 用于在发泡胶均匀涂上浆液 |
| 手动气压表及带快速接头的软管 | 1套 | 用于橡胶气囊充气气压表 |
| 其他设备 | 1套 | 用于施工时的材料切割等需要 |

### (三) 施工质量控制

#### 1. 施工质量控制要求

施工前检查所有设备运转是否正常，并对设备工具列清单。

安装过程中，检查录像中修复点的情况，清理一切可能影响安装的障碍物。

确保所用发泡胶的用量，正确锁上不锈钢发泡卡位，保证安装质量。

质量标准可参考《城镇排水管渠与泵站、运行维护及安全技术规程》（CJJ 68—2016）及排水管道其他相关的国家标准。

通过CCTV检测，判断修复质量是否合格，查看修复后接口是否光滑，接扣是否搭接牢固，发泡剂是否均匀发泡等。

#### 2. 验收文件和记录

修复后的质量主要通过电视设备查看不锈钢片周围是否有浆液冒出，漏水点是否达到止水效果等。验收采用CCTV检测报告和视频录像。

管道修理验收的文件和记录见表9-20。

表9-20 验收文件和记录

| 项目 | 文件 |
| --- | --- |
| 设计 | 设计图及会审记录、设计变更通知、材料规格要求 |
| 施工方案 | 施工方法、技术措施、质量保证措施 |
| 技术交底 | 施工操作要求及注意事项 |

（续）

| 项目 | 文件 |
| --- | --- |
| 材料质量证明文件 | 出厂合格证、产品质量检验报告、实验报告 |
| 中间检查记录 | 分项工程质量验收记录、隐蔽工程检查验收记录、施工检验记录 |
| 施工日志 | 施工日志记录 |
| 施工主要材料 | 符合材料特性和要求，应有质量合格证及试验报告单 |
| 施工单位资质证明 | 资质复印件 |
| 工程检验记录 | 抽样质量检验及观察检查 |
| 其他技术资料 | 质量整改单、技术总结等 |

## 四、局部现场固化修复

### (一) 工艺流程与操作

#### 1. 工艺流程

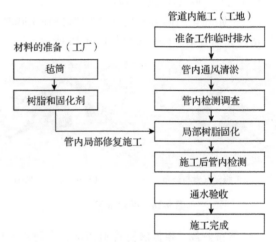

图9-15 施工流程图

局部现场固化工艺流程（图9-15）具体如下：

(1) 将毡筒用适合的树脂浸透。

(2) 将上述毡筒缠绕于气囊上，在电视引导下到达许修复的地点。

(3) 向气囊充气、蒸汽或水使毡筒"补丁"被压覆在管道上，保持压力待树脂固化。

(4) 气囊泄压缩小并拉出管道。

(5) 最后进行电视确认，进行施工质量检测。

(6) 排水管道处于流沙或软土暗浜层，由于接口产生缝隙，管周流沙软土从缝隙渗入排水管道内，致使管周土体流失，土路基失稳，管道下沉，路面沉陷。因此，局部现场固化修复时，必须进行损坏处管内清洗，并且电视确认干净。

#### 2. 施工操作

1) 管道清淤堵漏

(1) 封堵管道；(2) 抽水清淤；(3) 测毒与防护；

(4)寻找渗漏点与破损点;(5)止水堵漏(注:堵漏材料采用快速堵水砂浆)。

2)钻孔注浆管周隔水帷幕和加固土体

在局部现场固化修理前应对管周土体进行注浆加固,注浆液充满土层内部及空隙,形成防渗帷幕,加强管周土体的稳定,防止四周土体的流失,提高管基土体的承载力,再通过局部现场固化修复技术进行修理,达到排水管道长期正常使用。

3)局部现场固化法工艺操作要求

(1)树脂和辅料的配比应合理,常为2:1。

(2)毡筒应在真空条件下预浸树脂,树脂的体积应足够填充纤维软管名义厚度和按直径计算的全部空间,考虑到树脂的聚合作用及渗入待修复管道缝隙和连接部位的可能性,还应增加5%~10%的余量。

(3)毡筒必须用铁丝紧固在气囊上,防止在气囊进入管道时毡筒滑落。

(4)充气、放气应缓慢均匀。

(5)树脂固化期间气囊内压力应保持在150kPa,保证毡筒紧贴管壁。修复效果如图9-16所示。

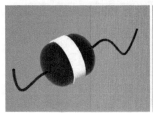 

(a)修复气囊与毡布　　(b)修复后效果图

图9-16　修复效果

(6)毡布剪裁:根据修复管道情况,在防水密闭的房间或施工车辆上现场剪裁一定尺寸的玻璃纤维毡布。剪裁长度约为气囊直径的3.5倍,以保证毡布在气囊上部分重叠;毡布的剪裁宽度应使其前后均超出管道缺陷10cm以上,以保证毡布能与母管紧贴。

(7)树脂固化剂混合:根据修复管道情况和供货商要求的配方比例,配制一定量的树脂和固化剂混合液,并用搅拌装置混匀,使混合液均色无泡沫。记录混合湿度。同时,施工现场每批树脂混合液应保留一份样本,检测并报告它的固化性能。

(8)树脂浸透:使用适当的抹刀将树脂混合液均匀涂抹于玻璃纤维毡布之上。通过折叠使毡布厚度达到设计值,并在这些过程中将树脂涂覆于新的表面之上。为避免挟带空气,应使用滚筒将树脂压入毡布之中。

(9)毡筒定位安装:经树脂浸透的毡筒通过气囊进行安装。为使施工时气囊与管道之间形成一层隔离层,使用聚乙烯(PE)保护膜捆扎气囊,再将毡筒捆绑与气囊之上,并防止其滑动或掉下。气囊在送入修复管段时,应连接空气管,并防止毡筒接触管道内壁。气囊就位以后,使用空气压缩机加压使气囊膨胀,毡筒紧贴管壁。该气压须保持一定时间直到毡布通过常温(或加热或光照)达到完全固化为之。最后,释放气囊压力,将其拖出管道。记录固化时间和压力。如图9-17所示。

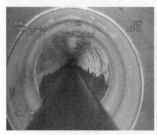 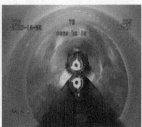

图9-17　局部现场固化修复示意图

### (二)材料与设备

#### 1. 施工材料

局部现场固化修复施工材料根据管道口径损坏程度不同,来计算采用厚度,详见表9-21。

表9-21　局部现场固化法修复施工材料规格

| 项目 | 规格和要求 |
| --- | --- |
| 口径 | 200~1500mm |
| 厚度 | 6~35mm |
| 宽度 | 500mm(左右) |
| 材料 | 树脂、固化剂、玻璃纤维 |

毡筒应使用玻璃纤维垫(包含纺织和混织玻璃纤维),能装载树脂和承受安装压力,并与使用的树脂系统相容。毡筒在安装时应该能紧贴旧管壁,并符合安装的长度,安装时考虑圆周方向的伸展。玻璃纤维毡在应用之前必须具备以下特性:

(1)每单位面积质量:根据ISO 3374为1050g/m²±10%。

(2)厚度:1.6mm±15%。

(3)宽度:根据ISO 5025为400~2500mm。

树脂使用适合局部固化法的树脂和固化剂系统。为避免树脂性质变化,与其接触的设备均不能与水接触。

局部内衬厚度根据管道部分破损情况确定,厚度设计根据公式计算。内衬结构安装于母管之上的点状或局部内衬必须至少三层,包括一层外部混织纤维层和一层内部混织纤维层,中间夹层为混织纤维层。

#### 2. 施工设备

局部现场固化修复法施工有常规设备和专用设备,根据施工现场的情况进行必要的调整和配套,主要施工设备见表9-22。

表 9-22 主要施工设备

| 机械或设备名称 | 数量 | 主要用途 |
| --- | --- | --- |
| CCTV 检测系统 | 1 套 | 用于施工前后管道内部的情况确认 |
| 发电机 | 1 台 | 用于施工现场的电源供应 |
| 鼓风机 | 1 台 | 用于管道内部的通风和散热 |
| 空气压缩机 | 1 套 | 用于施工时压缩空气的供应 |
| 固化设备 | 1 套 | 用于树脂固化 |
| 气管 | 1 根 | 用于输气 |
| 其他设备 | 1 套 | 用于施工时的材料切割等需要 |

### (三) 施工质量控制

#### 1. 施工质量控制要求

1) 主控项目

所用树脂和毡布的质量符合工程要求。检查方法：检查产品质量合格证明书。

内衬蠕变符合设计要求。检查方法：每批次材料至少 1 次应在施工场地使用内径与修复管段相同的试验管道(譬如硬质聚氯乙烯管)制作局部内衬。至少 2 次测试得到的圆环形样品的短期弹性模量值，根据式 (9-2) 计算蠕变 $K_n$ 值，该值小于 11% 方合格，检查检测报告。

$$K_n = \frac{E_{1h} - E_{24h}}{E_{1h}} \times 100\% \qquad (9\text{-}2)$$

式中：$E_{1h}$——1h 弹性换量值，MPa；

$E_{24h}$——24h 弹性换量值，MPa。

2) 一般项目

内衬厚度应符合设计要求。检查方法：逐个检查；在内衬圆周上平均选择 8 个以上检测点使用测厚仪测量，并取各检测点的平均值为内衬管的厚度值，其值不得少于合同书和设计书中的规定值。且当内衬管的设计厚度不大于 9mm 时，各检测点厚度允许误差为 ±20%；内衬管设计厚度不小于 10.5mm 时，各检测点厚度允许误差为 ±25%。

管道内衬表面光滑，无褶皱，无脱皮。检查方法：目测并摄像或 CCTV 检测内衬管段，电视检测按《排水管道电视和声呐检测评估技术规程》(DB31/T 444—2009)。管内残余废弃物质已得到清除。管顶不允许出现褶皱。管道弯曲部分的褶皱不得超过公称直径的 5%。

管道接口裂缝应严密，接口处理要贯通、平顺、均匀，均符合设计要求。修复后毡筒宽度应在 50cm 左右，接口平滑，保证水流畅通。毡筒表面应光洁、平整，与接口老壁黏结牢固并连成一体，无空鼓、裂纹和麻面现象。

#### 2. 验收文件和记录 (表 9-23)

表 9-23 验收文件和记录

| 项目 | 文件 |
| --- | --- |
| 设计 | 设计图及会审记录、设计变更通知、材料规格要求 |
| 施工方案 | 施工方法、技术措施、质量保证措施 |
| 技术交底 | 施工操作要求及注意事项 |
| 材料质量证明文件 | 出厂合格证、产品质量检验报告、实验报告 |
| 中间检查记录 | 分项工程质量验收记录、隐蔽工程检查验收记录、施工检验记录 |
| 施工日志 | 施工日志记录 |
| 施工主要材料 | 符合材料特性和要求，应有质量合格证及试验报告单 |
| 施工单位资质证明 | 资质复印件 |
| 工程检验记录 | 抽样质量检验及观察检查 |
| 其他技术资料 | 质量整改单、技术总结等 |

## 第六节 整体修复更新操作

### 一、现场固化内衬修复

#### (一) 工艺流程与操作

##### 1. 工艺流程 (图 9-18)

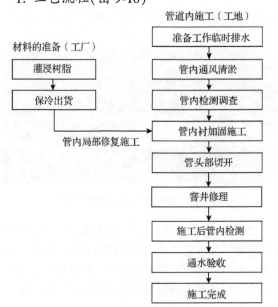

图 9-18 施工流程图

## 2. 施工操作

1) 管道清淤堵漏

(1)封堵管道；(2)抽水清淤；(3)测毒与防护；(4)寻找渗漏点与破损点；(5)止水堵漏(注：堵漏材料采用快速堵水砂浆)。

2) 钻孔注浆管周隔水帷幕和加固土体

在现场固化内衬修复前应对管周土体进行注浆加固，注浆液充满土层内部及空隙，形成防渗帷幕，加强管周土体的稳定，防止四周土体的流失，提高管基土体的承载力，再通过现场固化内衬修复技术进行修理，达到排水管道长期正常使用。

3) 现场固化内衬法工艺操作要求

(1)准备工作：在施工井上部制作翻转作业台，在到达井内或管道的中间部设置挡板等工作。要使之坚固、稳定，以防止发生事故，影响正常工作。

(2)翻转送入辅助内衬管：为保护树脂软管，并防止树脂外流影响地下水水质，彻底保护好树脂软管，应采取先翻转放入辅助内衬管的方法，做到万无一失。要注意检查各类设备的工作情况，防止机械故障。

(3)树脂软管的翻转准备工作：在事先已准备的翻转作业台上，把通过保冷运到工地的树脂软管安装在翻转头上，接上空压机等。如果天气炎热，要在树脂软管上加盖防护材料以免提前发生固化反应影响质量。

(4)翻转送入树脂软管：在事先已铺设好的辅助内衬管内，应用压缩空气和水把树脂软管通过翻转送入管内。此时要防止材料被某一部分障碍物勾住或卡住，而不能正常翻转(图9-19)。

图9-19　翻转送入树脂软管示意图

(5)温水加热工作：树脂软管翻转送入管内后，在管内接入温水输送管。同时把温水泵，锅炉等连接起来，开始树脂管加热固化工作。此时要注意不要接错接口，以免发生热水不能送入等情况(图9-20)。

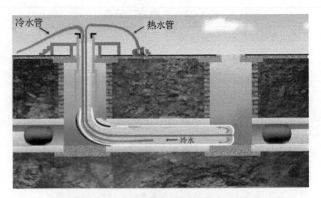

图9-20　温水加热树脂软管示意图

(6)管头部的切开：树脂管加热固化完毕以后，把管的端部用特殊机械切开。同时为了保证良好的水流条件，井的底部做一个斜坡。

(7)检查井修理：按照检查井的构造和尺寸，设计加工内衬材料并灌浸树脂，运到工地将其吊入需要修复的检查井内。然后利用压缩空气将材料膨胀后紧贴于井内壁，采用温水循环加热系统使材料固化，在旧井内形成一个内胆，最后将井口切开并安装塑料爬梯后竣工。

(8)施工后管内检测：为了了解固化施工后管道内部的质量情况，在管端部切开之后，对管道内部进行调查。调查采用CCTV检测设备，把调查结果拍成录像资料。根据调查结果和拍成的录像，把结果提供给发包方(图9-21)。

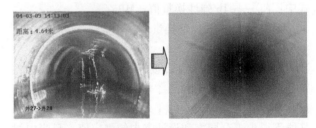

图9-21　修复效果图

(9)整理和善后工作：整个工作完成以后，工地现场恢复到原来的状况。

## (二)材料与设备

### 1. 施工材料

(1)聚酯纤维毡：必须符合与热固性树脂有良好的相容性；有良好的耐酸碱性；有足够的抗拉伸、抗弯曲性能，有足够的柔性以确保能承受安装压力，翻转时适应不规则管径的变化或弯头；有良好的耐热性，能够承受树脂固化温度。

(2)热固化性树脂材料：必须符合固化后须达到设计强度；具有良好的耐久性、耐腐蚀、抗拉伸、抗裂性；与聚酯纤维毡内衬软管有良好的相容性。

## 2. 施工设备

现场固化内衬修复施工有常规设备和专用设备，根据施工现场的情况进行必要的调整和配套，主要施工设备见表9-24。

表9-24　主要施工设备

| 机械或设备名称 | 数量 | 主要用途 |
| --- | --- | --- |
| CCTV检测系统 | 1套 | 用于施工前后管道内部的情况确认 |
| 发电机 | 1台 | 用于施工现场的电源供应 |
| 鼓风机 | 1台 | 用于管道内部的通风和散热 |
| 空气压缩机 | 1台 | 用于施工时压缩空气的供应 |
| 温水锅炉 | 1台 | 用于内衬材料加热时提供热源 |
| 温水泵 | 1台 | 用于管道内部热水的循环 |
| 数字式温度仪 | 2台 | 用于温水以及管道上下游材料温度的监测和控制 |
| 翻转用机械 | 1台 | 用于内衬材料翻转施工时的专用机械 |
| 其他设备 | 1套 | 用于施工时的材料切割等需要 |

### (三) 施工质量控制

#### 1. 施工质量控制要求

内衬新管内壁必须表面无鼓胀，无未固化现象；表面不得有裂纹；表面不得有严重的褶皱与纵向棱纹。

内衬新管端部切口与井壁平齐，封口不渗漏水。

内衬新管测量应符合下列要求：内衬新管厚度应符合设计要求；内衬新管厚度检测位置应避免在软管的接缝处，检测点为内衬新管圆周均等四点，取其平均值；内衬新管设计厚度 $t \leq 9mm$ 时，厚度正误差允许在 $0 \sim 20\%$，内衬新管设计厚度 $t > 9mm$ 时，厚度误差允许 $0 \sim 25\%$。

内衬新管取样试验应符合下列要求：采样数量以每一个工程取一组试块，每组3块。单位工程量小于200m时，根据委托方的要求进行；试块一般在施工现场直接从内衬新管的端部截取。受现场条件限制无法截取时，可以采用和施工条件同等环境下制作的试块。

试块强度必须符合表9-25的要求。

表9-25　试块强度性能

| 性能项目 | 测试方法 | 最小值/MPa |
| --- | --- | --- |
| 弯曲强度 | GB/T 2567—2008 | 31 |
| 弯曲弹性模量 | | 1724 |
| 第一裂缝时弯曲应力 | | 25 |

内衬新管竣工验收技术资料包括：聚酯纤维毡、热固性树脂应有质量合格证书及试验报告单，并应在符合储存条件保质期内使用；施工前、施工后排水管道CCTV检测录像资料；内衬新管厚度实测实量资料；内衬新管试块测试资料。

#### 2. 验收文件和记录 (表9-26)

表9-26　验收文件和记录

| 项目 | 文件 |
| --- | --- |
| 设计 | 设计图及会审记录、设计变更通知、材料规格要求 |
| 施工方案 | 施工方法、技术措施、质量保证措施 |
| 技术交底 | 施工操作要求及注意事项 |
| 材料质量证明文件 | 出厂合格证、产品质量检验报告、实验报告 |
| 中间检查记录 | 分项工程质量验收记录、隐蔽工程检查验收记录、施工检验记录 |
| 施工日志 | 施工日志记录 |
| 施工主要材料 | 符合材料特性和要求，应有质量合格证及试验报告单 |
| 施工单位资质证明 | 资质复印件 |
| 工程检验记录 | 抽样质量检验及观察检查 |
| 其他技术资料 | 质量整改单、技术总结等 |

## 二、机械制螺旋管内衬修复

### (一) 工艺流程与操作

#### 1. 工艺流程 (图9-22)

图9-22　施工流程图

#### 2. 施工操作

1) 钻孔注浆管周隔水帷幕和加固土体

在机械制螺旋管内衬修复前应对管周土体进行注浆加固，注浆液充满土层内部及空隙，形成防渗帷幕，加强管周土体的稳定，防止四周土体的流失，提高管基土体的承载力，再通过机械制螺旋管内衬修复技术进行修理，达到排水管道长期正常使用。

2）机械制螺旋管内衬法工艺操作要求

(1) 管道清淤和检测：通过高压水清洗，清除管道内所有可能影响新管成形的污垢、垃圾、树根和其他物质。采用 CCTV 检测技术可以清晰地观察、记录和定位管道内情况（如破裂、变形、错位、脱节、渗漏、腐蚀、水泥硬块、支管位置等）。

(2) 水流改道：通常情况下，螺旋缠绕管技术可以带水作业（30%的满水位），施工中并不需要特别泵水来改变水流。但当水流过大或过急影响工人安全以及在业主要求下，需要进行水流改道或泵水。水流改道的方法有多种，例如：可以在上游人孔井内用管塞将管道堵住或在必要情况下将水抽到下游人孔井、坑道或其他调节系统。另外，螺旋缠绕管技术可以允许在施工过程中暂停，让水流通过。如图 9-23、图 9-24 所示。

图 9-23 螺旋管带水状态下作业

图 9-24 非正圆管道内的螺旋管作业

(3) 扩张法管道成形过程：管道的初步缠绕成形，在机器的驱动下，PVC 型材被不断地卷入缠绕机，通过螺旋旋转，使型材两边的主次锁扣互锁，从而形成一条比原管道小的、连续的无缝新管。当新管到达另一人孔井（接受井）后，缠绕停止。

(4) 在缠绕过程中，缠绕机不停地重复以下动作：①将润滑密封剂注入主锁的母扣中（这种润滑密封剂在缠管和扩张过程中起润滑作用，在扩张结束衬管成形后起密封作用）；②卷入高抗拉的预埋钢线。这条钢线被拉出时将割断次锁扣使新管能够扩张。但是在新管缠绕成形过程中，钢线并不往外拉；③带状型材被卷成一条圆形衬管。

(5) 管道的扩张最后成形：缠绕初步成形完成后，缠绕机停止工作。然后在终点处新管上钻两个洞并插入钢筋以防新管在接下来的扩张中旋转。一切就绪后，启动拉钢线设备和缠绕机，随着预埋钢止线的缓缓拉出，在缠绕成形过程中互锁的次扣被割断，从而在缠绕机的驱动下使型材沿着的主锁的轨迹滑动并不断地沿径向扩张，直到非固定端（缠绕机端）的新管也紧紧地贴在原管道内壁。通常，在新管扩张完成后，对新管两端进行密封（密封材料通常是与新管材料相容的聚乙烯泡沫或聚氨酯）。

(6) 固定口径法管道成形过程

①管道的缠绕：固定口径法新管的缠绕过程与扩张法类似，也是当新管到达另一人孔井后，缠绕成形过程停止。但是，用于螺旋缠绕固定口径管的聚氯乙烯型材可以通过电熔机进行电熔对焊，这样每次缠绕管的长度可以更长。

②管道的灌浆：按固定尺寸缠绕新管完成后，在母管和新管之间可能会留有一定的间隙（环面），如果必要的话，这一间隙可以用水泥浆来填满。由于通过缠绕完成的新管已经设计好能承受所有的水流力、土壤、交通载荷以及外部地下水压，因此水泥浆本身并不需要用来增强新管的强度，只是起到将荷载传递到衬管上的作用。

(7) 管道缠绕成形时间和后续处理：根据以往的经验，如果所有的 CCTV 检测和清洗工作已经完成，依管径、长度和施工现场情况的不同，通常一个管段（约 100m）的更新过程仅需约 3h，每天可以做 2～3 段。其他施工工序，如支管切割等可以在穿管后马上进行。

(二) 材料与设备

1. 施工材料

1) 带状型材

带状型材是一种以 PE 或 PVC 浇注缩径成有不同宽度的产品，里层光滑，表面有肋条状纹理，通过公母锁扣或 PE 热熔焊接可互相紧密连接。也有 PVC 型材在外面加不锈钢或 PE 型材里面含钢片以符合不同管道设计强度的需求（图 9-25）。

带状型材在滚筒上卷成一卷，便于运输和存放。型材上要印有生产日期和米数，以确保材料在使用期内使用。PVC 带状型材的原材料是 UPVC。PE 带状型材的原材料是 HDPE，带 PE 保护层的钢等级为 CA3SN-G，没有 PE 保护层或注浆保护的必须是不锈钢。

型材的公母锁扣所承受的压力必须大于 74kPa。如图 9-25、图 9-26 所示。

图 9-25　里面含钢的 PE 型材

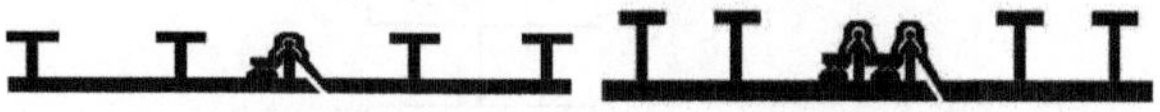

（a）单扣 PE 型材　　（b）双扣 PE 型材

图 9-26　PE 型材

2）密封黏结剂

部分型材在出厂时本身带有密封条和热熔条，在公母锁扣缩径连接时起到密封作用。

有些型材是在缠绕施工的同时不断加入硅胶类黏结剂，起到密封作用。有些型材是以 LDPE 材料作为焊条通过 PE 热熔焊接来连接的。

3）注浆材料

当螺旋缠绕管作为能独立承压的独立结构管时，可以不灌浆或选择流动性好的普通水泥浆填充新旧管之间的空隙即可。

当螺旋缠绕管不能完全独立承压，需要通过灌浆形成复合管来承压时，水泥浆必须满足以下的要求：不易散开；同衬管和旧管之间有很好的黏结强度；固化后的收缩性很小；较小的隔水性；高抗压强度，7d 至少达到 20MPa，28d 至少达到 40MPa。

2. 施工设备

螺旋缠绕法施工有常规设备和专用设备，根据施工现场的情况进行必要的调整和配套，主要施工设备见表 9-27。

表 9-27　主要施工设备

| 机械或设备名称 | 数量 | 主要用途 |
| --- | --- | --- |
| CCTV 检测系统 | 1 套 | 用于施工前后管道内部的情况确认 |
| 发电机 | 1 台 | 用于施工现场的电源供应 |

（续）

| 机械或设备名称 | 数量 | 主要用途 |
| --- | --- | --- |
| 鼓风机 | 1 台 | 用于管道内部的通风和散热 |
| 空气压缩机 | 1 台 | 用于施工时压缩空气的供应 |
| 液压动力装置 | 1 台 | 用于驱动缠绕机的液压动力装置 |
| 密封剂泵 | 1 台 | 用于将润滑密封剂注入主锁的母扣中 |
| 特殊缠绕机 | 1 台 | 用于在人孔井中制作新管施工时的专用机械 |
| 缠绕头 | 多头 | 用于不同口径的缠绕头 |
| 电子自动控制设备 | 1 台 | 用于设备控制 |
| 输送型材装置 | 1 台 | 用于输送型材 |
| 拉钢线设备 | 1 台 | 用于卷入高抗拉的预埋钢线 |
| 滚筒和支架 | 1 台 | 用于放置型材的滚筒和支架 |
| 其他设备 | 1 套 | 用于施工时的材料切割等需要 |

注：缠绕机等主要井下设备由于常年在水中或潮湿环境下工作，应主要由不锈钢材质的机件组成。在每次施工结束后应及时擦洗，并涂抹防锈剂，以确保日后机械的正常使用。

(三) 施工质量控制

1. 施工质量控制要求

1）安装质量控制要求

每次在缠绕施工前检查所用型材的质量保证书，型材规格，生产日期和使用期限，以确保材料的品质以及所用材料的规格同设计相符。

在缠绕过程中，应有专人检查型材是否有破损，弯曲等现象，及时修补小的缺陷；如有较为严重的情况应及时通知现场专业技术人员采取相应措施；遇个别特别严重的情况，应停止施工。以确保每次缠绕的质量。

在缠绕中操作人员要特别注意公母锁扣的缩径连接，锁扣内的注胶和 PE 热熔焊接。

由于缠绕管可以在不超过 30% 水流的情况下施工，因此要特别注意井下人员安全，井下人员必须系安全带，地面有一人专门负责同井下人员的沟通。

注浆应根据设计的配比分批分段进行（管径 600mm 以上的，每 10m 有个注浆口）。

2）检测质量控制要求

各个螺旋缠绕管技术在使用前应提供该技术的各项检测和评估报告，报告包括但不限于：型材的抗化学性报告，型材的耐磨损性报告，成管的水密性报告，成管的抗压性报告以及注浆材料的强度报告等。

为确保独立结构螺旋缠绕管工艺的可靠性，相关工艺必须经过水密性试验并提供相关的测试报告。管道样品水密性试验是在直线，10°弯（150 倍管道外径)和弯曲变形(5%)的情况下分别进行,并分别施加74kPa的正压和负压,维持10min后观察无渗水现象发生。

工程竣工应提交竣工报告,CCTV检测报告和全程录像是主要竣工资料之一。

在有条件的情况下,选择性地做井到井的闭水试验。

2. 验收文件和记录(表9-28)

表9-28 验收文件和记录

| 项目 | 文件 |
| --- | --- |
| 设计 | 设计图及会审记录、设计变更通知、材料规格要求 |
| 施工方案 | 施工方法、技术措施、质量保证措施 |
| 技术交底 | 施工操作要求及注意事项 |
| 材料质量证明文件 | 出厂合格证、产品质量检验报告、实验报告 |
| 中间检查记录 | 分项工程质量验收记录、隐蔽工程检查验收记录、施工检验记录 |
| 施工日志 | 施工日志记录 |
| 施工主要材料 | 符合材料特性和要求,应有质量合格证及试验报告单 |
| 施工单位资质证明 | 资质复印件 |
| 工程检验记录 | 抽样质量检验及观察检查 |
| 其他技术资料 | 质量整改单、技术总结等 |

## 三、短管焊接内衬修复

### (一)工艺流程与操作

1. 工艺流程

(1)管径700mm以下施工工艺流程(图9-27)。

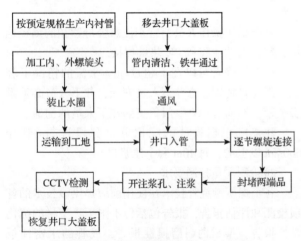

图9-27 施工流程图(管径700mm以下)

(2)管径800~1500mm施工工艺流程:短管及管片内衬注浆法(图9-28),贴壁内衬法(图9-29)。

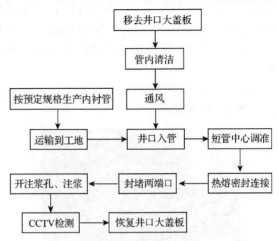

图9-28 短管及管片内衬注浆法施工流程图

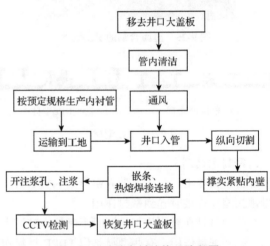

图9-29 贴壁内衬法施工流程图

(3)管径1600mm以上施工工艺流程(图9-30)。

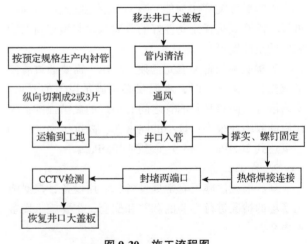

图9-30 施工流程图

2. 施工操作

1)钻孔注浆管周隔水帷幕和加固土体

在短管焊接内衬修理前应对管周土体进行注浆加固,注浆液充满土层内部及空隙,形成防渗帷幕,加强管周土体的稳定，防止四周土体的流失，提高管基土体的承载力，再通过短管焊接内衬修复技术进行修理，达到排水管道长期正常使用。

2）管道清淤和检测

通过高压水清洗，清除管道内所有可能影响新管成形的污垢、垃圾、树根和其他物质，并清理出检查井。采用CCTV检测技术可以清晰地观察、记录和定位管道内情况（如脱节、错位、渗漏、破裂、水泥硬块、支管位置等）。

3）局部修复

此局部修复为柔性修复，如原管道有轻微变动或沉降，均不影响修复状态。如有局部的地质和其他因素造成局部开裂，修补亦无须大面积进行，只需对渗漏部位进行修补堵漏，保证施工质量。

方法一：一般情况用左右两道箍即可止漏，考虑到在外水压较大的情况下，两道膨胀箍之间的橡胶会像充气轮胎一样鼓起。解决鼓起的办法是在两道膨胀箍之间增加第三道箍，这对改善橡胶圈的受力状态，延长使用寿命有好处。如图9-31所示。

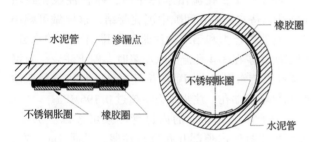

图9-31 修复示意图

方法二：根据水泥管损坏情况，修复情况见图9-32。HDPE板加膨胀橡胶凸出修复和HDPE板加膨胀橡胶平修复，见图9-33。

以上两种方法均具有止水效果好；材料既有刚度又有柔性，修理后稍有震动不会渗漏；膨胀橡胶周长为整体结构。

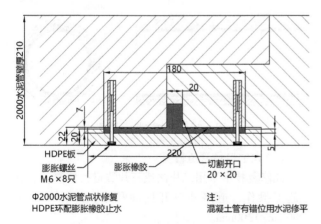

图9-32 修复情况示意图（单位：mm）

（a）橡胶凸出修复示意图　　（b）橡胶平面修复示意图

图9-33 修复管件示意图

4）整体修复

(1)小口径管道修复（图9-34）

将特制的高密度聚乙烯（HDPE）短管在井内连接，然后逐节向旧管内推进，最后在新旧管道的空隙间注入水泥浆固定，形成新的内衬管。

图9-34 小口径管道修复

早期使用承口连接方法修复，管道流量损失较大，如：每节管长度90cm，外径要考虑承口推入管道，相对短管就要缩小3~5cm，修复后的流量就大大减小。现在改为螺旋连接，这样可基本达到管道原有流量。

先清理管道内淤泥和垃圾，用铁牛在管道内逐段疏通过，测出管道最小内径，按最小内径缩小0.5~1cm配短管，利用缠绕管的螺纹状，旋入进行短管连接，连接处有膨胀橡胶圈止水，最后注浆。

(2)中口径管道修复

①短管及管片内衬注浆法

测量原有钢筋混凝土的最小内径，为方便施工，最小内径再缩小3cm作为短管的最大外径。从井筒放下逐节推入管道内，再进行短管的中心调准，利用

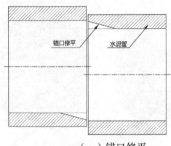
（a）错口修平

将小于母管的衬管推入管内　扩张后的内衬管紧贴母管　焊接模块与衬管间的纵缝
（b）短管推入管道割开撑实紧贴管道

（c）嵌入衬片焊接

（d）依次连接

（e）衬片焊缝错开

图 9-35　中口径管道修复示意图

缠绕管的螺纹状，旋入进行短管连接，连接处有膨胀橡胶圈止水，然后逐节热熔焊接，短管连接后注浆。这样会使原来管道的损坏段及错位段有减小流量的可能。一般为保持原来流量缩小管径 10%，为减少流量缩小管径大于 10%。

②贴壁内衬法（图 9-35）

为了使管道不损失流量，采用贴壁内衬方法修复。

检查原有水泥管的损坏程度，对原管道的节口进行修平。在排管时，施工队会对管道的内节处采用抹浆方式进行堵漏，这样会出现管道内不平整。

对管道接口错位修复，对高出的部位进行切除再用砂浆抹平。

管道脱节一般为砂浆抹平堵漏处理，严重的要对脱节部位加固，可切割水泥管节口衬入钢套，但不能小过水泥管内壁。

管道内向外注浆，对管周土体进行注浆加固。

推入外径比水泥管内径小 5~8cm 的缠绕短管，定位割开，用专用工具撑开，使短管紧贴水泥管，再嵌入衬片进行热熔焊接，依次排入接口错开即可。

此施工方法主要是提高短管的内撑强度、减少注浆，有效的保证原有管径的流量，或因管壁粗糙系数减小流速加快而增加了管道的流量。

③注浆（图 9-36）

管排入水泥管后短管外径与水泥管内径有一定间隙，要用水泥注浆法充实。小口径管采用螺旋连接，可采用管口注浆法，在管的两端封口，并在一端封口处的 1/2、3/4 和顶端各开一孔，观察注浆和放出空气。

注浆在 1/2 孔流出水泥浆时，停止注浆，封堵 1/2 孔，待水泥浆在间隙中沉淀凝结，这样做可减小对内衬管的浮力和第二次注浆时可排出上次的水分。第二次注浆在 3/4 孔流出水泥浆时，停止注浆，封堵 3/4 孔，待水泥浆在间隙中沉淀凝结，再进行最后注浆和封堵顶端孔，注浆压力不超过 0.196MPa。

大于管径 700mm 的内衬管注浆可按以上方法，亦可采用衬管内顶部开孔进行注浆，孔距 2m 左右，逐孔注入。因为管径较大，通过 2m 孔距注入水泥浆，可保证水泥浆的密实度。

短管以受内压为主，短管的外压由原水泥管保护所以只有渗漏压力，一般排水管道深度在 2.5~7m，对管材的环向压力不大于 0.08MPa，对管材的内压力不大于 0.3~0.5MPa。

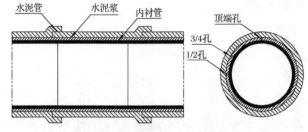

图 9-36　管内注浆示意图

（3）大中口径管道修复

此修复技术采用二片法或三片法进行修复，有利于施工操作，道路井口开挖面积小，开挖尺寸为 1000mm×1300mm。

检查原有水泥管的损坏程度，对原管道的节口进行修平。在排管时，施工队会对管道的内节处采用抹浆方式进行堵漏，这样会出现管道内不平整。

对管道接口错位修复，对高出的部位进行切除再用砂浆抹平。

管道脱节一般为砂浆抹平堵漏处理，严重的要对脱节部位加固，可切割水泥管节口衬入钢套，但不能小过水泥管内壁。管道内向外注浆，对管周土体进行注浆加固。

将短管壁从窨井口置入管道中，在经过修补处理的管道处将短管壁用螺钉固定到管道内壁，使短管壁紧贴管道。壁与壁容易贴实，采用逐块撑紧，再用螺钉固定，然后热熔焊接封焊，固定螺钉采用防腐防锈。

热熔焊缝不影响强度，在焊缝处的强度要比其他部位的强度高，因为处于全实心状态。

技术指标：外渗受压 0.08MPa，内压力 ≥0.3～0.5MPa，如内压增加则相应增加壁厚（内压受水泥管的护强）。

检测方法（图 9-37）：环刚度测试、内压灌水压力测试、焊缝拉伸测试。

材质要求：使用年限按国标、行标通用标准。

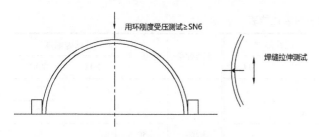

图 9-37 检测方法示意图

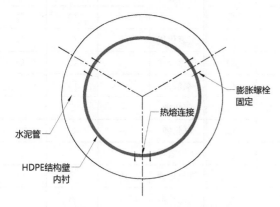

图 9-38 三片法内衬材料示意图

（4）检查井修理

检查井内衬修复按原检查井的 1000mm×1000mm 筒身的尺寸缩小至外径 800mm 的塑料井筒。

内衬步骤如下：

①同尺寸管道、检查井内衬（图 9-39）：管道内衬管到井内壁（不超过内壁），在井内壁段衬环刚度和管道相当的管道，两端与内衬管焊接，然后再在井筒处开口，插入 800mm 井筒焊接。塑料内衬和塑料检查井成一体。砖砌井内壁和塑料井外壁的间隙底层用混凝土注牢固，再垫实黄沙至离井口 20cm 左右，注混凝土至井口并在井口做斜顺口。

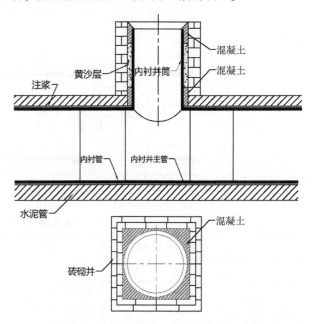

图 9-39 同尺寸管道、检查井内衬示意图

②大管道、小井筒内衬（图 9-40）：开挖一只井到可放下主管道尺寸，内衬方法同上。如无条件开挖，亦可采用多片法贴壁内衬管道，井筒安装方法同上。

### （二）材料与设备

**1. 施工材料**

对用于水泥管的 HDPE 缠绕管短管及管片内衬的材质要求。由环刚度变为短管内撑实环向受压力及内受压力外渗受压 0.08MPa；内压力 ≥0.3～0.5MPa；内衬短管抗腐蚀性能（表 9-29）。

**2. 施工设备**

短管焊接内衬修复施工有常规设备和专用设备，根据施工现场的情况进行必要的调整和配套，主要施工设备见表 9-30。

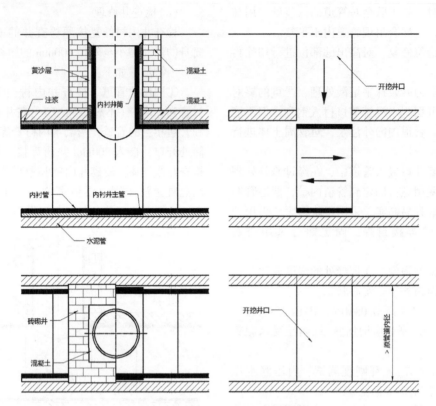

图 9-40 大管道、小井筒内衬示意图

表 9-29 内衬管抗腐蚀性能表

| 试剂种类 | 浓度/% | 试验温度 | | 试剂种类 | 浓度/% | 试验温度 | | 试剂种类 | 浓度/% | 试验温度 | |
| --- | --- | --- | --- | --- | --- | --- | --- | --- | --- | --- | --- |
| | | 20℃ | 60℃ | | | 20℃ | 60℃ | | | 20℃ | 60℃ |
| 醋酸 | — | ○ | ○ | 氯化锌 | — | ○ | ○ | 磷酸 | 20 | ○ | ○ |
| | 25 | ○ | ○ | 氧化锌 | — | ○ | ○ | | 25 | ○ | ○ |
| | 50 | △ | × | 二乙醇 | — | ○ | — | | 50 | ○ | ○ |
| | 70 | △ | × | 硝酸铁 | — | ○ | ○ | | 90 | ○ | ○ |
| 硫酸 | 10 | ○ | ○ | 硫酸铁 | — | ○ | ○ | | 95 | ○ | ○ |
| | 50 | ○ | ○ | 氯气 | 100 | — | — | 氢氧化铝 | — | ○ | ○ |
| | 60 | ○ | ○ | 甲醛 | — | ○ | ○ | 过硫酸铵 | — | ○ | ○ |
| | 70 | ○ | ○ | | 10 | ○ | ○ | 氯酸钾 | — | ○ | ○ |
| | 80 | ○ | — | 乙醇酸 | 30 | ○ | ○ | 氯化钾 | — | ○ | ○ |
| | 95 | △ | × | 盐酸 | — | ○ | ○ | 氟化钾 | — | ○ | ○ |
| 亚硫酸 | 30 | ○ | ○ | | 10 | ○ | ○ | 碳酸氢钾 | — | ○ | ○ |
| 溴酸液 | — | ○ | ○ | | 22 | ○ | ○ | 氢氧化钾 | 10 | ○ | ○ |
| 溴化钾 | — | ○ | ○ | | 36 | ○ | ○ | 三氯乙酸 | — | △ | × |
| 氨溶液 | 35 | ○ | ○ | 氟酸 | 60 | ○ | ○ | 三氯化磷 | — | ○ | △ |
| 氨水 | — | ○ | ○ | | 100 | ○ | △ | 高氯酸钾 | 10 | ○ | ○ |
| 氯化铵 | — | ○ | ○ | 氢氰酸 | 4 | ○ | ○ | 乙酸丁酯 | — | △ | × |
| 硫酸铝 | — | ○ | ○ | 氢氟酸 | 40 | ○ | ○ | 过氧化氢 | 3 | ○ | ○* |
| 戊基氯 | — | △ | △ | | 60 | ○ | ○ | | 12 | ○ | ○* |

(续)

| 试剂种类 | 浓度/% | 试验温度 20℃ | 试验温度 60℃ | 试剂种类 | 浓度/% | 试验温度 20℃ | 试验温度 60℃ | 试剂种类 | 浓度/% | 试验温度 20℃ | 试验温度 60℃ |
|---|---|---|---|---|---|---|---|---|---|---|---|
| 碳酸钡 | — | ○ | ○ | 氯化氢 | — | ○ | ○ | 亚硫酸氢钙 | — | ○ | ○ |
| 氯化钡 | — | ○ | ○ | 丙酸 | 50 | ○ | ○ | 二氧化碳 | — | ○ | ○ |
| 硫酸钡 | — | ○ | ○ | 丙酸 | 100 | ○ | △ | 一氧化碳 | — | ○ | ○ |
| 硼酸 | — | ○ | ○ | 亚麻酸 | — | — | — | 四氯化碳 | — | × | × |
| 溴 | 气体 | △ | × | 氯化镁 | — | ○ | ○ | 氯化亚铁 | — | ○ | ○ |
| 溴 | 100 | × | × | 乙基醚 | — | — | △ | 碳酸氯钠 | — | ○ | ○ |
| 丁烷 | — | — | — | 氯化汞 | — | ○ | ○ | 氢氧化钠 | 10 | ○ | ○ |
| 丁醇 | — | ○ | ○ | 氰化汞 | — | ○ | ○ | 氢氧化钠 | 40 | ○ | ○ |
| 丙烷 | — | ○ | ○ | 甲醇 | 6 | ○ | ○ | 氢氧化钠 | 50 | ○ | ○ |
| 丁酸 | 浓酸 | ○ | △ | 甲醇 | 100 | ○ | ○ | 亚硝酸钠 | — | ○ | ○ |
| 碳酸钙 | — | ○ | ○ | | — | ○ | × | 过氧化钠 | — | ○ | ○ |
| 水杨酸 | — | ○ | ○ | 氯化镍 | — | ○ | ○ | 过氧化氢 | 30 | ○ | ○ |
| 氢氧化钙 | 10 | ○ | ○ | 硝酸镍 | — | ○ | ○ | 过氧化氢 | 90 | ○ | ○ |
| 氢氧化钙 | 40 | ○ | ○ | 烟碱 | — | ○ | ○ | 醋酸银水溶液 | — | ○ | ○ |
| 硝酸钙 | — | ○ | ○ | 烟酸 | — | ○ | ○ | 硫酸铜溶液 | — | ○ | ○ |
| 硫酸钙 | — | ○ | ○ | 硝酸 | 5 | ○* | ○* | 二氧化硫 干燥 | | ○ | ○ |
| 乙酸钠 | — | ○ | ○ | 硝酸 | 10 | ○* | ○* | 二氧化硫 潮湿 | | ○ | ○ |
| 氯酸钠 | — | ○ | ○ | 硝酸 | 50 | ○ | ○ | 石油溶剂油 | — | ○ | △ |
| 氰化钠 | — | ○ | ○ | 汽油 | — | △ | △ | 二氯乙烷 | — | — | — |
| 氟化钠 | — | ○ | ○ | 硝酸钾 | — | ○ | ○ | 氢氧化镁 | — | ○ | ○ |
| 铬酸 | — | ○ | ○ | 磷酸钾 | — | ○ | ○ | 海水 | — | ○ | ○ |
| 茶烷 | — | △ | × | 电镀液 | — | — | — | | | | |
| 二氯苯 | — | △ | × | | | | | | | | |

注：表中○为好，△为一般，×为差。

表 9-30 主要施工设备

| 机械或设备名称 | 数量 | 主要用途 |
|---|---|---|
| 电视检测系统 | 1套 | 用于施工前后管道内部的情况确认 |
| 发电机 | 1台 | 用于施工现场的电源供应(现场无电源才使用) |
| 鼓风机 | 1台 | 用于管道内部的通风和散热 |
| 空气压缩机 | 1台 | 用于施工时压缩空气的供应 |
| 泥浆泵、潜水泵 | 1台 | 用于管道和检查井内排污排水 |
| 铁牛 | 1套 | 用于700mm以下管道通过，确定最小管内径 |
| 链条锯、往复锯、切割机、倒角机 | 1套 | 用于内衬管的切割、修整与开坡口 |
| 注浆机、搅拌机 | 1套 | 内衬与原管道间隙的密实注浆 |
| 开孔机 | 1把 | 开注浆孔 |
| 热熔枪 | 3把 | 内衬的热熔焊接和连接 |
| 其他设备 | 1套 | 用于施工时的材料切割等需要 |

## (三)施工质量控制

### 1. 施工质量控制要求

管材内外表面为无光泽或平光泽状态,应光滑平整,不允许有气泡和可见杂质,管材的两端应切割平整,并与轴线垂直。

管材热熔焊接的连接熔缝无缺熔,无脱开,熔缝光滑平整。

管材的长度应符合工程要求,管长允许偏差为 $0 \sim 2\%$。

管材的公称内径、最小平均内径、最小壁厚和最小结构高均应符合工程要求。

短管的物理力学性能应符合表9-31的规定。

表 9-31 物理力学性能

| 项目 | 要求 |
| --- | --- |
| 落锤冲击 | TIR≤10%,不破裂、无裂缝、两壁不脱开 |
| 纵向回缩率 | ≤3%,无分层、无开裂 |
| 蠕变比率 | ≤4 |
| 环柔性 | ≥30%,不破裂、无裂缝、两壁不脱开 |
| 短管外压力试验 | ≥0.06MPa,不渗漏、不破裂 |

检验要求:产品应经生产厂质检部门检验合格并附有合格证后方可出厂;同一原料、配方和工艺情况下生产的同一规格短管为一批,每批数量不超过30t,若生产数量少,生产期6d不超过30t,则以6d产量为一批。

### 2. 验收文件和记录(表 9-32)

表 9-32 验收文件和记录

| 项目 | 文件 |
| --- | --- |
| 设计 | 设计图及会审记录、设计变更通知、材料规格要求 |
| 施工方案 | 施工方法、技术措施、质量保证措施 |
| 技术交底 | 施工操作要求及注意事项 |
| 材料质量证明文件 | 出厂合格证、产品质量检验报告、实验报告 |
| 中间检查记录 | 分项工程质量验收记录、隐蔽工程检查验收记录、施工检验记录 |
| 施工日志 | 施工日志记录 |
| 施工主要材料 | 符合材料特性和要求,应有质量合格证及试验报告单 |
| 施工单位资质证明 | 资质复印件 |
| 工程检验记录 | 抽样质量检验及观察检查 |
| 其他技术资料 | 质量整改单、技术总结等 |

## 四、折叠管牵引内衬修复

### (一)工艺流程与操作

1. 工艺流程(图 9-41)

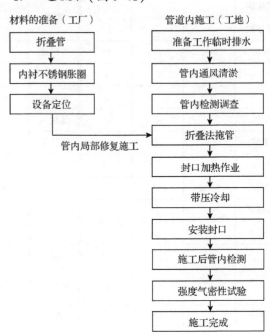

图 9-41 施工流程图

1)前期勘测调查情况

管道的材质和损坏程度;管内壁的腐蚀情况;管道接缝处的间隙或开口尺寸;管道的支管、梯口的位置、口径;环境地下水位状况;周边土壤土质情况;确认管线位置及周围环境;对比图纸与现场及确认配件相关位置;现场构建筑物及交通流量等情况。

2)疏通清洗

待修复管道内的污泥、垃圾应清除,可用人力清洗,刀盘切割,高压水清洗,牵引绳或其他能有效清除管道内污物杂质的方法进行。管道经过清洗,应达到无垃圾和障碍物。

3)检测与评估

对新老管道状况进行检测是必不可少的工作。目前以管道 CCTV 检测最为常见。通过检测,确定管道的状况、病害特点,以确定修复中要注意的问题以及需要进行开挖的位置等处理。

2. 施工操作

1)钻孔注浆管周隔水帷幕和加固土体

在橡胶圈双胀环修复前应对管周土体进行注浆加固,注浆液充满土层内部及空隙,形成防渗帷幕,加强管周土体的稳定,防止四周土体的流失,提高管基土体的承载力,再通过不锈钢双胀环修复技术进行修理,达到排水管道长期正常使用。

2) CCTV 检测

CCTV 检视系统是由电脑遥控电视检视清洗前后老管道管内情况，如有尖锐物、泥土堵塞都能清晰的显示出来，对清洗后的老管清洁情况，对复原胀圆后的新管质量情况也能显示出来，这些资料记录于电子文件中，是工程的最佳记录依据。同时为质量和监理提供 DVD 高清影像及电子报告，一次检测长度可超过 350m。

3) 清 管

用机械的方法去除老管内壁的污垢和尖锐的突缘、异物。清管后须做 CCTV 检测，合格后方能穿管。

4) 穿管准备

在入口工作坑上固定折叠管盘管，用导入管连接接收坑穿过来钢丝绳接口，在接收坑上用槽钢将穿管卷扬机固定好，由卷扬机将折叠管拖过老管，在工作坑和接收坑中预留工作损耗管为 5%～8%。

5) 拖管作业（图 9-42）

当修复工艺需要将修复用聚乙烯管道拖拉进入旧管道时，其最大拖拉力应按式（9-3）计算。

$$F=\frac{15d_n^2}{SDR} \tag{9-3}$$

式中：$F$——最大拖拉力，N；
$\quad\quad d_n$——管道公称外径，mm；
$\quad\quad$ SDR——标准尺寸比。

图 9-42 拖管作业

折叠管的拖拉力由于其 U 形决定了拖拉力远远小于允许计算拉力。拖拉前要检查卷扬机、钢丝绳的完好状态，当发现拖力大于常规力时，要检查原因，不能硬拖，以防拖头卡住增大拖力。

6) 复原胀圆（图 9-43）

一般的折叠管复原工作主要依靠蒸汽加热和空气混合来控制温度与压力，按规定每次记录蒸汽压力、温度、管端内温度和环境温度，每 3～5min/次。一般口径 300mm 的整个加温时间为 4～6h，带压冷却 24h 后可以切割安装。

7) 端头处理每个接口处均要用整圆器整圆后，

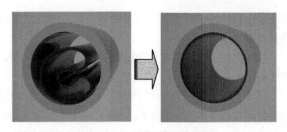

图 9-43 折叠管复原示意图

内衬不锈钢胀圈使端口符合连接标准。

8) 验收用 CCTV 检测衬管复原质量及修复效果，各节点验收合格后，在工作段两端连接测压盲板，进行强度试验及闭水试验。

9) 锅炉安全操作程序

（1）压力容器操作人员必须取得当地质量技术监督部门颁发的特种设备作业人员资格证件后，方可独立承担压力容器操作。

（2）压力容器操作人员要熟悉本岗位的工艺流程，有关容器的结构、类别、主要技术参数和技术性能，严格按操作规程操作。掌握处理一般事故的方法，认真填写有关记录。

（3）压力容器要平稳操作，容器开始加压时，速度不易过快，要防止压力的突然上升。

（4）压力容器严禁超温超压运行。发现温度或压力异常时，应及时停机检查。排除故障方可重新开机。

（5）严禁带压拆卸压紧螺栓。维修时必须停机、排气卸压后方可进行。

10) 注意事项

蒸汽锅炉是一种经常处于高温条件下工作的特种设备，操作不当将有爆炸危险。为了保障其安全、经济运行，特制订下列规程：

（1）所使用的锅炉必须在使用登记期之内，进场前必须征得当地质量监督局或其他相关部门同意，出具开工告知单，方可施工。

（2）值班人员必须严格遵守劳动纪律，不得擅离职守，不得做与本单位、本岗位无关的事情，在操作过程中，严格执行"操作规程"，不得违章操作，并严格酒后和带病上班。

（3）密切注视水位和压力变化，做到"燃烧稳定，水位稳定，气压稳定"。严禁发生缺水、满水事故和超压运行。一旦发现锅炉严重缺水时，严禁向锅炉进水。

（4）定期冲洗水位表和压力表，保持其光洁明亮，便于观察。高低水位自动控制，超压连锁保护装置及其报警装置，必须随时处于灵敏可靠状态，发现问题，应及时修复。

（5）安全阀要定期做手动试验（每月一次，操作时应轻拉轻放手柄)和汽动试验(每季度一次),以保持其灵敏可靠。

(6)认真执行排污制度和操作要求,每次排污量以降低水位 25~30mm 为宜,应在高气压,低负荷运行。

(7)值班人员应在锅炉内进行巡回检查,以便及时掌握锅炉本体安全附件和个附属设备(如省煤器、水泵、电机、阀门等)的运行情况,一旦发现不能向锅炉给水或其他危及锅炉安全运行的情况时,应立即停止运行。

(8)经常于水质化验人员联系,掌握水质情况,严格执行国家工业水质标准,加强水质管理,避免锅筒内结生水垢和腐蚀。

(9)精心操作,除值班司炉人员外,其他任何人不得乱动控制台的按、旋钮和锅炉内的阀门、仪表等,认真填写锅炉运行记录。

### (二)材料与设备

1. 施工材料

折叠管牵引内衬修复主要施工材料见表9-33。

表 9-33 主要施工材料

| 材料名称 | 规格 | 备注 |
| --- | --- | --- |
| 折叠管 | SDR17.6 | |
| 钢塑转转 | SDR17.6 | 接口连接 |
| 法兰 | SDR11 | 接口连接 |
| 电熔套筒 | SDR11 | 接口连接 |
| 短管 | SDR11 | 接口连接 |
| 三通 | SDR11 | 接口连接 |

2. 施工设备

折叠管牵引内衬修复施工有常规设备和专用设备,根据施工现场的情况进行必要的调整和配套,主要施工设备见表9-34。

表 9-34 主要施工设备

| 机械或设备名称 | 数量 | 主要用途 |
| --- | --- | --- |
| CCTV 检测系统 | 1 套 | 用于施工前后管道内部的情况确认 |
| 发电机 | 1 台 | 用于施工现场的电源供应(现场无电源才使用) |
| 鼓风机 | 1 台 | 用于管道内部的通风和散热 |
| 空气压缩机 | 1 台 | 用于施工时压缩空气的供应 |
| 泥浆泵、潜水泵 | 1 台 | 用于管道和检查井内排污排水 |
| 卷扬机 | 1 台 | 用于修理材料和设备拖入管道内 |
| 热熔机、电焊机 | 1 台 | 用于内衬的热熔和焊接连接 |
| 电锯 | 1 套 | 用于截管材 |
| 其他设备 | 1 套 | 用于施工时的材料切割等需要 |

### (三)施工质量控制

1. 材料质量控制要求

材料性能:内衬管材的强度主要影响其承受外部荷载的能力,而拉伸强度主要影响其抵御内部压力的能力。折叠管应具有合格的强度和拉伸强度。

(1)静压强度:100h,环向应为12.4MPa,20℃;检测结果无破损,无渗漏。单项判定,合格。

(2)氧化诱导时间(标准≥20min):检测结果>90min 为合格。

(3)拉伸强度:合格。

(4)破坏形式:均为韧性破坏。

PE100 材料有 10MPa 的 50 年使用年限的最小强度要求,然而在实践中实际强度是大于设计强度,因此,当管线运行在它的设计范围内时,导致的服务期限要大大超过规定的 50 年要求。

最小强度要求在一个规定的 20℃ 的温度下被确定,许多被整理的管线运行在该温度下(通常为 7~10℃),由于在较低温度下运行,PE 管在较小要求强度(MRS)的压力下时,管线的实际强度更大,服务结果,强度上要大于 50 年的设计期限。

物理性能:管材的物理性能应符合表 9-35 中的要求。

表 9-35 物理性能

| 项目 | 性能要求 | 试验参数 | 试验方法 |
| --- | --- | --- | --- |
| 热稳定性(氧化诱导时间)/min | >20 | 200℃ | GB/T 17391—1998 |
| 熔体质量流动速率(MFR)/(g/10min) | 加工前后MFR变化<20% | 190℃,5kg | GB/T 3682—2000 |
| 纵向回缩率/% | ≤3 | 110℃ | GB/T6672—2001 |

化学特性:聚乙烯在所有自然发生的地表条件下,提供优秀的防腐蚀和化学抵抗性。当管线接触酸或盐,许多金属管线容易受到局部腐蚀(状态恶化,孔洞腐蚀),PE 管不会通过化学反应变腐烂,腐蚀,生锈或者损失管壁厚度。由于具有这些优势条件,折叠管能抵抗 pH 在 2~12 的公共污水,并能对非氧化酸碱性溶液,水盐溶液和许多溶剂都有抗性。在遇到有机溶剂,如酮、醋和氯化烃类,尤其在高浓度和高温下,膨胀可能产生。

2. 验收文件和记录

折叠管的材料和接口零件材料要符合设计要求。

管道接口应按施工规范清除接口松动杂物,方可安装零件。

折叠管修复工程竣工质量应达到国家地下工程防水等级 1 级标准,管道接口及井壁无渗水,结构表面无湿渍。

验收时，施工单位应提供施工记录和施工记录汇总、竣工图、施工质量检验报告、竣工报告，详见表9-36。

表 9-36 验收文件和记录

| 项目 | 文件 |
|---|---|
| 设计 | 设计图及会审记录、设计变更通知、材料规格要求 |
| 施工方案 | 施工方法、技术措施、质量保证措施 |
| 技术交底 | 施工操作要求及注意事项 |
| 材料质量证明文件 | 出厂合格证、产品质量检验报告、实验报告 |
| 中间检查记录 | 分项工程质量验收记录、隐蔽工程检查验收记录、施工检验记录 |
| 施工日志 | 施工日志记录 |
| 施工主要材料 | 符合材料特性和要求，应有质量合格证及试验报告单 |
| 施工单位资质证明 | 资质复印件 |
| 工程检验记录 | 抽样质量检验及观察检查 |
| 其他技术资料 | 质量整改单、技术总结等 |

## 五、水泥基聚合物涂层修复

### （一）工艺流程与操作

**1. 工艺流程**（图 9-44）

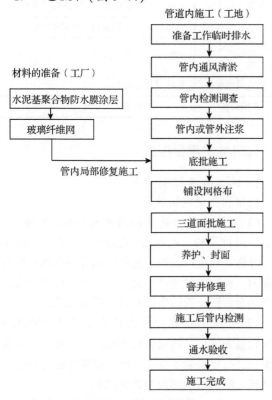

图 9-44 施工流程图

**2. 施工操作**

1）管道清淤堵漏

（1）封堵管道；（2）抽水清淤；（3）测毒与防护；（4）寻找渗漏点与破损点；（5）止水堵漏（注：堵漏材料采用快速堵水砂浆）。如图 9-45、图 9-46 所示。

图 9-45 水泥基聚合物涂层

图 9-46 玻璃钢涂层

2）钻孔注浆管周隔水帷幕和加固土体

在水泥基聚合物涂层内衬法修理前应对管周土体进行注浆加固，注浆液充满土层内部及空隙，形成防渗帷幕，加强管周土体的稳定，防止四周土体的流失，提高管基土体的承载力，再通过水泥基聚合物涂层堵漏修理，达到排水管道长期正常的使用。

3）接口裂缝及轻度错口处理

（1）1~3mm 缝隙，采用水泥加快凝剂（俗称"快燥精"）方法进行嵌补。

（2）4~10mm 缝口，采用快速堵水砂浆填嵌后再用聚氨酯注射充实封闭。

（3）11~30mm 缝口（接口未脱节错位的），用"三刚三柔"工艺嵌缝修补。

（4）接口有轻度错位，用先封浆后注浆的方法将稍有沉落的一节管道抬升起来，缩小错位高差值，稳定后采用"三刚三柔"工艺嵌缝借平。

4）接口表面处理

先凿除管道接口部位高出管壁的内腰箍或杂物结坊等，再用电动砂轮打毛待做内衬处的管壁表面，具体位置是以每道接口为中心各向两侧 30cm，必须保证 60cm 宽度圆周内壁表面清洁、坚实、面平、无油污、无松散及一定的粗糙度，增强底批与原体的黏结力。打毛前须按规定宽度画线定位确保外形整齐美观,此工序是保障网格防水膜内衬与原体高强黏结的关键。

5) 底批施工

将底批干粉加水(水:粉≈1:4)用专用电动搅拌工具不断搅拌成厚糊状,用泥板满批在打毛处表面,宽度以接口为中心两侧各30cm,厚度不少于2mm,底批干硬时间约5~6h,干粉用量约2.5kg/m²。

6) 铺设玻璃纤维网格布

面批施工前在已干硬的底批上铺一层拉力不低于1600N、宽度58cm的中碱涂塑玻璃纤维网格布。网格布周长搭接不少10cm,网格布铺设必须平顺紧贴在底批上,不能有翘角、拱起、折皱等现象,管顶部位的网格布需用木架临时支撑稳固,防止下垂跌落。

7) 面批施工

网格布铺设完成后即进行防水膜面批施工。将液料倒入粉料(重量比为液:粉=4:5)采用专用电动搅拌工具不断搅拌成均匀的砂浆状,砂浆状中不得含有粉团、粒块。每次装料必须将桶内余料杂物清除干净。用泥板分三道批刮在底批上,将纤维网格布罩没。待上一道防水膜表面干后再进行第二道、第三道批刮,这层复合弹性网格防水膜面批内衬厚度应不少于4.5mm,底批加面批总厚度约6.5mm左右,两条边口做成小削角(俗称"坍拔型")。

8) 封边

用无溶剂环氧树脂对防水膜内衬两边口封边,以增加边口黏结力与密封性。

9) 养护

从注浆施工开始到底批、面批、封边等多道工序的操作过程中,都要做好工序的半成品养护和成品保护工作。根据水泥基聚合物涂层防水膜内衬的性能与特点,第三道面批施工结束后,在干燥通风的自然条件下,至少养护7d后方可启封通水(有条件养护时间长一些的更好)。养护时间的计算以两井间一段管道中最后一道接口完成,第三道面批操作的时间为起始点。

10) 防水膜试块样板制作

每施工一段管道(两只检查井间的管道)按在管内操作的步骤,同样的配比、用料、操作方法、养护时间,在地面上由专人在塑料托膜板上至少制作一块防水膜试块样板(长15cm,宽5cm),并写好井号、日期,令期5d时送有资质的检测单位作7d令期检测厚度、抗拉强度、断裂伸长率技术指标。

11) 检查井修理

井底井壁四周按本章要求对检查井进行注浆加固结束后,在不影响管内操作的前提下,可着手检查井修理施工,即封堵注浆孔,凿(铲)除碎裂、驳落、酥化的粉饰,嵌补好裂缝重新粉饰,修复窨井底面或流槽,调整井坐标高至修复道路标高一致,有条件的提倡安装改良型卸载大盖板。

(二) 材料与设备

1. 施工材料

聚合物水泥基弹性防水膜底批(干粉);聚合物水泥基弹性防水膜面批甲组份(干粉);聚合物水泥基弹性防水膜面批乙组份(乳液);中碱涂塑玻璃纤维网格布(抗拉≥1600N);525标号水泥、粉煤灰、水玻璃、清洁水;无溶剂环氧树脂;快凝剂(俗称"快燥精");快速堵水水泥、聚氨酯等。

2. 施工设备

水泥基聚合物涂层修复施工时有常规设备和专用设备,根据施工现场的情况进行必要的调整和配套,主要施工设备见表9-37。

表9-37 主要施工设备

| 机械或设备名称 | 数量 | 主要用途 |
| --- | --- | --- |
| 电视检测系统 | 1套 | 用于施工前后管道内部的情况确认 |
| 发电机 | 1台 | 用于施工现场的电源供应(现场无电源才使用) |
| 鼓风机 | 1台 | 用于管道内部的通风和散热 |
| 空气压缩机 | 1台 | 用于施工时压缩空气的供应 |
| 泥浆泵、潜水泵 | 1套 | 用于管道和检查井内排污排水 |
| 注浆机、搅拌机 | 1套 | 用于原管道间隙的密实注浆 |
| 注浆管、连接管、钻孔机、开孔机 | 1把 | 用于开孔注浆 |
| 手提电动砂轮机 | 1台 | 用于打毛 |
| 其他设备 | 1套 | 用于施工时需要 |

(三) 施工质量控制

1. 施工质量控制要求

1) 材料质量控制要求

(1) 水泥基聚合物涂层的组成材料:底批干粉、甲组份面批干粉、乙组份面批(乳液)。三种材料必须有产品合格证和生产日期,使用时间必须在原材料的保质期内。检验数量为进一批,查一批。检验方法为查检产品合格证,查检生产日期,核对保质期。

(2) 纤维网格布:拉力应大于等于1600N/m²。检验数量为同厂、同规格以500m²为一批,不足也以一批计,每批检验不少于一次。检验方法为查检产品合格证,随机做检测拉力指标试验。

(3) 底批、面批糊状料:必须按规定配比调和均匀，不得有粉团、结块、夹生等现象。盛装底批、面批料的器具，必须清洁、干净，过时的余料必须铲刮干净。检验数量为每工作班次对所使用的全部半成品料、盛装的器具抽检一次。检验方法为查检现场计量器具是否齐全、精确及使用情况。

2）施工质量控制要求

（1）质量检验标准及允许偏差见表9-38的规定。

表9-38　施工质量控制要求

| 检查项目 | 规定值及允许偏差 | 检验频率 | 检验方法 |
|---|---|---|---|
| 厚度/mm | 6.5~7.0 | 每段管道内衬不少于10%面积 | 用尺在实体上量测 |
| 黏结度/每道 | 无空壳声 | 每段管道不少于50%内衬膜 | 用木榔头随机敲击 |
| 平整度/每道 | 表面平整无毛刺具有微度粗糙感 | 每段管道不少于50%内衬膜 | 手摸 |
| 抗拉强度/MPa | ≤2.4 | 每段管道不少于一块样品试板，送供货单位试验室作拉伸试验 |  |
| 断裂伸长率/% | ≥200 | 每段管道不少于一块样品试板，送供货单位试验室作拉伸试验 |  |

注：两检查井间的管道称作为每段管道。

（2）外观质量要求：防水膜内衬表面应平整、无砂眼、无气孔、无水泡、无色差、无露网、无翘边、边缘无空隙与基材原体黏结紧密、整体表面干净不黏手、不刺手、有轻微粗糙感。

2. 验收文件和记录（表9-39）

底批施工与面批施工的配比严格按产品说明操作，并用专用工具不断搅拌到符合使用要求。

底批干粉与面批干粉必须分室垫高存放，并挂牌明示，防止使用时错拿混淆。

搅拌后的面批稀料须在4h内用完，搅拌前应按批刮单位面积和规定时间内的用量进行计量和配料。

施工温度应在5℃以上，材料贮存期应不超过6个月。

1.4mm厚度的防水膜干粉用量约1.6kg/m²，液体约1.3kg/m²。可依此计算所需的厚度的需要用量。

批刮管壁面积计算公式如下：

$$S = \pi DBN \tag{9-4}$$

式中：$D$——管道直径，mm；
　　　$B$——批刮宽度，mm；
　　　$N$——管道接口数量；
　　　$S$——批刮管壁面积，mm²。

井口处的管底须砌拦水坎，防止雨水或渗漏水流入管内，管道内壁越干燥越好。要求如下：

（1）施工人员在管道内作业时，应穿平底胶鞋，不得踩踏和顶碰处于养护期内的防水膜。

（2）在管道内壁和井底开设注浆孔时，禁止用空压机枪头冲击，必须用旋转式钻孔机开孔，不得损坏原有完好的管壁及井底板。注浆结束后，对注浆孔要进行拆除和密封处理，确保管道内壁面平整光滑。

（3）具备通水条件后须拆除拆清临时封堵头，拆除的顺序是先拆除窨井两头的拦水坎，再拆除下游封堵头，最后拆除上游封堵头。如有雨水临时溢水连通污水管的须封堵溢流口，恢复雨污分流。

表9-39　验收文件和记录

| 项目 | 文件 |
|---|---|
| 设计 | 设计图及会审记录、设计变更通知、材料规格要求 |
| 施工方案 | 施工方法、技术措施、质量保证措施 |
| 技术交底 | 施工操作要求及注意事项 |
| 材料质量证明文件 | 出厂合格证、产品质量检验报告、实验报告 |
| 中间检查记录 | 分项工程质量验收记录、隐蔽工程检查验收记录、施工检验记录 |
| 施工日志 | 施工日志记录 |
| 施工主要材料 | 符合材料特性和要求，应有质量合格证及试验报告单 |
| 施工单位资质证明 | 资质复印件 |
| 工程检验记录 | 抽样质量检验及观察检查 |
| 其他技术资料 | 质量整改单、技术总结等 |

## 第七节　抢修与抢险操作

### 一、基本规定

抢险作业单元接到抢险任务后须立刻了解需抢险的管线周围地质及其他管线敷设等情况，同时联系相关管线产权及运营单位配合，以免险情扩大。

抢险作业单元完成地勘并详细了解管线周围情况，同时调查破损管道材质、管径、水量、破坏程度、上下游管线等情况，并根据现场情况初步调查危害程度、相关技术要求、修复难度和周围环境等因素确定选用开挖或非开挖抢修方法。抢险工程宜首选开挖施工，具有抢险速度快、直观、省费用等优点。选用开挖抢险应满足下列条件：

（1）对覆土在3m以内的抢险，明开抢险尤为适用。

（2）具备交通导行条件。

（3）地表环境开阔，无阻碍施工的构筑物、树木等。

(4)地下管线稀少,没有破坏其他管线的危险。

(5)无其他主管部门禁止明开施工的地区。

当现场条件不满足明开抢修的要求时,可选用非开挖修复进行抢险。非开挖抢修应满足下列条件:

(1)确定维修管段两侧检查井能够满足施工条件,人员可以下井作业、安装机械。

(2)管线不宜过长,管线内可以清淤。

(3)管线破损不太严重,没有大块物体堵塞管道。

确定抢修方法之后,首先应该对发生险情的管道进行封堵和导水,封堵和导水应根据水头、流量和现场情况,选择合适的封堵和导水措施。封堵和导水作业应执行 Q/BDG 12037—2017《排水管渠封堵与导水技术规程》规定。

根据道路交通情况制定交通导行方案。交通安全设施及交通标志应符合 GB 5768—2016《道路交通标志和标线》和 GA 182—1998《道路作业交通安全标志》的规定。交通导行范围内按照 DB11/ 854—2012《占道作业交通安全设施设置技术要求》码放各种交通标志和交通设施,夜间施工安装施工警示灯。在抢险中遇有限空间作业应执行 DB11/ 852.1-2012《地下有限空间作业安全技术规范 第一部分:通则》规定。

## 二、一般规定

抢险工作时效性强,需要现场指挥人员当场决策。

抢险工作现场复杂,地下情况未知,需要仔细调查,准备多套各种情形的应对预案,同时确保物资充足,能够根据现场情况灵活转换。

多数情况下,抢险现场不满足任何一种抢险技术的条件。工作中要求对抢险技术、工法综合利用,创造条件完成抢险任务。

检查井宜用砌块砌筑恢复。

抢险施工参照 GB 50268—2008《给水排水管道工程施工及验收规范》和其他相关规定执行。

## 三、技术要求

### (一)开挖抢修

开挖基坑支护应执行 DB11/ 489—2016《建筑基坑支护技术规程》规定。

开挖抢修分为直接开挖和支护开挖,支护开挖一般采用锚喷、螺旋支护或钢板支护等方式。开挖抢险适用于现场道路宽阔,抢险过程中不涉及对社会交通的影响,或具备妥善的交通导行措施确保社会交通正常运行的情形。

满足下列条件时,一般选用直接开挖方式抢险:

(1)一般深度应在 4m 以内。

(2)土质较好,无地下水或少量地下水可采取水泵将上游检查井及待修管线内的水抽至下游管线排放。

(3)抢险场地宽阔,不影响交通或交通影响小。

(4)抢险时间短,1~2d 可以完成的项目。

满足下列条件时,一般选用锚喷支护方式抢险:

(1)一般深度在 4m 以上,钢木支撑及螺旋支护不能满足安全及时间要求。

(2)土质不好,地下水位高。

(3)抢险场地宽阔,操作面大,有场地及堆材料及机械的项目。

(4)不影响交通,或影响小的地区,如绿地、农田和河边等地方。如影响交通,可采取夜间作业,白天铺设钢板恢复交通。

满足下列条件时,一般选用螺旋支护方式抢险:

(1)一般深度在 5m 以上,钢木支撑、锚喷支护不能满足安全及时间要求。

(2)土质好,地下水位不高,且地下无其他障碍物和其他管线。

(3)要求的操作面小,抢险场地小,接管或作为基坑胀插管的项目。

(4)不影响交通,或影响小的地区。如影响交通可采取夜间作业白天铺设钢板的方法。

(5)抢险时间超过 3d,同时施工区域不要求短时间必须完成的项目。

满足下列条件时,一般选用钢板桩抢险:

(1)一般深度在 5m 以上,钢木支撑、锚喷及螺旋支护不能满足安全及时间要求。

(2)土质不好,地下水位高,且地下无其他障碍物和其他管线。

(3)抢险场地狭窄,操作面小。

(4)抢险时间超过 3d,且作业区域短时间不能完成的项目。

更换管道(检查井修复)前,先开挖至故障管线处,确定故障范围和原因,并清掏管线内杂物。确认属于管线已破损无法再用的,要进行管线更换。管线更换时应符合以下规定:

(1)破损段两端要找到好管,并且去除不少于 0.5m 或去除至整管道接口处。

(2)优先选用同材质、同管径;管线平口连接时,接口应处理到位;也可用与原管内径相符的同级 PE 或 HDPE 管平口连接,应做好接口处的处理工作。更换管段及与原管接口处,应采用 360°混凝土满包封处理。

(3)局部更换管道的抢险段,在通水运行后,应及时对含有此抢险段的管段做内衬修复处理。

回填的前置条件应符合以下规定:

(1)待接口混凝土初凝;或者采用无纺布将接口处混凝土进行覆盖,并在无纺布外采用外砌砖发券形式加以保护。

(2)采用试水验证管道畅通后,管道接缝处周边无渗漏。

回填时应符合以下规定:

(1)按照 DBJ 01—47—2016 等规定的材料和标准进行分层回填:直埋管回填时,土中不得含有碎砖、石块、大于100m 的冻土块及其他杂物。

(2)管底和有效支撑角范围内应采用中粗砂回填密实,管道两侧和管顶以上500m 范围内的回填材料,应由沟槽两侧对称运入槽内,不得直接扔在管道上。其他部分的回填土应均匀运入槽内,不得集中堆入。回填土压实时,管道两侧和以上500m 范围内胸腔夯实,采用轻型压实机具,管道两侧压实面的高差不超过300m。

(3)回填时与周围有其他专业管线时,应符合产权及运营单位的相关规定。遇排水管道位于道路交通下方的,应符合道路管理部门的相关规定。

## (二)非开挖抢修

非开挖抢修的管道修复及顶管可参照 CJT 210—2005《无规共聚聚丙烯(PP-R)塑铝稳态复合管》和 CECS 246—2019《给水排水工程顶管技术规程》的规定。

非开挖抢修一般采用胀管法(裂管替换法)、螺旋缠绕、紫外固化或插管法等,适用于社会交通量大,无法利用导行措施满足社会车辆正常通行,同时抢修的管道及周围土体强度有足够的承载力的情形。

胀管法(裂管替换法)适用情况:(1)清淤完成;(2)管道为混凝土管且为非满包结构;(3)管径500mm 以下;(4)胀管不会对周边管线及设施产生影响的。

螺旋缠绕内衬法适用情况:(1)清淤完成,对管道进行冲洗,CCTV 检测完成;(2)管径大于500mm;(3)管段井边有开阔场地停放设备。

紫外固化法适用情况:(1)完成清淤、冲洗,对管内壁清洁,CCTV 检测;(2)管径 400~1500mm 的管道修复;(3)管段井边有开阔场地停放设备。

插管法适用情况:(1)清淤完成;(2)管径 300~600mm 的管道修复;(3)适应性强,检查井内可操作,不需要大型场地。

应急检修处置流程图如图9-47所示。

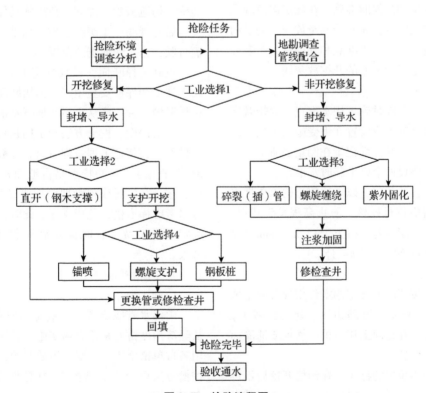

**图 9-47 抢险流程图**

# 第十章
# 排水管道扩建改造

## 第一节 开挖施工

开挖施工是排水管道施工中最常用的一种方法，适用于现场条件开阔环境下排水管道的新建、扩建和翻建。施工流程为：测量放线，沟槽开挖，沟槽支撑、支护，基础施工，管道敷设、安装，砌筑检查井，胸腔部分回填土，管道接口，管道试验，回填土。

### 一、测量放线

测量是关键的一步，如何把图上的新建管线铺设到地下中，保证线位和高程的准确。在确定沟道埋设方法之后，现场施工即可首先开始测量放线，测量的主要任务是在沟道沿线设置水准点和辅助桩，定窨井的中心位置。放线是指为土方的开挖放灰线。

1. 设置水准点

根据设计图纸设置临时施工用水准点，为排管定高程作准备。临时水准点应设置在不受施工影响的固定构筑物或建筑物上，并详细记录在测量手册上。工程范围比较大的，要设两个以上临时水准点。

临时水准点高程的测定，以工地邻近的永久性水准点为准，测定后应进行校核，防止高程发生错误。一般用闭合法校核，闭合差不得大于$\pm 12k^{0.5}(mm)$，$k$为永久和临时水准点间距，以 km 计。

2. 设置辅助桩

根据施工图，按照图上选定的定位用现有固定地物（如房屋、电杆、树木、道路边线、建筑红线等）和注明的系线尺寸，在地面上用木桩、铁桩或油漆标出附属构筑物中心位置。

附属构筑物中心位置的标志，在沟槽开挖后不再存在；但这些中心位置在排管时仍需要，可选择其中的两个配置辅助桩，根据它们仍可确定附属构筑物中心位置。

辅助桩的位置设在选定中心的两侧，且在沟槽之外。桩心与选定中心在同一直线上，并记下桩心与中心间的两个距离。在需要时可用细绳连接桩心，定出窨井中心位置，并用垂球将这位置移到沟槽底面上。

3. 划定沟槽边线或工作坑开挖线

在沟道中心线两侧，用石灰标示沟槽边线，线与中心线间距为槽宽的一半。用顶管法或盾构法施工时，则需用灰线标示工作坑开挖线。

### 二、挖槽施工

1. 准备工作

事先了解清楚地上、地下建筑物情况，做到位置准确，构造清楚，加固防范措施具体。

做好现场施工组织工作，如堆土、堆料、行人车辆行驶，施工作业场地范围等。

正确选择断面，以减少挖土量、简化施工工序、便于施工和保证安全生产。沟槽断面形式一般分直槽和梯形槽两种。应从土质、地下水情况、施工场地大小、沟槽深度、挖土方法和工期长短等方面来考虑选择槽形。在街道上埋设沟道时，一般都采用直壁式矩形槽（直槽），它的特点是占地面积小，但土壁常需要支撑。在广场或郊野埋设而管径和深度又较大时，可以考虑梯形槽，免用支撑。此时，槽形的选择主要决定于施工费，有时添置施工设备对施工费影响甚大。

2. 沟槽开挖

1) 施工要求

雨污水管线新建，一般是同向布设，距离较近，从经济角度讲，采用合槽实施。管线间距较远时，采用各自单槽施工。一般自下游开始，向上游推进，其挖槽方法可分为机械挖槽（如挖槽机、反铲等机械）和人工挖槽。

槽底宽、槽深、分层开挖高度、各层边坡及层间留台宽度等，应方便管道结构施工，确保施工质量和安全，并尽可能减少挖方和占地；做好土（石）方平衡调配，尽可能避免重复挖运。

沟槽外侧应设置截水沟及排水沟，防止雨水浸泡沟槽。

沟槽开挖至设计高程后应由建设单位会同设计、勘察、施工、监理单位共同验槽；发现土质与勘察报告不符或有其他异常情况时，应由建设单位会同上述单位研究处理措施。

2）挖土工作

根据土质、管径大小、埋设深度、现场条件、劳动力、机具设备和工期要求等具体情况，有人工挖土和机械挖土两种方法。

由于市区施工场地狭窄，地下管线复杂，当管道埋设较浅时，一般采用人工挖土或以人工挖土为主，机械为辅的方法。在市区道路中开挖沟槽时，首先将进行路面的破碎和翻挖。一般包括爆破、机械和人工等施工方法。在翻挖时要注意旧料的利用、翻挖质量要求和现场的施工安全。

当管道的管径较大，埋设较深，而且又有条件采用机械挖土的，为加速施工进度，应尽量采用机械进行沟槽挖土。常用的机械有液压挖掘机和抓斗挖土机等。

开挖面的沟槽宽度不应小于规定的宽度，沟槽边线要齐直，槽壁应垂直平整，施工区与非施工区应用隔离物严格隔开，着重注意交通安全。

在挖土快到槽底时，务必预留底土20cm，待做基础前再人工挖去、整平。这样可避免对槽底造成超挖，不出现人为对槽底产生扰动。

槽边单面堆土高度不得高于2m，离沟槽边不得小于1.2m，一般施工机具距离沟槽边不得小于0.8m，并应停放平稳，确保施工安全。

3. 无支护沟槽开挖

当场地允许并经验能保证边坡土体稳定和周围环境安全时，可采用放坡开挖，沟槽的边坡应结合地区经验并经稳定性验算确定。当无地区经验时，地质条件良好、土质均匀、地下水位低于沟槽底面高程，且开挖深度在5m以内、沟槽不设支撑时，沟槽边坡最陡坡度应符合表10-1的规定。

表10-1 深度在5m以内的沟槽边坡的最陡坡度

| 类别 | 边坡坡度（高：宽） | | |
|---|---|---|---|
| | 坡顶无荷载 | 坡顶有静载 | 坡顶有动载 |
| 中密的砂土 | 1：1.00 | 1：1.25 | 1：1.50 |
| 中密的碎石类土（充填物为砂土） | 1：0.75 | 1：1.00 | 1：1.25 |

（续）

| 类别 | 边坡坡度（高：宽） | | |
|---|---|---|---|
| | 坡顶无荷载 | 坡顶有静载 | 坡顶有动载 |
| 硬塑的粉土 | 1：0.67 | 1：0.75 | 1：1.00 |
| 中密的碎石类土（充填物为黏性土） | 1：0.50 | 1：0.67 | 1：0.75 |
| 硬塑的粉质黏土、黏土 | 1：0.33 | 1：0.50 | 1：0.67 |
| 老黄土 | 1：0.10 | 1：0.25 | 1：0.33 |
| 软土（经井点降水后） | 1：1.25 | | |

基坑周边施工材料、设施或车辆荷载不得超过设计规定的地面荷载限值。

沟槽挖深较大时，应采取分层开挖方式进行开挖，每层开挖深度应符合下列规定：

（1）人工开挖沟槽的槽深超过3.0m时应分层开挖，每层的深度不应大于超过0.5m。

（2）人工开挖多层沟槽的层间留台宽度应按设计要求执行。

（3）采用机械挖槽时，沟槽分层的深度和留台宽度应结合现场情况、边坡力学稳定计算结论和机械性能综合确定。

无支撑沟槽开挖断面图如下：

（1）深度3m以内，坡度选用1：0.33（图10-1）。

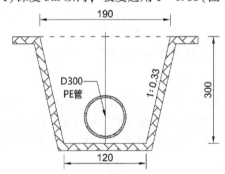

图10-1 1：0.33沟槽断面示意图（单位：cm）

（2）深度3~5m以内，坡度选用1：0.5（图10-2）。

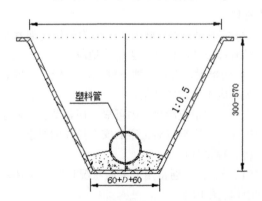

图10-2 1：0.5沟槽断面示意图（单位：cm）

(3) 深度 5m 以上，采用二步台阶方式(图 10-3)。

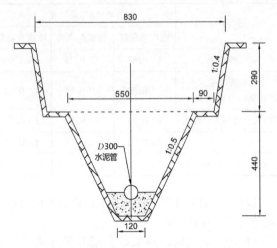

图 10-3　二步台阶沟槽(7.3m)断面示意图(单位：cm)

(4) 合槽方式：当雨污水管道顺向、间距较近时，可采用合槽方式(图 10-4)。

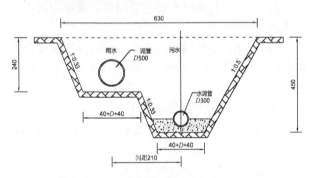

图 10-4　合槽断面示意图(单位：cm)

**4. 沟槽支撑**

支撑是指土方作业中保持槽坡稳定或加固槽帮后，有利于后序安全施工的一种方法。它为临时挡土结构，由木材或钢材做成，一般在以下条件下须考虑采用支撑：

(1) 受场地限制挖槽不能放坡，或管道埋设较深，放坡开槽土方量很大。

(2) 遇到软弱土质土层或地下水位高，容易引起塌方地段。

(3) 采用明沟排水施工，土质为粉沙土遇水形成流沙没有撑板加固槽帮无法挖槽地段。

(4) 沟槽附近有地上地下建筑物和较重车辆行驶的情况，应予保护的部位。

支撑的沟槽应满足牢固可靠、用料节省、便于支设与拆除、不影响以后工序的安全操作的要求。

1) 支撑结构形式

(1) 单板撑：通常用于土质状况良好、土体较稳定的单槽(图 10-5)。

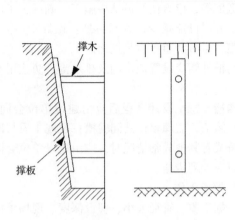

图 10-5　单板撑

(2) 井字撑：一般用于土质较好，土体也稳定，但外界影响土体不稳定因素较大，如施工处于雨季或融冻季节，施工期间晾槽时间较长，施工工作面要求较大沟槽，单槽开挖较深等情况下，是多用于大开槽情况下需要加固沟槽的一种形式(图 10-6)。

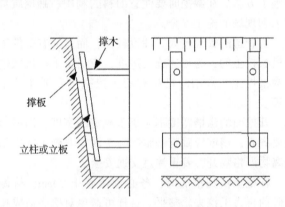

图 10-6　井字撑

(3) 稀撑：在土质较复杂、土层均匀性差土体稳定性不好、施工季节不利、施工期较长、施工现场条件复杂情况下以及沟槽必须进行支撑时，一般采用此种形式(图 10-7)。

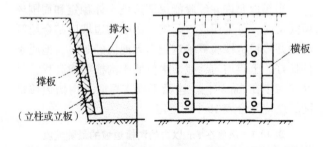

图 10-7　稀撑

(4) 密撑：一般适用于土质不良、土层松软、土体不稳定、沟槽深、槽帮坡度陡、地下水位高或有流沙现象、施工季节不利、施工期长、施工现场复杂等情况。沟槽不支撑根本不能施工时，一般也采用此种支撑形式。其有横板密撑和立板密撑两种类型。当采用此种形式的支撑时，应事先对撑板与撑木的负荷量进行核算后方可进行支撑。

(5)钢板桩支护：使用较少，图10-8显示其连接方式。它使用专用设备完成钢板桩的施工，涉及土质和地下物情况，使用条件限制较多。

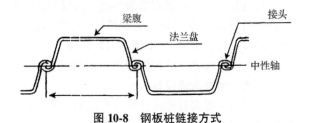

图10-8 钢板桩链接方式

2)支撑方法选用

根据槽深、土质、地下水位、施工季节、地上地下各种建筑物情况等综合因素选用支撑方法(表10-2)。

表10-2 支撑选用表

| 项目 | 黏性土密实填土 | | 砂性土 | | 沙砾土、炉渣图 | |
|---|---|---|---|---|---|---|
| | 无水 | 有水 | 无水 | 有水 | 无水 | 有水 |
| 第一层支撑直槽 | 单板撑 | 井撑 | 稀撑 | 密撑 | 稀撑 | 密撑 |
| 第二层支撑直槽 | 井撑 | 稀撑 | 密撑 | 密撑 | 密撑 | 密撑 |

注：表中第一、二层直槽指多层的二、三槽。

3)支撑要求

采用撑板支撑应符合下列规定：

(1)木撑板构件规格：撑板厚度不宜小于50mm，长度不宜小于4m；横梁或纵梁宜为方木，其断面不宜小于150mm×150mm；横撑宜为圆木，其直径不宜小于100mm。

(2)撑板支撑的横梁、纵梁和横撑布置：每根横梁或纵梁不得少于2根横撑；横撑的水平间距宜为1.5~2.0m；横撑的垂直间距不宜大于1.5m；横撑影响下管时，应有相应的替撑措施或采用其他有效的支撑结构；撑板支撑应随挖土及时安装；在软土或其他不稳定土层中采用横排撑板支撑时，开始支撑的沟槽开挖深度不得大于1.0m；开挖与支撑应交替进行，每次交替的深度宜为0.4~0.8m。

(3)梁、纵梁和横撑的安装：横梁应水平，纵梁应垂直，且与撑板密贴，连接牢固；横撑应水平，与横梁或纵梁垂直，且支紧、牢固；采用横排撑板支撑，遇有柔性管道横穿沟槽时，管道下面的撑板上缘应紧贴管道安装；管道上面的撑板下缘距管道顶面不宜小于100mm；承托翻土板的横撑应加固，翻土板的铺设应平整，与横撑的连接应牢固(图10-9)。

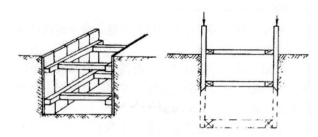

图10-9 撑板支撑示意图

4)倒撑与拆撑

(1)倒撑：原有支撑因外力作用产生变形与松动或妨碍下道工序操作时，需要更换立木或横撑的位置，称为倒撑。在需要倒撑处，须支撑好新支撑后再拆除旧支撑，不允许先拆后支或同时一起进行。倒撑时应一处一处有顺序进行倒撑。

(2)拆撑：逐层依次顺序拆除有危险时，必须采用倒撑或其他可靠安全措施后，才允许进行拆撑工作。拆撑方法为应自下而上，以一端开始顺序逐层依次拆除，随拆随还土。

### 三、管道基础施工

管道基础施工常见的有砂石基础或混凝土基础。

1. 砂石基础施工

铺设前应先对槽底进行检查，槽底高程及槽宽须符合设计要求，且不能有积水和软泥。

柔性管道的基础结构设计无要求时，宜铺设厚度不小于100mm的中粗砂垫层；软土地基应铺设一层厚度不小于150mm的沙砾或粒径5~40mm碎石，其表面再铺设厚度不小于50mm的中、粗砂垫层。

柔性接口的刚性管道基础结构，设计无要求时，一般土质地段可铺设砂垫层，亦可铺设粒径25mm以下碎石，表面再铺20mm厚的中、粗砂垫层(中、粗砂)。

管道有效支承角范围应采用中、粗砂填充插捣密实，与管底紧密接触，不得用其他材料填充。

2. 混凝土基础施工

平基与管座的模板，可一次或两次支设，每次支设高度宜略高于混凝土的浇筑高度。

平基、管座的混凝土设计无要求时，宜采用强度等级不低于C15的坍落度混凝土。

管座与平基分层浇筑时，先将平基凿毛冲洗干净，并将平基与管体相接触的腋角部位，用同强度等级的水泥砂浆填满、捣实后，再浇筑混凝土，使管体与管座混凝土结合严密。

管座与平基采用垫块法一次浇筑时，应先从一侧灌注混凝土，对侧的混凝土高过管底与灌注侧混凝土高度相同时，两侧再同时浇筑，并保持两侧混凝土高度一致。

管道基础应按设计要求留变形缝，变形缝的位置应与柔性接口相一致。

管道平基与井室基础宜同时浇筑；跌落水井上游接近井基础的一段应砌砖加固，并将平基混凝土浇至井基础边缘。

混凝土浇筑中应防止离析；浇筑后应进行养护，强度低于1.2MPa时不得承受荷载。如图10-10所示。

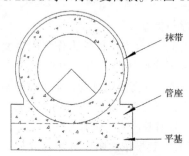

图10-10　混凝土基础示意图

## 四、下管施工

下管施工的管径200～3000mm，甚至更大。管道材质有钢筋砼管、普通塑料管、实壁PE管等。管材重量大，采用吊车下管。重量较轻，采用人工下管。

起重机下管时，起重机架设的位置不得影响沟槽边坡的稳定，起重机在架空高压输电线路附近作业时，与线路间的安全距离应符合电力管理部门的规定。

化学建材管及管件吊装时，应采用柔韧的绳索、兜身吊带或专用工具；采用钢丝绳或铁链时不得直接接触管节。

管节下入沟槽时，不得与槽壁支撑及槽下的管道相互碰撞，沟槽内运管不得扰动原状地基。

管道安装前，宜将管节、管件按施工方案的要求摆放，摆放的位置应便于起吊及运送。

管道应在沟槽地基、管基质量检验合格后安装；安装时宜自下游开始，无压管道承口应逆水流方向，插口应顺水流方向铺放或承口朝向施工前进的方向。

## 五、管道铺设

1. 设置龙门板

下水道施工中为控制管道的中线、高程和坡度而建立的专门设施称龙门板，又叫坡度板（附加样板、小脚及锯齿形竹、木桩），如图10-11所示。

龙门板一般在窨井处或沿管道方向每隔30～40m处设置一块，通常跨槽设置。

龙门板高度根据管道设计坡度及观察人员的适中观察高度，用水准仪调整到准确高度。

管道中心线由中线控制桩而定，用经纬仪投影到各龙门板上，并用小钉标定其位置（可将里程桩号或窨井等附属构筑物的编号写在龙门板左右侧），以便通过锤线球自小钉向下将中线位置投影到管槽内，达到控制管道中线的目的。

水准仪调整龙门板高度最常用方法是"应读前视法"，如图10-11所示。具体步骤如下：

（1）由后视水准点，测出视线高。确定龙门板的"应读前视"（立尺于龙门板上口时，应读的前视读数）：应读前视＝视线高－（管底设计高程＋样板高度）。其中，管底设计高程可以从纵断面图中查出，或用已知点设计高程和坡度进行推算而得。而样板高度（一般取整米数）＝管底深度＋人的视线高。

（2）龙门板上口改正数的确定：改正数＝龙门板上口前视数－应读前视数。其中，龙门板上口前视读数是由水准仪通过龙门板上口立尺而读出的数。改正数为"＋"时，龙门板应上调改正值；反之，为下调改正值。

（3）若龙门板跨越沟槽宽度太大，为防止龙门板两端上日不水平，通常计算板的两端改正数来调整龙

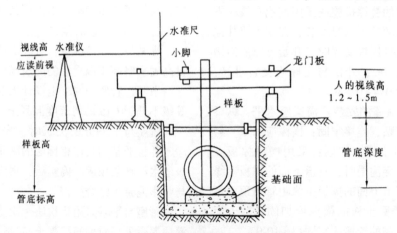

图10-11　下水道测量用龙门板示意图

门板的准确高程。

（4）由水准仪通过初步固定的龙门板上口立尺而读出实读前视数和应读前视数，检查是否一致。若在±2mm误差范围，即对改正值的确认，认定龙门板位置正确，即可固定。

（5）继续完成其他板的设置。第一块龙门板固定后，可根据管道设计坡度和龙门板间的距离，推算出第二块、第三块等龙门板上口的应读前视，按上述方法测定其他龙门板位置。为防止出错，每测一段后应与另个水准点进行符合校核。

2. 铺设方法

（1）"四合一"施工法：即平基、稳管、管座、抹带四道工序合在一起连续不间断的施工方法。如图10-12所示。

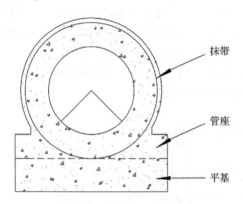

图10-12 "四合一"施工法

（2）垫块法：即先在垫块上稳管后，然后灌筑混凝土基础及抹管带。

（3）平基法：先浇筑好平基，达到一定强度后（5MPa），再稳管，浇灌混凝土管座，最后抹管带。

3. 排管方法

排管方法根据管径大小而定。大、中型的管道采用中心线法，小型管道采用边线法。排管的方向一般应从下游向上游施工，承插管的承口（大头）应在上游方向。

1）中心线法

中心线法以管道中心线作为控制排管基线的方法，操作如下：

（1）在相邻两检查井处高程样板上定出正确的管道中心线，并拉上一线，以示中心位置。

（2）排管时，在已拉线上垂直挂一垂球，与在管内经水平尺整平过的带有中心刻度的平尺板进行吻合，当垂球吊线与平尺板上的中心刻度吻合时，则沟管已居中。如图10-13所示。

（3）按照龙门板样板的测设方法，若上缘三点成一线时，则样板底与沟底一致，即表示沟管标高已符

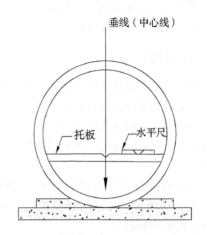

图10-13 管道排管中心位置控制示意图

合要求。否则，须进行高低的调整。

（4）如此循序渐进，直至该节管道排设完毕。

2）边线法

边线法以管道外边线作为控制排管基线的方法，操作如下：

（1）在相邻两检查井处高程样板上定出正确的管道中心线，并拉上一线，以示中心位置。

（2）管道中心线定出后，在该节管道的两端率先排两只沟管，其标高、方向和中心位置均符合设计。

（3）已排两管间拉一条定位外边线，其高度在管（承口）外壁1/2高度处，离管（承口）外壁1cm，为使沟管移动时不至于碰线。

（4）按已拉边线为基准，其他管排管时只要使沟管外壁最外处与该边线的距离保持一致（1cm），则表示管道已处于中心位置。

（5）高度按龙门板样板测设方法。

4. 排管操作

沟管成品应逐只检查，确保管材的质量。若发现质量问题应按有关规定处理。否则不能用于排管。

排管前应复核龙门板、样板等标高以及中心线位置，以便准确进行排管施工。

若排管在采用支撑的沟槽内，则应先进行所排管道的净空和支撑牢固情况的检查，发现有挡道或松动的支撑，必须在替换支撑及加固后才能进行排管，且立即进行排管。以方便排管操作和确保施工安全。对于大于1200mm的沟管，应在排好后立即实施下部加撑，防止竖直板断裂或沟槽坍塌事故的发生。

排管前，应清除基础表面、管口等处的污泥杂物或积水。

排管时，在管壁厚度不均匀的情况下，应以管底标高为准。并在沟管底部垫稳，小于$\varphi 600$的沟管，可采用C15预制混凝土楔形块稳管。

排管须顺直，管底坡度不许倒落水，混凝土管和钢筋混凝土管铺设应符合允许偏差。

## 六、管道接口施工

沟管接口处必须清洗干净，必要时应凿毛。

接口完成后，及时进行质量检查，发现情况必须及时处理，情况严重时应凿除重打。

用沥青麻丝嵌实缝隙时，如有污染管口和管壁应予以清除。

建议钢筋混凝土承插管采用O形橡胶圈接口，钢筋混凝土企口管采用q形橡胶圈接口，有利于耐酸、耐碱、耐油的要求。

### （一）刚性接口施工

刚性接口又称水泥砂浆接口，适用于地基土质较好，强度一致的地段。施工要求如下：

（1）将沟管接口处洗刷干净并湿润。

（2）抹上接口材料：一般要求分两次成形，第一次为"刮糙"，即毛坯，第二次为"粉光"，即整形抹光。

（3）必须做到外光内实，与管壁黏结良好。

（4）接口施工完成后应用麻袋、草包覆盖进行湿治养护，防止开裂。

（5）对于企口或平口式沟管还须打内接口，如图10-14所示。

**1. 水泥砂浆抹带接口**

抹带前将管口及管带处的管外皮洗刷干净，刷水泥浆一道。

抹头遍砂浆，在表面刻划线槽，初凝后再抹两遍砂浆，用弧形抹子压光。

带基相接处凿毛洗净，刷水泥浆，三角灰要坐实，如图10-15所示。

**2. 钢丝网水泥砂浆抹带接口**

施工流程：管口凿毛洗净，浇筑管座混凝土，将加工好的钢丝网片插入管座内10~15cm予以抹带砂浆填充肩角，勾捻管内下部管缝，勾上部内缝支托架，抹带，勾捻管内上部管缝，养护。

事先凿毛管口，洗刷干净并刷水泥浆一道，在抹带两侧安装弧形边模。

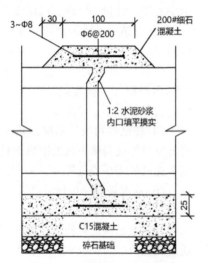
（a）企业沟管钢筋细石混凝土接缝

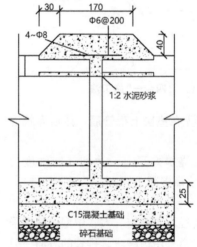
（b）平口沟管钢筋水泥砂浆接缝

**图10-14　企、平口沟管刚性接口图**

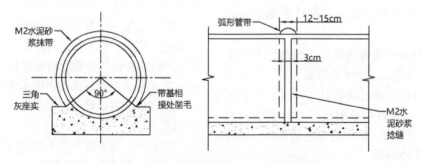

**图10-15　90°混凝土基础水泥砂浆抹管带**

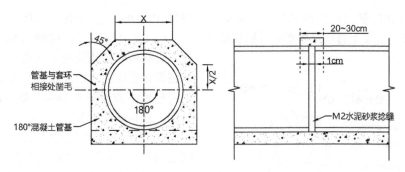

图 10-16 现浇套环接口

抹头遍水泥砂浆厚度为 15mm，然后铺设两层钢丝网包拢，待头遍砂浆初凝后，再抹两遍砂浆并与边模板齐平压光。

3. 现浇套环接口

施工流程：浇筑 180°管基，相接管基面凿毛刷净，支搭接口模板，浇筑套环上面的混凝土，捻管内缝，养护（图 10-16）。

4. 承插管水泥砂浆接口

此接口一般适合管径≤600mm 的接口，施工流程：清洗管口，安头节管并在承口下部坐满浆，安二节管、接口缝隙填满砂浆，清管内缝，接口养护（图 10-17）。

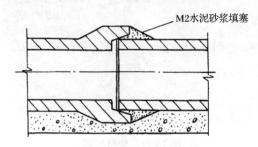

图 10-17 承插管水泥砂浆接口

（二）柔性接口施工

柔性接口又称沥青玛蹄脂接口，适用于地基较弱，沉陷不均匀的地段。常用类型有石棉沥青卷材接口和沥青砂接口两种。

允许接口处相邻管有一定范围的翘动和转动的接口为柔性接口，如图 10-18、图 10-19 所示。

采用沥青麻丝（或油麻丝）与水泥砂浆（或钢筋细石混凝土）及沥青砂等组成。适用于土质差，管道容易走动，受震地区及管内冲击力较大等地区。

（三）半刚性接口施工

半刚性接口有套环和环氧树脂接口等类型，适用

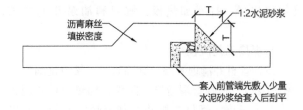

图 10-18 承插式沟管柔性接口

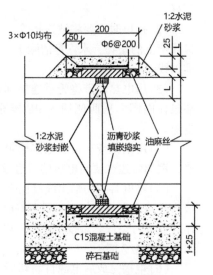
（a）企口沟管柔性接口

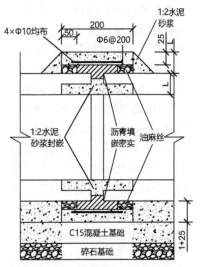
（b）平口沟管柔性接口

图 10-19 企、平口沟管柔性接口图

于软弱地基地段，可预防管道产生的纵向弯曲和错口。套环接口的套环与混凝土管间隙用水泥石棉灰填塞，如图10-20所示。

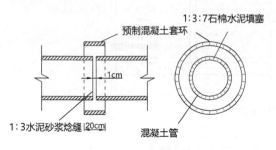

图 10-20　半刚性接口

水泥用环氧树脂胶拌合成胶泥状来直接黏结混凝土管接口。所黏结的接口处应凿毛，有一个清洁干燥的表面。环氧树脂胶配制方法是环氧树脂：苯二甲酸二丁酯：乙二胺 = 1：0.15：0.08，施工环境温度大于10℃。

### （四）PE管热熔焊接施工

1）热熔焊接施工准备

将与管材规格一致的卡瓦装入机架；准备足够的支撑物，保证待焊接管材可与机架中心线处于同一高度，并能方便移动；设定加热板温度200~230℃；接通焊机电源，打开加热板、铣刀和油泵开关并试运行。

2）焊接工艺流程

检查管材并清理管端，紧固管材，铣刀铣削管端（图10-21），检查管端错位和间隙，加热管材并观察最小卷边高度，管材熔接并冷却至规定时间，取出管材。

在焊接过程中，操作人员应参照焊接工艺卡各项参数进行操作，而且在必要时，应根据天气、环境温度等变化对其进行适当调整。具体流程及要求如下：

（1）核对将要焊接管材规格、压力等级是否正确，检查其表面是否有磕、碰、划伤，如伤痕深度超过管材壁厚的10%，应进行局部切除后方可使用。

（2）用软纸或布蘸酒精清除两管端的油污或异物。

（3）将欲焊接的管材置于机架卡瓦内，使两端伸出的长度相当（在不影响铣削和加热的情况下尽可能短，宜保持20~30mm），管材机架以外的部分用支撑物托起，使管材轴线与机架中心线处于同一高度，然后用卡瓦紧固好。

（4）置入铣刀，先打开铣刀电源开关，然后再合拢管材两端，并加以适当的压力，直到两端有连续的切屑出现后（切屑厚度为0.5~10mm，通过调节铣刀片的高度可调节切屑厚度），撤掉压力，略等片刻，

再退开活动架，关闭铣刀电源。

（5）取出铣刀，合拢两管端，检查两端对齐情况。管材两端的错位量不能超过壁厚的10%，通过调整管材直线度和松紧卡瓦予以改善；管材两端面间的间隙也不能超过0.3mm。如不满足要求，应在此铣削，直到满足要求。

（6）加热板温度达到设定值后，放入机架，施加规定的压力，直到两边最小卷边达到规定高度时，压力减小到规定值（管端两面与加热板之间刚好保持接触，进行吸热），时间达到后，松开活动架，迅速取出加热板，然后合拢两管端，其切换时间尽量缩短，冷却到规定时间后，卸压、松开卡瓦，取出连接完成的管材。

### （五）电热熔带接口施工

高密度聚乙烯（HDPE）中空结构壁缠绕管（SN8）采用电热熔带接口施工。施工要求如下：

图 10-21　管材切割

（1）管道连接前，应检查管道及电热熔带是否完好。

（2）接口时，要将被连接管道的外表面及电热熔带内壁上的杂物，水汽等清除干净，并将连接管道对准轴线。

（3）用电热熔带将管道连接部位紧紧包住，边线端包在内圈，从两侧插入PE棒充实电热熔棒内部空隙。

（4）用钢扣带夹钳将电热熔带上紧，使其紧贴管壁，钢扣带边缘要与电热熔带边缘对齐。

（5）将电容机的输出线端的夹子与电热熔带的连接头连接在电热熔机上，设置好时间及电压挡，按操作规程进行熔接，熔接结束时，取下接线夹子，再紧固夹钳约1/2圈。

（6）熔接完成后电源自动切断，进行冷却，冷却时间一般夏季20min，冬季约10min。不可用水冷却，冷却后打开钢扣带，检查熔接是否符合要求。

## 七、拆除支撑

回填到一定深度,确认拆除支撑安全,方可拆除支撑。其顺序是:先上后下、后撑先拆、先撑后拆,以确保安全。

拆除横向支撑应符合下列规定:

(1)支撑的拆除应与回填土的填筑高度配合进行,且在拆除后应及时回填。

(2)对于设置排水沟的沟槽,应从两座相邻集水井的分水线向两端延伸拆除。

(3)对于多层支撑沟槽,应待下层回填完成后再拆除上层支撑;一次拆除有危险时,宜采取替换拆撑法拆除支撑。

(4)换撑工况应满足设计工况要求,支撑应在换撑结构达到设计要求的强度后对称拆除。

(5)支撑拆除施工过程中应加强对支撑轴力和支护结构位移的监测,变化较大时,应加密监测,并应及时统计、分析上报,必要时应停止施工,加强支撑。

拔除钢桩应符合下列规定:

(1)在回填达到规定要求高度后,方可拔除钢桩。

(2)钢桩拔除后应及时回填桩孔。

(3)回填桩孔时应采取措施填实,有地面沉降控制要求时,宜采取边拔桩边注浆等措施。

(4)对于饱和地下水的粉土、细砂土和淤泥质土层地区,宜采用静拔桩方式。

铺设柔性管道的沟槽,支护桩的拔除应按设计要求进行。

## 八、沟槽回填

各管线回填工作开始前,项目经理部向驻地监理工程师申报管线回填土专项部位工程开工申请,阐明施工方案,技术措施及回填质保体系,获批准后再进行施工。

管线回填满足施工技术规范要求,按规定频率进行回填土的轻、重型击实试验,求得该填料的最佳含水量和最大干密实度。对沟槽内的积水、淤泥及时进行清除,并去除填料中所有的砖头、砼块、树根、垃圾和腐殖质。

回填时管道两侧同时对称进行,高差不超过30cm;每层回填厚度不得超过25cm。从槽底至管顶500mm以内深度,采用轻型夯实机具压实,如小型振动夯或2t压路机等,以免管道发生位移或变形。

分段回填时,相邻段的接茬形成台阶,每层台阶宽度≮厚度2倍,保证接茬部位回填质量。

土方回填(图10-22)的一般控制措施如下:

(1)回填按规定分层夯实或碾压,沟槽窄小要扩槽,保证足够的工作宽度;①采用蛙式夯,虚土厚度≮20cm;②采用压路机,不超过30cm,碾压的重叠宽度也不应小于20cm。

(2)项目部将积极创造条件,在不损及管道的前提下,尽早使用压路机进行回填碾压,在所回填段落,立标牌,标明施工负责人,质控试验人员和现场监理人员的姓名。每层回填完毕,自检合格后,层层报监理抽检验收,合格后,再进行下层回填,凡是监理抽检不合格的,坚决返工或补压,直至达到合格标准。

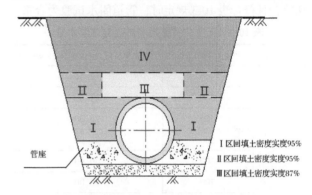

**图10-22 沟槽回填土密实度部位划分示意图**

## 九、管道功能性试验

管道安装完成后应按下列要求进行管道功能性试验:

(1)压力管道应进行水压试验,试验分为预试验和主试验阶段;试验合格的判定依据分为允许压力降值和允许渗水量值,应按设计要求确定;设计无要求时,应根据工程实际情况,选用其中一项值或同时采用两项值作为试验合格的最终判定依据。

(2)无压管道应进行管道的严密性试验,严密性试验分为闭水试验和闭气试验,应按设计要求确定;设计无要求时,应根据实际情况选择闭水试验或闭气试验进行管道功能性试验。

### (一)无压管道的闭水试验

无压管道的闭水试验从上游往下游分段进行,上游段试验完毕,可往下游段充水,倒段试验可节约用水。

按设计要求在回填土前、检查井砌筑完毕且达到一定强度后进行。闭水试验前,在试验管段两端砌筑240mm砖堵,抹面密封,待养护达到一定强度后,向上游注水,进行管段串水,同时检查砖堵、管道、井身。

当无漏水和严重渗水后,泡管1~2昼夜,使管壁浸饱水。

按规范要求对管线进行闭水试验。管道两端堵用砖砌筑，经3~4d养护达到一定强度后，向闭水段的检查井内注水。闭水试验的水位须达到试验段上游管内顶以上2m；井高不足2m，将水灌至接近上游井口高度。注水过程同时检查管堵、管道、井身渗水程度。浸泡管和井1~2d后进行闭水试验。

试验时，将水灌至接近上游井口高度稳定后，量出水面至井口的距离，在30min内，根据井内水位的下降，求出试验段30min的渗水量。

管道闭水试验时，应进行外观检查，不得有漏水现象，且符合表10-3规定时，管道闭水试验为合格。

表10-3 无压力管道闭水试验允许渗水量

| 管材 | 管道内径/mm | 允许渗水量/[m³/(24h·km)] |
|---|---|---|
| 钢筋混凝土管 | 200 | 17.60 |
| | 300 | 21.62 |
| | 400 | 25.00 |
| | 500 | 27.95 |
| | 600 | 30.60 |
| | 700 | 33.00 |
| | 800 | 35.35 |
| | 900 | 37.50 |
| | 1000 | 39.52 |
| | 1100 | 41.45 |
| | 1200 | 43.30 |
| | 1300 | 45.00 |
| | 1400 | 46.70 |
| | 1500 | 48.40 |
| | 1600 | 50.00 |
| | 1700 | 51.50 |
| | 1800 | 53.00 |
| | 1900 | 54.48 |
| | 2000 | 55.90 |

**(二) 无压管道的闭气试验**

无压管道的闭气试验适用于埋地混凝土管、化学建材管等，是无压管道在回填土前进行的严密性试验。

闭气试验时，地下水位应低于管外底150mm，环境温度应为-15℃~50℃。下雨时不得进行闭气试验。

闭气试验合格标准应符合下列规定：

（1）标准闭气试验时间应符合GB 50268—2008的规定，管内实测气体压力大于等于1500Pa则管道闭气试验合格。

（2）被检测混凝土管道内径大于等于1600mm，化学建材管内径大于等于1000mm时，应记录测试时管内气体温度(℃)的起始值 $T_1$ 及终止值 $T_2$，并将达到标准闭气时间时膜盒表显示的管内压力值 $P$ 记录，用式(10-1)加以修正，修正后管内气体压降值为 $\Delta P$。

$$\Delta P = 103300 - (P + 101300)\frac{273 + T_1}{273 + T_2} \quad (10\text{-}1)$$

$\Delta P$ 小于500Pa时，管道闭气试验合格。

（3）在进行管径2000mm及以上管道闭气检验时，应使用安全保护装置。

（4）闭气试验所采用板式密封管堵应符合现行行业标准《排水管道闭气检验用板式密封管堵》(CJ/T 473—2015)的有关规定，如采用其他形式管堵，应具备相应技术保证，并经过试验验证。

（5）管道闭气试验不合格时，应进行漏气检查、修补后复检。

# 第二节 非开挖施工

## 一、顶管施工

### (一) 基本程序

顶管施工的基本程序为：施工前的调查，施工组织设计的制订，工作坑和接收坑的构筑，顶距的确定，工作坑的布置，初始顶进，正常顶进及偏差纠正，贯通，接口处理，收坑。

**1. 施工前的调查**

调查的主要内容有：道路状况、土质条件、工作坑和接收坑周围情况、地面建筑物和地下构筑物情况、老河道和老管道及老驳岸情况以及与施工有关的各项调查。

**2. 施工组织设计的制订**

设计内容有：工程概况、现场组织网络、临时设施及施工现场平面布置、施工程序及技术措施、突发事故的处理对策、工程进度表、劳动力一览表、工作坑及接收坑、与顶进有关的计算、主要设备及使用情况一览表、供电与照明、安全管理及质量管理体系以及各种辅助施工等。

**3. 工作坑和接收坑的构筑**

根据管道的口径、覆土深度、土质状况、顶力大小以及周围情况等确定工作坑和接收坑的构筑方式。如是采用钢板桩，还是采用沉井或其他方式构筑，而后制订相应的施工组织设计，给予实施构筑。其中，还应考虑安全等方面的因素。

#### 4. 顶距的确定

此顶距的确定并非是相邻井位间的顶进距离,而是根据设计井位间的距离长短、土质状况、管材抗压强度、承受能力、采取的辅助措施、地下各种管线和构筑物及地面建筑物的情况、支管接入的部位和方式、地面交通状况等,确定首次顶进距离,即需要按放第一个中继间位置的顶距的确定。

#### 5. 工作坑的布置

工作坑布置是指工作井构筑好以后的坑与坑间中线的放样,坑内设备、电源、照明的布置,坑周围地面设备和设施的安排,安全护栏和上下扶梯的落实等。坑内设备包括基坑导轨的安装,安装时应注意下列问题:

（1）基坑导轨是管道出发的基准,不仅要求导轨本身要直,两导轨间要平行,而且要求导轨安放时要符合标准中的要求,即中线在全长内与管道中心线的误差不得大于 3mm。两导轨的平面应在同一水平面上,且这个平面的高程应与设计要求的混凝土管的管内沟底标高相一致。

（2）基坑导轨的前端应尽量贴近出洞的洞口。

（3）基坑导轨的轨枕下应采用硬质木板垫实。

（4）基坑导轨绝对不能让它产生有任何细小的位移。可以在其左右用支撑牢固地撑住,前端也应支撑在前座墙上,或把整个基坑导轨预埋在基坑底板上予以固定油缸（千斤顶）,在工作坑内布置方式常为单列、并列和双层并列式等。

（5）当采用单列布置时,应使千斤顶中心与管中心的垂线对称。

（6）采用多台并列时,顶力合力作用点与管壁反作用力合力作用点应在同一轴线上,防止产生顶进力偶,造成顶进偏差。

（7）根据施工经验,采用人工挖土,管上半部管壁与土壁有间隙时,千斤顶的着力点作用在垂直直径的 1/5~1/4 为宜。

#### 6. 初始顶进

把工具管或掘进机和第一节管顶入土中的这一顶进过程称为初始顶进,它是整个顶管过程中最为重要的一个环节。

#### 7. 正常顶进及偏差纠正

进入正常顶时,必须严格遵守顶管操作规程进行操作。通过初始顶进将偏差控制在合理或最小范围内,但顶进一定距离后仍会出现偏差,此时需要时时测量并加以纠正。

#### 8. 贯 通

贯通工作应在工具管或掘进机将达到接收坑一定距离时就开始,因为贯通也就是指工具管或掘进机从土中进入接收坑的这一过程。在离进入接收坑前一定距离时,即贯通前,应仔细测量一下工具管真正所处的位置,当工具管接近接收坑洞口时,最好用钢筋戳穿土层,量一下工具管离井壁的距离,准确测出工具管的位置所在。并在此之前,除去洞口的封堵墙,做好进坑的准备工作。

#### 9. 接口处理

它是每一个管段相接时必须要进行的工作,包括工具管或掘进机与第一个管段、中继间与管段以及中继间拆除以后,管子合拢后的接口处理。处理方式要针对不同管子而不同,有的需要做内接口,有的需要嵌各种填料等,这些在设计图纸上都有明确规定,必须按规定认真去做。

#### 10. 收 坑

收坑是指管段全线贯通以后的工作坑内设备的拆除,工作坑或接收坑内流槽的浇制以及支管的连接等一系列土建收尾工作的全过程。如果是要求很高的顶管工程,还应包括有充填浆的灌注等一些特别措施,一直到路面的恢复为止这一全过程。至此,一个完整的顶管过程才能算结束。

### (二) 材料和设备

#### 1. 顶管工具管

顶管工具管主要用在人工掘进顶管中,它不能称为掘进机,应称为手掘式工具管（图 10-23）。它有无网格式和有网格式两种,网格主要起到稳定工具管前方墙体的作用。前者适用于土质条件较好的黏性土或通过降水的砂性土中;后者适用于含水量高的软土层中。

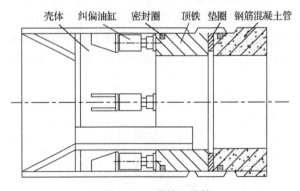

图 10-23 顶管工具管

顶管工具管由刃口、管身、管尾、纠偏油缸和网格五大部分组成。刃口部分有时会安装网格（图 10-24）。若把刃口部位用挤压口替代,则就成了挤压式工具管。

#### 2. 顶管机械掘进机

（1）半机械式掘进机:半机械式掘进机是在顶管工具管的基础上发展而来的。在顶管工具管内安装一

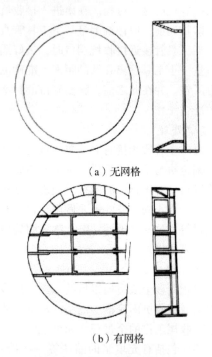

（a）无网格

（b）有网格

图 10-24　无、有网格工具箱

个可上下左右移动的机械臂，替代了人工挖土。它是由电动机带动减速装置驱动或由液压驱动。

（2）水力顶管掘进机：利用高压水枪的射流方式进行冲土，达到水力切削掘进效果的顶管机械为水力顶管掘进机。使用这种掘进机将顶进前方的土冲成泥浆，再通过泥浆管输送到地面储浆场的顶管作业，称为水力掘进顶管。水力掘进顶管分为无泥水平衡顶管施工和泥水平衡顶管施工（图 10-25、图 10-26）。

（3）机械顶管掘进机：采用机械切削土体的形式进行挖土，并将切削下来的土由螺旋输送机排出的顶管掘进机为机械顶管掘进机。通过掘进机土仓内的压力与所处土层的主动土压力取得平衡的为土压平衡掘进机。

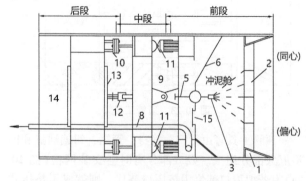

1-刃脚；2-网格；3-水枪；4-格栅；5-水枪操作把；6-观察窗；7-泥浆吸口；8-泥浆管；9-水平铰；10-垂直铰；11-上下纠偏千斤顶；12-左右纠偏千斤顶；13-气阀门；14-大水密门；15-小水密门。

图 10-25　水力掘进工具管

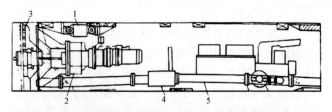

1-纠偏千斤顶；2-喷嘴旋转系统；3-喷嘴；4-进出水管；5-水管阀门。

图 10-26　泥水平衡式顶管掘进机

（4）气压式顶管掘进机：将气压式顶管施工限定在局部气压式顶管施工范围内，则就需要使用气压式顶管掘进机。它相对于全气压式顶管施工，用气要求低，施工成本少；由于使用了气压式顶管掘进机，使操作人员都在常压下工作，其安全性、可靠性、高效性明显提高。气压式顶管掘进机可由半机械式的掘进机改造而成，也有专门制造一个气压式顶管掘进机，即在全密闭切削掘进机中安置一个可以向泥土仓内充气的装置的掘进机。

3. 主顶油缸（千斤顶）

主顶油缸（千斤顶）又称为"顶镐"，是掘进顶管的主要设备之一。目前大多采用液压千斤顶，即油缸。有单作用和双作用的油缸，有柱塞式和活塞式两种。单作用油缸，其反向作用需借助外力，故施工中主要使用双作用油缸。用于顶管的双作用油缸有以下三个基本特点：

（1）工作行程长，可达 1500mm 左右。

（2）推力大，每只至少在 100~200t。

（3）主顶油缸的工作压力高，可达 31~42MPa。

4. 油　泵

顶管所用的油泵大多采用轴向柱塞泵或径向柱塞泵。因为柱塞泵的压力较高，一般大于 31MPa，甚至高达 42MPa；同时它的使用寿命长，体积小。油泵主要给主顶油缸、中继间和纠偏油缸供油。一般情况下，供油给主顶油缸和中继间油缸的油泵流量比较大，在 10~25L/min，而供油给纠偏油缸的油泵流量就小许多，一般在 5L/min 以下。

油缸和油泵的液压附件有高压软管、安全阀、换向阀和油箱等。

5. 基坑导轨

基坑导轨有铁路钢轨、型钢或型钢组合件等制成，与横梁、支座垫板共同布置在基坑内，为搁置机头（工具管或掘进机）和管道所用。它的长度至少要超过机头长度及管节长度的两倍以上，如果主顶油缸也架在基坑导轨上，就还得增加长度。

6. 顶铁

顶铁一般由铸铁整体浇铸或采用型钢焊接成型。设有吊装环，便于搬动，还备有锁定装置，避免受力

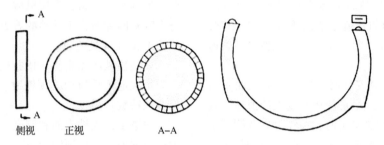

图 10-27 圆环形和 U 形顶铁

时发生"崩铁"事故。它是传递顶力或弥补油缸行程不足的设备。根据顶铁的作用和安放的位置不同，可分为顺顶铁、横顶铁、U 形顶铁（马蹄形）及圆环形顶铁。

由于顺顶铁、横顶铁容易发生安全事故，现已不太使用。现在多数使用圆环形和 U 形顶铁两种，如图 10-27 所示。

7. 管 材

顶管所采用的管材包括钢筋混凝土管、钢管、塑料管、铸铁管、陶土管、玻璃纤维加强管等。但常用的是钢筋混凝土管，其次是钢管。

(三)顶进施工工艺

1. 施工前测量

根据管线铺设走向，用全站仪在现场地面上准确放出管道铺设的中线控制桩，并确定顶坑位置，桩点必须是所顶管道的中心点。遇障碍物，操作井位置应根据现场情况予以适当调整。

控制桩放好后必须用砼保护好，待工作坑开挖后将中线和中心点引至工作坑内，便于随时检查和复查，并进行保护，以利于安装导轨和管道在顶进过程中检查复核之用。

2. 开挖工作坑

1）工作坑开挖与支护

竖井工作坑施工前必须完成降水，管井深度 20m，泵站段计划布设 4 口降水井。

工作坑的开挖采用人工开挖配合吊车使用吊框出土，每次下挖深度不大于 1.2m。护壁方式与隧道主体相同，采用挖孔灌注桩配合网喷护壁。

按设计工作竖井断面尺寸开挖，清理井壁、喷浆、土钉打入、内层钢筋网片安装焊接、喷射砼、外层网片安装焊接、喷射混凝土封闭，完成一个循环。施工采用单班制作业，组织 2 个班，单井每班 12 人；地表水防治处理，沿竖井主体周围设置排水明沟，控制地表水流入井内，并使得井内土体得到一定的疏干和固结。

2）顶管工作坑允许偏差（表 10-4）

表 10-4 顶管工作坑允许偏差

| 项目 | | 允许偏差 |
|---|---|---|
| 工作坑每侧宽度、长度 | | 不小于设计规定 |
| 后背 | 垂直度 | 0.1%H |
| | 水平线与中心线的误差 | 0.1%L |
| 导轨 | 高程 | +3mm |
| | 中线位移 | 左 3mm，右 3mm |

3. 顶管工作井内设备安装（图 10-28）

导轨设置是顶管工程的关键，要求牢固可靠，轨距、高程、流水方向必须准确。导轨方向应绝对和管轴线方向平行，且导轨中心间距轴线和所要顶进管道轴线的垂直投影线完全重合一致，导轨标高偏差应符合规范要求，不得大于 3mm。

(1) 导轨安装：严格控制导轨的中心位置和高程，确保顶入管节中心及高程能符合设计要求。由于工作井底板设置了单层双向钢筋网，并浇注了 20cm 的砼，地基稳定，导轨安装在枕木上，枕木放置在工作井的底板上。严格控制导轨顶面的高程，其纵坡与管道纵坡一致。导轨必须直顺。严格控制导轨的高程和中心。

(2) 千斤顶安装：采用 2 台双作用活塞式液压千斤顶，主顶站千斤顶选用油缸，固定在型钢制作的千斤顶支架上，并与管道中心的垂线对称，安装高度宜使千斤顶的着力点位于管端面垂直径的 1/4 处，支架

图 10-28 施工与安装

焊在井底横梁上,千斤顶着力点应在与水平直径成45°的顶管圆周上,即与管道中心的垂线对称,其合力作用点在管道圆心上,每个千斤顶的纵坡尖与管道设计坡度一致。

(3)顶铁安装:顶铁安装必须顺直,无歪斜扭曲现象。加放顺铁时,应尽量使用长度大的顶铁,减少顺铁连接的数量。顶进施工时,顶铁上方及侧面不得站人,并应随时观察有无异常迹象,以防崩铁伤人。

(4)后座墙与后背:后座墙与后背是千斤顶的支撑结构,在顶进过程中始终承受千斤顶顶力的反作用力,该反作用力称为后坐力。顶进时,千斤顶的后坐力通过后背传递给后座墙。因此,后背和后座墙应有足够的强度和刚度,以承受此荷载。后背由横排方木、立铁和横铁构成。

### 4. 施工操作(图10-29)

1)引入测量轴线及水准点

将地面的管道中心桩引入工作井的侧壁上(两个点),作为顶管中心的测量基线。将地面上的临时水准点引入工作井底不易碰撞的地方,作为顶管高程测量的临时水准点。

图10-29 顶管施工

2)下 管

下管前,要严格检查管材,不合格的不能使用。第一节管下到导轨上时,应测量管的中线及前后端管底高程,以校核导轨安装的准确性。要安装户口铁或弧形顶铁保护管口。

3)千斤顶和顶铁的安装

千斤顶是掘进顶管的主要设备,本工程拟采用100t液压千斤顶。

千斤顶的高程及平面位置:千斤顶的工作坑内的布置采用并列式,顶力合力作用点与管壁反作用力作用点应在同一轴线,防止产生顶力偶,造成顶进偏差。根据施工经验,采用机械挖运土方,管上部管壁与土壁有间隙时,千斤顶的着力点作用在管子垂直直径的1/5~1/4处为宜。

安装顶铁应无歪斜、扭曲现象,必须安装直顺。

每次退千斤顶加放顶铁时,应安放最长的顶铁,保持顶铁数目最少。

顶进中,顶铁上面和侧面不能站人,随时观察有无扭曲现象,防止顶铁崩离。

4)顶进施工

顶进施工应遵循"先挖后顶,随挖随顶"的原则,连续作业,避免中途停止。

顶进开始时,应缓慢进行,待各接触部位密合后,再按正常顶进速度顶进。

工作坑内设备安装完毕,经检查各部分处于良好状态。即可进行试顶,操作如下:

(1)首先将工具头下到导轨上,就位以后,装好顶铁,连接好各系统并检查正常后,校测工具水平及垂直标高是否符合设计要求,合格后即可顶进工具头。

(2)安放混凝土管节,再次测量标高,核定无误后进行试顶。

待调整各项参数后即可正常顶进施工。

接口在顶进前先用黏的牢胶水将遇水膨胀止水圈贴在钢筋混凝土管口上,止水圈偏于管厚度中间偏外放置,使管与管顶紧后管里缝有2~3cm的深度,利于顶机顶力将其压实。

管里缝再用水泥砂浆勾缝填充密实,素水泥浆抹内带压光,防止渗水。

为防止顶进过程中管与管错口,两管之间接口处安装钢内胀圈固定,或安装钢卡,将管与管控制在同一圆心上,同时防止顶管导致周围土体松动。

在管壁外侧安装设置钻有蜂窝状小孔的压浆管(直径为50mm的钢管),以便管道顶进完成后对土体与管道之间空隙压浆,使顶进管道与周围土体密实无空隙,防止管顶土层沉降。

顶进施工时,主要利用风镐在前取土,千斤顶出镐在后背不动的情况下将管道向前顶进,其操作过程如下:

(1)安装好顶铁并挤牢,工具管前端破取一定长度后,启动油泵,千斤顶进油,活塞伸出一个工作冲程,将管道推向前一定距离。

(2)停止油泵,打开控制阀,千斤顶回油,活塞回缩。

(3)添加顶铁,重复上述操作,直至需要安装下一节管子为止。

(4)卸下顶铁,下管,用环形橡胶环连接混凝土管，以保证接口缝隙和受力均匀，保证管与管之间的连接安全。

（5）测量：在顶第一节管时，及时校正顶进偏差过程中，应每顶进 20~30cm，即对中心和高程测量一次；在正常顶进中，应每顶进 50~100cm 时，测量一次。中心测量是根据工作井内测设的中心桩、挂中心线，利用中心尺，测量头一节管前端的轴线中心偏差。高程测量是使用水准仪和高程尺，测首节管前端内底高程，以控制顶进高程；同时，测首节管后端内底高程，以控制坡度。工作井内应设置两个水准点，以便闭合之用，经常校核水准点，提高精度。一个管段顶完后，应对中心和高程再作一次竣工测量，一个接口测一点，有错口的测两点。

（6）设计坡度在导轨安装时做好调整，导轨坡度应与管道设计坡度一致，固定两侧测点，随时校正，正负高差不得大于 10mm。

（7）管道纠偏：顶管施工比开槽施工复杂，容易产生偏差，因此对管道中心线和顶管的起点、终点标高等都应精确地确定，做好顶进过程中的偏差校正。当测量发现偏差在 10mm 左右，即应进行校正。校正是逐步进行的，偏差形成后，应缓慢进行校正，使管道逐渐复位，禁止猛刮硬调。可采用超挖纠偏法，即在偏向的反侧适当超挖，在偏向侧不超挖，甚至留坎，形成阻力，施加顶力后，使偏差回归。当偏差大于 20mm 时，采用千斤顶纠偏法，当超挖纠偏不起作用时，用小型千斤顶顶在管端偏向的反侧内管壁上，另一端斜撑在有垫板的管前土壁上，支顶牢固后，即可施加顶力。同时配合超挖纠偏法，边顶边支，直至使偏差回归。

（8）管前挖土要求：管前挖土是保证顶进质量和地上构筑物安全的关键，挖土的方向和开挖的形状直接影响到顶进管位的准确性，因此应严格控制管前周围的超挖现象，在一般顶管地段，如土质较好，可超挖管端 300~500mm；对于密实土质，在管端上面允许超挖 15mm 以内，以减少顶进阻力，管端下部 135°范围内不得超挖，保持管壁与土基表面吻合。

（9）接口的处理：由于顶管的管材为 F 形接口，顶管完毕后，对于管与管之间的缝隙，采用膨胀水泥砂浆压实填抹。选用硅酸盐膨胀水泥和洁净的中砂，配合比（重量比）为膨胀水泥：砂：水 = 1:1:0.3，随拌随用，一次拌和量应在半小时内用完。填抹前，将接口湿润，再分层填入，压实抹平后，在潮湿状态下养护。

5）压注水泥加固浆

由于顶进钢筋混凝土管，管壁四周土层有松动，管壁与地层间有少量间隙，为使顶进管与地层间空隙密实，确保顶进管段不沉陷进行管外壁压浆。纯土层顶进时，由于管道和土层之间没有间隙，所以，一般不做压浆处理。

（1）压浆管制作：使用 φ50mm 钢管，每节长度 1.95m，将钢管按梅花形布置吹成眼孔，间距为 30cm，管与管之间使用丝口连接。

（2）压浆管布置：根据所顶砼管道内径大小确定，管径为 600mm、800mm，布设一根注浆管，每顶进一根管道安装两根，在砼管与砼管接缝处用钢片焊接成卡，随着管道顶进而带动前行，直到单侧顶进完毕为止。

（3）压浆：顶管完成后，利用拌浆机和高压注浆泵，通过该管压入水泥浆，压浆材料选用水泥和粉煤灰，按 1:4 配置而成。分 2~3 次压入，压力从 0.5MPa 慢速调到 2.0MPa，使压入的水泥浆包裹砼管外壁，达到无空隙，起到防沉防裂作用。

6）回填土

顶管完成后，应按设计要求进行井室施工。

为保证井室四周不发生下沉现象，采用连砂石进行分层回填。回填土要求木夯夯实一层 30cm，机械夯实一层 20~25cm。回填密实度应符合质量标准。

7）闭水试验

为确保工程质量，砼管顶进完毕后，应对管道作闭水试验，按照规范要求进行，达到设计要求后，方为合格成功，若不能满足要求，则重新检查整修，直至合格为止。

### （四）管道顶进检测、纠偏及注浆减摩

**1. 管道顶进检测**

为了对地面建筑物和地下管线的扰动控制，必须进行对地表变形、土体位移和建筑物的沉降进行测量和观测，确保建筑物及地下管线的安全和正常使用，这是管道顶进检测的又一个内容。

**2. 纠　偏**

纠偏一般采用挖土校正法、顶木校正法和机械纠偏法。纠偏过程要采用分次逐步纠正，禁止每次纠偏量过大。

（1）挖土校正法、顶木校正法：在手掘式顶管中使用。当管子偏离设计中心一侧，则挖土在另一侧适当超挖，偏离侧少挖或留台，经继续顶进，借预留土体迫使管首逐渐回位的方法称为挖土校正法。使用此法一般是偏差值较小（约 1~2cm）时采用。在管子偏离时，采用圆木或方木，一端顶在偏斜反向的管子内壁上，另一端支撑在垫有木板的管前土层上，通过顶进时，利用顶木产生分力使管子得以校正，这就是顶木校正法。

（2）机械纠偏法：主要通过机械操作达到纠偏的目的。凡是装有纠偏油缸的掘进机，就利用油缸的编组操作实施纠偏。在封闭式顶管掘进机顶管中，利用切削刀盘上可收缩的超挖刀，超挖正面局部土体，达到纠偏效果。

### 3. 注浆减摩

注浆减摩是顶管施工中的一个重要措施，施工中称泥浆套顶进，就是将触变泥浆注入所顶管子四周，形成一个泥浆套层，用以减小顶进的管子与土层的摩擦力，并能防止土层坍塌，减小了由于顶管过程中所产生的地面沉降。在砂性土中，不采用注浆减摩，摩擦阻力有时可达 $25kN/m^2$ 以上，如果注浆减摩的效果较好，则可使摩擦阻力降低到 $3\sim 5kN/m^2$。因此长距离顶管中，常和中继间配合使用。

注浆减摩的浆液（触变泥浆）配制有两类，一类是以膨润土为主掺和一些辅助材料，如分散剂、增凝剂等，加水并不断搅拌均匀后搁置 $2\sim 4h$ 即用。另一类是采用吸水后体积迅速扩大的高分子材料为主体，适当地加水搅拌调制而成的。

## （五）顶管中继间

顶管中继间是增加顶进长度的重要工具。顶管中继间的结构是一个钢制的特殊管子，它安装在相邻两节混凝土管之间，并有止水圈以阻止泥水的渗漏，其管子的外径与混凝土管外径一致，前端与混凝土管固定连接，后端与混凝土管可相对运动，沿管内壁设置有许多台油缸。

顶管中继间的使用程序如下：

（1）主顶油缸顶进结束后未缩回。
（2）慢慢伸出中继间油缸把工具管和混凝土管徐徐顶向前进，达到规定行程时，面上停止其顶进。
（3）把控制阀放在能让中继间油缸回油的位置。
（4）缩回主顶油缸，卸管子就位。
（5）继续主顶油缸的顶进，使前进的管子压缩中继间油缸回油，闭合中继间顶距，结束后未缩回这样，依次重复直到把管子顶入接收坑。如果是许多套中继间，只需要按上述程序，从最前面一套往后，一套一套地动作就可以了。

在施工时，当主顶油缸的推力达到了设计总推力的70%时，就必须安装中继间。当主顶油缸的总推力达到设计总推力的80%时，就应该启动安装好的中继间。留有20%左右的余地，防止顶进过程中可能出现的不正常状况。

当工具管从接收坑中被顶出后，首节管子按设计要求就位，就可以从前到后依次合拢中继间了。首先是把第一只中继间的油缸和附件拆完，并把中继间内打扫干净，然后，让第二只中继间顶进，或者让主顶油缸顶进使第一只中继间合拢。如果中继间数量比较多，同样依次合拢就可以了。

## （六）长距离顶进与曲线顶管

### 1. 长距离顶进

顶管中，一次顶进长度受设备能力、管材强度、后背强度及操作方法等因素限制，一般一次顶进长度约 $40\sim 60m$。通过采用中继间顶进、注浆减摩（泥浆套减阻）等方法，提高了一次顶进长度，并实现长距离顶进与曲线顶管的目的，使原来世界上首次顶进的 $6m$ 增加到 $1\sim 2km$。

### 2. 曲线顶管

曲线顶管往往和长距离顶管有着密不可分的关系。但是，曲线顶管有比直线顶管更特殊的一面，比长距离顶管施工更为复杂、技术难度更高。影响曲线顶管的因素有许多，简要说明如下：

（1）掘进机：一般说来，凡是适用于直线顶管的掘进机，都能用来作为曲线顶管。唯一要注意的是，掘进机的机身不能太长，太长则弯曲时不太容易。如果专门制作用于进行曲线顶管的掘进机，最好采用三节式，且每两节之间都设有校正方向的油缸。

（2）曲率半径与顶力：同样的顶进长度，曲线顶管的顶力要比直线顶管大得多，并且这种顶力的增加是随着曲率半径的逐渐减小而增大的。例如当曲率半径为 $200m$ 时，顶力为直线顶管的 $1.07$ 倍；而曲率半径减到 $100m$ 时，顶力为直线顶管的 $1.14$ 倍；如果曲率半径减小到 $50m$ 时，其顶力增加为直线顶管的 $1.33$ 倍。

（3）管材的管端接触：曲线对于管材来说，是由每节管子的折线所组成来取代的，每两节管子之间就会有一定的张口，而且这样的张口是随曲率半径的减小而增大的，使管子的端面之间不像直线顶管中全断面接触状态，而是接触面较小的不良状态，这就会使管子端面产生应力集中，使管子受到破坏。

（4）管子长度：由于曲线是由管子的折线来取代的，因此，管子越短，也就越容易使曲率半径减小，故有的曲线顶管就根据这一道理，把原来长 $2m$ 左右的管子，做成 $1m$ 长的管子，甚至更短。在曲线顶管中，仅对管子进行改进，利用直线顶进的设备进行曲线顶管，获得的成功，称之为半管顶进。

（5）曲线顶管的测量：这是一个不可忽视的因素。事先必须仔细地进行坐标的计算并列成表格。让操作者每顶进一段距离进行测量和检测。复杂的地段使用专门的设备和仪器。

## 二、浅埋暗挖

### (一) 基本程序

(1) 工作井挖掘；(2) 测量定位；(3) 渠道人工掘进；(4) 喷射砼支护；(5) 钢筋安装绑扎；(6) 喷射渠壁砼；(7) 内壁抹灰修整；(8) 外壁灌浆。

### (二) 施工操作

**1. 工作井挖掘**

排水渠的检查井兼作工作井，工作井的规格通常有 3000mm×3000mm、2700mm×2700mm、2200mm×2000mm，井壁做到每级 1m，每级下小 (350mm) 上大 (400mm)。工作井的挖掘方法类似于人工挖孔桩，都是采用"随掘随浇筑侧壁"、施工顺序也是逐级地从上到下开展。

防止工作井中流入雨水，在地面沿工作井的井壁四周做好挡水沿 (高度通常控制在 20cm)，用竹搭移动式雨篷搭在工作井的井口顶。

护壁砼浇注，采用现场搅拌混凝土，将砼用吊斗将其吊到操作平台，然后再利用人工操作的方式铲入模板，使之均匀地浇注到各个方向，为了避免机械振捣造成模板偏移，应该要把混凝土用钢筋插均匀。

人工在井内挖土，挖孔土方人工装进吊斗，采用卷扬机吊出井内，提升上地面堆泥场后装车外运。

安装护壁模板，模板支撑采用交叉撑和内支撑，为了避免整套模板出现移动，可以将模板脚固定，具体方法可以为将钢钎插入到孔底。

**2. 测量定位**

测量定位之前，应该先将渠道中线用经纬仪从地面引到工作坑内，然后将中线控制桩埋在检查井两端的侧壁上，接下来就可以拉上线绳，挂两个线锤，挖进的方向实际上也就是两垂线的连线，如图 10-30 所示。在洞口引入渠的中轴线，为了便于标识，可以将木桩放置在洞口的上方。若须引用轴线，只需将一线锤挂在木桩上，即可将经纬仪引入洞内。在洞内，掘进方向的检查可以用带刻度的水平尺完成，将一个中心钉设置在水平尺上，通过水平尺的中心钉与拉入洞内的细线进行比较，就能够知道洞中心线是否存在着偏移现象。洞渠管道偏向哪个方向，中心钉就会偏向哪个方向。高程测量方法则是基于比高法、按设计坡度、用水准仪来进行检测。值得注意的是，若采用两边双向掘进的方式，那么在最后掘进段为了预留一定的修正掘进方向，通常都要留置 2~3m。

**3. 人工掘进**

排水渠施工中采用浅埋暗挖法的工程洞体通常都

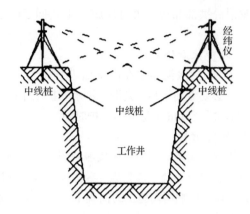

**图 10-30 测量定位**

较小，最经济的方式就是人工掘进。

主要采用铲子、镐头、风镐等掘进工具，用手推车将洞内土方运至工作井，然后再统一吊运到工作井外，然后进行堆放处理。

在掘进的过程中，为了确保断面尺寸、标高、轴线正确，要开展经常性的测量检查工作，为了防止出现盲目掘进，要做好随挖随做护壁的工作。

在人工掘进时，为了便于对掘进方案和支护方案进行及时准确调整，务必要将监测信息反馈和地质信息反馈工作做到位。

对于存在着上层滞水、渗水，或者周边有生活用水的情况，可以采用小导管预注浆固结止水辅助施工措施，先稳定土质，而后再人工开挖。

**4. 喷射混凝土支护**

喷射混凝土采用"湿喷作业法"，这样能够减少回弹量、降低粉尘。应分片进行喷射作业，施喷顺序应该为"边墙—拱脚—拱顶"，喷射时务必要注意要努力让喷出的砼层面做到光滑、平顺。

初喷厚度通常控制在 3~5cm，而后再分层喷射，直至达到设计厚度位置。保护层厚度要大于 2cm、钢板网不外露、喷砼表面要圆顺平整。要随时检查喷砼厚度，若厚度不平或者厚度不够，则须进行补喷。

若出现了滑移、下坠和开裂等现象，要清除重喷。

**5. 钢筋安装绑扎**

钢筋先在外加工好，径级大于 12 的钢筋长度不能太长，约 3m 左右，否则难以通过检查井运入洞内。

利用洞壁锚筋焊接架立钢筋，然后进行环向、纵向钢筋绑扎与焊接，同时安装固定好变形缝的止水带。

**6. 喷射洞壁砼**

洞壁混凝土也采用喷射混凝土。按设计的变形缝分段喷射，先喷射拱、边墙砼，然后再浇注底部砼。

喷射砼拱部和边墙喷射砼施工工艺同于喷射砼支护。

7. 内壁抹灰修整

用 1∶2 的水泥砂浆在内壁面进行压光、浆面。抹面时务必要做到平整、光滑，洒水养护工作可以在砼凝结后进行，14d 为适宜的养护时间。

8. 外壁灌浆

为了提高洞壁与周边土体接触的密实度，减少地表的下沉，待拱涵砼全部完成、砼强度达设计强度的 70% 后，在不影响洞内施工的前提下，由外向内及时跟进灌浆施工。

灌浆孔在拱顶部布设，每孔间距为 2m，在顶拱叶面喷射支护砼时按设计孔位埋设 $\varphi 25mm$ 塑料（钢）管。

灌浆采用 425 普通硅酸盐水泥，灌注的水灰比为 1∶1，对空隙大的部位灌注水泥砂浆，但掺砂量不宜大于水泥重量的 200%。

注浆压力为 0.3～0.5MPa，空隙较大部位（发现初灌注时注浆压力非常小时）应灌注水泥砂浆，掺砂量不大于水泥用量的 200%；在设计压力下，灌浆孔停止吸浆，延续灌注 5min 即可结束。

在施工过程中若出现机械故障，导致灌浆中断，恢复灌浆前应清洗至原孔深后。若其时间间隔过长时，灌浆孔不吸浆，应重新就近钻孔进行灌浆，以确保灌浆质量。

# 第三节 排水管道施工组织

## 一、排水管道施工组织设计

施工组织设计是一项重要的技术、经济管理性工作，也是施工企业的施工实力和管理水平的综合体现。它对管道工程项目施工全过程的质量、技术、进度、安全、经济和组织管理起着重要的控制作用。

### (一) 施工组织设计编制原则

(1) 符合施工合同有关工程进度、质量、安全、环境保护及文明施工等方面的要求。

(2) 优化施工方案、达到合理的技术经济指标、具有先进性和可实施性。

(3) 结合工程特点推广应用新技术、新工艺、新材料、新设备。

(4) 推广应用绿色施工技术，实现节能、节地、节水、节材和环境保护。

### (二) 施工组织设计编制依据

(1) 与工程建设有关的法律、法规、规章和规范性文件。

(2) 国家现行标准和技术经济指标。

(3) 工程施工合同文件。

(4) 工程设计文件。

(5) 地域条件和工程特点、工程施工范围内及周边的现场条件、气象、工程地质及水文地质等自然条件。

(6) 与工程有关的资源供应情况。

(7) 企业的生产能力、施工机具状况、经济技术水平。

### (三) 施工组织设计的主要内容

1. 工程概况

工程概况是对工程的一个简单扼要、突出重点的文字介绍，主要阐述工程主要情况，包括地理位置、承包范围、工程的结构形式、主要的工程量、合同要求，以及施工条件，包括现场的地形、地貌、工程地质与水文地质条件、影响施工的建（构）筑物情况以及周边主要的单位（居民区）、交通道路及交通情况等。

2. 施工总体部署

施工总体部署包括主要的工程目标、总体组织安排、总体施工安排、施工进度计划及资源配置等，具体如下：

(1) 主要工程目标：包括进度、质量、安全和环境保护等目标。

(2) 总体组织安排：确定项目经理部的组织机构及管理层次、明确各层级的责任分工。

(3) 总体施工安排：应根据工程的特点，确定的施工顺序、空间组织并对于施工作业的衔接进行总体的安排。

(4) 施工进度计划：一般采用网络图或横道图的形式编制。

(5) 总体资源配置计划：包括总用工量、各工种的用工量及施工过程中各阶段的各工种劳动力的投入计划；主要材料、构配件和设备进场计划；主要机具进场计划，并明确型号、数量、进场时间等。

3. 施工现场平面图

施工现场平面图是按一定的原则、一定的比例和规定的符号绘制而成的平面图形，用来表示管道工程施工中所需的施工机械、加工场地、材料仓库和料场、临时道路、临时供排水、供电管线和其他临时设施的位置、大小与布置方案。

4. 施工准备

施工准备工作须根据施工总体部署来确定，主要包含技术准备(主要包括技术资料准备及工程测量方案等)、现场准备(包括现场生产、生活、办公等临时设施的安排与计划)和资金使用及筹资计划。

5. 施工技术方案

施工技术方案是施工组织设计的核心内容，必须根据管道工程的质量和工期的要求，结合材料、机具和劳动力的供应情况以及协作单位的配合条件和其他现场条件，综合考虑确定施工方案的合理与否将直接影响工程的施工效率、质量、工期和技术经济效果。因此，施工前应拟定几个切实可行的施工方案，并进行技术经济比较，从中选择最优方案作为本工程的施工方案。

施工技术方案需要根据工程的特点、现行的标准工程图纸及现有的资源，明确施工的起点、流向和施工顺序，确定各分部(分项)工程施工工艺流程及施工方法，一般采用流程图的形式表示。

6. 主要施工保证措施

1) 进度保证措施

(1) 管理措施：资源保证措施、资金保障措施、沟通协调措施。

(2) 技术措施：分析影响进度的关键工作，制订关键节点控制措施。

2) 质量保证措施

(1) 管理措施：建立质量管理组织机构，明确职责及权限；建立质量管理制度；制订对资源供方及分包方的质量管理措施等。

(2) 技术措施：施工测量误差控制措施，建筑材料构配件和设备、施工机具、成品(半成品)进场检查措施，重点部位及关键工序的保证措施，质量通病预防和控制措施，工程检测保证措施。

3) 安全管理保证措施

(1) 建立安全施工管理组织机构，明确职责及权限建立适应工程特点的安全管理制度；根据危险源识别和评价的结果，按工程内容和岗位职责对安全目标进行分解，并制订必要的控制措施。

(2) 根据工程的特点和施工方法，编制安全专项施工方案目录及须专家论证的安全专项方案目录。

(3) 确定安全施工管理资源配置计划。

4) 环境保护及文明施工管理措施

根据工程特点建立环境保护及文明施工管理组织机构、明确职责和权限。建立环境保护及文明施工管理检查制度。

(1) 施工现场环境保护措施：扬尘、烟尘防治措施，噪声防治措施生活、生产污水排放控制措施，固体废弃物管理措施，水土流失防治措施。

(2) 施工现场文明施工管理：封闭管理措施，办公、生产、生活、辅助设施等临时设施管理措施，施工机具管理措施，建筑材料、构配件和设备管理措施，卫生管理措施，便民措施等，还有环境保护及文明施工资源配置计划。

5) 季节性施工保证措施

根据当地气候、水文地质和工程地质条件、进度计划等，制订雨期、低(高)温及其他季节性施工措施，并编制资源配置计划。

6) 应急措施

对于施工过程中可能发生的事故的紧急情况编制应急措施，主要包括以下内容：

(1) 建立应急组织机构，组建应急救援队伍并明确职责和权限。

(2) 分拆施工过程可能发生的地点和可能造成的后果，制订事故应急处置程序、现场应急处置措施及定期演练计划。

(3) 应急物资和准备保障。

7) 交通组织措施

(1) 管道施工对于作业区域内及周边交通造成影响的，应根据交通现状编制交通组织措施，作出交通组织安排。

(2) 根据施工安排划分交通组织实施阶段，确定各实施阶段的交通组织形式及人员配置、绘制各实施阶段的交通组织平面示意图。

(3) 确定施工作业影响范围内主要交通路口及重点区域的交通疏导方式，在疏导示意图体现出车辆及行人的通行路线、围挡布置及施工区域出入口设置、临时交通标志、交通设施的设置等情况。

## 二、排水管道安全文明施工

### (一)工程现场文明施工的要求

依据我国相关标准，文明施工的要求主要包括现场围挡、封闭管理、施工场地、材料堆放、现场住宿、现场防火、治安综合治理、施工现场标牌、生活设施、保健急救、社区服务11项内容。总体上应符合以下要求：

(1) 有整套的施工组织设计或施工方案，施工总平面布置紧凑，施工场地规划合理，符合环保、市容、卫生的要求。

(2) 有健全的施工组织管理机构和指挥系统，岗位分工明确工序交叉合理，交接责任明确。

(3) 有严格的成品保护措施和制度，大小临时设施和各种材料构件、半成品按平面布置堆放整齐。

(4)施工场地平整,道路畅通,排水设施得当,水电线路整齐,机具设备状况良好,使用合理,施工作业符合消防和安全要求。

(5)搞好环境卫生管理,包括施工区、生活区环境卫生和食堂卫生管理,文明施工贯穿施工结束后的清场。

(6)实现文明施工,不仅要抓好现场的场容管理,而且还要做好现场材料、机械、安全、技术、保卫、消防和生活卫生等方面的工作。

### (二)现场文明施工的主要措施

**1. 加强现场文明施工的管理**

建立文明施工的管理组织,确立项目经理为现场文明施工的第一责任人,以各专业工程师、施工质量、安全、材料、保卫等现场项目经理部人员为成员的施工现场文明管理组织,共同负责本工程现场文明施工工作。

健全文明施工的管理制度,包括建立各级文明施工岗位责任制、将文明施工工作考核列入经济责任制,建立定期的检查制度,实行自检、互检、交接检制度,建立奖惩制度,加强文明施工教育培训等。

**2. 落实现场文明施工的各项管理措施**

1)施工平面布置

施工总平面图是现场管理、实现文明施工的依据,施工总平面图应对施工机械设备、材料和构配件的堆场、现场加工场地,以及现场临时运输道、临时供水供电线路和其他临时设施进行合理布置,并随工程实施的不同阶段进行场地布置和调整。

2)现场围挡、标牌

施工现场必须实行封闭管理,设置进出口大门,制订门卫制度,严格执行外来人员进场登记制度,沿工地四周连续设置围挡,市区主要路段和其他涉及市容景观路段的工地设置围挡的高度不低于2.5m,其他情况的围挡高度不低于1.8m,围挡要求材料坚固、稳定、统一、整洁、美观。

施工现场必须设有"五牌一图",即工程概况牌、管理人员名单及监督电话牌、消防保卫(防火责任)牌、安全生产牌、文明施工牌和施工现场总平面图。

施工现场应合理悬挂安全生产宣传和警示牌,标牌悬挂牢固可靠,特别是主要施工部位、作业点和危险区域以及主要通道口都必须有针对性地悬挂醒目的安全警示牌。

3)施工场地

施工现场应积极推行硬地坪施工,作业区、生活区主干道地面必须用一定厚度的混凝土硬化,场内其他地面也应硬化处理。施工现场道路畅通、平坦、整洁,无散落物。施工现场设置排水系统,排水畅通,不积水。

严禁泥浆、污水、废水外流或未经允许排入河道,严禁堵塞下水道和排水河道施工现场适当地方设置吸烟处,作业区内禁止随意吸烟。

积极美化施工现场环境,根据季节变化,适当进行绿化布置。

4)材料堆放、周转设备管理

建筑材料、构配件、料具必须按施工现场总平面布置图堆放,布置合理。建筑材料、构配件及其他料具等必须做到安全整齐堆放(存放),不得超高。堆料分门别类,悬挂标牌,标牌应统一制作,标明名称、品种、规格数量等。

建立材料收发管理制度,仓库、工具间材料堆放整齐,易燃易爆物品分类堆放,专人负责,确保安全。

施工现场建立清扫制度,落实到人,做到工完料尽场地清,车辆进出场应有防泥带出措施。建筑垃圾及时清运,临时存放现场的也应集中堆放整齐、悬挂标牌。不用的施工机具和设备应及时出场。

5)现场生活设施

施工现场作业区与办公、生活区必须明显划分,确因场地狭窄不能划分的,要有可靠的隔离栏防护措施。

宿舍内应确保主体结构安全,设施完好。宿舍周围环境应保持整洁、安全。宿舍内应有保暖、消暑、防煤气中毒、防蚊虫叮咬等措施。严禁使用煤气灶、煤油炉、电饭煲、热得快、电炒锅、电炉等器具。

食堂应有良好的通风和洁卫措施,保持卫生整洁,炊事员持健康证上岗。

建立现场卫生责任制,设卫生保洁员。

施工现场应设固定的男、女简易淋浴室和厕所,并要保证结构稳定、牢固和防风雨,实行专人管理、及时清扫,保持整洁,要有灭蚊蝇滋生措施。

6)现场消防、防火管理

现场建立消防管理制度,建立消防领导小组,落实消防责任制和责任人员,做到思想重视、措施跟上、管理到位。

定期对有关人员进行消防教育,落实消防措施。

现场必须有消防平面布置图,临时设施按消防条例有关规定搭设,做到标准规范。

易燃易爆物品堆放间、油漆间、木工间、总配电等消防防火重点部位要按规定设置灭火器和消防沙箱,并有专人负责,对违反消防条例的有关人员进行严肃处理。

施工现场用明火做到严格按动用明火规定执行,

审批手续齐全。

7) 医疗急救的管理

展开卫生防护教育，准备必要的医疗设施。

配备经过培训的急救人员，有急救措施、急救器材和保健医药箱。

在现场办公室的显著位置张贴急救车和有关医院的电话号码等。

8) 社区服务的管理

建立施工不扰民的措施，现场不得焚烧有毒、有害物质等。

9) 治安管理

建立现场治安保卫领导小组，有专人管理。

新入场的人员做到及时登记，做到合法用工按照治安管理条例和施工现场的治安管理规定搞好各项管理工作。

建立门卫值班管理制度，严禁无证人员和其他闲杂人员进入施工现场，避免安全事故和失盗事件的发生。

3. 建立检查考核制度

对于建设工程文明施工，国家和各地大多都制订了标准或规定，也有比较成熟的经验。在实际工作中，项目应结合相关标准和规定建立文明施工考核制度，推进各项文明施工措施的落实。

4. 好文明施工建设工作

建立宣传教育制度。现场宣传安全生产、文明施工、国家大事、社会形势、企业精神、优秀事迹等。

坚持以人为本，加强管理人员和班组文明建设。教育职工遵纪守法，提高企业整体管理水平和文明素质。

主动与有关单位配合，积极开展共建文明活动，树立企业良好的社会形象。

## 三、安全施工技术措施

### (一) 一般要求

1. 施工前制定

施工安全技术措施是施工组织设计的重要组成部分应在工程开工前与施工组织设计一同编制。

为保证各项安全设施的落实，在工程图纸会审时，就应特别注意考虑安全施工的问题，并在开工前制订好安全技术措施，使得用于该工程的各种安全设施有较充分的时间进行采购、制作和维护等准备工作。

2. 措施要全面

按照有关法律法规的要求，在编制工程施工组织设计时，应当根据工程特点制订相应的施工安全技术措施。

对于大中型工程项目、结构复杂的重点工程，除必须在施工组织设计中编制施工安全技术措施外，还应编制专项工程施工安全技术措施，详细说明有关安全方面的防护要求和措施，确保单位工程或分部分项工程的施工安全。

对爆破、拆除、起重吊装、水下、基坑支护和降水、土方开挖、脚手架、模板等危险性较大的作业，必须编制专项安全施工技术方案。

3. 措施有针对

施工安全技术措施是针对每项工程的特点制订的，编制安全技术措施的技术人员必须掌握工程概况、施工方法、施工环境、条件等一手资料并熟悉安全法规、标准等，才能制订有针对性的安全技术措施。

4. 措施应具体、可靠

施工安全技术措施应把可能出现的各种不安全因素考虑周全，制订的对策措施方案应力求全面、具体、可靠，对大型群体工程或一些面积大、结构复杂的重点工程，除必须在施工组织总设计中编制施工安全技术总体措施外，还应编制单位工程或分部分项工程安全技术措施，详细地制订出有关安全方面的防护要求和措施，确保该单位工程或分部分项工程的安全施工

5. 措施有应急预案

施工技术措施计划必须包括面对突发事件或紧急状态的各种应急设施、人员逃生和救援预案，以便在紧急情况下，能及时启动应急预案，减少损失，保护人员安全。

6. 措施要有可行性和可操作性

施工安全技术措施应能够在每个施工工序之中得到贯彻实施，既要考虑保证安全要求，又要考虑现场环境条件和施工技术条件能够做得到。

### (二) 主要内容

1. 施工安全措施主要内容

(1) 进入施工现场的安全规定。

(2) 地面及深槽作业的防护。

(3) 高处及立体交叉作业的防护。

(4) 施工用电安全。

(5) 施工机械设备的安全使用。

(6) 在采取"四新"技术时，针对性的专门安全技术措施。

(7) 有针对自然灾害预防的安全措施。

(8) 预防有毒、有害、易燃、易爆等作业造成危害的安全技术措施。

(9)现场消防措施。

**2. 安全技术措施主要内容**

安全技术措施中必须包含施工总平面图，在施工总平面图中对危险的油库、易燃材料库、变电设备、材料和构配件的堆放位置、塔式起重机、物料提升机（井架、龙门架）、施工用电梯、垂直运输设备位置、搅拌台的位置等按照施工需求和安全规程的要求明确定位，并提出具体要求。

结构复杂，危险性大、特性较多的分部分项工程应编制专项施工方案和安全措施。如基坑支护与降水工程、土方开挖工程、模板工程、起重吊装工程、脚手架工程、拆除工程、爆破工程等，必须编制单项的安全技术措施，并要有设计依据、有计算、有详图、有文字要求。

季节性施工安全技术措施，就是考虑夏季、冬季等不同季节的气候对施工生产带来的不安全因素可能造成的各种突发性事故，而从防护上、技术上、管理上采取的防护措施。

一般工程可在施工组织设计或施工方案的安全技术措施中编制季节性施工安全措施；危险性大、高温期长的工程，应单独编制季节性的施工安全措施。

### (三)安全检查

**1. 安全检查主要内容**

应根据施工过程的特点和安全目标要求，确定安全检查内容，其内容包括：安全生产责任制、安全保证计划、安全组织机构、安全保证措施、安全技术交底、安全教育、安全持证上岗、安全设施、安全标识、操作行为、违规管理、安全记录等。

**2. 安全检查形式**

安全检查可分为日常性检查、专业性检查、专项检查、季节性检查等多种形式。

(1)定期检查：是由项目负责人每周组织专职安全员、相关管理人员对施工现场进行联合检查。总承包工程项目部应组织各分包单位每周进行安全检查，每月对照检查标准，至少进行一次定量检查。

(2)日常性检查：专职安全员的日常项目安全员或安全值班人员对工地进行的巡回安全生产检查及班组在班前、班后进行的安全检查等。

(3)专项检查：主要由项目专业人员开展施工工具、临时用电、防护设施、消防设施等专项安全检查。专项检查应结合工程项目进行如沟槽、基坑土方的开挖、脚手架、施工用电、吊装设备专业分包、劳务用工等安全问题均应进行专项检查。企业、项目部每月应对工程项目施工现场安全职责落实情况至少进行一次检查，并针对检查中发现的倾向性问题、安全生产状况较差的工程项目，组织专项检查。

(4)季节性检查：季节性安全检查是针对施工所在地气候特点，可能给施工带来的危害而组织的安全检查，如雨期的防雷、防汛，夏季防高温、台风等。

**3. 安全检查资料与记录**

施工现场安全资料应随工程进度同步收集整理，并保存到工程竣工，由专职安全负责施工安全生产管理活动必要的记录，具体如下：

(1)施工企业的安全生产许可证。

(2)项目部专职安全员等安全管理人员的考核合格证。

(3)建设工程施工许可证等复印件施工现场安全监督备案登记表。

(4)地上、地下管线及建(构)筑物资料移交单。

(5)安全防护文明施工措施费用支付统计。

(6)安全资金投入记录。

(7)工程概况表。

(8)项目重大危险源识别汇总表。

(9)危险性较大的分部分项工程专家论证表和危险性较大的分部分项工程汇总表。

(10)项目重大危险源控制措施，生产安全事故应急预案等。

(11)安全技术交底汇总表，特种作业人员登记表，作业人员安全教育记录表。

(12)施工现场检查评分表，违章处理记录等相关资料。

# 第四节　质量控制与验收

## 一、管　材

所有进入施工现场的管材都应检查产品质量保证资料，检查成品管进场验收记录。

**1. 钢　管**

管节表面应无斑疤、裂纹、严重锈蚀等缺陷；焊缝外观质量应符合表 10-5 的规定，焊缝无损检验合格；同一管节允许有两条纵缝，管径大于或等于 600mm 时，纵向焊缝的间距应大于 300mm；管径小于 600mm 时，其间距应大于 100mm。管体的内外防腐层宜在工厂内完成，必须符合设计要求，现场连接的补口按设计要求处理。

**2. 球墨铸铁管**

管节及管件表面不得有裂纹，不得有妨碍使用的凹凸不平的缺陷；采用橡胶圈柔性接口的球墨铸铁管，承口的内工作面和插口的外工作面应光滑、轮廓

表 10-5 焊缝的外观质量

| 项目 | 技术要求 |
|---|---|
| 外观 | 不得有熔化金属流到焊缝外未熔化的母材上，焊缝和热影响地区表面不得有裂纹、气孔、弧坑和灰渣等缺陷；表面光顺、均匀、焊道与母材平缓过渡 |
| 宽度 | 应焊出坡口边缘 2~3mm |
| 表面余高 | 应小于或等于(1+0.2×坡口边缘宽度)，且不大于 4mm |
| 咬边 | 深度应小于或等于 0.5mm，焊缝两侧咬边总长不得超过焊缝长度的 10%，且连续长大于 100mm |
| 错边 | 应小于或等于 0.2t，且不应大于 2mm |
| 未焊满 | 不允许 |

注：t 为壁厚，单位为 mm。

清晰，不得有影响接口密封性的缺陷。

3. 混凝土管

安装前应进行外观检查，发现裂缝、保护层脱落、空鼓、接口掉角等缺陷，应修补并经鉴定合格后方可使用。

4. 预应力钢筒混凝土管

内壁混凝土表面平整光洁，承插口钢环工作面光洁干净，内衬式管(简称"衬筒管")内表面不应出现浮渣、露石和严重的浮浆，埋置式管(简称"埋筒管")内表面不应出现气泡、孔洞、凹坑以及蜂窝、麻面等不密实的现象。

管内表面出现的环向裂缝或者螺旋状裂缝宽度不应大于 0.5mm(浮浆裂缝除外)，距离管的插口端 300mm 范围内出现的环向裂缝宽度不应大于 1.5mm，管内表面不得出现长度大于 150mm 的纵向可见裂缝。

管端面混凝土不应有缺料、掉角、孔洞等缺陷，端面应齐平、光滑，并与轴线垂直。

外保护层不得出现空鼓、裂缝及剥落。

5. 玻璃钢管

内、外径偏差、承口深度(安装标记环)、有效长度、管壁厚度、管端面垂直度等应符合产品标准规定。内、外表面应光滑平整，无划痕、分层、针孔、杂质、破碎等现象。管端面应平齐、无毛刺等缺陷。

6. 硬聚氯乙烯管、聚乙烯管及其复合管

不得有影响结构安全、使用功能及接口连接的质量缺陷。内、外壁光滑、平整，无气泡、无裂纹、无脱皮和严重的冷斑及明显的痕纹、凹陷。管节不得有异向弯曲，端口应平整。

7. 橡胶圈

材质应符合相关规范的规定；应由管材厂配套供应；外观应光滑平整，不得有裂缝、破损、气孔、重皮等缺陷；每个橡胶圈的接头不得超过 2 个。

## 二、沟槽开挖与地基处理

### (一)主控项目

原状地基土不得扰动、受水浸泡或受冻。检查方法：观察，检查施工记录。

地基承载力应满足设计要求。检查方法：观察，检查地基承载力试验报告。

进行地基处理时，压实度、厚度满足设计要求。检查方法：按设计或规定要求进行检查，检查检测记录、试验报告。

支撑方式、支撑材料符合设计要求。检查方法：观察，检查施工方案。

支护结构强度、刚度、稳定性符合设计要求。检查方法：观察，检查施工方案、施工记录。沟槽支护还应符合现行国家标准《建筑地基基础工程施工质量验收规范》(GB 50202—2018)的相关规定。

### (二)一般项目

沟槽开挖的允许偏差应符合表 10-6 的规定。

表 10-6 沟槽开挖的允许偏差

| 检查项目 | 允许偏差/mm | | 检查数量 | | 检查方法 |
|---|---|---|---|---|---|
| | | | 范围 | 点数 | |
| 槽底高程 | 土方 | ±20 | 两井之间 | 3 | 用水准仪测量 |
| | 石方 | +20、-200 | | | |
| 槽底中线每侧宽度 | 不小于规定 | | 两井之间 | 6 | 挂中线用钢尺测量，每侧计 3 点 |
| 沟槽边坡 | 不陡于规定 | | 两井之间 | 6 | 用坡度尺测量，每侧计 3 点 |

横撑不得妨碍下管和稳管。检查方法：观察。

支撑构件安装应牢固、安全可靠，位置正确。检查方法：观察。

支撑后，沟槽中心线每侧的净宽不应小于施工方案设计要求。检查方法：观察，用钢尺量测。

钢板桩的轴线位移不得大于 50mm，垂直度不得大于 1.5%。检查方法：观察，用小线、垂球量测。

## 三、管道安装

### (一)主控项目

管道埋设深度、轴线位置应符合设计要求，无压力管道严禁倒坡。检查方法：检查施工记录、测量记录。

刚性管道无结构贯通裂缝和明显缺损情况。检查方法：观察，检查技术资料。

柔性管道的管壁不得出现纵向隆起、环向扁平和其他变形情况。检查方法：观察，检查施工记录、测量记录。

管道铺设安装必须稳固，管道安装后应线形平直。检查方法：观察，检查测量记录。

### (二) 一般项目

管道内应光洁平整，无杂物、油污；管道无明显渗水和水珠现象。检查方法：观察，渗漏水程度检查按 GB 50268—2008 附录 F 第 F.0.3 条执行。

管道与井室洞口之间无渗漏水。检查方法：逐井观察，检查施工记录。

管道内外防腐层完整，无破损现象。检查方法：观察，检查施工记录。

钢管管道开孔应符合 GB 50268—2008 第 5.3.11 条的规定。管道上开孔应符合下列规定：
(1) 不得在干管的纵向、环向焊缝处开孔。
(2) 管道上任何位置不得开方孔。
(3) 不得在短节上或管件上开孔。

开孔处的加固补强应符合设计要求。检查方法：逐个观察，检查施工记录。

闸阀安装应牢固、严密，启闭灵活，与管道轴线垂直。检查方法：观察检查，检查施工记录。

管道铺设的允许偏差应符合表 10-7 的规定。

**表 10-7 管道铺设的允许偏差**

| 检查项目 | | 允许偏差/mm | 检查数量 | | 检查方法 |
|---|---|---|---|---|---|
| | | | 范围 | 点数 | |
| 水平轴线 | | 无压管道 15 | 每节管 | 1 | 经纬仪测量或挂中线用钢尺测量 |
| | | 压力管道 30 | | | |
| 管底高程/mm | $D_i \leq 1000$ | 无压管道 ±10 | | | 水准仪测量 |
| | | 压力管道 ±30 | | | |
| | $D_i > 1000$ | 无压管道 ±15 | | | |
| | | 压力管道 ±30 | | | |

### (三) 钢管安装

接口焊缝坡口应符合表 10-8 的规定。检查方法：逐口检查，用量规量测，检查坡口记录。

**表 10-8 电弧焊管端倒角各部尺寸**

| 倒角形式 壁厚(t)/mm | 间隙(b)/mm | 钝边(p)/mm | 坡口角度(α)/° |
|---|---|---|---|
| 4~9 | 1.5~3.0 | 1.0~1.5 | 60~70 |
| 10~26 | 2.0~4.0 | 1.0~2.0 | 60±5 |

焊口错边对口时应使内壁齐平，错口的允许偏差应为壁厚的 20%，且不得大于 2mm 焊口无十字形焊缝。检查方法：逐口检查，用长 300mm 的直尺在接口内壁周围顺序贴靠量测错边量。

焊口焊接质量应符合规范的规定和设计要求。检查方法：逐口观察，按设计要求进行抽检；检查焊缝质量检测报告。

法兰接口的法兰应与管道同心，螺栓自由穿入，高强度螺栓的终拧扭矩应符合设计要求和有关标准的规定。检查方法：逐口检查，用扭矩扳手等检查；检查螺栓拧紧记录。

### (四) 球墨铸铁管安装

承插接口连接时，两管节中轴线应保持同心，承口、插口部位无破损、变形、开裂，插口推入深度应符合要求。检查方法：逐个观察，检查施工记录。

法兰接口连接时，插口与承口法兰压盖的纵向轴线一致，连接螺栓终拧扭矩应符合设计或产品使用说明要求；接口连接后，连接部位及连接件应无变形、破损。检查方法：逐个接口检查，用扭矩扳手检查检查螺栓拧紧记录。

橡胶圈安装位置应准确，不得扭曲、外露；沿圆周各点应与承口端面等距，其允许偏差应为±3mm。检查方法：观察，用探尺检查，检查施工记录。

### (五) 钢筋混凝土管安装

柔性接口的橡胶圈位置正确，无扭曲、外露现象；承口、插口无破损、开裂；双道橡胶圈的单口水压试验合格。检查方法：观察，用探尺检查，检查单口水压试验记录。

刚性接口的强度符合设计要求，不得有开裂、空鼓、脱落现象。检查方法：观察，检查水泥砂浆、混凝土试块的抗压强度试验报告。

## 四、顶管施工

管节及附件等工程材料的产品质量应符合国家有关标准的规定和设计要求。检查方法：检查产品质量合格证明书、各项性能检验报告，检查产品制造原材料质量保证资料，检查产品进场验收记录。

接口橡胶圈安装位置正确，无位移、脱落现象；焊缝无损探伤检验符合设计要求。检查方法：逐个接口观察，检查钢管接口焊接检验报告。

无压管道的管底坡度无明显反坡现象曲线顶管的实际曲率半径符合设计要求。检查方法：观察，检查顶进施工记录、测量记录。

管道接口端部应无破损、顶裂现象，接口处无滴漏。检查方法：逐节观察。

## 五、管　渠

管渠砌筑质量允许偏差应符合表10-9的要求。

**表10-9　管渠砌筑质量允许偏差**

| 项目 | | 砌体允许偏差/mm | | | |
|---|---|---|---|---|---|
| | | 砖 | 料石 | 块石 | 混凝土砌块 |
| 轴线位置 | | 16 | 16 | 20 | 16 |
| 渠底 | 高程 | ±10 | ±20 | | ±10 |
| | 中心线每侧宽 | ±10 | ±10 | ±20 | ±10 |
| | 墙高 | ±20 | ±20 | | ±20 |
| 墙厚 | | 不小于设计规定 | | | |
| 墙面垂直度 | | 16 | 16 | | 16 |
| 墙面平整度 | | 10 | 20 | 30 | 10 |
| 拱圈断面尺寸 | | 不小于设计规定 | | | |

现浇钢筋混凝土管渠质量应符合下列要求：

（1）混凝土的抗压强度应按现行国家标准《混凝土强度检验评定标准》进行评定，抗渗、抗冻试块应按现行国家有关标准评定，并不得低于设计规定。

（2）现浇钢筋混凝土管渠允许偏差应符合表10-10的规定。

**表10-10　现浇钢筋混凝土管渠允许偏差**

| 项目 | 允许偏差/mm |
|---|---|
| 轴线位置 | 16 |
| 渠底高程 | ±10 |
| 管、拱圈断面尺寸 | 不小于设计规定 |
| 盖板断面尺寸 | 不小于设计规定 |
| 墙高 | ±10 |
| 渠底中线每侧宽度 | ±10 |
| 墙面垂直度 | 16 |
| 墙面平整度 | 10 |
| 墙厚 | ±10 / 0 |

装配式钢筋混凝土管渠构件安装允许念头应符合表10-11的规定。

**表10-11　装配式钢筋混凝土管渠构件安装允许偏差**

| 项目 | 允许偏差/mm |
|---|---|
| 轴线位置 | 10 |
| 高程（墙板、拱） | ±6 |
| 垂直度（墙板） | 6 |
| 墙板、拱构件间隙 | ±10 |
| 杯口底、顶宽度 | −6，+10 |

## 六、附属构筑物

### （一）检查井

1. 主控项目

所用的原材料、预制构件的质量应符合国家有关标准的规定和设计要求。检查方法：检查产品质量合格证明书、各项性能检验报告、进场验收记录、结构混凝土强度符合设计要求。

砌筑水泥砂浆强度。检查方法：检查水泥砂浆强度、混凝土抗压强度试块试验报告。检查数量：每50m³砌体或混凝土每浇筑1个台班1组试块。

结构应灰浆饱满、灰缝平直，不得有通缝、瞎缝；预制装配式结构应坐浆、灌浆饱满密实，无裂缝；混凝土结构无严重质量缺陷；井室无渗水、水珠现象。检查方法：逐个观察。

2. 一般项目

井壁抹面应密实平整，不得有空鼓，裂缝等现象；混凝土无明显一般质量缺陷；井室无明显湿渍现象。检查方法：逐个观察。

内部构造符合设计和水力工艺要求，且部位位置及尺寸正确，无建筑垃圾等杂物；检查井流槽应平顺、圆滑、光洁。检查方法：逐个观察。

井室内踏步位置正确、牢固。检查方法：逐个观察，用钢尺量测。

井盖、座规格符合设计要求，安装稳固。检查方法：逐个观察。

井室的允许偏差应符合表10-12的规定。

### （二）雨水口及支、连管

1. 主控项目

所用的原材料、预制构件的质量应符合国家有关标准的规定和设计要求。检查方法：检查产品质量合格证明书、各项性能检验报告、进场验收记录。

雨水口位置正确，深度符合设计要求，安装不得歪扭。检查方法：逐个观察，用水准仪、钢尺量测。

井框、井箅应完整、无损，安装平稳、牢固；支、连管应直顺，无倒坡、错口及破损现象。检查数量：全数观察。

井内、连接管内无线漏、滴漏现象。检查数量：全数观察。

2. 一般项目

雨水口砌筑勾缝应直顺、坚实，不得漏勾、脱落；内、外壁抹面平整光洁。检查数量：全数观察。

表 10-12　井室的允许偏差

| 检查项目 | | | 允许偏差/mm | 检查数量 | | 检查方法 |
|---|---|---|---|---|---|---|
| | | | | 范围 | 点数 | |
| 平面轴线位置（轴向、垂直轴向） | | | 15 | 每座 | 2 | 用钢尺量测、经纬仪测量 |
| 结构断面尺寸 | | | +10，0 | | 2 | 用钢尺量测 |
| 井室尺寸 | 长、宽 | | ±20 | | 2 | 用钢尺量测 |
| | 直径 | | | | | |
| 井口高程 | 农田或绿地 | | +20 | | 1 | |
| | 路面 | | 与道路规定一致 | | | |
| 井底高程 | 开槽法管道铺设 | $D_i \leq 1000$ | ±10 | | 2 | 用水准仪测量 |
| | | $D_i > 1000$ | ±15 | | | |
| | 不开槽法管道铺设 | $D_i < 1500$ | +10，-20 | | | |
| | | $D_i \geq 1500$ | +20，-40 | | | |
| 踏步安装 | 水平及垂直间距、外露长度 | | ±10 | | 1 | 用尺量测偏差较大值 |
| 脚窝 | 高、宽、深 | | ±10 | | | |
| 流槽宽度 | | | +10 | | | |

支、连管内清洁、流水通畅，无明显渗水现象。检查数量：全数观察。

雨水口、支管的允许偏差应符合表 10-13 的规定。

表 10-13　雨水口、支管的允许偏差

| 检查项目 | 允许偏差/mm | 检查数量 | | 检查方法 |
|---|---|---|---|---|
| | | 范围 | 点数 | |
| 井框、井箅吻合 | ≤10 | 每座 | 1 | 用钢尺量测较大值（高度、深度亦可用水准仪测量） |
| 井口与路面高差 | -5，0 | | | |
| 雨水口位置与道路边线平行 | ≤10 | | | |
| 井内尺寸 | 长、宽：+20，0 | | | |
| 井内支、连管管口底高度 | 深：0，-20 | | | |

### （三）支　墩

**1. 主控项目**

所用的原材料质量应符合国家有关标准的规定和设计要求。检查方法：检查产品质量合格证明书、各项性能检验报告、进场验收记录。

支墩地基承载力、位置符合设计要求。支墩无位移、沉降。检查方法：全数观察；检查施工记录、施工测量记录、地基处理技术资料。

砌筑水泥砂浆强度、结构混凝土强度符合设计要求。检查方法：检查水泥砂浆强度、混凝土抗压强度试块试验报告。检查数量：每 50m³ 砌体或混凝土每浇筑 1 个台班一组试块。

**2. 一般项目**

混凝土支墩应表面平整、密实；砖砌支墩应灰缝饱满，无通缝现象，其表面抹灰应平整、密实。检查方法：逐个观察。

支墩支承面与管道外壁接触紧密，无松动、滑移现象。检查方法：全数观察。

管道支墩的允许偏差应符合表 10-14 的规定。

表 10-14　管道支墩的允许偏差

| 检查项目 | 允许偏差/mm | 检查数量 | | 检查方法 |
|---|---|---|---|---|
| | | 范围 | 点数 | |
| 平面轴线位置（轴向、垂直轴向） | 15 | 每座 | 2 | 用钢尺量测或经纬仪测量 |
| 支撑面中心高程 | ±15 | | 1 | 用水准仪测量 |
| 结构断面尺寸（长、宽、厚） | +10，0 | | 3 | 用钢尺量测 |

## 七、回　填

### （一）主控项目

回填材料应符合计划要求。检查方法：观察，按国家有关规范的规定和设计要求进行检查，检查检测报告。检查数量：条件相同的回填材料，每铺筑 1000m² 应取样一次，每次取样至少应做两组测试；回填材料条件变化或来源变化时，应分别取样检测。

沟槽不得带水回填，回填应密实。检查方法：观察，检查施工记录。

柔性管道的变形率不得超过设计要求或规范规

定，管壁不得出现纵向隆起、环向扁平和其他变形情况。检查方法：观察，方便时用钢尺直接量测，不方便时用圆度测试板或芯轴仪在管内拖拉量测管道变形率；检查记录，检查技术处理资料。检查数量：试验段（或初始50m）不少于3处，每100m正常作业段（取起点、中间点、终点近处各一点），每处平行测量3个断面，取其平均值。

回填土压实度应符合设计要求，刚性管道应符合表10-15的规定。柔性管道沟槽回填时应符合表10-16的规定。

### （二）一般项目

回填应达到设计高程，表面应平整。检查方法：观察，有疑问处用水准仪测量。

回填时管道及附属构筑物无损伤、沉降、位移。检查方法：观察，有疑问处用水准仪测量。

**表10-15　刚性管道沟槽回填土压实度**

| 项目 | | | | 最低压实度/% | | 检查数量 | | 检查方法 |
|---|---|---|---|---|---|---|---|---|
| | | | | 重型击实标准 | 轻型击实标准 | 范围 | 点数 | |
| 石灰土类垫层 | | | | 93 | 95 | 100m | 每层每侧一组（每组3点） | 用环刀法检查或采用现行国家标准《土工试验方法标准》（GB/T 50123—2019）中其他方法 |
| 沟槽在路基范围外 | 胸腔部分 | 管侧 | | 87 | 90 | 两井之间或每1000m² | | |
| | | 管顶以上500mm | | 87±2（轻型） | | | | |
| | 其余部分 | | | ≥90（轻型）或按设计要求 | | | | |
| | 农田或绿地范围表层500mm范围内 | | | 不宜压实，预留沉降量，表面整平 | | | | |
| 沟槽在路基范围外 | 胸腔部分 | 管侧 | | 87 | 90 | | | |
| | | 管顶以上250mm | | 87±2（轻型） | | | | |
| | 由路槽底算起的深度范围 | ≤800mm | 快速路及主干路 | 95 | 98 | | | |
| | | | 次干路 | 93 | 95 | | | |
| | | | 支路 | 90 | 92 | | | |
| | | 800~1500mm | 快速路及主干路 | 93 | 95 | | | |
| | | | 次干路 | 90 | 92 | | | |
| | | | 支路 | 87 | 90 | | | |
| | | >1500mm | 快速路及主干路 | 87 | 90 | | | |
| | | | 次干路 | 87 | 90 | | | |
| | | | 支路 | 87 | 90 | | | |

注：表中重型击实标准的压实度和轻型击实标准的压实度，分别以相应的标准击实试验法求得的最大干密度为100%。

**表10-16　柔性管道沟槽回填土压实度**

| 槽内部位 | | 压实度/% | 回填材料 | 检查数量 | | 检查方法 |
|---|---|---|---|---|---|---|
| | | | | 范围 | 点数 | |
| 管道基础 | 管底基础 | ≥90 | 中、粗砂 | — | 每层每侧一组（每组3点） | 用环刀法检查或采用现行国家标准《土工试验方法标准》（GB/T 50123—2019）中其他方法 |
| | 管道有效支撑角范围 | ≥95 | | 每100m | | |
| 管道两侧 | | ≥95 | 中、粗砂、碎石屑，最大粒径小于40mm的沙砾或符合要求的原土 | 两井之间或每1000m² | | |
| 管顶以上500mm | 管道两侧 | ≥90 | | | | |
| | 管道上部 | 85±2 | | | | |
| 管顶500~1000mm | | ≥90 | 原土回填 | | | |

注：回填土的压实度，除设计要求用重型击实标准外，其他皆以轻型击实标准试验获得最大干密度为100%。

## 八、非开挖工程施工

### (一)主控项目

内衬管材应进行进场检验要求。检查方法:检查产品质量合格证明书和检验报告。

所用修复材料的质量符合工程要求。检查方法:检查产品质量合格证明书。

内衬管符合设计要求。检查方法:每批次材料至少1次应在施工场地使用内径与修复管段相同的试验管道制作局部内衬。至少2次测试得到的圆环形样品的初始的弹性模量值。

### (二)一般项目

内衬厚度应符合设计要求。检查方法:逐个检查;在内衬圆周上平均选择4个以上检测点使用测厚仪测量并取各检测点的平均值为内衬管的厚度值,其值不得少于合同书和设计书中的规定值。

管道内衬表面光滑,无褶皱,无脱皮,均符合要求。检查方法:目测并摄像或电视检测内衬管段,电视检测按《排水管道电视和声呐检测评估技术规程》(DB 31/T 444—2009)。管内残余废弃物质已得到清除。

管道接口裂缝应严密,接口处理要贯通、平顺、均匀,均符合设计要求。检查方法:目测并摄像或电视检测内衬管段,电视检测按《排管道电视和声呐检测评估技术规程》(DB 31/T 444—2009)。

工程施工质量验收符合条件。工程施工质量应符合相关专业验收规范。工程施工质量应符合工程勘察、设计文件的要求。

各分项工程应按照施工技术标准进行质量控制,每分项工程完成后,必须进行检验。相关各分项工程之间,必须进行交接检验,所有隐蔽分项工程必须进行隐蔽验收,未经验收或验收不合格不得进行下道分项工程。

修复管道为复合管时的破坏试验测试报告。

参加工程施工质量验收的各方人员应具备相应的资格。承担检测的单位应具有相应资质。

对符合竣工验收条件的单位工程,应由建设单位按规定组织验收。施工、勘察、设计、监理等单位等有关负责人以及该工程的管理或使用单位有关人员应参加验收。

# 第十一章
# 技术管理

## 第一节 工程量核算

### 一、核算内容

工程量是指以自然计量单位或物理计量单位表示的各分项工程或结构构件的工程数量,如井盖、箅子、踏步以"个"为计量单位,土石方以"$m^3$"为计量单位,钢筋、钢管、工字钢以"kg"为计量单位等。工程量核算的主要内容有:工程清单、项目编码、综合单价、措施项目、预留金、总承包费、零星费用、消耗定额、企业定额、招标标底、投标报价、建设项目、单项工程、单位工程、分部工程、分项工程。

### 二、计算依据

工程量核算要以准确性、规则性为原则,具体依据如下:

(1)使用图纸及配套的标准图集。施工图纸及配套的标准图集,是工程量计算的基础资料和基本依据。施工图纸全面反映构筑物的结构构造、各部位的尺寸及工程做法。

(2)预算定额、工程量清单计价规范。根据工程计价的方式不同(定额计价或工程量清单计价),计算工程量应选择相应的工程量计算规则,编制施工图预算,应按预算定额及其工程量计算规则算量。若工程招标投标编制工程量清单,应按"计价规范"附录中的工程量计算规则算量。

(3)施工组织设计或施工方案。施工图纸主要表现拟建工程的实体项目,分项工程的具体施工方法及措施,应按施工组织设计或施工方案确定。如计算基础土方,施工方法是人工开挖还是机械开挖,基坑周围是否需要放坡、预留工作面或做支撑防护等,应以施工组织设计或施工方案为计算依据。

### 三、计算方法

#### 1. 基本计算

工程量核算之前,首先应确定分部工程的计算顺序,然后确定分部工程中各分项工程的计算顺序。分部分项工程的计算顺序,应根据其相互之间的关联因素确定。

同一分项工程中不同部位的工程量计算顺序,是工程量计算的基本方法。分项工程由同一种类的构件或同一工程做法的项目组成。

计算工程量时应注意:按设计图纸所列项目的工程内容和计量单位,必须与相应的工程量计算规则中相应项目的工程内容和计量单位一致,不得随意改变。

为了保证工程量计算的精确度,工程数量的有效位数应遵守以下规定:以"t"为单位,应保留小数点后三位数字,第四位四舍五入;以 $m^3$、$m^2$、m 为单位,应保留小数点后两位数字,第三位四舍五入;以个、项"等为单位,应取整数。

计算工程量,应根据不同情况,一般采用以下几种方法:

(1)按顺时针顺序计算:以图纸左上角为起点,按顺时针方向依次进行计算,当按计算顺序绕图一周后又重新回到起点。这种方法一般用于各种带形基础、墙体、现浇及预制构件计算,其特点是能有效防止漏算和重复计算。

(2)按编号顺序计算:结构图中包括不同种类、不同型号的构件,而且分布在不同的部位,为了便于计算和复核,需要按构件编号顺序统计数量,然后进行计算。

(3)按轴线编号计算:对于结构比较复杂的工程量,为了方便计算和复核,有些分项工程可按施工图轴线编号的方法计算。

(4)分段计算:在通长构件中,当其中截面有变化时,可采取分段计算。如多跨连续梁,当某跨的截面高度或宽度与其他跨不同时可按柱间尺寸分段计算,再如楼层圈梁在门窗洞口处截面加厚时,其混凝土及钢筋工程量都应按分段计算。

(5) 分层计算:该方法在工程量计算中较为常见,例如墙体、构件布置、墙柱面装饰、楼地面做法等各层不同时,都应按分层计算,然后再将各层相同工程做法的项目分别汇总项。

(6) 分区域计算:大型工程项目平面设计比较复杂时,可在伸缩缝或沉降缝处将平面图划分成几个区域分别计算工程量,然后再将各区域相同特征的项目合并计算。

### 2. 快速计算

该方法是在基本计算方法的基础上,根据构件或分项工程的计算特点和规律总结出来的简便、快捷方法。其核心内容是利用工程量数表、工程量计算专用表、各种计算公式加以技巧计算,从而达到快速、准确计算的目的。

### 3. 软件自动计算

软件自动计算是目前常用的算量方法,该方法以计算规则为依据,通过画图确定构件实体的位置,输入与算量有关的构件属性后,软件通过一定的计算规则可自动计算得到构件实体的工程量,自动进行汇总统计,得到工程量清单。该方法简化了算量输入,可以大幅度提高算量效率。

## 四、计算要求

### 1. 计算口径一致

计算工程量时,根据施工图纸所列出的工程子目的口径(指工程子目所包含的内容),必须与定额中相应工程子目的口径一致。

### 2. 计算规则一致

工程量计算时,必须遵循定额中所规定的工程量计算规则,否则是错误的。如墙体工程量计算中,外墙长度按外墙中心线计算,内墙长度按内墙净长线计算,又如楼梯面层和台阶面层工程量按水平投影面积计算。

### 3. 计算单位一致

工程量计算时,计算单位必须与定额单位相一致。在定额中,工程量的计算单位规定为:以体积计算的为 $m^3$,以面积计算的为 $m^2$,以长度计算的为 m,以质量计算的为 t 或 kg,以数量计算的为件(个或组)。

建筑工程预算定额中大多数用扩大定额(按计算单位的倍数)的方法计算,即 $100m^3$、$10m^3$、$100m^2$、100m 等,如门窗工程量定额以 $100m^2$ 来计量。

### 4. 原始数据一致

工程量是按每一分项工程,根据设计图纸计算的。计算时所采用的数据,都必须以施工图纸所示的尺寸为标准进行计算,不得任意加大或缩小各部位尺寸。

### 5. 按具体施工情况进行计算

一般应做到按施工要求分段计算。不同的结构类型组成的建筑,按不同结构类型分别计算。

# 第二节 施工记录与作业表单

## 一、施工记录主要内容

施工记录是在施工过程中形成的各种记录表格,是确保工程质量和安全的各种检查、记录的统称,主要包括施工技术管理资料(如开、竣工报告,验收证明书,施工组织设计,图纸会审记录,技术交底,设计变更,工程更改洽商单,材料、零部件、设备代用核定审批表等)和工程质量保证资料(如原材料、零部件的质量合格证和试验报告,设备开箱记录,设备出厂合格证,设备安装、调试及运转记录,电气、仪表检验,绝缘电阻测试,照明、动力、通信等线路检查记录及系统调试记录等)以及施工日志等内容。

## 二、施工记录及作业表单的填写

### (一) 表头部分填写

工程名称栏,应填写工程名称的全称,与合同或招投标文件中的工程名称一致;单位工程、分部工程名称,按项目划分确定的名称填写;工序或分项名称,填写该工序或分项工程名称(中文名称或编号);部位根据具体工作内容填写。

编号栏,编号的填写必须按固定的编号规则进行,填写位置在表格的右上角。编号应具有唯一性,为了便于归档和检索,编号应包含分类号和流水号。没有编号标识或不符合标识要求的记录表格是无效的表格。

施工许可证栏填写当地建设行政主管部门批准发给的施工许可证编号。

建设单位栏,填写合同文件中的甲方全称,与合同签章上的单位名称相同,建设单位项目负责人栏,填写合同书上签字人或其委托的项目负责人。

监理单位栏,填写监理单位全称,应与合同或协议书中的名称一致。总监理工程师栏应是合同或协议书中明确的项目监理负责人,也可以是监理单位以文

表 11-1  某工程施工记录表（样表）

| 施工记录表 | | | | 编号 | |
|---|---|---|---|---|---|
| | | | | 日期 | |
| 工程名称 | | 单位工程名称 | | 分部工程名称 | |
| 工序名称 | | 部位 | | 施工许可证 | |
| 建设单位 | | | 建设单位项目负责人 | | |
| 监理单位 | | | 总监理工程师 | | |
| 设计单位 | | | 设计单位项目负责人 | | |
| 施工单位 | | | 施工单位项目经理 | | |

件形式明确的该项目监理负责人，总监理工程师必须有监理工程师任职资格证书，专业要对口。

设计单位栏，填写设计合同中签章单位的名称，其全称应与印章上的名称一致。设计单位的项目负责人栏，应是设计合同书签字人或其委托的该项目负责人。

施工单位栏，填写施工合同中签章单位的全称，与签章上的名称一致。施工单位项目经理、项目技术负责人栏与合同中明确的项目经理、项目技术负责人一致。

施工记录表表头部分可统一填写或录入，无须具体人员签名。表头可手写或打印。表头样例见表11-1。

### （二）内容部分填写

施工记录的内容部分，文字记录的填写应真实、准确、简练；数字记录应准确、可靠。根据具体工程的记录内容，定性的部分以"√""×"或"—"形式填写，定量的部分直接填写检查的实际数据，不是偏差值。

需要特别注意的是，质量保证资料中有大量的质量证明文件的复印件，不是原件，必须在这些复印件上注明：原件存放何处的说明、经办人签名、存放单位加盖红色公章。

施工记录表格样式因具体项目各不相同其内容无法一一罗列，具体可参见实际项目的记录表格。

### （三）签署部分填写

记录中会包含各种类型的签署，包括签署意见和签名，有作业后的签署，有检查、审核、批准等签署，这些签署都是原则、权限和相互关系的体现，要符合签署人的身份和权力。任何签名都应由本人手写签署，严禁代签或用印章代替签名，更不可用机器打印，尽可能清晰易辨，不允许有姓无名或有名无姓的情况存在。一般的签署人只有一个，如需多人签署的，如安全交底记录的接收人，除班组长外，还须班组作业人员进行签名。日期签署要写全年月日，如：2018年8月1日、2018/8/1、2018.8.1等。签署的日期一定要准时、及时，避免出现逻辑不符，甚至前后时间颠倒的情况。

### 三、填写要求

填写施工记录表单要遵循"准确、齐全、及时、有效"的原则。准确指数据和结论的客观、真实；齐全指涵盖的内容无缺漏；及时指时效同步，既不超前，也不滞后；有效指资料的权威性、唯一性，及其签字人的法定代表性。具体要求有如下几方面：

1. 笔迹要求

填写记录表单笔迹应清晰、准确，签署意见和签名严禁使用红色墨水、纯蓝色墨水、圆珠笔或铅笔填写，应使用蓝黑墨水或黑色墨水填写，以确保记录永不褪色。

2. 内容要求

记录内容应真实、规范，记录要保持现场运作、如实记录，不可重新抄写和复印。所使用的文字应采用国务院颁布的简化汉字书写，数字采用阿拉伯数字，单位采用国际通用的法定计量单位，并以规定的单位符号表示。

3. 特殊情况处理

如在填写记录时出现笔误，不要在笔误处涂抹乱改，甚至涂成黑色或用修整液加以掩盖。正确的处理方法是在笔误的文字或数据上画一横线，然后在旁边写上正确的内容，同时在旁边进行签名，并注明日期。

有些记录条款无内容可填，此时不要将该栏空着，而应在空白位置画一横线，表示记录者已经关注到这一栏目，只是无内容可填，以横线代之，如果纵向有几行均无内容可填写，亦可画一斜线标识。

# 第三节　统计报表与总结报告

## 一、统计报表内容

### 1. 排水管道施工统计报表

排水管道施工需要统计的报表内容应包括工程名称、工程地点、填表时间、人员设备、主辅料、当天气候条件、施工工法、工作进度、存在问题及改进措施等。

### 2. 排水管道养护工作统计报表

排水管道养护工作需要统计的报表内容应包括作业时间、地点、气候条件、作业人员、出库设备、工具、物资、养护工法、出泥量、设备点检、使用、维护、故障情况、耗材使用情况、车辆行驶公里数、燃油使用情况等。

## 二、总结报告内容

### 1. 施工总结报告

施工总结报告是在工程完工后对该工程工作的全面梳理、总结和分析，对于系统了解该工程的工作有重要意义。施工总结报告应包含以下内容：

（1）工程总体情况：工程总体情况包括工程概况、工程起止时间、工程主要内容及完成情况。

（2）工程投入情况：工程投入情况主要包括该工程项目的机构组成、管理机构设置、人员、设备投入情况等。

（3）安全、环保工作：安全工作包括工作进行过程中出现的安全问题、安全隐患、处置方法等；环保工作包括施工过程对大气、水、土壤等环境的污染隐患、污染预防措施措施等内容。

（4）其他内容：施工总结报告还应包括对建设、设计、施工、监理等单位的评价、施工过程中总结的经验教训和值得借鉴推广的优秀做法以及文明施工情况等。

### 2. 养护工作总结报告

养护工作总结报告是对养护工作的全面梳理、总结和分析，是养护工作的全面体现，对于后续的养护工作具有重要的意义。养护工作总结报告应包含以下内容：

（1）计划完成情况：包括计划完成率、计划合理率、管道畅通率、管道出泥率、计划调度率、计划率、计划匹配度等，也包括不同工法、管径工况下的养护工作情况。

（2）投入率：包括养护工作的人员投入率、车辆、设备投入率、材料物资投入率等。

（3）成本分析：包括养护功率的总成本、投入产出率以及对应的变化趋势、工效果分析等。

（4）安全和文明生产情况：包括养护工作过程总出现的安全问题和安全隐患、文明施工情况等。

（5）其他内容：养护工作总结报告还应包括对作业人员的评价、养护工作过程中总结的经验教训和值得借鉴推广的优秀做法等。

## 三、编写要求

（1）及时性：统计报表是对一定时间内工作信息的统计，在填写时有及时性要求，填写内容要反映当期的实际工作情况，在统计周期末要及时填写报送。

（2）客观性：填写报送的内容必须真实、客观，所填内容均须与实际发生情况相符，所填数据为实测所得，统计分析方法规范、内容翔实。

（3）完整性：填写的内容必须完整，不能无故缺失或不填，所填写的数据须核对数值和单位，时间明确无歧义。

# 第四节　生产计划管理

生产计划管理是指对排水设施日常生产活动的计划、组织和控制的全过程管理工作，包括生产计划编制、生产过程组织、生产能力核定、生产计划调整与调度等工作。生产计划管理的目标是合理调动全部资源，快速、准确、安全、优质、经济地完成既定生产任务。

## 一、生产计划编制

生产计划编制是排水设施运营管理单位日常生产管理的一项重要工作，是开展生产活动的主要依据。

排水管网生产计划一般包括排水管网养护、维修、调查和普查等。根据排水管网的养护周期、实际运行状况以及特殊时期专项保障要求，结合人、材、机等合理安排年度、月度养护生产计划，月度生产计划应具体到天，内容应包括养护设施名称、设施基本属性、养护工法、计划工程量、作业人员、作业时间、计划投入人员、车辆、设备和物资等情况。优秀的生产计划可实现有限资源的最优化配置，提高作业效率，节约养护成本，促进养护生产的精细化管理。

## 二、生产调度管理

生产调度管理是指对生产计划、实施、检查、总结（PDCA）循环活动的管理，是生产管理的中心环节。生产调度工作是依据生产进度计划，组织、计划、指导、控制及协调生产过程中的各种活动和资源，发现问题、分析原因，采取有效措施解决问题，促使生产正常运转，确保生产计划的全面完成。

生产调度工作一般包括实时监控生产各环节工作情况，了解生产运行状况，制订应急措施，根据生产需要合理调配人员、设备、物资等，及时发现生产进度计划执行过程中的问题，并积极采取措施加以解决；检查、督促和协助生产运行班组、业务部门及时做好生产计划外的各项生产任务。

## 三、生产计划执行

生产运行班组负责生产计划的执行，生产管理部门负责对生产执行过程进度、安全、质量、调度以及分析进行指导和管控，并对作业现场开展抽查、检查，确保相关管理工作有效落地，严格落实"管生产必须管安全"的要求。

生产运行班组计划执行要求如下：

(1)月度计划编制：月度生产计划编制时，应充分考虑班组人员、设备、车辆、物资等资源利用率，确保计划编排科学，工作强度合理、饱满，计划执行时不出现待工、窝工或超负荷现象。

(2)工作执行：严格按照计划规定的时间、地点、作业内容、人员、车辆等相关要求认真执行作业计划，如特殊原因须调整计划，应及时向生产管理部门报请调度。

(3)安全员检查：班组安全员针对作业小组每周进行不少于1次的现场安全检查，要求有记录和隐患整改措施，作业检查标准参照生产管理部门对生产安全检查的要求。

(4)生产质量管理：生产质量参照生产管理部门对质量的要求执行，这是养护检查的重要内容。

(5)作业影像资料：每次作业均须保存养护"前、后"影像资料，影像资料应含有作业地点标志建筑、作业时间以及作业前、后养护情况对比等。影像内容应稳定、清晰，能够真实、客观地放映养护工作效果。

## 四、生产完成反馈

生产工作完成后对结果进行反馈，反馈内容应包括生产作业的实际时间、地点、生产任务完成工作量、人员、设备、车辆投入、物资消耗以及作业完成后管道的运行状态等信息。

## 五、生产数据分析

生产数据分析的内容包括计划完成率、计划合理性、管道畅通率、管道出泥率、计划调度率、计划率、计划匹配度、人员投入率、设备投入率、不同工法的成本核算和工效分析等，通过生产数据分析，为开展生产的精心计划、精细管理、精准运行提供事前预警、事中监控、事后评估等管控功能，为指导生产和辅助决策提供科学依据，提升管网综合管控能力，增强生产调度全面性、精细化和快速反应能力。

# 附 录

**排水管网设备维修、保养记录表**

| 设备报修 | | | | |
|---|---|---|---|---|
| 设备名称 | | | 设备型号 | |
| 设备编号 | | | 报修日期 | |
| 报修人 | | | | |
| 报修内容 | 故障部位及现象 | | | |
| | 故障时间及原因 | | | |
| | 故障当事人 | | | |
| 设备维修 | | | | |
| 维修方式 | 内修 □　　　外修 □ | | | |
| 维修人员 | | | 维修单位 | |
| 维修地点 | | | 维修日期 | |
| 使用材料 | 名称 | | 规格 | 数量 |
| | | | | |
| | | | | |
| | | | | |
| | | | | |
| 实际开始时间 | 年　月　日 | | 实际完成时间 | 年　月　日 |
| 设备验收 | | | | |
| 验收人 | | | | |
| 验收结果 | 日　期：　　年　月　日 | | | |

注：1. 报修部分由报修人填写；2. 维修部分由维修人填写；3. 验收部分由验收人填写。

## 汛期积滞水点详细信息记录表

| 区域 | |
|---|---|
| 位置 | |
| 信息来源 | |
| 积水原因 | |
| 积水时间 | |
| 现场调查联系人 | |
| 解决方式分类 | |
| 改造检查井/座 | |
| 改造雨水口/座 | |
| 改造支管数量 | |
| 破路面积/m² | |
| 工期/天 | |
| 工程估算/万元 | |
| 计划解决时间 | |
| 是否转入项目库 | |
| 备注 | |

## 有限空间作业审批表

| 编号 | | 有限空间名称 | |
|---|---|---|---|
| 作业单位 | | | |
| 作业内容 | | 作业时间 | |
| 可能存在的危险有害因素 | | | |
| 作业负责人 | | 监护者 | |
| 作业者 | | 其他作业人员 | |
| 主要安全防护措施 | 1. 制定有限空间作业方案并经审核批准 □<br>2. 参加本次作业人员经过有限空间作业安全相关培训，并考核合格 □<br>3. 地下有限空间作业，监护者持有效的特种作业操作证 □<br>4. 安全防护设备、个体防护装备、作业设备和工具的齐备及安全有效，满足要求 □<br>5. 应急救援设备设施满足要求 □ | | |
| 补充安全防护措施 | | | |
| 作业负责人意见 | 作业负责人确认以上安全防护措施是否符合要求 是□ 否□<br>作业负责人(签字)：<br><br>年 月 日 | | |
| 审批责任人意见 | 审批责任人是否批准作业：批准□ 不批准□<br>审批责任人(签字)：<br><br>年 月 日 | | |

## 有限空间气体检测记录表

单位：　　　　　　　　　　　　　　　作业地点：

| 检测环节 | 检测位置 | 检测时间 | 检测内容及数值 | | | | | 作业环境级别判定 |
|---|---|---|---|---|---|---|---|---|
| | | | 氧气/% | 可燃气体/LEL% | 硫化氢/（□ppm* □mg/m³） | 一氧化碳/（□ppm □mg/m³） | 其他气体/（□ppm □mg/m³） | |
| 初始评估检测 | | | | | | | | |
| | | | | | | | | |
| | | | | | | | | |
| 再次评估检测 | | | | | | | | |
| | | | | | | | | |
| | | | | | | | | |
| | | | | | | | | |
| | | | | | | | | |
| | | | | | | | | |
| 监护监测 | | | | | | | | |
| | | | | | | | | |
| | | | | | | | | |
| | | | | | | | | |
| | | | | | | | | |
| | | | | | | | | |
| | | | | | | | | |
| 个体检测 | | | | | | | | |
| | | | | | | | | |
| | | | | | | | | |
| | | | | | | | | |
| | | | | | | | | |
| | | | | | | | | |
| | | | | | | | | |

检测人员(签字)：_____　　　　　　　　　　____年__月__日

注：* 1ppm=0.001‰，下同。

## 危险作业审批表

| 申请单位 | | 申请项目 | |
|---|---|---|---|
| 项目负责人 | | 申请人 | |
| 作业类型 | □高处作业　□占道作业　□吊装作业　□动土作业　□其他 | | |
| 作业时间 | | | |
| 作业地点 | | | |
| 作业人员及操作证号 | | | |
| 作业地点周围环境及危险隐患描述 | | | |
| 拟采取防范措施 | | | |
| 现场负责人　意见 | 签名：_____　年　月　日 | | |
| 作业区域安全员意见 | 签名：_____　年　月　日 | | |
| 主管领导领导意见 | 签名：_____　年　月　日 | | |
| 作业结束，人员及设备撤场，验收意见 | | | |
| 主管部门验收意见 | 年　月　日　时　分 | 专职安全员意见 | 年　月　日　时　分 |

## 排水管网外出作业安全交底单

运营单位：　　　　　　　　　　　　　　　　　　　　　　　　　　　　　　　　　　编号：

| 工作内容 | | 交底人 | |
|---|---|---|---|
| 工作地址 | | | |
| 交底项目 | 地上作业□　　有限空间作业□ | 交底日期 | |
| 交底内容： | 交通□　设备□　毒气□　水□　电□　坠落□　误操作□　人员合作□ | 作业日期 | |
| 通用条款： | | | |
| 一、地上作业□ | | | |
| 1. 作业人员应穿戴齐全劳保用品（防护鞋、反光标志服装、安全帽、工作服等）；检查井井盖开启后，现场若有人看管则检查井周围设锥形交通标；现场若无人看管，应立即加盖安全网盖，或设置护栏，夜间应加设闪烁警示灯 | | | |
| 2. 作业现场严禁明火，须动火作业到主管部室办理动火作业手续，无关车辆、行人不得进入作业区 | | | |
| 3. 道路上作业时，须按照《道路作业安全管理规定》要求执行；必须携带交管局占道作业审批手续 | | | |
| 4. 现场作业时，指派专人维护现场秩序，疏导交通，不得擅离职守 | | | |
| 5. 现场作业过程中如须使用汽油或柴油发电机，应配备灭火器 | | | |
| 6. 工作人员在工作现场严禁打闹、嬉戏，严禁做与现场工作内容无关的事情 | | | |
| 7. 现场开启检查井井盖应遵照《检查井井盖开启流程及注意事项》的相关规定 | | | |
| 8. 现场作业过程中，现场负责人应提醒并监督作业人员严格遵守各项现场作业安全规定，避免出现因误操作引起的人员伤亡 | | | |
| 9. 夜间作业时，须在来车方向用工程车辆进行拦护，确保作业人员安全，司机必须拉紧手刹并开启工程车辆警示灯及双闪 | | | |
| 10. 河道巡查过程中，注意巡河路上来往车辆以及其他社会道路上车辆 | | | |
| 11. 在较偏远或荒凉的地区巡查时，每组不少于3个人，并且注意脚下是否安全 | | | |
| 12. 工作过程中，现场负责人负责安排小组其他成员的现场工作，小组成员间应加强协作 | | | |
| 13. 现场工作过程中，小组成员要互相帮助，避免出现掉入井、坑、河或其他安全事故 | | | |
| 14. 对于地质条件比较复杂或淤泥堆积比较深的地区，小组成员应在保证安全的条件下作业 | | | |
| 15. 现场使用设备工作时，要严格按照设备的安全操作规程进行作业 | | | |
| 二、有限空间作业□ | | | |
| 1. 有限空间作业必须履行批准手续，填写"有限空间作业申请表""有限空间作业审批表"，经批准后方可下井 | | | |
| 2. 有限空间作业严格执行×××有限空间作业安全管理规定的相关要求 | | | |
| 3. 有限空间作业严格按照"有限空间作业审批表"中"安全措施"逐项执行 | | | |
| 4. 有限空间作业前，作业负责人须通过查阅资料和现场调查，查明作业周围环境包括检查井上、下游的管径、水流以及水质状况，确认没有安全隐患后方可下井 | | | |
| 5. 作业班（组）在下井前应做好管道的降水、通风、气体检测以及照明等工作，并制定防护措施 | | | |
| 6. 有限空间作业必须经过安全技术培训，学会人工急救和防护用具、照明及通信设备的使用方法 | | | |
| 7. 有限空间作业时，井上应有2人监护；若进入管道作业，还应在井室内增加监护人员作中间联络。监护人员不得擅离职守 | | | |
| 8. 有限空间作业作业时，呼吸器必须有用有备，无备用呼吸器严禁下井作业 | | | |
| 9. 对 $D \leq 0.8m$ 的管道，严禁进入管道内部作业 | | | |
| 10. 每次有限空间作业连续作业时间不超过1h | | | |
| 补充交底内容 | | | |
| 夜间作业注意事项 | | | |
| 备注 | | | |

| 班组负责人： | 现场负责人： | 现场安全员： | 被交底人： |
|---|---|---|---|

注：1. 本表由交底人填写；2. 交底人须是技术管理人员或班长、组长；3. 交底内容须经专职安全员或现场安全员认可；4. 针对每次作业任务的特殊性，交底人须在专用条框中详细说明安全注意事项；5. 所有签名均须本人签字，不得代签，接受交底人较多时签名可签安全交底单背面；6. 此表由班组负责保存，不得涂改且存档时间至少两年。

## 排水管网新建项目立项调查表

填报单位：

| 拟建设施名称 | 性质（雨、污） | 立项原因 | 拟建管线起止点 | 拟建长度 | 建成后效果 | 照片1 |
|---|---|---|---|---|---|---|
|  |  |  |  |  |  |  |
| 拟接入现况管线名称 | 管线性质 | 管线位置 | 管径 | 接入井井号、高程 | 所属流域 |  |
|  |  |  |  |  |  |  |
| 新建管线示意图（在GIS截图中标明） | | | | | | 照片2 |
|  | | | | | | 照片3 |

说明：
1. 立项原因可按管线顶托、无下游设施、排河口截污、雨污分流、超原设计负荷管线等简单描述，并在附页中详细说明
2. 建成后效果应在附页中详细说明
3. 照片须反映设施存在的问题（河道排污、顶托等）及拟接入现况管线的运行状况

| 填表人： | 负责人： | 日期： |
|---|---|---|

注：本调查表所有要素必须填报完整。

## 排水管网更新改造项目立项调查表

填报单位：

| 设施名称（须与设施台账对应） | 管线性质（雨、污、合） | 所属流域 | 起止点 | 建成年代 | 管材 | 管径 | 改造长度 | 平均埋深 | 运行状况描述（改造原因） | | | | 照片1（管道内部结构情况） |
|---|---|---|---|---|---|---|---|---|---|---|---|---|---|
|  |  |  |  |  |  |  |  |  | 腐蚀情况 | 平均充满度 | 淤积情况 | 管道结构评级 |  |
|  |  |  |  |  |  |  |  |  |  |  |  |  |  |
| 须改造管线GIS截图（标明起止点位置） | | | | | | | | | | | | | 照片2（管道内部结构情况） |
|  | | | | | | | | | | | | | 照片3（检查井情况） |

说明：
1. 须改造设施的名称应与设施台账中的管线名称一致
2. 管径与改造长度应分别列出（如 $D400$，100m，$D600$，300m……）
3. 运行状况描述应详细描述管道内部情况，包括结构等级、腐蚀情况、充满度、淤积情况等，必要时可另附页详细说明
4. 起止点必须明确本次拟改造管段的起止位置，并且在GIS截图中标明
5. 所附照片应针对改造原因，真实反映管道运行状况
6. 设施发生过抢险事件的，应附抢险任务派发单及抢险总结报告

| 填表人： | 负责人： | 日期： |
|---|---|---|

注：本调查表所有要素必须填报完整。

## 截流设施台账

（　　　年度）

| 编号 | 截留井管线名称 | 截流管管径/mm | 截流管长度/m | 上游雨水管线 || 下游污水管线 || 流域 | 地面高程/m | 管底高程/m | 截流井型形式 | 建设年代 |
|---|---|---|---|---|---|---|---|---|---|---|---|---|
|  |  |  |  | 名称 | 管径/mm | 名称 | 管径/mm |  |  |  |  |  |
|  |  |  |  |  |  |  |  |  |  |  |  |  |
|  |  |  |  |  |  |  |  |  |  |  |  |  |
|  |  |  |  |  |  |  |  |  |  |  |  |  |
|  |  |  |  |  |  |  |  |  |  |  |  |  |
|  |  |  |  |  |  |  |  |  |  |  |  |  |
|  |  |  |  |  |  |  |  |  |  |  |  |  |
|  |  |  |  |  |  |  |  |  |  |  |  |  |
|  |  |  |  |  |  |  |  |  |  |  |  |  |
|  |  |  |  |  |  |  |  |  |  |  |  |  |

负责人：(盖章)　　　　　填表人：　　　　　日期：

## 排河口设施台账

（　　　年度）

| 编号 | 排河口排入水体名称 | 所在位置 ||| 排河口类型 | 排河口尺寸 | 排污规律 | 管线内是否有截流设施 | 排河口是否被淹没 | 闸门名称及类型 | 上游管线名称、管径 | 出水口高程 | 建设年代 | 备注 |
|---|---|---|---|---|---|---|---|---|---|---|---|---|---|---|
|  |  | 地市县 | 地点 | 左右岸 |  |  |  |  |  |  |  |  |  |  |
|  |  |  |  |  |  |  |  |  |  |  |  |  |  |  |
|  |  |  |  |  |  |  |  |  |  |  |  |  |  |  |
|  |  |  |  |  |  |  |  |  |  |  |  |  |  |  |
|  |  |  |  |  |  |  |  |  |  |  |  |  |  |  |
|  |  |  |  |  |  |  |  |  |  |  |  |  |  |  |
|  |  |  |  |  |  |  |  |  |  |  |  |  |  |  |
|  |  |  |  |  |  |  |  |  |  |  |  |  |  |  |
| 合计： |  |  |  |  |  |  |  |  |  |  |  |  |  |  |

负责人：(盖章)　　　　　填表人：　　　　　日期：

注：1. 排河口类型：天然明渠、涵、管等；2. 排河口尺寸：管或天然明渠；3. 排污规律：常年、间歇；4. 排河口是否被淹没：全淹没、半淹没、非淹没；5. 闸门名称：闸门台账中名称，闸门类型：浮箱闸、手动闸、电动闸、鸭嘴闸、其他；6. 上游管线名称：管线台账中名称。